第8版

管理类联考

老吕数学

母题800练

主编◎吕建刚　　副主编◎罗瑞

编委：刘晓宇　王镱潼

技巧刷题册

北京理工大学出版社
BEIJING INSTITUTE OF TECHNOLOGY PRESS

图书在版编目（CIP）数据

管理类联考·老吕数学母题800练/吕建刚主编．--8版．--北京：北京理工大学出版社，2022.4

ISBN 978-7-5763-1236-2

Ⅰ.①管…　Ⅱ.①吕…　Ⅲ.①高等数学-研究生-入学考试-习题集　Ⅳ.①O13-44

中国版本图书馆CIP数据核字（2022）第058664号

出版发行／北京理工大学出版社有限责任公司
社　　址／北京市海淀区中关村南大街5号
邮　　编／100081
电　　话／（010）68914775（总编室）
（010）82562903（教材售后服务热线）
（010）68944723（其他图书服务热线）
网　　址／http：//www.bitpress.com.cn
经　　销／全国各地新华书店
印　　刷／保定市中画美凯印刷有限公司
开　　本／787毫米×1092毫米　1/16
印　　张／32
字　　数／751千字
版　　次／2022年4月第8版　2022年4月第1次印刷
定　　价／89.80元（全两册）

责任编辑／多海鹏
文案编辑／多海鹏
责任校对／周瑞红
责任印制／李志强

管理类联考数学
命题规律与备考规划

想在考场上得高分，首先要了解考试．那么管理类联考的命题特点是什么？ 最近几年真题又有什么变化？ 针对真题的这些变化，管综数学这一科应该如何学习？ 老吕帮大家分析如下：

1 管理类联考的考试概况

考试形式：闭卷、笔试，不允许使用计算器．

考试结构：管理类联考的题量很大．试卷由25道数学题、30道逻辑题和2篇作文构成．

时间规划：管理类联考考试时间很短．总时长为180分钟，刨除3分钟左右涂答题卡、2分钟左右检查答题卡，考生实际有效做题时间只有175分钟．假定你能在55分钟内写完两篇作文，那么，你就有120分钟的时间来做数学和逻辑的55道题，也就是说，平均每题只有2分钟．

因此，管理类联考对考生解题的速度、熟练度和准确度都有很高的要求．

2 数学真题的命题重点

(1) 近5年真题的命题统计(按章节统计)

年份	算术 ★★★★★	整式与分式 ★	函数、方程和不等式 ★★★	数列 ★★★	几何 ★★★★★	数据分析 ★★★★	应用题 ★★★★★
2018年	5道	1道	3道	3道	6道	6道	5道
2019年	6道	0道	1道	3道	7道	5道	6道
2020年	8道	1道	2道	2道	5道	5道	4道
2021年	4道	0道	4道	3道	6道	4道	7道
2022年	5道	2道	1道	4道	6道	5道	7道
合计	28道	4道	11道	15道	30道	25道	29道
占总数	22.4%	3.2%	8.8%	12%	24%	20%	23.2%
平均每年	5.6道	0.8道	2.2道	3道	6道	5道	5.8道

说明：

(1)由于很多数学题目都是一道题目涉及多个知识点，故以上题目统计可能存在少许误差，这是由数学题的性质决定的，请大家理解．

(2)同样，由于存在一个题目多个考点的问题，以上统计存在重复．故近5年真题共有考题125道，但以上各题型统计的数量之和多于125道．

根据上述统计，不难发现：算术、几何、数据分析、应用题是联考数学的重点内容，每年的命题频率都很高．

(2) 近 10 年真题考频最高的题型统计

题型	对应章	年份(道)										合计	平均每年
		13	14	15	16	17	18	19	20	21	22		
平面几何五大模型	几何	1	2	1	1	1	1	1	1	1	3	13	1.3
平均值问题	应用题	1	1	2	2	1	1	1	2	1	1	13	1.3
均值不等式与方差	算术	0	1	1	1	1	2	3	3	0	0	12	1.2
空间几何体基本问题	几何	1	2	2	1	1	1	1	1	0	1	11	1.1
排列组合的基本问题	数据分析	2	0	1	2	0	1	1	0	1	3	11	1.1
直线与圆的位置关系	几何	0	1	2	0	1	3	1	0	2	0	10	1.0
简单算术问题	应用题	0	1	1	1	2	1	0	0	1	3	10	1.0
行程问题	应用题	1	1	1	1	1	0	1	1	2	1	10	1.0
整数不定方程	算术	0	0	1	1	2	1	1	2	1	0	9	0.9
求面积问题	几何	0	1	1	1	2	0	1	0	1	2	9	0.9
工程问题	应用题	1	1	1	0	1	0	2	0	1	1	8	0.8

根据上述统计，我们发现管理类联考数学命题趋势基本稳定，以上 11 大题型是考试的重中之重，基本每年都会考．

3 数学真题的命题趋势分析

(1) 符合大纲，整体稳定

近几年数学考纲几乎没有变化，而真题的命题必须符合大纲要求，所以，无论题目怎么出、从什么角度出、题目背景如何变换，都脱离不了大纲的范围．换句话说，都是考母题或者在母题基础上略作变化．另外，根据上面的统计我们可以看出，每年题目的考点分布也基本趋于稳定．

(2) 重点题型(母题)反复考

有些同学对于往年真题的重视度不够，误以为往年考过的题目再考的可能性会更低了．其实不然，对于重点题型真题喜欢反复考，只是换了一种形式或换一个角度，但是核心考点还是一样的．经统计，数学每年都有90%以上的题目是以前考过，或者在老吕书上写过的．因此，往年真题具有很高的借鉴意义，数学一定要总结题型，重视母题的训练．

下面放置几组题目请同学们感受一下：

题型1：已知$\frac{1}{x}+x=a$，求代数式的最值

2022年真题	已知x为正实数．则能确定$x-\frac{1}{x}$的值． (1)已知$\sqrt{x}+\frac{1}{\sqrt{x}}$的值．　　(2)已知$x^2-\frac{1}{x^2}$的值．
2020年真题	已知实数x满足$x^2+\frac{1}{x^2}-3x-\frac{3}{x}+2=0$，则$x^3+\frac{1}{x^3}=$(　　)． (A)12　(B)15　(C)18　(D)24　(E)27
2014年真题	设x是非零实数．则$\frac{1}{x^3}+x^3=18$. (1)$\frac{1}{x}+x=3$.　　(2)$\frac{1}{x^2}+x^2=7$.

题型2：工程问题之工费问题

2019年真题	某单位要铺设草坪，若甲、乙两公司合作需要6天完成，工时费共2.4万元．若甲公司单独做4天后由乙公司接着做9天完成，工时费共计2.35万元．若由甲公司单独完成该项目，则工时费共计(　　)万元． (A)2.25　(B)2.35　(C)2.4　(D)2.45　(E)2.5
2015年真题	一项工作，甲、乙合作需要2天，人工费2 900元，乙、丙合作需要4天，人工费2 600元，甲、丙合作2天完成了全部工作量的$\frac{5}{6}$，人工费2 400元，甲单独做该工作需要的时间和人工费分别为(　　). (A)3天，3 000元　(B)3天，2 850元 (C)3天，2 700元　(D)4天，3 000元 (E)4天，2 900元

(3) 题目灵活性、综合性增强

从近几年的真题来看，很多题目会以场景化的方式来命题，题目向着灵活多变的方向发展，越来越注重数学知识的应用，且一道题中考查多个知识点，甚至是跨章节的知识点．比如下面这几道题：

题型 3：灵活性展示

2021 年真题	某便利店第一天售出 50 种商品，第二天售出 45 种，第三天售出 60 种，前两天售出的商品有 25 种相同，后两天售出的商品有 30 种相同．这三天售出商品至少有(　　)种． (A)20　(B)75　(C)80　(D)85　(E)100 特点：本题是真题中首次出现“集合的最值”问题．
2021 年真题	某商场利用抽奖方式促销，100 个奖券中设有 3 个一等奖、7 个二等奖，则一等奖先于二等奖抽完的概率为(　　)． (A)0.3　(B)0.5　(C)0.6　(D)0.7　(E)0.73 特点：本题题干的表述和常见的“袋中取球模型”有很大不同，以至于许多同学难以理解“一等奖先于二等奖抽完”的含义．

题型 4：综合性展示

2022 年真题	在$\triangle ABC$中，D为BC边上的点，BD，AB，BC成等比数列．则$\angle BAC=90°$． (1)$BD=DC$．　(2)$AD\perp BC$． 考查点：①等比数列的基本问题；②平面几何五大模型(相似模型中的射影定理)．
2021 年真题	给定两个直角三角形．则这两个直角三角形相似． (1)每个直角三角形边长成等比数列． (2)每个直角三角形边长成等差数列． 考查点：①等比数列的基本问题；②平面几何五大模型(相似模型)；③勾股定理．

因此，同学们在复习的时候，需深入理解公式和定理的含义，不是仅仅死记硬背公式，要将所有的内容在脑海中形成知识网络，学会灵活应用，同时加强综合性题目的训练．

4 2022 年数学真题的最新变化

2022 年的真题，延续了上述几个特点，但也有一些不稳定的地方，如：

(1) 解析几何是往年考查的重点，尤其是直线与圆的位置关系，几乎每年必考，但 2022 年真题却一道解析几何的题目都没有．不过这种情况应该只是特例，各位同学还是应当按照之前统计的重点来复习．

(2) 2022 年真题有几道题的命题方式特别新颖，如：

①桌面上放有 8 只杯子，将其中 3 只杯子翻转(杯口朝上与朝下互换)作为一次操作，8 只杯口朝上的杯子经过n次操作后，杯口全部朝下，则n的最小值为(　　)．

(A) 3　(B) 4　(C) 5　(D) 6　(E) 8

②如图所示，用 4 种颜色对图中五块区域进行涂色，每块区域涂一种颜色且相邻的两块区域颜色不同，则不同的涂色方法有(　　)．

(A) 12 种　(B) 24 种

(C) 32 种　(D) 48 种

(E) 96 种

这两道题改编自小学奥数题，这让很多同学很苦恼：考研备考还得买本小学奥数书？

对于这个问题，老吕认为没有必要，原因分析如下：

(1) 我们一共考 25 道题，其中只有 2 道题改编自小学奥数，占比并不大，更何况涂色问题和翻杯子中的奇偶分析，在任何一版的《老吕数学要点精编》《老吕数学母题 800 练》都有讲解，所以，这并不是什么偏题怪题，更不是奥数专有题型．

(2) 国内很多考试之间都有一些题是互相借鉴的．比如说，公务员考试里的很多数学题、逻辑题与管理类联考中的都有相似性．但真题中任何题目都不会脱离考试大纲．

所以，大家不必慌张，本书已经针对上述情况作了最新改版，完美解决这些问题，总之，你安心学习就好，教研的事情，我们来做！

5 本书 2023 版的改版说明

在上述几个命题趋势中，重点题型（也就是母题）是考试的重点，每年大约能考 22 道左右，但“综合性”和“灵活性”是同学们普遍的薄弱点，且突然出现的奥数题让学生们更为苦恼．为了跟紧命题趋势，方便同学们的复习备考，我们针对以下方面进行了改进：

(1) 优化母题的内容

“母题者，题妈妈也；一生二，二生四，以至无穷．”如上面所述，无论真题如何变化，母题永远是备考的核心．

因此，老吕和教研团队一起做了系统性优化，包括母题技巧表格化，以更直观、系统的方式讲解题型，分类更细化精准，解题方法更多样高效．

(2) 新增版块“奥数及高考改编题”

为了加强各位考生对“综合性”和“灵活性”训练，节省考生研究奥数及高考题的时间，我们在母题中新增了更多题型变化，且加入最新版块“奥数及高考改编题”．在这一版块中，我们团队的近十位教研老师对奥数题和高考真题进行了专门研究，选择并收录大量极具代表性、符合考纲、适合管理类联考的题目．同时，我们还将其中一些题改编成了“条件充分性判断题”，以符合管理类联考的题型特点．

当然，我们还是要提醒各位考生，就真题的命题比重来看，母题仍然是大家备考的核心，余下的少量题，即使命题角度和背景很新颖，也是母题的变化和综合．掌握母题中的知识足以应对这些题型．

6 老吕系列图书的备考逻辑

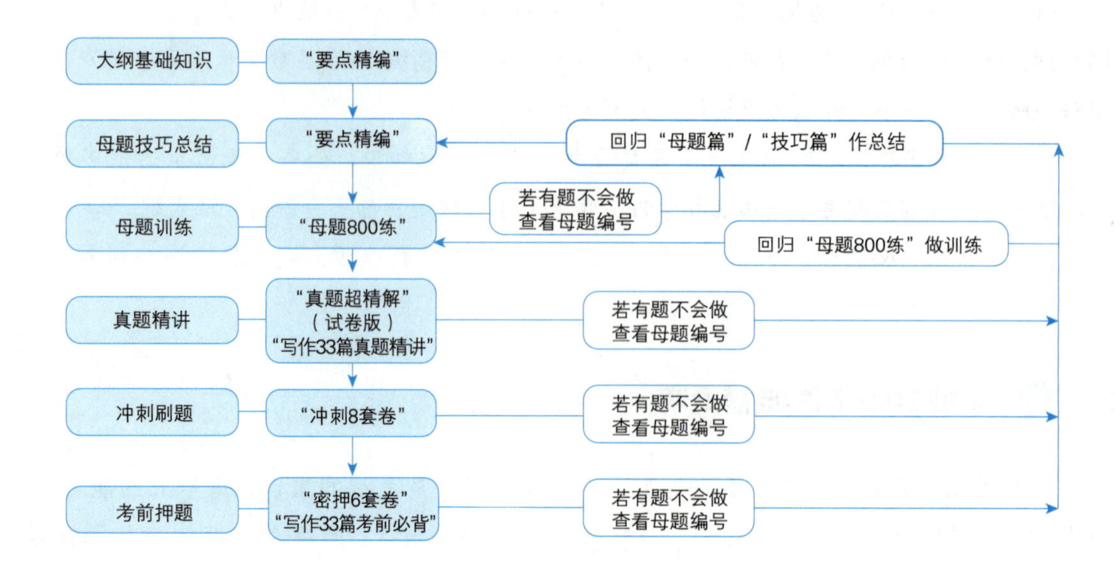

7 全年备考规划

管理类联考数学、逻辑、写作全年备考规划

阶段	备考用书	使用方法	配套课程
基础阶段	《老吕数学要点精编》（基础篇） 《老吕逻辑要点精编》（基础篇） 《老吕写作要点精编》	第 1 步：理解核心考点. 第 2 步：经典例题＋章节测试，“小试牛刀”.	【老吕要点精编配套免费课程】 数学要点精编（基础篇） 逐题精讲 逻辑要点精编（基础篇） 逐题精讲 写作要点精编（论效篇） 重点精讲 写作要点精编（论说文篇） 重点精讲
母题精讲阶段	《老吕数学要点精编》（母题篇） 《老吕逻辑要点精编》（母题篇） 《老吕写作要点精编》	第 1 步：理解母题，掌握命题模型及变化. 第 2 步：归纳总结解题技巧、方法. 第 3 步：自测＋模考强化练习，巩固提高.	【老吕弟子班/MBA 协议班：母题精讲阶段】 老吕数学母题考点精讲（直播） 老吕逻辑母题考点精讲（直播） 论证有效性分析母题精讲（直播） 论说文母理精讲（直播） * 本课程为付费课程，配套内部讲义

续表

阶段	备考用书	使用方法	配套课程
母题强化阶段	《老吕数学母题 800 练》 《老吕逻辑母题 800 练》	第 1 步：母题精练(题型强化训练). 第 2 步：母题模考测试. 第 3 步：总结归纳错题及相关题型.	【老吕弟子班/MBA 协议班：母题强化阶段】 老吕数学母题强化训练(直播) 老吕逻辑母题强化训练(直播) * 本课程为付费课程，配套内部讲义
母题模考阶段			【老吕弟子班/MBA 协议班：母题模考阶段】 老吕数学母题模考讲评(直播) 老吕逻辑母题模考讲评(直播) * 本课程为付费课程，发放配套教材
真题阶段	《老吕综合真题超精解》(试卷版) 《老吕写作 33 篇真题精讲》	第 1 步：限时模考，分析错题，总结方法. 第 2 步：回归要点精编作总结，回归母题 800 练做练习.	【老吕弟子班/MBA 协议班：真题阶段】 数学 2013—2022 年真题套卷精讲 逻辑 2013—2022 年真题套卷精讲 写作 10 年真题分类精讲 * 本课程为付费课程，发放配套教材
冲刺阶段	《老吕综合冲刺 8 套卷》	第 1 步：限时模考. 第 2 步：反思错题. 第 3 步：回归母题，系统总结.	【老吕弟子班/MBA 协议班：冲刺阶段】 数学救命技巧 36 式(直播) 逻辑救命技巧 18 招(直播) * 本课程为付费课程，配套内部讲义
押题阶段	《老吕综合密押 6 套卷》 《老吕写作 33 篇考前必背》	第 1 步：限时模考. 第 2 步：归纳总结.	【老吕弟子班/MBA 协议班：押题阶段】 数学考前 200 题(直播) 逻辑考前 200 题(直播) 写作考前 9 大篇(直播) 考前冲刺模考 2 次 * 本课程为付费课程，配套内部讲义

说明：

1. 在校考生建议按以上计划学习，时间充分的学员可以把“要点精编”和“母题 800 练”做 2 遍．备考启动晚的在校考生可根据自己的备考情况，适当减少部分图书和课程的学习．

2. 在职考生，尤其是考 MBA、MPA、MEM、MTA 的考生，可以适当减少部分图书和课程的学习，但应至少保证“要点精编”、“真题”和“33 篇考前必背”的学习．

3. 在职考 MPAcc 的考生，尤其是考全日制 MPAcc 的考生，由于你要与应届生竞争，所以请你把自己当成应届生那样去备考．

8 联系老吕

老吕已开通多种方式与各位同学互动．希望与老吕沟通的同学，可以选择以下联系方式：

微博：老吕考研吕建刚-MBAMPAcc

微信公众号：老吕考研(MPAcc、MAud、图书情报专用)

老吕教你考MBA(MBA、MPA、MEM专用)

微信：lvlvmba　　miao-lvlv1

B站：老吕考研吕建刚

抖音：老吕考研吕建刚MBAMPAcc

冰心先生有一首小诗《成功的花》，里面有一段话是这样写的："成功的花儿，人们只惊羡她现时的明艳！然而当初她的芽儿，浸透了奋斗的泪泉，洒遍了牺牲的血雨．"现在，让我们开始努力，让我们一起努力，让我们一直努力！

祝你金榜题名！

吕建刚

2022年03月

目录

技巧刷题册

第二部分　专项模考

本书答案速查

管理类联考
数学题型说明

1. 题型与分值

管理类联考中，数学分为两种题型，即问题求解和条件充分性判断，均为选择题．其中，问题求解题15道，每道题3分，共45分；条件充分性判断题有10道，每题3分，共30分．

2. 条件充分性判断

2.1 充分性定义

对于两个命题A和B，若有A⇒B，则称A为B的充分条件．

2.2 条件充分性判断题的题干结构

题干先给出结论，再给出两个条件，要求判断根据给定的条件是否足以推出题干中的结论．

例：

方程 $f(x)=1$ 有且仅有一个实根．　　（结论）

(1) $f(x)=|x-1|$．　　（条件1）

(2) $f(x)=|x-1|+1$．　　（条件2）

2.3 条件充分性判断题的选项设置

如果条件(1)能推出结论，就称条件(1)是充分的；同理，如果条件(2)能推出结论，就称条件(2)是充分的．在两个条件单独都不充分的情况下，要考虑二者联立起来是否充分，然后按照以下选项设置做出选择．

考生注意

选项设置：

(A) 条件(1)充分，条件(2)不充分．

(B) 条件(2)充分，条件(1)不充分．

(C) 条件(1)和条件(2)单独都不充分，但条件(1)和条件(2)联合起来充分．

(D) 条件(1)充分，条件(2)也充分．

(E) 条件(1)和条件(2)单独都不充分，条件(1)和条件(2)联合起来也不充分．

【注意】

①条件充分性判断题为固定题型，其选项设置(A)、(B)、(C)、(D)、(E)均同以上选项设置（即此类题型的选项设置是一样的）．

②各位同学在备考管理类联考数学之前，要先了解条件充分性判断题型的题干结构及其选项设置.

③由于此类题型选项设置均相同，本书之后将不再单独注明条件充分性判断题及选项设置，出现条件（1）和条件（2）的就是这种题型，各位同学只需将选项设置记住，即可做题.

典型例题

例 1 方程 $f(x)=1$ 有且仅有一个实根.

(1) $f(x)=|x-1|$.

(2) $f(x)=|x-1|+1$.

【解析】由条件（1）得

$$|x-1|=1\Rightarrow x-1=\pm1\Rightarrow x_1=2,\ x_2=0,$$

所以条件（1）不充分.

由条件（2）得

$$|x-1|+1=1\Rightarrow x-1=0\Rightarrow x=1,$$

所以条件（2）充分.

【答案】(B)

例 2 $x=3$.

（1）x 是自然数.　　　　（2）$1<x<4$.

【解析】条件（1）不能推出 $x=3$ 这一结论，即条件（1）不充分.

条件（2）也不能推出 $x=3$ 这一结论，即条件（2）也不充分.

联立两个条件：可得 $x=2$ 或 3，也不能推出 $x=3$ 这一结论，所以条件（1）和条件（2）联合起来也不充分.

【答案】(E)

例 3 x 是整数，则 $x=3$.

（1）$x<4$.　　　　（2）$x>2$.

【解析】条件（1）和条件（2）单独显然不充分，联立两个条件得 $2<x<4$.

仅由这两个条件当然不能得到题干的结论 $x=3$.

但要注意，题干还给了另外一个条件，即 x 是整数；

结合这个条件，可知两个条件联立起来充分，选（C).

【答案】(C)

例 4 $x^2-5x+6\geqslant0$.

（1）$x\leqslant2$.

（2）$x\geqslant3$.

【解析】由 $x^2-5x+6\geqslant0$，可得 $x\leqslant2$ 或 $x\geqslant3$.

条件（1）：可以推出结论，充分.

条件（2）：可以推出结论，充分．

两个条件都充分，选（D）．

注意：在此题中我们求解了不等式 $x^2-5x+6\geqslant0$，即对不等式进行了等价变形，得到了一个结论，然后再看条件（1）和条件（2）能不能推出这个结论．切记不是由这个不等式的解去推出条件（1）和条件（2）．

【答案】(D)

例5 $(x-2)(x-3)\neq0$.

(1) $x\neq2$.

(2) $x\neq3$.

【解析】条件（1）：不充分，因为在 $x\neq2$ 的条件下，如果 $x=3$，可以使 $(x-2)(x-3)=0$.

条件（2）：不充分，因为在 $x\neq3$ 的条件下，如果 $x=2$，可以使 $(x-2)(x-3)=0$.

所以，必须联立两个条件，才能保证 $(x-2)(x-3)\neq0$.

【答案】(C)

例6 $(a-b)\cdot|c|\geqslant|a-b|\cdot c$.

(1) $a-b>0$.

(2) $c>0$.

【解析】此题有些同学会这么想：

由条件（1），可知 $(a-b)=|a-b|>0$.

由条件（2），可知 $|c|=c>0$.

故有

$$(a-b)\cdot|c|=|a-b|\cdot c,$$

能推出 $(a-b)\cdot|c|\geqslant|a-b|\cdot c$，所以联立起来成立，选（C）．

条件（1）和条件（2）联合起来确实能推出结论，但问题在于：

由条件（1），可知 $(a-b)=|a-b|>0$，则 $(a-b)\cdot|c|\geqslant|a-b|\cdot c$，可化为 $|c|\geqslant c$，此式是恒成立的．

也就是说，仅由条件（1）就已经可以推出结论了，并不需要联立．因此，本题选（A）．

各位同学一定要谨记，将两个条件联立的前提是条件（1）和条件（2）单独都不充分．

【答案】(A)

第一部分

母题技巧
奥数题进阶

第1章 算术

本章思维导图

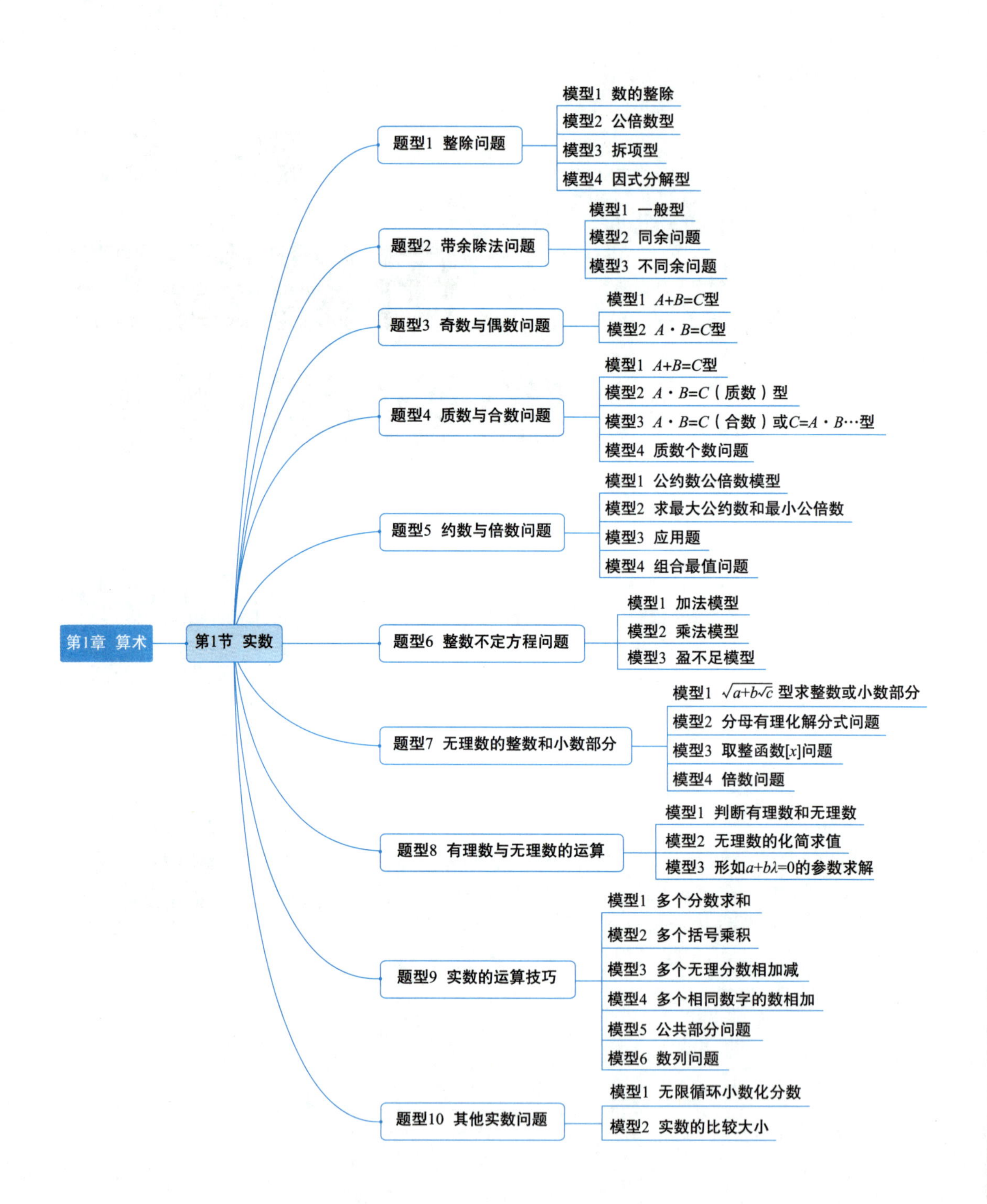

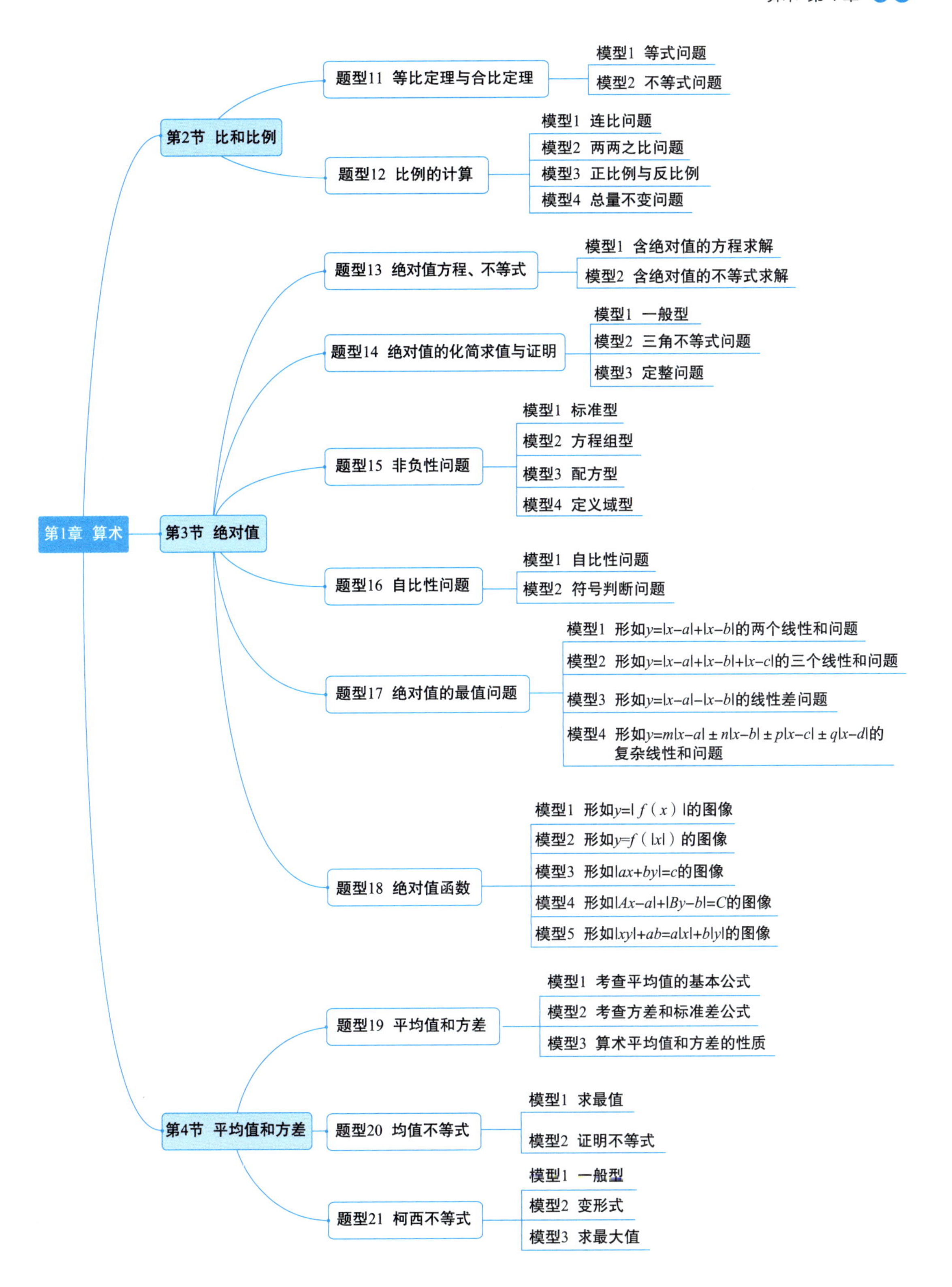
第1章 算术
第2节 比和比例
题型11 等比定理与合比定理
模型1 等式问题
模型2 不等式问题
题型12 比例的计算
模型1 连比问题
模型2 两两之比问题
模型3 正比例与反比例
模型4 总量不变问题
第3节 绝对值
题型13 绝对值方程、不等式
模型1 含绝对值的方程求解
模型2 含绝对值的不等式求解
题型14 绝对值的化简求值与证明
模型1 一般型
模型2 三角不等式问题
模型3 定整问题
题型15 非负性问题
模型1 标准型
模型2 方程组型
模型3 配方型
模型4 定义域型
题型16 自比性问题
模型1 自比性问题
模型2 符号判断问题
题型17 绝对值的最值问题
模型1 形如$y=|x-a|+|x-b|$的两个线性和问题
模型2 形如$y=|x-a|+|x-b|+|x-c|$的三个线性和问题
模型3 形如$y=|x-a|-|x-b|$的线性差问题
模型4 形如$y=m|x-a|\pm n|x-b|\pm p|x-c|\pm q|x-d|$的复杂线性和问题
题型18 绝对值函数
模型1 形如$y=|f(x)|$的图像
模型2 形如$y=f(|x|)$的图像
模型3 形如$|ax+by|=c$的图像
模型4 形如$|Ax-a|+|By-b|=C$的图像
模型5 形如$|xy|+ab=a|x|+b|y|$的图像
第4节 平均值和方差
题型19 平均值和方差
模型1 考查平均值的基本公式
模型2 考查方差和标准差公式
模型3 算术平均值和方差的性质
题型20 均值不等式
模型1 求最值
模型2 证明不等式
题型21 柯西不等式
模型1 一般型
模型2 变形式
模型3 求最大值

第1节 实数

题型1 整除问题

母题技巧

命题特点：题干中出现“整除”“倍数”等字样．

·命题模型·	·解题思路·
1. 数的整除	(1)掌握常见数字的整除特征(如2，3，4，5，6，8，9)． ①被2(或5)整除：末位数字能被2(或5)整除； ②被4(或25)整除：末两位数字能被4(或25)整除； ③被8(或125)整除：末三位数字能被8(或125)整除； ④被3(或9)整除：各数位的数字之和能被3(或9)整除； ⑤任意连续的三个数相乘，都能被6整除． (2)设k法(常用方法，必须掌握)：若已知a能被b整除，则可设$a=bk(k\in\mathbf{Z})$．
2. 公倍数型	若A(已知代数式)能被a整除，又能被b整除，则A能被a和b的最小公倍数整除． 【注意】**在解条件充分性判断的题目时，常用特殊值法验证不充分．**
3. 拆项型	在判断一个分式(分子、分母均为代数式)是否是整数(即分母的代数式能否整除分子)时，可以通过拆项法或裂项法，将分式化简为未知数只存在于分母中的形式． 【例】$\frac{x+3}{x+2}=\frac{x+2+1}{x+2}=1+\frac{1}{x+2}$，$\frac{x+1}{x+2}=\frac{x+2-1}{x+2}=1-\frac{1}{x+2}$； $\frac{x^2+2x+3}{x+1}=\frac{(x+1)^2+2}{x+1}=x+1+\frac{2}{x+1}$．
4. 因式分解型	当已知代数式可以因式分解时，先进行因式分解(提公因式法、公式法、十字相乘法等)，然后分别分析各个因式的整除情况． 已知条件往往是待求式子的因式．

母题精练

1. 三个数的和为252，这三个数分别能被6、7、8整除，而且商相同，则最大的数与最小的数相差(　　)．

(A)18　　(B)20　　(C)22
(D)24　　(E)26

2.(条件充分性判断)$\frac{3a}{26}$是一个整数.

(1)a 是一个整数，且$\frac{6a}{8}$也是一个整数.

(2)a 是一个整数，且$\frac{5a}{13}$也是一个整数.

(A)条件(1)充分，但条件(2)不充分.

(B)条件(2)充分，但条件(1)不充分.

(C)条件(1)和条件(2)单独都不充分，但条件(1)和条件(2)联合起来充分.

(D)条件(1)充分，条件(2)也充分.

(E)条件(1)和条件(2)单独都不充分，条件(1)和条件(2)联合起来也不充分.

考生注意

此题为条件充分性判断题，这种题型的特点是：

题干先给出一个结论：$\frac{3a}{26}$是一个整数.

再给出两个条件：(1)a 是一个整数，且$\frac{6a}{8}$也是一个整数.

(2)a 是一个整数，且$\frac{5a}{13}$也是一个整数.

解题思路：

条件(1)能充分地推出结论吗？条件(2)能充分地推出结论吗？如果两个都不充分的话，两个条件联立能充分地推出结论吗？

选项设置：

(A)条件(1)充分，但条件(2)不充分.

(B)条件(2)充分，但条件(1)不充分.

(C)条件(1)和条件(2)单独都不充分，但条件(1)和条件(2)联合起来充分.

(D)条件(1)充分，条件(2)也充分.

(E)条件(1)和条件(2)单独都不充分，条件(1)和条件(2)联合起来也不充分.

【注意】

①条件充分性判断题为固定题型，其选项设置(A)、(B)、(C)、(D)、(E)均同此题(即此类题型的选项设置是一样的).

②各位同学在做条件充分性判断题型之前，要先了解这类题型的题干结构及其选项设置，详细内容可参看本书前文的《必读：管理类联考数学题型说明》.

③由于此类题型选项设置均相同，本书之后的例题将不再单独注明条件充分性判断题及选项设置，出现条件(1)和条件(2)的就是这种题型，各位同学只需将选项设置记住，即可做题.

3. $\frac{n+14}{15}$是整数.

(1)n是整数，$\frac{n+2}{3}$是整数.

(2)n是整数，$\frac{n+4}{5}$是整数.

4. $3a(2a+1)+b(1-7a-3b)$是10的倍数.

(1)a，b都是整数，$3a+b$是5的倍数.

(2)a，b都是整数，$2a-3b+1$为偶数.

题型2 带余除法问题

母题技巧

命题特点：题干中出现“余数”“整除”“倍数”等字样.

·命题模型·	·解题思路·
1. 一般型	简单的带余除法问题常用方法. (1)特殊值法：带余除法的条件充分性判断问题，首选特殊值法. (2)设k法：若a被b除余r，可设$a=bk+r(k\in\mathbf{Z})$，则有$a-r=bk(k\in\mathbf{Z})$，即$a-r$能被b整除.
2. 同余问题 考查形式：用一个数除以几个不同的数，得到的余数相同，此时反求这个数	可以选除数的最小公倍数，加上这个相同的余数，称为“余同取余”. 【例】“一个数除以4余1、除以5余1、除以6余1”，因为余数都是1，所以取+1，而4、5、6的最小公倍数为60，故可表示为$60n+1$.
3. 不同余问题 考查形式：用一个数除以几个不同的数，得到的余数不同，此时反求这个数	(1)差同减差. 当每个除数与相应余数的差都相同时，可以选除数的最小公倍数，减去这个相同的差数，称为“差同减差”. 【例】“一个数除以4余1，除以5余2，除以6余3”，因为$4-1=5-2=6-3=3$，所以取-3，表示为$60n-3$. (2)和同加和. 当每个除数与相应余数的和都相同时，可以选除数的最小公倍数，加上这个相同的和数，称为“和同加和”. 【例】“一个数除以4余3，除以5余2，除以6余1”，因为$4+3=5+2=6+1=7$，所以取$+7$，表示为$60n+7$. (3)当余数无规律时，用设k法，列方程求解.

母题精练

1. 正整数 n 的8倍与5倍之和，除以10的余数为9，则 n 的个位数字为(　　).

(A)1　　(B)3　　(C)5　　(D)7　　(E)9

2. 设 n 为自然数，加上3后被3除余1，加上4后被4除余1，加上5后被5除余1. 若 $100<n<800$，则这样的数共有(　　)个.

(A)1　　(B)3　　(C)11　　(D)12　　(E)13

3. 设 n 为自然数，被5除余数为2，被6除余数为3，被7除余数为4. 若 $100<n<800$，则这样的数共有(　　)个.

(A)1　　(B)2　　(C)3　　(D)4　　(E)5

4. 有一个正四位数，它被121除余2，被122除余109，则此数字的各位数字之和为(　　).

(A)12　　(B)13　　(C)14　　(D)16　　(E)17

5. 自然数 n 的各位数字乘积是6.

(1) n 是除以5余3且除以7余2的最小自然数.

(2) n 是形如 $2^{4m}(m\in\mathbf{Z}^+)$ 的最小正整数.

6. 篮子里装有不多于500个苹果，如果每次2个、3个、4个、5个、6个地取出，篮子里都剩下一个苹果；如果每次7个地取出，那么没有苹果剩余. 篮子里共有(　　)个苹果.

(A)241　　(B)301　　(C)361　　(D)421　　(E)481

题型3　奇数与偶数问题

母题技巧

命题特点：题干出现“奇数”“偶数”的字样，或者要求判断一个代数式是奇数还是偶数.

·命题模型·	·解题思路·
1. $A+B=C$ 型	由奇数＋奇数＝偶数，奇数＋偶数＝奇数，偶数＋偶数＝偶数，可得 A 与 B 一奇一偶 $\Leftrightarrow C$ 为奇数， A 与 B 同奇同偶 $\Leftrightarrow C$ 为偶数. 正负号不改变奇偶性. 多个数相加减的式子中，如果有奇数个奇数，结果为奇数；如果有偶数个奇数，结果为偶数.
2. $A\cdot B=C$ 型	由奇数×奇数＝奇数，奇数×偶数＝偶数，偶数×偶数＝偶数，可得 A 与 B 都是奇数 $\Leftrightarrow C$ 为奇数， A 与 B 之中有偶数 $\Leftrightarrow C$ 为偶数. 相邻的两个整数一奇一偶，因此乘积一定为偶数； 相邻的三个整数的乘积一定为6的倍数. 多个数相乘的式子中，只要有偶数，结果必为偶数.

母题精练

1. 令 $a+b+c=n$. 则 n 为奇数．

(1)a，b，c 为互不相同的合数．

(2)a，b，c 为互不相同的质数．

2. m 为偶数．

(1)设 n 为整数，$m=n^2+n$.

(2)在 1，2，3，4，…，90 这 90 个自然数中相邻两数之间任意添加一个加号或减号，运算结果为 m.

3. m 一定是偶数．

(1)已知 a，b，c 都是整数，$m=3a(2b+c)+a(2-8b-c)$.

(2)m 为连续的三个自然数之和．

4. 若 x，y，z 都是整数．则 $x^2-y^2-z^2-2yz$ 为奇数．

(1)xyz 是奇数．

(2)$x+y+z$ 是奇数．

5. 若 n 是一个大于 2 的正整数，则 n^3-n 一定有约数(　　).

(A)7　　(B)6　　(C)8　　(D)4　　(E)5

题型 4　质数与合数问题

母题技巧

命题特点：题干出现“质数”“合数”的字样，或者要求判断一个代数式是质数还是合数．

·命题模型·	·解题思路·
1. $A+B=C$ 型	用奇偶性分析法，充分利用“2 是质数中唯一的偶数”这个特点进行解题．
2. $A\cdot B=C$（质数）型	利用质数的定义，质数$=1\times$本身，故 A 和 B 分别等于 1 和 C.
3. $A\cdot B=C$（合数）或 $C=A\cdot B\cdots$型	将 C 分解质因数． 若几个质数的乘积的个位数字是 0 或 5，则其中必有一个是 5.
4. 质数个数问题	最常用的方法就是穷举法，使用穷举法时，常根据整除的特征、奇偶性等缩小穷举的范围． 30 以内的质数要熟练记忆：2，3，5，7，11，13，17，19，23，29.

母题精练

1. 已知 p，q 都是质数，且 $3p+7q=41$，则 $p+1$，$q-1$，$pq+1$ 的算术平均值为（　　）.

(A)32　　(B)24　　(C)18　　(D)14　　(E)6

2. $|m-n|=15$.

(1)质数 m，n 满足 $5m+7n=129$.

(2)设 m 和 n 为正整数，m 和 n 的最大公约数为 15，且 $3m+2n=180$.

3. a 是不大于 10 的正偶数，N 是质数，满足 $N=a^4-3a^2+9$，则 $N=$（　　）.

(A)3　　(B)5　　(C)7　　(D)11　　(E)13

4. 已知 3 个质数的倒数和为 $\frac{161}{186}$，则这三个质数的和为（　　）.

(A)34　　(B)35　　(C)36　　(D)38　　(E)42

5. 三个质数 a，b，c 的乘积是这三个数和的 5 倍，则 $\frac{a+b+c}{3}=$（　　）.

(A)1　　(B)$\frac{5}{3}$　　(C)3　　(D)$\frac{10}{3}$　　(E)$\frac{14}{3}$

6. 在不大于 20 的正整数中，既是奇数又是合数的所有数的算术平均值为（　　）.

(A)16　　(B)14　　(C)8

(D)10　　(E)12

7. 有三名依次相差 6 岁的小孩，他们的年龄都是质数(素数)，其中有一名学龄前儿童(年龄不足 6 岁)，则他们的年龄之和为（　　）.

(A)21　　(B)27　　(C)33　　(D)39　　(E)51

8. 设 a，b，c 是小于 12 的三个不同的质数(素数)，且 $|a-b|+|b-c|+|c-a|=8$，则 $a+b+c=$（　　）.

(A)10　　(B)12　　(C)14　　(D)15　　(E)19

9. 在 20 以内的质数中，两个质数之差还是质数，这样的数共有（　　）组.

(A)2　　(B)3　　(C)4　　(D)6　　(E)8

10. 三个质数 a，b，c 满足条件 $ab+ac+bc+abc=127$，则 $(a+b)(a+c)(b+c)$ 的值为（　　）.

(A)910　　(B)1 056　　(C)772

(D)840　　(E)693

题型 5　约数与倍数问题

母题技巧

命题特点：题干中出现“约数”“倍数”“公约数”“公倍数”等字样.

·命题模型·	·解题思路·
1. 公约数公倍数模型	若已知两个正整数为 x，y，公约数公倍数解题模型为 $k\underline{\vert\ x\quad y}$ $\quad a\quad b$ 则 $x=ak$，$y=bk$（a，b 互质），最大公约数为 k，最小公倍数为 abk.
2. 求最大公约数和最小公倍数	(1)短除法； (2)分解质因数法； (3)辗转相除法(适用于两个较大的数).
3. 应用题 考查形式：公约数与公倍数经常与应用题相结合考查，题目的数量是整数	(1)公约数的应用． 通常涉及长度、数量、重量等，进行等量分段时，需要按照公约数进行分段，详见第 7 章． (2)公倍数的应用． 公倍数的应用情况比较多，如植树问题、物品分配问题、长度问题、相遇问题等等，详见第 7 章．
4. 组合最值问题	(1)积为定值：若 n 个数(皆为正数)之积为定值，和的最值求解原则为 ①要使得 n 个数的和最大，应尽可能让其中一个数极大，其他数极小； ②要使得 n 个数的和最小，应尽可能让这 n 个数接近． (2)和为定值：若 n 个数(皆为正数)之和为定值，积的最值求解原则为 ①要使得 n 个数的积最大，应尽可能让这 n 个数接近； ②要使得 n 个数的积最小，应尽可能让其中一个数极大，其他数极小．

母题精练

1. 已知两数之和是 40，它们的最大公约数与最小公倍数之和是 56，则这两个数的几何平均值为（　　）.

(A)$8\sqrt{6}$　　(B)$8\sqrt{3}$　　(C)$6\sqrt{6}$　　(D)$4\sqrt{2}$　　(E)8

2. 有 5 个最简正分数的和为 1，其中的三个是$\frac{1}{3}$，$\frac{1}{7}$，$\frac{1}{9}$，其余两个分数的分母为两位数，且这两个分母的最大公约数是 21，则这两个分数之积的所有不同值有（　　）.

(A)2 个　　(B)3 个　　(C)4 个　　(D)5 个　　(E)无数个

3. 有两个不为 1 的自然数 a，b，已知两数之和是 31，两数之积是 750 的约数，则 $|a-b|=$（　　）.

(A)13　　(B)19　　(C)20　　(D)23　　(E)25

4. 现有甲、乙、丙三匹马，绕着周长为200米的跑马道赛马．若甲每分钟跑3圈，乙每分钟跑4圈，丙每分钟跑6圈，三匹马同时同向出发，经过(　　)分钟后，三匹马第一次在起点相遇．

(A)0.5　　(B)0.8　　(C)1　　(D)6　　(E)12

5. $a+b+c+d+e$ 的最大值是133.

(1)a，b，c，d，e 都是大于1的自然数，且 $a\cdot b\cdot c\cdot d\cdot e=2\ 700$.

(2)a，b，c，d，e 都是大于1的自然数，且 $a\cdot b\cdot c\cdot d\cdot e=2\ 000$.

题型6　整数不定方程问题

母题技巧

命题特点：①方程含有多个未知数，且未知数的个数多于方程的个数；

②已知未知数的解为整数．

此类问题称为整数不定方程问题，常有多组解．

·命题模型·	·解题思路·
1. 加法模型 特点：已知条件可整理为 $ax+by=c$ 的形式	将原式化为 $x=\frac{c-by}{a}$ 或 $y=\frac{c-ax}{b}$，然后结合奇偶性与整除的特征，用穷举法讨论．
2. 乘法模型 特点：已知条件可整理为"式子×式子×…=整数"的形式	解法：将整数分解因数(因数的个数=式子的个数，注意因数是否可以为负、因数是否可以互换)，再分别对应相等． 【例】若已知 a，b 为自然数，又有 $ab=7$. 因为 $7=1\times7$，故 $a=1$，$b=7$ 或 $a=7$，$b=1$. 常用公式： ① $ab\pm n(a+b)=(a\pm n)(b\pm n)-n^2$； 若 $ab\pm n(a+b)=0$，则有 $(a\pm n)(b\pm n)=n^2$. ②平方差公式：$a^2-b^2=(a+b)(a-b)$.
3. 盈不足模型 特点：分某样东西，每人多分一些则不够，少分一些则有盈余	这类问题可以转化为加法模型或不等式模型进行计算．

母题精练

1. 小明买了三种水果共 30 千克，共用去 80 元．其中苹果每千克 4 元，橘子每千克 3 元，梨每千克 2 元．已知小明买的三种水果的重量均为整数，则他买橘子的重量为(　　).

(A)奇数　(B)偶数　(C)质数　(D)合数　(E)不确定

2. 某次数学竞赛准备 22 支铅笔作为奖品发给获得一、二、三等奖的学生．原计划一等奖每人发 6 支，二等奖每人发 3 支，三等奖每人发 2 支．后又改为一等奖每人发 9 支，二等奖每人发 4 支，三等奖每人发 1 支，则得一等奖的学生有(　　)人．

(A)1　(B)2　(C)3　(D)4　(E)5

3. 实数 x 的值为 8 或 3.

(1)某车间原计划 30 天生产零件 165 个，前 8 天共生产 44 个，从第 9 天起每天至少生产 x 个零件，才能提前 5 天超额完成任务．

(2)小王哥哥的年龄是 20 岁，小王年龄的 2 倍加上他弟弟年龄的 5 倍等于 97，小王比他弟弟大 x 岁．

4. 冬雨买了三种书，其中《老吕逻辑》3 本、《老吕数学》5 本、《老吕写作》9 本，一共花了 29 元钱，若书的单价均为整数，则这三种书的单价之和为(　　)元.

(A)5 或 7　(B)5 或 9　(C)4 或 5　(D)7 或 9　(E)3 或 9

5. 一个整数 x，加 6 之后是一个完全平方数，减 5 之后也是一个完全平方数，则 x 各数位上的数字之和为(　　).

(A)3　(B)4　(C)5　(D)6　(E)7

6. 已知 a_1，a_2，a_3，a_4，a_5 是满足条件 $a_1+a_2+a_3+a_4+a_5=-7$ 的不同整数，b 是关于 x 的一元五次方程 $(x-a_1)(x-a_2)(x-a_3)(x-a_4)(x-a_5)=1\ 773$ 的整数根，则 b 的值为(　　).

(A)15　(B)17　(C)25　(D)36　(E)38

7. 已知 x，y 均为整数，则 $2(x+y)=xy+7$ 的解有(　　)组．

(A)1　(B)2　(C)3　(D)4　(E)5

8. 幼儿园的老师购买了一盒铅笔分给班级里的小朋友．则能够确定铅笔的数量．

(1)若每人分 3 支，则剩余 30 支．

(2)若每人分 10 支，则只有一人不够．

题型 7　无理数的整数和小数部分

母题技巧

命题特点：题干中出现“根号”“分数”，或者题干要求判断是否为整数(分数).

·命题模型·	·解题思路·
1. $\sqrt{a+b\sqrt{c}}$ 型求整数或小数部分	将根号下面的式子凑成完全平方式，然后去外层根号．注意去根号后是正数．
2. 分母有理化解分式问题	在估算一个无理数的大小时，如果分母是无理数，需要先利用平方差公式，将分母进行有理化，变成有理数，再进行估算． 【例】$\frac{1}{a+b\sqrt{c}}=\frac{a-b\sqrt{c}}{(a+b\sqrt{c})(a-b\sqrt{c})}=\frac{a-b\sqrt{c}}{a^2-b^2c}$.
3. 取整函数 $[x]$ 问题 $[x]$ 表示 x 的整数部分，即不超过 x 的最大整数	设一个数为 m，其整数部分为 a，小数部分为 b，求解 a，b 的步骤如下： 第 1 步：整理题干给出的数 m，估算它的大小，从而得到整数部分 a； 第 2 步：小数部分 $b=$ 原数 $m-$ 整数部分 a. 【性质】①任何实数都可以取整，一个整数的整数部分是它本身． ②若 $[x]=n(n\in\mathbf{Z})$，则 $n\leqslant x<n+1$.
4. 倍数问题	应用容斥原理，$1\sim n$ 中是 a 或 b 的倍数的数有 $\left[\frac{n}{a}\right]+\left[\frac{n}{b}\right]-\left[\frac{n}{[a,b]}\right]$ 个，其中 $[a,b]$ 表示 a，b 的最小公倍数．

1. $a=\sqrt{6+4\sqrt{2}}$ 的小数部分是 b，则 $\frac{a}{b}=($　　$)$.

(A)$4+2\sqrt{2}$　(B)$4-2\sqrt{2}$　(C)$3+3\sqrt{2}$　(D)$4-3\sqrt{2}$　(E)$4+3\sqrt{2}$

2. 设 $x=\frac{1}{\sqrt{5}-2}$，a 是 x 的小数部分，b 是 $-x$ 的小数部分，则 $a^3+b^3+3ab=($　　$)$.

(A)0　(B)1　(C)2　(D)3　(E)4

3. 设 $\frac{\sqrt{5}+1}{\sqrt{5}-1}$ 的整数部分为 a，小数部分为 b，则 $a^2+\frac{1}{2}ab+b^2=($　　$)$.

(A)0　(B)1　(C)$\sqrt{5}$　(D)3　(E)5

4. 能确定 $\frac{n}{4}$ 是整数．

(1)$m=\sqrt{5}-2$，$m+\frac{1}{m}$ 的整数部分是 n.

(2)m，n 为质数，且 $n+12m$ 是偶数．

5. 设 $x\in\mathbf{R}$，记 $\{x\}=x-[x]$，则 $\left\{\frac{\sqrt{5}+1}{2}\right\}$，$\left[\frac{\sqrt{5}+1}{2}\right]$，$\frac{\sqrt{5}+1}{2}$($\quad$).

(A)是等差数列但不是等比数列

(B)是等比数列但不是等差数列

(C)既是等差数列又是等比数列

(D)既不是等差数列也不是等比数列

(E)得不出任何结论

6. 在 1～100 的正整数中，能被 2 或 5 整除的数有(　　)个.

(A)20　　(B)40　　(C)50　　(D)60　　(E)62

题型 8　有理数与无理数的运算

母题技巧

命题特点：题干中出现“根号”“有理数”“无理数”等字样.

·命题模型·	·解题思路·
1. 判断有理数和无理数	(1)四则运算法则： 有理数经过加、减、乘、除四则运算后仍为有理数. 有理数＋无理数＝无理数； 无理数＋无理数＝有理数或无理数； 有理数×无理数＝0 或无理数； 无理数×无理数＝有理数或无理数. (2)若原有形式难以判断，则对原有形式进行化简，化简方式见模型 2.
2. 无理数的化简求值	(1)$\sqrt{a+b\sqrt{c}}$ 型：将根号下面的式子凑成完全平方式，然后去外层根号.注意去根号后是正数. (2)分式无理数：如果分母是无理数，需要先利用平方差公式 $(\sqrt{n+k}+\sqrt{n})(\sqrt{n+k}-\sqrt{n})=k$，将分母进行有理化，变成有理数，再进行计算.
3. 形如 $a+b\lambda=0$ 的参数求解	在既有有理数又有无理数的式子中，将有理部分和无理部分分别合并同类项，化为 $a+b\lambda=0$(a，b 为有理数，λ 为无理数)的形式，则令 $a=b=0$，即可求解.

母题精练

1. 设 a 是一个无理数，且 a，b 满足 $ab+a-b=1$，则 $b=$(　　).

(A)0　　(B)1　　(C)-1　　(D)±1　　(E)1 或 0

2. 设 x，y 是有理数，且 $(x-\sqrt{2}y)^2=6-4\sqrt{2}$，则 $x^2+y^2=$(　　).

(A)2　(B)3　(C)4　(D)5　(E)6

3. 已知 a，b 为有理数，若 $\sqrt{7-4\sqrt{3}}=a\sqrt{3}+b$，则 $a+b$ 为(　　).

(A)-2　(B)-1　(C)0　(D)1　(E)2

4. 设整数 a，m，n 满足 $\sqrt{a^2-4\sqrt{2}}=\sqrt{m}-\sqrt{n}$，则 $a+m+n$ 的取值有(　　)种.

(A)0　(B)1　(C)2　(D)3　(E)无数

5. $(\sqrt{3}+\sqrt{2})^{2021}\times(\sqrt{3}-\sqrt{2})^{2023}=$(　　).

(A)$5-2\sqrt{6}$　(B)$5+2\sqrt{6}$　(C)$\sqrt{3}-\sqrt{2}$　(D)$5+2\sqrt{3}$　(E)$5-2\sqrt{3}$

6. 已知 a，b，c 为有理数. 则 $a=b=c=0$.

(1)$a+b\sqrt[3]{2}+c\sqrt[3]{4}=0$.

(2)$a+b\sqrt[3]{8}+c\sqrt[3]{16}=0$.

7. a，b 是有理数，若方程 $x^3+ax^2-ax+b=0$ 有一个无理根 $-\sqrt{3}$，则方程唯一的有理根是(　　).

(A)3　(B)2　(C)-3　(D)-2　(E)-1

8. 已知 m，n 是有理数，且 $(\sqrt{5}+2)m+(3-2\sqrt{5})n+7=0$，求 $m+n=$(　　).

(A)-4　(B)-3　(C)4　(D)1　(E)3

题型 9　实数的运算技巧

母题技巧

命题特点：一组有规律的式子求和.

·命题模型·	·解题思路·	·常用公式·
1. 多个分式求和	裂项相消法： 第1步：将题干中的每个分式变成两个分式之差； 第2步：前后项相消.	(1)$\frac{1}{n(n+k)}=\frac{1}{k}\left(\frac{1}{n}-\frac{1}{n+k}\right)$； 当 $k=1$ 时，$\frac{1}{n(n+1)}=\frac{1}{n}-\frac{1}{n+1}$； (2)$\frac{1}{(2n-1)(2n+1)}=\frac{1}{2}\left(\frac{1}{2n-1}-\frac{1}{2n+1}\right)$； (3)$\frac{1}{n(n+1)(n+2)}$ $=\frac{1}{2}\left[\frac{1}{n(n+1)}-\frac{1}{(n+1)(n+2)}\right]$； (4)$\frac{n-1}{n!}=\frac{1}{(n-1)!}-\frac{1}{n!}$.

续表

·命题模型·	·解题思路·	·常用公式·
2. 多个括号乘积	使用分子分母相消法或者凑平方差公式法．	(1)$\left(1-\frac{1}{2}\right)\left(1-\frac{1}{3}\right)\left(1-\frac{1}{4}\right)\cdots\left(1-\frac{1}{n}\right)$ $=\frac{1}{2}\times\frac{2}{3}\times\frac{3}{4}\times\cdots\times\frac{n-1}{n}=\frac{1}{n}$． (2)$1-\frac{1}{n^2}=\left(1-\frac{1}{n}\right)\cdot\left(1+\frac{1}{n}\right)=\frac{n-1}{n}\cdot\frac{n+1}{n}$． (3)凑平方差公式 $(a+b)(a^2+b^2)(a^4+b^4)\cdots$ $=\frac{(a-b)(a+b)(a^2+b^2)(a^4+b^4)\cdots}{(a-b)}$ $=\frac{(a^8-b^8)\cdots}{(a-b)}$．
3. 多个无理分数相加减	将每个无理分数分母有理化，再消项即可．	(1)$\frac{1}{\sqrt{n+k}+\sqrt{n}}=\frac{1}{k}(\sqrt{n+k}-\sqrt{n})$； (2)当 $k=1$ 时，$\frac{1}{\sqrt{n+1}+\sqrt{n}}=\sqrt{n+1}-\sqrt{n}$．
4. 多个相同数字的数相加	凑 10^n-1 法．	$9+99+999+9\ 999+\cdots$ $=10^1-1+10^2-1+10^3-1+10^4-1+\cdots$ 故有 $\underbrace{xxxx\cdots x}_{n个}=\frac{x}{9}(10^n-1)$． 【例】$44\ 444=\frac{4}{9}(10^5-1)$．
5. 公共部分问题	如果题干中多次出现某些相同的项，可将这些相同的项换元，设为 t；也可使用提公因式法，将公共部分提取出来．	—
6. 数列问题	错位相减法． 形如求数列$\{a_n\cdot b_n\}$的前 n 项和 S_n，其中$\{a_n\}$、$\{b_n\}$分别是等差数列和等比数列，则使用错位相减法，在 S_n 上乘$\{b_n\}$的公比 q，再与 S_n 相减得$(q-1)S_n$，即可求解．	(1)等差数列求和公式：$S_n=\frac{(a_1+a_n)n}{2}$． (2)等比数列求和公式：$S_n=\frac{a_1(1-q^n)}{1-q}(q\neq1)$．

母题精练

1. $\frac{2\times3}{1\times4}+\frac{5\times6}{4\times7}+\frac{8\times9}{7\times10}+\frac{11\times12}{10\times13}=$(　　).

(A)4　(B)5　(C)$\frac{23}{4}$　(D)$\frac{60}{13}$　(E)$\frac{95}{16}$

2. 对于一个不小于2的自然数n，关于x的一元二次方程$x^2-(n+2)x-2n^2=0$的两个根记作a_n，$b_n(n\geqslant2)$，则$\frac{1}{(a_2-2)(b_2-2)}+\frac{1}{(a_3-2)(b_3-2)}+\cdots+\frac{1}{(a_{2\,023}-2)(b_{2\,023}-2)}=$(　　).

(A)$-\frac{1}{2}\times\frac{2\,023}{2\,022}$　(B)$\frac{1}{2}\times\frac{2\,024}{2\,023}$　(C)$-\frac{1}{2}\times\frac{2\,022}{2\,023}$

(D)$\frac{1}{2}\times\frac{2\,022}{2\,023}$　(E)$-\frac{1}{2}\times\frac{1\,011}{2\,024}$

3. $1-\frac{2}{1\times(1+2)}-\frac{3}{(1+2)\times(1+2+3)}-\cdots-\frac{10}{(1+2+\cdots+9)\times(1+2+\cdots+10)}=$(　　).

(A)$\frac{1}{45}$　(B)$\frac{1}{55}$　(C)$\frac{1}{60}$　(D)$\frac{1}{65}$　(E)$\frac{1}{75}$

4. $\frac{1}{1\times2}+\frac{2}{1\times2\times3}+\frac{3}{1\times2\times3\times4}+\cdots+\frac{n-1}{n!}=$(　　).

(A)$1-\frac{1}{(n-1)!}$　(B)$1-\frac{1}{n!}$　(C)$\frac{n-2}{(n-1)!}$

(D)$\frac{n-1}{n!}$　(E)$1-\frac{n-1}{n!}$

5. $\left(1-\frac{1}{4}\right)\times\left(1-\frac{1}{9}\right)\times\left(1-\frac{1}{16}\right)\times\cdots\times\left(1-\frac{1}{99^2}\right)=$(　　).

(A)$\frac{50}{97}$　(B)$\frac{52}{97}$　(C)$\frac{48}{98}$　(D)$\frac{47}{99}$　(E)$\frac{50}{99}$

6. $(1+2)\times(1+2^2)\times(1+2^4)\times(1+2^8)\times\cdots\times(1+2^{32})=$(　　).

(A)$2^{64}-1$　(B)$2^{64}+1$　(C)2^{64}　(D)1　(E)$2^{32}-1$

7. $\left(\frac{1}{1+\sqrt{2}}+\frac{1}{\sqrt{2}+\sqrt{3}}+\cdots+\frac{1}{\sqrt{2\,022}+\sqrt{2\,023}}\right)\times(1+\sqrt{2\,023})=$(　　).

(A)$-2\,023$　(B)$-2\,022$　(C)2 024

(D)2 023　(E)2 022

8. $\frac{1}{\sqrt{1}+\sqrt{3}}+\frac{1}{\sqrt{3}+\sqrt{5}}+\frac{1}{\sqrt{5}+\sqrt{7}}+\cdots+\frac{1}{\sqrt{623}+\sqrt{625}}=$(　　).

(A)10　(B)11　(C)12　(D)13　(E)15

9. $8+88+888+\cdots+888\,888\,888=$(　　).

(A)$\frac{8}{9}\times\frac{10(10^9-1)}{9}-8$　(B)$\frac{8}{9}\times\frac{10(10^9+1)}{9}-8$　(C)$\frac{10(10^9-1)}{9}-8$

(D)$\frac{8}{9}\times\frac{10(10^9-1)}{9}+8$　(E)$\frac{8}{9}\times\frac{10(10^9-1)}{9}-1$

10. $\left(1+\frac{1}{2}+\cdots+\frac{1}{199}\right)\times\left(\frac{1}{2}+\frac{1}{3}+\cdots+\frac{1}{200}\right)-\left(1+\frac{1}{2}+\cdots+\frac{1}{200}\right)\times\left(\frac{1}{2}+\frac{1}{3}+\cdots+\frac{1}{199}\right)=$（　　）.

(A)$\frac{1}{200}$　　(B)$\frac{1}{199}$　　(C)0

(D)1　　(E)-1

11. 已知 a_1，a_2，a_3，…，$a_{2\,022}$，$a_{2\,023}$ 均为正数，又 $M=(a_1+a_2+\cdots+a_{2\,022})(a_2+a_3+\cdots+a_{2\,023})$，$N=(a_1+a_2+\cdots+a_{2\,023})(a_2+a_3+\cdots+a_{2\,022})$，则 M 与 N 的大小关系是（　　）.

(A)$M=N$　　(B)$M<N$　　(C)$M>N$

(D)$M\geqslant N$　　(E)$M\leqslant N$

12. $1+\frac{3}{2}+\frac{5}{2^2}+\cdots+\frac{17}{2^8}=$（　　）.

(A)$6-\frac{21}{2^8}$　　(B)$6-\frac{19}{2^8}$　　(C)$6-\frac{21}{2^9}$

(D)$6+\frac{19}{2^8}$　　(E)$6-\frac{19}{2^7}$

题型10　其他实数问题

母题技巧

·命题模型·	·解题思路·
1. 无限循环小数化分数	(1)纯循环小数化分数 例①　$0.333\,3\cdots=0.\dot{3}=\frac{3}{9}=\frac{1}{3}$. 例②　$0.121\,2\cdots=0.\dot{1}\dot{2}=\frac{12}{99}=\frac{4}{33}$. 【方法总结】将纯循环小数化为分数，分子是循环节，循环节有几位，分母就是几个9，最后进行约分. (2)混循环小数化分数 例①　$0.203\,030\,3\cdots=0.2\dot{0}\dot{3}=\frac{203-2}{990}=\frac{201}{990}=\frac{67}{330}$. 例②　$0.238\,888\cdots=0.23\dot{8}=\frac{238-23}{900}=\frac{215}{900}=\frac{43}{180}$. 【方法总结】混循环小数化为分数，分子为第二个循环节以前的小数部分减去小数部分中不循环的部分，循环节有几位，分母就有几个9，循环节前有几位，分母中的9后面就有几个0.

续表

·命题模型·	·解题思路·
2. 实数的大小比较	(1)比较大小常用比差法、比商法． ①比差法： 若 $a-b>0$，则 $a>b$；若 $a-b<0$，则 $a<b$；若 $a-b=0$，则 $a=b$. ②比商法： 当 $a>0$，$b>0$ 时：若 $\frac{a}{b}>1$，则 $a>b$；若 $\frac{a}{b}<1$，则 $a<b$；若 $\frac{a}{b}=1$，则 $a=b$. 当 $a<0$，$b<0$ 时：若 $\frac{a}{b}>1$，则 $a<b$；若 $\frac{a}{b}<1$，则 $a>b$；若 $\frac{a}{b}=1$，则 $a=b$. (2)比较两个分式的大小． 若分式的分子相等，则只需要比较分母，但要注意符号是否确定． (3)比较根式的大小． 常用平方法和分子有理化，同样也需注意符号问题． (4)比较代数式的大小． 常用特殊值法． (5)熟记常见无理数的估算数值． $\sqrt{2}\approx1.414$，$\sqrt{3}\approx1.732$，$\sqrt{5}\approx2.236$，$\sqrt{6}\approx2.449$，$\mathrm{e}\approx2.72$，$\pi\approx3.14$.

母题精练

1. 把整数部分是0，循环节有2位数字的纯循环小数化成最简分数，如果分母是一个两位数的质数，那么这样的最简真分数有(　　)个．

(A)10　　(B)9　　(C)8

(D)36　　(E)37

2. 已知 $a=\sqrt{2}-1$，$b=2\sqrt{2}-\sqrt{6}$，$c=\sqrt{6}-2$，则 a，b，c 的大小关系是(　　).

(A)$a<b<c$　　(B)$b<a<c$　　(C)$c<b<a$

(D)$c<a<b$　　(E)$a<c<b$

3. 已知 $0<x<1$，那么在 x，$\frac{1}{x}$，$\sqrt{x}$，x^2 中，最大的数是(　　).

(A)x　　(B)$\frac{1}{x}$　　(C)$\sqrt{x}$

(D)x^2　　(E)无法确定

第 2 节 比和比例

题型 11 等比定理与合比定理

母题技巧

命题特点：题干中出现多个分式相等，或者出现多个分式组成的不等式．

· 命题模型 ·	· 解题思路 ·
1. 等式问题 考查形式：已知一系列分式的等式关系，求分式的值或者其他代数式的值	(1)等比定理． 若已知$\frac{a}{b}=\frac{c}{d}=\frac{e}{f}$，则$\frac{a}{b}=\frac{c}{d}=\frac{e}{f}=\frac{a+c+e}{b+d+f}$(其中$b+d+f\neq 0$). 【易错点】使用等比定理时，“分母不等于 0”并不能保证“分母之和也不等于 0”，所以要先讨论分母之和是否为 0. (2)合比定理：$\frac{a}{b}=\frac{c}{d}\Leftrightarrow\frac{a+b}{b}=\frac{c+d}{d}$(等式左右同时加 1)； 分比定理：$\frac{a}{b}=\frac{c}{d}\Leftrightarrow\frac{a-b}{b}=\frac{c-d}{d}$(等式左右同时减 1). 合比定理与分比定理是在等式两边加减 1 得到的，但是解题时，未必非要加减 1，也可以加减别的数．使用合比定理的目标往往是将分子变成相等的项，吕老师将其命名为“通分子”. (3)能用等比、合比定理的题型，常常也可以用设 k 法，这也是最常用的方法．
2. 不等式问题 考查形式：判断一系列分式的大小关系	(1)若不等号左右两侧的分子和分母之和(或之差)相等，则可以考虑合比定理(或分比定理)，在不等式左右两侧同加 1(或同减 1)，使其分子相同，达到“通分子”的效果． (2)特殊值法．代入值，判断分式关系． 【易错点】不等式问题要注意符号．

母题精练

1. 若$\frac{a+b-c}{c}=\frac{a-b+c}{b}=\frac{-a+b+c}{a}=k$，则一次函数 $y=kx+k^2$ 的图像必定经过的象限是(　　).

(A)第一、二象限　　(B)第一、二、三象限

(C)第二、三、四象限　　(D)第三、四象限

(E)第一、二、四象限

2. 若非零实数 a，b，c，d 满足等式$\frac{a}{b+c+d}=\frac{b}{a+c+d}=\frac{c}{a+b+d}=\frac{d}{a+b+c}=n$，则 n 的值为(　　).

(A)-1 或$\frac{1}{4}$　(B)$\frac{1}{3}$　(C)$\frac{1}{4}$　(D)-1　(E)-1 或$\frac{1}{3}$

3. 已知$\frac{a}{b}=\frac{c}{d}=\frac{e}{f}=\frac{2}{3}$，且 $2b-d+5f=18$，则 $2a+4b-c-2d+5e+10f=$(　　).

(A)18　(B)28　(C)36
(D)48　(E)56

4. 已知 a，b，x，$y\in\mathbf{R}^+$. 则$\frac{x}{x+a}>\frac{y}{y+b}$.

(1)$\frac{1}{a}>\frac{1}{b}$.

(2)$x>y$.

题型 12　比例的计算

母题技巧

命题特点：已知条件中出现比例或者求比例.

·命题模型·	·解题思路·
1. 连比问题	(1)常用设 k 法. 【例】已知$\frac{x}{a}=\frac{y}{b}=\frac{z}{c}$，可设$\frac{x}{a}=\frac{y}{b}=\frac{z}{c}=k$，则 $x=ak$，$y=bk$，$z=ck$. (2)可以用特殊值法分析. (3)如果遇到分数比，则先转化成整数比. 【例】$\frac{1}{3}:\frac{1}{4}:\frac{1}{5}=\frac{20}{60}:\frac{15}{60}:\frac{12}{60}=20:15:12$. (4)已知分式比，可化为整式比. 【例】已知$\frac{1}{x}:\frac{1}{y}:\frac{1}{z}=4:5:6$，$x:y:z=\frac{1}{4}:\frac{1}{5}:\frac{1}{6}=15:12:10$.
2. 两两之比问题	已知3个对象的两两之比问题，常用最小公倍数法化为连比，取中间项的最小公倍数. 【例】甲：乙$=7:3$，乙：丙$=5:3$. 可令乙取3和5的最小公倍数15，则甲：乙：丙$=35:15:9$.

续表

·命题模型·	·解题思路·
3. 正比例与反比例	若两个数 x，y 满足 $y=kx(k\neq 0)$，则称 y 与 x 成正比例． 若两个数 x，y 满足 $y=\frac{k}{x}(k\neq 0)$，则称 y 与 x 成反比例．
4. 总量不变问题	对于两个样本容量相同的对象，如果每个对象内部的各部分比例不同，混合之后求各部分比例，可用最小公倍数法，将两个对象的样本容量转化为相同的份数．

母题精练

1. 已知 $\frac{1}{m}=\frac{2}{x+y}=\frac{3}{y+m}$，则 $\frac{2m+x}{y}=$(　　).

(A)1　(B)-1　(C)$\frac{1}{3}$　(D)$\frac{1}{2}$　(E)0

2. 将3 700元奖金按 $\frac{1}{2}:\frac{1}{3}:\frac{2}{5}$ 的比例分给甲、乙、丙三人，则乙应得奖金(　　)元．

(A)1 000　(B)1 050　(C)1 200
(D)1 500　(E)1 800

3. 某公司生产的一批产品中，一级品与二级品的比是5∶2，二级品与次品的比是5∶1，则该批产品的次品率约为(　　).

(A)5%　(B)5.4%　(C)4.6%
(D)4.2%　(E)3.8%

4. 已知 $y=y_1-y_2$，且 y_1 与 $\frac{1}{2x^2}$ 成反比例，y_2 与 $\frac{3}{x+2}$ 成正比例．当 $x=0$ 时，$y=-3$，又当 $x=1$ 时，$y=1$，那么 y 关于 x 的函数是(　　).

(A)$y=\frac{3x^2}{2}-\frac{6}{x+2}$　(B)$y=3x^2-\frac{6}{x+2}$
(C)$y=3x^2+\frac{6}{x+2}$　(D)$y=-\frac{3x^2}{2}+\frac{3}{x+2}$
(E)$y=-3x^2-\frac{6}{x+2}$

5. 已知某班总人数小于100人，上学期通过英语四级考试的人数与未通过考试的人数之比是2∶7，本学期人数不变，通过考试的人数与未通过考试的人数之比是3∶5，则本学期新增(　　)人通过英语四级考试．

(A)10　(B)11　(C)16
(D)18　(E)27

第3节 绝对值

题型13 绝对值方程、不等式

母题技巧

命题特点：题干中出现含绝对值的函数、方程或不等式．

·命题模型·	·解题思路·
1. 含绝对值的方程求解	(1)首先考虑选项代入法． (2)可以画图像的用图像法． (3)万能方法：去绝对值符号(平方法、分类讨论法)． 【易错点】平方法解绝对值方程 $\|f(x)\|=g(x)$ 时，有隐含定义域，故不能直接平方，而是等价于 $\begin{cases} g(x)\geqslant 0, \\ f^2(x)=g^2(x). \end{cases}$
2. 含绝对值的不等式求解	(1)特殊值法、选项代入法． (2)可以画图像的用图像法． (3)万能方法： ①平方法去绝对值：$\|f(x)\|^2=[f(x)]^2$，要注意定义域问题． ②分类讨论法去绝对值． $\|f(x)\|<a\Leftrightarrow -a<f(x)<a$，其中 $a>0$． $\|f(x)\|>a\Leftrightarrow f(x)<-a$ 或 $f(x)>a$，其中 $a>0$． $\|f(x)\|=\begin{cases} f(x), & f(x)\geqslant 0, \\ -f(x), & f(x)<0. \end{cases}$ (4)三角不等式法：$\|a\|-\|b\|\leqslant\|a\pm b\|\leqslant\|a\|+\|b\|$．

母题精练

1. 方程 $|x-1|+|x+2|-|x-3|=4$ 无解．

(1) $x\in(-2, 0)$．

(2) $x\in(3, +\infty)$．

2. 方程 $|x|=ax-1$ 有一个正根．

(1) $a>1$．

(2) $a>-1$．

3. 已知 $x^2-5|x+1|+2x-5=0$，则 x 所有取值的和为（　　）.

(A)2　　(B)-2　　(C)0

(D)1　　(E)-1

4. 不等式 $|2x+1|+|x-2|>4$ 的解集为（　　）.

(A)$(-\infty,-1]\cup[1,+\infty)$　　(B)$(-\infty,-1)\cup(1,+\infty)$　　(C)$(-1,1)$

(D)$[1,3]$　　(E)$(1,2)$

题型14　绝对值的化简求值与证明

母题技巧

命题特点：求带绝对值的多项式的值，或者求使带绝对值的不等式成立的区间.

·命题模型·	·解题思路·
1. 一般型 考查形式：带有绝对值的代数式的化简求值与证明	(1)首选特殊值法.特殊值一般先选0，再选负数. (2)平方法去绝对值. (3)万能方法：分类讨论法去绝对值. (4)图像法.
2. 三角不等式问题	(1)等号成立的条件： ①$\|\|a\|-\|b\|\|\leqslant\|a+b\|\leqslant\|a\|+\|b\|$恒成立.其中左边等号成立的条件：$ab\leqslant0$；右边等号成立的条件：$ab\geqslant0$. 口诀：左异右同，可以为零. ②$\|\|a\|-\|b\|\|\leqslant\|a-b\|\leqslant\|a\|+\|b\|$恒成立.其中左边等号成立的条件：$ab\geqslant0$；右边等号成立的条件：$ab\leqslant0$. 口诀：左同右异，可以为零. (2)不等号成立的条件： ①$\|\|a\|-\|b\|\|\leqslant\|a+b\|\leqslant\|a\|+\|b\|$恒成立.其中左边不等号成立的条件：$ab>0$；右边不等号成立的条件：$ab<0$. ②$\|\|a\|-\|b\|\|\leqslant\|a-b\|\leqslant\|a\|+\|b\|$恒成立.其中左边不等号成立的条件：$ab<0$；右边不等号成立的条件：$ab>0$.

续表

·命题模型·	·解题思路·
3. 定整问题 定义：若干个整式的绝对值之和(或高次绝对值之和)为较小的自然数(如1，2等)，称为定整问题	抓住题中所给整式的绝对值为自然数的特征，推理出整式绝对值可能出现的情况．通常使用分类讨论法、特殊值法，常见情况如下： (1)几个整式的绝对值(或高次绝对值)之和为1，则其中一个绝对值为1，其余为0. (2)几个整式的绝对值之和为2，则其中一个绝对值为2，其余为0；或者其中两个绝对值为1，其余为0. (3)几个整式的绝对值的高次幂之和为2，则其中两个绝对值为1，其余为0. 【易错点】若使用特殊值法，容易漏根．答案中若有带“或”的选项，取特值时注意正负值都取，看看有没有多组解．

母题精练

1. $|x|<|x^3|$.

(1)$x<-1$.

(2)$|x^2|<|x^4|$.

2. 若$x<-2$，则$|1-|1+x||=$(　　).

(A)$-x$　　(B)x　　(C)$2+x$　　(D)$-2-x$　　(E)0

3. 已知$\frac{1}{a}-|a|=1$，则$\frac{1}{a}+|a|=$(　　).

(A)$\frac{\sqrt{5}}{2}$　　(B)$-\frac{\sqrt{5}}{2}$　　(C)$-\sqrt{5}$　　(D)$\sqrt{5}$　　(E)$2\sqrt{5}$

4. $\frac{|a-b|}{|a|+|b|}\geqslant 1$.

(1)$ab>0$.

(2)$ab<0$.

5. 已知有理数t满足$|1-t|=1+|t|$，$|t-2\,023|-|1-t|=$(　　).

(A)2 018　　(B)2 020　　(C)2 021　　(D)2 022　　(E)2 023

6. 已知$|2x-a|\leqslant 1$，$|2x-y|\leqslant 1$，则$|y-a|$的最大值为(　　).

(A)1　　(B)2　　(C)3　　(D)4　　(E)5

7. 已知$x\in[2,5]$. 则$|a-b|$的取值范围为$[0,6]$.

(1)$|a|=5-x$.

(2)$|b|=x-2$.

8. $|a-b|+|a-c|+|b-c|\leqslant 2$.

(1)a，b，c为整数，且$|a-b|^{20}+|c-a|^{41}=1$.

(2)a，b，c为整数，且$|a-b|^{20}+|c-a|^{41}=2$.

题型 15 非负性问题

母题技巧

命题特点：①一个方程出现多个未知数，并且一般不会说明这几个未知数是整数；
②出现根式、绝对值、平方等非负式，或者能够凑成非负式．

·命题模型·	·解题思路·
1. 标准型	若已知 $\|a\|+b^2+\sqrt{c}=0$ 或 $\|a\|+b^2+\sqrt{c}\leqslant 0$，可得 $a=b=c=0$． 由非负数的性质可知，若干个非负数之和等于0，则每个非负数都为0．
2. 方程组型	将两个方程相加，整理成 $\|a\|+b^2+\sqrt{c}=0$ 或 $\|a\|+b^2+\sqrt{c}\leqslant 0$ 形式，可得 $a=b=c=0$．
3. 配方型	通过配方整理成 $a^2+b^2+c^2=0$ 或者 $a^2+b^2+c^2\leqslant 0$ 的形式．
4. 定义域型	根据根号下面的数大于等于0，求出变量的范围，再根据变量的范围，对方程进行化简求值．

母题精练

1. 若 $(x-y)^2+|xy-1|=0$，则 $\frac{y}{x}-\frac{x}{y}=$（　　）．

(A)2　　(B)−2　　(C)1　　(D)−1　　(E)0

2. 已知实数 a，b，x，y 满足 $y+|\sqrt{x}-\sqrt{2}|=1-a^2-b^2$ 和 $|x-2|=y-2+2a$，则 $\log_{x+y}(a+b)$ 的值为（　　）．

(A)$\log_3 2$　　(B)$\log_2 3$　　(C)0　　(D)1　　(E)2

3. $2^{x+y}+2^{a+b}=17$.

(1)a，b，x，y 满足 $y+|\sqrt{x}-\sqrt{3}|=1-a^2+\sqrt{3}b$.

(2)a，b，x，y 满足 $|x-3|+\sqrt{3}b=y-1-b^2$.

4. 已知△ABC 的三边长 a、b、c 都是正整数，且 a，b 满足 $a^2+b^2-6a-8b+25=0$，则△ABC 的另外一条边 c 的最大值为（　　）．

(A)5　　(B)6　　(C)7

(D)8　　(E)4

5. 若 $3(a^2+b^2+c^2)=(a+b+c)^2$，则 a、b、c 三者的关系为（　　）．

(A)$a+b=b+c$　　(B)$a+b+c=1$　　(C)$a=b=c$

(D)$ab=bc=ac$　　(E)$abc=1$

6. 已知整数 a，b，c 满足不等式 $a^2+b^2+c^2+43\leqslant ab+9b+8c$，则 a 的值等于(　　).

(A)10　　(B)8　　(C)6　　(D)4　　(E)3

7. 已知 $m^2+n^2+mn+m-n+1=0$，则 $\frac{1}{m}+\frac{1}{n}=$(　　).

(A)-2　　(B)-1　　(C)0　　(D)1　　(E)2

8. 已知 $M=3x^2-8xy+9y^2-4x+6y+13$，则 M 的值一定是(　　).

(A)正数　　(B)非负数　　(C)负数　　(D)非正数　　(E)零

9. 若实数 x，y 满足 $\sqrt{-x}\cdot|y-2\ 022|+(x+5)^{\frac{5}{2}}=(x+1)(x+2)(x+3)(x+4)-24$，则 $(y-2\ 023)^x=$(　　).

(A)-2　　(B)-1　　(C)0

(D)1　　(E)2

题型 16　自比性问题

母题技巧

命题特点：题干中出现的分式中分子或分母有绝对值，或者判断多项式和0的大小关系.

·命题模型·	·解题思路·
1. 自比性问题	实际上是符号判断问题，需要我们判断代数式的正负，其基本形式如下： (1)$\frac{\vert a\vert}{a}=\frac{a}{\vert a\vert}=\begin{cases}1, & a>0,\\-1, & a<0.\end{cases}$ (2)$\frac{\vert a\vert}{a}+\frac{\vert b\vert}{b}=\begin{cases}2, & a，b\text{ 同正},\\0, & a，b\text{ 一正一负},\\-2, & a，b\text{ 同负}.\end{cases}$ (3)$\frac{\vert a\vert}{a}+\frac{\vert b\vert}{b}+\frac{\vert c\vert}{c}=\begin{cases}3, & a，b，c\text{ 同正},\\1, & a，b，c\text{ 两正一负},\\-1, & a，b，c\text{ 两负一正},\\-3, & a，b，c\text{ 同负}.\end{cases}$
2. 符号判断问题	(1)$abc>0$，说明 a，b，c 有3正或2负1正； (2)$abc<0$，说明 a，b，c 有3负或2正1负； (3)$abc=0$，说明 a，b，c 至少有1个为0； (4)$a+b+c>0$，说明 a，b，c 至少有1正，注意有可能某个数等于0； (5)$a+b+c<0$，说明 a，b，c 至少有1负，注意有可能某个数等于0； (6)$a+b+c=0$，说明 a，b，c 至少有1正1负，或者三者都等于0.

母题精练

1. 若$0<a<1$，$-2<b<-1$，则$\frac{|a-1|}{a-1}-\frac{|b+2|}{b+2}+\frac{|a+b|}{a+b}=$(　　).

(A)-3　　(B)-2　　(C)-1

(D)0　　(E)1

2. 代数式$\frac{|a|}{a}+\frac{|b|}{b}+\frac{|c|}{c}+\frac{|abc|}{abc}$可能的取值有(　　)个.

(A)4　　(B)3　　(C)2

(D)1　　(E)5

3. $m=1$.

(1)$m=\frac{|x-1|}{x-1}+\frac{|1-x|}{1-x}+\frac{\sqrt{x-1}}{\sqrt{|x-1|}}$.

(2)$m=\frac{|x-1|}{x-1}-\frac{|1-x|}{1-x}+\frac{\sqrt{x-1}}{\sqrt{|x-1|}}$.

4. 已知$abc<0$，$a+b+c=0$，则$\frac{|a|}{a}+\frac{b}{|b|}+\frac{|c|}{c}+\frac{|ab|}{ab}+\frac{bc}{|bc|}+\frac{|ac|}{ac}=$(　　).

(A)0　　(B)1　　(C)-1

(D)2　　(E)-2

5. 已知实数a，b，c满足$a+b+c=0$，$abc>0$，且$x=\frac{a}{|a|}+\frac{b}{|b|}+\frac{c}{|c|}$，$y=a\left(\frac{1}{b}+\frac{1}{c}\right)+b\left(\frac{1}{a}+\frac{1}{c}\right)+c\left(\frac{1}{a}+\frac{1}{b}\right)$，则$x^y=$(　　).

(A)-1　　(B)0　　(C)1

(D)8　　(E)-8

6. 实数A，B，C中至少有一个大于零.

(1)x，y，$z\in\mathbf{R}$，$A=x^2-2y+\frac{\pi}{2}$，$B=y^2-2z+\frac{\pi}{3}$，$C=z^2-2x+\frac{\pi}{6}$.

(2)$x\in\mathbf{R}$，且$|x|\neq1$，$A=x-1$，$B=x+1$，$C=x^2-1$.

题型17　绝对值的最值问题

母题技巧

命题特点：题干中出现一系列绝对值式子的加减.

·命题模型·	·解题思路·
1. 形如 $y=\|x-a\|+\|x-b\|$ 的两个线性和问题	(1)根据三角不等式求最值： $\|x-a\|+\|x-b\|\geqslant\|(x-a)-(x-b)\|=\|a-b\|$. (2)图像法：函数的图像如图 1-1 所示(盆地形). 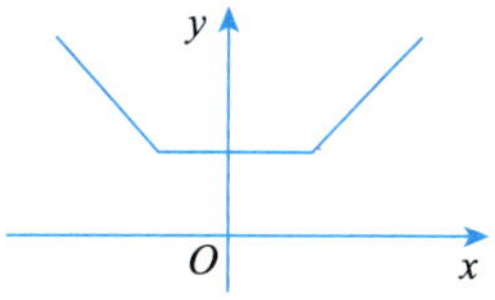 图 1-1 【结论】设 $a<b$，则当 $x\in[a,b]$时，y 有最小值 $\|a-b\|$. 【推广】$y=\|x-a_1\|+\|x-a_2\|+\cdots+\|x-a_{2n-1}\|+\|x-a_{2n}\|$ (共有偶数个)，且$a_1<a_2<\cdots<a_{2n-1}<a_{2n}$，则当 $x\in[a_n,a_{n+1}]$时，取区间内任意一点，代入式中即可得 y 的最小值，最小值点有无穷多个.
2. 形如 $y=\|x-a\|+\|x-b\|+\|x-c\|$ 的三个线性和问题	图像法，函数的图像如图 1-2 所示(尖铅笔形). 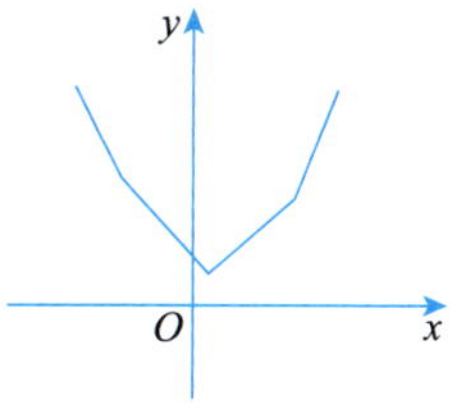 图 1-2 【结论】若 $a<b<c$，则当 $x=b$ 时，y 有最小值 $\|a-c\|$. 【推广】$y=\|x-a_1\|+\|x-a_2\|+\cdots+\|x-a_{2n-1}\|$(共有奇数个)，且 $a_1<a_2<\cdots<a_{2n-1}$，则当 $x=a_n$(中间项)时，代入式中可得 y 的最小值，最小值点只有 1 个.
3. 形如 $y=\|x-a\|-\|x-b\|$ 的线性差问题	(1)根据三角不等式求最值： $\|x-a\|-\|x-b\|\leqslant\|\,\|x-a\|-\|x-b\|\,\|$ $\leqslant\|(x-a)-(x-b)\|=\|a-b\|$ $\Rightarrow\|\,\|x-a\|-\|x-b\|\,\|\leqslant\|a-b\|$ $\Rightarrow-\|a-b\|\leqslant\|x-a\|-\|x-b\|\leqslant\|a-b\|$. (2)图像法，函数的图像如图 1-3 所示(正 Z 形或反 Z 形中的一个). 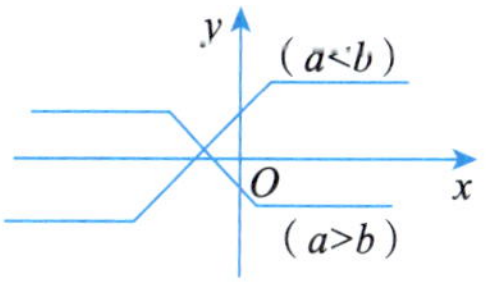 图 1-3 【结论】y 有最小值$-\|a-b\|$，最大值 $\|a-b\|$.

续表

·命题模型·	·解题思路·
4. 形如 $y=m\|x-a\|\pm n\|x-b\|\pm p\|x-c\|\pm q\|x-d\|$ 的复杂线性和问题	(1)画图法，“描点看边取拐点法”口诀： 描点看右边，最值取拐点， 右减左必增，右增左必减， 右减有最大，右增有最小， 题干知大小，直接取拐角． (2)直接取拐点法：因为最值必然取在拐点处，则有 ①若定义域为全体实数，则最值一定取在拐点 $x=a$ 或 $x=b$ 或 $x=c\cdots$处，代入数值，比较即可． ②若定义域为某个区间，则最值可能取在区间端点上或拐点处，代入数值，比较即可． 【注意】推荐使用方法二，更为简捷．

母题精练

1. 不等式 $|1-x|+|1+x|>a$ 对于任意的 x 成立．

(1) $a\in(-\infty, 2)$．

(2) $a=2$．

2. 已知函数 $f(x)=|2x+1|+|2x-3|$．若关于 x 的不等式 $f(x)>a$ 恒成立，则实数 a 的取值范围(　　)．

(A) $a<4$　　(B) $a\geqslant 4$　　(C) $a\leqslant 4$

(D) $a>4$　　(E) $a<5$

3. 若 $(|2x+1|+|2x-3|)(|3y-2|+|3y+1|)(|z-3|+|z+1|)=48$，则 $2x+3y+z$ 的最大值为(　　)．

(A)6　　(B)8　　(C)10　　(D)12　　(E)22

4. 方程的整数解有 7 个．

(1) $|x+1|+|x-5|=6$．

(2) $|x+1|-|x-5|=6$．

5. 函数 $y=|x-1|+|x|+|x+1|+|x+2|+|x+3|$ 的最小值为(　　)．

(A) -1　　(B)0　　(C)1　　(D)2　　(E)6

6. 已知 $y=2|x-a|+|x-2|$ 的最小值为 1，则 $a=$(　　)．

(A)1　　(B)1 或 3　　(C) $\frac{3}{2}$ 或 $\frac{5}{2}$

(D)1 或 3 或 $\frac{3}{2}$ 或 $\frac{5}{2}$　　(E) $\frac{5}{2}$

7. 当 $|x|\leqslant 4$ 时，函数 $y=|x-1|+|x-2|+|x-3|$ 的最大值与最小值之差是(　　)．

(A)4　　(B)6　　(C)16　　(D)20　　(E)14

8. 某公司员工分别住在 A、B、C 三个住宅区，A 区有 30 人，B 区有 15 人，C 区有 10 人．三个区在一条直线上，位置如图 1-4 所示．公司打算在其间只设一个接送停靠点，要使所有员工步行到停靠点的路程总和最少，那么停靠点的位置应在(　　)．

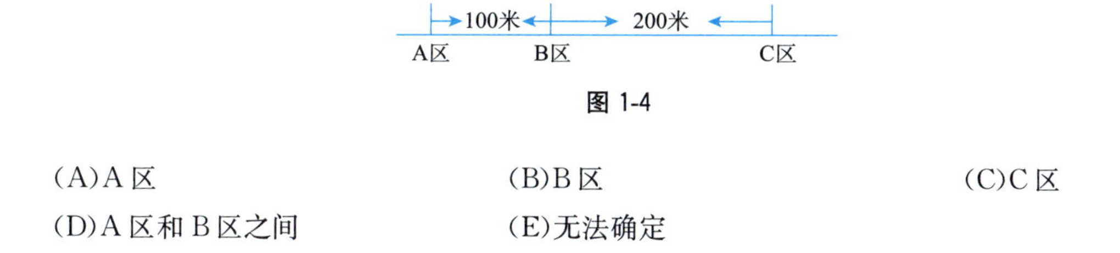

图 1-4

(A)A 区　　(B)B 区　　(C)C 区
(D)A 区和 B 区之间　　(E)无法确定

题型 18　绝对值函数

母题技巧

命题特点：题干中出现以下函数或方程，都可以通过图像法来求解．

·命题模型·	·解题思路·
1. 形如 $y=\|f(x)\|$ 的图像	先画 $y=f(x)$ 的图像，再将图像位于 x 轴下方的部分翻到 x 轴上方．
2. 形如 $y=f(\|x\|)$ 的图像	令 $x\geqslant 0$，画出 $y=f(x)$ 的图像，再将图像翻到 y 轴左侧．图像是偶函数，关于 y 轴对称．
3. 形如 $\|ax+by\|=c$ 的图像	可化简为 $ax+by=\pm c$，图像是两条关于原点对称的平行直线．
4. 形如 $\|Ax-a\|+\|By-b\|=C$ 的图像	当 $A=B$ 时，图像所围成的图形是正方形； 当 $A\neq B$ 时，图像所围成的图形是菱形． 无论是正方形还是菱形，面积均为 $S=\frac{2C^2}{AB}$．
5. 形如 $\|xy\|+ab=a\|x\|+b\|y\|$ 的图像	图像为由 $x=\pm b$，$y=\pm a$ 这四条直线所围成的矩形，面积为 $S=4\|ab\|$．当 $a=b$ 时，图像为正方形，面积为 $S=4a^2$．

母题精练

1. 能确定实数 a 的值．
(1)方程 $2|x|+1=a$ 有且仅有 1 个实数根．
(2)方程 $|2x^2-1|=a$ 有且仅有 1 个实数根．

2. 在平面直角坐标系中，曲线$|2x+3y|=6$与坐标轴所围图形的面积是(　　).

(A)6　　(B)12　　(C)18　　(D)24　　(E)36

3. 在平面直角坐标系中，方程的图像所围成的图形是正方形.

(1)$|xy|+2=|x|+2|y|$.

(2)$|x-2|+|2y-1|=4$.

第4节 平均值和方差

题型19 平均值和方差

母题技巧

·命题模型·	·解题思路·
1. 考查平均值的基本公式	(1)算术平均值：n个数x_1，x_2，x_3，…，x_n的算术平均值为$\frac{x_1+x_2+x_3+\cdots+x_n}{n}$，记为$\overline{x}=\frac{1}{n}\sum_{i=1}^{n}x_i$，也可记为$E(x)$. 【求$\overline{x}$小技巧】取一个数$a$(一般取众数或中位数)，用样本中的每个数减去这个数得到一组差值，求这组差值的平均值$\overline{\Delta x}$，则平均值等于$\overline{\Delta x}+a$. (2)几何平均值：n个正数x_1，x_2，x_3，…，x_n的几何平均值为$\sqrt[n]{x_1\cdot x_2\cdot x_3\cdot\cdots\cdot x_n}$，记为$G=\sqrt[n]{\prod_{i=1}^{n}x_i}$(注意只有正数才有几何平均值). 【结论】①$x_1+x_2+x_3+\cdots+x_n\geqslant n\sqrt[n]{x_1\cdot x_2\cdot x_3\cdot\cdots\cdot x_n}$，$n$个正数的积有定值时，和有最小值. ②$x_1\cdot x_2\cdot x_3\cdot\cdots\cdot x_n\leqslant\left(\frac{x_1+x_2+x_3+\cdots+x_n}{n}\right)^n$，$n$个正数的和有定值时，积有最大值.
2. 考查方差和标准差公式	(1)方差：$S^2=\frac{1}{n}[(x_1-\overline{x})^2+(x_2-\overline{x})^2+\cdots+(x_n-\overline{x})^2]$，也可记为$D(x)$； 方差的简化公式：$S^2=\frac{1}{n}[(x_1{}^2+x_2{}^2+\cdots+x_n{}^2)-n\overline{x}^2]$. (2)标准差：$S=\sqrt{S^2}$，也可记为$\sqrt{D(x)}$. (3)方差和标准差的意义：方差和标准差反应的是数据在它的平均数附近波动的情况，是用来衡量一组数据波动大小的量. (4)小定理：任意五个连续整数的方差为2.

续表

·命题模型·	·解题思路·
3. 算术平均值和方差的性质	(1)算术平均值的性质． $E(ax+b)=aE(x)+b(a\neq0, b\neq0)$，即该组数据中的每个数字都乘一个非零的数字 a，平均值变为原来的 a 倍；该组数据中的每个数字都加上一个非零的数字 b，平均值在原来的基础上增加 b. (2)方差与标准差的性质． $D(ax+b)=a^2D(x)(a\neq0, b\neq0)$，即该组数据中的每个数字都乘一个非零的数字 a，方差变为原来的 a^2 倍，标准差变为原来的 $\mid a \mid$ 倍；该组数据中的每个数字都加上一个非零的数字 b，方差和标准差不变．

母题精练

1. 如果 a，b，c 的算术平均值等于13，且 $a:b:c=\frac{1}{2}:\frac{1}{3}:\frac{1}{4}$，则 $c=$(　　).

(A)7　　(B)8　　(C)9

(D)12　　(E)18

2. 若 a，b 为自然数，且 $\frac{1}{a}$ 与 $\frac{1}{b}$ 的算术平均值为 $\frac{1}{3}$，则 a 与 b 的乘积是(　　).

(A)18　　(B)9　　(C)27　　(D)12　　(E)9或12

3. 1，2，3，4，x 的方差是2.

(1)1，2，3，4，x 的平均数是2.

(2)$x=0$.

4. a，b，c，d 的方差等于最小的自然数．

(1)$a^2+b^2+c^2+d^2=ab+bc+cd+da$.

(2)$a^4+b^4+c^4+d^4=4abcd$.

5. A，B 两组数据的方差分别为 S_1^2，S_2^2. 则 $S_1^2=S_2^2$.

(1)A：16，18，19，20，23；B：51，53，54，55，58.

(2)A：1，2，4，5，19；B：51，52，54，55，69.

题型20　均值不等式

母题技巧

命题特点：(1)已知条件常常给出和或积的定值．

(2)常有三种问法：①最值是多少．②能否确定最值．③证明一个不等式成立．

·命题模型·	·解题思路·
1. 求最值	(1)利用均值不等式求最值时，常常需要对已知条件进行构造．两种常见的构造形式： ①拆项法：拆项常拆次数较小的项，并且拆成相等的项． 【例】$y=x+\frac{1}{x^2}=\frac{x}{2}+\frac{x}{2}+\frac{1}{x^2}$. ②对勾函数法：求形如$\frac{m}{x}+\frac{n}{y}$($x>0$，$y>0$，$m$ 和 n 是已知系数)的最小值，先构造成对勾函数的形式，再用均值不等式求解． 【例】已知 $x+y=1$，则$\frac{1}{x}+\frac{2}{y}=\frac{x+y}{x}+\frac{2x+2y}{y}=3+\frac{y}{x}+\frac{2x}{y}$. (2)几个基本的不等式： ①$a+b\geqslant 2\sqrt{ab}$($a$、$b$ 均为正数，$a=b$ 时等号成立)； ②$a+b+c\geqslant 3\sqrt[3]{abc}$($a$、$b$、$c$ 均为正数，$a=b=c$ 时等号成立)； ③$a^2+b^2\geqslant 2ab$(此不等式恒成立，$a=b$ 时等号成立).
2. 证明不等式 特点：此类题必为条件充分性判断题，结论一般是一个不等式	(1)常用特殊值法，一般已知未知数为正数，如果没有此条件，可举负数为反例． (2)重要不等式链：若 $a>0$，$b>0$，则 $\frac{2}{\frac{1}{a}+\frac{1}{b}}\leqslant\sqrt{ab}\leqslant\frac{a+b}{2}\leqslant\sqrt{\frac{a^2+b^2}{2}}$. 当且仅当 $a=b$ 时等号成立．此不等式链可以扩展到 n 个正数．

母题精练

1. 已知 x，$y\in\mathbf{R}$ 且 $x+y=4$，则 3^x+3^y 的最小值为(　　).

(A)$2\sqrt{2}$　　(B)$3\sqrt{2}$　　(C)6　　(D)9　　(E)18

2. 已知 $x>0$，$y>0$，点(x, y)在双曲线 $xy=2$ 上移动，则$\frac{1}{x}+\frac{1}{y}$的最小值为(　　).

(A)$\sqrt{3}$　　(B)$\sqrt{2}$　　(C)3　　(D)2　　(E)0

3. 当 $x>0$ 时，则 $y=4x+\frac{9}{x^2}$的最小值为(　　).

(A)6　　(B)$\sqrt{6}$　　(C)$3\sqrt{6}$　　(D)$3\sqrt[3]{36}$　　(E)12

4. 已知 $x>0$，函数 $y=\frac{4}{x}+2x^2$ 的最小值是(　　).

(A)6　　(B)8　　(C)$3\sqrt{3}$　　(D)$3\sqrt[3]{3}$　　(E)9

5. 已知 $a>0$，$b>0$，$a+2b=3$，则$\frac{2}{a}+\frac{1}{b}$的最小值为(　　).

(A)2　　(B)3　　(C)$\frac{8}{3}$　　(D)$\frac{1}{4}$　　(E)6

6. 已知a，b，c为正实数．则$\left(\frac{1}{a}-1\right)\left(\frac{1}{b}-1\right)\left(\frac{1}{c}-1\right)\geqslant 8$.

(1)$a+b+c=1$.

(2)$a+b+c=2$.

7. 下列不等式成立的有（　　）个．

①若$x>0$，则$x^2+\frac{2}{x}\geqslant 3$；　　②若$0<x<1$，则$x^2(1-x)\leqslant\frac{1}{9}$；

③若$x>0$，则$2x+\frac{1}{x^2}\geqslant 3$；　　④若$0<x<1$，则$x(1-x)^2\leqslant\frac{1}{9}$.

(A)0　　(B)1　　(C)2　　(D)3　　(E)4

题型21　柯西不等式

母题技巧

命题特点：一般在条件充分性判断题目中，求证不等式时，题干中若出现x^2+y^2、$x+y$的范围，可以考虑柯西不等式．

·命题模型·	·解题思路·
1. 一般型	柯西不等式：$(a^2+b^2)(c^2+d^2)\geqslant(ac+bd)^2$，当且仅当$ad=bc$时等号成立．
2. 变形式(最常考)	令$a=b=1$，$c=x$，$d=y$，则上述不等式变形为 $$2(x^2+y^2)\geqslant(x+y)^2,$$ 当且仅当$x=y$时等号成立．这个不等式可用于判断x^2+y^2与$x+y$的大小关系．
3. 求最大值	(1)柯西不等式可以变形为$\lvert ac+bd\rvert\leqslant\sqrt{(a^2+b^2)(c^2+d^2)}$. (2)形如$y=\sqrt{Ax+B}+\sqrt{D-Cx}$（$x$前后的系数异号），可以利用柯西不等式求极大值． $$y=\underset{a}{\sqrt{A}}\cdot\underset{c}{\sqrt{x+\frac{B}{A}}}+\underset{b}{\sqrt{C}}\cdot\underset{d}{\sqrt{\frac{D}{C}-x}}$$ $$\leqslant\sqrt{[(\sqrt{A})^2+(\sqrt{C})^2]\left[\left(\sqrt{x+\frac{B}{A}}\right)^2+\left(\sqrt{\frac{D}{C}-x}\right)^2\right]}$$ $$=\sqrt{(A+C)\left(\frac{B}{A}+\frac{D}{C}\right)}.$$

母题精练

1. 设 a，b，m，n 为实数，且 $a^2+b^2=5$，$ma+nb=5$，则 $\sqrt{m^2+n^2}$ 的最小值为（　　）.

(A)5　　(B)$2\sqrt{5}$　　(C) $\sqrt{10}$

(D)$\frac{\sqrt{5}}{2}$　　(E)$\sqrt{5}$

2. x，y 都为正实数．则 $x+y\geqslant 4$.

(1)$x^2+y^2\geqslant 8$.

(2)$xy\geqslant 4$.

3. a，b 为非负实数．则 $a+b\leqslant\sqrt{7+4\sqrt{3}}$.

(1)$ab\leqslant\frac{1}{2}$.

(2)$a^2+b^2\leqslant 4$.

4. $f(x)=\sqrt{x-1}+\sqrt{12-x}$ 的最大值是（　　）.

(A)$2\sqrt{3}-2$　　(B)2　　(C)$2\sqrt{3}$　　(D) $\sqrt{22}$　　(E)0

5. 满足函数 $f(x)=\sqrt{2x-2}+\sqrt{6-3x}\geqslant k$ 有解的 k 的最大值是（　　）.

(A)$\sqrt{5}$　　(B)$3\sqrt{2}$　　(C)6　　(D)4　　(E)$3\sqrt{3}$

本章奥数及高考改编题

版块说明

2022年管理类联考数学真题中，出现2道小学奥数题，分别是翻杯子问题及涂色问题.

其中，在上一年的《数学重难点》讲义里，我们就已经对翻杯子问题做了讲解；而从第1版《老吕数学要点精编》《老吕数学母题800练》，到现在的第8版，我们都对涂色问题做了重点讲解.所以，各位考生不要因为真题出现了2道小学奥数题就如临大敌，以为真题脱离了考试大纲、脱离了我们的教学范围.

工程问题、行程问题等应用题，无论是小学奥数、中考、还是高考，包括我们管理类联考，都是考试重点，这类题都是常规题型，我们已经编入了母题.不能因为小学奥数也会考此类题，就认为考研考的是小学奥数题，就像你考研英语会考简单词汇，但你不会认为考的就是小学英语.

除以上题型外，有些年份的联考数学真题也出现过个别来源于高考的题目.

但就命题比重看，每年至少有22道题目，可以直接从"母题800练"里找到对应题型，最多的年份可以达到24甚至25道.因此各位同学无须过多注重高考真题、奥数题等，母题仍然是大家备考的核心，余下的少量题，一般是母题的变化和综合.

同时，为了抓住每一分，我们的教研团队精心钻研了高考真题及奥数题，将其中符合母题的直接编入对应题型，较母题更为创新或综合的题型，编入"奥数及高考改编题"版块，而且，我们还将其中一些题改编成了"条件充分性判断题"，以符合管理类联考的题型特点.

总之，你安心学习就好，教研的事情，我们来做!

1. 两个派出所某月共受理案件160起，其中甲派出所受理的案件中有17%是刑事案件，乙派出所受理的案件中有20%是刑事案件，则乙派出所在这个月共受理(　　)起非刑事案件.

(A)48　　(B)60　　(C)72

(D)96　　(E)108

2. 陈先生给45个工人结算工资，将总钱数记在一张纸上，但是记账的纸张在总金额处破了两个洞，只剩下67□8□，其中方框表示破了的洞.陈先生记得每名工人的工资都是一样的，并且都是整数，那么这45人的总工资有可能是(　　)元.

(A)67 185　　(B)67 485或67 680　　(C)67 680

(D)67 680或67 185　　(E)67 485

3. 吕老师在黑板上写了好几个自然数，写完发现用2 023除以这些自然数，所得到的余数都是7，那么吕老师最多写了(　　)个不同的自然数.

(A)25　　(B)27　　(C)30

(D)32　　(E)35

4. 有两组有规律的数，甲组：1、3、5、7、9、…、23；乙组：2、4、6、8、10、…、24. 两组各自任选一个数相加，能得到(　　)个不同的和.

(A)23　　(B)24　　(C)25　　(D)136　　(E)144

5. 给出一个五位数，任意改变数字的顺序，得到一个新的五位数. 则存在这两个五位数的和是99 999的结果.

(1)五位数各个数位数字互不相同.

(2)五位数各个数位数字不全相同.

6. 现有5盏亮着的灯，规定每轮拨动3个开关，至少经过(　　)轮后，能将5盏灯全部灭掉.

(A)3　　(B)4　　(C)5　　(D)6　　(E)7

7. 古董店有两个还在走的古老时钟，一个每天快15分钟，另一个每天慢24分钟，现将两个古老时钟同时调到标准时间，则至少需要经过(　　)天才能同时显现出标准时间.

(A)72　　(B)144　　(C)240

(D)360　　(E)480

8. 甲组同学每人有28个苹果，乙组同学每人有30个苹果，丙组同学每人有31个苹果，三组的苹果总数是365个，则三组同学的人数总和是(　　).

(A)9　　(B)10　　(C)11

(D)12　　(E)14

9. 在物物交换的时代，1只兔子可以换2只鸡，2只兔子可以换3只鸭，5只兔子可以换7只鹅. 若某人用20只兔子换得鸡、鸭、鹅共30只，且鸭和鹅都不少于8只，则鸡和鸭的总和比鹅多(　　)只.

(A)1　　(B)2　　(C)3

(D)4　　(E)5

10. 家禽场里鸡、鸭、鹅三种家禽中公禽与母禽的数量比是2∶3，已知鸡、鸭、鹅的数量之比是8∶7∶5，公鸡、母鸡的数量之比是1∶3，公鸭、母鸭的数量之比是3∶4，则公鹅、母鹅的数量之比是(　　).

(A)2∶3　　(B)3∶2　　(C)3∶4

(D)4∶3　　(E)5∶6

11. 方程组$\begin{cases}|x|+y=12,\\x+|y|=6\end{cases}$的实数解有(　　)组.

(A)1　　(B)2　　(C)3

(D)4　　(E)5

12. 已知x，$y\in\mathbf{R}$，且$|x+y|\leqslant\frac{1}{6}$，$|x-y|\leqslant\frac{1}{4}$. 令$A=|x+5y|$，则$A$的取值范围是(　　).

(A)$[0,1]$　　(B)$\left[0,\frac{5}{4}\right]$　　(C)$\left[\frac{1}{2},1\right]$

(D)$\left[0,\frac{1}{5}\right]$　　(E)$\left[\frac{1}{5},\frac{1}{2}\right]$

13. 已知$a<1$，且$\left|\frac{a-b}{a+b}\right|=a$，那么(　　).

(A)$ab<0$　　(B)$ab>0$　　(C)$ab\leqslant 0$

(D)$a+b<0$　　(E)$a+b>0$

14. 已知对所有实数x，$|x+1|+\sqrt{x-2}\geqslant m-|x-2|$恒成立，则$m$的最大值为(　　).

(A)2　　(B)3　　(C)4　　(D)0　　(E)-1

15. 已知a为实数．则能确定$\frac{1}{a}+|a|$的值．

(1)已知$\frac{1}{a}-|a|=1$.

(2)已知$\frac{1}{|a|}-a=1$.

16. 某地区新冠疫情流行期间，每天统计新增感染人数．则能确定“连续7天每天新增感染人数不超过5人”.

(1)连续7天每天新增人数的平均数$\overline{x}\leqslant 3$.

(2)连续7天每天新增人数的标准差$S\leqslant 2$.

17. 若一组数据1，a，3($1<a<3$)的方差为S^2，则当a在区间(1，3)内增大时，S^2(　　)

(A)增大　　(B)减小　　(C)不变

(D)先增大再减小　　(E)先减小再增大

18. 如图1-5所示，将一块边长为a的正方形铁皮，剪去四个角(四个全等的正方形)，做成一个无盖的铁盒，要使其容积最大，则剪去的小正方形的边长为(　　).

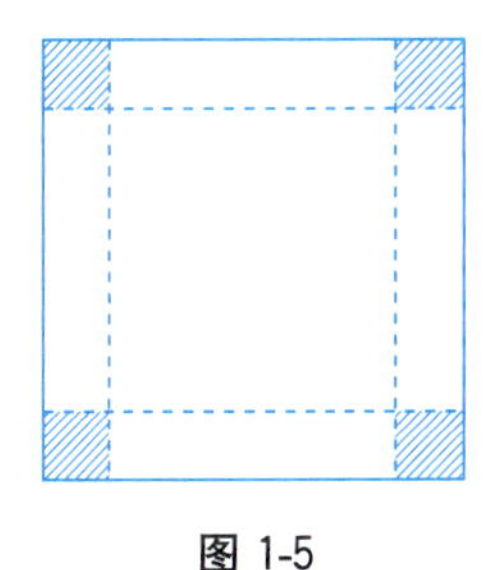

图1-5

(A)$\frac{a}{3}$　　(B)$\frac{a}{4}$

(C)$\frac{a}{5}$　　(D)$\frac{a}{6}$

(E)$\frac{a}{8}$

19. 制作一个容积为16π的圆柱形容器(有底有盖)，则圆柱底半径r和高h分别为(　　)时，用料最省(不计加工时的损耗及接缝用料).

(A)1，2　　(B)2，3　　(C)2，4

(D)3，6　　(E)4，8

20. 已知y_1与$x-2$成正比例关系，y_2与$x+2$成反比例关系，且$y=y_1+y_2$，当$x=6$时，$y=9$；当$x=-1$时，$y=2$，则当$x>-2$时，y的最小值是(　　).

(A)1　　(B)-1　　(C)2

(D)-2　　(E)0

第2章 整式与分式

本章思维导图

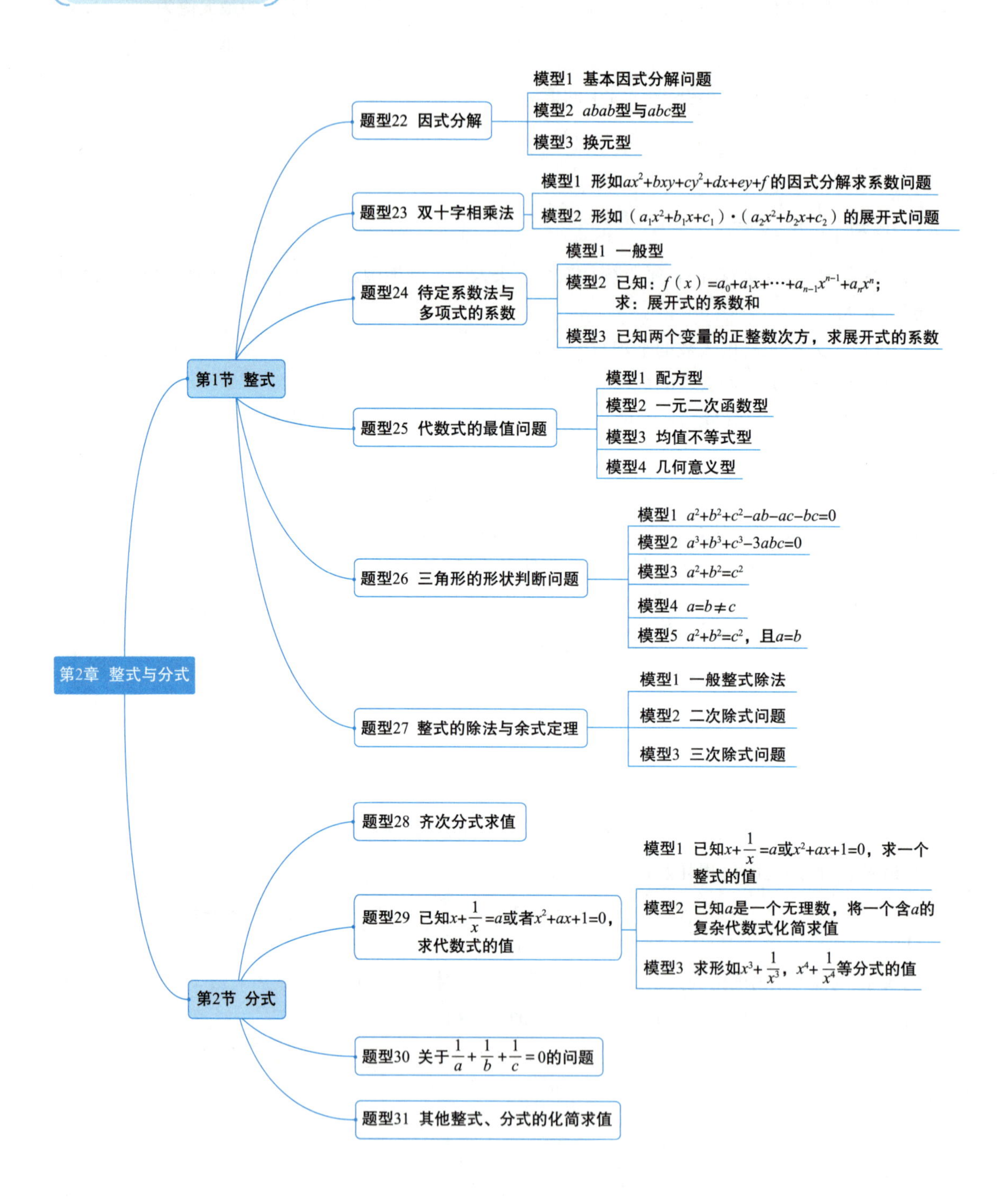

第1节 整式

题型22 因式分解

母题技巧

·命题模型·	·解题思路·
1. 基本因式分解问题	(1)首尾项检验法、特值检验法、提公因式法． (2)公式法． ①与平方有关的公式． $a^2-b^2=(a+b)(a-b)$；$(a\pm b)^2=a^2\pm 2ab+b^2$； $(a+b+c)^2=a^2+b^2+c^2+2ab+2bc+2ac$； $a^2+b^2+c^2\pm ab\pm bc\pm ac=\frac{1}{2}[(a\pm b)^2+(a\pm c)^2+(b\pm c)^2]$. ②与立方有关的公式． $a^3+b^3=(a+b)(a^2-ab+b^2)$； $a^3-b^3=(a-b)(a^2+ab+b^2)$； $(a\pm b)^3=a^3\pm 3a^2b+3ab^2\pm b^3$； $a^3+b^3+c^3-3abc=(a+b+c)(a^2+b^2+c^2-ab-bc-ac)$. (3)十字相乘法和双十字相乘法．
2. $abab$ 型与 abc 型	(1)$abab$ 模型． $ab\pm a\pm b+1=(a\pm 1)(b\pm 1)$； 类似地，当题干中同时出现 ab 项、a 项、b 项时，可以使用两次提公因式法实现因式分解． (2)abc 模型． $abc+ab+bc+ac+a+b+c+1=(a+1)(b+1)(c+1)$； $a^3+b^3+c^3-3abc=(a+b+c)(a^2+b^2+c^2-ab-bc-ac)$.
3. 换元型	(1)形如 $x-y$，$y-z$，$x-z$ 的代数式，可以用换元法： 令 $x-y=a$，$y-z=b$，则 $x-z=a+b$. (2)形如 $x-y$，$z-y$，$x-z$ 的代数式，可以用换元法： 令 $x-y=a$，$z-y=b$，则 $x-z=a-b$. (3)出现公共部分可以使用换元法．

母题精练

1. 已知 $x>y>0$，$x^3-2x^2y-xy^2+2y^3=0$，则 $xz-2yz+1=$(　　).

(A)-1　　(B)0　　(C)1　　(D)2　　(E)3

2. 已知 $x+y=3$，$x^2-xy+y^2=4$，则 $x^4+y^4+x^3y+xy^3=$(　　).

(A)30　　(B)12　　(C)36　　(D)48　　(E)52

3. 已知一个长方体从一个顶点出发的三条棱长 a，b，c 为整数，且满足 $a+b+c+ab+bc+ac+abc=2\ 006$，则长方体的体积为(　　).

(A)1 000　　(B)800　　(C)888

(D)666　　(E)900

4. 已知 $a-b=3$，$a-c=\sqrt[3]{26}$，则 $(c-b)[(a-b)^2+(a-c)(a-b)+(a-c)^2]$的值为(　　).

(A)2　　(B)3　　(C)4

(D)3.5　　(E)1

题型 23　双十字相乘法

母题技巧

·命题模型·	·解题思路·
1. 形如 $ax^2+bxy+cy^2+dx+ey+f$ 的因式分解求系数问题	分解 x^2 项、y^2 项和常数项，去凑 xy 项、x 项和 y 项的系数，则有 a_1x　　c_1y　　f_1 a_2x　　c_2y　　f_2 $\begin{cases}a_1c_2+a_2c_1=b(\text{左十字：}xy\text{ 的系数}),\\c_1f_2+c_2f_1=e(\text{右十字：}y\text{ 的系数}),\\a_1f_2+a_2f_1=d(\text{大十字：}x\text{ 的系数}).\end{cases}$
2. 形如$(a_1x^2+b_1x+c_1)\cdot(a_2x^2+b_2x+c_2)$的展开式问题	将两个因式写成的双十字形式，则有 a_1x^2　　b_1x　　c_1 a_2x^2　　b_2x　　c_2 $\begin{cases}x^4\text{ 的系数：}a_1a_2,\\x^3\text{ 的系数：}a_1b_2+a_2b_1(\text{左十字}),\\x^2\text{ 的系数：}a_1c_2+a_2c_1+b_1b_2,\\x\text{ 的系数：}b_1c_2+b_2c_1(\text{右十字}),\\\text{常数项：}c_1c_2.\end{cases}$

母题精练

1. $x^2+kxy+y^2-2y-3=0$ 的图像是两条直线，则 $k=$(　　).

(A)2　　(B)-2　　(C)± 2　　(D)$\frac{4\sqrt{3}}{3}$　　(E)$\pm\frac{4\sqrt{3}}{3}$

2. $2x^2+5xy+2y^2-3x-2=(2x+y+m)(x+2y+n)$.

(1)$m=-1$，$n=2$.

(2)$m=1$，$n=-2$.

3. 已知$(x^2+ax+8)(x^2-3x+b)$的展开式中不含 x^2，x^3 项，则 a，b 的值为(　　).

(A)$\begin{cases}a=2,\\b=1\end{cases}$　　(B)$\begin{cases}a=3,\\b=2\end{cases}$　　(C)$\begin{cases}a=3,\\b=-1\end{cases}$　　(D)$\begin{cases}a=1,\\b=3\end{cases}$　　(E)$\begin{cases}a=3,\\b=1\end{cases}$

题型 24　待定系数法与多项式的系数

母题技巧

·命题模型·	·解题思路·
1. 一般型 考查形式：题干中已知两个多项式相等，或者一个多项式是几个多项式的积	(1)两个多项式相等，则对应项的系数均相等. (2)待定系数法. ①待定系数法是设某一多项式的全部或部分系数为未知数，利用两个多项式相等的定义来确定待求的值. ②使用待定系数法时，最高次项和常数项往往能直接写出，但要注意符号问题(分析是否有正负两种情况).
2. 已知：$f(x)=a_0+a_1x+\cdots+a_{n-1}x^{n-1}+a_nx^n$；求：展开式的系数和	赋值法： (1)求常数项，则 $a_0=f(0)$. (2)求各项系数和，则 $a_0+a_1+\cdots+a_{n-1}+a_n=f(1)$. (3)求奇次项系数和，则 $a_1+a_3+a_5+\cdots=\frac{f(1)-f(-1)}{2}$. (4)求偶次项系数和，则 $a_0+a_2+a_4+\cdots=\frac{f(1)+f(-1)}{2}$.
3. 已知两个变量的正整数次方，求展开式的系数	二项式定理： $(a+b)^n=C_n^0a^n+C_n^1a^{n-1}b+\cdots+C_n^ka^{n-k}b^k+\cdots+C_n^{n-1}ab^{n-1}+C_n^nb^n$， 其中第 $k+1$ 项为 $T_{k+1}=C_n^ka^{n-k}b^k$，称为通项.

母题精练

1. 若 $4x^4-ax^3+bx^2-40x+16$ 是完全平方式，$ab<0$，则 a，b 的取值分别为（　　）.

(A)-20，9　(B)20，41　(C)-20，41　(D)20，-9　(E)20，-41

2. 若 $(1-2x)^7=a_7x^7+a_6x^6+\cdots+a_1x+a_0$，则 $a_1+a_3+a_5+a_7=$（　　）.

(A)1 093　(B)2 187　(C)2 186　(D)$-1\ 094$　(E)$-1\ 093$

3. 若 $(1-2x)^{2\,023}=a_0+a_1x+a_2x^2+\cdots+a_{2\,023}x^{2\,023}$，$x\in\mathbf{R}$，则 $\frac{a_1}{2}+\frac{a_2}{2^2}+\cdots+\frac{a_{2\,023}}{2^{2\,023}}=$（　　）.

(A)2　(B)0　(C)-1　(D)-2　(E)1

4. $(x-\sqrt{2}y)^{10}$ 的展开式中 x^6y^4 项的系数是（　　）.

(A)840　(B)-840　(C)210　(D)-210　(E)0

5. $\left(x-\frac{1}{\sqrt{x}}\right)^8$ 展开式中 x^5 的系数为（　　）.

(A)84　(B)-28　(C)28　(D)-21　(E)21

6. 在 $(1-x)^5-(1-x)^6$ 的展开式中，含 x^3 项的系数是（　　）.

(A)-5　(B)5　(C)-10　(D)10　(E)20

7. $(x-1)(x+1)^8$ 的展开式中 x^5 的系数是（　　）.

(A)-14　(B)14　(C)-28　(D)28　(E)36

题型 25　代数式的最值问题

母题技巧

·命题模型·	·解题思路·
1. 配方型	若已知条件中含有平方项，则考虑将代数式化为形如“数±式²”的形式，当平方项为 0 时，代数式取得最值.
2. 一元二次函数型	若一个变量能用另外一个变量表示，可将待求式子转化为一元二次函数形式，一元二次函数求最值的方法： (1)顶点公式法；(2)配方法；(3)双根式法. 注意隐含定义域问题.
3. 均值不等式型 考查形式：已知几个字母之间的关系，求他们的和或积的最值	(1)明确均值不等式的使用条件：一“正”二“定”三“相等”； (2)常用口诀：和有定值积最大，积有定值和最小； (3)使用方法：利用拆项法和对勾函数法构造出均值不等式.
4. 几何意义型	转化成解析几何求最值问题，具体详见第 5 章题型 74 · 最值问题.

母题精练

1. 设实数 x、y 满足等式 $x^2+\sqrt{2}x+\sqrt{2}y-4=2xy-y^2$，则 $x+y$ 的最大值为(　　).

(A)2　　(B)3　　(C)$2\sqrt{2}$　　(D)$3\sqrt{2}$　　(E)$3\sqrt{3}$

2. 代数式 $(a-b)^2+(b-c)^2+(c-a)^2$ 的最大值为9.

(1)实数 a，b，c 满足：$a^2+b^2+c^2=9$.

(2)实数 a，b，c 满足：$a^2+b^2+c^2=3$.

3. x^2+y^2+2y 的最小值为4.

(1)实数 x，y 满足 $x+2y=3$.

(2)x，y 均为正实数.

4. 若 $x-1=\frac{y+1}{2}=\frac{z-2}{3}$，则 $x^2+y^2+z^2$ 的最小值为(　　).

(A)2　　(B)3　　(C)$\frac{59}{14}$　　(D)$\frac{9}{2}$　　(E)6

5. 设 a，$b\in\mathbf{R}^+$，$a+b=1$，则 $ab+\frac{1}{ab}$ 的最小值是(　　).

(A)2　　(B)$\frac{5}{2}$　　(C)3　　(D)4　　(E)$\frac{17}{4}$

题型26　三角形的形状判断问题

母题技巧

命题特点：①根据所给代数式满足的条件，将代数式整理后，得到三角形三边的关系；
②判断三角形的形状时，此三角形必为特殊三角形.

·命题模型·	·解题思路·
$a^2+b^2+c^2-ab-ac-bc=0$	$a^2+b^2+c^2-ab-ac-bc$ $=\frac{1}{2}[2a^2+2b^2+2c^2-2ab-2ac-2bc]$ $=\frac{1}{2}[(a-b)^2+(b-c)^2+(a-c)^2]$ $=0$. 故 $a=b=c$，是等边三角形.

续表

·命题模型·	·解题思路·
$a^3+b^3+c^3-3abc=0$	$a^3+b^3+c^3-3abc=(a+b+c)(a^2+b^2+c^2-ab-bc-ac)=0$．因为 $a+b+c\neq0$，故 $a^2+b^2+c^2-ab-bc-ac=0$，即 $a=b=c$，是等边三角形．
$a^2+b^2=c^2$	直角三角形
$a=b\neq c$	等腰三角形
$a^2+b^2=c^2$，且 $a=b$	等腰直角三角形

母题精练

1. $\triangle ABC$ 是直角三角形．

(1) $\triangle ABC$ 的三边 a，b，c 满足 $a^4+b^4+c^4-a^2b^2-b^2c^2-a^2c^2=0$．

(2) $\triangle ABC$ 的三边 $a=9$，$b=12$，$c=15$．

2. $\triangle ABC$ 是等边三角形．

(1) $\triangle ABC$ 的三边满足 $a^2+b^2+c^2=ab+bc+ac$．

(2) $\triangle ABC$ 的三边满足 $a^3-a^2b+ab^2+ac^2-b^3-bc^2=0$．

3. 若 $\triangle ABC$ 的三边 a，b，c 满足 $a^3+b^3+c^3=3abc$，则 $\triangle ABC$ 为(　　)．

(A)等腰三角形

(B)直角三角形

(C)等边三角形

(D)等腰直角三角形

(E)钝角三角形

4. 已知 $\triangle ABC$ 的三条边分别为 a，b，c．则 $\triangle ABC$ 是等腰直角三角形．

(1) $(a-b)(c^2-a^2-b^2)=0$．

(2) $c=\sqrt{2}b$．

题型 27　整式的除法与余式定理

母题技巧

命题特点：题干中出现“整除”“余式”“因式”等字样．

·命题模型·	·解题思路·
1. 一般整式除法 定义：若 $F(x)$ 除以 $f(x)$，商是 $g(x)$，余式是 $r(x)$，则 $F(x)=f(x)g(x)+r(x)$，并且 $r(x)$ 的次数小于 $f(x)$ 的次数． 当 $r(x)=0$ 时，$F(x)=f(x)\cdot g(x)$，此时称 $F(x)$ 能被 $f(x)$ 整除，也能被 $g(x)$ 整除，$f(x)$ 和 $g(x)$ 都是 $F(x)$ 的因式	(1)选项代入法(特殊条件下的快速得分法)． (2)大除法(基础方法)． (3)因式定理． $x-a$ 是 $F(x)$ 的一个因式 $\Leftrightarrow$ 当 $x=a$ 时，$F(a)=0\Leftrightarrow$ $F(x)$ 能被 $x-a$ 整除． (4)余式定理． 若有 $x=a$ 使 $f(a)=0$，则 $F(a)=r(a)$，即当除式等于0时，被除式等于余式． (5)待定系数法． 求 $F(x)$ 除以 ax^2+bx+c 的余式，用待定系数法，设余式为 $px+q$，再用余式定理即可．
2. 二次除式问题 考查形式： ①已知 $F(x)$ 除以 $x-a_0$ 和 $F(x)$ 除以 $x-b_0$ 的余数，求 $F(x)$ 除以 $(x-a_0)(x-b_0)$ 的余式． ②已知 $F(x)$ 能被某可因式分解的二次除式 $a_0x^2+b_0x+c_0$ 整除，求 $F(x)$ 中的未知参数	考查形式①解题方法： 待定系数法：设余式为 $px+q$(p，q 为待求系数)，再用余式定理，列出关于 p，q 的方程组，解方程组即可． 考查形式②解题方法： 余式定理：$a_0x^2+b_0x+c_0=0$，解得两个根 x_1，x_2，则有 $F(x_1)=0$，$F(x_2)=0$，列出方程组，求出 $F(x)$ 中的未知参数．
3. 三次除式问题 考查形式： 已知 $F(x)$ 除以 $a_0x^2+b_0x+c_0$ 的余式为 $r_1(x)$，又知 $F(x)$ 除以 m_0x-n_0 的余式为 r_2 (r_2 是一个数)，求 $F(x)$ 除以 $(a_0x^2+b_0x+c_0)(m_0x-n_0)$ 的余式	待定系数法： ①若 $a_0x^2+b_0x+c_0=0$ 有两个不同的根，可设所求余式为 $r(x)=ax^2+bx+c$，令 $a_0x^2+b_0x+c_0=0$，$m_0x-n_0=0$，解得 $x=x_1$，x_2，x_3．再利用余式定理，代入 $x=x_1$，x_2，x_3，令被除式等于余式，即可解出参数 a，b，c． ②若 $a_0x^2+b_0x+c_0=0$ 无解或有两个相同的根，可设所求余式为 $r(x)=k(a_0x^2+b_0x+c_0)+r_1(x)$，令 $m_0x-n_0=0$，解出 $x=x_1$．再用余式定理，得 $r(x_1)=r_2$，即可解出参数 k．
注意：a_0，b_0，c_0，m_0，n_0 为已知数，$r_1(x)$，r_2 为已知条件．	

母题精练

1. 多项式 $2x^4+3x^3+x^2+2x-1$ 除以 x^2+x+1 的余式为(　　)．

(A)$3x+1$　　(B)$x+1$　　(C)$3x+2$　　(D)$2x-1$　　(E)$x+3$

2. 设 ax^3+bx^2+cx+d 能被 $x^2+h^2(h\neq0)$ 整除，则 a，b，c，d 间的关系为(　　)

(A)$ab=cd$　　(B)$ac=bd$　　(C)$ad=bc$

(D)$a+b=cd$　　(E)$a+b=c+d$

3. 若多项式 $f(x)=ax^3+a^2x^2+x+1-4a$ 能被 $x-1$ 整除，则实数 $a=$(　　).

(A)1 或 2　　(B)1　　(C)-1 或 3

(D)2　　(E)-2 或 -4

4. 若三次多项式 $f(x)$满足 $f(2)=f(-1)=f(1)=0$，$f(0)=4$，则 $f(-2)=$(　　).

(A)0　　(B)1　　(C)-1

(D)24　　(E)-24

5. 若三次多项式 $g(x)$满足 $g(-1)=g(0)=g(2)=0$，$g(1)=4$，多项式 $f(x)=x^4-x^2+1$，则 $3g(x)-4f(x)$被 $x-1$ 除的余式为(　　).

(A)3　　(B)5　　(C)8

(D)9　　(E)11

6. 二次三项式 x^2+x-6 是多项式 $2x^4+x^3-ax^2+bx+a+b-1$ 的一个因式.

(1)$a=16$.

(2)$b=2$.

7. $ax^3-bx^2+23x-6$ 能被$(x-2)(x-3)$整除.

(1)$a=3$，$b=-16$.

(2)$a=3$，$b=16$.

8. $f(x)$为二次多项式，且 $f(198)=3$，$f(199)=5$，$f(200)=9$，则 $f(201)=$(　　).

(A)13　　(B)15　　(C)19

(D)21　　(E)23

9. $f(x)$被$(x-1)(x-2)$除的余式为 $2x+3$.

(1)多项式 $f(x)$被 $x-1$ 除的余式为 5.

(2)多项式 $f(x)$被 $x-2$ 除的余式为 7.

10. 设 $f(x)$除以 $x-1$ 的余式是 3，除以$(x-2)^2$ 的余式是 $3x+4$，则 $f(x)$除以$(x-1)(x-2)^2$ 的余式为(　　).

(A)$4x^2-19x+12$　　(B)$-4x^2+19x-12$　　(C)$4x^2-19x-12$

(D)$4x^2+19x-12$　　(E)$-4x^2-19x-12$

11. 已知多项式 $f(x)$除以 $x-1$ 所得余数为 6，除以 x^2+x+1 所得余式为 $x+2$，则多项式 $f(x)$除以$(x-1)(x^2+x+1)$所得余式是(　　).

(A)$-x^2+2x+3$　　(B)x^2+2x-3　　(C)x^2+2x+3

(D)$2x^2+2x-3$　　(E)x^2-2x+3

12. 设 x^2+ax+b 是 $x^n-x^3+2x^2+x+1$ 与 $3x^n-3x^3+5x^2+6x+2$ 的公因式，则 $a+b=$(　　).

(A)1　　(B)-1　　(C)0　　(D)-2　　(E)2

第2节 分式

题型 28 齐次分式求值

母题技巧

·命题模型·	·解题思路·
齐次分式求值 分子和分母中每个项的次数都相等的分式为齐次分式	(1)若已知各字母的比例关系，则可直接用赋值法． (2)若不能直接知道各字母的比例关系，则通过整理已知条件，求出各字母之间的关系，再用赋值法． (3)类齐次分式(分子和分母中每个项的次数并不完全相同的分式)求值，仍可使用上述解题思路．

母题精练

1. 若 $a:b=\frac{1}{3}:\frac{1}{4}$，则$\frac{12a+16b}{12a-8b}=$(　　).

(A)2　　(B)3　　(C)4

(D)-3　　(E)-2

2. $\frac{x^2-2xz+2y^2}{3x^2+xy-z^2}=3$.

(1)$\frac{x}{2}=\frac{y}{3}=\frac{z}{4}$，且 x，y，z 均不为零．

(2)$\frac{x}{3}=\frac{y}{4}=\frac{z}{5}$，且 x，y，z 均不为零．

3. $\frac{a^2+5b^2}{8a^2-2b^2}=\frac{1}{2}$.

(1)a，b 均为非零实数，且 $|b^2-4|+(a^2-b^2-4)^2=0$.

(2)a，b 均为非零实数，且$\frac{a^2b^2}{a^4-2b^4}=1$.

4. 已知 $3x-4\sqrt{xy}-4y=0(x>0,\ y>0)$，则$\frac{x^2+2xy-12y^2}{2x^2+xy-9y^2}=$(　　).

(A)-1　　(B)$\frac{2}{3}$　　(C)$\frac{4}{9}$

(D)$\frac{16}{25}$　　(E)$\frac{16}{27}$

题型 29 已知 $x+\frac{1}{x}=a$ 或者 $x^2+ax+1=0$，求代数式的值

母题技巧

·命题模型·	·解题思路·
1. 已知 $x+\frac{1}{x}=a$ 或 $x^2+ax+1=0$，求一个整式的值	先将已知条件整理成 $x^2+ax+1=0$ 的形式，然后求解．具体方法有 (1)降幂求解．先整理出以下四种降幂式，再代入所求式． 【例】已知 $x^2-3x+1=0$，则有 $\begin{cases}x^2=3x-1,\\x^2-3x=-1,\\x^2+1=3x,\\x+\frac{1}{x}=3.\end{cases}$ (2)利用整式的除法，用 $f(x)$ 除以 x^2+ax+1，所得余数即为 $f(x)$ 的值．
2. 已知 a 是一个无理数，将一个含 a 的复杂代数式化简求值	先将所给无理数凑成有理数，再整理出四种降幂式，代入所求式． 【例】已知 $a=\sqrt{2}+1$，则 $a-1=\sqrt{2}$，平方，得 $(a-1)^2=2$，$a^2-2a-1=0$，则有 $\begin{cases}a^2-2a=1,\\a^2=2a+1,\\a^2-1=2a,\\a-\frac{1}{a}=2.\end{cases}$
3. 求形如 $x^3+\frac{1}{x^3}$，$x^4+\frac{1}{x^4}$ 等分式的值	先将已知条件整理成 $x+\frac{1}{x}=a$ 的形式，再将已知条件平方升次，或者将未知分式因式分解降次，即可求解，例如 $x^2+\frac{1}{x^2}=\left(x+\frac{1}{x}\right)^2-2$， $x^3+\frac{1}{x^3}=\left(x+\frac{1}{x}\right)\left(x^2-1+\frac{1}{x^2}\right)$.

母题精练

1. 若 $a^2+a-1=0$，则 $a^3+2a^2+2\ 023=$(　　).

(A)2 021　　(B)2 022　　(C)2 023　　(D)2 024　　(E)2 025

2. 已知 $x^2-2x-1=0$，则 $2\ 023x^3-6\ 069x^2+2\ 023x-7=$(　　).

(A)0　　(B)1　　(C)2 030

(D)$-2\ 030$　　(E)2 023

3. 已知 a 是方程 $x^2-3x+1=0$ 的根，则 $2a^2-5a+\frac{3}{a^2+1}=$（　　）.

(A)0　　(B)1　　(C)-1　　(D)2　　(E)-2

4. 代数式 $x^5-3x^4+2x^3-3x^2+x+2$ 的值为2.

(1)$x+\frac{1}{x}=3$.　　(2)$x-\frac{1}{x}=3$.

5. 若 $\frac{a^4+ma^2+1}{3a^3+ma^2+3a}=5$. 则 $m=\frac{37}{2}$.

(1)$a^2+4a+1=0$.　　(2)$a=1$.

6. 已知 $x=\frac{\sqrt{5}-3}{2}$，则 $x(x+1)(x+2)(x+3)=$（　　）.

(A)-1　　(B)1　　(C)2　　(D)$\sqrt{5}$　　(E)$\frac{\sqrt{5}-1}{2}$

7. 设 $a=\frac{\sqrt{5}-1}{2}$，$b=\frac{a^5+a^4-2a^3-a^2-a+2}{a^3-a}$，则 $a^b=$（　　）.

(A)$\frac{3+\sqrt{5}}{2}$　　(B)$\frac{3-\sqrt{5}}{2}$　　(C)$3+\sqrt{5}$

(D)$3-\sqrt{5}$　　(E)3

8. 设 x 是非零实数，若 $\frac{1}{x^2}+x^2=7$，则 $\frac{1}{x^3}+x^3=$（　　）.

(A)18　　(B)-18　　(C)± 18

(D)± 3　　(E)3

9. $x+\frac{1}{x}=3$.

(1)$x^3+\frac{1}{x^3}=18$.　　(2)$x-\frac{1}{x}=\sqrt{5}$.

题型30 关于 $\frac{1}{a}+\frac{1}{b}+\frac{1}{c}=0$ 的问题

母题技巧

·命题模型·	·解题思路·
关于 $\frac{1}{a}+\frac{1}{b}+\frac{1}{c}=0$ 的问题	定理：若 $\frac{1}{a}+\frac{1}{b}+\frac{1}{c}=0$，则 $(a+b+c)^2=a^2+b^2+c^2$. 证明：$\frac{1}{a}+\frac{1}{b}+\frac{1}{c}=0$，通分得 $\frac{ab+ac+bc}{abc}=0$，$ab+ac+bc=0$. 故有 $(a+b+c)^2=a^2+b^2+c^2+2ab+2ac+2bc=a^2+b^2+c^2$.

母题精练

1. 已知$\frac{x}{a}+\frac{y}{b}+\frac{z}{c}=3$，$\frac{a}{x}+\frac{b}{y}+\frac{c}{z}=0$，那么$\frac{x^2}{a^2}+\frac{y^2}{b^2}+\frac{z^2}{c^2}=$(　　).

(A)0　　(B)1　　(C)3　　(D)9　　(E)2

2. 已知$m+n+p=-3$，则$\frac{(m+1)(n+1)+(m+1)(p+1)+(n+1)(p+1)}{(m+1)^2+(n+1)^2+(p+1)^2}=$(　　).

(A)0　　(B)1　　(C)3　　(D)$-\frac{1}{2}$　　(E)2

题型31　其他整式、分式的化简求值

母题技巧

·命题模型·	·解题思路·
其他整式、分式的化简求值	(1)特殊值法：首选方法，尤其适合解代数式求值以及条件充分性判断题验证不充分；其中，齐次分式求值必用特殊值法. (2)见比设k法. (3)等比定理：要记得讨论分母之和是否可以为0. (4)合比分比定理：通过加(减)一个数，把分子化为相同的项，称为通分子. (5)等式左右同乘除某式，分式上下同乘除某式. (6)因式分解法. (7)迭代降次与平方升次法.

母题精练

1. 已知$f(x,\ y)=x^2-y^2-x+y+1$. 则$f(x,\ y)=1$.

(1)$x=y$.

(2)$x+y=1$.

2. 对于使$\frac{ax+7}{bx+11}$有意义的一切x的值，这个分式为一个定值.

(1)$7a-11b=0$.

(2)$11a-7b=0$.

3. 已知$x^2+y^2=9$，$xy=4$，则$\frac{x+y}{x^3+y^3+x+y}=$(　　).

(A)$\frac{1}{2}$　　(B)$\frac{1}{5}$　　(C)$\frac{1}{6}$

(D)$\frac{1}{13}$　　(E)$\frac{1}{14}$

4. 已知 $f(x)=\frac{x^2}{1+x^2}$，计算 $f(1)+f(2)+f(3)+f(4)+f\left(\frac{1}{2}\right)+f\left(\frac{1}{3}\right)+f\left(\frac{1}{4}\right)=$(　　).

(A)$\frac{7}{2}$　(B)7　(C)$\frac{5}{2}$　(D)5　(E)$\frac{7}{4}$

5. 当 $x=1$ 时，ax^2+bx+1 的值是3，则$(a+b-1)(1-a-b)=$(　　).

(A)1　(B)-1　(C)2　(D)-2　(E)$-2\sqrt{5}$

6. 已知 x，y，z 为两两不相等的三个实数，且 $x+\frac{1}{y}=y+\frac{1}{z}=z+\frac{1}{x}$，则 $x^2y^2z^2=$(　　).

(A)-1　(B)±1　(C)0或1　(D)1　(E)2

7. 已知 $1+x+x^2+\cdots+x^{2\,021}+x^{2\,022}=0$，则 $x^{2\,023}=$(　　).

(A)0　(B)1　(C)-1　(D)2　(E)3

8. 已知 a，b 是实数，且$\frac{1}{1+a}-\frac{1}{1+b}=\frac{1}{b-a}$，则$\frac{1+b}{1+a}=$(　　).

(A)$\frac{1\pm\sqrt{5}}{2}$　(B)$\frac{-1\pm\sqrt{5}}{2}$　(C)$\frac{-3\pm\sqrt{5}}{2}$　(D)$\frac{3\pm\sqrt{5}}{2}$　(E)1

9. 已知$\frac{ab}{a+b}=\frac{1}{3}$，$\frac{bc}{b+c}=\frac{1}{4}$，$\frac{ac}{a+c}=\frac{1}{5}$，则$\frac{abc}{ab+ac+bc}=$(　　).

(A)1　(B)$\frac{1}{2}$　(C)$\frac{1}{6}$　(D)$\frac{1}{12}$　(E)$-\frac{1}{6}$

10. 已知 m，n 均为实数，且 $m^2+n^2=6mn$. 则$\frac{m+n}{m-n}=\sqrt{2}$.

(1)$m<n<0$.

(2)$m>n>0$.

11. 若 $abc\neq0$，$a+b+c=0$，则$\frac{1}{a^2+b^2-c^2}+\frac{1}{a^2+c^2-b^2}+\frac{1}{c^2+b^2-a^2}=$(　　).

(A)-1　(B)0　(C)$\frac{1}{2}$　(D)1　(E)2

12. 若 $abc=1$，$\frac{x}{1+a+ab}+\frac{x}{1+b+bc}+\frac{x}{1+c+ac}=2\,023$，则 $x=$(　　).

(A)2 022　(B)2 023　(C)2 024　(D)2 025　(E)1 012

13. 已知 $abc\neq0$. 则$\frac{ab+1}{b}=1$.

(1)$b+\frac{1}{c}=1$.

(2)$c+\frac{1}{a}=1$.

14. 已知实数 x，y. 则能确定 x^3+y^3+3xy 的值.

(1)$x+y=1$.

(2)$x+y=x^2+y^2+\frac{1}{2}$.

本章奥数及高考改编题

1. 设实数 x，y 满足 $(x-1)^3+2\ 004y=1\ 002$，$(y-1)^3+2\ 004x=3\ 006$，则 $x+y=$（　　）.

(A)0　(B)2　(C)1 002　(D)2 004　(E)3 006

2. 已知实数 x，y，z 互不相等，且满足 $x^3+y^3+z^3=3xyz$，$x-y=3$，则代数式 $|2x+z|+|2y+z|=$（　　）.

(A)0　(B)3　(C)-3　(D)6　(E)-6

3. 设 k 为负整数，若多项式 $f(x)=x^4-2x^3+x^2+kx-3$ 有系数为整数的一次因式，则 $k=$（　　）.

(A)-1　(B)-12　(C)-6　(D)-3　(E)-11

4. 若实数 a，b，c 满足 $a+b+c=5$，$ab+bc+ac=3$，则 c 的最大值是（　　）.

(A)1　(B)$\frac{5}{3}$　(C)$\frac{13}{3}$　(D)6　(E)3

5. 已知 a，b，c 为整数，且满足 $a<b$. 则能确定 $a+b+c$ 的最大值.

(1)$a+b=2\ 006$.

(2)$c-a=2\ 005$.

6. 实数 m 的值为 3.

(1)$(x-2+m)^9=a_0+a_1(x-1)+a_2(x-1)^2+\cdots+a_9(x-1)^9$，且 $(a_0+a_2+\cdots+a_8)^2-(a_1+a_3+\cdots+a_9)^2=3^9$.

(2)$\left(\sqrt{x}-\frac{1}{2\sqrt[4]{x}}\right)^8$ 的展开式中有理项共有 m 项.

7. $\left(1-\frac{1}{a}\right)\div\frac{a^2-1}{a^2+2a+1}=\frac{3}{2}$.

(1)a 是 $\begin{cases}a-2\geqslant 2-a,\\2a-1<a+3\end{cases}$ 的最小整数解.

(2)方程 $y^4+2x^4+1=4x^2y$ 有 a 组整数解.

8. 已知 a，b，c 是非零实数，且 $a^2+b^2+c^2=1$，$a\left(\frac{1}{b}+\frac{1}{c}\right)+b\left(\frac{1}{a}+\frac{1}{c}\right)+c\left(\frac{1}{a}+\frac{1}{b}\right)=-3$，则 $a+b+c=$（　　）.

(A)0　(B)0 或 1　(C)2

(D)±1　(E)0 或 ±1

9. 设 $M=\frac{a-2}{1+2a+a^2}\div\left(a-\frac{3a}{a+1}\right)$，当 $a=3$ 时，记此时 M 的值为 $f(3)$；当 $a=4$ 时，记此时 M 的值为 $f(4)$. 则不等式 $\frac{x-2}{2}-\frac{7-x}{4}\leqslant f(3)+f(4)+\cdots+f(11)$ 的解集为（　　）.

(A)$x\geqslant1$　(B)$x\geqslant4$　(C)$x\leqslant4$

(D)$1\leqslant x\leqslant4$　(E)$x\leqslant1$

10. 为了书写方便，18世纪数学家欧拉引进了求和符号$\sum$. 如记$\sum_{k=1}^{n} k=1+2+3+\cdots+n$，$\sum_{k=3}^{n}(x+k)=(x+3)+(x+4)+\cdots+(x+n)$，已知$\sum_{k=2}^{n}[(x+k)(x-k+1)]=3x^2+3x-m$，则$m=$(　　).

(A)20　(B)-20　(C)20或-20　(D)18　(E)-18

11. 已知$a^2-a-1=0$，$\dfrac{2a^4-3xa^2+2}{a^3+2xa^2-a}=-\dfrac{3}{10}$，则$x=$(　　).

(A)$\dfrac{5}{2}$　(B)$\dfrac{2}{5}$　(C)$\dfrac{8}{21}$　(D)$\dfrac{12}{8}$　(E)$\dfrac{21}{8}$

12. 设$f(x)$是关于x的多项式，$f(x)$除以$2(x+1)$余式是3；$2f(x)$除以$3(x-2)$余式是-4；那么$3f(x)$除以$4(x^2-x-2)$余式是(　　).

(A)$-5x+4$　(B)$-3x+2$　(C)$-2x+1$

(D)$2x-1$　(E)$5x+4$

13. 设a，b，c均为正数. 则能确定$ab+bc+ac$的最大值.

(1)$a+b+c=1$.

(2)$a^2+b^2+c^2=1$.

14. 已知$f(x)=x^3+2x^2+3x+2$除以某整系数多项式$g(x)$所得的商式及余式均为$h(x)$，则$h(x)=$(　　).

(A)x^2+x+1　(B)$x+1$　(C)x^2+x+2

(D)x^2+x+1或$x+1$　(E)x^2+x+2或$x+1$

15. 已知正实数a，b. 则可以确定$a+b$的最大值.

(1)已知a^3+b^3的值.

(2)已知a^2+b^2的值.

第 3 章 函数、方程和不等式

本章思维导图

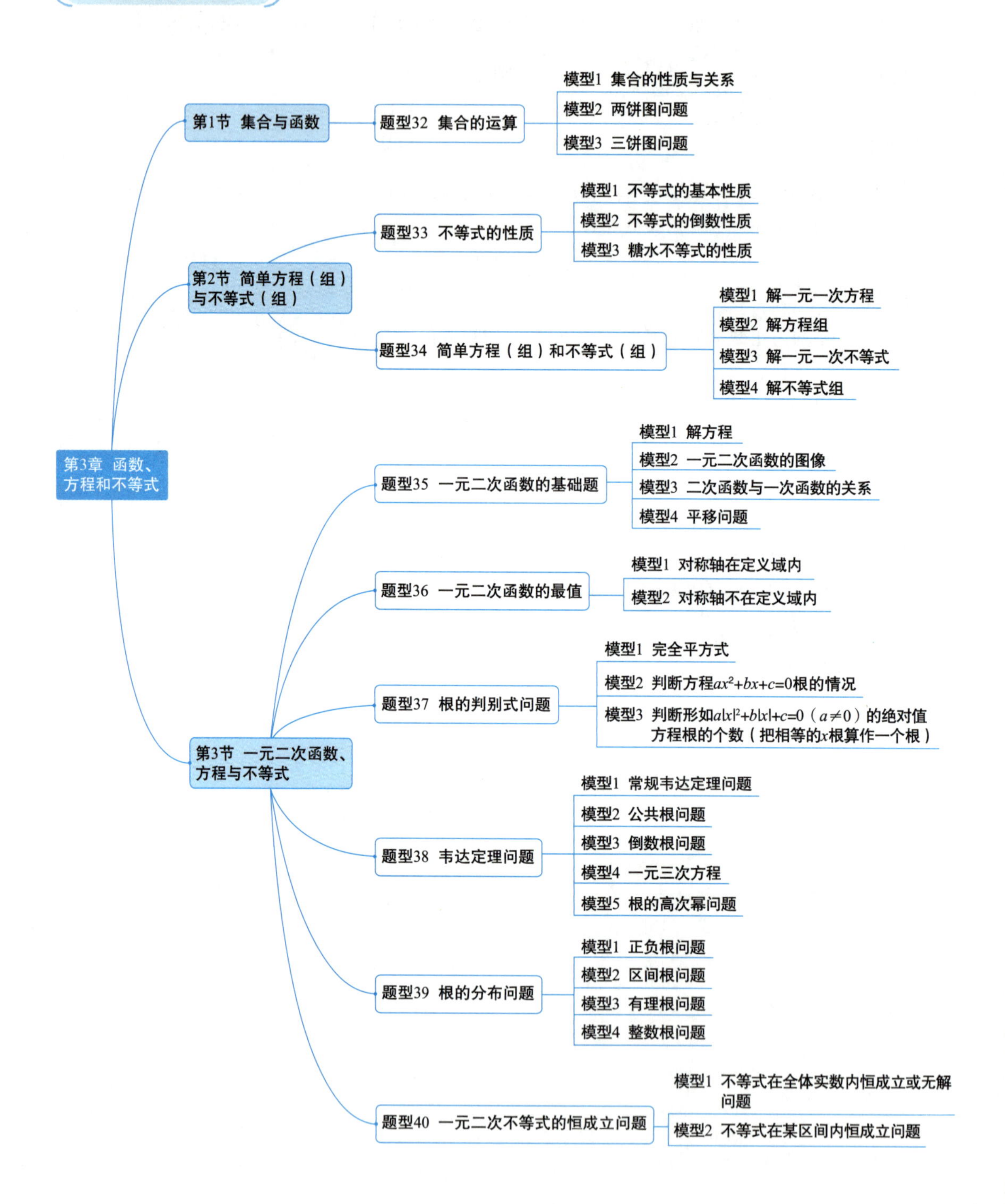

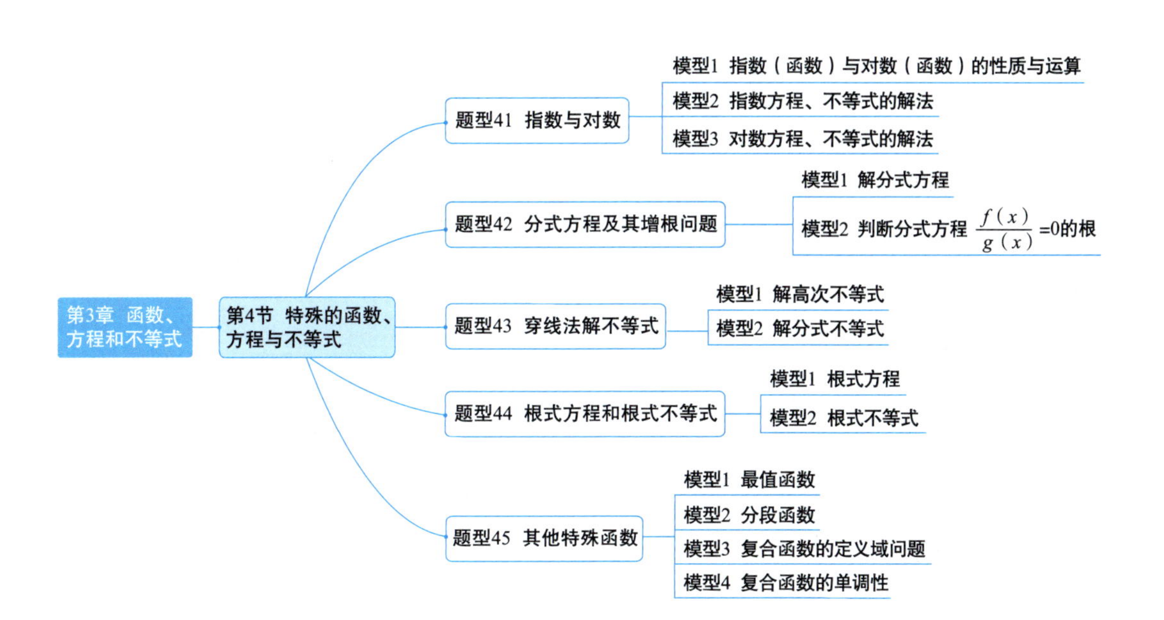
第3章 函数、方程和不等式
第4节 特殊的函数、方程与不等式
题型41 指数与对数
模型1 指数（函数）与对数（函数）的性质与运算
模型2 指数方程、不等式的解法
模型3 对数方程、不等式的解法
题型42 分式方程及其增根问题
模型1 解分式方程
模型2 判断分式方程 $\frac{f(x)}{g(x)}=0$ 的根
题型43 穿线法解不等式
模型1 解高次不等式
模型2 解分式不等式
题型44 根式方程和根式不等式
模型1 根式方程
模型2 根式不等式
题型45 其他特殊函数
模型1 最值函数
模型2 分段函数
模型3 复合函数的定义域问题
模型4 复合函数的单调性

第1节 集合与函数

题型32 集合的运算

母题技巧

·命题模型·	·解题思路·
1. 集合的性质与关系	(1)集合中元素的性质：确定性、互异性、无序性． (2)集合之间的关系：子集、真子集、交集、并集、全集与补集． ①子集 $A\subseteq B$：集合 A 中的任何一个元素均属于 B，且集合 A、B 可以相等． ②真子集 $A\subset B$：集合 A 中的任何一个元素均属于 B，且集合 A、B 不可以相等． (3)德摩根定律：$\overline{A\cup B}=\overline{A}\cap\overline{B}$，$\overline{A\cap B}=\overline{A}\cup\overline{B}$.
2. 两饼图问题 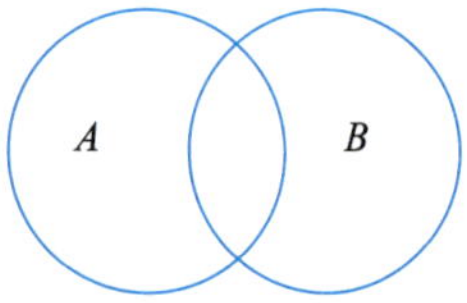	公式：$A\cup B=A+B-A\cap B$. 此类题比较简单，画图用公式即可．
3. 三饼图问题 (1) 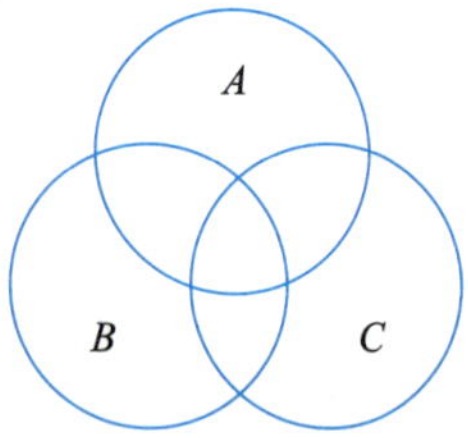 (2) 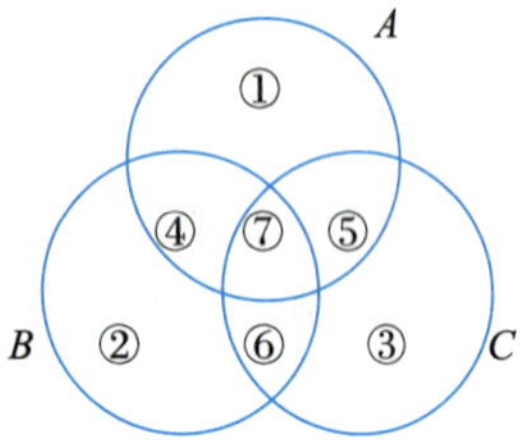	(1)三集合标准型公式： $A\cup B\cup C=A+B+C-A\cap B-A\cap C-B\cap C+A\cap B\cap C$. (2)三集合非标准型公式： $A\cup B\cup C=A+B+C-$只满足两个条件的$-2\times$满足三个条件的． (3)对于复杂三饼图问题可采用分块法，将七个部分分别标注为①②③④⑤⑥⑦，再用这七部分表示题干中的信息，为 $A\cup B\cup C=$①+②+③+④+⑤+⑥+⑦， $A\cup B=$①+②+④+⑤+⑥+⑦， $A\cup C=$①+③+④+⑤+⑥+⑦， $B\cup C=$②+③+④+⑤+⑥+⑦， $A\cap B=$④+⑦， $A\cap C=$⑤+⑦， $B\cap C=$⑥+⑦， $A\cap B\cap C=$⑦. (4)若 A、B、C 是三个项目，则 仅参加一项的为①+②+③， 仅参加两项的为④+⑤+⑥， 参加三项的为⑦， 至少参加两项的为④+⑤+⑥+⑦.

母题精练

1. 已知集合 $A=\{1, 3, a\}$，集合 $B=\{1, a^2-a+1\}$，如果 $B\subseteq A$，则 a 的值为(　　).

(A)-1，1 或 2　　(B)-1 或 2　　(C)1 或 2

(D)-1 或 1　　(E)1

2. 已知集合 $A=\{x \mid x^2-3x+2=0, x\in \mathbf{R}\}$，$B=\{x \mid 0<x<5, x\in \mathbf{N}\}$，则满足条件 $A\subseteq C\subseteq B$ 的集合 C 的个数为(　　).

(A)1　　(B)2　　(C)3

(D)4　　(E)5

3. 已知非空集合 A，B 满足 $A=\{x \mid -3\leqslant x\leqslant 4\}$，$B=\{x \mid 2m-1\leqslant x\leqslant m+1\}$，若 $B\subseteq A$，则实数 m 的取值范围是(　　).

(A)$-1\leqslant m<3$　　(B)$-1<m\leqslant 3$

(C)$-1\leqslant m\leqslant 3$　　(D)$-1\leqslant m\leqslant 2$

(E)$m\leqslant -1$ 或 $m\geqslant 3$

4. 在某次考试中，只有两个问题．该班两题都答对的学生的百分比为 60%.

(1)一班有 75%的学生答对了第一题，65%的学生答对了第二题．

(2)一班有 20%的学生两个题都没答对．

5. 某城市数、理、化竞赛时，高一某班有 24 名学生参加数学竞赛，28 名学生参加物理竞赛，19 名学生参加化学竞赛，其中同时参加数、理、化三科竞赛的有 7 名，只参加数、物两科的有 5 名，只参加物、化两科的有 3 名，只参加数、化两科的有 4 名，若该班学生共有 48 名，则没有参加任何一科竞赛的学生有(　　)名．

(A)2　　(B)3　　(C)4

(D)5　　(E)6

6. 对某学院的学生调查得知，有一半的人考取了计算机二级证，有 40%的学生拥有驾驶证，考取会计从业资格证的占所有学生的 83%，至少考取两个证的学生占 59%，拥有三个证的学生占 23%，那么三种证都没拿到的同学占(　　).

(A)12%　　(B)11%　　(C)10%

(D)9%　　(E)8%

7. 某公司的员工中，拥有本科毕业证、计算机等级证、汽车驾驶证的人数分别为 130、110、90，又知只有一种证的人数为 140，三证齐全的人数为 30，则恰有双证的人数为(　　).

(A)45　　(B)50　　(C)52

(D)65　　(E)100

第 2 节 简单方程（组）与不等式（组）

题型 33 不等式的性质

母题技巧

·命题模型·	·解题思路·
1. 不等式的基本性质	(1)若 $a>b$，$b>c$，则 $a>c$. (2)若 $a>b$，则 $a+c>b+c$. (3)若 $a>b$，$c>0$，则 $ac>bc$；若 $a>b$，$c<0$，则 $ac<bc$. (4)若 $a>b$，$c>d$，则 $a+c>b+d$. (5)若 $a>b>0$，$c>d>0$，则 $ac>bd$. (6)若 $a>b>0$，则 $a^n>b^n(n\in\mathbf{Z}^+)$. (7)若 $a>b>0$，则$\sqrt[n]{a}>\sqrt[n]{b}(n\in\mathbf{Z}^+)$.
2. 不等式的倒数性质	(1)$a>b$，$ab>0\Rightarrow\frac{1}{a}<\frac{1}{b}$(同号取倒数，不等式变号). (2)$a>b>0$，$c>d>0\Rightarrow\frac{a}{d}>\frac{b}{c}$(分子越大，分母越小，分数越大).
3. 糖水不等式的性质	(1)糖水加糖，越加越甜： 若 $a>b>0$，$m>0$，则$\frac{b}{a}<\frac{b+m}{a+m}$. (2)糖水混合，浓度居中： 若 $a>b>0$，$c>d>0$，且$\frac{b}{a}>\frac{d}{c}$(都是真分数)，则$\frac{b}{a}>\frac{b+d}{a+c}>\frac{d}{c}$.
解题方法：(1)首选特殊值法，使用特殊值法时，一般优先考虑 0，再考虑−1，再考虑 1. 这是因为考生出错往往是因为忘掉 0 的存在，命题人喜欢在考生易错点上出题. (2)条件充分性判断问题，优先找反例. (3)反证法：为证明结论 A 成立，可以先假定“A 不成立”，结果从“A 不成立”推出了与已知条件矛盾. 因此，结论 A 成立.	

母题精练

1. $\sqrt{a^2b}=-a\sqrt{b}$.

   (1)$a>0$，$b<0$.

   (2)$a<0$，$b>0$.

2. 已知三个不等式：①$ab>0$；②$bc>ad$；③$\frac{c}{a}>\frac{d}{b}$. 以其中两个作为条件，余下一个作为结论，则可以组成正确命题的个数是(　　).

(A)0　　(B)1　　(C)2　　(D)3　　(E)无法判断

3. 若 a，b 为实数，则“$0<ab<1$”是“$a<\frac{1}{b}$或$b>\frac{1}{a}$”的(　　).

(A)充分而不必要条件　　(B)必要而不充分条件

(C)充分必要条件　　(D)既不充分也不必要条件

(E)无法判断

4. 已知 a，b 是实数. 则 $a>b$.

(1)$a>b^2$.

(2)$a^2>b$.

5. 下列不等关系中错误的是(　　).

(A)若 $a>b>0$，则$\frac{b}{a}<\frac{b+4}{a+4}$　　(B)若$\frac{a}{c^2}>\frac{b}{c^2}$，则 $a>b$

(C)若 $a^2>b^2$，$ab>0$，则$\frac{1}{a}<\frac{1}{b}$　　(D)$a^2+b^2\geqslant 2(a+b-1)$

(E)若 $a>b>0$，则 $\lg\frac{a+b}{2}>\frac{\lg a+\lg b}{2}$

题型 34　简单方程(组)和不等式(组)

母题技巧

<table>
<tr><th>·命题模型·</th><th>·解题思路·</th></tr>
<tr><td>1. 解一元一次方程</td><td>
<table>
<tr><th>类型</th><th>方程解的情况</th><th>考查形式</th></tr>
<tr><td>$a=b=0$</td><td>方程有无穷多解</td><td>常与恒成立问题结合考查</td></tr>
<tr><td>$a=0$，$b\neq 0$</td><td>方程无解</td><td>常与分式方程的增根问题结合考查(具体题目见“分式方程”)</td></tr>
<tr><td>$a\neq 0$</td><td>方程有唯一解</td><td>—</td></tr>
</table>
【注意】解一元一次方程 $ax+b=0$，要注意 a 是否为 0.
</td></tr>
<tr><td>2. 解方程组</td><td>(1)常用方法：代入消元法、加减消元法.
(2)二元一次方程组解的情况
若$\begin{cases}a_1x+b_1y+c_1=0,\\a_2x+b_2y+c_2=0,\end{cases}$则</td></tr>
</table>

续表

·命题模型·	·解题思路·
2. 解方程组	<table><tr><th>类型</th><th>方程组解的情况</th><th>几何意义</th></tr><tr><td>$\frac{a_1}{a_2}=\frac{b_1}{b_2}=\frac{c_1}{c_2}$</td><td>方程组有无数组解</td><td>两条直线重合</td></tr><tr><td>$\frac{a_1}{a_2}=\frac{b_1}{b_2}\neq\frac{c_1}{c_2}$</td><td>方程组无解</td><td>两条直线平行</td></tr><tr><td>$\frac{a_1}{a_2}\neq\frac{b_1}{b_2}$</td><td>方程组有唯一解</td><td>两条直线相交于一点</td></tr></table>
3. 解一元一次不等式	解一元一次不等式 $ax+b>0$，要注意 a 是否为 0 以及 a 的正负．
4. 解不等式组	先求出各不等式的解集，再求交集．

母题精练

1. 若 $x=3$ 是方程 $x-3mx+6m=0$ 的根，则 m 的值为(　　).

(A)1　(B)2　(C)3　(D)4　(E)5

2. 若 $\frac{2x-1}{3}=5$ 与 $kx-1=15$ 的解相同，则 k 的值为(　　).

(A)-4　(B)-2　(C)0　(D)2　(E)4

3. 将正整数 1 至 2 023 按一定规律排列，如表 3-1 所示：

表 3-1

1	2	3	4	5	6	7	8
9	10	11	12	13	14	15	16
17	18	19	20	21	22	23	24
25	26	27	28	29	30	31	32
…	…	…	…	…	…	…	…

平移表中带阴影的方框，方框中三个数的和可能是(　　).

(A)2 013 和 2 016　(B)2 016　(C)2 019 和 2 022

(D)2 022　(E)2 023

4. 关于 x 的方程 $ax+b-2x+3=0$ 有无数个解，则 $a=$(　　)，$b=$(　　).

(A)2，3　(B)2，-3　(C)-2，3　(D)-2，-3　(E)-3，2

5. 若方程组 $\begin{cases}x+y=a,\\x-y=4a\end{cases}$ 的解是二元一次方程 $3x-5y-90=0$ 的一组解，则 a 的值是(　　).

(A)2　(B)3　(C)6　(D)7　(E)8

6. 关于 x 的不等式组 $\begin{cases}x>m-1,\\x>m+2\end{cases}$ 的解集是 $x>-1$，则 $m=$(　　).

(A)1　　(B)0　　(C)-1　　(D)-3　　(E)3

7. 关于 x 的不等式组 $\begin{cases}\dfrac{x}{2}+a\geqslant 2,\\2x-b<3\end{cases}$ 的解集是 $0\leqslant x<1$，则 $a+b$ 的值为(　　).

(A)1　　(B)0　　(C)-1　　(D)-2　　(E)2

8. 直线 $y=kx+b$ 经过 $A(2,\ 1)$，$B(-1,\ -2)$两点，则不等式$\frac{1}{2}x>kx+b>-2$ 的解集为(　　).

(A)$-4<x<2$　　(B)$-1<x<2$　　(C)$x>2$

(D)$x<-2$　　(E)$x<-1$

第3节 一元二次函数、方程与不等式

题型35 一元二次函数的基础题

母题技巧

<table>
<tr><th>·命题模型·</th><th>·解题思路·</th></tr>
<tr><td>1. 解方程</td><td>解一元二次方程：十字相乘法、配方法、求根公式法.</td></tr>
<tr><td>2. 一元二次函数的图像</td><td>
<table>
<tr><td>表达式</td><td>一般式($a\neq 0$)：
$y=ax^2+bx+c$</td><td>顶点式($a\neq 0$)：
$y=a(x-m)^2+n$</td><td>两根式($a\neq 0$)：
$y=a(x-x_1)(x-x_2)$</td></tr>
<tr><td>顶点坐标</td><td>$\left(-\frac{b}{2a},\ \frac{4ac-b^2}{4a}\right)$</td><td>$(m,\ n)$</td><td>—</td></tr>
<tr><td>对称轴</td><td>$x=-\frac{b}{2a}$</td><td>$x=m$</td><td>$x=\frac{x_1+x_2}{2}$</td></tr>
<tr><td>系数特征</td><td colspan="3">①开口方向，看 a：$a>0$，开口向上；$a<0$，开口向下.
②对称轴的正负，看 ab：ab 同号，对称轴为负；ab 异号，对称轴为正.
③图像与 y 轴的交点，看 c：c 是图像与 y 轴的交点的纵坐标.</td></tr>
</table>
</td></tr>
<tr><td>3. 二次函数与一次函数的关系</td><td>联立二次函数 $y=ax^2+bx+c$ 与一次函数 $y=kx+m$，得新的方程组 $\begin{cases}y=ax^2+bx+c,\\y=kx+m,\end{cases}$ 由此可知两个函数图像有以下三种关系：</td></tr>
</table>

续表

<table>
<tr><th>·命题模型·</th><th>·解题思路·</th></tr>
<tr><td>3. 二次函数与一次函数的关系</td><td>
<table>
<tr><th>图像情况</th><th>数字特征</th></tr>
<tr><td>有两个交点</td><td>新的一元二次方程$\Delta>0$</td></tr>
<tr><td>有一个交点</td><td>①新的一元二次方程$\Delta=0$. 特别地，在二次函数顶点处相切时，$k=0$，一次函数为$y=\frac{4ac-b^2}{4a}$.
②k不存在，一次函数图像垂直于x轴.</td></tr>
<tr><td>没有交点</td><td>新的一元二次方程$\Delta<0$</td></tr>
</table>
</td></tr>
<tr><td>4. 平移问题</td><td>曲线$y=f(x)$，向上平移a个单位$(a>0)$，方程变为$y=f(x)+a$.
曲线$y=f(x)$，向下平移a个单位$(a>0)$，方程变为$y=f(x)-a$.
口诀："上加下减".
曲线$y=f(x)$，向左平移a个单位$(a>0)$，方程变为$y=f(x+a)$.
曲线$y=f(x)$，向右平移a个单位$(a>0)$，方程变为$y=f(x-a)$.
口诀："左加右减".</td></tr>
</table>

母题精练

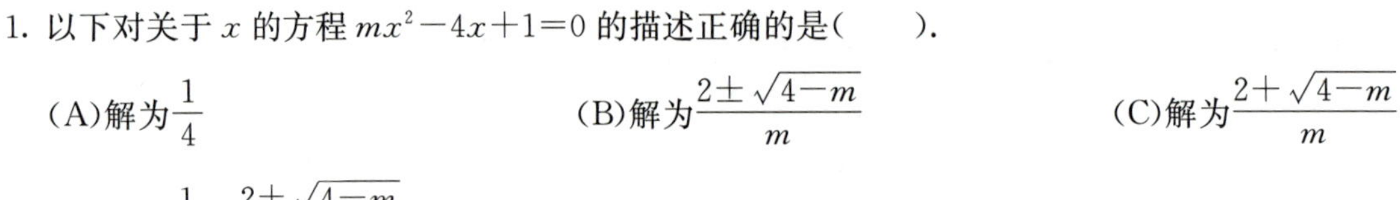

1. 以下对关于x的方程$mx^2-4x+1=0$的描述正确的是(　　).

(A)解为$\frac{1}{4}$　　(B)解为$\frac{2\pm\sqrt{4-m}}{m}$　　(C)解为$\frac{2+\sqrt{4-m}}{m}$

(D)解为$\frac{1}{4}$或$\frac{2\pm\sqrt{4-m}}{m}$　　(E)以上选项均不正确

2. 若抛物线$y=x^2+2x+a$的顶点在x轴的下方，则a的取值范围是(　　).

(A)$a>1$　　(B)$a<1$　　(C)$a\geqslant1$　　(D)$a\leqslant1$　　(E)$a=1$

3. 若$b<0$，则二次函数$y=x^2+bx-1$图像的顶点在(　　).

(A)第一象限　　(B)第二象限　　(C)第三象限

(D)第四象限　　(E)x轴上

4. 若抛物线$y=ax^2-6x$过点$(2, 0)$，则抛物线顶点到坐标原点的距离为(　　).

(A)$\sqrt{10}$　　(B)$\sqrt{11}$　　(C)$\sqrt{13}$

(D)$\sqrt{14}$　　(E)$\sqrt{15}$

5. 二次函数$f(x)$满足$f(x+3)=f(1-x)$，且$f(x)=0$的两实根平方和为10，图像过点$(0, 3)$，则$f(x)$解析式为(　　).

(A)x^2-4x-5　　(B)$-x^2+4x+3$　　(C)x^2-4x+3

(D)x^2-3x-4　　(E)$2x^2-8x+3$

6. 二次函数 $y=x^2$ 与 $y=ax+b+1$ 有交点.

(1) $a+b=0$.

(2) $a-b=0$.

7. 直线 $y=x+b$ 是抛物线 $y=x^2+a$ 的切线.

(1) $y=x+b$ 与 $y=x^2+a$ 有且仅有一个交点.

(2) $x^2-x\geqslant b-a\ (x\in\mathbf{R})$.

8. 抛物线 $y=-\frac{3}{2}x^2$ 向左平移3个单位，再向下平移4个单位，所得抛物线的解析式为(　　).

(A) $y=-\frac{3}{2}x^2+9x-\frac{35}{2}$　　(B) $y=-\frac{3}{2}x^2-9x-\frac{35}{2}$

(C) $y=\frac{3}{2}x^2-9x+\frac{35}{2}$　　(D) $y=-\frac{3}{2}x^2-9x-\frac{43}{2}$

(E) $y=-\frac{3}{2}x^2-9x+\frac{35}{2}$

9. 抛物线 $y=ax^2+bx+c$ 向右平移2个单位，再向下平移3个单位，所得抛物线的解析式为 $y=x^2-2x-3$，则 b、c 的值为(　　).

(A) $b=1$，$c=2$　　(B) $b=1$，$c=0$　　(C) $b=2$，$c=0$

(D) $b=-3$，$c=2$　　(E) $b=2$，$c=-3$

题型36　一元二次函数的最值

母题技巧

·命题模型·	·解题思路·
1. 对称轴在定义域内	若二次函数的对称轴在定义域内，则当 $a>0$ 时，函数在对称轴处取得最小值，$y_{\min}=\frac{4ac-b^2}{4a}$；当 $a<0$ 时，函数在对称轴处取得最大值，$y_{\max}=\frac{4ac-b^2}{4a}$. 若已知方程 $ax^2+bx+c=0$ 的两根为 x_1，x_2，则 $y=ax^2+bx+c(a\neq0)$ 的最值为 $f\left(\frac{x_1+x_2}{2}\right)$.
2. 对称轴不在定义域内(常考)	若二次函数的对称轴不在定义域内，则此时二次函数在定义域内单调递增或单调递减，故有 ①当 $a>0$ 时，在离对称轴更近的定义域的端点处取得最小值，另一端取得最大值； ②当 $a<0$ 时，在离对称轴更近的定义域的端点处取得最大值，另一端取得最小值.

母题精练

1. 设 $2\leqslant x\leqslant 10$，且 x，$2x^2-2$，$3x-6$ 这三个数的算术平均值为 m，则 m 的最小值为(　　).

(A)1　　(B)$\frac{8}{3}$　　(C)$-\frac{8}{3}$　　(D)$\frac{10}{3}$　　(E)$-\frac{10}{3}$

2. 设 α、β 是方程 $4x^2-4mx+m+2=0$ 的两个实根，$\alpha^2+\beta^2$ 有最小值，最小值是(　　).

(A)$\frac{1}{2}$　　(B)1　　(C)$\frac{3}{2}$　　(D)2　　(E)$-\frac{17}{16}$

3. 已知 $x>0$，$y>0$，$x+4y=1$，则 $K=2\sqrt{xy}-x^2-16y^2$ 的最大值为(　　).

(A)1　　(B)-1　　(C)0　　(D)-2　　(E)4

4. x^2+y^2 的最小值为 2.

(1)实数 x，y 满足条件：$x^2-y^2-8x+10=0$.

(2)实数 x，y 是关于 t 的方程 $t^2-2at+a+2=0$ 的两个实根.

题型 37　根的判别式问题

母题技巧

<table>
<tr><th>·命题模型·</th><th>·解题思路·</th></tr>
<tr><td>1. 完全平方式</td><td>已知二次三项式 $ax^2+bx+c(a\neq 0)$ 是一个完全平方式，则方程 $ax^2+bx+c=0$ 的判别式 $\Delta=b^2-4ac=0$.</td></tr>
<tr><td>2. 判断方程 $ax^2+bx+c=0$ 根的情况</td><td>
<table>
<tr><td>方程根的情况</td><td>两个不相等的实根</td><td>两个相等的实根</td><td>有一个实根</td><td>无实根</td></tr>
<tr><td>函数图像与 x 轴的交点</td><td>有两个交点</td><td colspan="2">有一个交点</td><td>没有交点</td></tr>
<tr><td>成立条件</td><td>$\begin{cases}a\neq 0,\\ \Delta=b^2-4ac>0\end{cases}$</td><td>$\begin{cases}a\neq 0,\\ \Delta=b^2-4ac=0\end{cases}$</td><td>$\begin{cases}a=0,\\ b\neq 0\end{cases}$</td><td>$\begin{cases}a\neq 0,\\ \Delta=b^2-4ac<0\end{cases}$ 或 $\begin{cases}a=b=0,\\ c\neq 0\end{cases}$</td></tr>
</table>
</td></tr>
<tr><td>3. 判断形如 $a|x|^2+b|x|+c=0(a\neq 0)$ 的绝对值方程根的个数(把相等的 x 根算作一个根)</td><td>令 $t=|x|$，则原式化为 $at^2+bt+c=0(a\neq 0)$，其中 $t\geqslant 0$，则有
①关于 x 的方程有四个不等实根⇔关于 t 的方程有两个不等正根；
②关于 x 的方程有三个不等实根⇔关于 t 的方程有一个根是 0，另外一个根是正数；
③关于 x 的方程有两个不等实根⇔关于 t 的方程有两个相等正根，或者有一个正根和一个负根(负根舍去)；
④关于 x 的方程有一个实根⇔关于 t 的方程的根为 0，或者一个根为 0 另外一个根为负数(负根舍去)；
⑤关于 x 的方程无实根⇔关于 t 的方程无实根，或者根为负数(负根舍去).
这样，就将根的判别问题，转化成了根的分布问题.</td></tr>
</table>

母题精练

1. 已知 a，b，c 是三角形的三边长，且 $(a+c)x^2+bx+\frac{a-c}{4}$ 可化为一个完全平方式，则此三角形的形状为(　　).

(A)等腰三角形　(B)等边三角形　(C)直角三角形

(D)锐角三角形　(E)钝角三角形

2. 已知关于 x 的方程 $x^2-2x-m=0$ 没有实数根，其中 m 是实数，则关于 x 的方程 $x^2+2mx+m(m+1)=0$ 的实数根的情况为(　　).

(A)有两个不等实根　(B)有两个相等实根　(C)只有一个实根

(D)没有实根　(E)无法断定

3. 已知 $a\in\mathbf{R}$，若关于 x 的方程 $x^2+x+\left|a-\frac{1}{4}\right|+|a|=0$ 有实根，则 a 的取值范围是(　　).

(A)$0\leqslant a\leqslant\frac{1}{4}$　(B)$a\geqslant 1$　(C)$0\leqslant a\leqslant 1$

(D)$a\leqslant -1$　(E)$a\geqslant\frac{1}{4}$

4. 关于 x 的两个方程 $x^2+(2m+3)x+m^2=0$，$(m-2)x^2-2mx+m+1=0$ 中至少有一个方程有实根，则 m 的取值范围为(　　).

(A)$\left[-\frac{3}{4},+\infty\right)$　(B)$[-2,+\infty)$　(C)$\left[-2,-\frac{3}{4}\right]$

(D)$[-2,2)\cup(2,+\infty)$　(E)$[2,+\infty)$

5. 已知 a，b，c 是一个三角形的三条边的边长．则关于 x 的方程 $mx^2+nx+c^2=0$ 没有实根．

(1)$m=b^2$，$n=b^2+c^2-a^2$.

(2)$m=a^2$，$n=a^2+c^2-b^2$.

6. 关于 x 的方程 $3x^2+[2b-4(a+c)]x+(4ac-b^2)=0$ 有相等的实根．

(1)a，b，c 是等边三角形的三条边．

(2)a，b，c 是等腰三角形的三条边．

7. 已知关于 x 的方程 $x^2+4x+2a|x+2|+6-a=0$ 有两个不等的实根，则系数 a 的取值范围是(　　).

(A)$a=-2$ 或 $a>2$　(B)$a=-2$ 或 $a=1$　(C)$a=-2$ 或 $a>1$

(D)$a=-2$　(E)$a>2$

题型38 韦达定理问题

母题技巧

·命题模型·	·解题思路·
1. 常规韦达定理问题	(1)使用韦达定理的前提： ①方程 $ax^2+bx+c=0$ 的二次项系数 $a\neq0$； ②根的判别式 $\Delta=b^2-4ac\geqslant0$. (2)韦达定理基本内容： $x_1+x_2=-\frac{b}{a}$，$x_1x_2=\frac{c}{a}$. (3)韦达定理常见变形： $\vert x_1-x_2\vert=\sqrt{(x_1-x_2)^2}=\sqrt{(x_1+x_2)^2-4x_1x_2}=\frac{\sqrt{b^2-4ac}}{\vert a\vert}=\frac{\sqrt{\Delta}}{\vert a\vert}$. $\frac{1}{x_1}+\frac{1}{x_2}=\frac{x_1+x_2}{x_1x_2}=-\frac{b}{c}$. $\frac{1}{x_1^2}+\frac{1}{x_2^2}=\frac{(x_1+x_2)^2-2x_1x_2}{(x_1x_2)^2}$. $x_1^2+x_2^2=(x_1+x_2)^2-2x_1x_2$. $x_1^2-x_2^2=(x_1+x_2)(x_1-x_2)=(x_1+x_2)\sqrt{(x_1+x_2)^2-4x_1x_2}$(其中，$x_1>x_2$). $x_1^3+x_2^3=(x_1+x_2)(x_1^2-x_1x_2+x_2^2)=(x_1+x_2)[(x_1+x_2)^2-3x_1x_2]$. $x_1^4+x_2^4=(x_1^2+x_2^2)^2-2(x_1x_2)^2$.
2. 公共根问题	类型(1)：已知 m 是两个不同的一元二次方程的根． 将公共根分别代入两个方程，组成方程组求解． 类型(2)：联立型，若不知公共根的具体的值，则可将几个方程联立． 【注意】公共根问题要对所求的结果进行验证，回代一下，看是否符合题干条件和隐含条件．
3. 倒数根问题	若方程 $ax^2+bx+c=0$ 有两根 α，β(其中 $a\neq0$，$c\neq0$)，则有 (1)方程 $ax^2-bx+c=0$ 的两根为 $-\alpha$，$-\beta$； (2)方程 $cx^2+bx+a=0$ 的两根为 $\frac{1}{\alpha}$，$\frac{1}{\beta}$； (3)方程 $cx^2-bx+a=0$ 的两根为 $-\frac{1}{\alpha}$，$-\frac{1}{\beta}$. 口诀：“b 变号，根变号，ac 互换，根为倒”.

续表

·命题模型·	·解题思路·
4. 一元三次方程	针对一元三次方程，有以下两种做法： (1)一元三次方程若已知一个根，求另外两个根，则可以通过因式分解将三次方程转化为二次方程求解． (2)直接用一元三次方程的韦达定理的公式 若 x_1，x_2，x_3 为一元三次方程 $ax^3+bx^2+cx+d=0(a\neq 0)$ 的根，则有 $x_1+x_2+x_3=-\frac{b}{a}$，$x_1x_2x_3=-\frac{d}{a}$，$x_1x_2+x_2x_3+x_1x_3=\frac{c}{a}$．
5. 根的高次幂问题	一般使用迭代降次法，将所求表达式整理成两根之和与两根之积的形式，再用韦达定理求值．

母题精练

1. 设 $a^2+1=3a$，$b^2+1=3b$，且 $a\neq b$，则代数式 $\frac{1}{a^2}+\frac{1}{b^2}$ 的值为(　　).

(A)3　(B)4　(C)5　(D)6　(E)7

2. 关于 x 的不等式 $x^2-2ax-8a^2<0(a>0)$ 的解集为 (x_1, x_2)，且 $x_2-x_1=15$，则 $a=$(　　).

(A)$\frac{5}{2}$　(B)$\pm\frac{5}{2}$　(C)$-\frac{5}{2}$　(D)$\frac{15}{4}$　(E)$\frac{5}{4}$

3. 已知 x_1，x_2 是方程 $x^2+m^2x+n=0$ 的两个实根，y_1，y_2 是方程 $y^2+5my+7=0$ 的两个实根，且 $x_1-y_1=2$，$x_2-y_2=2$，m，n 的值为(　　).

(A)4，-29　(B)4，29　(C)-4，-29
(D)-4，29　(E)-29，4

4. 不等式 $x^2-ax+b<0$ 的解集是 $x\in(-1, 2)$，则关于 x 的不等式 $x^2+bx+a>0$ 的解集是(　　).

(A)$x\neq 1$　(B)$x\neq 2$　(C)$x\neq 3$
(D)$x\in\mathbf{R}$　(E)$x\in(1, 3)$

5. 关于 x 的一元二次方程 $x^2-mx+2m-1=0$ 的两个实数根分别是 x_1，x_2，且 $x_1^2+x_2^2=7$，则 $(x_1-x_2)^2$ 的值是(　　).

(A)-11 或 13　(B)-11　(C)13
(D)-13　(E)19

6. 当 a，b 满足(　　)时，关于 x 的方程 $ax^2+bx+21=0$ 和 $ax^2-bx+3=0$ 都有一个根 2.

(A)$a=-3$，$b=-\frac{9}{2}$　(B)$a=3$，$b=\frac{9}{2}$　(C)$a=-3$，$b=\frac{9}{2}$
(D)$a=3$，$b=-\frac{9}{2}$　(E)$a=\pm 3$，$b=\pm\frac{9}{2}$

7. 关于 x 的方程 $x^2+ax+2=0$ 与 $x^2-2x-a=0$ 有一个公共实数解．

(1)$a=3$.　(2)$a=-2$.

8. 已知 a，b，c 互不相等，三个关于 x 的一元二次方程 $ax^2+bx+c=0$，$bx^2+cx+a=0$，$cx^2+ax+b=0$ 恰有一个公共实数根，则 $\frac{a^2}{bc}+\frac{b^2}{ca}+\frac{c^2}{ab}=$(　　).

(A)0　(B)1　(C)2　(D)3　(E)-1

9. 实数 a，b 满足 $a=2b$.

(1)关于 x 的一元二次方程 $ax^2+3x-2b=0$ 的两根倒数是方程 $3x^2-ax+2b=0$ 的两根.

(2)关于 x 的方程 $x^2-ax+b^2=0$ 有两个相等实根.

10. 若 m，n 分别满足 $2m^2+1\,999m+5=0$，$5n^2+1\,999n+2=0$，且 $mn\neq1$，则 $\frac{mn+1}{m}=$(　　).

(A)$-\frac{1\,999}{5}$　(B)$\frac{1\,999}{5}$　(C)$-\frac{5}{1\,999}$　(D)$\frac{5}{1\,999}$　(E)$-\frac{1\,999}{2}$

11. 已知方程 $x^3-2x^2-2x+1=0$ 有三个根 x_1，x_2，x_3，其中 $x_1=-1$，则 $|x_2-x_3|=$(　　).

(A)$\sqrt{5}$　(B)1　(C)2　(D)3　(E)$\sqrt{7}$

12. 已知 x_1，x_2 是关于 x 的方程 $x^2+kx-4=0(k\in\mathbf{R})$ 的两实根．则能确定 $x_1^2-2x_2=8$.

(1)$k=2$.　(2)$k=-3$.

13. 若 α，β 是方程 $x^2-3x+1=0$ 的两根，则 $8\alpha^4+21\beta^3=$(　　).

(A)377　(B)64　(C)37　(D)2　(E)1

14. 已知 m，n 是方程 $x^2-3x+1=0$ 的两实根，则 $2m^2+4n^2-6n-1=$(　　).

(A)4　(B)6　(C)7　(D)9　(E)11

题型39　根的分布问题

母题技巧

·命题模型·	·解题思路·
1. 正负根问题	(1) 方程有两个不等正根$\Leftrightarrow\begin{cases}\Delta>0,\\x_1+x_2>0,\\x_1x_2>0.\end{cases}$ (2)方程有两个不等负根$\Leftrightarrow\begin{cases}\Delta>0,\\x_1+x_2<0,\\x_1x_2>0.\end{cases}$ (3)方程有一正根一负根$\Leftrightarrow x_1x_2<0\Leftrightarrow ac<0$(此时必有 $\Delta>0$). (4)方程有一正根一负根且正根的绝对值大$\Leftrightarrow\begin{cases}x_1x_2<0,\\x_1+x_2>0,\end{cases}$ 即 $\begin{cases}ac<0,\\ab<0.\end{cases}$ (5)方程有一正根一负根且负根的绝对值大$\Leftrightarrow\begin{cases}x_1x_2<0,\\x_1+x_2<0,\end{cases}$ 即 $\begin{cases}ac<0,\\ab>0.\end{cases}$

续表

<table>
<tr><th>·命题模型·</th><th>·解题思路·</th></tr>
<tr><td>2. 区间根问题</td><td>$f(x)=ax^2+bx+c=0(a\neq 0)$的区间根问题，常用“两点式”解题法，即看顶点(横坐标相当于看对称轴，纵坐标相当于看Δ)、看端点(根所分布区间的端点).当$f(x)$的二次项系数a的正负不确定时，讨论起来比较麻烦，而$af(x)$的二次项系数a^2一定为正，图像是开口向上的，故此时我们对$af(x)$进行讨论，相关结论如下：
<table>
<tr><td>根的区间</td><td>$x_1<1<x_2$</td><td>$x_1\in(1,\ 2)$
$x_2\in(3,\ 4)$</td><td>$x_1,\ x_2\in(1,\ 2)$</td><td>$x_2>x_1>1$</td></tr>
<tr><td>对应结论</td><td>$af(1)<0$</td><td>$\begin{cases}af(1)>0,\\af(2)<0,\\af(3)<0,\\af(4)>0\end{cases}$</td><td>$\begin{cases}\Delta\geq 0,\\1<-\dfrac{b}{2a}<2,\\af(1)>0,\\af(2)>0\end{cases}$</td><td>$\begin{cases}\Delta>0,\\-\dfrac{b}{2a}>1,\\af(1)>0\end{cases}$</td></tr>
<tr><td>解题关键</td><td>看端点</td><td>看端点</td><td>看端点
看顶点</td><td>看端点
看顶点</td></tr>
</table></td></tr>
<tr><td>3. 有理根问题</td><td>若一元二次方程$ax^2+bx+c=0(a\neq 0)$的系数a，b，c均为有理数，方程的根为有理数，则$\Delta=k^2$(k为有理数).</td></tr>
<tr><td>4. 整数根问题</td><td>若一元二次方程$ax^2+bx+c=0(a\neq 0)$的系数a，b，c均为整数，方程的根为整数，则$\begin{cases}\Delta\text{为完全平方数},\\x_1+x_2=-\dfrac{b}{a}\in\mathbf{Z},\\x_1x_2=\dfrac{c}{a}\in\mathbf{Z},\end{cases}$即$a$是$b$，$c$的公约数.</td></tr>
</table>

母题精练

1. 若关于x的方程$(k^2+1)x^2-(3k+1)x+2=0$有两个不同的正根，则k应满足的条件是(　　).

(A)$k>1$或$k<-7$　　(B)$k>-\dfrac{1}{3}$或$k<-7$　　(C)$k>1$

(D)$k>-\dfrac{1}{3}$　　(E)$k<-7$

2. 一元二次方程$ax^2+bx+c=0$的两实根满足$x_1x_2<0$.

(1)$a+b+c=0$，且$a<b$.

(2)$a+b+c=0$，且$b<c$.

3. 关于x的方程$ax^2+bx+c=0$有异号的两实根，且正根的绝对值大.

(1)$a>0$，$c<0$.

(2)$b<0$.

4. 关于 x 的方程 $\sqrt{x-p}=x$ 有两个不相等的正根.

(1) $p\geqslant 0$.

(2) $p<\frac{1}{4}$.

5. 已知方程 $x^2-6x+8=0$ 有两个相异实根，下列选项中仅有一根在已知方程两根之间的方程是（　　）.

(A) $x^2+6x+9=0$　　(B) $x^2-2\sqrt{2}x+2=0$　　(C) $x^2-4x+2=0$

(D) $x^2-5x+7=0$　　(E) $x^2-6x+5=0$

6. 设关于 x 的方程 $ax^2+(a+2)x+9a=0$ 有两个不等的实数根 x_1、x_2，且 $x_1<1<x_2$，那么 a 的取值范围是（　　）.

(A) $-\frac{2}{7}<a<\frac{2}{5}$　　(B) $a>\frac{2}{5}$　　(C) $a<-\frac{2}{7}$

(D) $-\frac{2}{11}<a<0$　　(E) $a>-\frac{2}{11}$

7. 一元二次方程 $x^2+(m-2)x+m=0$ 的两实根均在开区间 $(-1,\ 1)$ 内，则 m 的取值范围为（　　）.

(A) $\frac{1}{2}<m\leqslant 4-2\sqrt{3}$　　(B) $-\frac{1}{2}<m\leqslant 4-2\sqrt{3}$

(C) $-\frac{1}{2}<m\leqslant 4+2\sqrt{3}$　　(D) $\frac{1}{2}<m\leqslant 4+2\sqrt{3}$

(E) $-\frac{1}{2}<m\leqslant 0$

8. 已知二次方程 $mx^2+(2m-1)x-m+2=0$ 的两个根都小于 1，则 m 的取值范围为（　　）.

(A) $\left(-\infty,\ -\frac{1}{2}\right)\cup\left[\frac{3+\sqrt{7}}{4},\ +\infty\right)$

(B) $(-\infty,\ 0)\cup\left[\frac{3+\sqrt{7}}{4},\ +\infty\right)$

(C) $\left(-\infty,\ -\frac{1}{2}\right)\cup[1,\ +\infty)$

(D) $\left[\frac{3+\sqrt{7}}{4},\ +\infty\right)$

(E) $\left(-\frac{1}{2},\ +\infty\right)$

9. 关于 x 的方程 $kx^2-(k-1)x+1=0$ 有有理根，则整数 k 的值为（　　）.

(A) 0 或 3　　(B) 1 或 5　　(C) 0 或 5

(D) 1 或 2　　(E) 0 或 6

10. 关于 x 的方程 $x^2+(a-6)x+a=0$ 的两根都是整数，则 $a=$（　　）.

(A) 8　　(B) 16 或 0　　(C) 16 或 22.5

(D) 8 或 0　　(E) 16

题型40 一元二次不等式的恒成立问题

母题技巧

·命题模型·	·解题思路·
1. 不等式在全体实数内恒成立或无解问题	(1)一元二次不等式 $ax^2+bx+c>0(a\neq0)$ 恒成立，则 $\begin{cases}a>0,\\ \Delta=b^2-4ac<0;\end{cases}$ (2)一元二次不等式 $ax^2+bx+c<0(a\neq0)$ 恒成立，则 $\begin{cases}a<0,\\ \Delta=b^2-4ac<0.\end{cases}$ 无解问题，先转化为恒成立问题： (3)一元二次不等式 $ax^2+bx+c>0(a\neq0)$ 无解⇒一元二次不等式 $ax^2+bx+c\leqslant0$ $(a\neq0)$ 恒成立，则 $\begin{cases}a<0,\\ \Delta=b^2-4ac\leqslant0.\end{cases}$ (4)一元二次不等式 $ax^2+bx+c<0(a\neq0)$ 无解⇒一元二次不等式 $ax^2+bx+c\geqslant0$ $(a\neq0)$ 恒成立，则 $\begin{cases}a>0,\\ \Delta=b^2-4ac\leqslant0.\end{cases}$
2. 不等式在某区间内恒成立问题	考查形式： ①已知一元二次不等式 $ax^2+bx+c>0$ 或 $ax^2+bx+c<0(a\neq0)$ 在 x 属于某一区间恒成立，求某个参数的取值范围． ②已知一元二次不等式 $ax^2+bx+c>0$ 或 $ax^2+bx+c<0(a\neq0)$ 在某个参数属于某区间时恒成立，求 x 的取值范围． 解题方法：分离参数法、换元法、根据图像使用分类讨论法． 【易错点】在使用分离参数法时，要特别注意： (1)区分解集的区间是开区间还是闭区间； (2)在乘除法中，要记得讨论参数和自变量的正负性．

母题精练

1. 关于 x 的不等式 $(a^2-3a+2)x^2+(a-1)x+2>0$ 的解集为全体实数，则(　　).

(A) $a<1$　　(B) $a\leqslant1$ 或 $a>2$　　(C) $a>\frac{15}{7}$

(D) $a<1$ 或 $a>\frac{15}{7}$　　(E) $a\leqslant1$ 或 $a>\frac{15}{7}$

2. 关于 x 的不等式 $|x^2+2x+a|\leqslant1$ 的解集为空集，则 a 的取值范围为(　　).

(A) $a<0$　　(B) $a>2$　　(C) $0<a<2$

(D) $a<0$ 或 $a>2$　　(E) $a\geqslant2$

3. $kx^2-(k-8)x+1$ 对一切实数 x 均为正值($k\neq 0$).

(1)$k=5$.

(2)$8\leqslant k<10$.

4. $f(x)=\sqrt{mx^2+mx+1}$ 的定义域为 **R**，则 m 的取值范围为(　　).

(A)$(-\infty, 4)$　(B)$[0, 4]$　(C)$(0, 4)$　(D)$(0, 4]$　(E)$(4, +\infty)$

5. 若不等式 $x^2+ax+2>0$ 对任意 $x\in(0, 1)$ 恒成立，则实数 a 的取值范围为(　　).

(A)$[-3, +\infty)$　(B)$(0, +\infty)$　(C)$[-2, 0)$

(D)$(-3, 2)$　(E)$[-2, +\infty)$

6. 若不等式 $y^2-2\left(\sqrt{x}+\frac{1}{\sqrt{x}}\right)y+3<0$ 对任意实数 $x>0$ 恒成立，则 y 的取值范围为(　　).

(A)$1\leqslant y<3$　(B)$2<y<3$　(C)$1<y<3$　(D)$y>3$　(E)$y<1$

7. 不等式 $2x^2-a\sqrt{x^2+1}+3>0$ 对任何实数 x 都成立，则实数 a 的取值范围为(　　).

(A)$a>1$　(B)$a\geqslant 1$　(C)$a\leqslant 3$　(D)$a<2\sqrt{2}$　(E)$a<3$

第 4 节 特殊的函数、方程与不等式

题型 41 指数与对数

母题技巧

·命题模型·	·解题思路·
1. 指数(函数)与对数(函数)的性质与运算	(1)形如 $y=a^x(a>0$ 且 $a\neq 1)$ 的函数叫作指数函数. 其定义域为全体实数，值域为$(0, +\infty)$，图像恒过点$(0, 1)$. 当 $a>1$ 时，是增函数；当 $0<a<1$ 时，是减函数. (2)形如 $y=\log_a x(a>0$ 且 $a\neq 1)$ 的函数叫作对数函数. 其定义域为$(0, +\infty)$，值域为全体实数，图像恒过点$(1, 0)$. 当 $a>1$ 时，是增函数；当 $0<a<1$ 时，是减函数. (3)常用对数公式： 如果 $a>0$ 且 $a\neq 1$，$M>0$，$N>0$，那么 ①$\log_a MN=\log_a M+\log_a N$；　②$\log_a \frac{M}{N}=\log_a M-\log_a N$； ③$\log_a M^n=n\log_a M$；　④$\log_{a^k} M^n=\frac{n}{k}\log_a M$； ⑤换底公式：$\log_a M=\frac{\lg M}{\lg a}=\frac{\ln M}{\ln a}$；$\log_a M=\frac{1}{\log_M a}$.

续表

·命题模型·	·解题思路·
2. 指数方程、不等式的解法	(1)指数方程. 常规解法：化同底、换元、解方程. 特殊方法：等式两边取对数法、图像法. (2)指数不等式. 四步解题法：化同底、判断指数函数的单调性、构造新不等式、解不等式.
3. 对数方程、不等式的解法	(1)对数方程. 四步解题法：化同底、换元、解方程、验根. (2)对数不等式. 五步解题法：化同底、判断单调性、构造不等式、解不等式、与定义域求交集. 【注意】遇到任何对数问题，必须考虑定义域.
易错点：换元时必须考虑换元前后的定义域.	

母题精练

1. 若函数 $y=\log_a(x+b)$($a>0$ 且 $a\neq1$)的图像过两点$(-1,0)$和$(0,1)$，则(　　).

(A)$a=2$，$b=2$　(B)$a=\sqrt{2}$，$b=2$　(C)$a=1$，$b=1$

(D)$a=\sqrt{2}$，$b=\sqrt{2}$　(E)$a=0$，$b=1$

2. 若有 $m>\dfrac{1}{2}$，$n>\dfrac{1}{2}$，且 $\lg\left(\dfrac{m+n}{2}\right)=\lg m+\lg n$，则 $\lg(2m-1)+\lg(2n-1)=$(　　).

(A)1　(B)0　(C)-1

(D)2　(E)3

3. 方程 $9^x-4\times3^x+3=0$ 的解 $x=$(　　).

(A)0　(B)1　(C)0或1

(D)1或2　(E)0或2

4. 不等式 $2^{x^2-2x-3}>\left(\dfrac{1}{8}\right)^{x-1}$ 成立.

(1)$x<-3$.

(2)$x>2$.

5. 当关于 x 的方程 $\log_4x^2=\log_2(x+4)-a$ 的根在区间$(-2,-1)$时，实数 a 的取值范围为(　　).

(A)$0<a<\log_2 3$　(B)$a<\log_2 3$　(C)$a>\log_2 3$

(D)$a>\log_2 5$　(E)$a>-\log_2 5$

题型42 分式方程及其增根问题

母题技巧

·命题模型·	·解题思路·
1. 解分式方程	解分式方程采用以下步骤： (1)通分：移项，通分，将原分式方程转化为标准形式$\frac{f(x)}{g(x)}=0$. (2)去分母：使$f(x)=0$，解出$x=x_0$. (3)验根：将$x=x_0$代入$g(x)$，若$g(x_0)=0$，则$x=x_0$为增根，舍去；若$g(x_0)\neq 0$，则$x=x_0$为有效根.
2. 判断分式方程$\frac{f(x)}{g(x)}=0$的根	(1)分式方程无实根问题，常与一次方程相结合考查，有两种无根的情况： ①$f(x)=0$无实根； ②$f(x)=0$有实根但均为增根. (2)分式方程有实根，则$f(x)=0$有根且至少有一个根不是增根.

母题精练

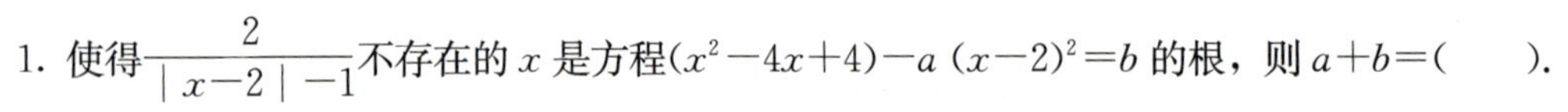

1. 使得$\frac{2}{|x-2|-1}$不存在的x是方程$(x^2-4x+4)-a(x-2)^2=b$的根，则$a+b=$(　　).

(A)-1　　(B)0　　(C)1　　(D)2　　(E)3

2. 关于x的方程$\frac{a}{x^2-1}+\frac{1}{x+1}+\frac{1}{x-1}=0$有实根.

(1)实数$a\neq 2$.　　(2)实数$a\neq -2$.

3. 关于x的方程$\frac{1}{x^2-x}+\frac{k-5}{x^2+x}=\frac{k-1}{x^2-1}$无解.

(1)$k=3$.　　(2)$k=6$.

4. 关于x的方程$\frac{3-2x}{x-3}+\frac{2+mx}{3-x}=-1$无解，则所有满足条件的实数$m$之和为(　　).

(A)-4　　(B)$-\frac{8}{3}$　　(C)-1　　(D)-12　　(E)$-\frac{5}{3}$

5. 关于x的两个方程$\frac{x^2-9x+m}{x-2}+3=\frac{1-x}{2-x}$与$\frac{x+1}{x-|n|}=2-\frac{3}{|n|-x}$有相同的增根，则函数$y=|x-m|+|x-n|+|x+n|$(　　).

(A)有最小值17　　(B)有最大值17　　(C)有最小值12

(D)有最大值12　　(E)没有最小值，随m，n变化而变化

6. 关于 x 的方程 $\frac{2k}{x-1}-\frac{x}{x^2-x}=\frac{kx+1}{x}$ 只有一个实数根(注：相等的根算作一个)，则 $k=$(　　).

(A)0　　(B)$\frac{1}{2}$　　(C)0 或 $\frac{1}{2}$　　(D)0 或 $-\frac{1}{2}$　　(E)$-\frac{1}{2}$

题型 43　穿线法解不等式

母题技巧

·命题模型·	·解题思路·
1. 解高次不等式	运用穿线法解出不等式，具体步骤： (1)移项，使不等式一侧为0； (2)因式分解，并使每个因式的最高次项系数均为正数； (3)令每个因式等于零，得到零点，并标注在数轴上； (4)如果有恒大于0的项，对不等式没有影响，直接删掉； (5)穿线：从数轴的右上方开始穿线，依次去穿每个点，遇到奇次零点则穿过数轴，遇到偶次零点则碰而不过； (6)凡是位于数轴上方的曲线所代表的区间，就是大于0的区间；数轴下方的，则是小于0的区间；数轴上的点，是等于0的点，但是要注意这些零点是否能够取到．
2. 解分式不等式	(1)形如 $\frac{f(x)}{g(x)}>a$，$\frac{f(x)}{g(x)}\geqslant a$，$\frac{f(x)}{g(x)}<a$，$\frac{f(x)}{g(x)}\leqslant a$ 的不等式称为分式不等式，其中 a 可以等于0，也可以不等于0. (2)解分式不等式的步骤： ①移项：将 $\frac{f(x)}{g(x)}>a$ 化为 $\frac{f(x)}{g(x)}-a>0$； ②通分：将 $\frac{f(x)}{g(x)}-a>0$ 化为 $\frac{f(x)-a\cdot g(x)}{g(x)}>0$； ③将分子分母因式分解，化简； ④用穿线法求出解集(尤其注意分母≠0).

母题精练

1. 满足不等式 $(x+1)(x+2)(x+3)(x+4)>120$ 的所有实数 x 的集合是(　　).

(A)$(-\infty, -6)$　　(B)$(-\infty, -6)\cup(1, +\infty)$　　(C)$(-\infty, -1)$

(D)$(-6, 1)$　　(E)$(1, +\infty)$

2. 不等式 $(x+2)(x+1)^2(x-1)^3(x-2)\leqslant 0$ 的解集为(　　).

(A)$(-\infty, -2]\cup[1, 2]$　　(B)$(-\infty, -2]\cup\{-1\}\cup[1, 2]$

(C) $(-\infty, -2]\cup\{-1\}\cup(1, 2)$　　(D) $(-\infty, -2)\cup\{-1\}\cup[1, 2]$

(E) $(-\infty, -2)\cup[1, 2]$

3. 已知关于 x 的不等式 $\frac{ax-1}{x+1}<0$ 的解集是 $(-\infty, -1)\cup\left(-\frac{1}{2}, +\infty\right)$，则 $a=$(　　).

(A)1　　(B)2　　(C)0　　(D)-1　　(E)-2

4. 不等式 $\frac{3x-5}{x^2+2x-3}\leqslant 2$ 的解集为(　　).

(A) $(-\infty, -3)\cup\left[-1, \frac{1}{2}\right]\cup(1, +\infty)$　　(B) $(-3, -1)\cup\left[\frac{1}{2}, 1\right]$

(C) $(-\infty, -3]\cup\left[-1, \frac{1}{2}\right]\cup(1, +\infty)$　　(D) $(-3, -1]\cup\left[\frac{1}{2}, 1\right]$

(E) $(-\infty, -3)\cup\left(\frac{1}{2}, 1\right)\cup(1, +\infty)$

题型44　根式方程和根式不等式

母题技巧

·命题模型·	·解题思路·
1. 根式方程	(1)去根号的方法：平方法、配方法、换元法． (2)根式方程 $\sqrt{f(x)}=g(x)$ 的隐含定义域为 $\begin{cases}f(x)\geqslant 0,\\ g(x)\geqslant 0.\end{cases}$ 【例】已知 $2x-4=\sqrt{x}$，因为 $\sqrt{x}\geqslant 0$，故 $2x-4\geqslant 0$，真正的定义域是 $x\geqslant 2$，而不仅仅是根号下面的 $x\geqslant 0$. 【注意】根式方程解出根后需验根．
2. 根式不等式	(1) $\sqrt{f(x)}\geqslant g(x)\Leftrightarrow\begin{cases}f(x)\geqslant 0,\\ g(x)\geqslant 0,\\ f(x)\geqslant g^2(x)\end{cases}$ 或 $\begin{cases}f(x)\geqslant 0,\\ g(x)<0.\end{cases}$ (2) $\sqrt{f(x)}\leqslant g(x)\Leftrightarrow\begin{cases}f(x)\geqslant 0,\\ g(x)\geqslant 0,\\ f(x)\leqslant g^2(x).\end{cases}$ (3) $\sqrt{f(x)}>\sqrt{g(x)}\Leftrightarrow\begin{cases}f(x)\geqslant 0,\\ g(x)\geqslant 0,\\ f(x)>g(x).\end{cases}$ 【注意】解根式不等式时一定要求定义域．

母题精练

1. 方程 $\sqrt{3x-3}+\sqrt{5x-19}-\sqrt{2x+8}=0$ 的根为(　　).

(A)4　(B)-7　(C)4 或 -7　(D)-4 或 -7　(E)-4 或 7

2. $\sqrt{1-x}-\sqrt{3x-2}\leqslant 0$.

(1)$\frac{3}{4}\leqslant x\leqslant 1$.　(2)$\frac{3}{4}<x<1$.

3. 不等式 $\sqrt{4-3x}>2x-1$ 的解集为(　　).

(A)$(-\infty, 1)$　(B)$\left(-\infty, \frac{1}{2}\right)$　(C)$\left(-\infty, \frac{3}{4}\right)$　(D)$\left[\frac{1}{2}, 1\right)$　(E)$\left(\frac{1}{2}, 1\right)$

4. $\sqrt{5-2x}>x-1$.

(1)$x<2$.　(2)$x>2$.

5. $\sqrt{2x^2-3x+1}<1+2x$.

(1)$0<x\leqslant\frac{1}{2}$.　(2)$x\geqslant 1$.

6. $\sqrt{2x+1}>\sqrt{x+1}-1$.

(1)$x\geqslant-\frac{1}{2}$.　(2)$x\leqslant-\frac{1}{2}$.

7. $\sqrt{9-x^2}+\sqrt{6x-x^2}>3$.

(1)$0<x<3$.　(2)$1<x<3$.

8. 关于 x 的不等式 $\sqrt{5-\log_a x}>1+\log_a x$(其中 $0<a<1$)的解集为(　　).

(A)$0<x<a$　(B)$0<x\leqslant a$　(C)$x>a$　(D)$x\geqslant a$　(E)$x<a$

题型 45　其他特殊函数

母题技巧

·命题模型·	·解题思路·
1. 最值函数 max$\{x, y, z\}$表示 x，y，z 中最大的数； min$\{x, y, z\}$表示 x，y，z 中最小的数	遇到最值函数题目，如果函数表达式较为简单，可以快速画出图像时，一般采用图像法： ①对于最大值函数图像，先分别画出各个函数的图像，然后取图像位于上方的部分； ②对于最小值函数图像，先分别画出各个函数的图像，然后取图像位于下方的部分.

续表

<table>
<tr><th>·命题模型·</th><th>·解题思路·</th></tr>
<tr><td>2. 分段函数

在自变量的不同取值范围内，有不同的对应法则，需要用不同的解析式来表示的函数叫作分段表示的函数，简称分段函数</td><td>求分段函数的函数值 $f(x_0)$时，应该先判断 x_0 所属的取值范围，然后再把 x_0 代入到相应的解析式中进行计算.</td></tr>
<tr><td>3. 复合函数的定义域问题

如果 y 是 u 的函数，u 又是 x 的函数，即 $y=f(u)$，$u=g(x)$，那么 y 关于 x 的函数 $y=f[g(x)]$叫作函数 $y=f(u)$(外函数)和 $u=g(x)$(内函数)的复合函数，其中 u 是中间变量，自变量为 x，函数值为 y</td><td>(1)复合函数的定义域，就是复合函数 $y=f[g(x)]$中 x 的取值范围.
(2)$y=f(u)$的定义域为 $g(x)$的值域.
(3)已知 $f(x)$的定义域为(a, b)，求 $f[g(x)]$的定义域.
$f(x)$的定义域即为中间变量 u 的取值范围，即 $u=g(x)\in(a, b)$. 通过解不等式 $a<g(x)<b$ 求得 x 的范围，即为 $f[g(x)]$的定义域.
(4)已知 $f[g(x)]$的定义域为(a, b)，求 $f(x)$的定义域.
$f[g(x)]$的定义域是变量 x 的取值范围，即 $x\in(a, b)$. 利用 $a<x<b$ 求得 $g(x)$的值域，$g(x)$的值域即是 $f(x)$的定义域.</td></tr>
<tr><td>4. 复合函数的单调性</td><td>
<table>
<tr><th>若 $u=g(x)$</th><th>$y=f(x)$</th><th>则 $y=f[g(x)]$</th></tr>
<tr><td>增函数</td><td>增函数</td><td>增函数</td></tr>
<tr><td>减函数</td><td>减函数</td><td>增函数</td></tr>
<tr><td>增函数</td><td>减函数</td><td>减函数</td></tr>
<tr><td>减函数</td><td>增函数</td><td>减函数</td></tr>
<tr><td colspan="3">口诀：“同增异减”.</td></tr>
</table>
</td></tr>
</table>

母题精练

1. 设 $f(x)=\min\{x+2, 10-x\}$，则 $f(x)$的最大值为(　　).

(A)-6　　(B)-2　　(C)0　　(D)2　　(E)6

2. 若函数 $f(x)=\max\{|x|, |x-a|\}$的最小值为 2，则 a 的值为(　　).

(A)-4　　(B)-2　　(C)±4　　(D)±2　　(E)0

3. 已知函数 $y=f(x)$和 $y=g(x)$的图像关于直线 $y=x$ 对称，现将 $y=g(x)$的图像沿 x 轴向左平移 2 个单位，再沿 y 轴向上平移 1 个单位，所得的图像是由两条线段组成的折线(如图 3-1 所示)，则函数 $f(x)$的表达式为(　　).

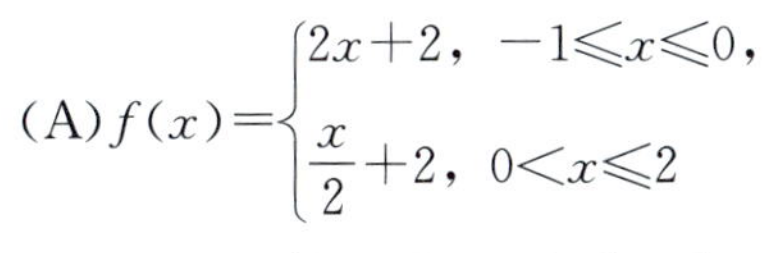

(A) $f(x)=\begin{cases}2x+2, & -1\leqslant x\leqslant 0,\\ \dfrac{x}{2}+2, & 0<x\leqslant 2\end{cases}$

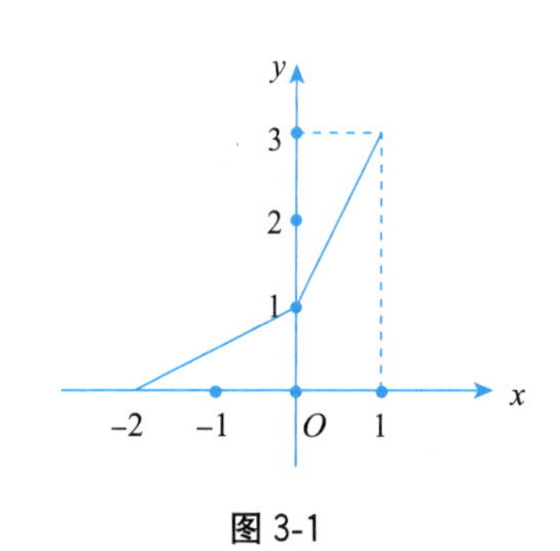

图 3-1

(B) $f(x)=\begin{cases}2x-2, & -1\leqslant x\leqslant 0,\\ \dfrac{x}{2}-2, & 0<x\leqslant 2\end{cases}$

(C) $f(x)=\begin{cases}2x-2, & 1\leqslant x\leqslant 2,\\ \dfrac{x}{2}+1, & 2<x\leqslant 4\end{cases}$

(D) $f(x)=\begin{cases}2x-6, & 1\leqslant x\leqslant 2,\\ \dfrac{x}{2}-3, & 2<x\leqslant 4\end{cases}$

(E) $f(x)=\begin{cases}\dfrac{x}{2}+2, & -1\leqslant x\leqslant 0,\\ 2x+2, & 0<x\leqslant 2\end{cases}$

4. 设函数 $f(x)=\begin{cases}2^{-x}, & x\in(-\infty,1],\\ \log_{81}x, & x\in(1,+\infty),\end{cases}$ 则满足方程 $f(x)=\dfrac{1}{4}$ 的 x 的值为(　　).

(A) -2　　(B) 2　　(C) -3　　(D) 3　　(E) 0

5. 已知函数 $y=f(x)$ 是定义在区间 $\left[-\dfrac{3}{2},\dfrac{3}{2}\right]$ 上的偶函数，且当 $x\in\left[0,\dfrac{3}{2}\right]$ 时，$f(x)=-x^2-x+5$，则当 $x\in\left[-\dfrac{3}{2},0\right)$ 时，$f(x)$ 解析式为(　　).

(A) $-x^2+x+5$　　(B) $-x^2-x+5$　　(C) x^2-x-5
(D) $-x^2-x-5$　　(E) $-x^2+5x+1$

6. 设 $f(x)$ 是定义在 $\mathbf{R}$ 上的函数，且 $f(x)$ 满足 $f(x+2)=-f(x)$，当 $x\in[0,2]$ 时，$f(x)=2x-x^2$，则当 $x\in[-2,0)$ 时，$f(x)$ 的解析式为(　　).

(A) $2x-x^2$　　(B) x^2-2x　　(C) x^2+2x　　(D) $-x^2-2x$　　(E) $-x^2+4x$

7. 设函数 $f(x)=x^2+2x+3$，$g(x)=x-1$，则 $f[g(x)]$ 的最小值为(　　).

(A) -2　　(B) -1　　(C) 0　　(D) 1　　(E) 2

8. 已知 $f(x)$ 是一次函数，满足 $3f(x+1)-2f(x-1)=2x+6$，则 $f(1)=$(　　).

(A) -6　　(B) -2　　(C) 0　　(D) 2　　(E) 6

9. 已知函数 $f(x)=\sqrt{-x^2+2x+3}$，则函数 $f(3x-2)$ 的定义域为(　　).

(A) $\left[\dfrac{1}{3},\dfrac{5}{3}\right]$　　(B) $\left[-1,\dfrac{5}{3}\right]$　　(C) $[-1,3]$　　(D) $\left[\dfrac{1}{3},1\right]$　　(E) $\left[1,\dfrac{5}{3}\right]$

10. 若函数 $f(x+1)$ 的定义域为 $\left[-\dfrac{1}{2},2\right]$，则函数 $f(x-1)$ 的定义域为(　　).

(A) $\left[-\dfrac{1}{2},2\right]$　　(B) $\left[-\dfrac{3}{2},1\right]$　　(C) $\left[\dfrac{1}{2},3\right]$　　(D) $\left[\dfrac{3}{2},4\right]$　　(E) $[0,1]$

11. 函数 $f(x)=\log_a(-ax+6)$ 在 $[0,2]$ 上为减函数，则 a 的取值范围是(　　).

(A) $(1,3)$　　(B) $[1,3]$　　(C) $(0,1)$　　(D) $[0,1]$　　(E) $(1,+\infty)$

本章奥数及高考改编题

1. 某班学生每人至少参加了一种竞赛，其中有 32 人参加数学竞赛，27 人参加英语竞赛，22 人参加语文竞赛．其中同时参加英语和数学的有 12 人，同时参加英语和语文的有 14 人，同时参加数学和语文的有 10 人，则这个班的人数至少、至多有（　　）人．

(A)45，55　　(B)45，50　　(C)50，60

(D)40，50　　(E)45，59

2. 某班有 60 人，其中 42 人会游泳，46 人会骑车，50 人会溜冰，55 人会打乒乓球，则至少有（　　）人四项都会．

(A)5　　(B)13　　(C)18　　(D)21　　(E)26

3. 关于 x 的不等式 $(ax-1)^2<x^2$ 恰有两个整数解，则实数 a 的值可能为（　　）.

(A) $-\frac{4}{3}$　　(B) $-\frac{3}{2}$　　(C)1　　(D)0　　(E) $\frac{3}{2}$

4. 对于实数 x，规定 $[x]$ 表示不大于 x 的最大整数．则 $4[x]^2-36[x]+45<0$.

(1) $2\leqslant x\leqslant 8$.

(2) $1\leqslant x\leqslant 7$.

5. 已知函数 $f(x)=x^2+m$，若存在实数 a，b，使函数 $f(x)$ 在 $[\sqrt{a},\sqrt{b}]$ 上的值域为 $[\sqrt{a},\sqrt{b}]$，则实数 m 的取值范围是（　　）.

(A) $m\leqslant\frac{1}{4}$　　(B) $0<m\leqslant\frac{1}{4}$　　(C) $-\frac{1}{4}\leqslant m<0$

(D) $-\frac{1}{4}<m\leqslant 0$　　(E) $0\leqslant m<\frac{1}{4}$

6. 如图 3-2 所示，正方形 $OABC$ 的边长为 $a(a>1)$，函数 $y=3x^2$ 的图像交 AB 于点 Q，函数 $y=\frac{1}{\sqrt{x}}$ 的图像交 BC 于点 P，则当 $AQ+CP$ 最小时，a 的值为（　　）.

(A)3　　(B)2　　(C) $\frac{3}{2}$

(D) $\sqrt{2}$　　(E) $\sqrt{3}$

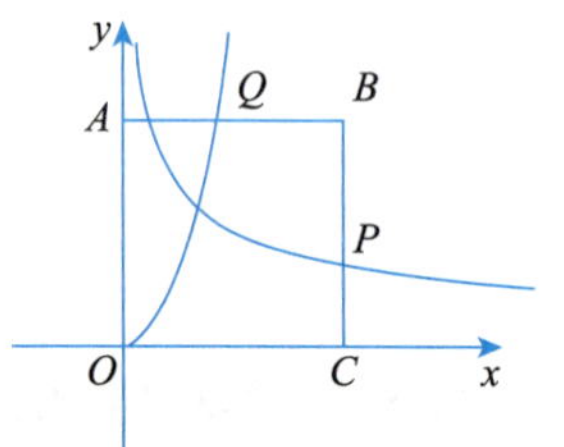

图 3-2

7. 为抗击新型冠状病毒肺炎，某医药公司研究出一种消毒剂，据实验表明，该药物释放量 y(单位：mg·m^{-3})与时间 t(单位：h)的函数关

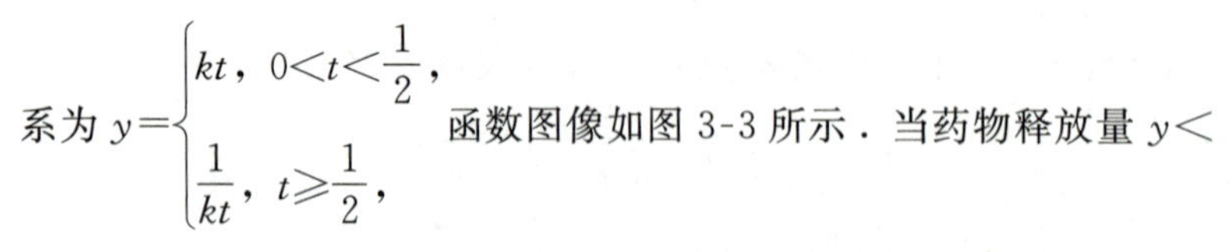

系为 $y=\begin{cases}kt, & 0<t<\frac{1}{2},\\ \frac{1}{kt}, & t\geqslant\frac{1}{2},\end{cases}$ 函数图像如图 3-3 所示．当药物释放量 $y<$

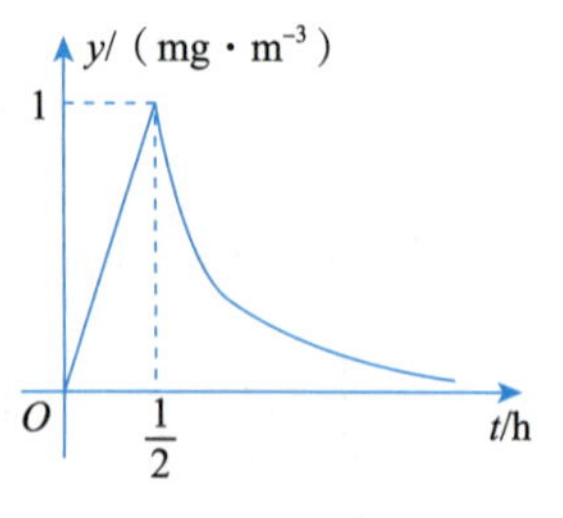

图 3-3

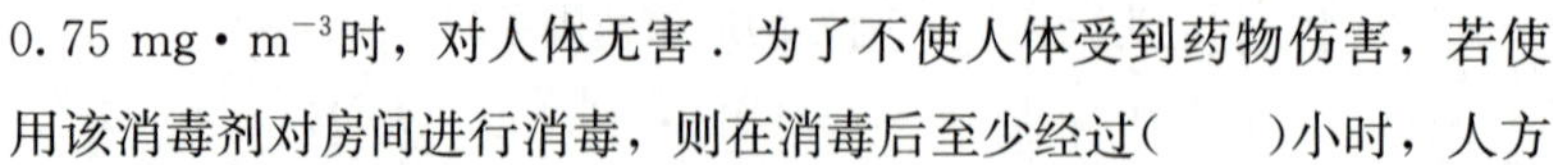

0.75 mg·m^{-3}时，对人体无害．为了不使人体受到药物伤害，若使用该消毒剂对房间进行消毒，则在消毒后至少经过（　　）小时，人方

可进入房间.

(A)$\frac{3}{8}$　　(B)$\frac{2}{3}$　　(C)$\frac{3}{2}$　　(D)1　　(E)$\frac{3}{4}$

8. 设函数 $f(x)=(x+6)^2-a$. 则函数 $f[f(x)]$ 有四个零点.

(1)$8<a<9$.

(2)$9<a<10$.

9. 已知函数满足 $ax\cdot f(x)=2bx+f(x)$，$a\neq 0$，$x\neq\frac{1}{a}$，$f(1)=1$，且 $f(x)=2x$ 仅有一个实根，则 $f(2\,023)=$(　　).

(A)2　　(B)$\frac{2\,023}{1\,012}$　　(C)$-\frac{2\,023}{1\,012}$

(D)-2　　(E)$\frac{2\,023}{2\,024}$

10. 方程 $ax^2+bx+c=0$ 没有整数解.

(1)a，b，c 都是奇数.

(2)a，b，c 都是偶数.

11. 已知二次函数 $y=ax^2+bx+c$ 的图像过点 $A(2,4)$，其顶点的横坐标为$\frac{1}{2}$，它的图像与 x 轴交点为 $B(x_1,0)$，$C(x_2,0)$，且 $x_1^2+x_2^2=13$. 若在其图像上有一点 D，使 $S_{\triangle ABC}=2S_{\triangle BDC}$，则满足条件的点 D 有(　　)个.

(A)0　　(B)1　　(C)2

(D)3　　(E)4

12. 用一段长为20米的篱笆围成一个矩形菜园，设菜园的对角线长为 x 米，面积为 y 平方米，则 y 与 x 的函数图像大致是(　　).

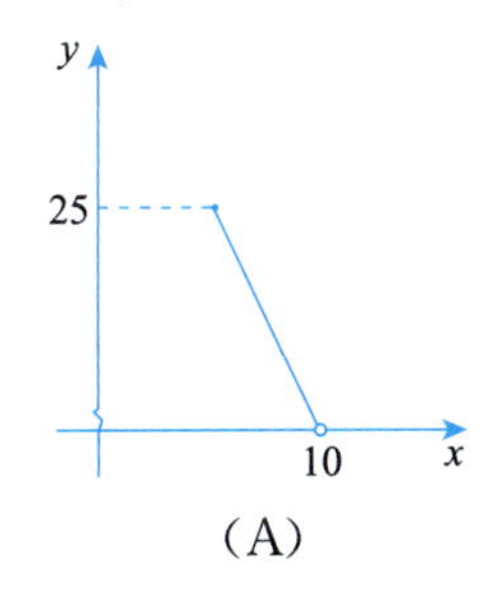

(A)

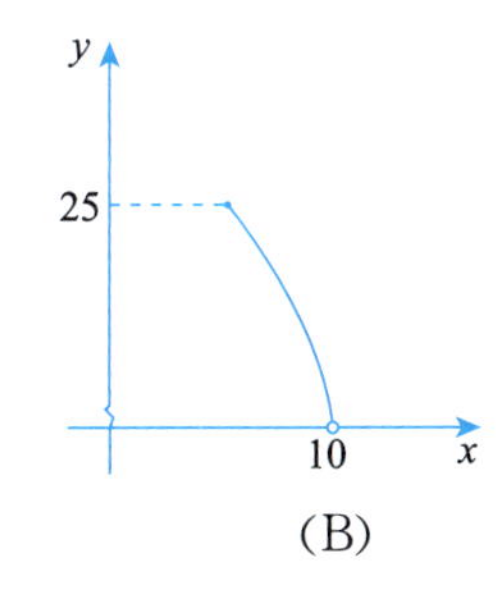

(B)

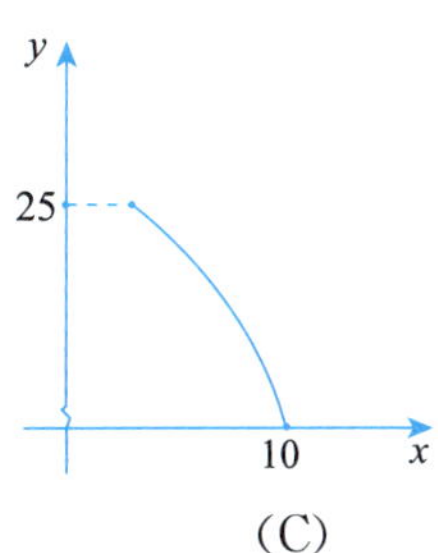

(C)

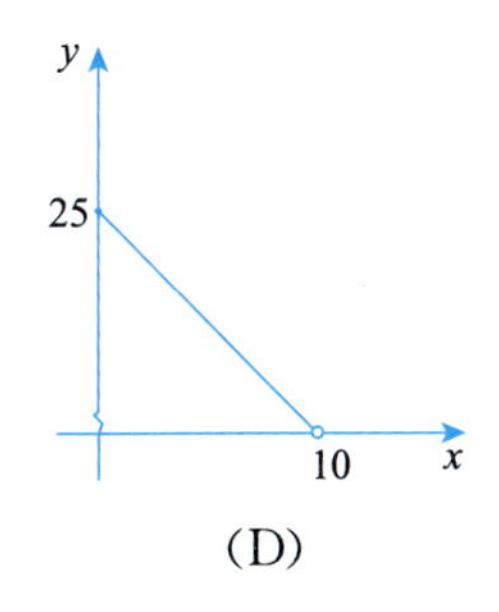

(D)

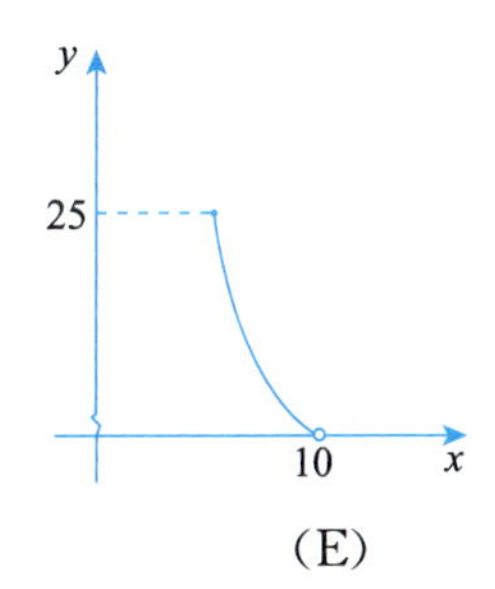

(E)

13. 已知抛物线 C_1：$y=\frac{1}{3}x^2-2x+1$，将抛物线 C_1 绕着点$(0,m)$旋转 180°得到抛物线 C_2，如果抛物线 C_2 与直线 $y=\frac{1}{2}x+4$ 有两个交点且交点在其对称轴的两侧，则 m 的取值范围是(　　).

(A)$m>\frac{1}{4}$　　(B)$m>\frac{9}{4}$　　(C)$m<\frac{9}{4}$　　(D)$m<\frac{1}{4}$　　(E)$m\leqslant\frac{1}{4}$

14. 已知函数 $f(x)=|\log_3 x|$，实数 m，n 满足 $0<m<n$，且 $f(m)=f(n)$，若 $f(x)$在$[m^2,n]$的最大值为 2，则$\frac{n}{m}=$(　　).

(A)1　　(B)81　　(C)9　　(D)3　　(E)$\frac{1}{3}$

15. 已知函数 $f(x)=\begin{cases}a^x, & x\leqslant 0,\\ 3a-x, & x>0\end{cases}$ $(a>0$ 且 $a\neq 1)$的值域为 $\mathbf{R}$，则实数 a 的取值范围是(　　).

(A)$0<a<1$　　(B)$\frac{1}{3}\leqslant a<1$　　(C)$\frac{1}{3}<a<1$

(D)$a>1$　　(E)$0<a<\frac{1}{3}$

16. 已知 a 为正整数．则能确定 a 的值．

(1)正实数 x，y 满足$\begin{cases}2x+3y=a-7,\\ 10x-12y=217-22a.\end{cases}$

(2)a 是质数，且方程 $x^2-ax-14a=0$ 的两个根均为整数．

17. 如果不等式组$\begin{cases}9x-a<0,\\ 8x-b\geqslant 0\end{cases}$的整数解只有 1，2，3，则符合这个不等式组的整数 a，b 的有序数对(a,b)共有(　　)个．

(A)56　　(B)64　　(C)72　　(D)81　　(E)90

18. 老吕在黑板上从 1 到 n 依次写下 n 个自然数，然后擦掉其中一个(不是第一个也不是最后一个)，发现剩下的数的平均值是 13，则 $n=$(　　).

(A)21　　(B)22　　(C)23　　(D)24　　(E)25

19. 已知函数 $f(x)=ax^2+2ax+1$，若存在 $x\in[-3,2]$使 $f(x)<-2a$ 有解，则实数 a 的取值范围为(　　).

(A)$a>\frac{1}{10}$　　(B)$a>\frac{1}{5}$　　(C)$a<-\frac{1}{10}$　　(D)$a<-\frac{1}{5}$　　(E)$a>1$

20. 若关于 n 的不等式$(-1)^n a<2+\frac{(-1)^{n+1}}{n}$对任意的 $n\in\mathbf{Z}^+$ 恒成立，a 的取值范围是(　　).

(A)$\left[-2,\frac{3}{2}\right)$　　(B)$(-2,1)$　　(C)$[-2,1)$

(D)$(-2,+\infty)$　　(E)$\left(-2,\frac{3}{2}\right)$

第4章 数列

本章思维导图

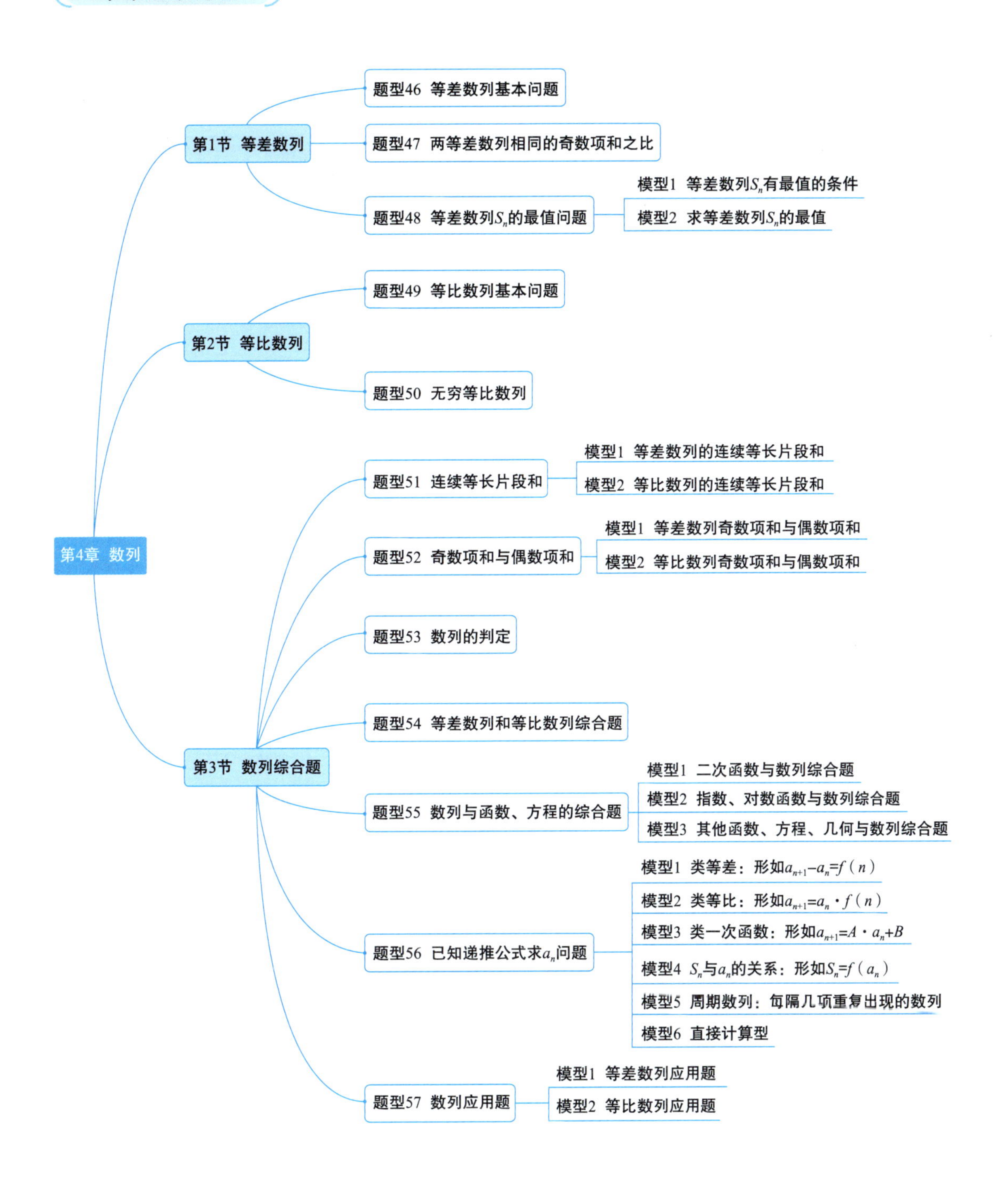

第 1 节 等差数列

题型 46 等差数列基本问题

母题技巧

·命题模型·	·解题思路·
考查等差数列计算公式	(1)等差数列通项公式：$a_n=a_1+(n-1)d$. (2)求和公式： ①共有 n 项：$S_n=\frac{n(a_1+a_n)}{2}=na_1+\frac{n(n-1)}{2}d=\frac{d}{2}n^2+\left(a_1-\frac{d}{2}\right)n$； ②共有 $2n$ 项：$S_{2n}=n(a_n+a_{n+1})$； ③共有 $2n-1$ 项：$S_{2n-1}=(2n-1)a_n$. (3)中项公式：$2a_{n+1}=a_n+a_{n+2}$. (4)下标和定理：若 $m+n=p+q$，则 $a_m+a_n=a_p+a_q$. 此式可扩展到 n 项，满足等式左右两侧项数相等、下标和相等即可. (5)轮换对称性. 在等差数列中： ①若 $a_m=n$，$a_n=m$，则 $a_{m+n}=0$，此时 S_{m+n} 为最值； ②若 $S_m=n$，$S_n=m(m\neq n)$，则 $S_{m+n}=-(m+n)$； ③若 $S_m=S_n$，则 $S_{m+n}=0$，$S_{\frac{m+n}{2}}$ 为最值($m+n=2k$，$k\in\mathbf{Z}^+$).

母题精练

1. 已知数列 $\{a_n\}$ 为等差数列，公差为 d，$a_1+a_2+a_3+a_4=12$. 则 $a_4=0$.

(1)$d=-2$.　　　　(2)$a_2+a_4=4$.

2. 等差数列 $\{a_n\}$ 中，$a_5<0$，$a_6>0$，且 $a_6>|a_5|$，S_n 是前 n 项之和，则(　　).

(A)S_1，S_2，S_3 均小于 0，而 S_4，S_5，…均大于 0

(B)S_1，S_2，…，S_5 均小于 0，而 S_6，S_7，…均大于 0

(C)S_1，S_2，…，S_9 均小于 0，而 S_{10}，S_{11}，…均大于 0

(D)S_1，S_2，…，S_{10} 均小于 0，而 S_{11}，S_{12}，…均大于 0

(E)以上选项均不正确

3. 数列 $\{a_n\}$ 的前 k 项和 $a_1+a_2+a_3+\cdots+a_k$ 与随后 k 项和 $a_{k+1}+a_{k+2}+a_{k+3}+\cdots+a_{2k}$ 之比与 k 无关.

(1)$a_n=2n-1(n=1,2,3,\cdots)$.

(2)$a_n=2n(n=1,2,3,\cdots)$.

4. 已知$\{a_n\}$是等差数列，$a_1+a_2=4$，$a_7+a_8=28$，则该数列前10项和$S_{10}=$(　　).

(A)64　　(B)100　　(C)110　　(D)130　　(E)120

5. 某车间共有40人，某次技术操作考核的平均分为90分，这40人的分数从低到高恰好构成一个等差数列：a_1，a_2，…，a_{40}，则$a_1+a_8+a_{33}+a_{40}=$(　　).

(A)260　　(B)320　　(C)360　　(D)240　　(E)340

6. 已知等差数列$\{a_n\}$中$a_m+a_{m+10}=2$，$a_{m+10}+a_{m+20}=12$，m为常数，且$m\in\mathbf{N}^+$，则$a_{m+20}+a_{m+30}=$(　　).

(A)1　　(B)-1　　(C)22　　(D)-22　　(E)-2

7. 等差数列中连续4项为a，m，b，$2m(m\neq0)$，那么$a:b=$(　　).

(A)$\frac{1}{4}$　　(B)$\frac{1}{3}$　　(C)$\frac{1}{3}$或1　　(D)$\frac{1}{2}$　　(E)$\frac{1}{2}$或1

8. 已知等差数列$\{a_n\}$中，$a_7+a_9=16$，$a_4=1$，则$a_{12}=$(　　).

(A)15　　(B)30　　(C)31　　(D)64　　(E)72

9. 已知等差数列$\{a_n\}$中，$S_{10}=90$，$S_{90}=10$，则$S_{100}=$(　　).

(A)100　　(B)-100　　(C)200　　(D)-200　　(E)0

10. 等差数列$\{a_n\}$中，S_n为前n项和，已知$S_{13}=S_8$，若$a_3+a_k=0$，则$k=$(　　).

(A)17　　(B)18　　(C)19

(D)20　　(E)21

题型47　两等差数列相同的奇数项和之比

母题技巧

·命题模型·	·解题思路·
等差数列$\{a_n\}$和$\{b_n\}$的前$2k-1$项和分别用S_{2k-1}和T_{2k-1}表示，中间项为a_k，b_k，则有$\frac{a_k}{b_k}=\frac{S_{2k-1}}{T_{2k-1}}$	证明：$\frac{S_{2k-1}}{T_{2k-1}}=\frac{\frac{(2k-1)(a_1+a_{2k-1})}{2}}{\frac{(2k-1)(b_1+b_{2k-1})}{2}}=\frac{a_1+a_{2k-1}}{b_1+b_{2k-1}}=\frac{2a_k}{2b_k}=\frac{a_k}{b_k}$.

母题精练

1. 在等差数列$\{a_n\}$和$\{b_n\}$中，$\frac{a_{11}}{b_{11}}=\frac{4}{3}$.

(1)$\{a_n\}$和$\{b_n\}$前n项的和之比为$(7n+1):(4n+27)$.

(2)$\{a_n\}$和$\{b_n\}$前21项的和之比为$5:3$.

2. 已知正整数 $n\leqslant 10$，两个等差数列 $\{a_n\}$ 和 $\{b_n\}$ 的前 n 项和分别为 A_n 和 B_n，且 $\frac{A_n}{B_n}=\frac{7n+45}{n+3}$，则正整数 n 恰好使 $\frac{a_n}{b_n}$ 为整数的概率为（　　）.

(A)0.2　　(B)0.3　　(C)0.4　　(D)0.5　　(E)0.6

题型 48　等差数列 S_n 的最值问题

母题技巧

·命题模型·	·解题思路·
1. 等差数列 S_n 有最值的条件	(1)当 $a_1<0$，$d>0$ 时，S_n 有最小值. (2)当 $a_1>0$，$d<0$ 时，S_n 有最大值.
2. 求等差数列 S_n 的最值	(1)一元二次函数法. 等差数列的前 n 项和可以整理成一元二次函数的形式：$S_n=\frac{d}{2}n^2+\left(a_1-\frac{d}{2}\right)n$，对称轴为 $n=-\frac{a_1-\frac{d}{2}}{2\times\frac{d}{2}}=\frac{1}{2}-\frac{a_1}{d}$，最值取在最靠近对称轴的整数处. 特别地，若 $S_m=S_n$，即 $S_{m+n}=0$ 时，对称轴为 $\frac{m+n}{2}$. (2)$a_n=0$ 法. 最值一定在“变号”时取得，可令 $a_n=0$，则有 ①若解得 n 为整数，则 $S_n=S_{n-1}$ 均为最值，例如，若解得 $n=6$，则 $S_6=S_5$ 为其最值. ②若解得 n 为非整数，则当 n 取其整数部分 $m(m=[n])$ 时，S_m 取到最值，例如，若解得 $n=6.9$，则 S_6 为其最值.

母题精练

1. 一个等差数列的首项为 21、公差为 -3，则数列的前 n 项和 S_n 取最大值时，n 的值为（　　）.

(A)7　　(B)8　　(C)9　　(D)7 或 8　　(E)8 或 9

2. 设 $a_n=-n^2+12n+13$，则数列的前 n 项和 S_n 最大时，n 的值是（　　）.

(A)12　　(B)13　　(C)10 或 11　　(D)12 或 13　　(E)11

3. 设数列 $\{a_n\}$ 是等差数列，且 $a_2=-8$，$a_{15}=5$，S_n 是数列 $\{a_n\}$ 的前 n 项和，则（　　）.

(A)$S_{10}=S_{11}$　　(B)$S_{10}>S_{11}$　　(C)$S_9=S_{10}$

(D)$S_9<S_{10}$　　(E)$S_9>S_{10}$

4. 已知$\{a_n\}$为等差数列，$a_1+a_3+a_5=105$，$a_2+a_4+a_6=99$，前n项和S_n取最大值时n的值是(　　).

(A)21　(B)20　(C)19　(D)18　(E)17

5. 等差数列$\{a_n\}$中，$3a_5=7a_{10}$，且$a_1<0$，则S_n的最小值为(　　).

(A)S_8　(B)S_{12}　(C)S_{13}　(D)S_{14}　(E)S_{12}或S_{13}

6. 等差数列$\{a_n\}$的前n项和S_n取最大值时，n的值是21.

(1)$a_1>0$，$5a_4=3a_9$.

(2)$a_1>0$，$3a_4=5a_{11}$.

第2节 等比数列

题型49 等比数列基本问题

母题技巧

·命题模型·	·解题思路·
考查等比数列基本公式	(1)等比数列通项公式：$a_n=a_1q^{n-1}(q\neq0)$. (2)等比数列前n项和：$S_n=\begin{cases}\dfrac{a_1(1-q^n)}{1-q}, & q\neq1,\\ na_1, & q=1.\end{cases}$ (3)中项公式：$a_{n+1}^2=a_na_{n+2}$(各项均不为0). (4)下标和定理：若$m+n=p+q$，则$a_ma_n=a_pa_q$(各项均不为0). 此式可扩展到n项，满足等式左右两侧项数相等、下标和相等即可.

母题精练

1. 设$\{a_n\}$是等比数列. 则S_{100}的值可唯一确定.

(1)$2a_ma_n=a_m^2+a_n^2=18$.

(2)$a_5+a_6=a_7-a_5=48$.

2. 设S_n为等比数列$\{a_n\}$的前n项和. 则公比为$q=4$.

(1)$3S_3=a_4-2$.

(2)$3S_2=a_3-2$.

3. 设等比数列$\{a_n\}$的前n项和为S_n，若$8a_2+a_5=0$，则下列式子中数值不能确定的是(　　).

(A)$\dfrac{a_5}{a_3}$　(B)$\dfrac{S_5}{S_3}$　(C)$\dfrac{a_{n+1}}{a_n}$　(D)$\dfrac{S_{n+1}}{S_n}$　(E)以上选项均不正确

4. 若2，2^x-1，2^x+3成等比数列，则$x=$(　　).

(A)$\log_2 5$　(B)$\log_2 6$　(C)$\log_2 7$　(D)$\log_2 8$　(E)$\log_2 3$

5. 在各项均为正的等比数列$\{a_n\}$中，$a_1a_3=36$，$a_2+a_4=60$，$S_n>400$，则 n 的最小值为（　　）.

(A)3　　(B)4　　(C)5　　(D)6　　(E)7

6. 在各项均为正的等比数列$\{a_n\}$中，$a_1a_{11}+2a_6a_8+a_3a_{13}=25$，则 a_1a_{13}的最大值是（　　）.

(A)25　　(B)$\frac{25}{4}$　　(C)5　　(D)$\frac{2}{5}$　　(E)$\frac{5}{2}$

题型 50　无穷等比数列

母题技巧

·命题模型·	·解题思路·
无穷递缩等比数列所有项的和	(1)已知一个数列是无穷等比数列，且$0<\|q\|<1$，则$S=\lim\limits_{n\to+\infty}\frac{a_1(1-q^n)}{1-q}=\frac{a_1}{1-q}$. (2)有时候虽然 n 并没有趋近于正无穷，但只要 n 足够大，也可以用这个公式进行估算.

母题精练

1. 已知无穷等比数列$\{a_n\}$所有项的和为 2，则首项 a_1 的取值范围为（　　）.

(A)$(0, 4)$　　(B)$(0, 2)\cup(2, 4)$　　(C)$[0, 4]$

(D)$[0, 2)\cup(2, 4]$　　(E)全体实数

2. 已知数列$\{a_n\}$是无穷等比数列，且 $a_1+a_2+a_3+\cdots+a_n+\cdots=\frac{1}{a_1}$，则 a_1 的取值范围为（　　）.

(A)$(-\sqrt{2}, \sqrt{2})$　　(B)$(-\sqrt{2}, 0)\cup(0, \sqrt{2})$　　(C)$(-1, 0)\cup(0, 1)$

(D)全体实数　　(E)$(-\sqrt{2}, -1)\cup(-1, 0)\cup(0, 1)\cup(1, \sqrt{2})$

3. 如图 4-1 所示，直线 $3x+4y-4=0$ 与以 O_1，O_2，…，O_n，…为圆心且依次外切的半圆都相切，其中半圆 O_1 与 y 轴相切，半圆圆心都在 x 轴的正半轴上，半径分别为 r_1，r_2，…，r_n，…,则所有半圆弧长的总和 L 为（　　）.

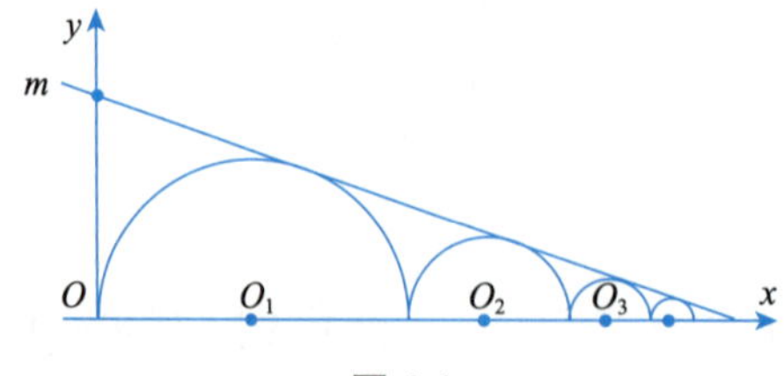

图 4-1

(A)$\frac{1}{2}\pi$　　(B)$\frac{2}{3}\pi$　　(C)$\frac{3}{4}\pi$　　(D)$\frac{4}{5}\pi$　　(E)π

第3节 数列综合题

题型51 连续等长片段和

母题技巧

·命题模型·	·解题思路·
1. 等差数列的连续等长片段和	等差数列$\{a_n\}$中，S_m，$S_{2m}-S_m$，$S_{3m}-S_{2m}$仍然成等差数列，新公差为m^2d.
2. 等比数列的连续等长片段和	等比数列$\{a_n\}$中，S_m，$S_{2m}-S_m$，$S_{3m}-S_{2m}$仍然成等比数列，新公比为q^m.
注意：(1)S_m，S_{2m}，S_{3m}不是等长片段，S_m是前m项和、S_{2m}是前$2m$项和、S_{3m}是前$3m$项和，项数不相同． (2)此类题也可以令$m=1$，即可简化成前三项的关系．	

母题精练

1. 若在等差数列中前100项和为10，紧接在后面的100项和为20，则继续紧接在后面的100项和为(　　).

(A)30　(B)40　(C)50　(D)55　(E)60

2. 设S_n是等差数列$\{a_n\}$的前n项和，若$\frac{S_3}{S_6}=\frac{1}{3}$，则$\frac{S_6}{S_{12}}=$(　　).

(A)$\frac{3}{10}$　(B)$\frac{1}{3}$　(C)$\frac{1}{8}$　(D)$\frac{1}{9}$　(E)$\frac{1}{6}$

3. 若在等差数列中前5项和$S_5=15$，前15项和$S_{15}=120$，则前10项和$S_{10}=$(　　).

(A)40　(B)45　(C)50　(D)55　(E)60

4. 在等比数列$\{a_n\}$中，已知$S_n=2$，$S_{3n}=26$，则$S_{2n}=$(　　).

(A)-6　(B)-8　(C)-6或8

(D)-6或-8　(E)8

5. 设$\{a_n\}$是等比数列，S_n是它的前n项和，若$S_n=10$，$S_{2n}=30$，则$S_{6n}-S_{5n}=$(　　).

(A)360　(B)320　(C)260　(D)160　(E)80

6. 各项均为正整数的等比数列$\{a_n\}$的前n项和为S_n. 则$S_{4n}=30$.

(1)$S_n=2$.

(2)$S_{3n}=14$.

题型52　奇数项和与偶数项和

母题技巧

·命题模型·	·解题思路·
1. 等差数列奇数项和与偶数项和	设数列中所有偶数项之和为$S_偶$，所有奇数项之和为$S_奇$，则有 (1)共有偶数项：若等差数列一共有$2n$项，则$S_偶-S_奇=nd$，$\frac{S_奇}{S_偶}=\frac{a_n}{a_{n+1}}$. (2)共有奇数项：若等差数列一共有$2n-1$项，则$S_奇-S_偶=a_n=a_{中间项}$，$\frac{S_奇}{S_偶}=\frac{n}{n-1}$.
2. 等比数列奇数项和与偶数项和	共有偶数项：若等比数列一共有$2n$项，则$\frac{S_偶}{S_奇}=q$.

母题精练

1. 在等差数列$\{a_n\}$中，已知公差$d=1$，且$a_1+a_3+\cdots+a_{99}=120$，则$a_1+a_2+\cdots+a_{100}$的值为(　　).

(A)170　　(B)290　　(C)370

(D)-270　　(E)-370

2. 在等差数列$\{a_n\}$中，已知$a_1+a_3+\cdots+a_{101}=510$，则$a_2+a_4+\cdots+a_{100}$的值为(　　).

(A)510　　(B)500　　(C)1 010

(D)10　　(E)无法确定

3. 一个等差数列前12项的和为354，前12项中偶数项之和与奇数项之和的比是32∶27，则公差$d=$(　　).

(A)3　　(B)4　　(C)5

(D)6　　(E)7

4. 等差数列$\{a_n\}$的总项数为奇数项，且此数列中奇数项之和为99，偶数项之和为88，$a_1=1$，则其项数为(　　).

(A)11　　(B)13　　(C)17

(D)19　　(E)21

5. 各项不为0的数列$\{a_n\}$的奇数项之和与偶数项之和的比为$\frac{n+1}{n-1}$.

(1)$\{a_n\}$是等差数列.

(2)$\{a_n\}$有n项，且n为奇数.

6. 等差数列$\{a_n\}$中，前6项中奇数项和与偶数项和之差为-6.

(1)前6项中，奇数项和与偶数项和之比为1∶3.

(2)$a_3=4-a_4$.

7. 一个无穷项等比数列的所有奇数项之和是15，所有偶数项之和是-3，则公比为(　　).

(A)1　　(B)-1　　(C)-4　　(D)$\frac{1}{5}$　　(E)$-\frac{1}{5}$

8. 一个总项数是偶数的等比数列，它的偶数项之和是奇数项之和的2倍，首项为2，且中间两项的和为24，则此等比数列的总项数为(　　).

(A)6　　(B)8　　(C)10　　(D)12　　(E)14

题型53　数列的判定

母题技巧

<table>
<tr><th colspan="2">判定方法</th><th>等差数列</th><th>等比数列</th></tr>
<tr><td>特殊值法</td><td>令$n=1$，2，3</td><td>前3项成等差(不是准确地证明，但是选择题使用此方法更快捷)</td><td>前3项成等比(不是准确地证明，但是选择题使用此方法更快捷)</td></tr>
<tr><td rowspan="2">特征判断法</td><td>a_n的特征</td><td>形如一个一次函数：$a_n=An+B$(A，B为常数)</td><td>形如$a_n=Aq^n$(A，q均是不为0的常数)</td></tr>
<tr><td>S_n的特征</td><td>形如一个没有常数项的一元二次函数：$S_n=Cn^2+Dn$(C，D为常数)</td><td>$S_n=\frac{a_1}{q-1}q^n-\frac{a_1}{q-1}=kq^n-k$
($k=\frac{a_1}{q-1}$是不为零的常数，且$q\neq 0$，$q\neq 1$)</td></tr>
<tr><td rowspan="2">递推法</td><td>定义法</td><td>$a_{n+1}-a_n=d$</td><td>$\frac{a_{n+1}}{a_n}=q$(q是不为0的常数)</td></tr>
<tr><td>中项公式法</td><td>$2a_{n+1}=a_n+a_{n+2}$</td><td>$a_{n+1}^2=a_n\cdot a_{n+2}$
($a_n\cdot a_{n+1}\cdot a_{n+2}\neq 0$)</td></tr>
</table>

母题精练

1. 由方程组$\begin{cases}x+y=a,\\ y+z=4,\\ z+x=2\end{cases}$解得的$x$，$y$，$z$成等差数列.

(1)$a=1$.

(2)$a=0$.

2. 已知数列$\{a_n\}$的前n项和$S_n=n^2-2n$，其中a_2，a_4，a_6，a_8，…组成一个新数列$\{c_n\}$，其通项公式为(　　).

(A)$c_n=4n-3$　　(B)$c_n=8n-1$　　(C)$c_n=4n-5$

(D)$c_n=8n-9$　　(E)$c_n=4n+1$

3. 设等差数列$\{a_n\}$的前n项和为S_n，如果$a_3=11$，$S_3=27$，数列$\{\sqrt{S_n+c}\}$为等差数列，则$c=$(　　).

(A)4　　(B)9　　(C)4 或 9

(D)8　　(E)4 或 8

4. 已知数列$\{a_n\}$的前n项和S_n是n的二次函数，且它的前三项分别为$a_1=-2$，$a_2=2$，$a_3=6$，则$a_{100}=$(　　).

(A)393　　(B)394　　(C)395

(D)396　　(E)400

5. 已知$\{a_n\}$是等差数列．则能确定数列$\{b_n\}$也一定是等差数列．

(1)$b_n=a_n+a_{n+1}$.

(2)$b_n=n+a_n$.

6. 已知数列$\{a_n\}$各项均为正数，记S_n为$\{a_n\}$的前n项和．则数列$\{a_n\}$是等差数列．

(1)数列$\{\sqrt{S_n}\}$是等差数列．

(2)$a_2=3a_1$.

7. 数列$\{a_n\}$为等比数列．

(1)前n项和$S_n=\frac{1}{8}(3^{2n}-1)$.

(2)前n项和$S_n=\frac{3^n-2^n}{2^n}$.

8. 数列a，b，c是等差数列不是等比数列．

(1)a，b，c满足关系式$3^a=4$，$3^b=8$，$3^c=16$.

(2)$a=b=c$.

9. 数列$\{a_n\}$为等比数列．

(1)数列$\{a_n\}$的通项公式是$a_n=3n+4$.

(2)数列$\{a_n\}$的通项公式是$a_n=2^n$.

10. $S_6=126$.

(1)数列$\{a_n\}$的通项公式是$a_n=10(3n+4)$.

(2)数列$\{a_n\}$的通项公式是$a_n=2^n$.

11. $a_1^2+a_2^2+a_3^2+\cdots+a_n^2=\frac{1}{3}(4^n-1)$.

(1)数列$\{a_n\}$的通项公式为$a_n=2^n$.

(2)在数列$\{a_n\}$中，对任意正整数n，有$a_1+a_2+a_3+\cdots+a_n=2^n-1$.

题型54 等差数列和等比数列综合题

母题技巧

·命题模型·	·解题思路·
题干已知某些项成等差数列，某些项成等比数列；或已知某等差数列和某等比数列	(1)特殊方法. ①赋值法，令 $n=1, 2, 3$(最佳方法). ②特殊数列法：用于条件充分性判断猜测答案，选择题中也不能忽略数列是常数列这一特殊情况. (2)性质定理法. 利用中项公式、下标和定理、连续等长片段和定理、两个等差数列前 n 项和之比、奇数项与偶数项的关系等性质. (3)万能方法. ①等差数列问题，将所有项均化为 a_1，d，n，必然能求解. ②等比数列问题，将所有项均化为 a_1，q，n，必然能求解.

注意：(1)在等差和等比数列中，所有性质和定理都有一个共同之处，即下标之间有规律．所以，遇到等差和等比数列问题，应该首先看下标，看看有无规律．若有规律，用性质定理；若无规律，用万能方法.
(2)既是等差数列又是等比数列的数列，是非零的常数列.
(3)如果已知一个数列的某些项成等差数列，又知某些项成等比数列，要讨论该数列是否为常数列.

母题精练

1. 等差数列$\{a_n\}$的前n项和为S_n．若a_4是a_3与a_7的等比中项，$S_8=32$，则S_{10}等于(　　).

(A)18　　(B)40　　(C)60

(D)40或60　　(E)110

2. 等比数列$\{a_n\}$的前n项和为S_n，已知S_1，$2S_2$，$3S_3$成等差数列，则$\{a_n\}$的公比为(　　).

(A)$\frac{1}{2}$　　(B)$\frac{1}{3}$　　(C)$\frac{1}{4}$　　(D)$\frac{1}{5}$　　(E)$\frac{1}{6}$

3. 在数列$\{a_n\}$中，$\frac{a_1+a_3+a_9}{a_2+a_4+a_{10}}$的值唯一确定.

(1)$\{a_n\}$是公差为2的等差数列.

(2)$\{a_n\}$是公比为2的等比数列.

4. 已知数列$\{a_n\}$中，$a_1+a_3=10$．则a_4的值一定是1.

(1)$\{a_n\}$是等差数列，且$a_4+a_6=2$.

(2)$\{a_n\}$是等比数列，且$a_4+a_6=\frac{5}{4}$.

5. 等差数列$\{a_n\}$的公差不为 0，首项 $a_1=1$，a_2 是 a_1 和 a_5 的等比中项，则数列的前 10 项之和为(　　).

(A)90　　(B)100　　(C)145　　(D)190　　(E)210

6. 设$\{a_n\}$是公差不为 0 的等差数列，首项 $a_1=2$，且 a_1，a_3，a_6 成等比数列，则$\{a_n\}$的前 n 项和 $S_n=$(　　).

(A)$\frac{n^2}{4}+\frac{7n}{4}$　　(B)$\frac{n^2}{3}+\frac{5n}{3}$　　(C)$\frac{n^2}{2}+\frac{3n}{4}$

(D)n^2+n　　(E)n^2+2n

7. 若 α^2，1，β^2 成等比数列，而$\frac{1}{\alpha}$，1，$\frac{1}{\beta}$成等差数列，则$\frac{\alpha+\beta}{\alpha^2+\beta^2}=$(　　).

(A)$-\frac{1}{2}$或 1　　(B)$-\frac{1}{3}$或 1　　(C)$\frac{1}{2}$或 1

(D)$\frac{1}{3}$或 1　　(E)-1 或$\frac{1}{3}$

8. 整数数列 a，b，c，d 中 a，b，c 成等比数列．则 b，c，d 成等差数列．

(1)$b=10$，$d=6a$.

(2)$b=-10$，$d=6a$.

9. a，b，c 成等比数列．则 $a+b+c=26$.

(1)a，$b+4$，c 成等差数列．

(2)a，b，$c+32$ 成等比数列．

10. 设等差数列$\{a_n\}$的公差 d 不为 0，$a_1=9d$，若 a_k 是 a_1 与 a_{2k} 的等比中项，则 $k=$(　　).

(A)2　　(B)4　　(C)6　　(D)8　　(E)9

11. $a_{100}=1$.

(1)数列$\{a_n\}$既成等差数列，又成等比数列．

(2)设数列$\{a_n\}$的通项 a_n 是关于 x 的方程 $x^2-(n+1)x+n=0$ 的根．

12. $x=y=z$.

(1)$x^2+y^2+z^2-xy-yz-xz=0$.

(2)x，y，z 既成等差数列，又成等比数列．

13. $a:b=1:2$.

(1)a，x，b，$2x$ 是等比数列中相邻的四项．

(2)a，x，b，$2x$ 是等差数列中相邻的四项．

14. 有 4 个数，前 3 个数成等差数列，后 3 个数成等比数列．则这 4 个数的和能确定．

(1)前 3 个数的和为 12，后 3 个数的和为 19.

(2)第一个数与第四个数的和是 16，第二个数与第三个数的和是 12.

15. 设$\{a_n\}$是公比大于 1 的等比数列，S_n 是$\{a_n\}$的前 n 项和，已知 $S_3=7$，且 a_1+3，$3a_2$，a_3+4 成等差数列，则$\{a_n\}$的通项公式 $a_n=$(　　).

(A)2^n　　(B)2^{n-1}　　(C)3^n　　(D)3^{n-1}　　(E)2^{n+1}

题型55 数列与函数、方程的综合题

母题技巧

·命题模型·	·解题思路·
1. 二次函数与数列综合题	(1)使用根的判别式，前提是 $a\neq0$. (2)使用韦达定理，前提是 $a\neq0$，$\Delta\geqslant0$.
2. 指数、对数函数与数列综合题	分别使用指数、对数公式和数列的公式即可，但要注意定义域问题.
3. 其他函数、方程、几何与数列综合题	运用函数、方程和几何的相关性质，进行求解.

母题精练

1. 可以确定数列 $\left\{a_n-\frac{2}{3}\right\}$ 是等比数列.

(1) α，β 是方程 $a_nx^2-a_{n-1}x+1=0$ 的两根，且满足 $6\alpha-2\alpha\beta+6\beta=3$.

(2) a_n 是等比数列 $\{b_n\}$ 的前 n 项和，其中 $b_1=1$，$q=-\frac{1}{2}$.

2. a，b，c 成等比数列.

(1)关于 x 的一元二次方程 $ax^2+2bx+c=0$ 有实根.

(2) $b\leqslant\sqrt{ac}$.

3. 已知 a，b，c，d 成等比数列. 则有 $ad=-2$.

(1)抛物线 $y=x^2-2x+3$ 的顶点是 (b, c).

(2)抛物线 $y=x^2+2x+3$ 的顶点是 (b, c).

4. 已知 $\{a_n\}$ 为等差数列，不等式 $x^2+24x+12<0$ 的解集为 $\{x \mid a_3<x<a_9\}$，则 $\{a_n\}$ 的前11项和为(　　).

(A)66　　(B)-132　　(C)132

(D)-66　　(E)-60

5. 若 a，b，c 是实数. 则能确定 $x^2-2(a+b)x+(3a^2+2b^2)=0$ 无实根.

(1) a，b，c 成等差数列.

(2) a，b，c 成等比数列.

6. 已知 $\{a_n\}$ 为等比数列. 则 $\lg a_1+\lg a_2+\cdots+\lg a_{20}=30$ 成立.

(1) $a_9\cdot a_{12}=10^3$.

(2) $a_7^2\cdot a_{14}^2=10^3$.

7. 等比数列 $\{a_n\}$ 中，$a_4=2$，$a_5=5$，则数列 $\{\lg a_n\}$ 的前8项和等于(　　).

(A)0　　(B)2　　(C)4

(D)8　　(E)12

8. 已知等差数列$\{a_n\}$的前n项和为S_n，$a_{m-1}+a_{m+1}-a_m^2=0$，$S_{2m-1}=38$，则$m=$(　　).

(A)38　　(B)19　　(C)10　　(D)9　　(E)8

9. 已知三条长度为a，b，c的线段，且a，b，c成等比数列．则这三条线段能构成三角形．

(1)$a+b>c$.　　(2)$a-b<c$.

10. 已知$\{a_n\}$为等差数列，$a_1=6$，a_1，a_7，a_{19}成等比数列，且a_1，a_7，a_{19}是$\triangle ABC$的三边，则$\triangle ABC$的面积为(　　).

(A)$6\sqrt{3}$　　(B)$6\sqrt{3}$或 36　　(C)$9\sqrt{3}$

(D)$9\sqrt{3}$或 72　　(E)$12\sqrt{3}$或 48

题型 56　已知递推公式求 a_n 问题

母题技巧

·命题模型·	·解题思路·
1. 类等差：形如$a_{n+1}-a_n=f(n)$	叠加法
2. 类等比：形如$a_{n+1}=a_n\cdot f(n)$	叠乘法
3. 类一次函数：形如$a_{n+1}=A\cdot a_n+B$	构造等比数列法：若$a_{n+1}=A\cdot a_n+B$，则$a_n+\frac{B}{A-1}$是一个公比为A的等比数列．
4. S_n与a_n的关系：形如$S_n=f(a_n)$	已知数列$\{a_n\}$的前n项和S_n，通项公式为$a_n=\begin{cases}S_1, & n=1,\\ S_n-S_{n-1}, & n\geqslant 2.\end{cases}$
5. 周期数列：每隔几项重复出现的数列 例：1，2，3，1，2，3，1，2，3，…	此类数列的特点是任取一个周期，和为定值． 常用方法：特殊值法．
6. 直接计算型	已知数列前一项和后一项的关系，可令$n=1$，2，3，逐项求a_1，a_2，a_3.
快速得分法：几乎所有递推公式都可以用令$n=1$，2，3 法，排除选项得到答案．	

母题精练

1. 已知数列$\{a_n\}$满足$a_1=1$，$a_n>0$，$\sqrt{a_{n+1}}-\sqrt{a_n}=1$，则令$a_n<32$成立的$n$的最大值为(　　).

(A)4　　(B)5　　(C)6　　(D)7　　(E)8

2. 数列$\{a_n\}$的通项公式可以确定．

(1)在数列$\{a_n\}$中有$a_{n+1}=a_n+n$.

(2)在数列$\{a_n\}$中，$a_3=4$.

3. 一个平面内的10条直线最多将平面分为(　　)个部分．

(A)21　　(B)32　　(C)43　　(D)56　　(E)77

4. 已知数列$\{a_n\}$满足$n \cdot a_{n-1}=(n+1)a_n(n\geqslant 2)$，$a_1=2\ 023$，则$a_{2\ 023}=$(　　)．

(A)1　　(B)2　　(C)$\frac{2\ 023}{1\ 012}$　　(D)$\frac{2\ 021}{1\ 012}$　　(E)$\frac{1\ 011}{506}$

5. $x_n=1-\frac{1}{2^n}(n=1,\ 2,\ 3,\ \cdots)$.

(1)$x_1=\frac{1}{2}$，$x_{n+1}=\frac{1}{2}(1-x_n)(n=1,\ 2,\ 3,\ \cdots)$.

(2)$x_1=\frac{1}{2}$，$x_{n+1}=\frac{1}{2}(1+x_n)(n=1,\ 2,\ 3,\ \cdots)$.

6. 如果数列$\{a_n\}$的前n项的和为$\frac{3}{2}a_n-3$，那么这个数列的通项公式是(　　)．

(A)$a_n=2(n^2+n+1)$　　(B)$a_n=3\times 2^n$　　(C)$a_n=3n+1$

(D)$a_n=2\times 3^n$　　(E)$a_n=3^n+3$

7. 在数列$\{a_n\}$中，若对任意的$n\in\mathbf{N}^+$，均有$a_n+a_{n+1}+a_{n+2}$为定值，且$a_7=2$，$a_9=3$，$a_{98}=4$，则数列$\{a_n\}$的前100项的和$S_{100}=$(　　)．

(A)132　　(B)296　　(C)303　　(D)299　　(E)99

8. 已知数列$\{a_n\}$满足$a_1=0$，$a_{n+1}=\frac{a_n-\sqrt{3}}{\sqrt{3}a_n+1}(n\in\mathbf{N}^+)$，则$a_{20}=$(　　)．

(A)0　　(B)$-\sqrt{3}$　　(C)$\sqrt{3}$　　(D)$\frac{\sqrt{3}}{2}$　　(E)1

9. S_n为$\{a_n\}$的前n项和，$a_1=3$，$S_n+S_{n+1}=3a_{n+1}$，则$S_n=$(　　)．

(A)3^n　　(B)3^{n+1}　　(C)2×3^n　　(D)$3\times 2^{n-1}$　　(E)2^{n+1}

10. 已知数列$\{a_n\}$满足$a_{n+1}=\frac{a_n+2}{a_n+1}(n=1,\ 2,\ \cdots)$. 则$a_2=a_3=a_4$.

(1)$a_1=\sqrt{2}$.

(2)$a_1=-\sqrt{2}$.

题型57 数列应用题

母题技巧

·命题模型·	·解题思路·
1. 等差数列应用题	应用等差数列的求和公式：$S_n=\frac{n(a_1+a_n)}{2}$或$S_n=na_1+\frac{n(n-1)}{2}d$.

续表

·命题模型·	·解题思路·
2. 等比数列应用题	常考查增长率问题、病毒分裂问题、复利问题等． 当 $q\neq1$ 时，$S_n=\frac{a_1(1-q^n)}{1-q}=\frac{a_1(q^n-1)}{q-1}$. 当 $q=1$ 时，$S_n=na_1$. 当 $n\to+\infty$，且 $\|q\|<1$ 时，$S=\lim\limits_{n\to+\infty}\frac{a_1(1-q^n)}{1-q}=\frac{a_1}{1-q}$.

母题精练

1.《周髀算经》中有一个问题：从冬至之日起，小寒、大寒、立春、雨水、惊蛰、春分、清明、谷雨、立夏、小满、芒种这十二个节气的日影长依次成等差数列．若冬至、立春、春分的日影长的和是37.5尺，芒种的日影长为4.5尺，则冬至的日影长为(　　)尺.

(A)15.5　(B)12.5　(C)10.5　(D)9.5　(E)9

2. 用分期付款的方式购买家用电器一件，价格为1 150元．购买当天先付150元，以后每月这一天都交付50元，并加付欠款的利息，月利率为1%. 若交付150元以后的第一个月开始算分期付款的第一日，则全部货款付清后，买这件家电实际花了(　　)元．

(A)1 105　(B)1 175　(C)1 200　(D)1 255　(E)1 285

3. 某城市1991年底人口为500万，人均住房面积为6平方米，如果该城市每年人口平均增长率为1%，每年平均新增住房面积为30万平方米，则2000年年底该城市人均住房面积约为(　　)平方米($1.01^9\approx1.1$).

(A)5.75　(B)5.95　(C)6.25　(D)6.5　(E)7.25

4. 有一种细菌和一种病毒，每个细菌在每一秒末杀死一个病毒的同时将自身分裂为两个．现在有一个这样的细菌和100个这样的病毒，问细菌将病毒全部杀死至少需要(　　)秒．

(A)6　(B)7　(C)8　(D)9　(E)5

5. 某人在保险柜中存放了 M 元现金，第一天取出它的$\frac{2}{3}$，以后每天取出前一天所取的$\frac{1}{3}$，共取了7天，保险柜中剩余的现金为(　　)元.

(A)$\frac{M}{3^7}$　(B)$\frac{M}{3^6}$　(C)$\frac{2M}{3^6}$

(D)$\left[1-\left(\frac{2}{3}\right)^7\right]M$　(E)$\left[1-7\times\left(\frac{2}{3}\right)^7\right]M$

6. 某容器有2千克浓度为20%的盐水溶液，倒出1千克溶液后，加入1千克水，以后每次都倒出1千克盐水，然后再加入1千克水，经6次倒出加水后，盐水浓度为(　　).

(A)0.25%　(B)0.275%　(C)0.312 5%　(D)0.325%　(E)0.35%

本章奥数及高考改编题

1. 在《增减算法统宗》中有这样一则故事：三百七十八里关，初行健步不为难，次日脚痛减一半，如此六日过其关．则下列说法正确的有(　　)个．

①此人第三天走了二十四里路；

②此人第一天走的路程比后五天走的路程多六里；

③此人第二天走的路程占全程的$\frac{1}{4}$；

④此人前三天路程之和是后三天路程之和的 8 倍．

(A)0　　(B)1　　(C)2　　(D)3　　(E)4

2. 衡量病毒传播能力的重要指标叫作传播指数 RO. 它指的是，在自然情况下(没有外力介入，同时所有人都没有免疫力)，一个感染到某种传染病的人会把疾病传染给多少人的平均数．它的简单计算公式是：RO＝1＋确诊病例增长率×系列间隔，其中系列间隔是指在一个传播链中，两例连续病例的间隔时间(单位：天). 根据统计，某传染病确诊病例的平均增长率为 40%，两例连续病例的间隔时间的平均数为 5，根据以上 RO 数据计算，若甲感染该病，则五轮传播后由甲引起的得病的总人数为(　　)人.

(A)243　　(B)248　　(C)363　　(D)81　　(E)484

3. $7^0+7^1+\cdots+7^{2\,023}$的结果的个位数字是(　　).

(A)0　　(B)1　　(C)2　　(D)7　　(E)8

4. 已知数列$\{a_n\}$的各项均为正整数，其前 n 项和为 S_n，若 $a_{n+1}=\begin{cases}\frac{a_n}{2}, & a_n\text{ 是偶数},\\ 3a_n+1, & a_n\text{ 是奇数},\end{cases}$且 a_1 为奇数，$S_3=29$，则 $S_{2\,023}=$(　　).

(A)4 740　　(B)4 744　　(C)4 747　　(D)12 022　　(E)12 095

5. 意大利数学家斐波那契于 1202 年在他撰写的《算盘全书》中提出一个数列：1，1，2，3，5，8，13，21，34，…，这个数列称为斐波那契数列．该数列$\{a_n\}$满足 $a_1=a_2=1$，$a_{n+2}=a_n+a_{n+1}$ $(n\in\mathbf{N}^+)$，则该数列的前 1 000 项中，数列值为奇数的项共有(　　)项．

(A)333　　(B)334　　(C)666　　(D)667　　(E)668

6. “杨辉三角”是中国古代重要的数学成就，如图 4-2 所示是由“杨辉三角”拓展而成的三角形数阵，记数列$\{a_n\}$为图中虚线上的数 1，3，6，10，…所组成的数列，则 $a_{100}=$(　　).

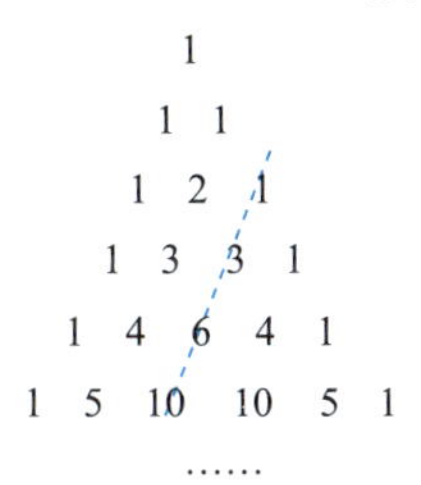

图 4-2

(A)5 049　　(B)5 050　　(C)2 525　　(D)5 101　　(E)5 051

7. 已知数列$\{a_n\}$的前n项和$S_n=n^2$，将数列$\{a_n\}$依原顺序按照第m组有2^m项的要求分组，则 2 023 在第(　　)组.

(A)7　　(B)8　　(C)9　　(D)10　　(E)11

8. 我国古代数学名著《九章算术》中，有已知长方形面积求一边长的算法，其方法的前两步为：

第一步，构造数列 1，$\frac{1}{2}$，$\frac{1}{3}$，$\frac{1}{4}$，…，$\frac{1}{n}$①；

第二步，将数列①的各项乘$\frac{n}{2}$，得到一个新数列a_1，a_2，a_3，…，a_n.

则$a_1a_2+a_2a_3+a_3a_4+\cdots+a_{n-1}a_n=$(　　).

(A)$\frac{1}{2}$　　(B)1　　(C)$\frac{n}{4}$　　(D)$\frac{n^2}{4}$　　(E)$\frac{n(n-1)}{4}$

9. 已知$\{a_n\}$为单调递增数列，若对任意的正整数n，均有$a_n\cdot a_{n+1}=2^n$，则a_1的取值范围是(　　).

(A)$(0,1)$　　(B)$(1,\sqrt{2})$　　(C)$(1,2)$　　(D)$\left(1,\frac{3}{2}\right)$　　(E)$\left(\frac{1}{2},1\right)$

10. 已知数列$\{a_n\}$满足$a_n=\begin{cases}(3-a)n-3, & n\leqslant 7,\\ a^{n-6}, & n>7\end{cases}$$(n\in\mathbf{N}^+)$，且数列$\{a_n\}$是递增数列，则实数$a$的取值范围是(　　).

(A)$\left(\frac{9}{4},3\right)$　　(B)$\left[\frac{9}{4},3\right)$　　(C)$(1,3)$

(D)$[1,3)$　　(E)$(2,3)$

11. 已知数列$\{a_n\}$的首项$a_1=35$，且满足$a_n-a_{n-1}=2n-1(n\in\mathbf{N}^+,n\geqslant 2)$，则$\frac{a_n}{n}$的最小值为(　　).

(A)$2\sqrt{34}$　　(B)$\sqrt{34}$　　(C)$\frac{35}{3}$　　(D)12　　(E)$\frac{59}{5}$

12. 已知数列$\{a_n\}$和$\{b_n\}$，其中$a_n=n^2(n\in\mathbf{N}^+)$，$\{b_n\}$中各项互不相等且为正整数，若对于任意$n\in\mathbf{N}^+$都有$a_{b_n}=b_{a_n}$，则$\frac{\lg(b_1b_4b_9\cdots b_{n^2})}{\lg(b_1b_2b_3\cdots b_n)}=$(　　).

(A)n　　(B)n^2　　(C)2

(D)$\lg(b_1b_2b_3\cdots b_n)$　　(E)$n!$

13. 记S_n为数列$\{a_n\}$的前n项和，若$a_1=1$，$a_2=2$，$a_{n+2}-a_n=1+(-1)^{n+1}$，则$S_{100}=$(　　).

(A)5 050　　(B)2 500　　(C)2 550　　(D)2 450　　(E)2 600

14. 已知数列$\{a_n\}$满足$\lg a_{n+1}=1+\lg a_n(n\in\mathbf{N}^+)$，且$a_1+a_2+a_3+\cdots+a_{100}=1$，则$\lg(a_{101}+a_{102}+\cdots+a_{200})=$(　　).

(A)10　　(B)100　　(C)1 000　　(D)200　　(E)101

15. 过⊙O内的一点P作 2 023 条弦，其中弦$l_1\perp OP$，弦l_{2023}与OP在同一条直线上，l_1，l_2，l_3，…，l_{2023}可构成等差数列. 则公差为$\frac{1}{1\ 011}$.

(1)$r=5$，$|OP|=3$.

(2)$r=13$，$|OP|=5$.

16. 在等差数列$\{a_n\}$中，$a_1=-9$，$a_5=-1$，记$T_n=a_1a_2\cdots a_n(n=1, 2, \cdots)$，则数列$\{T_n\}$(　　).

(A)有最大项，有最小项　　(B)有最大项，无最小项

(C)无最大项，有最小项　　(D)无最大项，无最小项

(E)以上选项均不正确

17. 已知等差数列$\{a_n\}$前n项和S_n有最小值．则当$S_n<0$时，n的最大值为13.

(1) $|a_7|=|a_8|$.

(2) $\frac{a_8}{a_7}<-1$.

18. 设S_n为数列$\{a_n\}$的前n项和．则$\frac{1}{3}<S_n<2$.

(1) $a_n=\left(\frac{1}{2}\right)^{n-1}$.

(2) $a_n=\frac{2}{(n+1)^2}$.

19. 五位同学围成一圈依次报数．规定：①第一位同学首次报出的数为1，第二位同学首次报出的数也为1，之后每位同学所报出的数都是前两位同学所报出的数之和；②若报出的数是3的倍数，则报该数的同学需拍手一次．已知甲同学第一个报数，当五位同学依次循环报数到第100个数时，甲同学拍手的次数为(　　).

(A)2　　(B)3　　(C)4　　(D)5　　(E)6

20. 数列$\{a_n\}$满足$a_{n+2}=a_n+a_{n+1}$，且$a_1=a_2$，$a_{2\,022}a_{2\,023}=2\ 023$，则$a_1^2+a_2^2+\cdots+a_{2\,022}^2=$(　　).

(A)4 046　　(B)$2\ 023^2$　　(C)2 023　　(D)2 022　　(E)$2\ 022^2$

21. 已知正项等比数列$\{a_n\}$的公比为2，若$a_ma_n=4a_2^2$，则$\frac{2}{m}+\frac{1}{2n}$的最小值为(　　).

(A)$\frac{1}{2}$　　(B)$\frac{3}{4}$　　(C)$\frac{5}{2}$　　(D)$\frac{9}{2}$　　(E)$\frac{2}{3}$

第5章 几何

本章思维导图

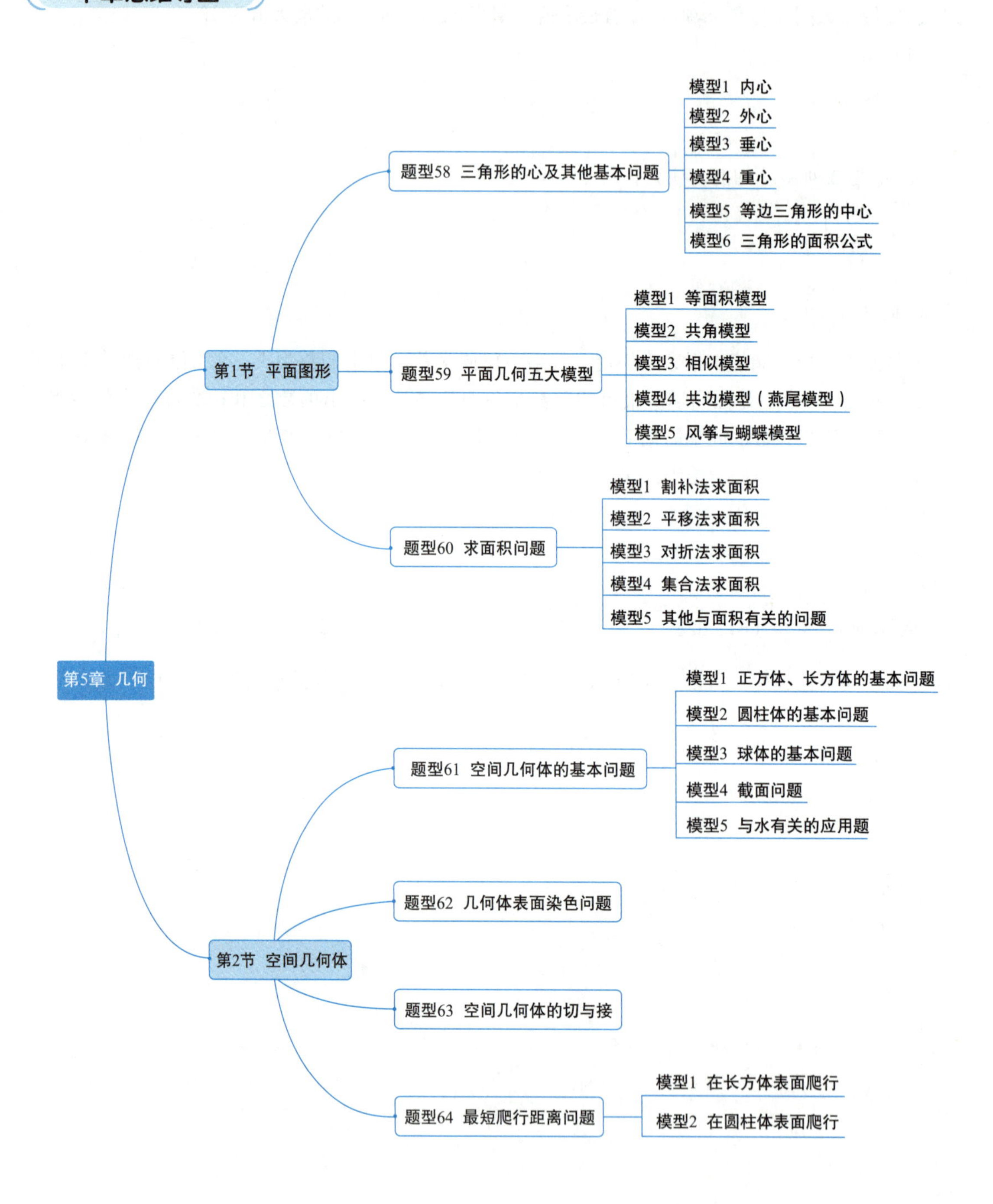

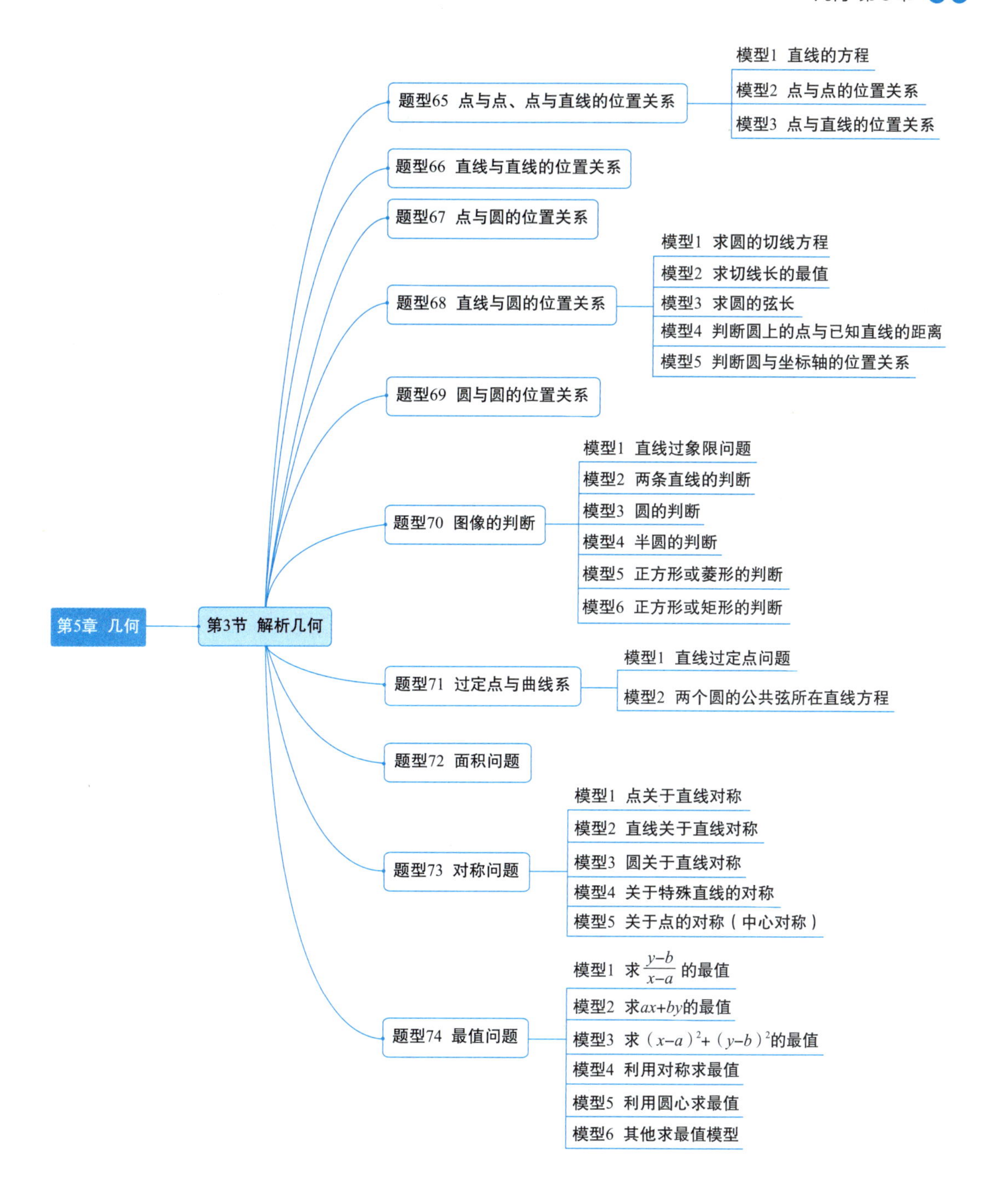
第5章 几何
第3节 解析几何
题型65 点与点、点与直线的位置关系
模型1 直线的方程
模型2 点与点的位置关系
模型3 点与直线的位置关系
题型66 直线与直线的位置关系
题型67 点与圆的位置关系
题型68 直线与圆的位置关系
模型1 求圆的切线方程
模型2 求切线长的最值
模型3 求圆的弦长
模型4 判断圆上的点与已知直线的距离
模型5 判断圆与坐标轴的位置关系
题型69 圆与圆的位置关系
题型70 图像的判断
模型1 直线过象限问题
模型2 两条直线的判断
模型3 圆的判断
模型4 半圆的判断
模型5 正方形或菱形的判断
模型6 正方形或矩形的判断
题型71 过定点与曲线系
模型1 直线过定点问题
模型2 两个圆的公共弦所在直线方程
题型72 面积问题
题型73 对称问题
模型1 点关于直线对称
模型2 直线关于直线对称
模型3 圆关于直线对称
模型4 关于特殊直线的对称
模型5 关于点的对称（中心对称）
题型74 最值问题
模型1 求$\frac{y-b}{x-a}$的最值
模型2 求$ax+by$的最值
模型3 求$(x-a)^2+(y-b)^2$的最值
模型4 利用对称求最值
模型5 利用圆心求最值
模型6 其他求最值模型

第 1 节 平面图形

题型 58 三角形的心及其他基本问题

母题技巧

命题特点：题干中出现三角形内心、外心、重心、垂心或三角形的对角线、垂直平分线、高线、中线．

·命题模型·	·定义·	·特征·	·图形·
1. 内心	三角形内角平分线的交点；也是三角形内切圆的圆心	(1)内心到三角形三条边的距离相等． (2)三角形面积和其内切圆半径的关系：$S=\frac{1}{2}\cdot(a+b+c)\cdot r$，$r=\frac{2S}{a+b+c}$． (3)特别地，直角三角形的内切圆半径 $r=\frac{a+b-c}{2}$，a，b 为直角边，c 为斜边．	
2. 外心	三边垂直平分线的交点；也是三角形外接圆的圆心	(1)外心到三个顶点的距离相等． (2)三角形面积和其外接圆半径的关系：$S=\frac{abc}{4R}$，$R=\frac{abc}{4S}$． (3)直角三角形的外心是斜边的中点．	
3. 垂心	三条高的交点	锐角三角形的垂心在三角形内； 直角三角形的垂心在直角顶点上； 钝角三角形的垂心在三角形外．	
4. 重心	三条中线的交点	(1)重心与顶点的连线将三角形分成面积相等的三个三角形． (2)重心分中线所成的比为 2∶1. (3)已知三角形三个顶点的坐标为 (x_1,y_1)、(x_2,y_2)、(x_3,y_3)，则重心坐标为 $\left(\frac{x_1+x_2+x_3}{3},\frac{y_1+y_2+y_3}{3}\right)$．	

续表

·命题模型·	·定义·	·特征·	·图形·
5. 等边三角形的中心	三角形内心、外心、垂心、重心四心合一	同时具备内心、外心、垂心、重心的所有性质．	
6. 三角形的面积公式	$S=\frac{1}{2}ah=\frac{1}{2}ab\sin C=\sqrt{p(p-a)(p-b)(p-c)}=rp=\frac{abc}{4R}$，其中，$h$ 是边a 上的高，$\angle C$ 是边a，b 所夹的角，$p=\frac{1}{2}(a+b+c)$，r 为三角形内切圆的半径，R 为三角形外接圆的半径．		

母题精练

1. 如图 5-1 所示，$\odot O$ 与$\triangle ABC$ 三边分别切于点 D、E、F，$\triangle ABC$ 的周长为 20 厘米，$AF=5$ 厘米，$CF=3$ 厘米，则 BE 的长度为(　　)厘米．

(A)1　　(B)2　　(C)2.5　　(D)3　　(E)4

2. 如图 5-2 所示，$\odot O$ 为$\triangle ABC$ 的内切圆，$\angle C=90°$，AO 的延长线交 BC 于点 D，$AC=4$，$CD=1$，则$\odot O$ 的半径为(　　)．

(A)$\frac{4}{5}$　　(B)$\frac{5}{4}$　　(C)$\frac{3}{4}$　　(D)$\frac{5}{6}$　　(E)1

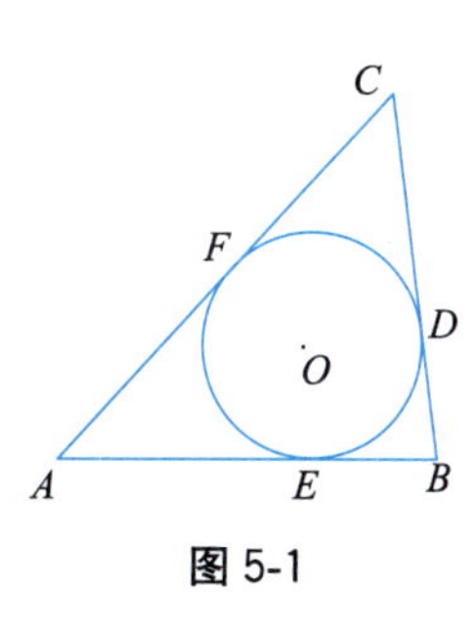

图 5-1

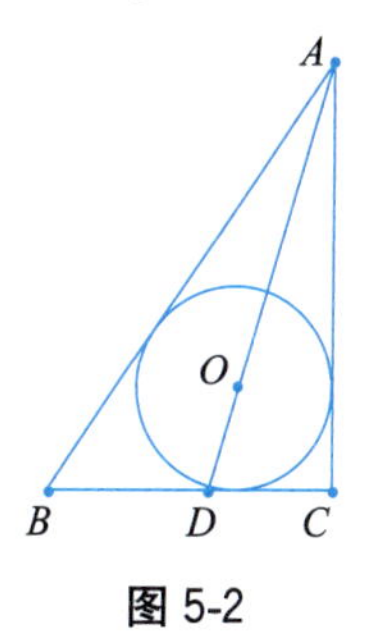

图 5-2

3. 在 Rt$\triangle ABC$ 中，$\angle C=90°$，$AC=3$ 厘米，$BC=4$ 厘米，则$\triangle ABC$ 的外接圆的面积为(　　)平方厘米．

(A)$\frac{25}{4}$　　(B)$\frac{25}{2}$　　(C)$\frac{25}{4}\pi$　　(D)25　　(E)5π

4. Rt$\triangle ABC$ 中，$\angle A=90°$，O 为外心，G 为重心．若 $AC=6$，$AB=8$，则 $OG=$(　　)．

(A)$\frac{2}{3}$　　(B)$\frac{4}{3}$　　(C)$\frac{5}{3}$

(D)$\frac{7}{3}$　　(E)1

5. 如图5-3所示，点G为AD，BE，CF的交点．则可以确定$\frac{DG}{DA}+\frac{EG}{EB}+\frac{FG}{FC}$的值．

(1)点G为$\triangle ABC$的重心．

(2)点G为$\triangle ABC$的垂心．

6. 如图5-4所示，$\triangle ABC$中，D，E，F为各边中点，$\angle A=30°$，$AB=8$，$AC=6$，则阴影部分面积为(　　).

(A)3　　(B)4　　(C)5　　(D)5.5　　(E)6

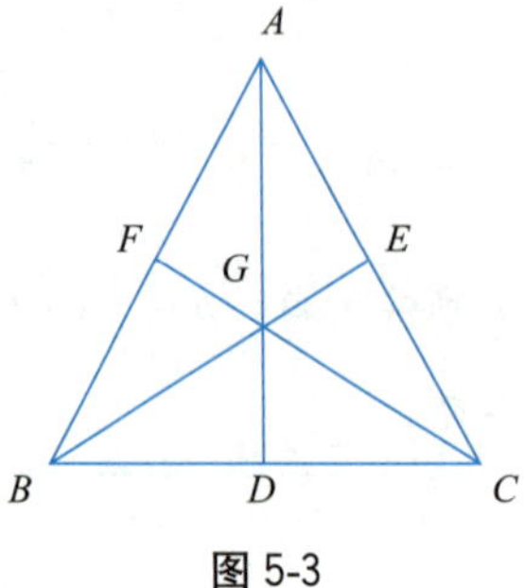

图5-3

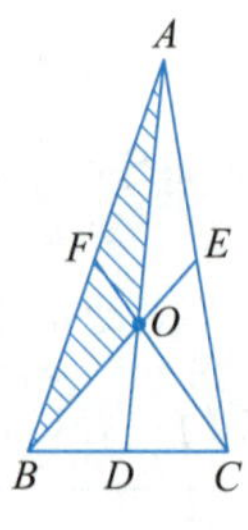

图5-4

7. 如图5-5所示，$\triangle ABC$中，G为重心，延长AD到G'，使得$G'D=GD=4$，若$CG=6$，$BG=10$，则$\triangle ABC$的面积为(　　).

(A)24　　(B)36　　(C)48　　(D)60　　(E)72

8. 如图5-6所示，D，E是$\triangle ABC$中BC边的三等分点，F是AC的中点，AD与EF交于O，则$OF:OE=$(　　).

(A)$\frac{1}{2}$　　(B)$\frac{1}{3}$　　(C)$\frac{3}{4}$

(D)$\frac{9}{10}$　　(E)$\frac{2}{3}$

9. 等边三角形的内切圆半径为r，外接圆半径为R，高为h，则$r:R:h=$(　　).

(A)$1:2:3$　　(B)$1:\sqrt{3}:2$　　(C)$2:1:3$

(D)$1:\sqrt{2}:\sqrt{3}$　　(E)$1:\sqrt{2}:3$

10. 已知等腰直角三角形ABC和等边三角形BDC(如图5-7所示)，设$\triangle ABC$的周长为$2\sqrt{2}+4$，则$\triangle BDC$的面积是(　　).

(A)$3\sqrt{2}$　　(B)$6\sqrt{2}$　　(C)12　　(D)$2\sqrt{3}$　　(E)$4\sqrt{3}$

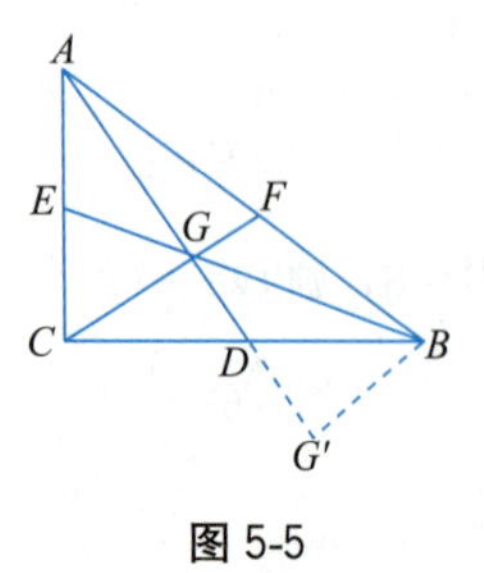

图5-5

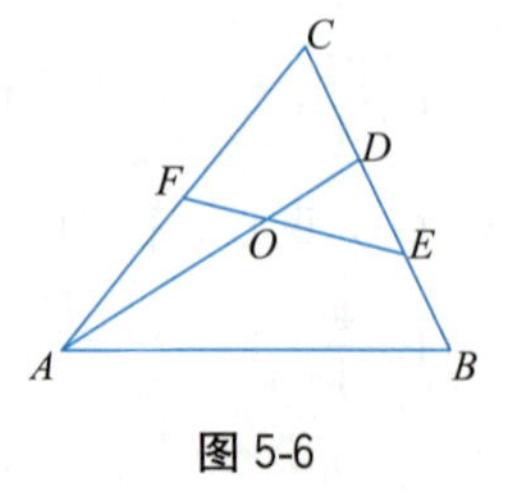

图5-6

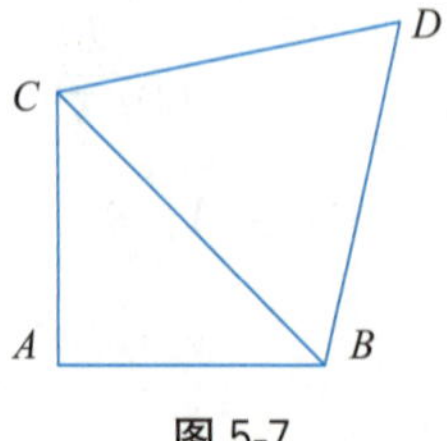

图5-7

题型59 平面几何五大模型

母题技巧

·命题模型·	·解题思路·
1. 等面积模型	(1)等底等高的两个三角形面积相等. (2)两个三角形高相等，面积比等于它们的底之比. 两个三角形底相等，面积比等于它们的高之比. 如图5-8所示，$S_1:S_2=a:b$. (3)夹在一组平行线之间的两个三角形，若底相等，则面积相等. 如图5-9所示，$S_{\triangle ACD}=S_{\triangle BCD}$. 反之，如果$S_{\triangle ACD}=S_{\triangle BCD}$，则可知$AB\parallel CD$. 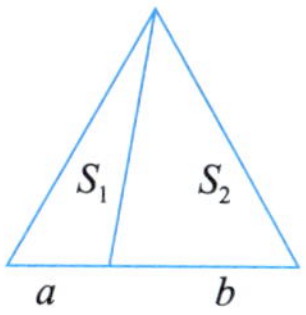 图5-8 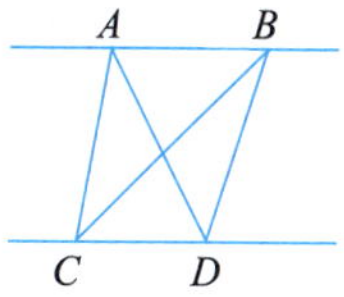　　图5-9
2. 共角模型 定义：两个三角形中有一个角相等或互补，这两个三角形叫作共角三角形	共角模型常见四种图形，如图5-10所示.在四个图形中，有 $S_{\triangle ABC}:S_{\triangle ADE}=(AB\cdot AC):(AD\cdot AE)$. 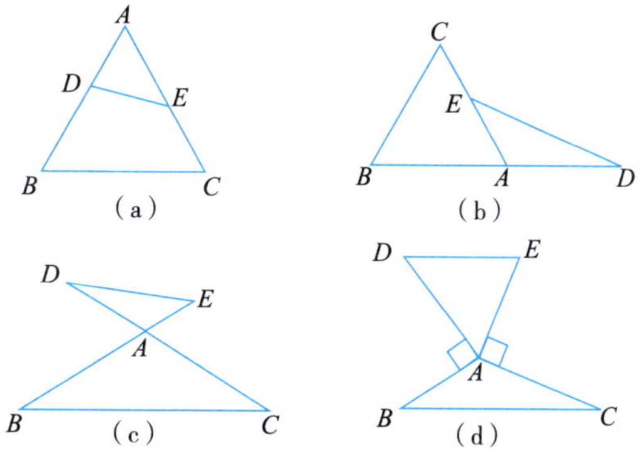 (a)　(b)　(c)　(d) 图5-10 【证明】由三角形面积公式$S=\frac{1}{2}\cdot a\cdot b\cdot \sin C$，得 $\frac{S_{\triangle ABC}}{S_{\triangle ADE}}=\frac{\frac{1}{2}\cdot AB\cdot AC\cdot \sin\angle BAC}{\frac{1}{2}\cdot AD\cdot AE\cdot \sin\angle DAE}=\frac{AB\cdot AC}{AD\cdot AE}$. 【结论】共角三角形的面积比等于对应角(相等角或互补角)两夹边的乘积之比.

续表

<table>
<tr><th>·命题模型·</th><th>·解题思路·</th></tr>
<tr><td>3. 相似模型</td><td>
(1)金字塔模型，如图 5-11 所示，$DE /\!/ BC$.
(2)沙漏模型，如图 5-12 所示，$DE /\!/ BC$. 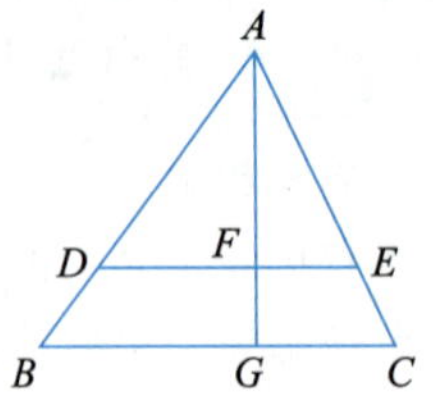
图 5-11 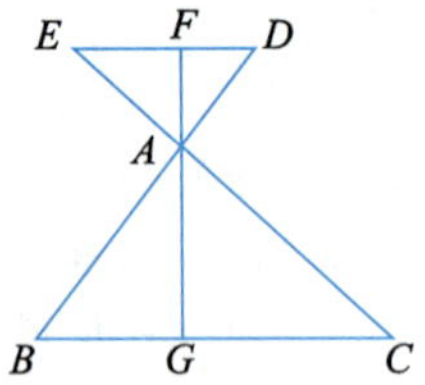　　图 5-12
【结论】易知$\triangle ABC$与$\triangle ADE$相似，则有
①$\frac{AD}{AB}=\frac{AE}{AC}=\frac{DE}{BC}=\frac{AF}{AG}$；
②$S_{\triangle ADE}:S_{\triangle ABC}=AF^2:AG^2$.
(3)射影定理.
如图 5-13 所示，在$\triangle ABC$中，$\angle C=90°$，CD是斜边AB上的高，因此有 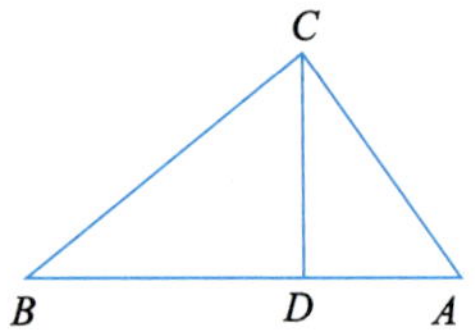
$\triangle BDC\backsim\triangle BCA\Rightarrow\frac{BD}{BC}=\frac{BC}{BA}\Rightarrow BC^2=BD\cdot BA$；
$\triangle ADC\backsim\triangle ACB\Rightarrow\frac{AD}{AC}=\frac{AC}{AB}\Rightarrow AC^2=AD\cdot AB$；
$\triangle BDC\backsim\triangle CDA\Rightarrow\frac{BD}{CD}=\frac{CD}{AD}\Rightarrow CD^2=BD\cdot AD$.
图 5-13
(4)弦切角定理.
如图 5-14 所示，ABP是圆的一条割线，PT是圆的一条切线，切点为T，则弦TB所对的弦切角大小同其所对圆周角大小相同，即$\angle PTB=\angle PAT$.
(5)切割线定理.
如图 5-14 所示，$PT^2=PA\cdot PB$. 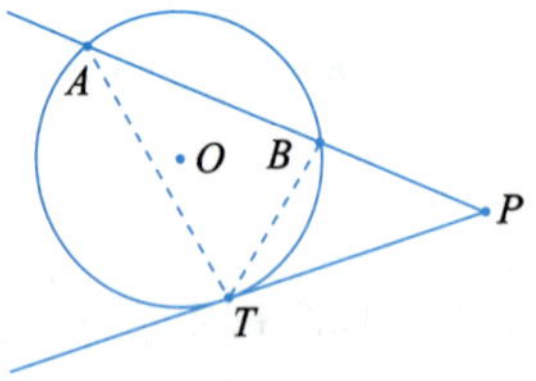
图 5-14
【证明】连接AT，BT，因为$\angle PTB=\angle PAT$(弦切角定理)，$\angle TPB=\angle APT$(公共角)，故有$\triangle PBT\backsim\triangle PTA$，因此$\frac{PB}{PT}=\frac{PT}{AP}$，即$PT^2=PA\cdot PB$.
</td></tr>
</table>

续表

·命题模型·	·解题思路·
4. 共边模型(燕尾模型)	如图 5-15 所示，在$\triangle ABC$中，AD，BE，CF相交于同一点O，那么 $$S_{\triangle ABO}:S_{\triangle ACO}=BD:DC.$$ 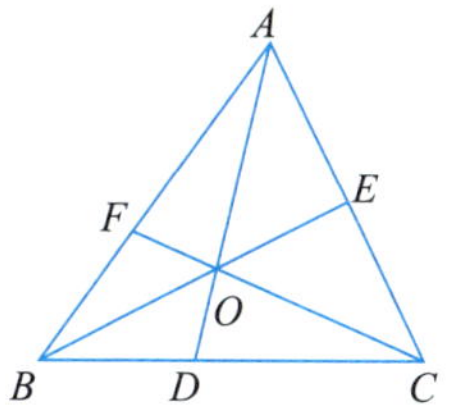 图 5-15 【证明】因为$\triangle ABD$与$\triangle ACD$等高，故$\frac{S_{\triangle ABD}}{S_{\triangle ACD}}=\frac{BD}{CD}$. 同理，因为$\triangle OBD$与$\triangle OCD$等高，故$\frac{S_{\triangle OBD}}{S_{\triangle OCD}}=\frac{BD}{CD}$，所以 $$\frac{S_{\triangle ABD}}{S_{\triangle ACD}}=\frac{S_{\triangle OBD}}{S_{\triangle OCD}}=\frac{BD}{CD}.$$ 由等比定理，得 $$\frac{S_{\triangle ABD}}{S_{\triangle ACD}}=\frac{S_{\triangle OBD}}{S_{\triangle OCD}}=\frac{S_{\triangle ABD}-S_{\triangle OBD}}{S_{\triangle ACD}-S_{\triangle OCD}}=\frac{S_{\triangle ABO}}{S_{\triangle ACO}}=\frac{BD}{CD}.$$
5. 风筝与蝴蝶模型	(1)任意四边形中的比例关系(“风筝模型”) 如图 5-16 所示，任意四边形被对角线分为S_1，S_2，S_3，S_4，则有 ①$S_1:S_2=S_4:S_3$或者$S_1\cdot S_3=S_2\cdot S_4$(速记：上×下=左×右)； ②$AO:OC=S_1:S_4=S_2:S_3=(S_1+S_2):(S_4+S_3)$. (2)梯形中比例关系(“梯形蝴蝶模型”) 如图 5-17 所示，任意梯形被对角线分为S_1，S_2，S_3，S_4，则有 ①$S_1:S_2=a:b$，$S_2:S_3=a:b$(即上、下底之比)，$S_2=S_4$； ②$S_1:S_3:S_2:S_4=a^2:b^2:ab:ab$； S的对应份数为$(a+b)^2$. 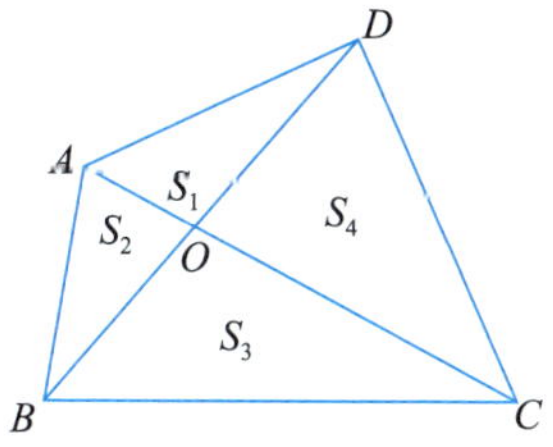 图 5-16 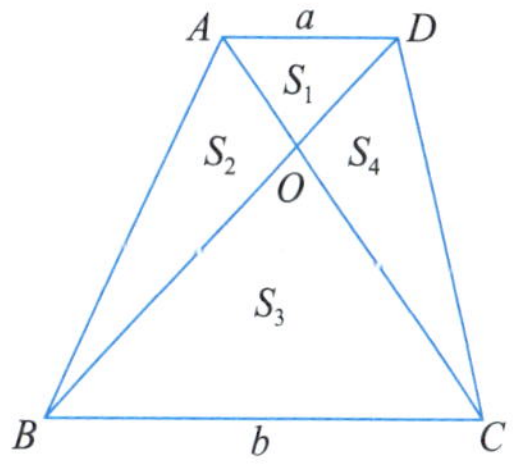　　图 5-17

母题精练

1. 如图5-18所示，在$\triangle ABC$中，D是BC的中点，$AE=3ED$，$\triangle ABC$的面积为96，则阴影部分的面积为(　　).

(A)24　　(B)30　　(C)32　　(D)36　　(E)48

2. 如图5-19所示，在$\triangle ABC$中，$AD\perp BC$于D，$BC=10$，$AD=8$，E，F分别为AB和AC的中点，那么$\triangle EBF$的面积等于(　　).

(A)6　　(B)7　　(C)8　　(D)9　　(E)10

3. 如图5-20所示，已知$\triangle ADE$的面积是1，$AD=2DB$，$AE=EC$，则$S_{\triangle ABC}=$(　　).

(A)2　　(B)3　　(C)4　　(D)5　　(E)6

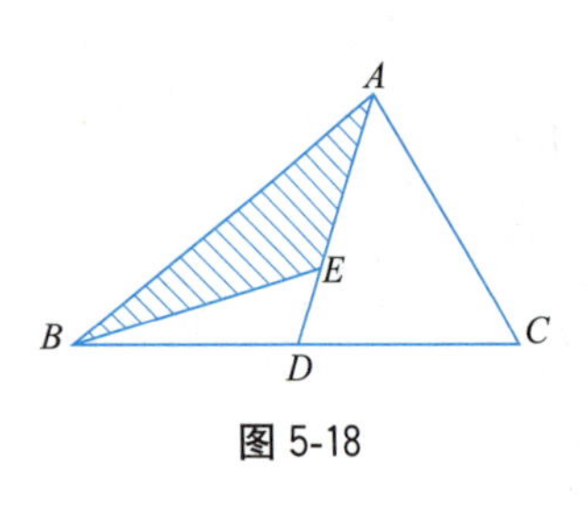

图5-18

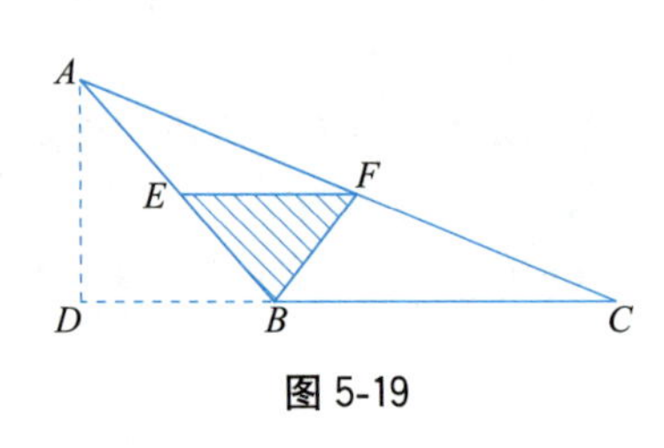

图5-19

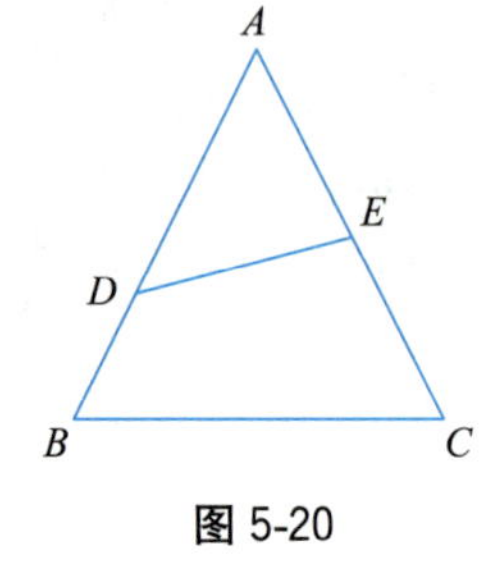

图5-20

4. 如图5-21所示，在$\triangle ABC$中，已知$EF\parallel BC$. 则$\triangle AEF$的面积等于梯形$EBCF$的面积.

(1)$AG=2GD$.　　(2)$BC=\sqrt{2}EF$.

5. 如图5-22所示，在$\mathrm{Rt}\triangle ABC$中，$\angle ACB=90°$，过点B作$BD\perp CB$，垂足为B，且$BD=3$，连接CD，与AB相交于点M，过点M作$MN\perp CB$，垂足为N. 若$AC=2$，则$MN=$(　　).

(A)$\frac{6}{5}$　　(B)$\frac{5}{6}$　　(C)1　　(D)$\frac{3}{2}$　　(E)$\frac{2}{3}$

6. 在$\triangle ABC$中，$\angle ACB=90°$，$CD\perp AB$于D，$AD=3$，$BD=2$，则$AC:BC=$(　　).

(A)$3:2$　　(B)$9:4$　　(C)$3:4$　　(D)$\sqrt{3}:\sqrt{2}$　　(E)$\sqrt{2}:\sqrt{3}$

7. 如图5-23所示，已知$\mathrm{Rt}\triangle ABC$的两条直角边AC，BC的长分别为3和4，以AC为直径的圆与AB交于点D，则$BD=$(　　).

(A)$\frac{16}{5}$　　(B)$\frac{15}{6}$　　(C)2　　(D)$\frac{4}{3}$　　(E)$\frac{5}{4}$

8. 如图5-24所示，PT是圆O的切线，T为切点，$PA=4$，$PT=6$，则圆O的面积为(　　).

(A)16π　　(B)$\frac{25}{4}\pi$　　(C)25π　　(D)$\frac{25}{2}\pi$　　(E)5π

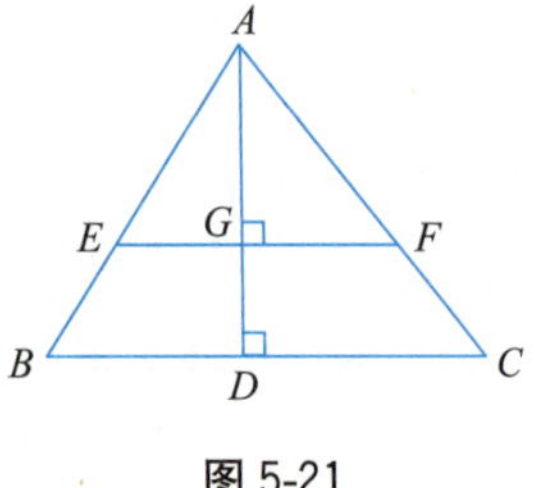

图5-21

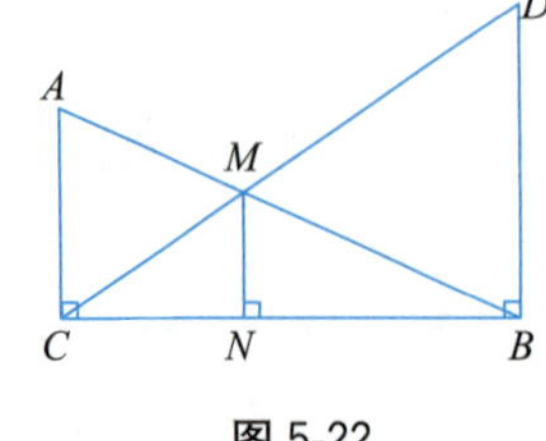

图5-22

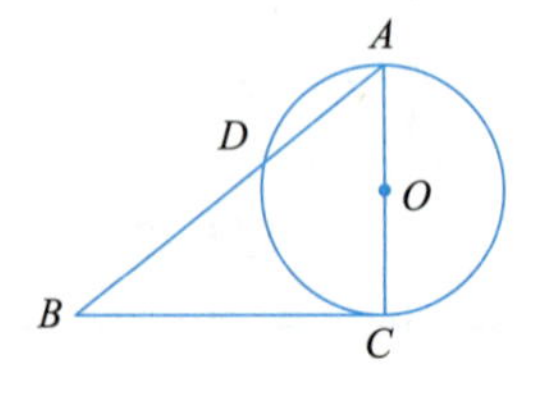

图5-23

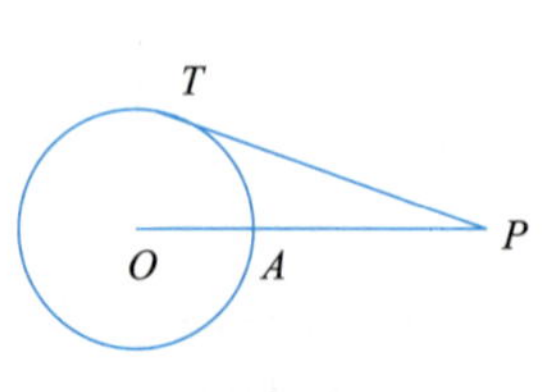

图5-24

9. 如图5-25所示，在直角$\triangle ABC$中，$AC=3$，$BC=5$，$\angle C=90^\circ$，点G是AB上的一个动点，过点G作GF垂直于AC于点F. 若点P是BC上的点，且$\triangle GFP$是以GF为斜边的等腰直角三角形，则此时PC长为(　　).

(A)$\frac{3}{4}$　　(B)$\frac{9}{10}$　　(C)$\frac{15}{11}$　　(D)2　　(E)3

10. 如图5-26所示，$\triangle ABC$中，$BD=2DA$，$EC=2BE$，$\triangle ADG$的面积为1，则$\triangle ABC$的面积为(　　).

(A)14　　(B)15　　(C)17　　(D)20　　(E)21

11. 如图5-27所示，四边形$ABCD$的对角线AC与BD交于O. 如果三角形ABD的面积等于三角形BCD面积的$\frac{1}{3}$，且$AO=2$，$DO=3$，那么CO的长度是DO长度的(　　)倍.

(A)1.5　　(B)1.8　　(C)2

(D)2.5　　(E)3

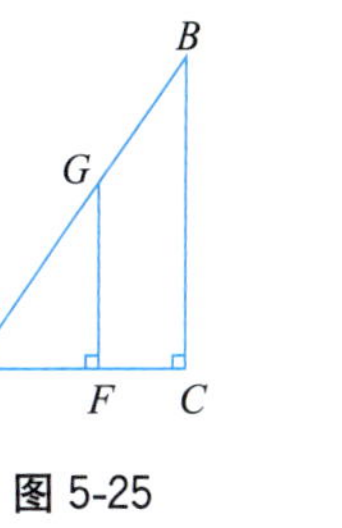

图5-25

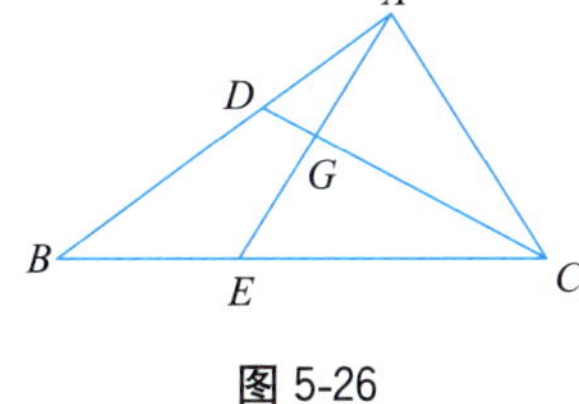

图5-26

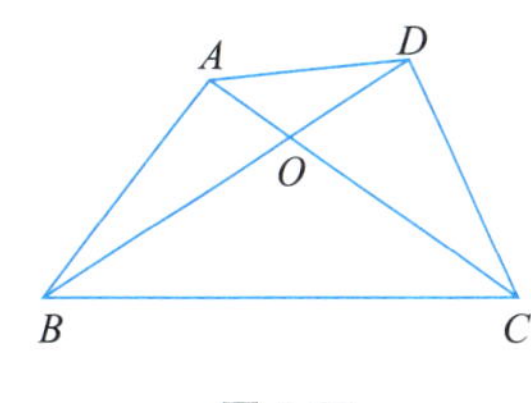

图5-27

12. 如图5-28所示，四边形$ABCD$被AC与DB分成甲、乙、丙、丁4个三角形，已知$BE=8$，$CE=6$，$DE=4$，$AE=3$，则丙、丁两个三角形面积之和是甲、乙两个三角形面积之和的(　　)倍.

(A)$\frac{5}{4}$　　(B)$\frac{5}{3}$　　(C)$\frac{5}{2}$

(D)$\frac{3}{2}$　　(E)$\frac{7}{4}$

13. 如图5-29所示，梯形$ABCD$被对角线分为4个小三角形，已知$\triangle AOB$和$\triangle BOC$的面积分别为25平方厘米和35平方厘米. 则梯形的面积是144平方厘米.

(1)梯形为等腰梯形.

(2)梯形为直角梯形.

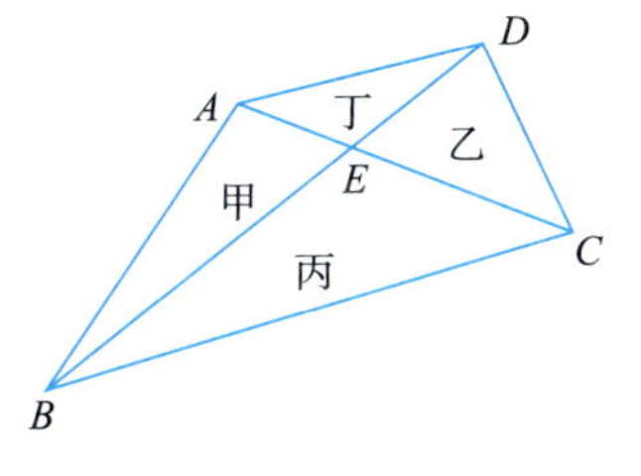

图5-28

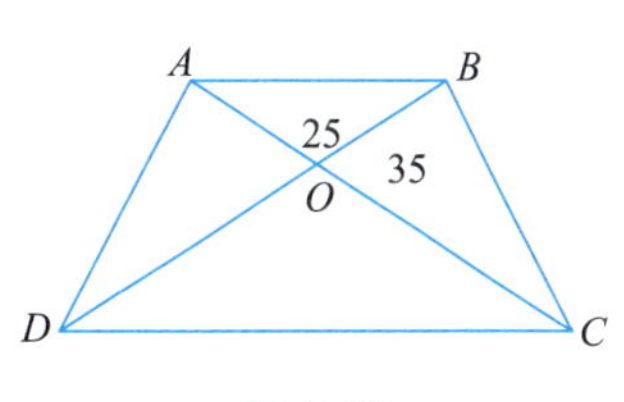

图5-29

题型 60 求面积问题

母题技巧

命题特点：题干中求区域面积，尤其是求阴影部分的面积.

·命题模型·	·解题思路·
1. 割补法求面积	(1)将所求不规则图形转化为几个常见的标准几何图形(如三角形、矩形、圆形等)相加或相减，通过求解这些常见图形的面积，得到所求图形的面积. (2)当所求的图形是由几个相同的部分组成时，有两种方法求解： ①通过割补法求出一个部分的面积，乘部分的个数，即为所求图形的面积； ②几个相同的部分通过拼接，可以组成一个常见标准几何图形，直接使用面积计算公式，进行求解.
2. 平移法求面积	如果所求图形并不是常见标准几何图形，有时可以通过平移法转化为标准几何图形，再求解.
3. 对折法求面积	在求图形面积时，有时可将某个部分沿某条直线对折，对折后的图形与另一部分合并，可以转化为方便求解的图形.
4. 集合法求面积	有的图形面积可以利用集合的关系求解. 经常用到的集合关系： $A\cup B=A+B-A\cap B$，$A-B=(A+C)-(B+C)$.
5. 其他与面积有关的问题	可利用三角形的全等、相似以及其他定理、公式等求面积. 【注意】真题中出现的图形，一定是准确的，所以先用尺子量一下已知量和待求量，然后通过它们的比例关系，求出待求量的值，再进行估算.

母题精练

1. 如图 5-30 所示，两个等腰直角三角形叠放在一块，已知 $BD=6$，$DC=4$，则重合部分(图中阴影部分)的面积为(　　).

(A)13　　(B)14

(C)15　　(D)16

(E)17

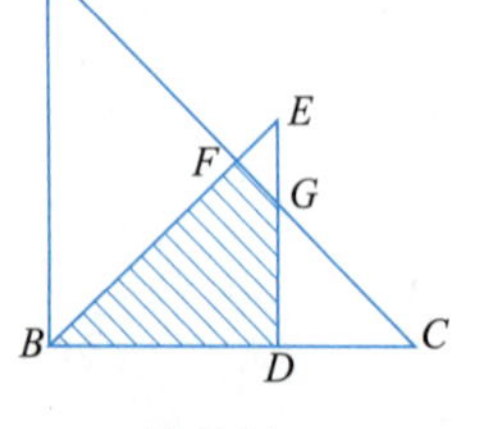

图 5-30

2. 如图5-31所示，正方形$ABCD$的边长为4，分别以A、C为圆心，4为半径画圆弧，则阴影部分的面积是(　　).

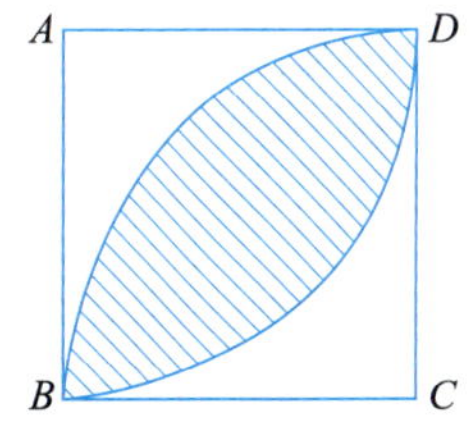

图5-31

(A)$16-8\pi$

(B)$8\pi-16$

(C)$4\pi-8$

(D)$32-8\pi$

(E)$8\pi-32$

3. 如图5-32所示，圆的周长是12π，圆的面积与长方形的面积相等，则阴影部分的面积等于(　　).

(A)27π　(B)28π　(C)29π

(D)30π　(E)36π

4. 如图5-33所示，正方形$ABCD$中，$BE=2EC$，$\triangle AOB$的面积是4，则阴影部分的面积为(　　).

(A)$\frac{25}{3}$　(B)7　(C)9

(D)$\frac{16}{3}$　(E)$\frac{28}{3}$

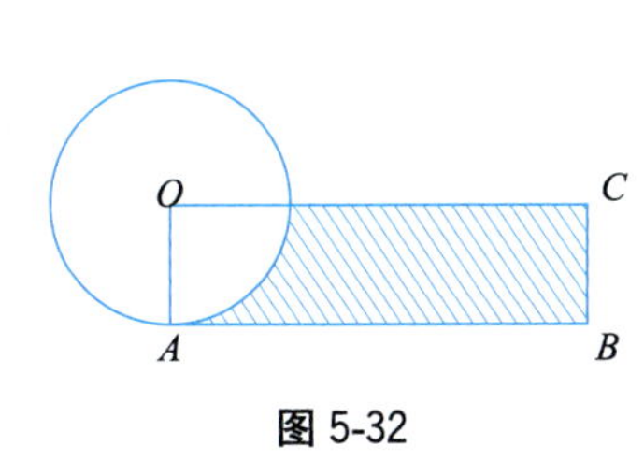

图5-32

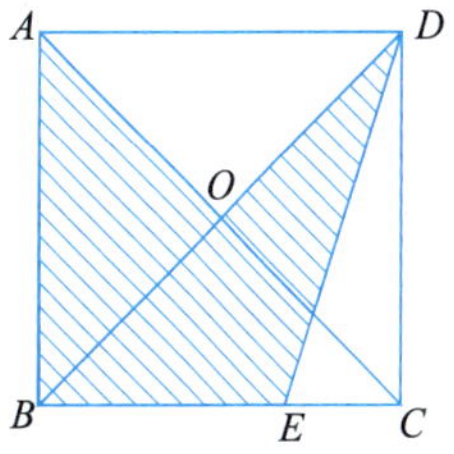

图5-33

5. 如图5-34所示，$\triangle ABC$中，$\angle B=90°$，$BC=8$，$AB=6$，圆O内切于$\triangle ABC$，则阴影部分的面积为(　　).

(A)$16+2\pi$　(B)$24-2\pi$　(C)$24-4\pi$

(D)$20-4\pi$　(E)$30-4\pi$

6. 如图5-35是一个边长为10的正方形和半圆所组成的图形，其中P为半圆弧的中点，Q为正方形一边上的中点，则阴影部分的面积为(　　).

(A)$\frac{25}{2}(\pi-1)$　(B)$\frac{25}{2}\pi$　(C)$\frac{25}{2}(1+\pi)$

(D)$\frac{25}{2}(2+\pi)$　(E)$\frac{25}{2}(\pi-2)$

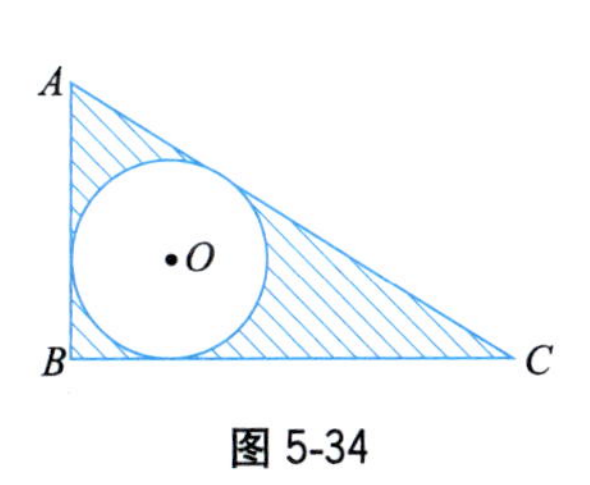

图5-34

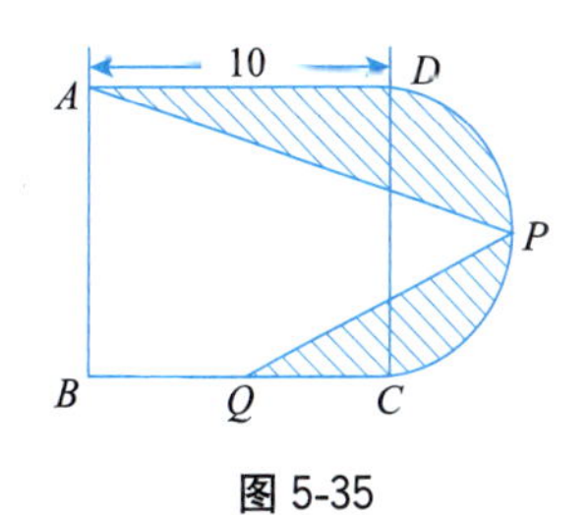

图5-35

7. 如图 5-36 所示，在直角△ABC 的两直角边 AC，BC 上分别作正方形 $ACDE$ 和 $CBFG$，AF 交 BC 于 W，连接 GW，若 $AC=14$，$BC=28$，则 $S_{\triangle AGW}=$(　　).

(A)172　　(B)180　　(C)188　　(D)192　　(E)196

8. 如图 5-37 所示，$\odot P$ 内切于$\odot O$，$\odot O$ 的弦 AB 切$\odot P$ 于点 C，且 $AB /\!/ OP$. 若弦 AB 的长为 6，则阴影部分的面积为(　　).

(A)3π　　(B)6π　　(C)9π　　(D)25π　　(E)$\frac{9}{2}\pi$

9. 如图 5-38 所示，在△ABC 中，$AD \perp BC$ 于 D 点，$BD=CD$. 若 $BC=6$，$AD=5$，则图中阴影部分的面积为(　　).

(A)3　　(B)7.5　　(C)15　　(D)30　　(E)5.5

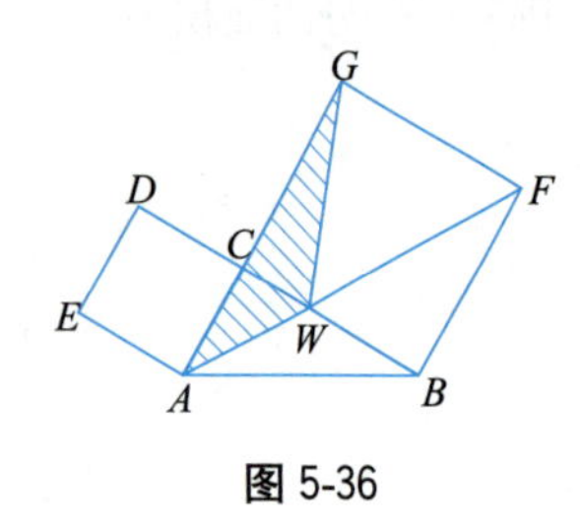

图 5-36

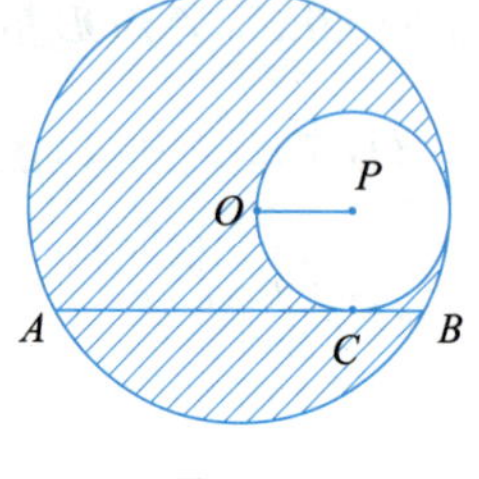

图 5-37

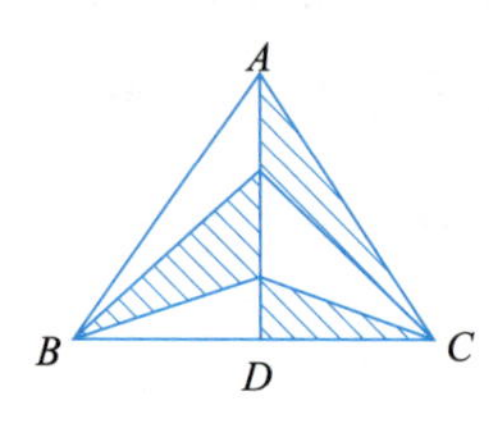

图 5-38

10. 如图 5-39 所示，在△ABC 中，$AB=AC$，$AB=5$，$BC=8$，分别以 AB、AC 为直径作半圆，则图中阴影部分的面积是(　　).

(A)$\frac{25\pi}{4}-12$　　(B)$\frac{25\pi}{4}$　　(C)$\frac{25\pi}{4}+12$

(D)$\frac{25\pi}{8}-12$　　(E)$\frac{25\pi}{8}+12$

11. 如图 5-40 所示，长方形 $ABCD$ 的两条边分别为 8 米和 6 米，四边形 $OEFG$ 的面积是 4 平方米，则阴影部分的面积为(　　)平方米.

(A)32　　(B)28　　(C)24　　(D)20　　(E)16

12. 如图 5-41 所示，四边形 $ABCD$ 是边长为 1 的正方形，弧$\overset{\frown}{AOB}$，$\overset{\frown}{BOC}$，$\overset{\frown}{COD}$，$\overset{\frown}{DOA}$均为半圆，则阴影部分的面积为(　　).

(A)$\frac{1}{2}$　　(B)$\frac{\pi}{2}$　　(C)$1-\frac{\pi}{4}$

(D)$\frac{\pi}{2}-1$　　(E)$2-\frac{\pi}{2}$

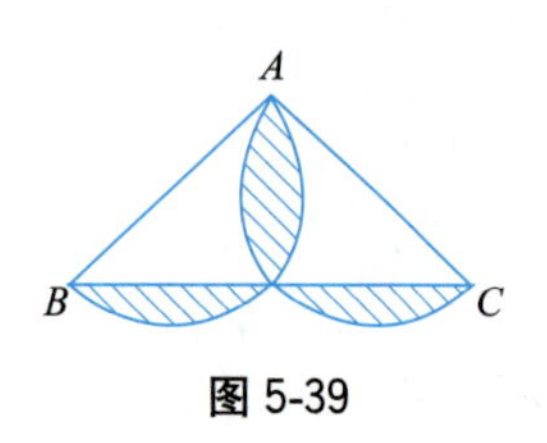

图 5-39

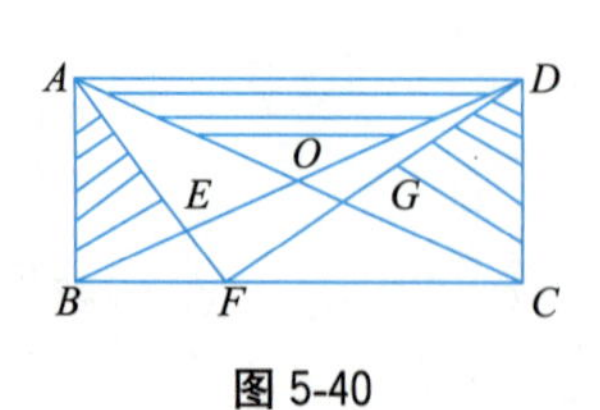

图 5-40

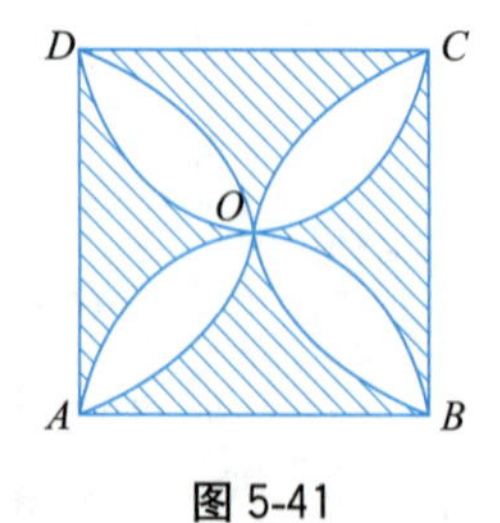

图 5-41

13. 如图5-42所示，在Rt$\triangle ABC$中，以点A为圆心作弧DF，交AB于点D，交AC延长线于点F，交BC于点E. 则$AC:AF=\sqrt{\pi}:2$.

(1)$AC=BC$.

(2)图中两个阴影部分面积相等.

14. 如图5-43所示，在长方形$ABCD$中，$\triangle AOB$是直角三角形且面积为54，$OD=16$，那么长方形$ABCD$的面积为(　　).

(A)150　　(B)200　　(C)300　　(D)340　　(E)380

15. 如图5-44所示，矩形$ABCD$中，E，F分别是BC，CD上的点，且$S_{\triangle ABE}=2$，$S_{\triangle CEF}=3$，$S_{\triangle ADF}=4$，则$S_{\triangle AEF}=$(　　).

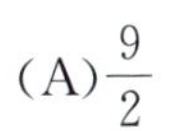

(A)$\frac{9}{2}$　　(B)6　　(C)$\frac{13}{2}$

(D)7　　(E)8

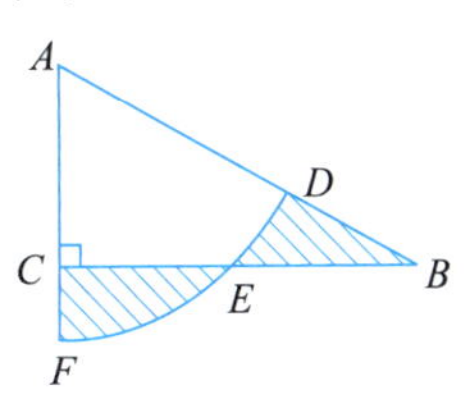

图5-42

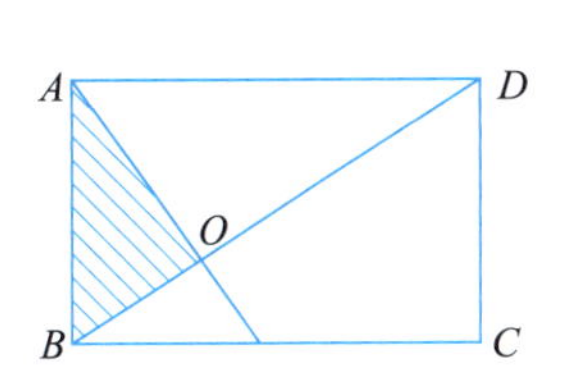

图5-43

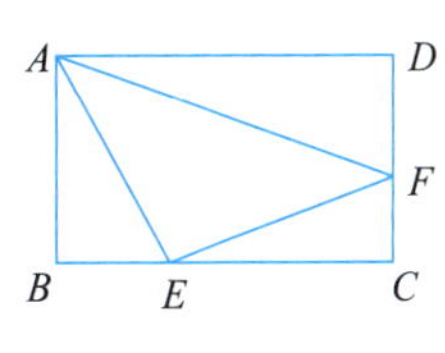

图5-44

第2节 空间几何体

题型61 空间几何体的基本问题

母题技巧

·命题模型·	·解题思路·
1. 正方体、长方体的基本问题	(1)若正方体的棱长为a，则有 棱长之和$L=12a$；体积$V=a^3$；表面积$S=6a^2$；体对角线$d=\sqrt{3}a$. (2)若长方体长、宽、高分别为a，b，c，则有 棱长之和$L=4(a+b+c)$；体积$V=abc$； 表面积$S=2(ab+ac+bc)$；体对角线$d=\sqrt{a^2+b^2+c^2}$.
2. 圆柱体的基本问题	若圆柱体的高为h，底面半径为r，则有 体积$V=\pi r^2 h$；侧面积$S_{侧}=2\pi rh$； 表面积$S=2\pi r^2+2\pi rh$(两个底面+侧面).

续表

·命题模型·	·解题思路·
3. 球体的基本问题	(1)若球的半径是 R，则体积 $V=\frac{4}{3}\pi R^3$；表面积 $S=4\pi R^2$. (2)半球的体积 $\frac{2}{3}\pi R^3$；半球面面积 $S_{半球面}=2\pi R^2$； 表面积 $S=2\pi R^2+\pi R^2$(半球面+底面).
4. 截面问题	空间几何体的截面问题，通常需要先求出截面各边的长度，再确定截面的特点，将其转化为平面图形.
5. 与水有关的应用题	将某几何体放入装有水的容器中，需找到等量关系，比如水的体积不变.

母题精练

1. 在一个棱长为 8 厘米的大正方体的一个顶点处挖去一个棱长为 2 厘米的小正方体，剩下部分的表面积和原来大正方体的表面积相比(　　).

(A)增大 8 平方厘米　(B)增大 4 平方厘米　(C)增大 2 平方厘米
(D)不变　(E)减少 4 平方厘米

2. 甲、乙两个圆柱体，甲的底面周长是乙的 2 倍，甲的高为乙的一半，则甲的体积是乙的体积的(　　)倍.

(A)1　(B)1.5　(C)2　(D)3　(E)4

3. 两个球体容器，若将大球中 $\frac{2}{5}$ 的溶液倒入小球中，正好可装满小球，那么大球与小球半径之比为(　　).

(A)5∶3　(B)$\sqrt[3]{5}:\sqrt[3]{2}$　(C)8∶3　(D)3∶1　(E)$\sqrt[3]{20}:\sqrt[3]{5}$

4. 已知轴截面是正方形的圆柱的高与球的直径相等，则圆柱的表面积与球的表面积之比是(　　).

(A)6∶5　(B)5∶4　(C)4∶3　(D)3∶2　(E)5∶2

5. 已知体积相等的正方体、等边圆柱体(轴截面是正方形)和球体，它们的表面积分别为 S_1，S_2，S_3，则有(　　).

(A)$S_1>S_2>S_3$　(B)$S_1>S_3>S_2$　(C)$S_2>S_1>S_3$
(D)$S_2>S_3>S_1$　(E)$S_3>S_2>S_1$

6. 已知过球面上 A、B、C 三点的截面与球心的距离为球半径的一半，且 $AB=BC=CA=2$，则球的表面积为(　　).

(A)$\frac{64}{9}\pi$　(B)$\frac{32}{9}\pi$　(C)$\frac{64}{3}\pi$　(D)$\frac{32}{3}\pi$　(E)$\frac{16}{9}\pi$

7. 如图 5-45 所示，将一个棱长为 a 的正方体削掉一个顶点，其中点 A、B、C 分别是所在棱的中点，则剩余的几何体的表面积和原来正方体的表面积相比，少了（　　）.

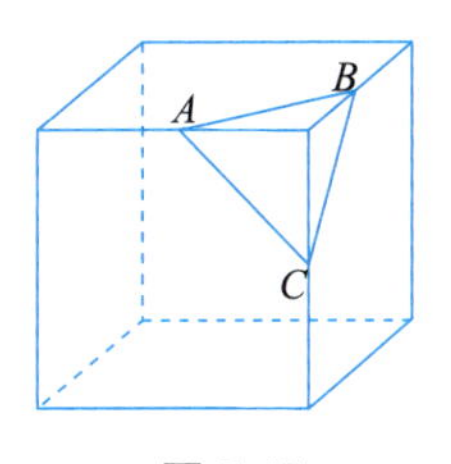

图 5-45

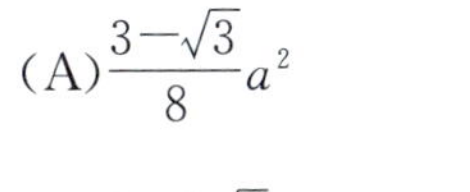

(A) $\frac{3-\sqrt{3}}{8}a^2$　　(B) $\frac{\sqrt{3}-3}{8}a^2$　　(C) $\frac{3-\sqrt{3}}{4}a^2$

(D) $\frac{3-3\sqrt{3}}{8}a^2$　　(E) $\frac{3\sqrt{3}-3}{4}a^2$

8. 如图 5-46 所示，一个内直径是 8 厘米的瓶子里，水的高度为 7 厘米．把瓶盖拧紧倒置放平，无水部分是圆柱体，高度是 18 厘米，则这个瓶子的容积是（　　）立方厘米．

(A) 200π　　(B) 288π　　(C) 320π

(D) 400π　　(E) 460π

9. 如图 5-47 所示，有一个水平放置的透明无盖的正方体容器，容器高 8 厘米，将一个球放在容器口，再向容器内注水，当球面恰好接触水面时测得水深为 6 厘米，如果不计容器的厚度，则球的体积为（　　）立方厘米．

(A) $\frac{500\pi}{3}$　　(B) $\frac{866\pi}{3}$　　(C) $\frac{1\ 372\pi}{3}$

(D) $\frac{1\ 000\pi}{3}$　　(E) 400π

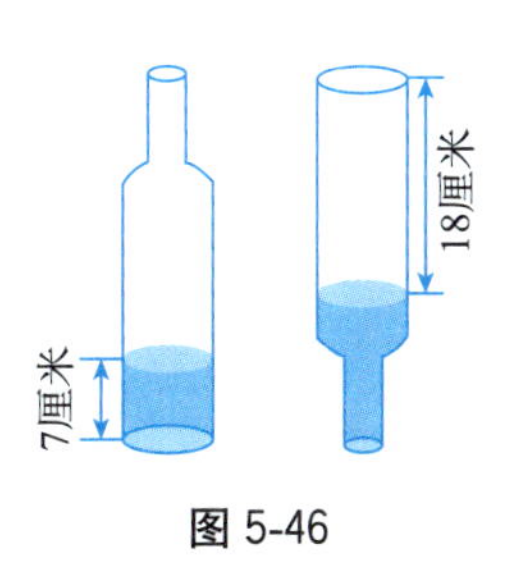

图 5-46

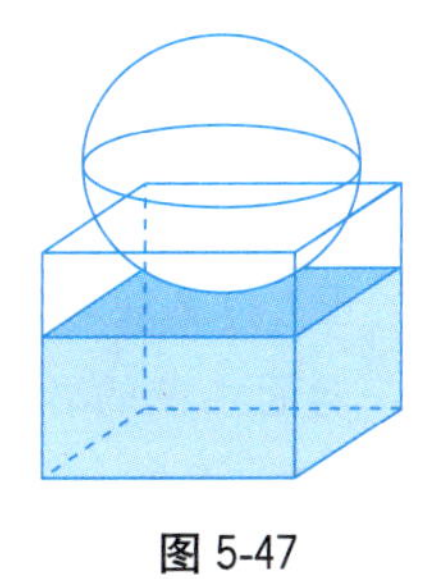

图 5-47

10. 有一个装有水且底面直径为 12 厘米的圆柱形容器，水面与容器口的距离为 1 厘米．现往容器中放入一个半径为 r 的小球，该小球放入水中后直接沉入容器底部，若使该容器内的水不溢出，则小球半径 r 的最大值为（　　）厘米．

(A) 0.5　　(B) 1　　(C) 2

(D) 3　　(E) 4

11. 圆柱形容器内盛有高度为 6 厘米的水，若放入三个相同的球(球的半径与圆柱的底面半径相同)后，水恰好淹没最上面的球，如图 5-48 所示，球的半径是(　　)厘米.

(A)0.5　　(B)1　　(C)2

(D)3　　(E)4

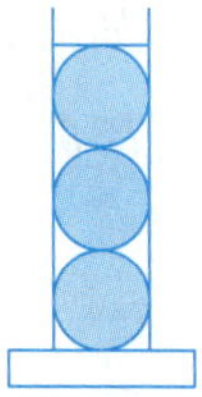

图 5-48

题型 62　几何体表面染色问题

母题技巧

·命题模型·	·解题思路·
几何体表面染色问题 将一个正方体六个面涂成红色，然后切成 n^3 个小正方体，求有三面红色、两面红色、一面红色、没有红色的小正方体的个数	(1)三面红色的小正方体：8 个，位于原正方体顶点上； (2)两面红色的小正方体：$12(n-2)$个，位于原正方体棱上(不含顶点)； (3)一面红色的小正方体：$6(n-2)^2$ 个，位于原正方体面上(不含在棱上的部分)； (4)没有红色的小正方体：$(n-2)^3$ 个，位于原正方体内部.

母题精练

1. 将一个白木质的正方体的六个面都涂上红漆，再将它锯成 64 个小正方体，从中任取 3 个，其中至少有 1 个三面是红漆的小正方体的概率是(　　).

(A)0.065　　(B)0.578　　(C)0.563

(D)0.482　　(E)0.335

2. 一个棱长为 6 厘米的正方体木块，表面涂上红色，然后把它锯成边长为 1 厘米的小正方体，设一面红色的有 a 块，两面红色的有 b 块，三面红色的有 c 块，没有红色的有 d 块，则 a，b，c，d 的最大公约数为(　　).

(A)2　　(B)4　　(C)6

(D)8　　(E)12

3. 将一个表面漆有红色的长方体分割成若干个体积为 1 的小正方体，其中，一点红色也没有的小正方体有 4 块，那么原来的长方体的体积为(　　).

(A)48　　(B)54　　(C)54 或 48

(D)64　　(E)48 或 64

题型63 空间几何体的切与接

母题技巧

<table>
<tr><th>·几何体·</th><th>·体对角线长·</th><th>·外接球半径 R·</th><th>·内切球半径 r·</th></tr>
<tr><td>1. 正方体的切与接（棱长 a）</td><td>$\sqrt{3}a$</td><td rowspan="3">外接球的直径＝体对角线长
正方体：
$2R=\sqrt{3}a$；
长方体：
$2R=\sqrt{a^2+b^2+c^2}$；
圆柱体：
$2R=\sqrt{(2m)^2+h^2}$.</td><td>内切球直径＝棱长，即 $2r=a$.</td></tr>
<tr><td>2. 长方体的切与接（长 a、宽 b、高 c）</td><td>$\sqrt{a^2+b^2+c^2}$</td><td>—</td></tr>
<tr><td>3. 圆柱体的切与接（底面半径 m、高 h）</td><td>$\sqrt{(2m)^2+h^2}$</td><td>内切球直径＝圆柱体底面直径＝圆柱体的高，即 $2r=2m=h$.
只有底面直径等于高的圆柱体才有内切球；
内切球的横切面＝圆柱体的底面.</td></tr>
<tr><td colspan="4">解题关键：寻找题干中存在的等量关系.</td></tr>
</table>

母题精练

1. 棱长为 a 的正方体的外接球与内切球的表面积之比为 $3:1$.

(1) $a=1$.　　(2) $a=2$.

2. 棱长为1的正方体外接半球的半径为（　　）.

(A) $\frac{1}{2}$　(B) $\sqrt{2}$　(C) $\frac{\sqrt{3}}{2}$　(D) $\frac{\sqrt{6}}{2}$　(E) $\sqrt{3}$

3. 棱长为1的正方体 $ABCD-A_1B_1C_1D_1$ 的8个顶点都在球 O 的内表面上，E，F 分别是棱 AA_1，DD_1 的中点，则直线 EF 被球 O 截得的线段长为（　　）.

(A) $\frac{\sqrt{2}}{2}$　(B) 1　(C) $1+\frac{\sqrt{2}}{2}$　(D) $\sqrt{2}$　(E) 2

4. 长方体的各顶点均在同一球的球面上，且一个顶点上的三条棱长度分别为1，2，3，则此球的表面积为（　　）.

(A) 8π　(B) 10π　(C) 12π　(D) 14π　(E) 16π

5. 一个圆柱里放了一个球，该球与圆柱上下底面及侧面相切．则能确定圆柱的体积．

(1) 球的表面积是圆柱表面积的 $\frac{2}{3}$.

(2) 圆柱的表面积是 6π.

题型 64 最短爬行距离问题

母题技巧

·命题模型·	·解题思路·
1. 在长方体表面爬行	长方体表面爬行问题，一般的做法是分三种情况进行讨论，将不同的三个面两两组合，得到三个答案，再比较三个数的大小就可以了．但是实际上可以应用下面这个定理，直接求出最短距离 【定理】如图 5-49 所示，若长方体的长、宽、高为 a，b，c，且 $a>b>c$，那么从 A 点出发沿表面运动到 C_1 点的最短路线长为 $\sqrt{a^2+(b+c)^2}$． 图 5-49
2. 在圆柱体表面爬行	圆柱体表面爬行问题，需要分两种情况讨论： (1)先沿着高线爬到上底面，再沿着上底面径直爬到目的地； (2)直接从侧面爬到目的地． 比较这两种情况下爬行距离的大小，较小的为最短距离．
注意：如果问最短爬行距离，则答案只有一个；如果问两点之间的爬行距离，则可能有多解．	

母题精练

1. 在长方体 $ABCD-A_1B_1C_1D_1$ 中，$AB=4$，$BC=3$，$BB_1=5$，从 A 点出发沿表面运动到 C_1 点的最短路线长为(　　).

(A)$3\sqrt{10}$　(B)$4\sqrt{5}$　(C)$\sqrt{74}$　(D)$\sqrt{57}$　(E)$5\sqrt{2}$

2. 如图 5-50 所示，一个棱长为 1 米的正方体箱子放在地面上，已知蚂蚁从顶点 A 出发，沿着正方体外表面爬到顶点 B 处，那么它所走的最短路径有(　　)条．

(A)1　(B)3　(C)4　(D)5　(E)6

3. 如图 5-51 所示，有一圆柱，高 $h=12$ 厘米，底面半径 $r=3$ 厘米，在圆柱下底面的 A 点处有一只蚂蚁，沿圆柱表面爬行到同一纵切面斜上方的 B 点，则蚂蚁沿表面爬行时最短路程是(　　)厘米($\pi\approx3$).

(A)12　(B)13　(C)14　(D)15　(E)16

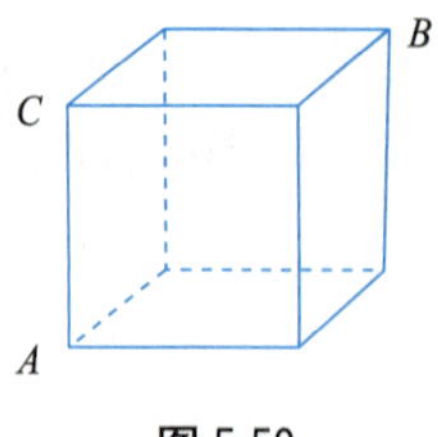

图 5-50

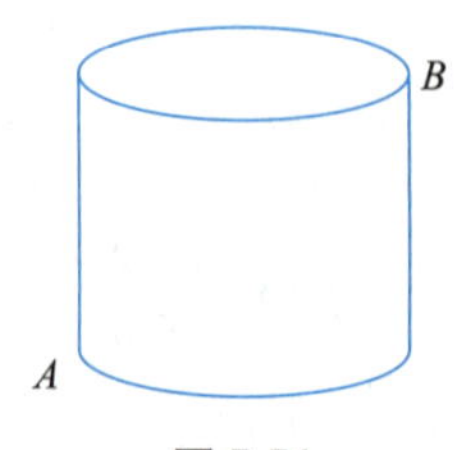

图 5-51

4. 如图 5-52 所示，有一圆柱，高 $h=3$，底面半径 $r=3$，在圆柱下底面的 A 点处有一只蚂蚁，沿圆柱表面爬行到同一纵切面斜上方的 B 点，则蚂蚁沿表面爬行时最短路程是(　　)($\pi\approx3$).

(A)$2\sqrt{14}$　　(B)8

(C)9　　(D)$3\sqrt{10}$

(E)$3\sqrt{7}$

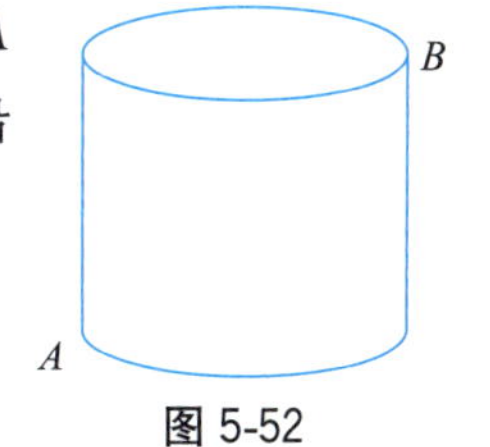

图 5-52

第3节 解析几何

题型65 点与点、点与直线的位置关系

母题技巧

·命题模型·	·解题思路·
1. 直线的方程	(1)点斜式：已知直线过点$(x_0,\ y_0)$，斜率为k，则直线的方程为 $$y-y_0=k(x-x_0).$$ (2)斜截式：已知直线过点$(0,\ b)$，斜率为k，则直线的方程为$y=kx+b$，b为直线在y轴上的纵截距． (3)两点式：已知直线过$P_1(x_1,\ y_1)$，$P_2(x_2,\ y_2)$两点，$x_2\neq x_1$，则直线的方程为$\frac{y-y_1}{y_2-y_1}=\frac{x-x_1}{x_2-x_1}$. (4)截距式：已知直线过点$A(a,\ 0)$和$B(0,\ b)(a\neq0,\ b\neq0)$，则直线的方程为$\frac{x}{a}+\frac{y}{b}=1$. 【注意】使用直线的截距式方程的前提是直线不过原点． (5)一般式：$Ax+By+C=0$(A，B不同时为零).
2. 点与点的位置关系	(1)若有两点$(x_1,\ x_2)$，$(y_1,\ y_2)$，则有 ①中点坐标公式：$\left(\frac{x_1+x_2}{2},\ \frac{y_1+y_2}{2}\right)$. ②斜率公式：$k=\frac{y_1-y_2}{x_1-x_2}$. ③两点间的距离公式：$d=\sqrt{(x_1-x_2)^2+(y_1-y_2)^2}$. (2)三点共线：任取两点，斜率相等．

续表

·命题模型·	·解题思路·
3. 点与直线的位置关系	(1)点在直线上，则可将点的坐标代入直线方程． (2)点到直线的距离公式：若直线 l 的方程为 $Ax+By+C=0$，则点 (x_0, y_0) 到 l 的距离为 $$d=\frac{\lvert Ax_0+By_0+C \rvert}{\sqrt{A^2+B^2}}.$$

母题精练

1. 过点(1，2)且在两坐标轴上的截距的绝对值相等的直线有(　　)条．

   (A)0　　(B)1　　(C)2

   (D)3　　(E)4

2. 三点 $A(a, 2)$，$B(5, 1)$，$C(-4, 2a)$ 无法构成一个三角形．

   (1) $a=2$.

   (2) $a=\frac{7}{2}$.

3. 已知点 $A(1, -2)$，$B(m, 2)$，且线段 AB 的垂直平分线的方程是 $x+2y-2=0$，则实数 m 的值是(　　).

   (A)-2　　(B)-7　　(C)3

   (D)1　　(E)2

4. 点 $A(3, 4)$，$B(2, -1)$ 到直线 $y=kx$ 的距离之比为 1∶2.

   (1) $k=\frac{9}{4}$.

   (2) $k=\frac{7}{8}$.

题型 66　直线与直线的位置关系

母题技巧

·直线位置关系·	·斜截式· $l_1: y=k_1x+b_1$ $l_2: y=k_2x+b_2$	·一般式· $l_1: A_1x+B_1y+C_1=0$ $l_2: A_2x+B_2y+C_2=0$	·备注·
重合	$k_1=k_2$，$b_1=b_2$	$\frac{A_1}{A_2}=\frac{B_1}{B_2}=\frac{C_1}{C_2}$	重合问题基本不会单独考查，但要注意，在求平行直线的方程时，要记得排除重合的情况．

续表

·直线位置关系·	·斜截式· $l_1: y=k_1x+b_1$ $l_2: y=k_2x+b_2$	·一般式· $l_1: A_1x+B_1y+C_1=0$ $l_2: A_2x+B_2y+C_2=0$	·备注·
平行	$k_1=k_2$，$b_1\neq b_2$	$\frac{A_1}{A_2}=\frac{B_1}{B_2}\neq\frac{C_1}{C_2}$	根据一般式，将两条平行线方程中 x 和 y 的系数化为一致，如 l_1：$Ax+By+C_1=0$， l_2：$Ax+By+C_2=0$， 则两条平行直线之间的距离为 $d=\frac{\mid C_1-C_2\mid}{\sqrt{A^2+B^2}}$.
相交	$k_1\neq k_2$	$\frac{A_1}{A_2}\neq\frac{B_1}{B_2}$	由斜截式可得，两条相交(非垂直)直线的夹角 α 满足如下关系： $\tan\alpha=\left\lvert\frac{k_1-k_2}{1+k_1k_2}\right\rvert$.
垂直	$k_1\cdot k_2=-1$ 或者 $k_1=0$，k_2 不存在	$A_1A_2+B_1B_2=0$	在求垂直直线的方程时，要注意直线的斜率是否存在.

母题精练

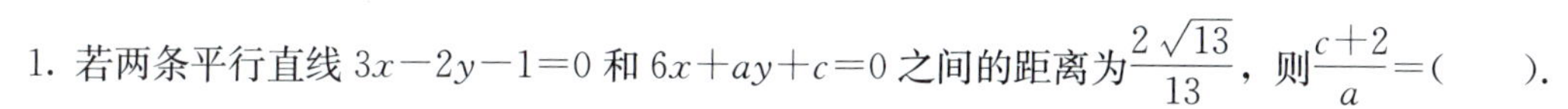

1. 若两条平行直线 $3x-2y-1=0$ 和 $6x+ay+c=0$ 之间的距离为 $\frac{2\sqrt{13}}{13}$，则 $\frac{c+2}{a}=$(　　).

(A)2　　(B)1　　(C)-1

(D)1 或 -1　　(E)2 或 -1

2. 已知平行四边形两条邻边所在的直线方程是 $x+y-1=0$，$3x-y+4=0$，它的对角线的交点是 $M(3,3)$，则这个平行四边形其他两条边所在的直线方程为(　　).

(A)$3x-y-15=0$，$x+y-11=0$　　(B)$3x-y-16=0$，$x+y-11=0$

(C)$3x-y+1=0$，$x+y-8=0$　　(D)$3x-y-11=0$，$x+y-16=0$

(E)$3x-y+1=0$，$x+y-11=0$

3. 两直线 l_1，l_2 相交．则它们夹角的平分线方程为 $2x+16y+13=0$ 或 $56x-7y+39=0$.

(1)l_1 方程为 $4x-3y+1=0$.

(2)l_2 方程为 $12x+5y+13=0$.

4. 过点 $A(0,1)$作直线 l，它被直线 $x-3y+10=0$ 和 $2x+y-8=0$ 所截得的线段被点 A 平分．则 l 的方程为(　　).

(A)$x+4y-4=0$　　(B)$x-4y+4=0$　　(C)$4x-y+1=0$

(D)$4x+y-1=0$　　(E)$3x-2y+2=0$

5. 直线$(m+2)x+3my+1=0$与$(m-2)x+(m+2)y-3=0$相互垂直．

(1)$m=\frac{1}{2}$.

(2)$m=-2$.

6. $a=4$，$b=2$.

(1)点$A(a+2, b+2)$与点$B(b-4, a-6)$关于直线$4x+3y-11=0$对称．

(2)直线$y=ax+b$垂直于直线$x+4y-1=0$，且在x轴上的截距为$-\frac{1}{2}$.

7. $mn^4=3$.

(1)直线$mx+ny-2=0$与直线$3x+y+1=0$相互垂直．

(2)当a为任意实数时，直线$(a-1)x+(a+2)y+5-2a=0$恒过定点(m, n).

题型 67　点与圆的位置关系

母题技巧

·命题模型·	·解题思路·
点与圆的位置关系	设点$P(x_0, y_0)$，圆：$(x-a)^2+(y-b)^2=r^2$，则有 (1)点在圆内：$(x_0-a)^2+(y_0-b)^2<r^2$； (2)点在圆上：$(x_0-a)^2+(y_0-b)^2=r^2$； (3)点在圆外：$(x_0-a)^2+(y_0-b)^2>r^2$. 在解此类题时，将点的坐标代入圆的方程，与半径的平方比大小即可．

母题精练

1. ⊙O的半径为3，圆心O的坐标为(0，0)，点P的坐标为(1，3)，则点P与⊙O的位置关系是(　　).

(A)点P在⊙O内　　(B)点P在⊙O上

(C)点P在⊙O外　　(D)点P在⊙O上或⊙O外

(E)点P在⊙O上或⊙O内

2. 过点(－2，3)的直线l与圆$x^2+y^2+2x-4y=0$相交于A，B两点，则AB取得最小值时l的方程为(　　).

(A)$x-y-5=0$　　(B)$x+y-1=0$　　(C)$x+2y-2=0$

(D)$x-y+5=0$　　(E)$2x-y+7=0$

3. 若在圆$(x-a)^2+(y-a)^2=4$上，总存在不同的两点到原点的距离等于1，则实数a的取值范围是(　　).

(A)$\left[\frac{\sqrt{2}}{2}, \frac{3\sqrt{2}}{2}\right]$　　(B)$\left[-\frac{3\sqrt{2}}{2}, -\frac{\sqrt{2}}{2}\right]$

(C)$\left[-\frac{3\sqrt{2}}{2}, -\frac{\sqrt{2}}{2}\right]\cup\left[\frac{\sqrt{2}}{2}, \frac{3\sqrt{2}}{2}\right]$　　(D)$\left(-\frac{3\sqrt{2}}{2}, -\frac{\sqrt{2}}{2}\right)\cup\left(\frac{\sqrt{2}}{2}, \frac{3\sqrt{2}}{2}\right)$

(E)$\left[0, \frac{\sqrt{2}}{2}\right]$

题型 68　直线与圆的位置关系

母题技巧

·直线与圆位置关系·	·命题模型·	·解题思路·
相切 $d=r$ (d为圆心到直线的距离)	求圆的切线方程	(1)先根据已知条件，设出切线方程；再利用圆心到切线的距离等于半径，确定切线方程. (2)过圆$(x-a)^2+(y-b)^2=r^2$上的一点$P(x_0, y_0)$作圆的切线，则切线方程为$(x-a)(x_0-a)+(y-b)(y_0-b)=r^2$. 【推论】若$P$在圆外，则上述方程为过点$P$作圆的两条切线，形成的两个切点所在的直线方程.
相离 $d>r$	求切线长的最值	圆外一点P向圆O引切线，切线长为点P到切点Q的距离，画图易知，切线长为$\sqrt{OP^2-r^2}$. 推广可知，过与圆相离的直线上一点P向圆O引切线，当OP最短，即$OP=d$时，切线长最小.
相交 $d<r$	求圆的弦长	(1)弦长公式：直线与圆相交时，直线被圆截得的弦长为$l=2\sqrt{r^2-d^2}$. (2)垂径定理：垂直于弦的直径平分弦且平分这条弦所对的两条弧.
综合题目	判断圆上的点与已知直线的距离	圆上的点与直线之间的距离问题，一般是求满足条件的点的个数．点的个数通常有5种，为0个、1个、2个、3个、4个点．其中，1个点、3个点的情况是临界点，优先考虑临界点的情况.
	判断圆与坐标轴的位置关系	已知圆的一般方程：$x^2+y^2+Dx+Ey+F=0$，根据此式整理出圆的标准方程为 $\left(x+\frac{D}{2}\right)^2+\left(y+\frac{E}{2}\right)^2=\frac{D^2+E^2-4F}{4}$,

续表

·直线与圆位置关系·	·命题模型·	·解题思路·
综合题目	判断圆与坐标轴的位置关系	即圆心坐标为$\left(-\frac{D}{2},\ -\frac{E}{2}\right)$，半径$r=\sqrt{\frac{D^2+E^2-4F}{4}}$. (1)圆与$x$轴相切：圆心纵坐标的绝对值为$r$，即 $\left\|-\frac{E}{2}\right\|=\sqrt{\frac{D^2+E^2-4F}{4}}$； (2)圆与$y$轴相切：圆心横坐标的绝对值为$r$，即 $\left\|-\frac{D}{2}\right\|=\sqrt{\frac{D^2+E^2-4F}{4}}$； (3)圆与坐标轴无交点：圆心横、纵坐标的绝对值均大于r.

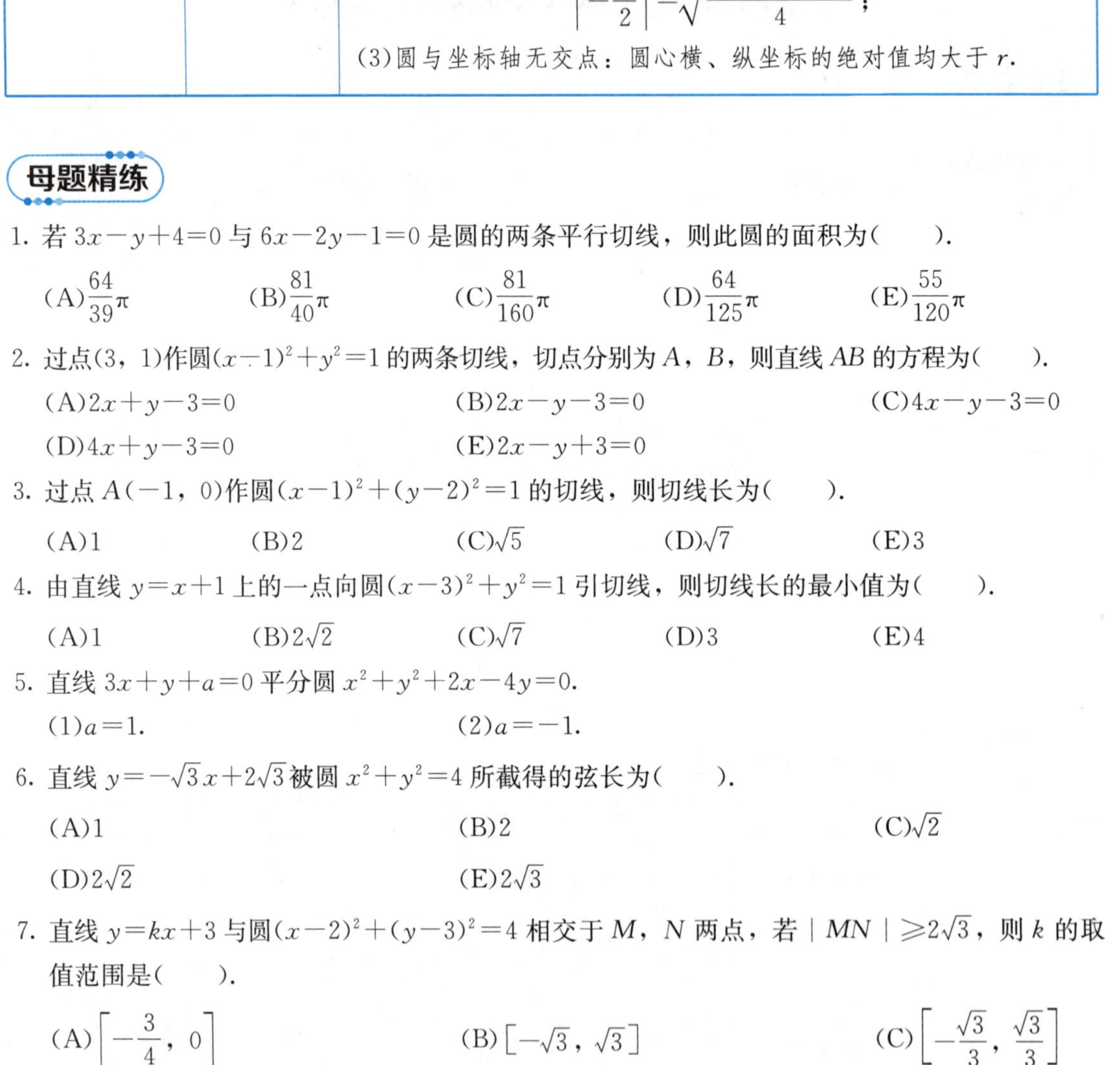

母题精练

1. 若$3x-y+4=0$与$6x-2y-1=0$是圆的两条平行切线，则此圆的面积为（　　）.

(A)$\frac{64}{39}\pi$　(B)$\frac{81}{40}\pi$　(C)$\frac{81}{160}\pi$　(D)$\frac{64}{125}\pi$　(E)$\frac{55}{120}\pi$

2. 过点(3，1)作圆$(x-1)^2+y^2=1$的两条切线，切点分别为A，B，则直线AB的方程为（　　）.

(A)$2x+y-3=0$　(B)$2x-y-3=0$　(C)$4x-y-3=0$

(D)$4x+y-3=0$　(E)$2x-y+3=0$

3. 过点$A(-1,\ 0)$作圆$(x-1)^2+(y-2)^2=1$的切线，则切线长为（　　）.

(A)1　(B)2　(C)$\sqrt{5}$　(D)$\sqrt{7}$　(E)3

4. 由直线$y=x+1$上的一点向圆$(x-3)^2+y^2=1$引切线，则切线长的最小值为（　　）.

(A)1　(B)$2\sqrt{2}$　(C)$\sqrt{7}$　(D)3　(E)4

5. 直线$3x+y+a=0$平分圆$x^2+y^2+2x-4y=0$.

(1)$a=1$.　(2)$a=-1$.

6. 直线$y=-\sqrt{3}x+2\sqrt{3}$被圆$x^2+y^2=4$所截得的弦长为（　　）.

(A)1　(B)2　(C)$\sqrt{2}$

(D)$2\sqrt{2}$　(E)$2\sqrt{3}$

7. 直线$y=kx+3$与圆$(x-2)^2+(y-3)^2=4$相交于M，N两点，若$|MN|\geqslant 2\sqrt{3}$，则k的取值范围是（　　）.

(A)$\left[-\frac{3}{4},\ 0\right]$　(B)$[-\sqrt{3},\ \sqrt{3}]$　(C)$\left[-\frac{\sqrt{3}}{3},\ \frac{\sqrt{3}}{3}\right]$

(D)$\left[-\frac{2}{3},\ 0\right]$　(E)$\left[-\frac{2}{3},\ -\frac{3}{4}\right]$

8. 已知圆$(x-3)^2+(y+4)^2=4$和直线$y=kx$交于P、Q两点，O为原点，则$OP\cdot OQ$的

值为（　　）.

(A)$\frac{21}{1+k^2}$　(B)$1+k^2$　(C)4　(D)21　(E)15

9. 圆$(x-1)^2+(y-1)^2=4$上到直线$x+y-2=0$的距离等于2的点有（　　）个.

(A)1　(B)2　(C)3　(D)4　(E)5

10. 若圆$(x-3)^2+(y+5)^2=r^2$上有且只有两个点到直线$4x-3y-2=0$的距离等于1，则半径r的取值范围是（　　）.

(A)(3，5)　(B)[3，5]　(C)(4，6)　(D)[4，6]　(E)[3，6]

11. 圆$x^2+y^2=4$上有且只有四个点到直线$12x-5y+c=0$的距离为1.

(1)$c\in(-13, 13)$.　(2)$c\in(-13, 0)$.

12. 圆心为$P(6, m)$的圆与坐标轴交于$A(0, -4)$和$B(0, -12)$两点，则点P到坐标原点的距离是（　　）.

(A)$2\sqrt{13}$　(B)8　(C)9　(D)10　(E)$10\sqrt{2}$

13. 已知圆$x^2+y^2+ax+by+c=0$与x轴相切．则可以确定a的值．

(1)已知c的值．　(2)已知b的值．

14. 圆$x^2+y^2+ax+by+c=0$与坐标轴无交点．

(1)方程$x^2+ax+c=0$有两个不同的实根．

(2)方程$x^2+bx+c=0$有两个不同的实根．

题型69　圆与圆的位置关系

母题技巧

·圆与圆的位置关系·	·成立条件·	·公共内切线条数·	·公共外切线条数·
外离	$d>r_1+r_2$	2	2
外切	$d=r_1+r_2$	1	2
相交	$\lvert r_1-r_2\rvert<d<r_1+r_2$	0	2
内切	$d=\lvert r_1-r_2\rvert$	0	1
内含	$d<\lvert r_1-r_2\rvert$	0	0

注意：(1)d为两圆心的距离，r_1，r_2分别为两圆半径．

(2)如果题干中说两个圆相切，一定要注意可能有两种情况，即内切和外切．

(3)两圆位置关系为相交、内切、内含时，涉及两圆半径之差，如果已知半径的大小，则直接用大半径减小半径；如果不知半径的大小，则必须加绝对值符号．

(4)若两圆相交，其交线的垂直平分线即为两圆圆心所在的直线．

母题精练

1. 圆 C_1：$x^2+y^2-2x-5=0$ 与圆 C_2：$x^2+y^2+2x-4y-4=0$ 的交点为 A、B，则线段 AB 的垂直平分线方程为(　　).

(A)$x+y-1=0$　　(B)$2x-y+1=0$　　(C)$x-2y+1=0$

(D)$x-y+1=0$　　(E)$x-y-1=0$

2. $a=4$.

(1)两圆的圆心距是 9，两圆的半径是方程 $2x^2-17x+35=0$ 的两根，两圆有 a 条公切线.

(2)圆外一点 P 到圆上各点的最大距离为 5，最小距离为 1，圆的半径为 a.

3. 圆 $x^2+y^2=r^2$ 与圆 $x^2+y^2+2x-4y+4=0$ 有两条外公切线.

(1)$0<r<\sqrt{5}+1$.

(2)$\sqrt{5}-1<r<\sqrt{5}+1$.

4. $2\leqslant m<2\sqrt{2}$.

(1)直线 l：$y=x+m$ 与曲线 C：$y=\sqrt{4-x^2}$ 有两个交点.

(2)圆 C_1：$(x-m)^2+y^2=1$ 与圆 C_2：$x^2+(y-m)^2=4$ 相交.

题型 70　图像的判断

母题技巧

·命题模型·	·解题思路·
1. 直线过象限问题	考查形式： (1)已知直线 $Ax+By+C=0$ 过某些象限，求直线方程系数的符号. (2)已知直线方程系数的符号，判断直线的图像过哪些象限. 解题思路： (1)先将直线方程转化为斜截式，然后画图像求解； (2)当 $k>0$ 时，直线必过一、三象限； 　当 $k<0$ 时，直线必过二、四象限.
2. 两条直线的判断	方程 $Ax^2+Bxy+Cy^2+Dx+Ey+F=0$ 的图像是两条直线，可利用双十字相乘法化为 $(A_1x+B_1y+C_1)(A_2x+B_2y+C_2)=0$ 的形式.
3. 圆的判断	方程 $x^2+y^2+Dx+Ey+F=0$ 表示圆的前提为 $D^2+E^2-4F>0$.

续表

·命题模型·	·解题思路·
4. 半圆的判断	若圆的方程为$(x-a)^2+(y-b)^2=r^2$，则 (1)右半圆方程：$(x-a)^2+(y-b)^2=r^2(x\geqslant a)$或$x=\sqrt{r^2-(y-b)^2}+a$； (2)左半圆方程：$(x-a)^2+(y-b)^2=r^2(x\leqslant a)$或$x=-\sqrt{r^2-(y-b)^2}+a$； (3)上半圆方程：$(x-a)^2+(y-b)^2=r^2(y\geqslant b)$或$y=\sqrt{r^2-(x-a)^2}+b$； (4)上半圆方程：$(x-a)^2+(y-b)^2=r^2(y\leqslant b)$或$y=-\sqrt{r^2-(x-a)^2}+b$.
5. 正方形或菱形的判断	若有$\mid Ax-a\mid+\mid By-b\mid=C$，则当$A=B$时，函数的图像所围成的图形是正方形； 当$A\neq B$时，函数的图像所围成的图形是菱形． 无论是正方形还是菱形，面积均为$S=\frac{2C^2}{AB}$.
6. 正方形或矩形的判断	$\mid xy\mid+ab=a\mid x\mid+b\mid y\mid$表示$x=\pm b$，$y=\pm a$的四条直线所围成的矩形，面积为$S=4\mid ab\mid$． 当$a=b$时，直线所围成的图形是正方形．

母题精练

1. 直线$y=ax+b$经过第一、二、四象限．

   (1)$a<0$.　　(2)$b>0$.

2. 若$\frac{a+b}{c}=\frac{a+c}{b}=\frac{c+b}{a}=k$，$\sqrt{m-2}+n^2+9=6n$，则直线$y=kx+(m+n)$一定经过第(　　)象限．

   (A)一、三　(B)一、二　(C)一、二、三　(D)二、三　(E)一、四

3. 方程$x^2+y^2+4mx-2y+5m=0$表示的曲线是圆．

   (1)$m<0$或$m>1$.

   (2)$1<m<2$.

4. 若直线$y=x+b$与曲线$x=\sqrt{1-y^2}$恰有一个公共点，则b的取值范围是(　　).

   (A)$(-1,1]$或$-\sqrt{2}$　(B)$(-1,1]$或$\sqrt{2}$　(C)$(-1,1)$或$-\sqrt{2}$

   (D)$\pm\sqrt{2}$　(E)$(-1,1]$

5. 方程$\mid x\mid-1=\sqrt{1-(y-1)^2}$表示的曲线为(　　).

   (A)一个圆　(B)两个半圆　(C)一个半圆　(D)两个圆　(E)四个半圆

6. 方程的图像所围成的图形面积为2.

   (1)$\mid x\mid+\mid y\mid=1$.

   (2)$x^2+y^2-2x-2y=0$.

题型71 过定点与曲线系

母题技巧

命题特点：①题干出现“定点”字样；②直线方程中出现x，y以外的另外一个字母，如a，k，λ.

·命题模型·	·解题思路·
1. 直线过定点问题	$(A_1x+B_1y+C_1)\lambda+(A_2x+B_2y+C_2)=0$的图像，必过直线$A_1x+B_1y+C_1=0$和$A_2x+B_2y+C_2=0$的交点，故若所给直线方程含参数，求其定点问题时，有两种解法： (1)可将参数(如λ)提取公因式，整理成形如$a\lambda+b=0$的形式，再令$a=0$，$b=0$. (2)特殊值法．分别令x项和y项的系数为0，求出对应的λ的特殊值代入得出对应的y与x即为定点的坐标．
2. 两个圆的公共弦所在直线方程	若圆C_1：$x^2+y^2+D_1x+E_1y+F_1=0$与圆C_2：$x^2+y^2+D_2x+E_2y+F_2=0$相交于两点，则过这两个点的直线方程为$(D_1-D_2)x+(E_1-E_2)y+(F_1-F_2)=0$(即两圆的方程相减).

母题精练

1. 直线$(2\lambda-1)x-(\lambda-2)y-(\lambda+4)=0$恒过定点(　　).

(A)(0，0)　　(B)(2，3)　　(C)(3，2)　　(D)(−2，3)　　(E)(3，−2)

2. 直线l：$3mx-y-6m-3=0$和圆C：$(x-3)^2+(y+6)^2=25$相交．

(1)$m>-3$.　　(2)$m<3$.

3. 已知两圆$(x-1)^2+y^2=10$和$(x-2)^2+(y-4)^2=25$相交于A，B两点，则以下选项中点(　　)在直线AB上．

(A)(1，3)　　(B)(3，1)　　(C)(0，1)　　(D)(0，−1)　　(E)(−2，1)

题型72 面积问题

母题技巧

·命题模型·	·解题思路·
解析几何求面积问题	(1)根据方程画出图像． (2)根据图像，利用割补法求面积．

母题精练

1. 如图 5-53 所示，在直角坐标系 xOy 中，矩形 $OABC$ 的顶点 B 的坐标是(6，4)．则直线 l 将矩形 $OABC$ 分成了面积相等的两部分．

   (1)l：$x-y-1=0$.

   (2)l：$x-3y+3=0$.

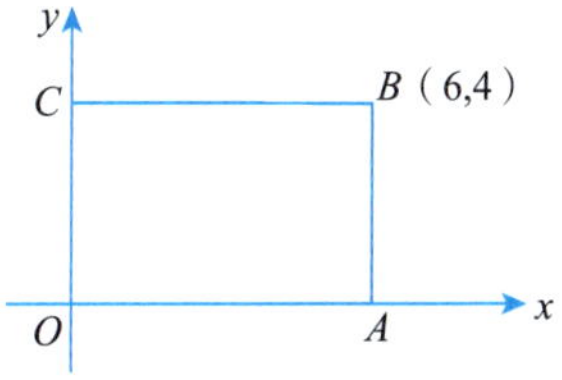

图 5-53

2. 曲线 C 所围成的面积为 8.

   (1)曲线 C 的方程是 $x=\sqrt{1-y^2}$.

   (2)曲线 C 的方程是 $|x|+|y-1|=2$.

3. 设直线 $nx+(n+1)y=1(n\in\mathbf{Z}^+)$ 与两坐标轴围成的三角形的面积为 S_n，则 $S_1+S_2+\cdots+S_{2\,023}=$(　　).

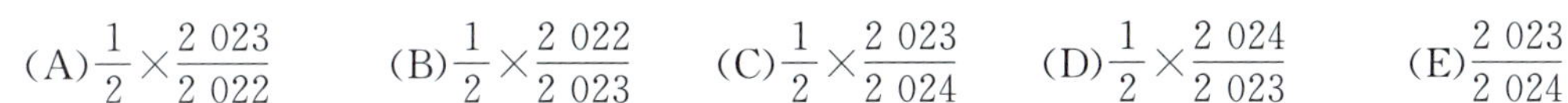

   (A)$\frac{1}{2}\times\frac{2\,023}{2\,022}$　(B)$\frac{1}{2}\times\frac{2\,022}{2\,023}$　(C)$\frac{1}{2}\times\frac{2\,023}{2\,024}$　(D)$\frac{1}{2}\times\frac{2\,024}{2\,023}$　(E)$\frac{2\,023}{2\,024}$

4. 若不等式组 $\begin{cases}x-y+5>0,\\ y\geqslant a,\\ 0\leqslant x\leqslant 2\end{cases}$ 表示的平面区域是一个三角形，则 a 的取值范围是(　　).

   (A)$a<5$　(B)$a\geqslant 7$　(C)$5\leqslant a<7$　(D)$a<5$ 或 $a\geqslant 7$　(E)$5\leqslant a\leqslant 7$

5. 直线 $y=x$，$y=ax+b$ 与 $x=0$ 所围成的三角形的面积等于 1.

   (1)$a=-1$，$b=2$.

   (2)$a=-1$，$b=-2$.

6. 如图 5-54 所示，正方形 $ABCD$ 的面积为 1.

   (1)AB 所在的直线方程为 $y=x-\frac{1}{\sqrt{2}}$.

   (2)AD 所在的直线方程为 $y=1-x$.

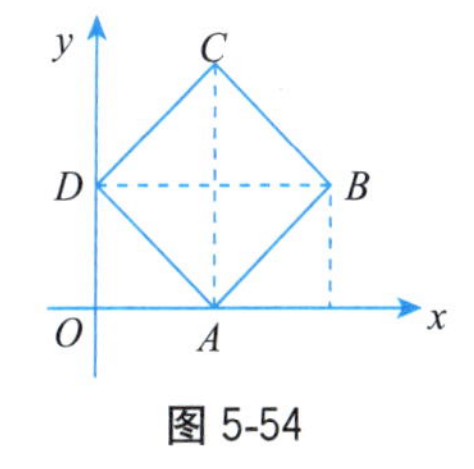

图 5-54

题型 73　对称问题

母题技巧

·命题模型·	·解题思路·
1. 点关于直线对称 已知对称轴： $Ax+By+C=0$； 点：$P_1(x_1,y_1)$. 求对称点：$P_2(x_2,y_2)$	方法一： ①两点的斜率×对称直线的斜率＝－1； ②两点的中点在对称直线上． 方法二：公式法． $\begin{cases}x_2=x_1-2A\dfrac{Ax_1+By_1+C}{A^2+B^2},\\ y_2=y_1-2B\dfrac{Ax_1+By_1+C}{A^2+B^2}.\end{cases}$

续表

<table>
<tr><th>·命题模型·</th><th colspan="2">·解题思路·</th></tr>
<tr><td>2. 直线关于直线对称

已知直线：
$ax+by+c=0$；
已知对称轴：
$Ax+By+C=0$.
求对称直线 l_2</td><td colspan="2">(1)已知直线和对称轴平行：
①先将已知直线转化为 $Ax+By+C_1=0$；
②根据对称轴到两直线的距离相等，可得 $2C=C_1+C_2$，由此解得对称直线的方程为 $Ax+By+(2C-C_1)=0$.
(2)已知直线和对称轴相交：
①先求出已知直线和对称轴的交点 P；
②在已知直线上任意找一点 P_1，求出 P_1 关于对称轴的对称点 P_2，再由点 P 和点 P_2 确定所求直线方程.
(3)直线关于直线对称的万能公式，对称直线 l_2 的方程为：
$$\frac{ax+by+c}{Ax+By+C}=\frac{2Aa+2Bb}{A^2+B^2}.$$</td></tr>
<tr><td>3. 圆关于直线对称</td><td colspan="2">圆关于直线对称问题，实质是点(圆心)关于直线问题，半径保持不变.</td></tr>
<tr><td rowspan="7">4. 关于特殊直线的对称

已知曲线方程为
$f(x, y)=0$</td><td>对称轴</td><td>对称曲线的方程</td></tr>
<tr><td>直线 $x+y+c=0$</td><td>曲线 $f(-y-c, -x-c)=0$
(把原式中的 x 替换为 $-y-c$，y 替换为 $-x-c$)</td></tr>
<tr><td>直线 $x-y+c=0$</td><td>曲线 $f(y-c, x+c)=0$
(把原式中的 x 替换为 $y-c$，y 替换为 $x+c$)</td></tr>
<tr><td>x 轴(直线 $y=0$)</td><td>曲线 $f(x, -y)=0$
(把原式中的 y 替换为 $-y$)</td></tr>
<tr><td>y 轴(直线 $x=0$)</td><td>曲线 $f(-x, y)=0$
(把原式中的 x 替换为 $-x$)</td></tr>
<tr><td>直线 $x=a$</td><td>曲线 $f(2a-x, y)=0$
(把原式中的 x 替换为 $2a-x$)</td></tr>
<tr><td>直线 $y=b$</td><td>曲线 $f(x, 2b-y)=0$
(把原式中的 y 替换为 $2b-y$)</td></tr>
<tr><td>5. 关于点的对称(中心对称)</td><td colspan="2">(1)点关于点对称：使用中点坐标公式即可求解.
(2)直线关于点对称：说明这两条直线平行，利用点到两平行线的距离相等即可求解.
(3)圆关于点对称：使用中点坐标公式求解对称圆的圆心即可.</td></tr>
</table>

母题精练

1. 光线经过点 $P(2,\ 3)$ 照射在直线 $x+y+1=0$ 上，反射后经过点 $Q(3,\ -2)$，则反射光线所在的直线方程为(　　).

(A) $7x+5y+1=0$　　(B) $x+7y-17=0$　　(C) $x-7y+17=0$

(D) $x-7y-17=0$　　(E) $7x-5y+1=0$

2. 已知直线 $y=kx+1$ 和圆 $x^2+y^2+kx-y-4=0$ 的两个交点关于直线 $y=x$ 对称，这两个交点的坐标为(　　).

(A) $(1,\ 3)$ 和 $(3,\ 1)$　　(B) $(1,\ -2)$ 和 $(-2,\ 1)$

(C) $(2,\ -1)$ 和 $(-1,\ 2)$　　(D) $(-1,\ -2)$ 和 $(-2,\ -1)$

(E) $(2,\ -1)$ 和 $(1,\ 2)$

3. 直线 l_1：$2x-y-3=0$ 关于直线 l_2：$4x-2y+5=0$ 对称的直线 l_3 的方程为(　　).

(A) $7x-y+22=0$　　(B) $x+7y+22=0$　　(C) $x-7y-22=0$

(D) $2x-y+8=0$　　(E) $2x-y-8=0$

4. 已知圆 $x^2+y^2=4$ 与圆 $x^2+y^2-6x+6y+14=0$ 关于直线 l 对称，则直线 l 的方程是(　　).

(A) $x-2y+1=0$　　(B) $2x-y-1=0$　　(C) $x-y+3=0$

(D) $x-y-3=0$　　(E) $x+y+3=0$

5. 圆 C_1 是圆 C_2：$x^2+y^2+2x-6y-14=0$ 关于直线 $y=x$ 的对称圆.

(1) 圆 C_1：$x^2+y^2-2x-6y-14=0$.

(2) 圆 C_1：$x^2+y^2+2y-6x-14=0$.

6. 直线 $x-3y+1=0$ 关于直线 $x=2$ 对称的直线方程是(　　).

(A) $x-3y+1=0$　　(B) $x+3y-5=0$　　(C) $3x+y-5=0$

(D) $3x-y+5=0$　　(E) $3x-y-5=0$

题型 74　最值问题

母题技巧

命题特点：

①已知一个方程，求一个代数式的最值；

②与圆有关的最值问题，往往与切线或直径、半径有关；

③已知方程一般为直线方程或圆的方程，要求的代数式可转化为斜率、截距、距离.

·命题模型·	·解题思路·
1. 求 $\frac{y-b}{x-a}$ 的最值	设 $k=\frac{y-b}{x-a}$，转化为求定点 $(a,\ b)$ 和动点 $(x,\ y)$ 所在直线斜率的最值.

续表

·命题模型·	·解题思路·
2. 求 $ax+by$ 的最值	设 $ax+by=c$，即 $y=-\frac{a}{b}x+\frac{c}{b}$，转化为求动直线截距的最值．
3. 求 $(x-a)^2+(y-b)^2$ 的最值	设 $d^2=(x-a)^2+(y-b)^2$，即 $d=\sqrt{(x-a)^2+(y-b)^2}$，转化为求定点 (a,b) 到动点 (x,y) 距离的最值．
4. 利用对称求最值 考查形式： (1)同侧求最小：已知 A、B 两点在直线 l 的同侧，在 l 上找一点 P，使得 $PA+PB$ 最小 (2)异侧求最大：已知 A、B 两点在直线 l 异侧，在 l 上找一点 P，使得 $\|PA-PB\|$ 最大	(1)同侧求最小． 作点 A 关于直线 l 的对称点 A'，连接 $A'B$，交直线 l 于点 P，则 $A'B$ 即为所求的最小值，有 $(PA+PB)_{min}=A'B$．如图5-55所示． 图 5-55 (2)异侧求最大． 作点 A 关于直线 l 的对称点 A'，连接 $A'B$，交直线 l 于点 P，则 $A'B$ 即为所求的最大值，即 $\|PA-PB\|_{max}=A'B$．如图5-56所示． 图 5-56
5. 利用圆心求最值	(1)求圆上的点到直线距离的最值． 求出圆心到直线的距离，再根据圆与直线的位置关系求解．一般是距离加半径是最大值，距离减半径是最小值． (2)求两圆上的点的距离的最值． 求出圆心距，再减"半径和"或加"半径和"即可．
6. 其他求最值模型	转化为一元二次函数、对勾函数等函数形式或其他几何图形求最值．

母题精练

1. 设 A，B 分别是圆 $(x-3)^2+(y-\sqrt{3})^2=3$ 上使得 $\frac{y}{x}$ 取到最大值和最小值的点，O 是坐标原点，则 $\angle AOB$ 的大小为（　　）．

(A) $\frac{\pi}{2}$　　(B) $\frac{\pi}{3}$　　(C) $\frac{\pi}{4}$

(D) $\frac{\pi}{6}$　　(E) $\frac{5\pi}{12}$

2. $x-2y$ 的最大值为10.

(1)x，y 满足 $x^2+y^2-2x+4y=0$.

(2)x，y 满足 $|x-2y|\leqslant 10$.

3. 设(x, y)是平面直角坐标系中的区域$(x-1)^2+(y-1)^2\leqslant 1$内的点，则 $x+y$ 的最大值为(　　).

(A)$2+\sqrt{2}$　　(B)$2-\sqrt{2}$　　(C)$2\sqrt{2}$　　(D)2　　(E)$\sqrt{2}$

4. 设(x, y)是平面直角坐标系中的区域$(x-2)^2+(y-2)^2\leqslant 1$内的点，则 x^2+y^2 的最大值为(　　).

(A)$9+2\sqrt{2}$　　(B)$9-4\sqrt{2}$　　(C)$9+4\sqrt{2}$　　(D)3　　(E)$9-2\sqrt{2}$

5. 已知 $A(-3, 8)$和 $B(2, 2)$，在 x 轴上有一点 M，使得 $AM+BM$ 为最短，那么点 M 的坐标为(　　).

(A)$(-1, 0)$　　(B)$(1, 0)$　　(C)$\left(\frac{22}{5}, 0\right)$　　(D)$\left(0, \frac{22}{5}\right)$　　(E)$(0, 1)$

6. 已知圆 C_1：$(x-2)^2+(y-3)^2=1$，圆 C_2：$(x-3)^2+(y-4)^2=9$，M，N 分别是圆 C_1，C_2 上的动点，P 为 x 轴上的动点，则 $PM+PN$ 的最小值为(　　).

(A)$5\sqrt{2}-4$　　(B)3　　(C)4　　(D)$3\sqrt{2}$　　(E)$2\sqrt{3}$

7. 已知两点 $A(-2, 0)$，$B(0, 2)$，点 C 是圆 $x^2+y^2-4x+4y+6=0$ 上任意一点，则点 C 到直线 AB 距离的最小值是(　　).

(A)$2\sqrt{2}$　　(B)$3\sqrt{2}$　　(C)$\sqrt{2}$　　(D)$4\sqrt{2}$　　(E)$5\sqrt{2}$

8. 在圆 $x^2+y^2=4$ 上与直线 $4x+3y-12=0$ 距离最小的点的坐标是(　　).

(A)$\left(\frac{8}{5}, \frac{6}{5}\right)$　　(B)$\left(\frac{8}{5}, -\frac{6}{5}\right)$　　(C)$\left(-\frac{8}{5}, \frac{6}{5}\right)$

(D)$\left(-\frac{8}{5}, -\frac{6}{5}\right)$　　(E)$\left(\frac{6}{5}, \frac{8}{5}\right)$

9. 已知直线 $ax-by+3=0(a>0, b>0)$过圆 $x^2+4x+y^2-2y+1=0$ 的圆心，则 ab 的最大值为(　　).

(A)$\frac{9}{16}$　　(B)$\frac{11}{16}$　　(C)$\frac{3}{4}$　　(D)$\frac{9}{8}$　　(E)$\frac{9}{4}$

10. 已知点 $A(-2, 2)$及点 $B(-3, -1)$，P 是直线 l：$2x-y-1=0$ 上的一点，则 PA^2+PB^2 取最小值时 P 点的坐标为(　　).

(A)$\left(\frac{1}{10}, -\frac{4}{5}\right)$　　(B)$\left(\frac{1}{8}, -\frac{3}{4}\right)$　　(C)$\left(\frac{1}{6}, -\frac{2}{3}\right)$

(D)$\left(\frac{1}{4}, -\frac{1}{2}\right)$　　(E)$\left(\frac{1}{2}, 0\right)$

本章奥数及高考改编题

1. 有一只羊被8米长的绳子拴在一建筑物的墙角上，如图5-57所示，这个建筑物横截面是边长为6米的正三角形，周围都是草地．这只羊能吃到的最大面积为(　　)平方米．

(A)$\frac{160}{3}\pi$　(B)$\frac{166}{3}\pi$　(C)$64\pi-9\sqrt{3}$　(D)56π　(E)60π

2. 如图5-58所示，7个完全相同的小长方形拼成了图中的阴影部分，则能确定图中空白部分的面积．

(1)已知小长方形的长．

(2)已知AB.

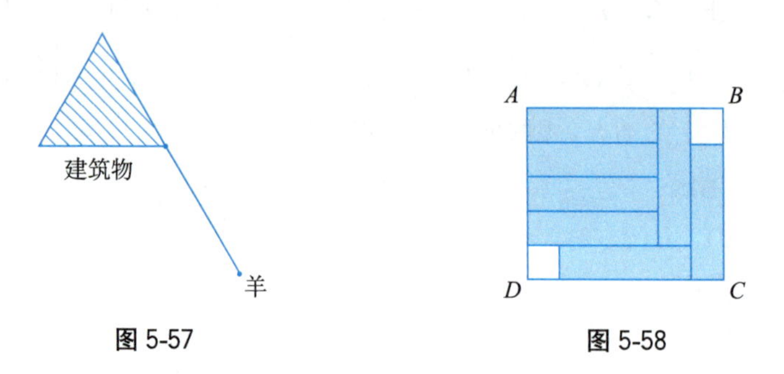

图5-57　　图5-58

3. 如图5-59所示，矩形$ABCD$被分成六个正方形．则能确定矩形$ABCD$的面积．

(1)已知最小的正方形的边长．

(2)已知AD.

4. 一个正方形和长方形组成如图5-60所示形状．则能确定长方形的面积．

(1)已知AB.

(2)已知AE.

5. 如图5-61是用三块正方形纸片以顶点相连的方式设计的“毕达哥拉斯”图案．现有五种正方形纸片，面积分别是1，2，3，4，5，选取其中三块(可重复选取)按图中的方式组成图案，使所围成的三角形是面积最大的直角三角形，则选取的三块纸片的面积分别是(　　)．

(A)1，4，5　(B)2，3，5　(C)3，4，5

(D)2，2，4　(E)1，3，4

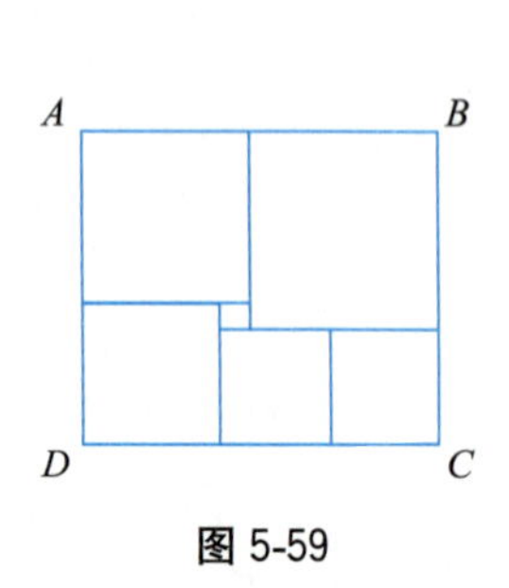

图5-59

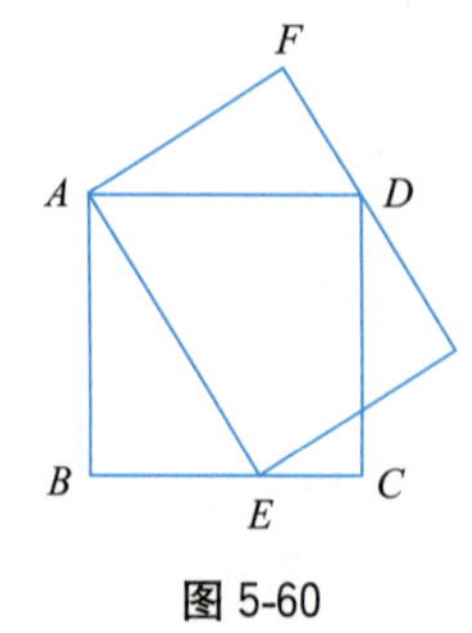

图5-60

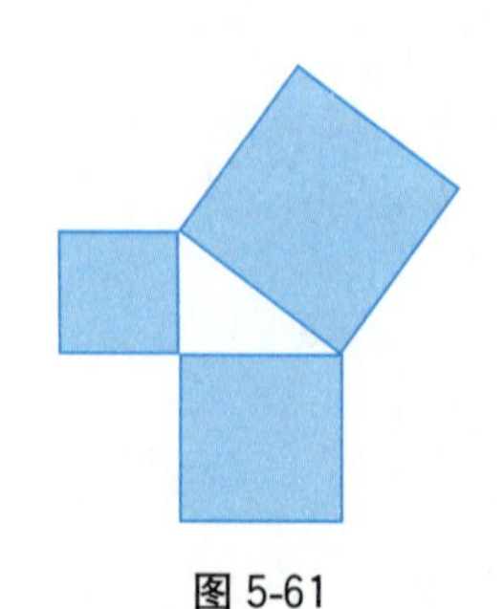

图5-61

6. 如图5-62所示，CD是$\odot O$的直径，弦$AB\perp CD$，垂足为点M，$AB=20$，分别以DM，CM为直径作两个大小不同的$\odot O_1$和$\odot O_2$，则图中所示的阴影部分面积为（　　）.

(A)10π　　(B)20π　　(C)25π　　(D)50π　　(E)60π

7. 如图5-63所示，MN是$\odot O$的直径，$MN=2$，点A在$\odot O$上，$\angle AMN=30°$，B为弧AN的中点，P是直径MN上一动点，则$PA+PB$的最小值为（　　）.

(A)$2\sqrt{2}$　　(B)2　　(C)$\sqrt{3}$　　(D)$\sqrt{2}$　　(E)1

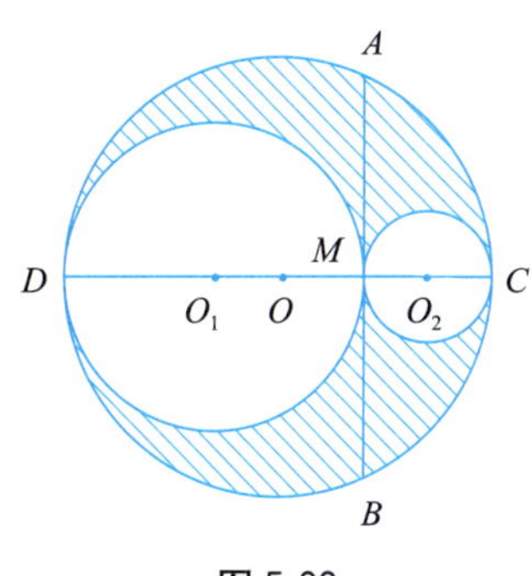

图 5-62

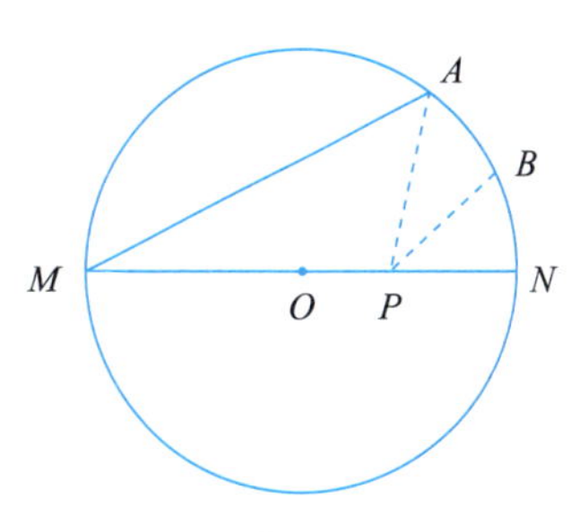

图 5-63

8. 如图5-64所示，已知圆O外接于等边$\triangle ABC$，点P在劣弧BC上，且$BP=4$，$PC=3$，则$AP=$（　　）.

(A)5　　(B)7　　(C)7.5　　(D)10　　(E)13

9. 如图5-65所示，圆心都在x轴正半轴上的半圆O_1，O_2，…，O_n与直线l相切．设半圆O_1，O_2，…，O_n的半径分别是r_1，r_2，…，r_n，当直线l与x轴所成锐角为$30°$，且$r_1=1$时，$r_{2\,023}=$（　　）.

(A)$3^{2\,022}$　　(B)$3^{2\,023}$　　(C)$3^{2\,024}$　　(D)$2\times 3^{2\,022}$　　(E)$\dfrac{3^{2\,023}}{2}$

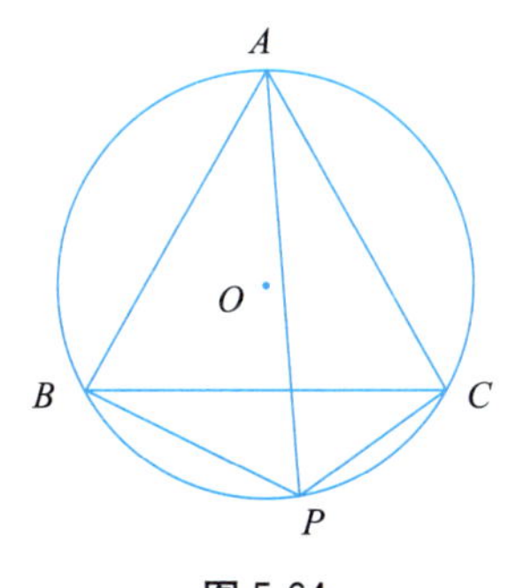

图 5-64

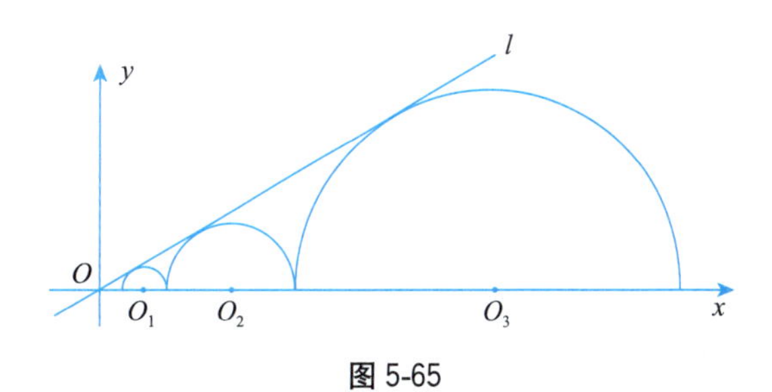

图 5-65

10. 如图5-66所示，一个圆柱形密闭容器水平放置，圆柱底面直径为2，高为10，里面有一个半径为1的小球来回滚动，则小球无法触碰到的空间部分的体积为（　　）.

图 5-66

(A)π　　(B)$\dfrac{4}{3}\pi$　　(C)$\dfrac{3}{4}\pi$　　(D)$\dfrac{2}{3}\pi$　　(E)$\dfrac{3}{2}\pi$

11. 一个容器内装满了水，将小、中、大三个铁球这样操作：第一次，沉入小球；第二次，取出小球，沉入中球；第三次，取出中球，沉入大球．已知第一次溢出的水量是第二次的3倍，第三次溢出的水量是第一次的 2 倍，则大球的体积是中球的(　　)倍．

(A)1.5　　(B)2　　(C)2.5　　(D)2.8　　(E)3

12. 用四块同样的长方形和两块同样的正方形纸板做成一个长方体的纸箱，它的表面积是 266 平方分米，若长方体的长、宽、高的长度都是整数，则这个纸箱的最大容积是(　　)立方分米.

(A)66　　(B)216　　(C)252　　(D)294　　(E)343

13. 三条直线 $2x-3y+1=0$，$4x+3y+5=0$，$mx-y-1=0$ 能构成三角形．

(1)$-\frac{2}{3}<m<\frac{2}{3}$.

(2)$m<-\frac{2}{3}$或 $m>\frac{2}{3}$.

14. 如图 5-67 所示，正方形 $ABCD$ 的顶点 B 坐标为(5，0)，顶点 D 在 $x^2+y^2=1$ 上运动．正方形 $ABCD$ 面积 S 的最大值为(　　).

(A)25　　(B)36

(C)49　　(D)18

(E)$\frac{49}{2}$

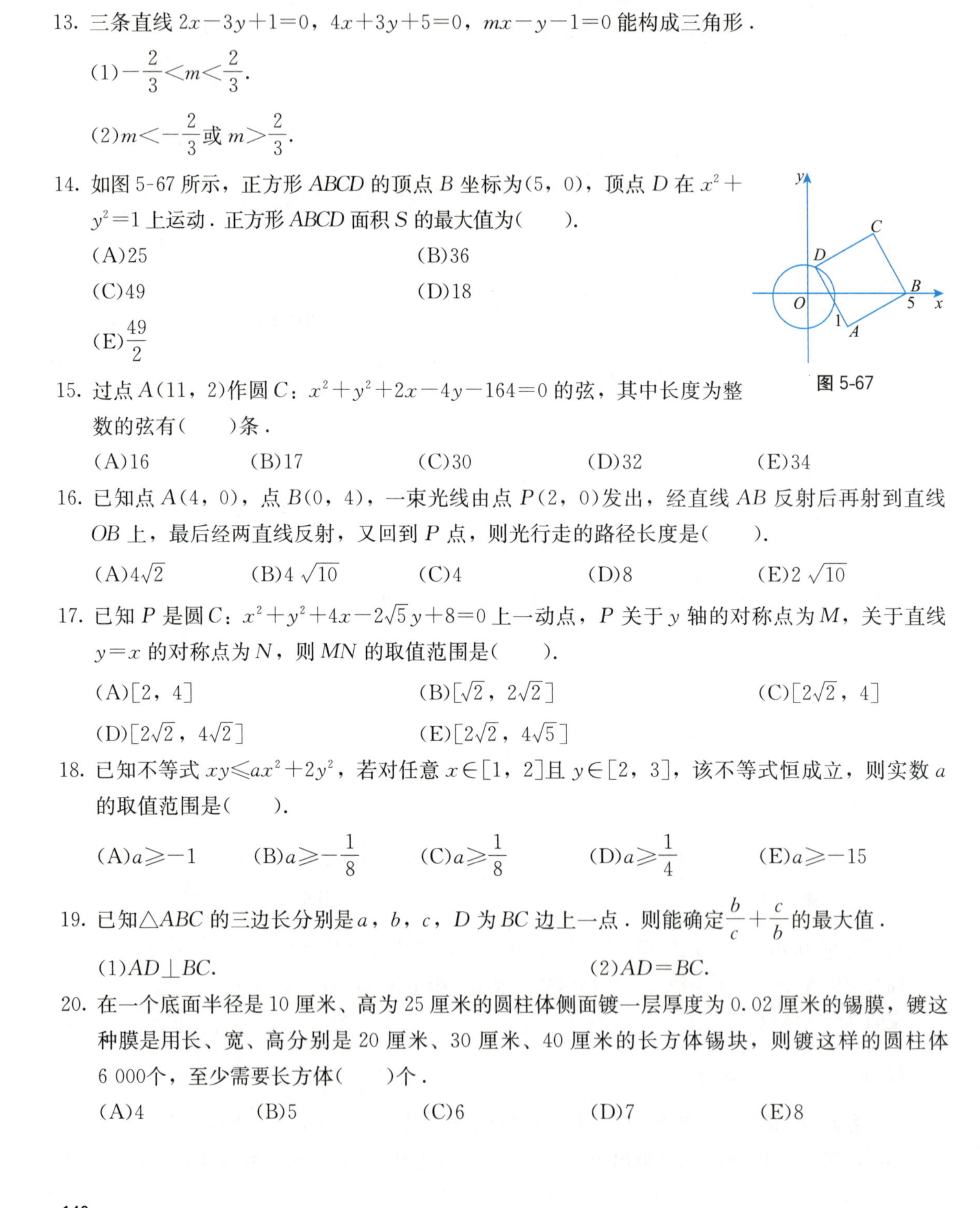

图 5-67

15. 过点 $A(11，2)$作圆 C：$x^2+y^2+2x-4y-164=0$ 的弦，其中长度为整数的弦有(　　)条．

(A)16　　(B)17　　(C)30　　(D)32　　(E)34

16. 已知点 $A(4，0)$，点 $B(0，4)$，一束光线由点 $P(2，0)$发出，经直线 AB 反射后再射到直线 OB 上，最后经两直线反射，又回到 P 点，则光行走的路径长度是(　　).

(A)$4\sqrt{2}$　　(B)$4\sqrt{10}$　　(C)4　　(D)8　　(E)$2\sqrt{10}$

17. 已知 P 是圆 C：$x^2+y^2+4x-2\sqrt{5}y+8=0$ 上一动点，P 关于 y 轴的对称点为 M，关于直线 $y=x$ 的对称点为 N，则 MN 的取值范围是(　　).

(A)[2，4]　　(B)$[\sqrt{2}，2\sqrt{2}]$　　(C)$[2\sqrt{2}，4]$

(D)$[2\sqrt{2}，4\sqrt{2}]$　　(E)$[2\sqrt{2}，4\sqrt{5}]$

18. 已知不等式 $xy\leqslant ax^2+2y^2$，若对任意 $x\in[1，2]$且 $y\in[2，3]$，该不等式恒成立，则实数 a 的取值范围是(　　).

(A)$a\geqslant-1$　　(B)$a\geqslant-\frac{1}{8}$　　(C)$a\geqslant\frac{1}{8}$　　(D)$a\geqslant\frac{1}{4}$　　(E)$a\geqslant-15$

19. 已知△ABC 的三边长分别是 a，b，c，D 为 BC 边上一点．则能确定$\frac{b}{c}+\frac{c}{b}$的最大值．

(1)$AD\perp BC$.　　(2)$AD=BC$.

20. 在一个底面半径是 10 厘米、高为 25 厘米的圆柱体侧面镀一层厚度为 0.02 厘米的锡膜，镀这种膜是用长、宽、高分别是 20 厘米、30 厘米、40 厘米的长方体锡块，则镀这样的圆柱体 6 000个，至少需要长方体(　　)个．

(A)4　　(B)5　　(C)6　　(D)7　　(E)8

第6章 数据分析

本章思维导图

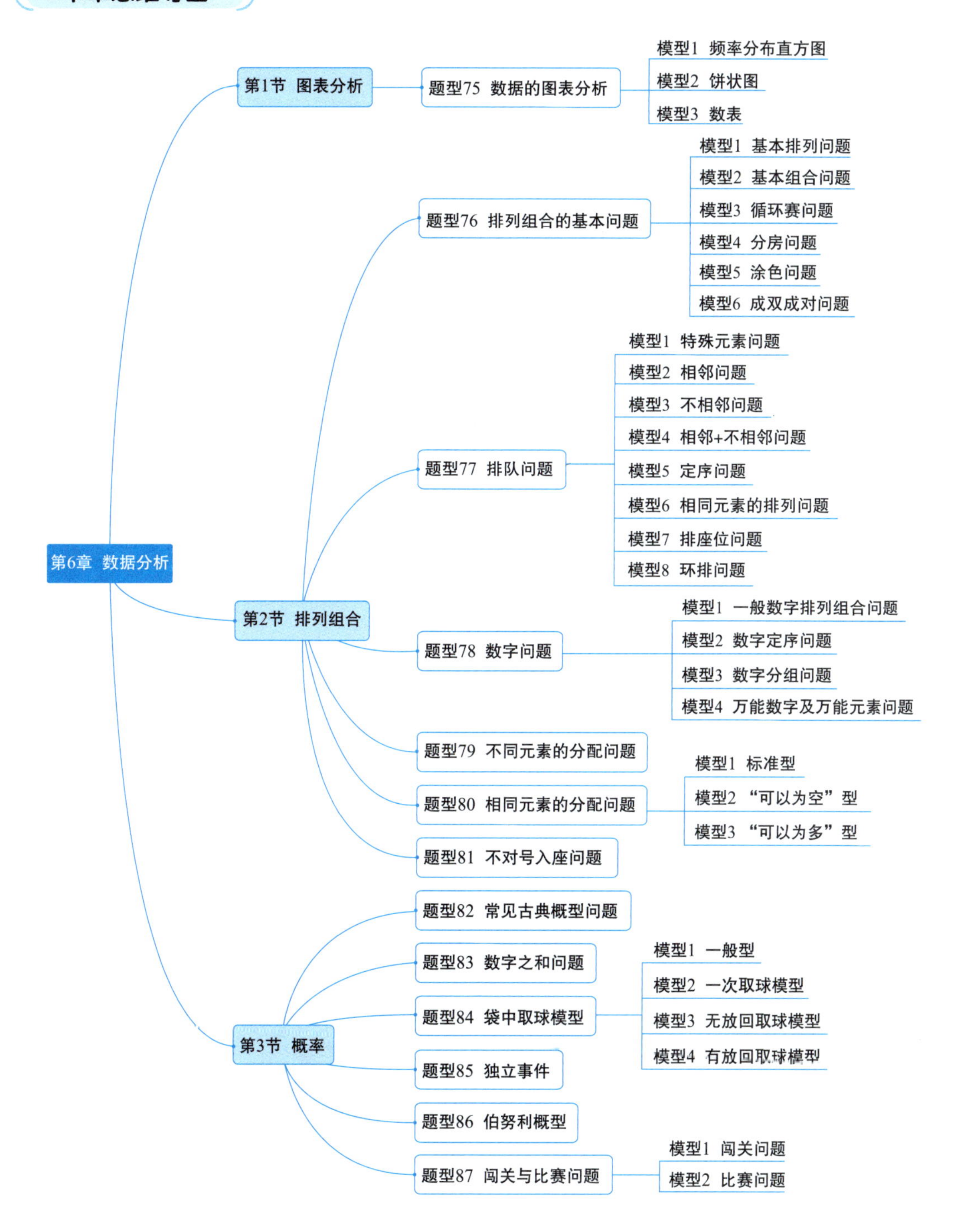

第1节 图表分析

题型 75 数据的图表分析

母题技巧

·命题模型·	·解题思路·
1. 频率分布直方图	(1)横坐标为“样本数据”，纵坐标为“频率/组距”； (2)矩形的面积＝频率； (3)所有频率之和＝1； (4)频数＝数据总数×频率.
2. 饼状图	(1)所有百分比之和＝1； (2)扇形圆心角的度数＝360°×该扇形对应元素的百分比.
3. 数表	数表问题单独出题的可能性较小，很可能将应用题的已知条件用表格的形式展示，这是重点题型．请参考本书第 7 章.

母题精练

1. 100 辆汽车通过某一段公路时的时速的频率分布直方图如图 6-1 所示，则时速在[60，80)的汽车大约有(　　).

(A)30 辆　　(B)40 辆　　(C)60 辆　　(D)80 辆　　(E)100 辆

2. 为了调查某厂工人生产某种产品的能力，随机抽查了 20 位工人某天生产该产品的数量，由此得到频率分布直方图如图 6-2 所示．若规定每天生产不少于 55 件为合格，则这 20 名工人中合格的人数是(　　).

(A)18　　(B)16　　(C)15

(D)13　　(E)12

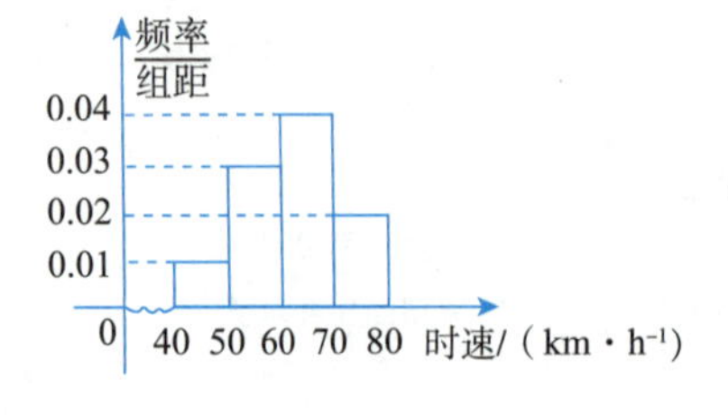

图 6-1

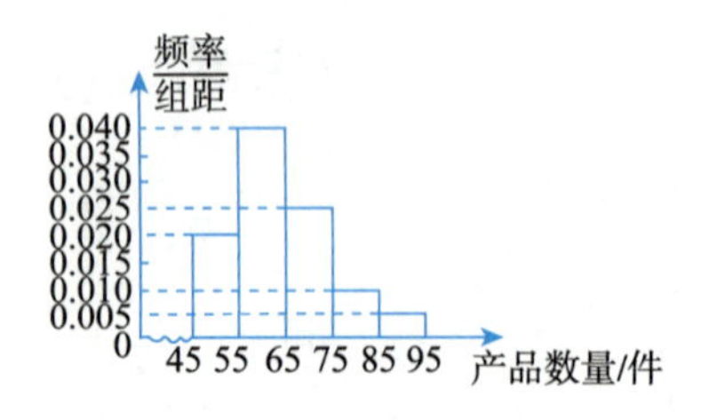

图 6-2

3. 学校开办课外体育锻炼活动，要求每位同学从跳绳、篮球、羽毛球、乒乓球四项中任选一项活动，现将某班同学的项目选择情况及第二次篮球定点投篮测试成绩整理为图表，如图 6-3 所示．如果篮球定点投篮进球数在 4 个以上(不包括 4 个)为合格，且第二次篮球定点投篮合格的人数比第一次的合格人数增加 25%，那么第一次篮球定点投篮的合格人数占该班总人数的比例是(　　).

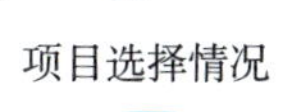

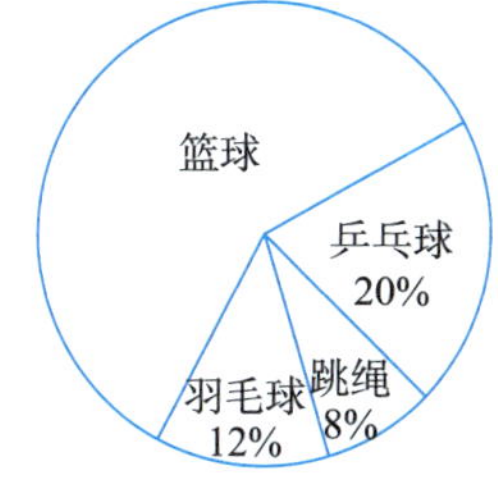

第二次篮球定点投篮测试进球数

进球数/个	3	4	5	6	7	8
人数	2	3	6	7	7	5

图 6-3

(A)$\frac{1}{2}$　　(B)$\frac{1}{3}$　　(C)$\frac{1}{4}$　　(D)$\frac{2}{5}$　　(E)$\frac{3}{5}$

第2节 排列组合

题型 76 排列组合的基本问题

母题技巧

·命题模型·	·解题思路·
1. 基本排列问题	若从 n 个元素中取 m 个进行排序，则为排列问题，用 A_n^m 表示，常用公式为 $A_n^m=n(n-1)(n-2)\cdots(n-m+1)=\frac{n!}{(n-m)!}$.
2. 基本组合问题	若从 n 个元素中取 m 个，无须考虑顺序，则为组合问题，用 C_n^m 表示，常用公式为 (1)$C_n^m=\frac{A_n^m}{m!}=\frac{n(n-1)(n-2)\cdots(n-m+1)}{m(m-1)(m-2)\cdots 2\times 1}$，则 $A_n^m=C_n^m\cdot m!$； (2)规定 $A_n^0=C_n^0=C_n^n=1$，$C_n^m=C_n^{n-m}$. 【注意】若已知 $C_n^a=C_n^b$，则有两种可能： (1)$a+b=n$； (2)$a=b$(易遗忘此种情况)，其中 a，b 均为非负整数.

续表

·命题模型·	·解题思路·
3. 循环赛问题	(1)n 个球队打单循环赛(每两个队之间均比赛一场)，共打 C_n^2 场，对于其中任意一个球队来说，打了 $n-1$ 场. (2)n 个球队打双循环赛(每两个队之间比赛两场)，共打 A_n^2 场，对于其中任意一个球队来说，打了 $2(n-1)$ 场. (3)n 个球队打单循环淘汰赛，共打 $n-1$ 场(每场淘汰 1 个，共淘汰 $n-1$ 个).
4. 分房问题	分房问题实质是不同元素的分配问题，被分配对象可以分不到元素. 【结论】一共有"可重复元素^{不可重复元素}"种情况，即"可重复元素"为底数，"不可重复元素"为指数.
5. 涂色问题	(1)直线涂色：简单的乘法原理. (2)环形涂色：把一个环形区域分为 k 块，用 s 种颜色去涂，要求相邻两块颜色不同，则不同的涂色方法有 $N=(s-1)^k+(s-1)(-1)^k$， 其中，s 为颜色数(记忆方法：se 色)，k 为环形被分成的块数(记忆方法：kuai 块).
6. 成双成对问题	常考从成对的东西(鞋子、手套、夫妻)中选出几个，要求成对或者不成对.无论是不是要求成对，第一步都先按成对的来选.若要求不成对，再从不同的几对里面各选一个即可.

母题精练

1. 平面内有两组平行线，一组有 4 条，另一组有 5 条，这两组平行线相交，可以构成(　　)个平行四边形.

(A)30　　(B)40　　(C)50　　(D)60　　(E)20

2. 某学生要邀请 10 位同学中的 4 位参加一项活动，其中有 2 位同学要么都请，要么都不请，则不同的邀请方法有(　　)种.

(A)48　　(B)60　　(C)72
(D)98　　(E)120

3. 某种产品有 2 只次品和 3 只正品，每只产品均不相同，今每次取出一只测试，直到 2 只次品全部测出为止，则最后一只次品恰好在第 4 次测试时发现的不同情况种数是(　　).

(A)24　　(B)36　　(C)48
(D)72　　(E)84

4. 某班有男生 20 名，女生 10 名，从中选出 3 男 2 女担任班委进行分工，则不同的班委会组织方案有(　　)种.

(A)$C_{20}^3C_{10}^2$　　(B)$C_{20}^3C_{10}^2A_5^5$　　(C)$C_{30}^5A_5^5$
(D)$\frac{C_{20}^3C_{10}^2}{A_2^2}A_5^5$　　(E)以上选项均不正确

5. 某校举行男生乒乓球比赛，比赛分成三个阶段进行．第一阶段：将参加比赛的 48 名选手平均分成 8 个小组，每组分别进行单循环赛；第二阶段：每组的前 2 名重新均分 4 个小组，每组分别进行单循环赛；第三阶段：每组的第 1 名组成新的小组，进行 2 场半决赛和 2 场决赛，确定 1 至 4 名的名次，则整个赛程一共需要进行(　　)场比赛．

(A)28　　(B)148　　(C)152　　(D)64　　(E)25

6. 现有 12 支足球队进行单循环赛，规定胜一场得 3 分，平一场得 1 分，负一场为 0 分．某球队平的场次是负的场次的 2 倍，积分 19 分，则该队胜(　　)场．

(A)3　　(B)4　　(C)5　　(D)6　　(E)7

7. 现有 10 支队伍参加足球单循环赛，规定胜一场记 3 分，平一场记 1 分，负一场记 0 分．甲队最终得 18 分，则甲队有(　　)种不同的胜负情况．

(A)1　　(B)2　　(C)3　　(D)4　　(E)5

8. 有 5 人在一辆行驶的公共汽车上，前方还有 3 个不同的车站，则这些人不同的下车方式有(　　)种．

(A)243　　(B)125　　(C)81　　(D)60　　(E)250

9. 一个旅游团共有 10 个人，现有 8 个不同的酒店可供入住，则不同的入住方法有(　　)种．

(A)A_{10}^{8}　　(B)10^{8}　　(C)8^{10}　　(D)C_{10}^{8}　　(E)80

10. 在一次运动会上有 4 项比赛的冠军在甲、乙、丙 3 人中产生，要求没有并列冠军，那么不同的夺冠情况共有(　　)种．

(A)A_{4}^{3}　　(B)4^{3}　　(C)3^{4}　　(D)C_{4}^{3}　　(E)C_{4}^{2}

11. 如图 6-4 所示，现有一方形花坛，分为 4 个区域，有 5 种不同颜色的花，每个区域种一种颜色的花，要求相邻区域颜色不同，则不同的种法总数为(　　).

(A)260　　(B)180　　(C)160　　(D)248　　(E)360

12. 如图 6-5 所示，在一个正六边形的 6 个区域栽种观赏植物，要求同一块中种同一种植物，相邻的两块种不同的植物．现有 4 种不同的植物可供选择，则有(　　)种栽种方案．

(A)196　　(B)284　　(C)360　　(D)720　　(E)732

13. 如图 6-6 所示，某城市在中心广场建造一个花圃，花圃分为 6 个部分，现要栽种 4 种不同颜色的花，每部分栽种一种且相邻部分不能栽种同样颜色的花，不同的栽种方法有(　　)种．

(A)96　　(B)120　　(C)160　　(D)192　　(E)242

14. 四棱锥 $P-ABCD$(如图 6-7 所示)，用 4 种不同的颜色涂在四棱锥的各个面上，要求相邻面不同色，有(　　)种涂法．

(A)40　　(B)48　　(C)60　　(D)72　　(E)90

图 6-4　　图 6-5　　图 6-6　　图 6-7

15. 10 双不同的鞋子，从中任意取出 4 只，4 只鞋子没有成双的取法有(　　)种．

(A)1 960　　(B)1 200　　(C)3 600　　(D)3 360　　(E)5 600

16. 有 6 对夫妻参加一个娱乐节目，从中任选 4 人，则恰有一对是夫妻的取法有(　　)种．

(A)96　　(B)120　　(C)240　　(D)480　　(E)560

17. 幼儿园从 12 个小朋友的父母中选 2 个爸爸、2 个妈妈参加儿童节活动，则恰好有一个小朋友的家长都在的选法有(　　)种．

(A)1 440　　(B)1 320　　(C)1 260　　(D)1 200　　(E)1 000

题型 77　排队问题

母题技巧

·命题模型·	·解题思路·
1. 特殊元素问题	(1)特殊元素优先法、特殊位置优先法． (2)正难则反，当正面做较麻烦时，可以通过反面来做，用所有情况剔除反面情况．
2. 相邻问题	捆绑法，即将相邻的几个元素捆绑为一个大元素，再与其余普通元素进行排列，最后不要忘记这个捆绑后的大元素内部再排序．
3. 不相邻问题	插空法，即先排好其余元素，再将不相邻的元素插入空位．
4. 相邻+不相邻问题	当相邻与不相邻同时出现时，先考虑相邻元素，用捆绑法，再考虑不相邻元素，用插空法．
5. 定序问题	消序法，即当全体有序，局部无序(即顺序确定)时，用全体有序的情况除以局部有序的情况．
6. 相同元素的排列问题	可先看作不同的元素进行排列，再消序(若有 m 个相同元素，则除以 A_m^m)即可．
7. 排座位问题	排座位问题是相同元素和不同元素混杂在一起的题，考查“捆绑法+插空法”的综合运用，与排队问题不同的是，排座位问题需要“带着椅子走”． (1)相邻问题 一排座位有 n 把相同的椅子，m 个人去坐($n\geqslant m$)，要求 m 人相邻，用“带椅捆绑法”，将 m 个带着椅子的人捆绑为 1 个元素，插在剩余 $n-m$ 个空椅子产生的 $n-m+1$ 个空中，然后 m 个人内部排序，共有 $C_{n-m+1}^1A_m^m$ 种不同坐法，也可以“穷举法”数一下． (2)不相邻问题 一排座位有 n 把相同的椅子，m 个人去坐(椅子数量应足够多，$n\geqslant 2m-1$)，要求 m 人不相邻，用“带椅插空法”，m 个带着椅子的人在 $n-m$ 个空椅子产生的 $n-m+1$ 个空中有序插空，共有 A_{n-m+1}^m 种不同坐法．

续表

·命题模型·	·解题思路·
8. 环排问题	环排问题是无头无尾的，所以先以一个人为"头"，这个人是谁皆可，以之为参考系，常用结论有： (1)若 n 个人围着一张圆桌坐下，共有 $(n-1)!$ 种坐法． (2)若从 n 个人中选出 m 个人围着一张圆桌坐下，共有 $C_n^m\cdot(m-1)!=\frac{1}{m}\cdot A_n^m$ 种坐法． 【注意】空间上的位移、旋转不改变排列，因为每个人的相对位置不变．

母题精练

1. 从10个不同的节目中选4个编成一个节目单，如果某独唱节目不能排在最后一个位置，则不同的排法有(　　)种．

(A)4 536　(B)756　(C)504　(D)1 512　(E)2 524

2. 5艘轮船停放在5个码头，已知甲船不能停放在A码头，乙船不能停放在B码头，则不同的停放方法有(　　)种．

(A)72　(B)78　(C)96　(D)120　(E)144

3. 有7本互不相同的书，其中数学书2本、语文书2本、美术书3本，若将这些书排成一列放在书架上，则数学书恰好排在一起，同时语文书也恰好排在一起的排法共有(　　)种．

(A)240　(B)480　(C)960　(D)1 280　(E)1 440

4. 在维多利亚的秘密年度大秀上，有5位模特获得了年度最上镜奖，需要站成一排合影留念．其中，鹃鹃、梦瑶必须排在一起，穗穗、雯雯不能排在一起，则不同的排法共有(　　)种．

(A)12　(B)24　(C)36　(D)48　(E)60

5. 现有4个成年人和2个小孩，其中2人是母女；6人排成一排照相，要求每个小孩两边都是成年人，且1对母女要排在一起，则不同的排法有(　　)种．

(A)56　(B)60　(C)72　(D)84　(E)96

6. 3位女生和2位男生站成一排，若男生甲不站两端，3位女生中有且只有两位女生相邻，则不同排法的种数是(　　)．

(A)24　(B)36　(C)48　(D)60　(E)72

7. 共有432种不同的排法．

(1)6个人排成两排，每排3人，其中甲、乙两人不在同一排．

(2)6个人排成一排，其中甲、乙两人相邻且不在排头和排尾．

8. 将A、B、C、D、E五个字母排成一列，要求A、B、C在排列中的顺序为"A、B、C"或"C、B、A"(可以不相邻)，则共有(　　)种排列方法．

(A)20　(B)40　(C)60

(D)80　(E)100

9. 信号兵把红旗与白旗从上到下挂在旗杆上表示信号，现有 3 面相同的红旗、2 面相同的白旗，把这 5 面旗都挂上去，可表示不同信号的种数是(　　).

(A)10　(B)15　(C)20　(D)30　(E)40

10. 将 4 个完全相同的红球、8 个完全相同的黑球排成一行，要求每个红球右侧必须是黑球，则共有(　　)种排法.

(A)60　(B)68　(C)70　(D)88　(E)106

11. 已知电影院一排有 10 个椅子，3 个人去看电影，三人相邻而坐，不同的坐法有(　　)种.

(A)24　(B)48　(C)60　(D)84　(E)96

12. 已知电影院一排有 10 个椅子，3 个人去看电影，三人的座位均不相邻，则不同的坐法有(　　)种.

(A)214　(B)148　(C)196　(D)284　(E)336

13. 电影院一排有 7 个座位，现在 4 人买了同一排的票，则恰有两个空座位相邻的不同坐法有(　　)种.

(A)160　(B)180　(C)240　(D)480　(E)960

14. 有 2 排座位，前排 11 个座位，后排 12 个座位. 现安排 2 个人就座，规定前排中间的 3 个座位不能坐，并且这 2 个人不左右相邻，那么不同排法的种数是(　　).

(A)234　(B)346　(C)350　(D)363　(E)144

15. 现有 6 张同排连号的电影票，分给 3 名教师与 3 名学生，若要求师生相间而坐，则不同的分法有(　　)种.

(A)$A_3^3A_4^3$　(B)$A_3^3A_3^3$　(C)$A_4^3A_4^3$　(D)$2A_3^3A_3^3$　(E)$3A_3^3A_3^3$

16. 7 个人一同参加活动，活动要求随机抽取一人进行才艺表演，剩下的人围坐一圈，则一共有(　　)种不同的情况.

(A)120　(B)600　(C)720　(D)840　(E)5 040

17. 3 个男生和 6 个女生围成一圈，则有 4 320 种坐法.

(1)3 个男生必须相邻.　(2)3 个男生均不相邻.

题型 78　数字问题

母题技巧

·命题模型·	·解题思路·
1. 一般数字排列组合问题	结合特殊元素优先法(如 0、奇数、偶数等)、特殊位置优先法(如首位、个位等)、相邻数字捆绑法、不相邻数字插空法等，要注意数字是否可重复.
2. 数字定序问题	当对各数位上的数字有大小要求时(如个位数小于十位数等)，常用两种方法： (1)不涉及最高位时，使用消序法. (2)涉及最高位时，使用穷举法.

续表

·命题模型·	·解题思路·
3. 数字分组问题	(1)整除问题：按余数分组． 【例】组成的数字能被3整除，则按每个数字除以3的余数进行分组，然后按照题意求解． (2)奇偶问题：结合奇偶性分析，先对数字分组，再选取．
4. 万能数字及万能元素问题	万能元素是指一个元素同时具备多种属性，一般按照选与不选万能元素来分类．

母题精练

1. 从0，1，2，3，5，7，11七个数中每次取两个相乘，不同的积有(　　)种．

(A)12　(B)13　(C)14　(D)16　(E)21

2. 由1，2，3，4，5构成的无重复数字的五位数中，大于34 000的五位数有(　　)个．

(A)36　(B)48　(C)60　(D)72　(E)90

3. 在小于1 000的正整数中，不含数字2的正整数的个数是(　　)．

(A)640　(B)700　(C)720　(D)728　(E)729

4. 用数字0，1，2，3，4，5组成没有重复数字的四位数，其中三个偶数连在一起的四位数有(　　)个．

(A)20　(B)28　(C)30　(D)36　(E)40

5. 由1，2，3，4，5组成无重复的五位数中偶数有16个．

(1)1与3不相邻．　(2)3与5相邻．

6. 由数字0，1，2，3，4，5组成没有重复数字的六位数，其中个位数字小于十位数字的六位数有(　　)个．

(A)240　(B)280　(C)300　(D)600　(E)720

7. 从0，1，2，3，4，5中任取3个数字，组成能被3整除的无重复数字的三位数有(　　)个．

(A)18　(B)24　(C)36　(D)40　(E)96

8. 从1，2，…，9这九个数中，随机抽取3个不同的数，这3个数的和为偶数的取法有(　　)种．

(A)36　(B)44　(C)60

(D)72　(E)90

9. 从1到20的自然数中任取3个不同的数，使它们成等差数列，这样的等差数列共有(　　)个．

(A)90　(B)120　(C)200

(D)180　(E)190

10. 6张卡片上写着1，2，3，4，5，6，从中任取4张卡片，其中6能当9用，则能组成无重复数字的四位数的个数是(　　)．

(A)720　(B)120　(C)160

(D)180　(E)600

11. 现有 7 张卡片上写着 0，1，2，3，4，5，6，从中任取 3 张卡片，其中 6 能当 9 用，则能组成无重复数字的三位数的个数是(　　).

(A)108　(B)120　(C)160
(D)180　(E)260

12. 有 11 名翻译人员，其中 5 名英语翻译员，4 名日语翻译员，另两人英语、日语都精通，从中选出 4 人组成英语翻译组、4 人组成日语翻译组．则不同的分配方案有(　　)种．

(A)160　(B)185　(C)195　(D)240　(E)360

题型 79　不同元素的分配问题

母题技巧

·命题模型·	·解题思路·
不同元素分组分配	按“先分组，再分配”的顺序求解．分组时注意： (1)小组无名称，其中小组人数相同，则需要消序；小组人数不同，不需要消序． (2)小组有名称，按要求分组之后不需要考虑消序．

母题精练

1. 8 个不同的小球，分给 3 个人，一人 4 个，另外两人各 2 个，则不同的分法有(　　)种．

(A)2 520　(B)1 240　(C)1 480
(D)1 260　(E)960

2. 4 个不同的小球放入甲、乙、丙、丁四个盒中，恰有一个空盒的放法有(　　)种．

(A)24　(B)12　(C)96
(D)144　(E)72

3. 把 5 名辅导员分派到 3 个学科小组辅导课外科技活动，每个小组至少有 1 名辅导员的分派方法有(　　).

(A)140 种　(B)84 种　(C)70 种
(D)150 种　(E)25 种

4. 某小组有 4 名男同学和 3 名女同学，从这小组中选出 4 人完成三项不同的工作，其中女同学至少选 2 名，每项工作要有人去做，那么不同的选派方法的总数是(　　)种．

(A)540　(B)648　(C)792
(D)840　(E)1 048

5. 某小组有 8 名同学，从这小组男生中选 2 人、女生中选 1 人去完成三项不同的工作，每项工作应有 1 人．则共有 180 种安排方法．

(1)该小组中男生人数是 5 人．
(2)该小组中男生人数是 6 人．

6. 从5个不同的黑球和2个不同的白球中，任选3个球放入3个不同的盒子中，每盒1球，其中至多有1个白球的不同放法共有(　　)种.

(A)160　(B)165　(C)172　(D)180　(E)182

题型80 相同元素的分配问题

母题技巧

·命题模型·	·命题特点·	·解题思路·
1. 标准型	①n个完全相同的元素； ②全部分给m个对象； ③每个对象至少分1个元素.	使用挡板法：把这n个元素排成一排，中间有$n-1$个空，挑出$m-1$个空放上挡板，自然就分成了m组，所以分法一共有C_{n-1}^{m-1}种. 【注意】使用挡板法必须满足标准型的三个特点.
2."可以为空"型	①n个完全相同的元素； ②全部分给m个对象； ③每个对象至少可以分到0个元素(即可以为空).	此时采用增加元素法，增加m个元素(m为对象的个数)，使题目满足标准型条件③，再使用挡板法.此时一共有$n+m$个元素，中间形成$n+m-1$个空，选出$m-1$个空放上挡板即可，共有C_{n+m-1}^{m-1}种方法.
3."可以为多"型	①n个完全相同的元素； ②全部分给m个对象； ③每个对象至少可以分到多个元素.	此时采用减少元素法，使题目满足标准型，然后再使用挡板法.

母题精练

1. 将8个相同的球放到3个不同的盒子里，共有(　　)种不同的方法.

(A)21　(B)28　(C)36

(D)45　(E)55

2. 已知x，y，z为自然数，则方程$x+y+z=10$不同的解有(　　)组.

(A)36　(B)66　(C)84

(D)108　(E)120

3. 若将10只相同的球随机放入编号为1，2，3，4的四个盒子中，1，2号盒子至少放一个小球，3，4号盒子至少放2个小球，有(　　)种不同的放法.

(A)24　(B)30　(C)35

(D)45　(E)60

4. 若将15只相同的球随机放入编号为1，2，3，4的四个盒子中，1号盒可以为空，其余盒子中小球数目不小于盒子编号，则不同的投放方法有(　　)种.

(A)56　　(B)84　　(C)96

(D)108　　(E)120

题型81　不对号入座问题

母题技巧

·命题模型·	·解题思路·
编号为1，2，3，…，n的小球，放入编号为1，2，3，…，n的盒子，每个盒子放一个，要求小球与盒子不同号	此类问题不需要自己去做，直接记住下述结论即可： 当$n=2$时，有1种方法； 当$n=3$时，有2种方法； 当$n=4$时，有9种方法； 当$n=5$时，有44种方法.

母题精练

1. 某单位决定对4个部门的经理进行轮岗，要求每位经理必须轮换到4个部门中的其他部门任职，则不同的方案有(　　)种.

(A)3　　(B)6　　(C)8

(D)9　　(E)10

2. 有6位老师，分别是6个班的班主任，期末考试时，每个老师监考一个班，恰好只有2位老师监考自己所在的班，则不同的监考方法有(　　)种.

(A)135　　(B)90　　(C)240

(D)120　　(E)84

3. 某班第一小组共有12位同学，现在要调换座位，使其中3个人都不坐自己原来的座位，其他9个人的座位不变，共有(　　)种不同的调换方法.

(A)300　　(B)360　　(C)420

(D)440　　(E)480

4. 设有编号为1，2，3，4，5的5个球和编号为1，2，3，4，5的5个盒子，将5个小球放入5个盒子中(每个盒子中放入1个小球)，则至少有2个小球和盒子编号相同的概率为(　　).

(A)$\frac{28}{120}$　　(B)$\frac{29}{120}$　　(C)$\frac{31}{120}$

(D)$\frac{1}{4}$　　(E)$\frac{31}{60}$

第3节 概率

题型82 常见古典概型问题

母题技巧

·命题模型·	·解题思路·
古典概型问题	(1)古典概型公式：$P(A)=\frac{m}{n}$. (2)常用穷举法、正难则反的思路(对立事件). (3)古典概型问题大多是求排列组合的问题，所以上一节总结的排列组合的所有方法和题型，在此节中均适用.

母题精练

1. 放暑假了，甲、乙、丙、丁、戊五名大学生准备从巴黎、伦敦、纽约、吉隆坡各选一个地方去旅游，每个地方至少去一人，则甲、乙两人不到同一城市旅游的概率为(　　).

(A)$\frac{2}{3}$　(B)$\frac{1}{5}$　(C)$\frac{1}{10}$　(D)$\frac{7}{8}$　(E)$\frac{9}{10}$

2. 设有关x的一元二次方程$x^2+2ax+b^2=0$，若a是从0，1，2，3四个数中任取的一个数，b是从0，1，2三个数中任取的一个数，则方程有实根的概率是(　　).

(A)$\frac{1}{2}$　(B)$\frac{3}{4}$　(C)$\frac{4}{5}$　(D)$\frac{5}{6}$　(E)$\frac{6}{7}$

3. 9名学生中有2名男生，将他们任意分成3个组，每组3人，则2名男生恰好被分在同一组的概率为(　　).

(A)$\frac{1}{15}$　(B)$\frac{3}{5}$　(C)$\frac{1}{4}$　(D)$\frac{3}{4}$　(E)$\frac{1}{12}$

4. 锅中煮有芝麻馅汤圆6个、花生馅汤圆5个、豆沙馅汤圆4个，这三种汤圆的外部特征完全相同，从中任意舀取4个汤圆，则每种汤圆都至少取到1个的概率为(　　).

(A)$\frac{8}{91}$　(B)$\frac{25}{91}$　(C)$\frac{48}{91}$　(D)$\frac{60}{91}$　(E)$\frac{70}{91}$

5. 从正方形四个顶点A、B、C、D及其中心O这5个点中，任取两个点，则这两点间的距离不小于该正方形边长的概率为(　　).

(A)$\frac{1}{2}$　(B)$\frac{3}{4}$　(C)$\frac{2}{5}$　(D)$\frac{3}{5}$　(E)$\frac{7}{10}$

6. 已知8个足球队中有两个种子队，把8个队任意分成甲、乙两组，每组4队，则这两个种子队被分在同一组的概率为(　　).

(A)$\frac{3}{7}$　(B)$\frac{3}{14}$　(C)$\frac{6}{7}$　(D)$\frac{1}{14}$　(E)$\frac{1}{7}$

7. 15名学生中有12名男生3名女生，按人数平均分成甲、乙、丙三组，则每组中各有1名女生的概率为(　　).

(A)0.137　(B)0.200　(C)0.250　(D)0.275　(E)0.333

8. 四只球，每只都以同样概率落入四个格子中的任一个中去．则恰有三只球落入同一格的概率为$\frac{1}{8}$.

(1)前两只球落入相同的格子．

(2)前两只球落入不同的格子．

9. 从集合{0，1，3，5，7}中先任取一个数记为a，然后将其放回，再任取一个数记为b，若$ax+by=0$能表示一条直线，则该直线的斜率等于-1的概率是(　　).

(A)$\frac{4}{25}$　(B)$\frac{1}{6}$　(C)$\frac{1}{4}$　(D)$\frac{4}{15}$　(E)$\frac{1}{5}$

题型83　数字之和问题

母题技巧

·命题模型·	·解题思路·
数字之和问题	求和为定值或者和满足某不等式的问题，称之为数字之和问题．一般使用穷举法．

母题精练

1. 从1，2，3，4，5，6中随机取3个数(不允许重复)组成一个三位数，取出的三位数能被9整除的概率为(　　).

(A)$\frac{1}{40}$　(B)$\frac{3}{20}$　(C)$\frac{1}{12}$　(D)$\frac{1}{72}$　(E)$\frac{5}{120}$

2. 一个袋中共装有形状相同的小球6个，其中红球1个、黄球2个、绿球3个．现有放回的取球3次，记取到红球得1分、取到黄球得0分、取到绿球得-1分，则3次取球总得分为0分的概率为(　　).

(A)$\frac{1}{6}$　(B)$\frac{1}{27}$　(C)$\frac{1}{36}$

(D)$\frac{11}{54}$　(E)$\frac{11}{27}$

3. 袋中有 6 只红球、4 只黑球，现从袋中随机取出 4 只球．设取到一只红球得 2 分，取到一只黑球得 1 分，则得分不大于 6 分的概率是(　　).

(A)$\frac{23}{42}$　(B)$\frac{4}{7}$　(C)$\frac{25}{42}$

(D)$\frac{13}{21}$　(E)$\frac{16}{21}$

题型 84　袋中取球模型

母题技巧

·命题模型·	·解题思路·
1. 一般型	设口袋中有 a 个白球、b 个黑球，随机取出一个球，则该球是白球的概率是 $\frac{a}{a+b}$，该球是黑球的概率是 $\frac{b}{a+b}$.
2. 一次取球模型	设口袋中有 a 个白球、b 个黑球，一次取出若干个球，则恰好取了 $m(m\leqslant a)$ 个白球、$n(n\leqslant b)$ 个黑球的概率是 $P=\frac{C_a^m\cdot C_b^n}{C_{a+b}^{m+n}}$.
3. 无放回取球模型	设口袋中有 a 个白球、b 个黑球，逐一取出若干个球，看后不再放回袋中，则恰好取了 $m(m\leqslant a)$ 个白球、$n(n\leqslant b)$ 个黑球的概率是 $P=\frac{C_a^m\cdot C_b^n}{C_{a+b}^{m+n}}$. 可见无放回取球模型的概率与一次取球模型的概率相同． 【拓展】抽签模型：设口袋中有 a 个白球、b 个黑球，逐一取出若干个球，看后不再放回袋中，则第 k 次取到白球的概率为 $P=\frac{a}{a+b}$，与 k 无关．
4. 有放回取球模型	(1)设口袋中有 a 个白球、b 个黑球，每次取出一个球，看后放回袋中，则 n 次取球中，恰好取了 $k(k\leqslant n)$ 个白球、$n-k(n-k\leqslant n)$ 个黑球的概率是 $P=C_n^k\left(\frac{a}{a+b}\right)^k\left(\frac{b}{a+b}\right)^{n-k}$. (2)上述模型可理解为伯努利概型：口袋中有 a 个白球、b 个黑球，从中任取一个球，将这个试验做 n 次，出现了 k 次白球、$n-k$ 次黑球．

母题精练

1. 在一个不透明的布袋中装有 2 个白球、m 个黄球和若干个黑球，它们只有颜色不同．则 $m=3$.

(1)从布袋中随机摸出一个球，摸到白球的概率是 0.2.

(2)从布袋中随机摸出一个球，摸到黄球的概率是 0.3.

2. 甲盒内有红球4个、黑球2个、白球2个，乙盒内有红球5个、黑球3个，丙盒内有黑球2个、白球2个．从这三只盒子的任意一个中任取出一个球，它是红球的概率是(　　).

(A)0.562 5　　(B)0.5　　(C)0.45　　(D)0.375　　(E)0.225

3. 甲袋中有3个黑球、2个白球，乙袋中有2个黑球、3个白球，从甲袋中取出1个球，再从乙袋中取出1个球，则两个球颜色相同的概率是(　　).

(A)$\frac{3}{10}$　　(B)$\frac{11}{30}$　　(C)$\frac{12}{25}$　　(D)$\frac{11}{25}$　　(E)$\frac{23}{30}$

4. 小袋中有10个小球，其中有7个黑球、3个红球，从中任取2个小球，至少有一个是红球的概率为(　　).

(A)$\frac{1}{30}$　　(B)$\frac{1}{15}$　　(C)$\frac{7}{15}$

(D)$\frac{8}{15}$　　(E)$\frac{2}{3}$

5. 从编号为1，2，…，10的球中任取4个，则所取4个球的最大号码是6的概率为(　　).

(A)$\frac{1}{84}$　　(B)$\frac{3}{5}$　　(C)$\frac{2}{5}$

(D)$\frac{1}{21}$　　(E)$\frac{1}{20}$

6. 一个坛子里有编号为1，2，…，12的12个大小相同的球，其中1～6号球是红球，其余的是黑球．若从中任取2个球，则取到的都是红球且至少有1个球的号码是偶数的概率是(　　).

(A)$\frac{1}{22}$　　(B)$\frac{1}{11}$　　(C)$\frac{3}{22}$

(D)$\frac{2}{11}$　　(E)$\frac{3}{11}$

7. 袋中有红球、白球共10个，任取3个．则至少有一个为红球的概率为$\frac{5}{6}$.

(1)白球有5个．

(2)白球有6个．

8. 一个口袋中装有大小相同颜色不同的5个球，其中3个白球、2个红球，现每次随机抽取一球．则两次都抽到红球的概率是$\frac{1}{10}$.

(1)小球是有放回的．

(2)小球是无放回的．

9. 在一只袋子中装有7个红玻璃球、3个绿玻璃球，从中有放回地任意取两次，每次只取一个．则$P_1<P_2$.

(1)取得的两球颜色相同的概率为P_1.

(2)至少取得一个红球的概率为P_2.

题型85 独立事件

母题技巧

·命题模型·	·解题思路·
独立事件问题	独立事件同时发生的概率公式 $P(AB)=P(A)P(B)$.

母题精练

1. 某单位有3辆汽车参加某种事故保险，假设每辆车最多只赔偿一次，这3辆车是否发生事故相互独立．则一年内该单位在此保险中获赔的概率为$\frac{3}{11}$.

(1)3辆车在一年内发生此种事故的概率分别为$\frac{1}{10}$，$\frac{1}{11}$，$\frac{1}{12}$.

(2)3辆车在一年内发生此种事故的概率分别为$\frac{1}{9}$，$\frac{1}{10}$，$\frac{1}{11}$.

2. 甲、乙、丙三人参加射击项目，已知甲的命中率为$\frac{1}{4}$，乙的命中率为$\frac{1}{2}$，丙的命中率为$\frac{1}{3}$. 若甲、乙、丙三人各射击一次，则恰有一人命中的概率为(　　).

(A)$\frac{1}{2}$　　(B)$\frac{5}{8}$　　(C)$\frac{5}{12}$

(D)$\frac{11}{24}$　　(E)$\frac{13}{24}$

3. 掷三颗色子．则 $P_1+P_2>\frac{1}{2}$.

(1)没有一颗色子出现1点或6点的概率为 P_1.

(2)恰好有一颗色子出现1点或6点的概率 P_2.

4. 在盛有10只螺母的盒子中，有0只、1只、2只、……、10只铜螺母的情况是等可能的，今向盒中放入1只铜螺母，然后随机从盒中取出1只螺母，则这只螺母为铜螺母的概率是(　　).

(A)$\frac{6}{11}$　　(B)$\frac{5}{10}$　　(C)$\frac{5}{11}$

(D)$\frac{4}{11}$　　(E)$\frac{7}{11}$

题型86 伯努利概型

母题技巧

·命题模型·	·解题思路·
伯努利概型 定义：在 n 次独立重复试验中，若每次试验的结果只有两种可能，即事件 A 发生或不发生，且每次试验中事件 A 发生的概率都相同，则这样的试验称作 n 重伯努利试验	(1)在伯努利试验中，设事件 A 发生的概率为 P，则在 n 次试验中事件 A 恰好发生 $k(0\leqslant k\leqslant n)$ 次的概率为 $P_n(k)=C_n^kP^k(1-P)^{n-k}(k=0,1,2,\cdots,n)$. (2)独立地做一系列的伯努利试验，直到第 k 次试验时，事件 A 才首次发生的概率为 $P_k=(1-P)^{k-1}P(k=1,2,\cdots,n)$.

母题精练

1. $P=\frac{3}{8}$.

(1)先后投掷3枚均匀的硬币，出现2枚正面向上，一枚反面向上的概率为 P.

(2)甲、乙两个人投宿3个旅馆，恰好两人住在同一个旅馆的概率为 P.

2. 某人投篮，每次投不中的概率稳定为 P. 则在4次投篮中，至少投中3次的概率大于0.8.

(1) $P=0.2$.

(2) $P=0.3$.

3. 某种流感在流行．从人群中任意找出3人，其中至少有1人患该种流感的概率为0.271.

(1)该流感的发病率为0.3.

(2)该流感的发病率为0.1.

4. 某同学逛街发现有一娱乐项目，该项目规定：十元钱一次，共有四个球，如果能够将三个球在一定距离外抛入木桶内可以获得一个小玩偶；如果能够将四个球全部抛入木桶，则可以获得一个大玩偶；只抛入一个或两个，可以获得一份精美小礼品．若该同学投进一球的概率为0.95，则该同学获得玩偶的概率约为(　　).

(A)0.99　　(B)0.97　　(C)0.95

(D)0.93　　(E)0.9

5. 两只一模一样的铁罐里都装有大量的红球和黑球，其中甲罐内的红球数与黑球数之比为2∶1，乙罐内的黑球数与红球数之比为2∶1. 从甲罐任取50只球，其中有30只红球和20只黑球的概率为 P_1；从乙罐任取50只球，其中有30只红球和20只黑球的概率为 P_2，则 $\frac{P_1}{P_2}=$(　　).

(A)154　　(B)254　　(C)438

(D)798　　(E)1 024

6. 某学生在上学路上要经过四个路口，假设各路口是否遇到红灯是相对独立的，遇到红灯的概率是$\frac{1}{3}$，遇红灯停2分钟，则学生在上学路上停的总时间最多是4分钟的概率为（　　）.

(A)$\frac{1}{2}$　(B)$\frac{5}{8}$　(C)$\frac{64}{81}$

(D)$\frac{8}{9}$　(E)$\frac{1}{9}$

题型87　闯关与比赛问题

母题技巧

·命题模型·	·解题思路·
1. 闯关问题	(1)一般前几关满足题干要求后，后面的关就不用闯了，因此未必是每关都试一下成功不成功．所以要根据题意进行合理分类． (2)闯关问题一般符合独立事件的概率公式： $P(AB)=P(A)P(B)$.
2. 比赛问题	不需要打完比赛，比如5局3胜，不代表一定打满5局，也可能会3局(3场连胜)或4局(前3场两胜一负，第4场胜)内就已经分出胜负．

母题精练

1. 某人将5个环一一投向一个木柱，直到有一个套中为止．若每次套中的概率为0.1，则至少剩下一个环未投的概率是（　　）.

(A)$1-0.9^4$　(B)$1-0.9^3$　(C)$1-0.9^5$

(D)$1-0.1\times0.9^4$　(E)0.9^4

2. 一项活动需要选手依次参加五项挑战，成绩符合规定选手可以获得大奖，已知王先生参加每项挑战的成功率均为$\frac{1}{2}$. 则他能获得大奖的概率为$\frac{1}{4}$.

(1)活动规定：直到通过三项挑战为止，才可获得大奖．

(2)活动规定：连续通过三项挑战，才可获得大奖．

3. 甲、乙、丙依次轮流投掷一枚均匀硬币，若先投出正面者为胜，则甲、乙、丙获胜的概率分别是（　　）.

(A)$\frac{1}{3}$，$\frac{1}{3}$，$\frac{1}{3}$　(B)$\frac{4}{8}$，$\frac{2}{8}$，$\frac{1}{8}$　(C)$\frac{4}{8}$，$\frac{3}{8}$，$\frac{1}{8}$

(D)$\frac{4}{7}$，$\frac{2}{7}$，$\frac{1}{7}$　(E)$\frac{4}{7}$，$\frac{3}{7}$，$\frac{1}{7}$

4. 甲、乙两名同学下五子棋，采用五局三胜制，若甲、乙两名同学的获胜概率相同，则恰好第四局结束比赛的概率为(　　).

(A)$\frac{1}{2}$　　(B)$\frac{1}{3}$　　(C)$\frac{3}{16}$　　(D)$\frac{2}{5}$　　(E)$\frac{3}{8}$

5. 甲、乙两人参加知识竞赛，已知甲获胜的概率为 0.4，乙获胜的概率为 0.6，比赛采取 7 局 4 胜制．则最终甲选手获胜的概率为 $P=9\times0.4^5$.

(1)甲输 1 局．

(2)甲输 2 局．

6. 甲、乙、丙、丁 4 个足球队参加比赛，假设每场比赛各队取胜的概率相等，现任意将这 4 个队分成两个组(每组两个队)进行比赛，胜者再赛，则甲、乙相遇的概率为(　　).

(A)$\frac{1}{6}$　　(B)$\frac{1}{4}$　　(C)$\frac{1}{5}$　　(D)$\frac{1}{3}$　　(E)$\frac{1}{2}$

7. 甲、乙两选手进行乒乓球单打比赛，甲选手发球成功后，乙选手回球失误的概率为 0.3；若乙选手回球成功，甲选手回球失误的概率为 0.4；若甲选手回球成功，乙选手再次回球失误的概率 0.5. 试计算这几个回合中，乙选手输掉一分的概率是(　　).

(A)0.36　　(B)0.43　　(C)0.49　　(D)0.51　　(E)0.57

本章奥数及高考改编题

1. 在一次射击比赛中，5个泥制靶子挂成3列，如图6-8所示．射击时按照下列规则：每次挑选一列，必须击碎这列中尚未被击碎的靶子中最低的那个．若每次都遵循这个规则，那么击碎全部5个靶子可以有(　　)种不同的顺序．

(A)6　(B)10　(C)20　(D)60　(E)120

2. 如图6-9所示，“构建和谐社会，创美好未来”，从上往下读(只能往下读取相邻的字，不能跳读)，共有不同的读法种数是(　　).

(A)240　(B)250　(C)252　(D)300　(E)320

3. 如图6-10所示，从A点沿线段走到B点，每次只能向上或向右走一步，共有(　　)种不同走法．

(A)15　(B)20　(C)25　(D)30　(E)35

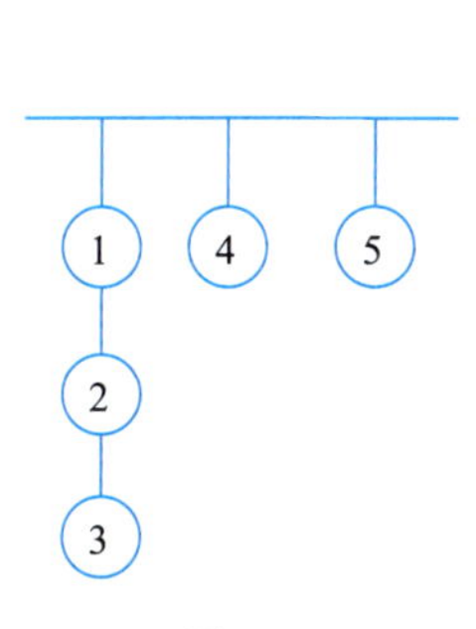

图6-8

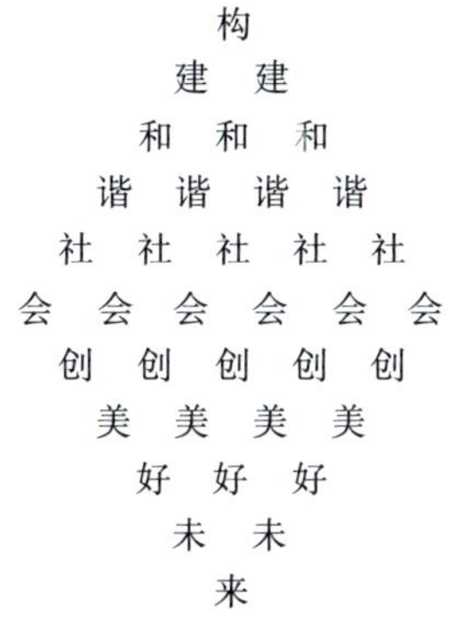

图6-9

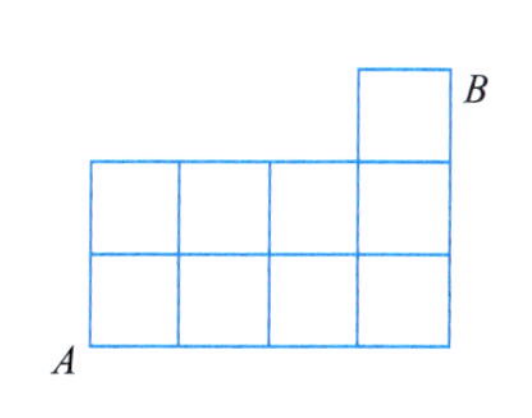

图6-10

4. 在$\angle AOB$的边OA上取m个点，在OB边上取n个点(均除O点外)，连同O点共$m+n+1$个点，现任取其中三个点为顶点作三角形，可形成的三角形有(　　)个．

(A)$C_{m+1}^1C_n^2+C_m^2C_{n+1}^1$　(B)$C_m^1C_n^2+C_m^2C_n^1$

(C)$C_{m+1}^1C_n^2+C_m^2C_{n+1}^1+C_m^1C_n^1$　(D)$C_m^1C_n^2+C_m^2C_n^1+C_m^1C_n^1$

(E)$C_m^1C_{n+1}^2+C_{m+1}^2C_n^1$

5. 一条铁路原有m个车站，为了适应客运需要新增加n个车站($n>1$)，则客运车票增加了58种(从甲站到乙站与乙站到甲站需要两种不同车票)，那么原有的车站有(　　)个．

(A)14　(B)15　(C)16　(D)17　(E)18

6. 9人排成3×3方阵，从中选出3人分别担任队长、副队长、纪律监督员，要求这3人至少有两人位于同行或同列，则不同的选取方法有(　　)种．

(A)78　(B)234　(C)257　(D)468　(E)504

7. 某电视台派出3名男记者和2名女记者到民间进行采访报道．工作过程中的任务划分为：负重扛机、对象采访、文稿编写、编制剪辑四项工作，每项工作至少一人参加，但2名女记者不参加“负重扛机”工作，则不同的安排方案有(　　)种．

(A)150　(B)126　(C)90　(D)54　(E)108

8. 某地举办科技博览会，有 3 个场馆，现将 24 个志愿者名额分配给这 3 个场馆，要求每个场馆至少有一个名额且各场馆名额互不相同的分配方法共有(　　)种.

(A)222　(B)253　(C)276　(D)284　(E)108

9. 用三种不同的材料(每种都有许多份)制作工艺品，不同材料根据数量的搭配不同，可以制作出不同的颜色.每一个工艺品都需要 6 份材料，并且三种材料都需要用到，则这三种材料可以制作出(　　)种不同颜色的工艺品.

(A)6　(B)10　(C)15　(D)90　(E)240

10. 若 m，n 均为非负整数，且在计算 $m+n$ 时各位均不进位(例如：$134+3\ 802=3\ 936$)，则称 (m,n) 为"简单的"有序对，$m+n$ 称为有序对 (m,n) 的值.那么值为 1 942 的"简单的"有序对有(　　)个.

(A)20　(B)30　(C)60　(D)200　(E)300

11. 为了解所教班级学生完成数学课前预习的具体情况，吕老师对本班部分学生进行了为期半个月的跟踪调查，他将调查结果分为四类，A：很好；B：较好；C：一般；D：较差.并将调查结果绘制成以下两幅不完整的统计图，如图 6-11 所示.

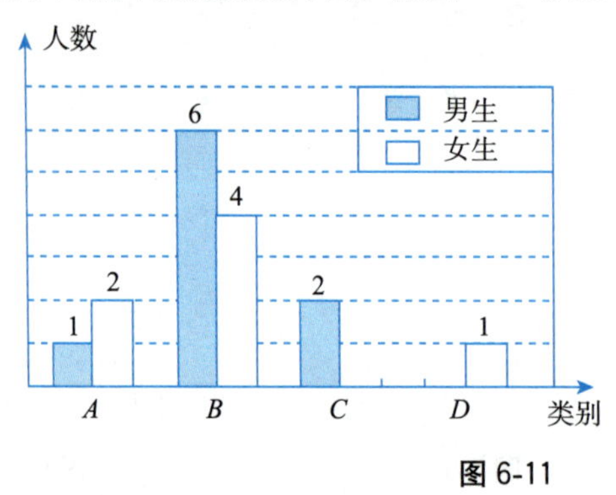

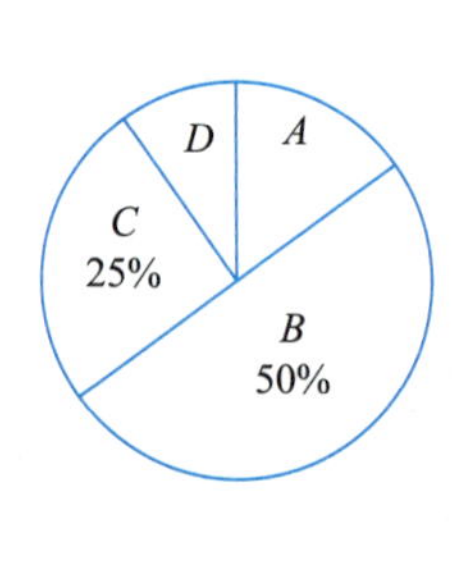

图 6-11

为了共同进步，吕老师想从被调查的 A 类和 D 类学生中各随机选取一位同学进行"一帮一"互助学习，则所选两位同学恰好是一位男同学和一位女同学的概率是(　　).

(A)$\frac{1}{3}$　(B)$\frac{2}{5}$　(C)$\frac{1}{2}$　(D)$\frac{3}{5}$　(E)$\frac{2}{3}$

12. 设正方形 $ABCD$ 的中心为点 O，在以五个点 A、B、C、D、O 为顶点所构成的所有三角形中任意取出两个，则它们面积相等的概率为(　　).

(A)$\frac{3}{14}$　(B)$\frac{3}{7}$　(C)$\frac{1}{2}$　(D)$\frac{4}{7}$　(E)$\frac{2}{3}$

13. 三边长均为整数且最大边长为 11 的三角形中，是等腰三角形(包括等边)的概率为(　　).

(A)$\frac{5}{9}$　(B)$\frac{4}{9}$　(C)$\frac{2}{3}$　(D)$\frac{1}{3}$　(E)$\frac{1}{2}$

14. 掷 n 次均匀硬币出现正面次数少于出现反面次数的概率为 $\frac{1}{2}$.

(1)n 为偶数.　(2)n 为奇数.

15. "石头、剪刀、布"，是一种起源于中国流传多年的猜拳游戏，规定"石头"胜"剪刀"、"剪刀"胜"布"、"布"胜"石头"，若所出的手势相同，则为和局.小明和小华两名同学进行三局"石头、剪刀、布”的游戏，赢的次数多的人数胜，则小华获胜的概率是(　　).

(A)$\frac{1}{3}$　　(B)$\frac{1}{2}$　　(C)$\frac{4}{27}$　　(D)$\frac{7}{27}$　　(E)$\frac{10}{27}$

16. 定义“规范01数列”$\{a_n\}$如下：$\{a_n\}$共有$2m$项，其中为0的有m项，为1的有m项，且对任意$k\leqslant 2m$，a_1，a_2，…，a_k中0的个数不少于1的个数．若$m=4$，则不同的“规范01数列”共有(　　)个．

(A)20　　(B)18　　(C)16　　(D)14　　(E)12

17. 已知直线$l_1 /\!/ l_2$，在l_1上取4个点，在l_2上取7个点．则$n=126$.

(1)任取两点连成直线，这些直线在l_1和l_2之间最多有n个交点．

(2)这些点可以构成n个三角形．

18. 小明参加6次考试，其中3次合格，3次不合格．则有8种可能的情况．

(1)恰有连续2次考试不合格．

(2)恰有连续2次考试合格．

19. 袋子中有红、白、黑三种球共10个，每种球至少有一个．则可以确定红球个数．

(1)袋子中有3个白球，从袋子中取出3个球，1白2红的概率大于$\frac{1}{4}$.

(2)袋子中有4个黑球，从袋子中取出3个球，1黑2红的概率大于$\frac{1}{5}$.

20. 我们把各位数字之和为6的四位数称为“六合数”(如2 013是“六合数”)，则从“六合数”中随机抽取一个，首位为2的概率为(　　).

(A)$\frac{20}{48}$　　(B)$\frac{20}{56}$　　(C)$\frac{15}{56}$　　(D)$\frac{15}{48}$　　(E)$\frac{9}{56}$

21. 如图6-12所示，地图上有A、B、C、D、E、F六个地区，用5种颜色给每个地区涂上一种颜色，且使相邻地区颜色不同，则共有(　　)种不同的涂色方法．

(A)192　　(B)960

(C)1 260　　(D)1 920

(E)2 880

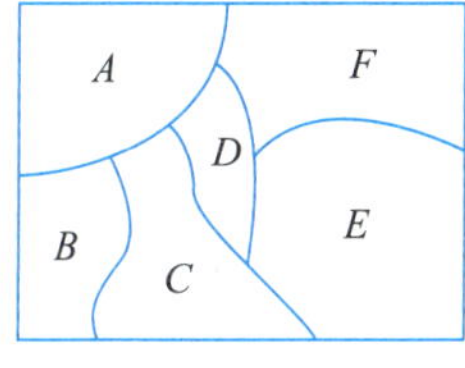

图6-12

第7章 应用题

本章思维导图

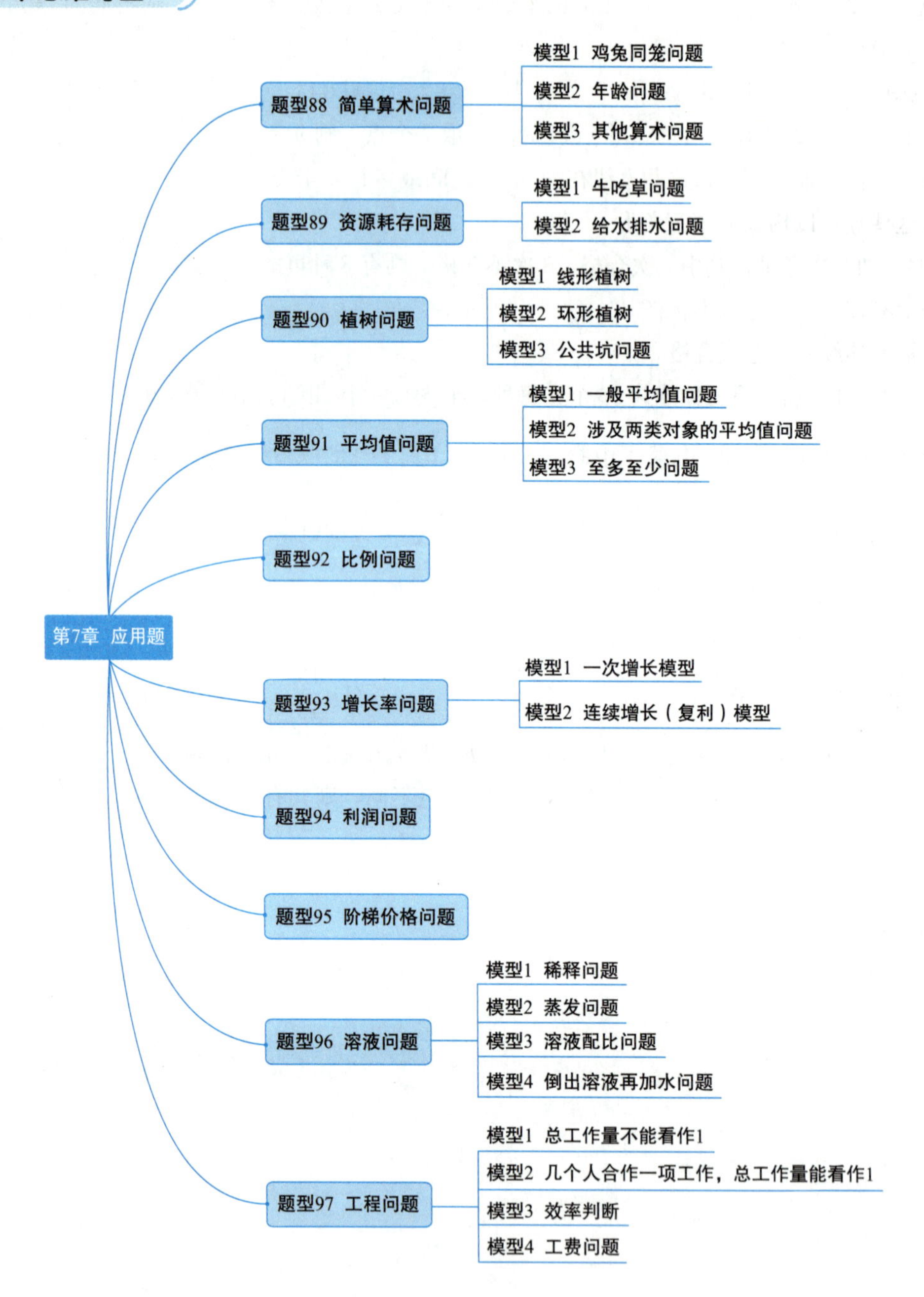

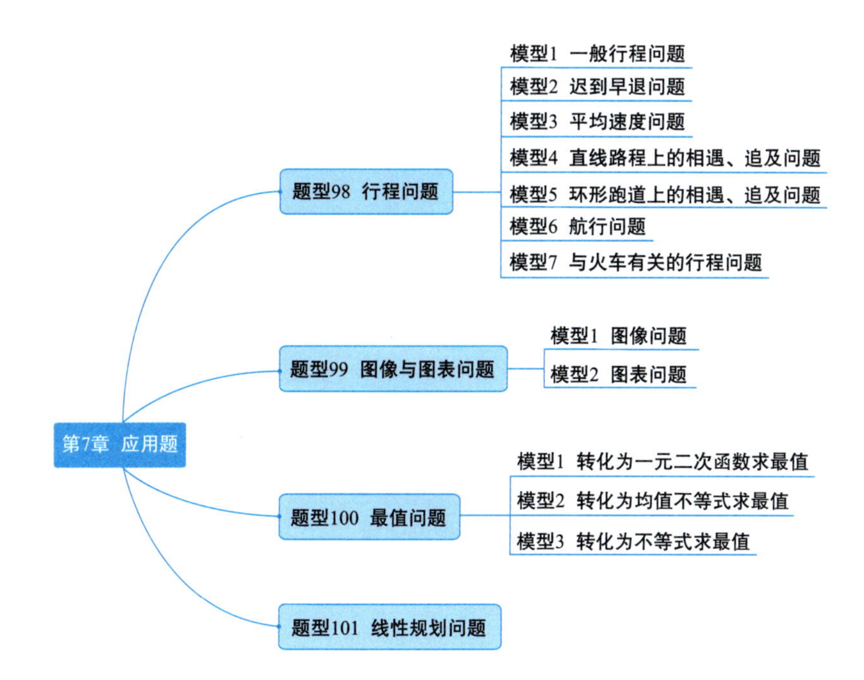
第7章 应用题
题型98 行程问题
模型1 一般行程问题
模型2 迟到早退问题
模型3 平均速度问题
模型4 直线路程上的相遇、追及问题
模型5 环形跑道上的相遇、追及问题
模型6 航行问题
模型7 与火车有关的行程问题
题型99 图像与图表问题
模型1 图像问题
模型2 图表问题
题型100 最值问题
模型1 转化为一元二次函数求最值
模型2 转化为均值不等式求最值
模型3 转化为不等式求最值
题型101 线性规划问题

题型 88　简单算术问题

母题技巧

·命题模型·	·解题思路·
1. 鸡兔同笼问题	(1)算术法： (总脚数－总头数×鸡的脚数)÷(兔的脚数－鸡的脚数)＝兔的只数． (2)解方程法：设鸡和兔子的数量分别为 x，y，列方程求解．
2. 年龄问题	两个人的年龄是同增同减的．解题关键为“年龄差不变”．
3. 其他算术问题	多数应用题可用方程、方程组求解．

母题精练

1. 若买 2 支圆珠笔、1 本日记本需 4 元；买 1 支圆珠笔、2 本日记本需 5 元，则买 4 支圆珠笔、4 本日记本需要(　　)元．

(A)15　(B)14　(C)12　(D)10　(E)9

2. 有姐妹两人，年龄不一样．则能确定两人现在的年龄．

(1)姐姐对妹妹说：“我像你这么大的时候，你才 2 岁．”

(2)妹妹对姐姐说：“我像你这么大的时候，你刚好 20 岁．”

3. 甲仓存粮 30 吨、乙仓存粮 40 吨，要再往甲仓和乙仓共运去粮食 80 吨，使甲仓粮食是乙仓粮食数量的 1.5 倍，应运往乙仓的粮食是(　　)吨．

(A)15　(B)20　(C)25　(D)30　(E)35

4. 工厂人员由技术人员、行政人员和工人组成，共有男职工 420 名，是女职工的 $\frac{4}{3}$ 倍，其中行政人员占全体职工的 20%，技术人员比工人少 $\frac{1}{25}$，那么该工厂有(　　)名工人．

(A)200　(B)250　(C)300　(D)350　(E)400

5. 某商场举行周年让利活动，单件商品满 300 元减 180 元，满 200 元减 100 元，满 100 元减 40 元；若不参加活动则打 5.5 折．小王买了价值 360 元、220 元、150 元的商品各一件，最少需要(　　)元．

(A)360　(B)382.5　(C)401.5　(D)410　(E)420

6. 某班有 50 名学生，其中女生 26 名，已知在某次选拔测试中，有 27 名学生未通过．则有 9 名男生通过．

(1)在通过的学生中，女生比男生多 5 人．

(2)在男生中，未通过的人数比通过的人数多 6 人．

题型 89 资源耗存问题

母题技巧

·命题模型·	·解题思路·
1. 牛吃草问题 考查形式：有一块草地，草以固定的速度生长，草地上有一群牛，以固定的速度吃草	基本等量关系：设每头牛每天吃1个单位的草量，则有 原有草量+每天新长草量×天数=牛数×天数．
2. 给水排水问题 考查形式：一个水池，有进水口进水、出水口出水	(1)简单的给水排水问题： 原有水量+进水量=排水量+剩余水量． (2)与牛吃草问题等价： 基本等量关系：设每个闸门每天放1个单位的水量，则有 原有水量+进水量=放水闸门数量×天数+剩余水量．

母题精练

1. 草场上有一片青草，每天都生长得一样快．这片青草供给15头牛吃，可以吃24天；供给20头牛吃，可以吃16天，其间一直有草生长．如果供给25头牛吃，可以吃(　　)天．

(A)6　(B)8　(C)10　(D)12　(E)14

2. 同时打开游泳池的甲、乙两个进水管，加满水需90分钟，且甲管比乙管多进水180立方米．若单独打开甲管，加满水需160分钟．则乙管每分钟进水(　　)立方米．

(A)6　(B)7　(C)8　(D)9　(E)10

3. 有一个水库，里面有部分储水，山上的水每天以均匀的流速流入水库．这个水库有若干个流速相同的闸门，如果开10个闸门可供水20天，开15个闸门可供水10天．现在要开25个闸门，可供水(　　)天．

(A)4　(B)5　(C)5.5　(D)6　(E)6.5

4. 江堤边一洼地发生了管涌，江水不断地涌出．假定每分钟涌出的水量相等，如果用两台抽水机抽水，40分钟可抽完；如果用4台抽水机抽水，16分钟可抽完，如果要在10分钟内抽完水，那么至少需要抽水机(　　)台．

(A)5　(B)6　(C)7　(D)8　(E)9

题型90 植树问题

母题技巧

·命题模型·	·解题思路·
1. 线形植树	以一条线形(非封闭，两端点皆可种树)来植树，则有 (1)两端皆种树：植树数量$=\frac{总长}{间距}+1=$间距数$+1$； (2)只有一端种树：植树数量$=\frac{总长}{间距}=$间距数； (3)两端皆不种树：植树数量$=\frac{总长}{间距}-1=$间距数-1.
2. 环形植树	(1)植树数量$=\frac{总长}{间距}=$间距数(此处的总长为封闭图形的周长). (2)若单独计算每条边的植树数量，则最后总计时，需要减去重复计算的公共点.
3. 公共坑问题	(1)原方案已定但未执行：既然原方案计划的坑并没有挖，那么就无须考虑重复利用原来坑的问题； (2)原方案已定且已执行：原方案已经挖好的坑有的可被新方案利用，有些则不能，须考虑两种方案下植树间距的最小公倍数.

母题精练

1. 一个正方形花园，边长是24米，每隔3米种一棵树，恰好种满三边，则可以种(　　)棵树.

(A)32　　(B)31　　(C)26　　(D)25　　(E)24

2. 48棵树排成一个正六边形，每条边上所种树的数量相等，顶点上都种一棵树，则每条边上有(　　)棵树.

(A)7　　(B)8　　(C)9　　(D)10　　(E)11

3. 一个三角形广场，三边长分别是60米、72米、84米，分别每隔5米、6米、7米种一棵树，三个顶点都种上，一共需要种(　　)棵树.

(A)31　　(B)33　　(C)34　　(D)36　　(E)37

4. 正方形广场的边界上一共插有48面黄旗和红旗，每条边上旗子数目相同，且每两面红旗间的黄旗数目也相同．如果四个角上都是红旗，每条边上的红旗比黄旗少5面，那么每两面红旗之间有(　　)面黄旗.

(A)2　　(B)3　　(C)4　　(D)5　　(E)6

5. 某工地原计划每隔10米打一个木桩，施工之前计划有变，现在要改成每隔8米打一个木桩．那么新方案要比原方案多打30个木桩.

(1)在周长为 1 200 米的圆形公园外侧施工.

(2)在长为 1 200 米的马路一侧施工，两端都要打木桩.

6. 某工地原来每隔 10 米打一个木桩，现在要改成每隔 8 米打一个木桩. 那么可以不拔的木桩至多有 30 个.

(1)在周长为 1 200 米的圆形公园外侧施工.

(2)在长为 1 200 米的马路的一侧施工，两端都要打木桩.

题型 91 平均值问题

母题技巧

·命题模型·	·解题思路·
1. 一般平均值问题	(1)算术平均值：$\bar{x}=\dfrac{x_1+x_2+x_3+\cdots+x_n}{n}$. (2)加权平均值：将各数值乘以相应的权数，然后加总求和得到总体值，再除以总的单位数. (3)调和平均值又称倒数平均值，计算公式： $调和平均值=\dfrac{n}{\dfrac{1}{x_1}+\dfrac{1}{x_2}+\dfrac{1}{x_3}+\cdots+\dfrac{1}{x_n}}$， 可用于求解路程相等的两段路的平均速度等问题. (4)几种平均值的大小关系：算术平均值≥几何平均值≥调和平均值. 当且仅当 $x_1=x_2=\cdots=x_n$ 时取等号.
2. 涉及两类对象的平均值问题	十字交叉法
3. 至多至少问题	常用极值法(如一个极大，其余极小；或者一个极小，其余极大).

母题精练

1. 可以确定 $x>y$.

(1)王先生上午以每斤 x 元的价格买了 3 斤苹果，下午又以每斤 y 元的价格买了 2 斤苹果.

(2)如果王先生以每斤$\dfrac{x+y}{2}$的价格买下 5 斤苹果，会花更多的钱.

2. 在一次英语考试中，某班的及格率为 80%.

(1)男生及格率为 70%，女生及格率为 90%.

(2)男生的平均分与女生的平均分相等.

3. 某地区去年农村与城镇的 GDP 增长量相同，而增长率分别为 12%和 8%，则该地区去年总 GDP 的增长率是(　　).

(A)9%　　(B)9.3%　　(C)9.6%　　(D)9.9%　　(E)10.8%

4. 公司有职工 50 名，理论知识考核平均成绩为 81 分，按成绩将公司职工分为优秀与非优秀两类，优秀职工的平均成绩为 90 分，非优秀职工的平均成绩是 75 分，则非优秀职工有(　　)名.

(A)30　　(B)25　　(C)20

(D)24　　(E)23

5. 某国家派出一队运动员参加篮球、体操两个体育项目．则篮球运动员与体操运动员的人数之比为7∶3.

(1)篮球运动员的平均身高为 192 厘米，体操运动员的平均身高为 153 厘米．

(2)这队运动员的平均身高为 180.3 厘米．

6. 某班同学在一次测验中，平均成绩为 75 分，其中男同学人数比女同学多 80%，而女同学平均成绩比男同学高 20%，则女同学的平均成绩为(　　)分．

(A)83　　(B)84　　(C)85

(D)86　　(E)87

7. 甲乙两组射手打靶，乙组平均成绩为 171.6 环，比甲组平均成绩高出 30%，而甲组人数比乙组人数多 20%，则甲、乙两组射手的总平均成绩是(　　)环.

(A)140　　(B)145.5　　(C)150

(D)158.5　　(E)160

8. 五位选手在一次物理竞赛中共得 412 分，每人得分互不相等且均为整数，其中得分最高的选手得 90 分，那么得分最少的选手至多得(　　)分．

(A)77　　(B)78　　(C)79

(D)80　　(E)81

9. 已知三种水果的平均价格为 10 元/千克．则每种水果的价格均不超过 18 元/千克．

(1)三种水果中价格最低的为 6 元/千克．

(2)购买重量分别是 1 千克、1 千克和 2 千克的三种水果共用了 46 元．

10. 某学生在军训时进行打靶测试，共射击 10 次．他的第 6、7、8、9 次射击分别射中 9.0 环、8.4 环、8.1 环、9.3 环，他的前 9 次射击的平均环数高于前 5 次的平均环数．若要使 10 次射击的平均环数超过 8.8 环，则他第 10 次射击至少应该射中(　　)(报靶成绩精确到 0.1 环).

(A)9.0　　(B)9.2　　(C)9.4

(D)9.5　　(E)9.9

11. 今年春季，教育局召集 100 名青年教师志愿前去 7 所西部小学支教，规定每个人只能去一所学校，每所学校至少有一名老师前往，已知每所学校的青年教师人数各不相同，那么接收青年教师人数排第四的学校至多有(　　)人．

(A)25　　(B)24　　(C)23

(D)22　　(E)21

题型92 比例问题

母题技巧

·命题模型·	·解题思路·
比例问题	设未知数求解，其中 (1)部分的量=总量×对应比例； (2)如遇分数比，先化成整数比； (3)若甲：乙$=a:b$，乙：丙$=c:d$，则甲：乙：丙$=ac:bc:bd$，即取中间数的最小公倍数； (4)比例问题常用赋值法.

母题精练

1. 仓库中有甲、乙两种产品若干件，其中甲占总库存量的45%，若再存入160件乙产品后，甲产品占新库存量的25%，那么甲产品有(　　)件.

(A)80　　(B)90　　(C)100　　(D)110　　(E)120

2. 一批图书放在两个书柜中，其中第一柜占55%，若从第一柜中取出15本放入第二柜内，则两书柜的书各占这批图书的50%，这批图书共有(　　)本.

(A)200　　(B)260　　(C)300　　(D)360　　(E)600

3. 第一季度甲公司比乙公司的产值低20%. 第二季度甲公司的产值比第一季度增长了20%，乙公司的产值比第一季度增长了10%. 第二季度甲、乙两公司的产值之比是(　　).

(A)96∶115　　(B)92∶115　　(C)48∶55　　(D)24∶25　　(E)10∶11

4. 某商品打九折会使销售增加20%，则这一折扣会使销售额增加的百分比是(　　).

(A)18%　　(B)10%　　(C)8%　　(D)5%　　(E)2%

5. 容器内装满铁质或木质的黑球与白球，其中30%是黑球，60%的白球是铁质的，则容器中木质白球的百分比是(　　).

(A)28%　　(B)30%　　(C)40%　　(D)42%　　(E)70%

6. 健身房中，某个周末下午3：00，参加健身的男士与女士人数之比为3∶4，下午5：00，男士中有25%，女士中有50%离开了健身房，此时留在健身房内的男士与女士人数之比是(　　).

(A)10∶9　　(B)9∶8　　(C)8∶9

(D)9∶10　　(E)11∶10

7. 某工艺品商店有两件商品，现将其中一件涨价25%出售，而另一件则降价20%出售，这时两件商品的售价相同，则现在销售这两件商品的收入与按原售价销售所得收入之比为(　　).

(A)40∶41　　(B)24∶25　　(C)41∶40

(D)25∶24　　(E)27∶28

8. 合唱团中男、女会员的人数是 3∶2，分为甲、乙、丙三组，已知甲、乙、丙三组的人数比为 10∶8∶7，甲组中男、女会员的人数比是 3∶1，乙组中男、女会员的人数比是 5∶3. 则丙组中男、女会员的人数比是(　　).

(A)3∶4　(B)4∶9　(C)5∶9　(D)3∶5　(E)6∶11

9. 某高速公路收费站对过往车辆收费标准是：大客车 10 元、小客车 6 元、小轿车 3 元. 某日通过此站共收费 4 700 元，则小轿车通过的数量为 420 辆.

(1)大、小客车之比是 5∶6，小客车与小轿车之比为 4∶7.

(2)大、小客车之比是 6∶5，小客车与小轿车之比为 7∶4.

题型 93　增长率问题

母题技巧

·命题模型·	·解题思路·
1. 一次增长模型	设基础数量为 a，增长率为 x，增长了 1 期(1 年、1 月、1 周等)后数量为 b，则有 $b=a(1+x)$.
2. 连续增长(复利)模型	设基础数量为 a，平均增长率为 x，增长了 n 期(n 年、n 月、n 周等)，期末值设为 b，则有 $b=a(1+x)^n$.
注意：增长率问题常用赋值法.	

母题精练

1. 某种商品二月份的价格要比一月份的价格高，由于在三月初举办店庆活动，该商品八折出售，此时的价格是一月份的 94.4%，则二月份的比一月份的价格上涨(　　).

(A)13%　(B)15%　(C)16%　(D)17%　(E)18%

2. 企业今年人均成本是去年的 60%.

(1)甲企业今年总成本比去年减少 25%，员工人数增加 25%.

(2)甲企业今年总成本比去年减少 28%，员工人数增加 20%.

3. 2023 年，某市的全年研究与试验发展(R&D)经费支出 300 亿元，比 2022 年增长 20%；该市的 GDP 为 10 000 亿元，比 2022 年增长 10%. 2022 年，该市的 R&D 经费支出占当年 GDP 的(　　).

(A)1.75%　(B)2%　(C)2.5%　(D)2.75%　(E)3%

4. 银行的一年期定期存款利率为10%，某人于2020年1月1日存入10 000元，2023年1月1日取出，若按复利计算，他取出时所得的本金和利息共计是(　　)元.

(A)10 300　　(B)10 303　　(C)13 000
(D)13 310　　(E)14 641

5. 某只股票第二天比第一天上涨$x\%$，第三天比第二天也上涨$x\%$，那么该股票第三天比第一天上涨(　　).

(A)$(2+x\%)x\%$　　(B)$2x\%$　　(C)$(x\%)^2+1$
(D)$(1+x\%)x\%$　　(E)$2x\%+1$

6. 某商场对一套衣服进行了两次降价．那么这套衣服比原来的价格下降了31%.

(1)第一次降价15%，第二次降价20%.

(2)第一次降价25%，第二次降价8%.

7. 甲公司2022年6月份的产值是一月份产值的a倍．

(1)在2022年上半年，甲公司月产值的平均增长率为$\sqrt[5]{a}$.

(2)在2022年上半年，甲公司月产值的平均增长率为$\sqrt[6]{a}-1$.

8. 某地连续举办三场国际商业足球比赛，第二场观众比第一场少了80%，第三场观众比第二场减少了50%，若第三场观众仅有2 500人，则第一场观众有(　　)人.

(A)15 000　　(B)20 000　　(C)22 500
(D)25 000　　(E)27 500

9. 隔壁老王于2018年6月1日到银行，存入一年期定期储蓄a元，以后的每年6月1日他都去银行存入一年定期储蓄a元，若每年的年利率q保持不变，且每年到期的存款本息均自动转为新一年期定期储蓄，到2022年6月1日，老王去银行不再存款，而是将所有存款本息全部取出，则取出的金额是(　　)元.

(A)$a(1+q)^4$　　(B)$a(1+q)^5$

(C)$\frac{a}{q}[(1+q)^4-(1+q)]$　　(D)$\frac{a}{q}[(1+q)^5-(1+q)]$

(E)$\frac{a}{q}[(1+q)^6-(1+q)]$

题型94　利润问题

母题技巧

·命题模型·	·解题思路·
利润问题	(1)利润＝销售额－总成本；单位利润＝单位售价－单位成本． (2)利润率＝$\frac{利润}{成本}\times 100\%$.

母题精练

1. 某投资者以 2 万元购买甲、乙两种股票，甲股票的价格为 8 元/股，乙股票的价格为 4 元/股，它们的投资额之比是 4∶1. 在甲、乙股票价格分别为 10 元/股和 3 元/股时，该投资者全部抛出这两种股票，他共获利(　　)元.

(A)3 000　　(B)3 889　　(C)4 000　　(D)5 000　　(E)2 300

2. 商店出售两套礼盒，均以 210 元售出，按进价计算，其中一套盈利 25%，而另一套亏损 25%，结果商店(　　).

(A)不赔不赚　　(B)赚了 24 元　　(C)亏了 28 元

(D)亏了 24 元　　(E)无法判断

3. 某工厂生产某种新型产品，一月份每件产品销售的利润是出厂价的 25%(假设利润等于出厂价减去成本)，二月份每件产品出厂价降低 10%，成本不变，销售件数比一月份增加 80%，则销售利润比一月份的销售利润增长(　　).

(A)6%　　(B)8%　　(C)15.5%　　(D)25.5%　　(E)27.5%

4. 某商品按 50%的利润定价，售完一半，剩余的打折出售，总共获利 20%，则剩余部分打(　　)折.

(A)6　　(B)6.5　　(C)7　　(D)7.5　　(E)8

5. 某超市以 A、B 两种糖果为原料，组装出了甲、乙、丙三种糖果礼盒(礼盒包装成本忽略不计). 其中，甲礼盒每盒含 1 千克 A 糖果、1 千克 B 糖果；乙礼盒每盒含 2 千克 A 糖果、1 千克 B 糖果；丙礼盒每盒含 1 千克 A 糖果、3 千克 B 糖果. 甲礼盒每盒售价 48 元，利润率为 20%. 国庆节期间，该超市进行打折促销活动，将甲、乙、丙礼盒各一盒组装成大礼包，并且每购买一个大礼包可免费赠送一个乙礼盒，这样利润率为 30%，则每个大礼包的售价为(　　)元.

(A)240　　(B)288　　(C)312　　(D)360　　(E)432

题型 95　阶梯价格问题

母题技巧

·命题模型·	·解题思路·
阶梯价格问题	解题步骤：(1)确定所求的值位于哪个阶梯上； (2)按照此阶梯的情况进行计算.

母题精练

1. 某网店规定，购买的商品重量在 10 千克以内免邮费，超过 10 千克的部分，每千克附加商品总价的 1.5%，已知某位客户购买了 20 千克的商品，共付了 30 元快递费，则该客户购买的商品总价为(　　)元.

(A)140　　(B)160　　(C)180　　(D)200　　(E)220

2. 税务部门规定个人稿费纳税办法是：不超过1 000元的部分不纳税，超过1 000元而不超过3 000元的部分按5%纳税，超过3 000元的部分按稿酬的10%纳税．一人纳税450元，则此人的稿费为(　　)元．

(A)6 500　　(B)5 500　　(C)5 000　　(D)4 500　　(E)4 000

3. 某市居民用电的价格为：每户每月不超过50度的部分，按0.5元1度收费；超过50度不到80度的部分，按照0.6元1度收费；80度以上的部分，按0.8元1度收费．隔壁老王这个月一共交了电费139元，则这个月老王一共用电(　　)度．

(A)180　　(B)200　　(C)210　　(D)220　　(E)225

4. 某移动公司采用分段计费的方法来计算话费，月通话时间x(分钟)与相应话费y(元)之间的函数图像如图7-1所示．月通话为280分钟时，应交话费(　　)元．

(A)40　　(B)50

(C)68　　(D)76

(E)84

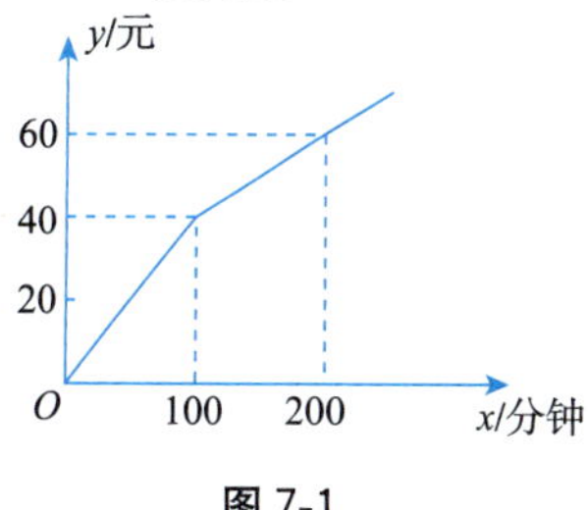

图7-1

题型96 溶液问题

母题技巧

·命题模型·	·解题思路·
1. 稀释问题	方法一：利用溶质守恒定律求解． 方法二：把水看成浓度为0的溶液，使用十字交叉法．
2. 蒸发问题	利用溶质守恒定律求解．
3. 溶液配比问题	方法一：利用溶质守恒定律找等量关系，即原来的几种溶液中的溶质之和等于新溶液中的溶质． 方法二：十字交叉法(适用于两种溶液混合)．
4. 倒出溶液再加水问题	将体积为V、初始浓度为C_1的溶液，倒出V_1后加满水，再倒出V_2后加满水，此时溶液的浓度变为C_2，则有 $C_1\times\frac{V-V_1}{V}\times\frac{V-V_2}{V}=C_2$.

母题精练

1. 向一桶盐水中加入一定量水后，盐水浓度降到3%，又加入同样多的水后，盐水浓度又降到2%，则如果再加入同样多的水，盐水浓度应为(　　)．

(A)1.5%　　(B)1.2%　　(C)1.1%　　(D)1%　　(E)0.5%

2. 现有一瓶未开封的白酒，已知酒瓶重量与白酒重量之比为 1∶4，喝掉一部分白酒后，剩下的总重量(白酒加酒瓶的重量)是原来总重量的 60%，则剩下白酒的重量与开封前白酒的重量之比为(　　).

(A)$\frac{1}{2}$　　(B)$\frac{1}{3}$　　(C)$\frac{1}{4}$　　(D)$\frac{2}{5}$　　(E)$\frac{3}{5}$

3. 某种新鲜水果的含水量为 98%，一天后的含水量降为 97.5%. 某商店以每斤 1 元的价格购进了 1 000 斤新鲜水果，预计当天能售出 60%，两天内售完. 要使利润维持在 20%，则每斤水果的平均售价应定为(　　)元(精确到 0.01).

(A)1.20　　(B)1.25　　(C)1.30　　(D)1.35　　(E)1.40

4. 用含盐 10%的甲盐水与含盐 16%的乙盐水混合制成含盐 11%的盐水 600 克，则用甲盐水(　　)克.

(A)200　　(B)250　　(C)300　　(D)400　　(E)500

5. 某同学从浓度为 24%的甲酒精溶液和 35%的乙酒精溶液中各取出一部分，想配成浓度为 28%的酒精溶液，可是他不小心将两种溶液的量取反了，结果所配的酒精溶液浓度是(　　).

(A)28%　　(B)29.5%　　(C)31%　　(D)32%　　(E)34%

6. 某烧杯装有一定体积的纯酒精，倒出 50 毫升之后，加入纯水补充溶液至原体积；再倒出 30 毫升，再加入纯水补充溶液至原体积，此时溶液的浓度为 75%. 则烧杯开始装有的纯酒精有(　　)毫升.

(A)300　　(B)350　　(C)380　　(D)435　　(E)500

题型 97　工程问题

母题技巧

·命题模型·	·解题思路·
1. 总工作量不能看作 1	如果某部分工作量已经给出具体的值，或者工作总量、某部分工作量待求时，可设总工作量为 x.
2. 几个人合作一项工作，总工作量能看作 1	(1)当题目不用求出具体的工作量时，可把总工作量设为 1. (2)基本等量关系：工作效率$=\frac{\text{工作量}}{\text{工作时间}}$. (3)常用的等量关系：各部分的工作量之和=总工作量=1.
3. 效率判断	思路 1：计算出效率后比大小. 思路 2：逻辑推理，看谁干得快.
4. 工费问题	一般需要列两组方程进行求解： 第 1 组：工作效率×工作时间=工作量； 第 2 组：单位时间工费×工作时间=总工费.

母题精练

1. 一批货物要运进仓库，由甲、乙两队合运 9 小时，可运进全部货物的 50%，乙队单独运则要 30 小时才能运完，又知甲队每小时可运进 3 吨，则这批货物共有(　　)吨.

(A)135　(B)140　(C)145　(D)150　(E)155

2. 甲、乙两队开挖一条水渠，甲队单独挖要 8 天完成，乙队单独挖要 12 天完成. 现在两队同时挖了几天后，乙队调走，余下的甲队在 3 天内完成. 乙队挖了(　　)天.

(A)1　(B)2　(C)3　(D)4　(E)5

3. 加工一批零件，甲单独做 20 天可以完工，乙单独做 30 天可以完工. 现两队合作来完成这个任务，合作中甲休息了 2.5 天，乙休息了若干天，恰好 14 天完工. 则乙休息了(　　)天.

(A)$\frac{1}{2}$　(B)1　(C)$\frac{5}{4}$　(D)2　(E)$\frac{7}{4}$

4. 一池水，甲、乙两管同时开，5 小时灌满，乙、丙两管同时开，4 小时灌满. 现在先开乙管 6 小时，还需甲、丙两管同时开 2 小时才能灌满. 乙单独开需要(　　)小时可以灌满.

(A)12　(B)18　(C)20
(D)30　(E)40

5. 现有一容积为 100 立方米的水池，有三台不同的抽水机甲、乙、丙可同时从水池向外抽水. 则丙抽水机的抽水速度比甲抽水机的抽水速度快.

(1)甲、乙同时抽水 8 天可抽完水池.

(2)乙、丙同时抽水 5 天可抽完水池.

6. 一项工程，甲先单独做 2 天，然后与乙合做 7 天，这样才能完成工程的一半. 已知甲、乙工效的比是 2∶3. 如果这项工程由乙单独做，需要(　　)天才能完成.

(A)24　(B)25　(C)26
(D)27　(E)28

7. 一项工程，乙队先独做 4 天，继而甲、丙两队合做 6 天，剩下的工程甲队又独做 9 天才全部完成. 已知乙队完成的是甲队的$\frac{1}{3}$，丙队完成的是乙队的 2 倍. 如果甲单独做，则需要(　　)天.

(A)18　(B)24　(C)28
(D)30　(E)45

8. 甲、乙、丙三人完成某项工作，甲单独做，完成工作所用时间是乙、丙两人合作所需时间的 5 倍；乙单独做，完成工作所用时间与甲、丙两人合作所需时间相等. 若丙单独做，完成工作所用时间是甲、乙两人合作所需时间的(　　)倍.

(A)$\frac{5}{3}$　(B)$\frac{7}{5}$　(C)2
(D)$\frac{11}{5}$　(E)3

9. 某工程队在工程招标时，接到甲、乙工程队的投标书，每施工一天，需付甲工程队工程款 1.5 万元，付乙工程队工程款 1.1 万元. 工程领导小组根据甲、乙两队的投标书测算，可有三种施工方案：(1)甲队单独完成此项工程刚好如期完工；(2)乙队独立完成此项工程要比规定工期多用 5 天；(3)若甲、乙两队合作 4 天，剩下的工程由乙队单独做也正好如期完成．则最节省工程款的施工方案是(　　).

(A)方案(1)　　(B)方案(2)

(C)方案(2)或方案(3)　　(D)方案(1)或方案(3)

(E)方案(3)

10. 公司的一项工程由甲、乙两队合作 6 天完成，公司需付 8 700 元，由乙、丙两队合作 10 天完成，公司需付 9 500 元，甲、丙两队合作 7.5 天完成，公司需付 8 250 元，若单独承包给一个工程队并且要求不超过 15 天完成全部工作，则公司付钱最少的队是(　　).

(A)甲队　　(B)丙队　　(C)乙队

(D)甲队和乙队　　(E)不能确定

题型 98 行程问题

母题技巧

·命题模型·	·解题思路·
1. 一般行程问题	一般依据路程＝速度×时间，即 $s=vt$ 即可求解； 相同时间内，路程之比等于速度之比．
2. 迟到早退问题	(1)迟到问题：实际时间－迟到时间＝计划时间． (2)早到问题：实际时间＋早到时间＝计划时间．
3. 平均速度问题	当两段路程相等时(每段路程为 S)，平均速度为两段路程各自平均速度的调和平均值，即 $\bar{v}=\dfrac{2S}{\dfrac{S}{v_1}+\dfrac{S}{v_2}}=\dfrac{2}{\dfrac{1}{v_1}+\dfrac{1}{v_2}}=\dfrac{2v_1v_2}{v_1+v_2}$.
4. 直线路程上的相遇、追及问题	(1)相对速度：迎面而来，速度相加；同向而去，速度相减． (2)相遇：相遇时间＝路程总长÷速度和． (3)追及：追及时间＝追及距离÷速度差．
5. 环形跑道上的相遇、追及问题	起点相同时：同向运动，每追上一次，路程差增加一圈； 反向运动，每相遇一次，路程和增加一圈．
6. 航行问题	(1)顺水速度＝船速＋水速；逆水速度＝船速－水速． (2)顺水行程＝(船速＋水速)×顺水时间； 逆水行程＝(船速－水速)×逆水时间． (3)静水速度＝船速＝(顺水速度＋逆水速度)÷2； 水速＝(顺水速度－逆水速度)÷2.

续表

·命题模型·	·解题思路·
7. 与火车有关的行程问题	(1)火车穿过隧道：火车通过的距离＝车长＋隧道长． (2)整个火车车身在隧道里： 总路程＝火车车尾进入隧道到火车车头出隧道的距离＝隧道长度－火车长度． (3)快车超过慢车： 相对速度＝快车速度－慢车速度(同向而去，速度相减)； 从追上车尾到超过车头的相对距离＝快车长度＋慢车长度． (4)两车相对而行： 相对速度＝快车速度＋慢车速度(迎面而来，速度相加)； 从两车车头相遇到两车车尾分离的距离＝快车长度＋慢车长度．

母题精练

1. 甲、乙、丙三人进行百米赛跑(假设他们速度不变)，当甲到达终点时，乙距离终点还有10米，丙距离终点还有16米．问当乙到达终点时，丙距离终点还差(　　)米．

(A)$\frac{22}{3}$　　(B)$\frac{20}{3}$　　(C)$\frac{15}{3}$

(D)$\frac{10}{3}$　　(E)以上选项均不正确

2. 从甲地到乙地，水路比公路近40千米，上午10：00，一艘轮船从甲地驶往乙地，下午1：00，一辆汽车从甲地开往乙地，最后船、车同时到达乙地．若汽车的速度是每小时40千米，轮船的速度是汽车的$\frac{3}{5}$，则甲乙两地的公路长为(　　)千米.

(A)320　　(B)300　　(C)280　　(D)260　　(E)240

3. A、B两地相距15千米，甲中午12点从A地出发，步行前往B地，20分钟后乙从B地出发骑车前往A地，到达A地后乙停留40分钟后骑车从原路返回，结果甲、乙同时到达B地．若乙骑车比甲步行每小时快10千米，则两人同时到达B地的时间是(　　).

(A)下午2点　　(B)下午2点半　　(C)下午3点

(D)下午3点半　　(E)下午4点

4. 甲、乙两地相距6千米，某人从甲地步行去乙地．则他走后一半路程用了42.5分钟．

(1)前一半时间平均每分钟行80米，后一半时间平均每分钟行70米．

(2)前一半路程速度为80米/分钟，全程平均速度为75米/分钟．

5. 吕酱油某次以每分钟200米的骑车速度去学校上学，骑几分钟后发现，如果以这样的速度骑下去一定会迟到，于是加速前进，最终早到了2分钟．则他家距离学校5 000米．

(1)加速了50米/分钟．

(2)以原速度骑车会迟到3分钟．

6. 小明周末参加了学校组织的野营，现已知，早上小明以 5 千米/小时的速度从学校赶往集合地点；野营结束后，又以 10 千米/小时的速度原路返回学校．那么小明在这次往返过程中的平均速度为(　　)千米/小时．

(A)$\frac{20}{3}$　　(B)7　　(C)5　　(D)$\frac{24}{5}$　　(E)$\frac{13}{2}$

7. 某段公路由上坡、平坡、下坡三个等长的路段组成，已知一辆汽车在三个路段上行驶的平均速度分别为 v_1，v_2，v_3，则该汽车在这段公路上行驶的平均速度为(　　).

(A)$\frac{v_1+v_2+v_3}{3}$　　(B)$\frac{\frac{1}{v_1}+\frac{1}{v_2}+\frac{1}{v_3}}{3}$　　(C)$\frac{1}{\frac{1}{v_1}+\frac{1}{v_2}+\frac{1}{v_3}}$

(D)$\frac{3}{\frac{1}{v_1}+\frac{1}{v_2}+\frac{1}{v_3}}$　　(E)$\frac{1}{v_1}+\frac{1}{v_2}+\frac{1}{v_3}$

8. 设汽车分两次将 A 地的客人送往 B 地．当汽车送第一批客人出发时，第二批客人同时步行向 B 地走去，第二批是在第 8 分钟才登上返回迎接的汽车，再经 3 分钟在 B 地与第一批会合．那么，车速与步行速度之比为(　　).

(A)8∶3　　(B)4∶1　　(C)5∶1　　(D)9∶2　　(E)7∶1

9. 某人沿电车路行走，每 12 分钟有一辆电车从后面追上，每 4 分钟有一辆电车迎面开来，假定此人和电车都是匀速前进，则电车是每隔(　　)分钟从起点站开出一辆．

(A)6　　(B)8　　(C)10　　(D)11　　(E)12

10. 甲、乙两辆汽车同时从 A、B 两站相向开出．第一次在离 A 站 60 千米的地方相遇．之后，两车继续以原来的速度前进．各自到达对方车站后都立即返回，又在距 B 站 30 千米处相遇．两站相距(　　)千米．

(A)130　　(B)140　　(C)150　　(D)160　　(E)180

11. 甲、乙两人在长 30 米的泳池内游泳，甲每分钟游 40 米，乙每分钟游 50 米．每人同时分别从泳池的两端出发，触壁后原路返回，如是往返．如果不计转向的时间，则从出发开始计算的 150 秒内两人共相遇了(　　)次．

(A)1　　(B)2　　(C)3　　(D)4　　(E)5

12. 上午 8 时 8 分，小明骑自行车从家里出发，8 分钟后他爸爸骑摩托车去追他，在离家 4 千米的地方追上了他，然后爸爸立即回家，到家后他又立即回头去追小明，再追上他的时候，离家恰好是 8 千米，这时的时间是(　　).

(A)8：32　　(B)8：25　　(C)8：40　　(D)8：30　　(E)9：00

13. 有一个 400 米环形跑道，甲、乙两人同时从同一地点同方向出发．甲以 0.8 米/秒的速度步行，乙以 2.4 米/秒的速度跑步，乙在第二次追上甲时用了(　　)秒．

(A)200　　(B)210　　(C)230　　(D)250　　(E)500

14. 某河的水流速度为每小时 2 千米，A、B 两地相距 36 千米．一轮船从 A 地出发，逆流而上去 B 地，出航后 1 小时，机器发生故障，轮船随水向下漂移，30 分钟后机器修复，继续向 B 地开去，但船速比修复前每小时慢了 1 千米，到达 B 地比预定时间迟了 54 分钟，则最初轮船在静水中的速度为(　　)千米/小时.

(A)7　　(B)9　　(C)12　　(D)14　　(E)15

15. A，B两个港口相距300千米，若甲船顺水自A驶向B，乙船同时自B逆水驶向A，两船在C处相遇；若乙船顺水自A驶向B，甲船同时自B逆水驶向A，两船在D处相遇.C、D相距30千米，已知甲船速度为27千米/小时，则乙船的速度为(　　)千米/小时.

(A)$\frac{243}{11}$　　(B)33　　(C)33或$\frac{243}{11}$　　(D)32　　(E)34

16. 一列火车长75米，通过525米长的桥梁需要40秒，若以同样的速度穿过300米的隧道，则需要(　　).

(A)20秒　　(B)约23秒　　(C)25秒　　(D)约27秒　　(E)约28秒

17. 一辆火车匀速驶过隧道甲，从车头进入隧道甲到车尾离开隧道甲共用了140秒，然后火车以同一速度穿过隧道乙，从车头进入隧道乙到车尾离开隧道乙共用了80秒. 则能确定火车的速度与车身长度.

(1)隧道甲长1 000米.

(2)隧道乙长400米.

18. 一列客车长250米，一列货车长350米，在平行的轨道上相向行驶，从两车头相遇到两车尾相离经过15秒，已知客车与货车的速度之比是5∶3，则两车的速度相差(　　)米/秒.

(A)10　　(B)15　　(C)25

(D)30　　(E)40

题型99　图像与图表问题

母题技巧

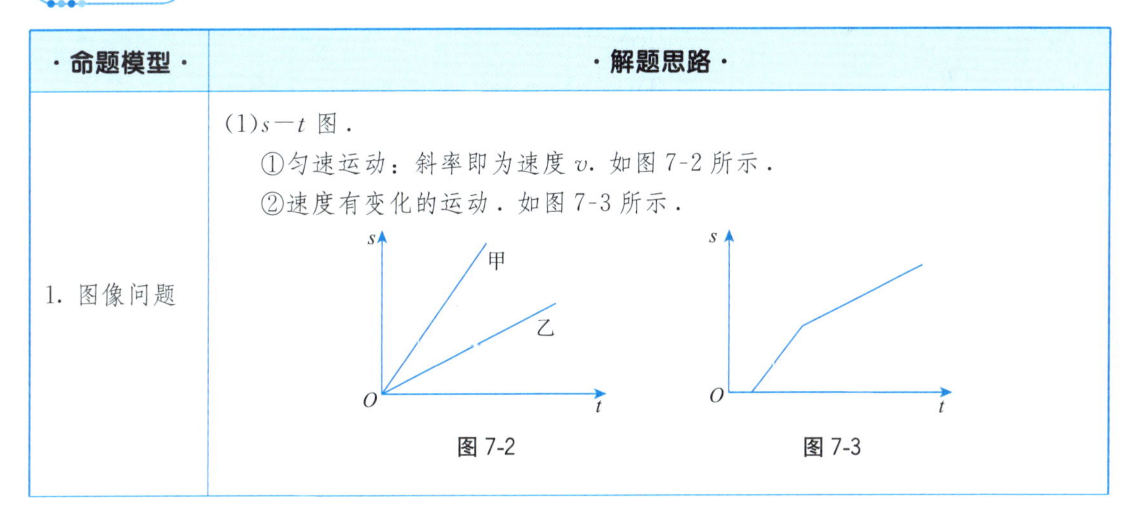

·命题模型·	·解题思路·
1. 图像问题	(1)$s-t$图. ①匀速运动：斜率即为速度v. 如图7-2所示. ②速度有变化的运动. 如图7-3所示. 图7-2　图7-3

续表

·命题模型·	·解题思路·
1. 图像问题	(2)v—s 图． 如图 7-4 所示，甲是一个速度为 v_1 的匀速运动．乙是一个初始速度为 v_2，逐渐降低到速度为 0 的变速运动． (3)v—t 图． 如图 7-5 所示，甲是一个速度为 v_1 的匀速运动．乙是一个初始速度为 v_2，逐渐降低到速度为 0 的变速运动． 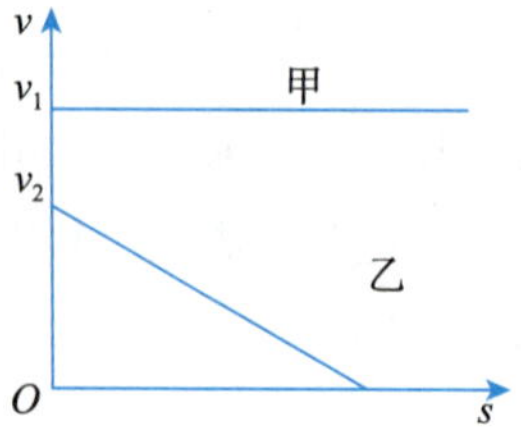 图 7-4 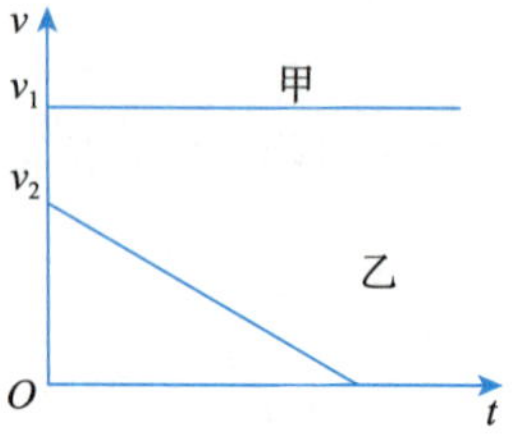 图 7-5
2. 图表问题	注意弄清图表中各数据所表达的意义．

母题精练

1. 小明骑自行车去上学时，经过一段先上坡后下坡的路，在这段路上所走的路程 s(单位：千米)与时间 t(单位：分钟)之间的函数关系如图 7-6 所示．放学后如果按原路返回，且往返过程中，上坡速度相同，下坡速度相同，那么他回来时，走这段路所用的时间为(　　)分钟．

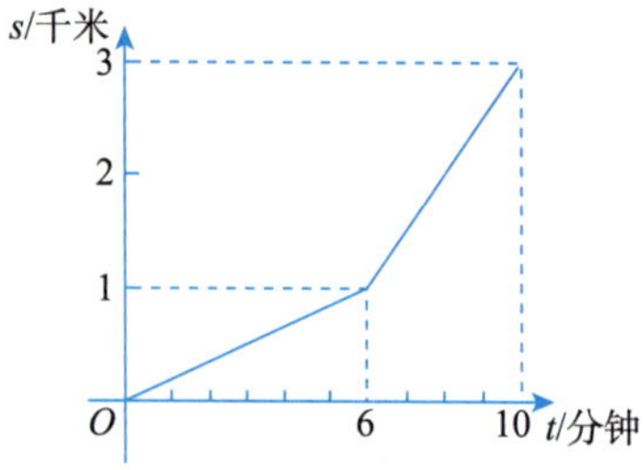

图 7-6

(A)12　　(B)10

(C)16　　(D)14

(E)18

2. 已知 A、B 两地相距 40 千米，甲、乙两人沿同一公路从 A 地出发到 B 地，甲骑摩托车，乙骑自行车，图 7-7 中 CD、OE 分别表示甲、乙离开 A 地的路程 y(千米)与时间 x(小时)的函数关系的图像，则在甲出发(　　)小时后，两人相遇．

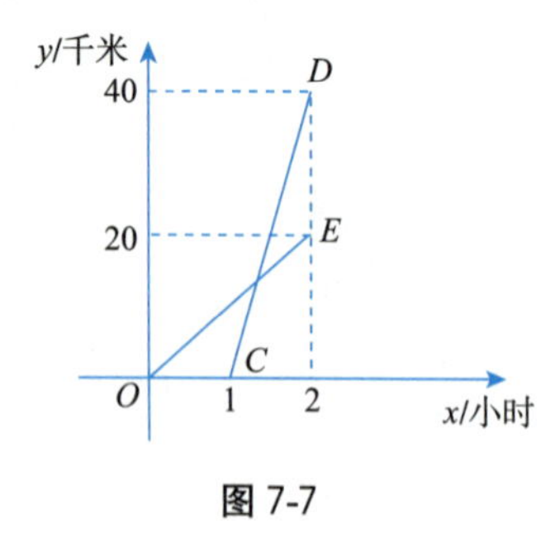

图 7-7

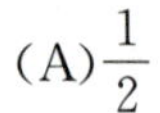
(A)$\frac{1}{2}$　　(B)$\frac{1}{3}$

(C)$\frac{2}{3}$　　(D)$\frac{1}{4}$

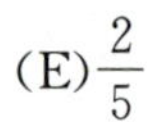
(E)$\frac{2}{5}$

3. 在一条笔直的公路上有A、B两地，甲骑自行车从A地到B地；乙骑摩托车从B地到A地，到达A地后立即按原路返回，如图7-8所示，为甲、乙两人距B地的距离y(千米)与行驶时间x(小时)之间的函数图像，则(　　)小时后甲乙两人首次相遇.

(A)3　　(B)4

(C)5　　(D)6

(E)6.5

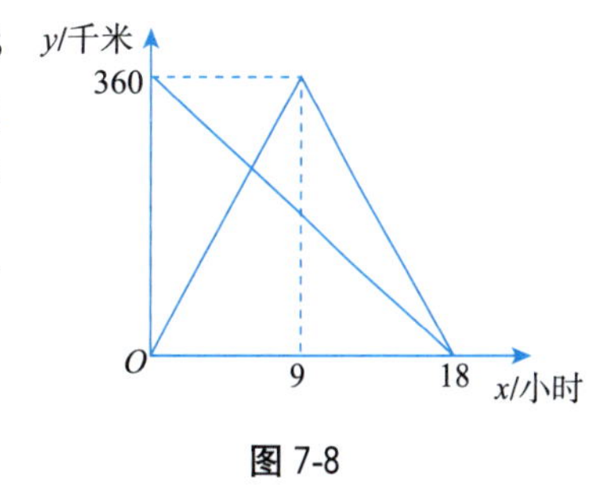

图7-8

4. 向某一容器中注水，注满为止，表示注水量与水深的函数关系的图像大致如图7-9所示，则该容器可能是(　　).

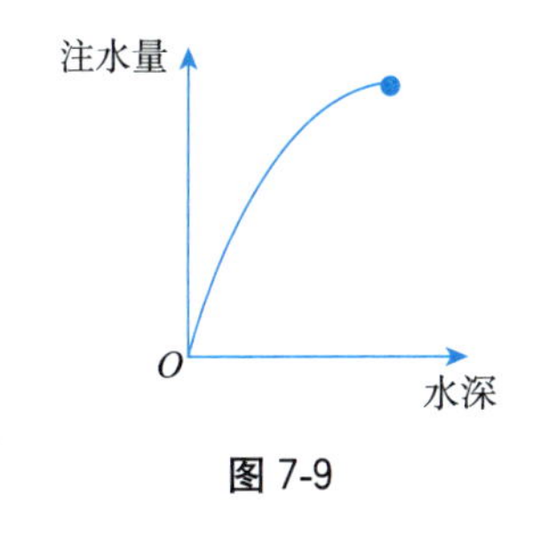

图7-9

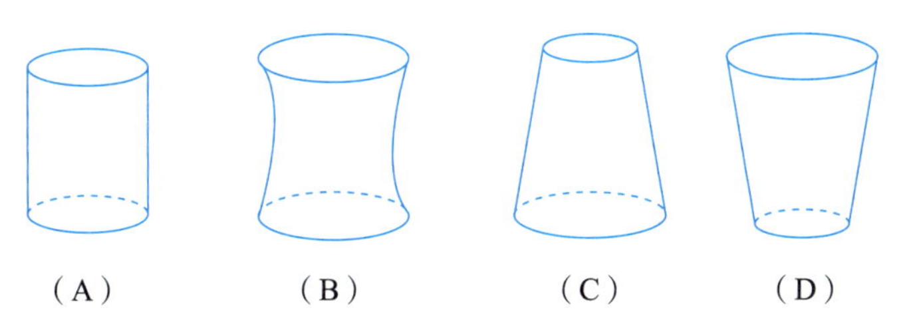

(E)以上选项均不正确

5. 表7-1统计了某一次篮球投球比赛的结果，第一行的值表示投中球的个数，第二行表示投中n个球的人数.能确定本次投中球的总数.

表7-1

n	0	1	2	3	…	13	14	15
投中n个球的参赛人数	9	5	7	23	…	5	2	1

(1)对投中3个球或3个球以上的所有参赛者来说，每人平均投中6个球.

(2)对投中12个球或者12个球以下的参赛者来说，每人平均投中5个球.

题型100　最值问题

母题技巧

命题特点：在应用题中出现求最值或者求范围.

·命题模型·	·解题思路·
1. 转化为一元二次函数求最值	可使用配方法、顶点坐标公式法、图像法去求最值，注意对称轴是不是落在定义域的区间内．
2. 转化为均值不等式求最值	如果题干中已知条件的和为定值，求积的最大值；或者已知条件的积为定值，求和的最小值，则一般是考查均值不等式，使用均值不等式的口诀“一正二定三相等”求解．
3. 转化为不等式求最值	求解不等式即可．

母题精练

1. 已知某厂生产 x 件产品的成本为 $C=25\ 000+200x+\frac{1}{40}x^2$(元)，若产品以每件 500 元售出，则使利润最大的产量是(　　)件.

(A)2 000　(B)3 000　(C)4 000　(D)5 000　(E)6 000

2. 商店中一种衣服的进价为 40 元，若标价为 60 元，则一个月可以卖出 300 件，在此基础上标价每增加 1 元，则每月少售出 10 件，则标价为(　　)元时，可使利润最大．

(A)62　(B)64　(C)65　(D)67　(E)68

3. 某工厂生产一种产品的固定成本为 2 000 元，已知每生产一件这样的产品需要再增加可变成本 10 元，又知总收入 K 是单位产品数 Q 的函数，$K(Q)=40Q-Q^2$，则总利润 $L(Q)$最大时，应该生产该产品(　　)件.

(A)5　(B)10　(C)15　(D)20　(E)25

4. 如图 7-10 所示，在矩形 $ABCD$ 中，$AB=6$ 厘米，$BC=12$ 厘米，点 P 从点 A 出发，沿 AB 边向点 B 以 1 厘米/秒的速度移动，同时点 Q 从点 B 出发沿 BC 边向点 C 以 2 厘米/秒的速度移动，如果 P，Q 两点同时出发，分别到达 B，C 两点后就停止移动，则五边形 $APQCD$ 的面积的最小值为(　　)平方厘米．

(A)48　(B)52　(C)60　(D)63　(E)69

5. 如图 7-11 所示，在一个直角三角形 MBN 的内部作一个长方形 $ABCD$，其中 AB 和 BC 分别在两直角边上，要使长方形的面积最大，则 AB 应为(　　)米．

(A)3　(B)4　(C)2　(D)2.5　(E)1

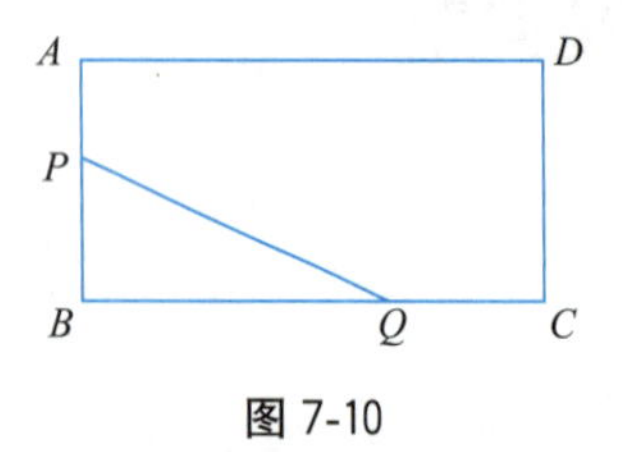

图 7-10

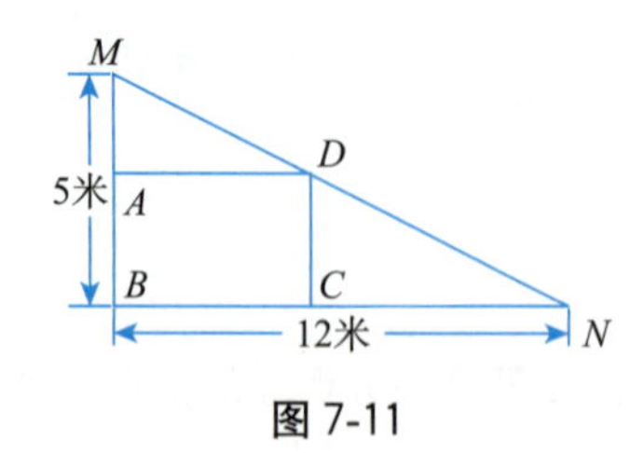

图 7-11

6. 某单位用2 160万元购得一块空地，计划在该地上建造一栋至少10层、每层2 000平方米的楼房．经测算，如果将楼房建为$x(x\geqslant 10)$层，则每平方米的平均建筑费用为$560+48x$(单位：元)．为了使楼房每平方米的平均综合费用最少，该楼房应建为(　　)层(注：平均综合费用=平均建筑费用+平均购地费用，平均购地费用$=\frac{\text{购地总费用}}{\text{建筑总面积}}$)．

(A)10　　(B)12　　(C)13

(D)15　　(E)16

7. 某汽车4S店以每辆20万元的价格从厂家购入一批汽车，若每辆车的售价为m万元，则每个月可以卖出$300-10m$辆汽车，但由于国资委对汽车行业进行反垄断调查，规定汽车的零售价不能超过进价的120%．该4S店计划每月从该种汽车的销售中赚取至少90万元，则其售价最低应设为(　　)万元．

(A)21　　(B)22　　(C)23

(D)24　　(E)25

8. 某工程队有若干个甲、乙、丙三种工人．现在承包了一项工程，要求在规定时间内完成．若单独由甲种工人来完成，则需要10个人；若单独由乙种工人来完成，则需要15人；若单独由丙种工人来完成，则需要30人．若在规定时间内恰好完工，则该工程队工人总数至少有12人．

(1)甲种工人人数最多．

(2)丙种工人人数最多．

题型101　线性规划问题

母题技巧

·命题模型·	·解题思路·
线性规划问题 考查形式： 在线性约束条件下，求线性目标函数的最值	(1)“先看边界后取整数”法： 第一步：根据题目写出限定条件对应的不等式组． 第二步：“先看边界”，将不等式直接取等号，求得未知数的解． 第三步：“再取整数”，若所求解为整数，则此整数解即为方程的解；若所求解为小数，则取其左右相邻的整数，进行验证，求出最值． 【注意】这种方法并不严谨，但对于绝大多数选择题来说可以快速得分． (2)图像法． 由已知条件写出约束条件，并作出可行域，进而通过平移目标函数的图像(一般为直线)，在可行域内求线性目标函数的最优解．

母题精练

1. 某农户计划种植黄瓜和韭菜，种植面积不超过 50 亩，投入资金不超过 54 万元，假设种植黄瓜和韭菜的产量、成本和售价如表 7-2 所示：

表 7-2

项目	年产量/(吨·亩$^{-1}$)	年种植成本/(万元·亩$^{-1}$)	售价/(万元·吨$^{-1}$)
黄瓜	4	1.2	0.55
韭菜	6	0.9	0.3

为使一年的种植总利润最大，那么黄瓜和韭菜的种植面积(单位：亩)分别为(　　).

(A)50，0　　(B)30，20　　(C)20，30

(D)0，50　　(E)以上选项均不正确

2. 某公司每天至少要运送 270 吨货物．公司有载重为 6 吨的 A 型卡车和载重为 10 吨的 B 型卡车，A 型卡车每天可往返 4 次，B 型卡车可往返 3 次，A 型卡车每天花费 300 元，B 型卡车每天花费 500 元，若最多可以调用 10 辆车，则该公司每天花费最少为(　　).

(A)2 560 元　　(B)2 800 元　　(C)3 500 元

(D)4 000 元　　(E)4 800 元

3. 某公司每天至少要运送 180 吨货物．公司有 8 辆载重为 6 吨的 A 型卡车和 4 辆载重为 10 吨的 B 型卡车，A 型卡车每天可往返 4 次，B 型卡车可往返 3 次，A 型卡车每天花费 320 元，B 型卡车每天花费 504 元，若最多可以调用 10 辆车，则该公司每天花费最少为(　　)元．

(A)2 560　　(B)2 800　　(C)3 500　　(D)4 000　　(E)4 800

4. 某糖果厂生产甲、乙两种糖果，甲种糖果每箱获利 40 元，乙种糖果每箱获利 50 元，其生产过程分为混合、烹调、包装三道工序，表 7-3 为每箱糖果生产过程中所需平均时间(单位：分钟).

表 7-3

项目	混合	烹调	包装
甲	1	5	3
乙	2	4	1

两种糖果的生产过程中，混合的设备至多只能用机器 12 小时，烹调的设备至多只能用机器 30 小时，包装的设备至多只能用机器 15 小时，则该公司获得最大利润时，应该生产乙糖果(　　)箱．

(A)200　　(B)260　　(C)280　　(D)300　　(E)320

本章奥数及高考改编题

1. 在一段绳子的二等分点、三等分点、四等分点、五等分点上做记号，然后在记号处剪开，剪开后的绳子一共有(　　)段.

(A)9　　(B)10　　(C)11　　(D)14　　(E)15

2. 某部队战士排成方阵行军，另一支队伍共 27 人加入他们的方阵，正好使横竖各增加一排. 那么现在一共有(　　)名战士.

(A)169　　(B)196　　(C)225　　(D)256　　(E)289

3. 某班组织学生到古都西安游学. 由于时间关系，该班只能在甲、乙、丙三个景点中选择一个游览，该班的 27 名同学决定投票来选定游览的景点，约定每人只能选择一个景点，得票最多的景点入选. 则最终投票结果，乙景点的得票数不会超过 9.

(1)若只游览甲、乙两个景点，则有 18 人会选择甲景点.

(2)若只游览乙、丙两个景点，则有 19 人会选择乙景点.

4. 职工甲上下班时可乘地铁或公交车，他习惯于上班时乘地铁，则下班时必乘公交车；下班乘地铁回家，则第二天必乘公交车上班. 上个月职工甲共乘地铁 16 次，早晨乘公交汽车 9 次，下午乘公交汽车 15 次，则职工甲当月出勤期间，有(　　)天未乘坐地铁.

(A)3　　(B)4　　(C)5　　(D)6　　(E)7

5. 国庆假期结束，不少市民返程后会主动进行核酸检测，医院的核酸检测站平均每小时有 60 人排队做检测，每一个检测窗口每小时能检测 80 人，午间休息时段，该医院只有一个检测窗口开放，检测开始 2.5 小时后就没有人排队了，若开放两个检测窗口，那么检测开始(　　)小时后就没有人排队了.

(A)0.25　　(B)0.5　　(C)1　　(D)1.25　　(E)1.5

6. 现有正方形和长方形纸板若干，用这些纸板做一些竖式和横式的无盖纸盒，如图 7-12 所示，正好将纸板用完. 则能确定竖式纸盒总数与横式纸盒总数之比.

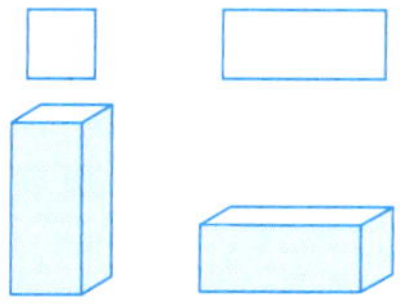

(1)正方形纸板总数与长方形纸板总数比为 1∶2.

(2)正方形纸板总数与长方形纸板总数比为 2∶3.

图 7-12

7. 三个袋中各装有一些球. 如果先从甲袋取出$\frac{1}{3}$的球放入乙袋，再从乙袋取出$\frac{1}{4}$的球放入丙袋，最后从丙袋取出$\frac{1}{10}$的球放入甲袋，这时各袋中的球都是 18 个，则原来甲袋中有(　　)个球.

(A)21　　(B)18　　(C)15　　(D)24　　(E)30

8. 猎犬发现在离它 10 米远的前方有一只奔跑的野兔，马上紧追上去，猎犬的步子大，它跑 5 步的路程，兔子要跑 9 步，但是兔子的动作快，猎犬跑 2 步的时间，兔子能跑 3 步. 则猎犬至少要跑(　　)米才能追上兔子.

(A)45　　(B)48　　(C)50　　(D)55　　(E)60

9. 有甲、乙两个水杯，甲杯有 1 千克水，乙杯是空的．第一次将甲杯中$\frac{1}{2}$的水倒入乙杯；第二次将乙杯中$\frac{1}{3}$的水倒入甲杯；第三次将甲杯中$\frac{1}{4}$的水倒入乙杯；第四次将乙杯中$\frac{1}{5}$的水倒入甲杯；第五次将甲杯中$\frac{1}{6}$的水倒入乙杯；……就这样来回倒下去，一直倒了 2 023 次以后，甲杯里的水还有(　　)千克．

(A)$\frac{2\,022}{2\,023}$　(B)$\frac{1\,012}{2\,023}$　(C)$\frac{3}{5}$　(D)$\frac{1}{2}$　(E)$\frac{1}{3}$

10. 一项工程，第一天甲做，第二天乙做，第三天甲做，第四天乙做，这样交替轮流做，那么恰好用整数天完工；如果第一天乙做，第二天甲做，第三天乙做，第四天甲做，这样交替轮流做，那么完工时间要比前一种多半天．已知乙单独做这项工程需 17 天完成，则甲单独做这项工程需(　　)天完成．

(A)7.5　(B)8.5　(C)15　(D)17　(E)34

11. 某工厂的一个生产小组，9 小时可以完成任务．若仅交换工人 A 和 B 的工作岗位，则可提前 1 小时完成任务；若仅交换 C 和 D 的工作岗位，也可提前 1 小时完成任务．如果同时交换 A 与 B、C 与 D 的工作岗位，则可以提前(　　)小时完成任务．

(A)1.5　(B)1.6　(C)1.8　(D)2　(E)2.4

12. 有若干效率相同的水泵抽水，当这些水泵同时打开，刚好 24 小时抽完．如果先打开第一个，间隔一段时间打开第二个，再依次打开第三个，第四个，……，直至最后一个，最后水抽完时发现，第一台水泵工作时间是最后一台水泵的 7 倍，那么第一台水泵工作(　　)小时．

(A)21　(B)28　(C)35　(D)42　(E)49

13. 甲、乙两人在河边钓鱼，一个路人请求和他们一起分享吃鱼，于是三人将 5 条鱼平分了，为了表示感谢，路人留下 15 元．则甲应分得 12 元，乙分得 3 元．

(1)甲钓了 4 条鱼，乙钓了 1 条鱼．

(2)甲钓了 3 条鱼，乙钓了 2 条鱼．

14. 桌上放了两瓶体积一样的墨水，甲瓶是红墨水，乙瓶是蓝墨水．有一天吕酱油偷偷把两个墨水瓶打开，从甲瓶里倒了一点红墨水至乙瓶，搅匀之后，再从乙瓶里倒出相同体积的墨水至甲瓶，这样两个墨水瓶体积依旧不变，但是里面溶液却已经不同，请问此时(　　)．

(A)甲杯中混入的蓝墨水比乙杯中混入的红墨水少

(B)甲杯中混入的蓝墨水比乙杯中混入的红墨水多

(C)甲杯中混入的蓝墨水与乙杯中混入的红墨水相同

(D)甲杯中混入的蓝墨水比乙杯中混入的红墨水少或者相同

(E)无法判断

15. 某人在 8 点到 9 点之间参加一场会议，当时，时针和分针正好成一条直线(非重合)，会议结束时，时针和分针正好第一次重合．那么这次会议大约开了(　　)分钟．

(A)27　(B)29　(C)31

(D)32　(E)33

16. 甲、乙两人同时从寝室到教室，如果两人步行速度、跑步速度均相同．则能确定谁先到教室．

(1)甲一半路程步行，一半路程跑步．

(2)乙一半时间步行，一半时间跑步．

17. 某厂生产某种产品，前 n 年的总产量 S_n 与 n 之间的关系如图 7-13 所示．从目前记录的结果看，前 m 年的年平均产量最高，m 的值为（　　）.

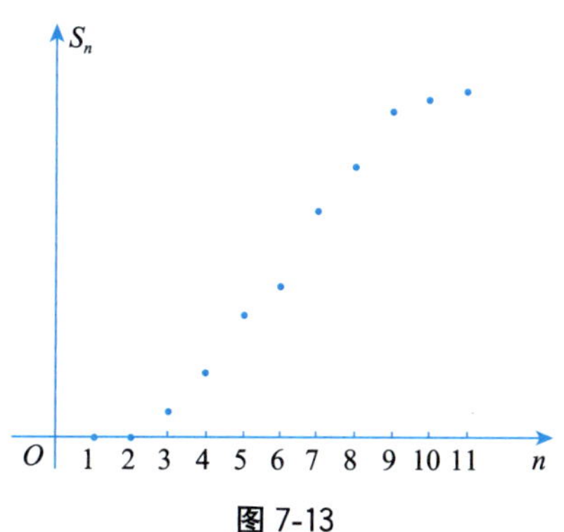

图 7-13

(A)5　　(B)7　　(C)8　　(D)9　　(E)11

18. 图 7-14 表示从 A 站到 B 站的特快车和普通车运行时间(分钟)与距离(千米)的关系．普通车出发 7 分钟后，特快车从 A 站出发，追上了停在途中的普通车后，继续行驶到达 B 站．普通车在特快车到达 B 站后的 5 分钟也随之到达，则普通车在中途停车（　　）分钟．

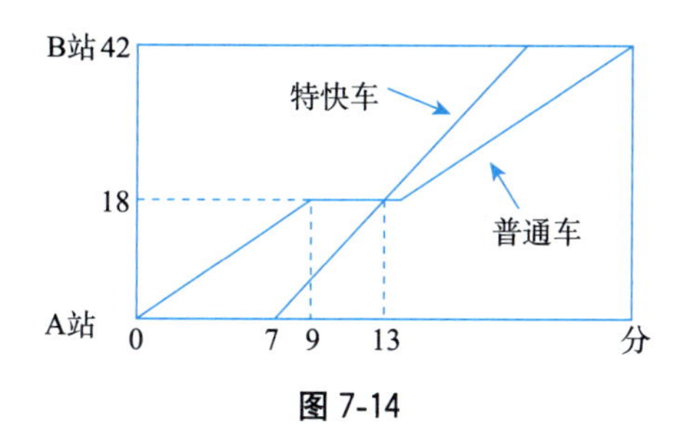

图 7-14

(A)4.5　　(B)4.8　　(C)5　　(D)5.5　　(E)6

19. 某工程如果由一、二、三小队合干，需要 8 天完成；由二、三、四小队合干，需要 10 天完成；由一、四小队合干，需 15 天完成．如果按一、二、三、四、一、二、三、四……的顺序，每个小队干一天的轮流干，那么工程由（　　）小队最后完成．

(A)一　　(B)二　　(C)三　　(D)四　　(E)无法确定

20. 甲和乙同时从 A 地向 B 地出发，丙从 B 地向 A 地出发，甲、乙、丙的速度分别是 4 米/秒、5 米/秒、6 米/秒．在某时刻首次出现某个人走到其他两人正中间；又过了半分钟，这三个人再次出现某个人走到其他两人正中间．则 A、B 两地间的距离为（　　）米．

(A)1 200　　(B)2 100　　(C)2 400

(D)2 520　　(E)5 040

第二部分

专项模考

母题模考 1 ▸ 算术

（共 25 题，每题 3 分，限时 60 分钟）　　你的得分是________

一、问题求解：第 1～15 小题，每小题 3 分，共 45 分．下列每题给出的(A)、(B)、(C)、(D)、(E)五个选项中，只有一项是符合试题要求的．

1. 已知实数 k 满足 $|2\,022-k|+\sqrt{k-2\,023}=k$，则 $k-2\,022^2=$（　　）.

(A)2 022　(B)$\sqrt{2\,022}$　(C)2 023　(D)$2\,023^2$　(E)0

2. 满足不等式 $|x-2|-|2x-1|<0$ 的 x 的取值范围是（　　）.

(A)$(-1, 1)$　(B)$(-\infty, -1)$

(C)$(1, +\infty)$　(D)$(-\infty, -1)\cup(1, +\infty)$

(E)$\left(-\infty, -\frac{\sqrt{3}}{2}\right)\cup\left(\frac{\sqrt{3}}{2}, +\infty\right)$

3. 已知小礼盒每盒装 10 个苹果，大礼盒每盒装 17 个苹果．现对一百多个苹果进行包装，若全部使用小礼盒，则最后一盒只有 2 个苹果；若全部使用大礼盒，则最后一盒只有 6 个苹果．则苹果最少有（　　）个．

(A)89　(B)104　(C)126　(D)142　(E)150

4. 若对于任意 $x\in\mathbf{R}$，$|x|\geqslant ax$ 恒成立，则实数 a 的取值范围为（　　）.

(A)$(-\infty, 1)$　(B)$[-1, 1]$　(C)$(-1, +\infty)$

(D)$(-1, 1)$　(E)$[-1, +\infty)$

5. 已知某 7 个数的平均数为 3，方差为 3，现加入一个新数据 3，此时这组数据的平均数为 $\overline{x}$，标准差为 S，则（　　）.

(A)$\overline{x}=3$，$S<\sqrt{3}$　(B)$\overline{x}=3$，$S>\sqrt{3}$　(C)$\overline{x}=3$，$S=\sqrt{3}$

(D)$\overline{x}>3$，$S>\sqrt{3}$　(E)$\overline{x}>3$，$S<\sqrt{3}$

6. 若 x，y 是有理数，且满足 $(2-\sqrt{2})x+(1+2\sqrt{2})y-4-3\sqrt{2}=0$，则 x，y 的值分别为（　　）.

(A)1，2　(B)1，-2　(C)2，3　(D)-2，-3　(E)1，3

7. 已知 N 为自然数，被 9 除余 7，被 8 除余 6，被 7 除余 5，且 $100<N<2\,000$，则 N 取值共有（　　）个．

(A)1　(B)2　(C)3　(D)4　(E)5

8. $\left(\frac{1}{1+\sqrt{2}}+\frac{1}{\sqrt{2}+\sqrt{3}}+\cdots+\frac{1}{\sqrt{2\,021}+\sqrt{2\,022}}+\frac{1}{\sqrt{2\,022}+\sqrt{2\,023}}\right)\times(1+\sqrt{2\,023})=$（　　）.

(A)2 021　(B)2 022　(C)2 023　(D)2 024　(E)2 025

9. 已知 a，b 都是质数，且 $3a+7b=41$，则 $a-b=$（　　）.

(A)2　(B)-2　(C)3　(D)-3　(E)5

10. 已知 m，n，p 均是实数，且 $mnp>0$，$m+n+p=0$. 若 $x=\frac{m}{|m|}+\frac{n}{|n|}+\frac{p}{|p|}$，$y=m\left(\frac{1}{n}+\frac{1}{p}\right)+n\left(\frac{1}{m}+\frac{1}{p}\right)+p\left(\frac{1}{m}+\frac{1}{n}\right)$，则 $2x-y=$(　　).

(A)1　　(B)-1　　(C)0　　(D)2　　(E)-5

11. 已知 x，y，z 是非零实数，且 $|y|>|x-z|$，则下列不等式成立的是(　　).

(A)$x>y-z$

(B)$x<y+z$

(C)$|x|<|y|+|z|$

(D)$|x|>|y|-|z|$

(E)$|y|<|x|+|z|$

12. 等式 $|2a-1|=|3a+5|-|a+6|$ 成立，则实数 a 的取值范围为(　　).

(A)$\left(-\infty, \frac{1}{2}\right]$

(B)$(-1, +\infty)$

(C)$\left[-6, \frac{1}{2}\right]$

(D)$\left(-\infty, -\frac{1}{2}\right]\cup[6, +\infty)$

(E)$(-\infty, -6]\cup\left[\frac{1}{2}, +\infty\right)$

13. 已知 $\frac{1}{a}:\frac{1}{b}:\frac{1}{c}=2:3:4$，则 $(a+b):(b+c):(a+c)=$(　　).

(A)$7:4:6$

(B)$5:6:7$

(C)$7:6:10$

(D)$10:7:9$

(E)$4:3:2$

14. 已知等式 $(1+\sqrt{3})^3=m+n\sqrt{3}$ 成立，则 $\frac{m}{n}=$(　　).

(A)1　　(B)$\frac{5}{3}$　　(C)$\frac{4}{3}$　　(D)$\frac{3}{5}$　　(E)$\frac{5}{2}$

15. 已知 m，n 均为正实数，且 $3m+n=6$，则 $\lg m+\lg n$ 的最大值为(　　).

(A)$\lg 2$　　(B)$\frac{1}{2}\lg 3$　　(C)$\lg 3$　　(D)$3\lg 2$　　(E)$2\lg 3$

二、条件充分性判断：第 16～25 小题，每小题 3 分，共 30 分．要求判断每题给出的条件(1)和(2)能否充分支持题干所陈述的结论．(A)、(B)、(C)、(D)、(E)五个选项为判断结果，请选择一项符合试题要求的判断．

(A)条件(1)充分，但条件(2)不充分．

(B)条件(2)充分，但条件(1)不充分．

(C)条件(1)和条件(2)单独都不充分，但条件(1)和条件(2)联合起来充分．

(D)条件(1)充分，条件(2)也充分．

(E)条件(1)和条件(2)单独都不充分，条件(1)和条件(2)联合起来也不充分．

16. 不等式 $x^2+1>|x-2|+|x+1|$ 成立．

(1)$x\in(-\infty, -2)$．

(2)$x\in(\sqrt{2}, +\infty)$．

17. 已知 x，y，z 均为实数．则$\frac{1}{x^2}+\frac{1}{y^2}+\frac{1}{z^2}>x+y+z$.

(1)$xyz=1$.

(2)x，y，z 不完全相等．

18. 不等式$|x+3|+|x+2|<m$ 有实数解．

(1)$0<m<1$.

(2)$m\geqslant 1$.

19. a^2+1 是质数．

(1)a 是质数．

(2)a^3+3 是质数．

20. 已知 a，b 为正实数．则$\sqrt{a}$ 和 $\sqrt{b}$ 的算术平方根的几何平均值为$\sqrt{3}$.

(1)$a=9$，$b=9$.

(2)$a=3$，$b=27$.

21. $(m+1)^3-(m+1)(m^2-m+1)$能被 6 整除．

(1)m 是负整数．

(2)m 是自然数．

22. 方程$||x+1|-1|=m$ 只有两个不同的解．

(1)$0<m<1$.

(2)$m\geqslant 2$.

23. 若 a，b，c 是三个连续的正整数．则 N 是偶数．

(1)$N=a+b+c$.

(2)$N=(a+b)(b+c)$.

24. $a=b$.

(1)样本甲 x_1，x_2，…，x_n 的平均数为 a.

(2)样本乙 x_1，x_2，…，x_n，a 的平均数为 b.

25. 已知 m，n 都为正整数，且 $m<n$．则 $n-m=126$.

(1)m，n 的最小公倍数是最大公约数的 7 倍．

(2)$m+n=168$.

母题模考 2 ▸ 整式与分式

（共 25 题，每题 3 分，限时 60 分钟）　　你的得分是________

一、问题求解：第 1～15 小题，每小题 3 分，共 45 分．下列每题给出的(A)、(B)、(C)、(D)、(E)五个选项中，只有一项是符合试题要求的．

1. 一个二次三项式的完全平方式为 $x^4-4x^3+6x^2+mx+n$，则 $mn=$(　　)．

(A)-2　(B)-4　(C)0　(D)4　(E)2

2. 已知多项式 $f(x)=x^3+mx^2+nx-12$ 有一次因式 $x-1$，$x-2$，则多项式的另外一个一次因式为(　　)．

(A)$2x-6$　(B)$x+6$　(C)$x-6$　(D)$x-3$　(E)$x+3$

3. p，q 均为大于零的实数，且 $p^2+\frac{1}{p^2}=14$，$\frac{q^2}{q^4+q^2+1}=\frac{1}{8}$，则 $\frac{(p^2+p+1)(q^2+q+1)}{pq}=$(　　)．

(A)6　(B)12　(C)16　(D)20　(E)25

4. 已知 x，y 满足 $x^2+y^2=4x-2y-5$，则代数式 $\frac{x+y}{x-y}=$(　　)．

(A)2　(B)$\frac{1}{3}$　(C)3　(D)$\frac{1}{4}$　(E)$-\frac{1}{3}$

5. 已知多项式 mx^3+nx^2+px+q 除以 $x-1$ 的余式为 1，除以 $x-2$ 的余式为 3，则 mx^3+nx^2+px+q 除以$(x-1)(x-2)$的余式为(　　)．

(A)$2x-1$　(B)$x-2$　(C)$3x-2$　(D)$2x+1$　(E)$x+1$

6. 已知 $\frac{xy}{x-y}=\frac{1}{3}$，则 $\frac{2x+3xy-2y}{x-y-2xy}=$(　　)．

(A)9　(B)-9　(C)3　(D)-3　(E)$\frac{9}{2}$

7. $(1+x)^2(1-x)^8$ 的展开式中 x^3 的系数为(　　)．

(A)8　(B)-8　(C)-28
(D)36　(E)-36

8. 多项式 $(x+ay+p)(x+by+q)=x^2-6y^2-xy-x+13y-6$，则 $\frac{ab}{p+q}=$(　　)．

(A)3　(B)-3　(C)6
(D)-6　(E)$-\frac{6}{5}$

9. 已知 m，n 是大于零的实数，且满足 $m+mn+2n=30$，则 $\frac{1}{mn}$ 的最小值为(　　)．

(A)$\frac{1}{18}$　(B)$\frac{1}{16}$　(C)$\frac{1}{9}$
(D)$\frac{1}{14}$　(E)$\frac{1}{5}$

10. 已知实数 a，b，c 满足 $\frac{2}{a}=\frac{3}{b-c}=\frac{5}{a+c}$，则 $\frac{a+2c}{3a+b}$=(　　).

(A)1　　(B)$\frac{1}{6}$　　(C)$\frac{1}{3}$

(D)$\frac{2}{3}$　　(E)$\frac{1}{2}$

11. 已知 x^3+2x^2-x+a 的一个因式为 $x+1$，则 a=(　　).

(A)-2　　(B)-1　　(C)1

(D)2　　(E)0

12. 已知 $f(x)$是三次多项式，且 $f(1)=f(-2)=f(3)=5$，$f(2)=3$，则 $f(0)$=(　　).

(A)-2　　(B)0　　(C)5　　(D)6　　(E)8

13. 设△ABC 的三边分别为 a，b，c，且 $a^2+2bc=b^2+2ac=c^2+2ab=27$，则△$ABC$ 是(　　).

(A)等腰三角形　　(B)等边三角形　　(C)等腰直角三角形

(D)直角三角形　　(E)无法确定

14. 若 $(1-x)^5=a_0+a_1x+a_2x^2+a_3x^3+a_4x^4+a_5x^5$，则 $|a_0|-|a_1|+|a_2|-|a_3|+|a_4|-|a_5|$=(　　).

(A)0　　(B)1　　(C)-1

(D)32　　(E)60

15. 已知△ABC 的三边长为 a，b，c，且 $1+\frac{b}{c}=\frac{b+c}{b+c-a}$，则可以确定△$ABC$ 为(　　).

(A)等腰三角形　　(B)等边三角形　　(C)等腰直角三角形

(D)直角三角形　　(E)无法确定

二、条件充分性判断：第 16～25 小题，每小题 3 分，共 30 分．要求判断每题给出的条件(1)和(2)能否充分支持题干所陈述的结论．(A)、(B)、(C)、(D)、(E)五个选项为判断结果，请选择一项符合试题要求的判断．

(A)条件(1)充分，但条件(2)不充分．

(B)条件(2)充分，但条件(1)不充分．

(C)条件(1)和条件(2)单独都不充分，但条件(1)和条件(2)联合起来充分．

(D)条件(1)充分，条件(2)也充分．

(E)条件(1)和条件(2)单独都不充分，条件(1)和条件(2)联合也不充分．

16. $\frac{2x-1}{x^2-x-2}=\frac{m}{x+1}+\frac{n}{x-2}(x\neq-1，x\neq2)$.

(1)$m=1$，$n=1$.

(2)$m=-1$，$n=-1$.

17. 已知实数 a，b，c. 则 $(a-b)^2+(b-c)^2+(c-a)^2$ 的最大值可以确定．

(1)$a^2+b^2+c^2=6$.

(2)$ab+bc+ac=6$.

18. 多项式 x^2-x-2 与 x^2+ax+b 的乘积中不含 x^2，x^3 项．

(1)$a:b=1:3$.

(2)$a=1$，$b=3$.

19. 多项式 x^4+ax^2+bx+6 能被 x^2-3x+2 整除．

(1)$a=4$，$b=3$.

(2)$a=-4$，$b=-3$.

20. 多项式 $f(x)$除以 $x-3$ 所得的余式为 2.

(1)多项式 $f(x)$除以 x^2-2x-3 所得的余式为 $2x-4$.

(2)多项式 $f(x)$除以 x^3-3x^2-x+3 所得的余式为 x^2-2x-1.

21. $\frac{m}{n}+\frac{n}{m}=-1$.

(1)$\frac{1}{m}+\frac{1}{n}=\frac{1}{m+n}$.

(2)$3m^2+2mn-n^2=0$.

22. $x^2+9x+2-(2x-1)(2x+1)=0$.

(1)$x+\frac{1}{x}=3$.

(2)$x-\frac{1}{x}=3$.

23. $\triangle ABC$ 的边长为 a，b，c．则$\triangle ABC$ 为等腰三角形．

(1)$(a^2-b^2)(c^2-a^2-b^2)=0$.

(2)$(c+b)(c-b)>a^2$.

24. $f(x)$的最大值为$\frac{1}{3}$.

(1)$f(x)=\frac{1}{x^2-2x+4}$.

(2)$f(x)=\frac{1}{x^2+4x+7}$.

25. 已知 x，y，z 为非零实数．则$\frac{3x^2+yz-y^2}{x^2-2xy+2z^2}=\frac{1}{3}$.

(1)$x+y-z=0$.

(2)$x-2y+z=0$.

母题模考 3 ▶ 函数、方程和不等式

（共 25 题，每题 3 分，限时 60 分钟）　　你的得分是________

一、问题求解：第 1～15 小题，每小题 3 分，共 45 分．下列每题给出的(A)、(B)、(C)、(D)、(E)五个选项中，只有一项是符合试题要求的．

1. 若方程 $x^2-3x-2=0$ 的两根为 a，b，则 $a^2+3b^2-6b=$(　　).

(A)3　(B)9　(C)13　(D)15　(E)17

2. 当函数 $y=\frac{2}{x}+x^2(x>0)$ 取最小值时，$\sqrt{y^x+x^y}=$(　　).

(A)1　(B)$\sqrt{2}$　(C)2　(D)3　(E)4

3. 已知一元二次不等式 $ax^2+bx+6<0$ 的解集是 $\left(\frac{3}{2},\ 2\right)$，则 $\frac{a}{b}=$(　　).

(A)$\frac{1}{2}$　(B)$\frac{7}{2}$　(C)$-\frac{7}{2}$　(D)$-\frac{2}{7}$　(E)$\frac{3}{7}$

4. 关于 x 的方程 $x^2-(k^2+2)x+k=0(1\leqslant k\leqslant 3)$ 的两个实根为 m，n，则 $\frac{1}{m}+\frac{1}{n}$ 的最小值为(　　).

(A)1　(B)$\frac{1}{2}$　(C)$\frac{\sqrt{2}}{2}$　(D)$\sqrt{2}$　(E)$2\sqrt{2}$

5. 不等式 $ax^2-2ax+\frac{1}{a+1}>0$ 对任意实数 x 都成立，则 a 的取值范围为(　　).

(A)$0\leqslant a<\frac{\sqrt{5}-1}{2}$　(B)$\frac{-\sqrt{5}-1}{2}<a<\frac{\sqrt{5}-1}{2}$

(C)$0<a<\frac{\sqrt{5}-1}{2}$　(D)$a>\frac{\sqrt{5}-1}{2}$

(E)$\frac{-\sqrt{5}-1}{2}<a\leqslant 0$

6. 若函数 $f(x)=1-\log_x 7+\log_{x^2}4+\log_{x^3}27$，且 $f(x)<0$，则 x 的取值范围为(　　).

(A)$\left(0,\ \frac{7}{6}\right)$　(B)$\left(1,\ \frac{7}{6}\right)$　(C)$\left(0,\ \frac{6}{7}\right)$　(D)$\left(\frac{6}{7},\ 1\right)$　(E)$(0,\ 1)$

7. m，n 是一元二次方程 $x^2-2ax+a+2=0$ 的两个实根，则 m^2+n^2 的最小值为(　　).

(A)-4　(B)-2　(C)$-\frac{17}{4}$　(D)2　(E)$\frac{17}{4}$

8. 已知函数 $f(x)=\lg[x^2+(a+1)x+1]$ 的定义域为全体实数，则实数 a 的取值范围是(　　).

(A)$-3\leqslant a\leqslant 1$　(B)$-3<a<1$

(C)$-3\leqslant a<1$　(D)$-1<a<3$

(E)$-1\leqslant a\leqslant 3$

9. 关于 x 的方程 $\left|x^2+mx-\frac{3}{4}m^2\right|=m$ 恰有 3 个不相等的实根，则这 3 个根之积为(　　).

(A)1　(B)$\frac{8}{7}$　(C)$\frac{7}{8}$　(D)$-\frac{1}{2}$　(E)$-\frac{7}{8}$

10. 关于 x 的不等式$\frac{x-a}{x^2+x+1}<\frac{x-b}{x^2-x+1}$的解集为$\left(-\infty, \frac{1}{3}\right)\cup(1, +\infty)$，则$\frac{a+b}{a-b}=$(　　).

(A)-4　　(B)0　　(C)2　　(D)$\frac{7}{2}$　　(E)4

11. 不等式$\frac{2x^2-3}{x^2-1}>1$的解集为(　　).

(A)$(-\infty, -\sqrt{2})\cup(-1, 1)\cup(\sqrt{2}, +\infty)$

(B)$(-\infty, -\sqrt{2})\cup[-1, 1]\cup(\sqrt{2}, +\infty)$

(C)$(-\infty, -\sqrt{2})\cup(-1, 1)$

(D)$[-1, 1)\cup(\sqrt{2}, +\infty)$

(E)$(-\sqrt{2}, -1)\cup(1, \sqrt{2})$

12. 已知 m，n 是关于 x 的方程 $x^2-(2a+2)x+a^2=0$ 的两个实数根，且$\frac{1}{m}+\frac{1}{n}=2$，则 $a=$(　　).

(A)$\frac{1-\sqrt{5}}{2}$　　(B)$\frac{1+\sqrt{5}}{2}$　　(C)$\frac{-1-\sqrt{5}}{2}$　　(D)$\frac{-1+\sqrt{5}}{2}$　　(E)$\frac{1\pm\sqrt{5}}{2}$

13. 学校安排 120 名中学生选修课程，有物理、化学、生物三门课程可供选择，已知有 82 人选择了物理，95 人选择了化学，73 人选择了生物，三门都选的有 60 人，则至少选择两门的学生共(　　)名.

(A)52　　(B)62　　(C)70　　(D)73　　(E)78

14. 不等式$\sqrt{2x-3}-\sqrt{x-2}>0$的解集为(　　).

(A)$x>2$　　(B)$x>1$　　(C)$1<x\leqslant 2$　　(D)$x<1$　　(E)$x\geqslant 2$

15. 当 $x\in\left[0, \frac{3}{2}\right]$时，函数 $f(x)=-x^2+4x+k$ 有最小值 1，则此区间内函数 $f(x)$的最大值为(　　).

(A)$\frac{7}{2}$　　(B)4　　(C)$\frac{19}{4}$　　(D)$\frac{13}{2}$　　(E)$\frac{17}{4}$

二、条件充分性判断：第 16～25 小题，每小题 3 分，共 30 分．要求判断每题给出的条件(1)和(2)能否充分支持题干所陈述的结论．(A)、(B)、(C)、(D)、(E)五个选项为判断结果，请选择一项符合试题要求的判断．

(A)条件(1)充分，但条件(2)不充分．

(B)条件(2)充分，但条件(1)不充分．

(C)条件(1)和条件(2)单独都不充分，但条件(1)和条件(2)联合起来充分．

(D)条件(1)充分，条件(2)也充分．

(E)条件(1)和条件(2)单独都不充分，条件(1)和条件(2)联合也不充分．

16. $|\log_a x|>1$.

(1)$a\in(1, 2)$，$x\in(2, 3)$.

(2)$a\in\left(\frac{1}{2}, 1\right)$，$x\in(3, 4)$.

17. $x^2-2|x|-15>0$ 成立.

(1)$x\in(-5, 5)$.

(2)$x\in(-\infty, -4)$.

18. 一元二次方程 $x^2+x+a-2=0$ 与 $x^2+ax-1=0$ 只存在一个公共根.

(1)$a=0$.

(2)$a=1$.

19. 一元二次方程 $ax^2+bx+c=0(a\neq 0)$有两个不同的实根.

(1)$a+c=0$.

(2)$a+b=-c$.

20. 一元二次方程 $x^2-2x-m(m+1)=0$ 的两根分别为 x_1，x_2，且 $x_1<x_2$. 则 $x_1<2<x_2$.

(1)$-4<m<-2$.

(2)$3<m<\frac{9}{2}$.

21. 方程 $f(x)=0$ 有两个实根 m，n. 则$\sqrt{\frac{m}{n}}+\sqrt{\frac{n}{m}}=2$.

(1)$f(x)=x^2-2x+1$.

(2)$f(x)=x^2+2\sqrt{2}x+2$.

22. 二次函数 $y=2x^2-mx+m$ 的图像与以(0, 0)，(1, 1)为端点的线段有交点(不包括两个端点).

(1)$m\leqslant -1$.

(2)$m\leqslant 3-2\sqrt{2}$ 或 $m\geqslant 3+2\sqrt{2}$.

23. 一元二次方程 $ax^2+bx+c=0$ 有两个不同的实根.

(1)$a>b>c$.

(2)一元二次方程 $ax^2+bx+c=0$ 的一个根为 1.

24. 一元二次方程 $2x^2-ax-x+a+3=0$ 的两实根为 x_1，x_2. 则 $|x_1-x_2|=1$.

(1)$a=-3$.

(2)$a=9$.

25. $a=3$.

(1)关于 x 的方程 $x^2-(2a+4)x+a^2-10=0$ 的两根之差的绝对值为 $2\sqrt{2}$.

(2)关于 x 的一元二次方程 $ax^2-6x+3=0$ 有两个相等的实根.

母题模考 4 ▸ 数列

（共 25 题，每题 3 分，限时 60 分钟）　　你的得分是________

一、问题求解：第 1～15 小题，每小题 3 分，共 45 分．下列每题给出的(A)、(B)、(C)、(D)、(E)五个选项中，只有一项是符合试题要求的．

1. 已知数列$\{a_n\}$的通项公式为$a_n=\frac{2n+1+(-1)^{n+1}}{4}$，则数列$\{a_n\}$的前 50 项和$S_{50}=$(　　).

(A)460　(B)570　(C)625　(D)650　(E)662.5

2. 已知一个等差数列共有 30 项，奇数项之和与偶数项之和分别为 60 和 45，则该数列的公差为(　　).

(A)1　(B)-1　(C)$\frac{1}{2}$　(D)$-\frac{1}{2}$　(E)2

3. 已知$\{a_n\}$是等差数列，$a_1+a_3+a_5=51$，$a_2+a_4+a_6=45$，$\{a_n\}$的前n项和为S_n，则S_n取最大值时$n=$(　　).

(A)9　(B)10　(C)11　(D)10 或 11　(E)11 或 12

4. 等比数列$\{a_n\}$的前n项和为S_n，若$S_{30}=124$，$S_{60}=310$，则$S_{90}=$(　　).

(A)480　(B)520　(C)589　(D)635　(E)671

5. S_n是等差数列$\{a_n\}$的前n项和，且$a_1=\frac{S_{102}}{102}-\frac{S_{100}}{100}=2$，则数列$\left\{\frac{1}{S_n}\right\}$的前 20 项和为(　　).

(A)$\frac{1}{20}$　(B)$\frac{20}{21}$　(C)$\frac{1}{21}$　(D)$\frac{19}{20}$　(E)1

6. 设无穷递减等比数列$\{a_n\}$的前n项和为S_n，所有项之和为T，若$T=S_n+4a_n$，则公比$q=$(　　).

(A)$\frac{1}{3}$　(B)$\frac{2}{3}$　(C)$\frac{3}{4}$　(D)$\frac{1}{5}$　(E)$\frac{4}{5}$

7. 实数a，b，c，d成等比数列，前 3 个数的积为 1，后 3 个数的积为$\frac{125}{27}$，则公比$q=$(　　).

(A)$\frac{2}{3}$　(B)$\frac{5}{4}$　(C)$\frac{6}{5}$　(D)$\frac{5}{3}$　(E)$\frac{4}{5}$

8. 已知数列$\{a_n\}$的首项$a_1=0$，且$a_{n+1}=a_n+2n+1$，则$a_{12}=$(　　).

(A)97　(B)102　(C)123　(D)131　(E)143

9. 设$\{a_n\}$是等差数列，$\{b_n\}$是各项均为正数的等比数列，且$a_1=b_1=1$，$a_3+b_3=9$，$a_5+b_5=25$，则$\frac{a_n}{b_n}=$(　　).

(A)$\frac{2n-1}{2^{n-1}}$　(B)$\frac{2n}{2^{n-1}}$　(C)$\frac{2n-1}{2^n}$　(D)$\frac{n}{2^{n-1}}$　(E)$\frac{3n}{2^{n-1}}$

10. 若$\{a_n\}$是等比数列，其公比为整数，且$a_3+a_8=62$，$a_2a_9=-128$，则$a_{13}=$(　　).

(A)-512　(B)$-1\ 024$　(C)$-2\ 048$　(D)$-3\ 072$　(E)$-3\ 824$

11. $S_n=\frac{2}{3}a_n+\frac{1}{3}$是数列$\{a_n\}$的前 n 项和，则数列$\{a_n\}$的通项公式为(　　).

(A)$(-2)^{n-1}$　　(B)2^{n-1}　　(C)3^{n-1}　　(D)2^n-1　　(E)$(-2)^n+1$

12. 在等差数列$\{a_n\}$中，a_2，a_7是方程 $3x^2+9x-24=0$ 的两个根，则数列$\{a_n\}$的前 8 项和 $S_8=$(　　).

(A)32　　(B)-12　　(C)12　　(D)-16　　(E)16

13. 已知$\{a_n\}$为各项均为正的等比数列，取其偶数项所组成的新数列的前 n 项和为 $S_n=2\times(4^n-1)$，则原数列的通项公式为(　　).

(A)2^{n-1}　　(B)3×2^n　　(C)$\frac{1}{3}\times2^{n-1}$　　(D)$3\times2^{n+1}$　　(E)$3\times2^{n-1}$

14. 若 k，3，b 三个数成等差数列，则直线 $y=kx+b$ 恒过定点(　　).

(A)(1，2)　　(B)(1，3)　　(C)(2，4)

(D)(1，6)　　(E)(3，5)

15. 我国古代数学名著《算法统宗》中有如下问题："诸葛亮领八员将，每将又分八个营，每营里面排八阵，每阵先锋有八人，每人旗头俱八个，每个旗头八队成，每队更该八个甲，每个甲头八个兵."则该问题中将官、先锋、旗头、队长、甲头、士兵共有(　　)人.

(A)$\frac{8^7-8}{7}$　　(B)$\frac{8^9-8}{7}$　　(C)$8+\frac{8^7-8}{7}$

(D)$8+\frac{8^9-8^4}{7}$　　(E)$\frac{8^8-8}{7}$

二、条件充分性判断：第 16～25 小题，每小题 3 分，共 30 分．要求判断每题给出的条件(1)和(2)能否充分支持题干所陈述的结论．(A)、(B)、(C)、(D)、(E)五个选项为判断结果，请选择一项符合试题要求的判断．

(A)条件(1)充分，但条件(2)不充分.

(B)条件(2)充分，但条件(1)不充分.

(C)条件(1)和条件(2)单独都不充分，但条件(1)和条件(2)联合起来充分.

(D)条件(1)充分，条件(2)也充分.

(E)条件(1)和条件(2)单独都不充分，条件(1)和条件(2)联合也不充分.

16. 等差数列$\{a_n\}$的首项$a_1=\frac{1}{3}$. 则 $a_n=33$.

(1)$a_6-a_3=2$，$n=50$.

(2)$a_2+a_4=10$，$n=15$.

17. 若$\{a_n\}$是等比数列．则$\{a_n\}$的公比为 3.

(1)$a_{66}=9a_{64}$.

(2)数列$\{a_na_{n+1}\}$的公比为 9.

18. 已知 a，b，c，d 四个数成等比数列．则 $ad=2$.

(1)c，a，d 成等差数列.

(2)方程 $x^2-6x+2=0$ 的两根为 $x_1=b$，$x_2=c$.

19. 已知 a，b，c 均为实数．则有$\frac{a}{c}+\frac{c}{a}=\frac{34}{15}$.

(1)$3a$，$4b$，$5c$ 成等比数列．

(2)$\frac{1}{a}$，$\frac{1}{b}$，$\frac{1}{c}$成等差数列．

20. $a_1+a_3+a_5=14$.

(1)$\{a_n\}$为等差数列，$a_2+a_4=\frac{28}{3}$.

(2)等式$(2x-1)^3=a_0x^5+a_1x^4+a_2x^3+a_3x^2+a_4x+a_5$对任意实数 x 成立．

21. 已知$\{a_n\}$是等差数列．则有 $S_{20}=160$.

(1)$a_3+a_{18}=16$.

(2)$S_8=15$，$S_{12}=47$.

22. 已知数列$\{a_n\}$的前 n 项和为 S_n. 则 $S_n=2^n-1$.

(1)数列$\{a_n\}$的通项公式为 $a_n=2^{n-1}$.

(2)数列$\{a_n\}$各项均为正，且数列$\{a_n^2\}$的前 n 项和 $T_n=\frac{4^n-1}{3}$.

23. 已知 a，b，c，d 成等比数列，公比为 q. 则 $a+b$，$b+c$，$c+d$ 也成等比数列．

(1)$q=1$.

(2)$q=-1$.

24. $a_1a_6<a_3a_4$.

(1)$\{a_n\}$为等差数列，且首项 $a_1>0$.

(2)$\{a_n\}$为等差数列，且公差 $d\neq 0$.

25. 设数列$\{a_n\}$的首项 $a_1<0$. 则 $a_6>0$.

(1)$\{a_n\}$为等差数列，$S_3=S_7$.

(2)$\{a_n\}$为等比数列，$S_8=0$.

母题模考5 ▸ 几何

（共25题，每题3分，限时60分钟）　　你的得分是________

一、问题求解：第1～15小题，每小题3分，共45分．下列每题给出的(A)、(B)、(C)、(D)、(E)五个选项中，只有一项是符合试题要求的．

1. 如图1所示，扇形AOB中，$AO=BO=2$，$\angle AOB=90°$，扇形内两个半圆分别以AO，BO为直径，并交于点C，则阴影部分面积为(　　).

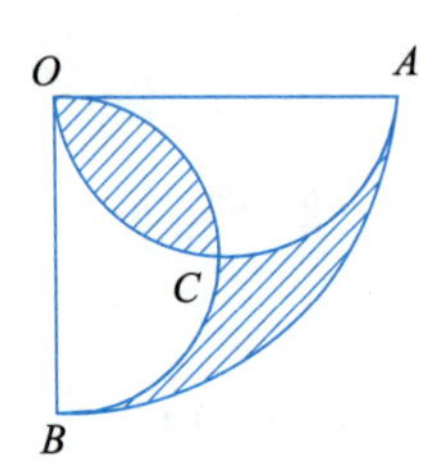

图1

(A)$\pi-1$　　(B)$\frac{\pi}{2}-2$　　(C)$\pi-2$　　(D)$\frac{\pi}{2}-1$　　(E)$\frac{\pi-1}{2}$

2. 已知一球体的体积为$\frac{\pi}{6}$，一正方体的各个顶点都在球上，则正方体的表面积为(　　).

(A)$\frac{1}{3}$　　(B)$\frac{\sqrt{3}}{9}$　　(C)2　　(D)$\frac{1}{2}$　　(E)$\frac{\pi}{2}$

3. 两条平行线l_1，l_2分别过点$P(-1,2)$，$Q(2,-3)$，则l_1，l_2之间距离的取值范围是(　　).

(A)$(5,+\infty)$　　(B)$(0,5]$　　(C)$(\sqrt{34},+\infty)$

(D)$(5,\sqrt{34}]$　　(E)$(0,\sqrt{34}]$

4. 如图2所示，$\triangle ABC$的面积为a，若$S_{\triangle ABE}=S_{\triangle EBD}=S_{\triangle EDC}$，则$S_{\triangle ADE}=$(　　).

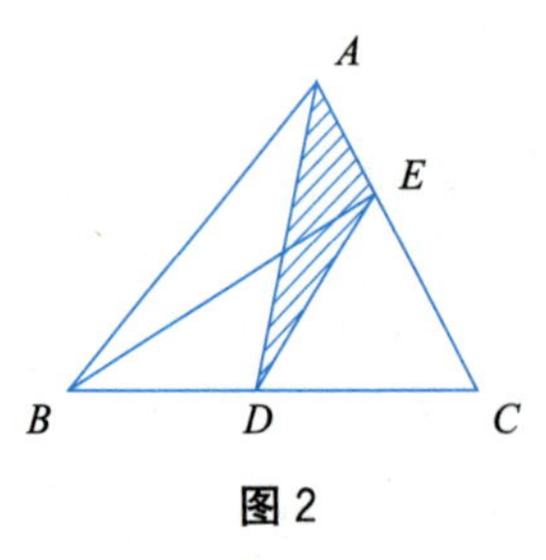

图2

(A)$\frac{1}{2}a$　　(B)$\frac{1}{3}a$　　(C)$\frac{1}{4}a$　　(D)$\frac{1}{5}a$　　(E)$\frac{1}{6}a$

5. 直线$x+2y-1=0$关于$y=1$对称的直线方程是(　　).

(A)$x-2y+3=0$　　(B)$x-2y+5=0$　　(C)$x-2y-3=0$

(D)$2x-y-3=0$　　(E)$x+2y+3=0$

6. 如图 3 所示，AC，BP 将矩形分为四部分，已知$\triangle AOP$ 的面积为 6，$\triangle AOB$ 的面积为 9，则阴影部分面积为(　　).

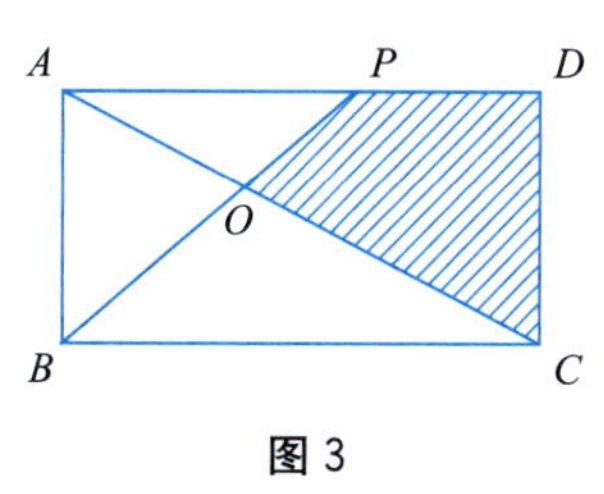

图 3

(A)15　　(B)$\frac{31}{2}$　　(C)$\frac{33}{2}$　　(D)$\frac{28}{3}$　　(E)16

7. 若一正方体的体积为 V，有一圆柱体的高等于正方体的棱长，且侧面积等于正方体的侧面积，则该圆柱体的体积为(　　).

(A)$\frac{3}{4}V$　　(B)$\frac{3}{2}V$　　(C)$\frac{\pi}{3}V$　　(D)$\frac{\pi}{4}V$　　(E)$\frac{4}{\pi}V$

8. 已知直线 l_1：$(m^2-m)x-y=mx-4$ 与直线 l_2：$(m^2-3m+2)x+(m-1)y=2m$ 平行，则实数 $m=$(　　).

(A)2 或±1　　(B)-1　　(C)2 或-1　　(D)1　　(E)±1

9. 已知直线 l：$x+y=3$ 与圆 O：$x^2+y^2-2x+4y-k=0$ 交于点 A，B，若 AO 垂直于 BO，则 $k=$(　　).

(A)-1　　(B)4　　(C)11　　(D)16　　(E)20

10. 已知直线$\frac{x}{a}+\frac{y}{b}=1$过点(2，3)，且 a，b 均大于零，则直线与坐标轴所围成三角形的面积最小为(　　).

(A)8　　(B)9　　(C)11　　(D)12　　(E)16

11. 一圆柱体的高增加到原来的 3 倍，底面半径也增加到原来的 3 倍，则其外接球的体积增加为原来的(　　)倍.

(A)8　　(B)9　　(C)16　　(D)25　　(E)27

12. 坐标系中有 M，N 两条直线，位置关系如图 4 所示，两直线方程分别为 M：$x+ay+b=0$，N：$x+cy+d=0$，则有(　　).

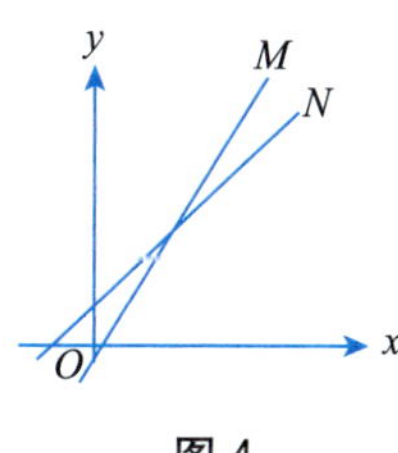

图 4

(A)$a>c$，$b>0$，$d>0$　　(B)$a>c$，$b<0$，$d>0$　　(C)$a<c$，$b<0$，$d<0$

(D)$a<c$，$b<0$，$d>0$　　(E)$a>c$，$b>0$，$d<0$

13. 若直线 M：$kx-y-2k=0$ 与直线 N 关于点$(1, 3)$对称，则直线 N 恒过定点(　　).

(A)$(0, 6)$　　(B)$(1, 2)$　　(C)$(1, 4)$　　(D)$(2, 3)$　　(E)$(3, 6)$

14. 正三棱柱内有一内切球，半径为 R，则这个正三棱柱的体积为(　　).

(A)$2\sqrt{3}R^3$　　(B)$3\sqrt{2}R^3$　　(C)$6\sqrt{3}R^3$　　(D)$6\sqrt{2}R^3$　　(E)$3\sqrt{3}R^3$

15. 圆 O：$x^2+y^2-4x+3=0$ 上有一动点 $P(x, y)$，则$\frac{y}{x}$的最大值为(　　).

(A)1　　(B)$\sqrt{2}$　　(C)$\frac{1}{2}$　　(D)$\frac{\sqrt{3}}{2}$　　(E)$\frac{\sqrt{3}}{3}$

二、条件充分性判断：第 16～25 小题，每小题 3 分，共 30 分．要求判断每题给出的条件(1)和(2)能否充分支持题干所陈述的结论．(A)、(B)、(C)、(D)、(E)五个选项为判断结果，请选择一项符合试题要求的判断．

(A)条件(1)充分，但条件(2)不充分．

(B)条件(2)充分，但条件(1)不充分．

(C)条件(1)和条件(2)单独都不充分，但条件(1)和条件(2)联合起来充分．

(D)条件(1)充分，条件(2)也充分．

(E)条件(1)和条件(2)单独都不充分，条件(1)和条件(2)联合起来也不充分．

16. $a=3$.

(1)直线 $2x+y-2=0$ 和圆$(x-1)^2+y^2=4-a$ 交于 M，N 两点，O 为坐标原点，且有 $OM\perp ON$.

(2)点 $P(3, 1)$到直线 l 的距离为$\sqrt{5}-\sqrt{2}$，点 $Q(1, 2)$到直线 l 的距离为$\sqrt{2}$，则满足条件的直线共有 a 条．

17. 直线 l：$x-y+3=0$ 被圆 O：$(x-a)^2+(y-2)^2=4$ 截得的弦长为 $2\sqrt{3}$.

(1)$a=\sqrt{2}-1$.

(2)$a=-\sqrt{2}-1$.

18. 封闭曲线所围成图形的面积为 2.

(1)$|x|+|y|\leqslant 1$.

(2)封闭曲线围成一个正方形，且正方形有两条边分别在直线 $x+y-2=0$ 和 $x+y=0$ 上．

19. 圆 O 的方程为$(x+1)^2+(y-2)^2=9$.

(1)圆 O 关于直线 $x-y+2=0$ 对称的圆的方程为 $x^2+y^2-2y-8=0$.

(2)圆 O 关于直线 $x-y+2=0$ 对称的圆的方程为 $x^2+y^2-2x-8=0$.

20. 圆 C_1：$(x-1)^2+(y-2)^2=r^2(r>0)$与圆 C_2：$(x-3)^2+(y-4)^2=25$ 相切．

(1)$r=5\pm 2\sqrt{3}$.

(2)$r=5\pm 2\sqrt{2}$.

21. 两圆柱体的体积之比为 4∶9.

(1)两圆柱体的侧面积相等，底面半径之比为 4∶9.

(2)两圆柱体的侧面积相等，底面半径之比为 2∶3.

22. 直线 l 的方程为 $x-\sqrt{3}y+2=0$.

(1)过点 $\left(-\frac{1}{2}, \frac{\sqrt{3}}{2}\right)$ 作圆 $x^2+y^2=1$ 的切线为 l.

(2)过点 $(1, \sqrt{3})$ 作圆 $x^2+y^2=1$ 的切线为 l.

23. 已知直线 l 过点 $(-2, 0)$，斜率为 k. 则直线 l 与圆 $(x-1)^2+y^2=1$ 有两个交点.

(1) $0<k<\frac{1}{5}$.

(2) $-\frac{1}{4}<k<\frac{1}{4}$.

24. 方程的图像所围成的封闭图形的面积为16.

(1) $|xy|+4=|x|+4|y|$.

(2) $|xy|+3=|x|+3|y|$.

25. 球的表面积与正方体的表面积之比为 $\pi:2$.

(1)球与正方体的每个面都相切.

(2)正方体的八个顶点均在球面上.

母题模考6 ▶ 数据分析

（共25题，每题3分，限时60分钟）　　你的得分是________

一、问题求解：第1～15小题，每小题3分，共45分．下列每题给出的(A)、(B)、(C)、(D)、(E)五个选项中，只有一项是符合试题要求的．

1. 从4名女老师和3名男老师中选出4人出国访学，要求4人中既有男老师又有女老师，则不同的选法共有(　　)种．

(A)25　(B)34　(C)41　(D)43　(E)52

2. 从数字0，1，2，3，4，5中选出5个数字，组成无重复数字的5位数，其中能被5整除的个数为(　　)．

(A)108　(B)120　(C)194　(D)216　(E)240

3. 已知5台机器中有2台存在故障，现需要通过逐台检测直至区分出2台故障机器为止．若检测一台机器的费用为1 000元，则所需检测费为3 000元的概率是(　　)．

(A)$\frac{1}{5}$　(B)$\frac{3}{10}$　(C)$\frac{2}{5}$　(D)$\frac{1}{3}$　(E)$\frac{1}{2}$

4. 盒中装有15个大小相同的小球，有红、黄、蓝三种颜色，每次抽奖能够取出2个小球，且一个红球能够兑换一份纪念品，若抽奖一次获得纪念品的概率为$\frac{4}{7}$，则盒中共有红球(　　)个．

(A)4　(B)5　(C)6　(D)7　(E)8

5. 某仪表显示屏上有一排8个编号小孔，每个小孔可显示红或绿两种颜色灯光，若每次有且只有3个小孔可以显示，但相邻小孔不能同时显示，则可以显示(　　)种不同的结果．

(A)720　(B)960　(C)80　(D)120　(E)160

6. 将13块一样的糖果分给三个小朋友，每个小朋友至少3块糖果，则共有(　　)种分法．

(A)15　(B)18　(C)21　(D)23　(E)32

7. 某公司财务处有甲、乙、丙、丁、戊五名职员，现进行换岗，随机抽取岗位，可与原岗位相同，则有且只有一人与原来职位一样的概率为(　　)．

(A)$\frac{1}{2}$　(B)$\frac{2}{5}$　(C)$\frac{3}{8}$　(D)$\frac{3}{5}$　(E)$\frac{5}{8}$

8. 在某种信息传输过程中，仅用数字0和1组合成一个四位代码，则与信息0110至多有两个对应位置上的数字相同的信息个数为(　　)．

(A)10　(B)11　(C)12　(D)15　(E)18

9. 一种电子表6点24分30秒时显示数字6：24：30，那么在8点到9点的这段时间里，5个数字都不相同的情况一共有(　　)种．

(A)1 680　(B)1 260　(C)3 024

(D)4 032　(E)2 352

10. 某同学参加体育考试，要求进行 10 次投篮，若该同学共投中 5 次，其中有 4 次连续命中，则该同学的投篮情况共有(　　)种可能.

(A)20　　(B)24　　(C)30　　(D)36　　(E)42

11. 甲、乙、丙三人参加射击训练，已知三人命中目标的概率分别为$\frac{1}{4}$，$\frac{1}{3}$，$\frac{2}{3}$，若每人射击一次，则至少一人命中目标的概率为(　　).

(A)$\frac{1}{6}$　　(B)$\frac{1}{3}$　　(C)$\frac{1}{2}$　　(D)$\frac{3}{4}$　　(E)$\frac{5}{6}$

12. 某国际旅游公司翻译部门有 3 人精通法语，4 人精通英语，1 人既精通法语又精通英语，现从中选出 4 人出席某项活动，要求 4 人中至少两人精通法语，两人精通英语，则不同的选择方案共有(　　)种.

(A)48　　(B)50　　(C)54　　(D)56　　(E)72

13. 有 8 张反面一样的卡片，正面分别写着数字 1，2，…，8，先让所有卡片反面朝上，随机翻开 3 张，则翻开的 3 张卡片数字之和小于 10 的概率为(　　).

(A)$\frac{1}{6}$　　(B)$\frac{2}{21}$　　(C)$\frac{1}{8}$　　(D)$\frac{7}{48}$　　(E)$\frac{3}{28}$

14. 某车间共有 7 名员工，现需要将他们分成三组，每组人数分别为 3，2，2，则员工甲、乙在同一组的概率为(　　).

(A)$\frac{5}{42}$　　(B)$\frac{4}{21}$　　(C)$\frac{2}{7}$

(D)$\frac{5}{21}$　　(E)$\frac{5}{23}$

15. 现有 8 双各不相同的鞋，从中任取 4 只，则四只鞋中恰有一双的取法共有(　　)种.

(A)420　　(B)672　　(C)802

(D)1 040　　(E)1 440

二、条件充分性判断：第 16～25 小题，每小题 3 分，共 30 分. 要求判断每题给出的条件(1)和(2)能否充分支持题干所陈述的结论. (A)、(B)、(C)、(D)、(E)五个选项为判断结果，请选择一项符合试题要求的判断.

(A)条件(1)充分，但条件(2)不充分.

(B)条件(2)充分，但条件(1)不充分.

(C)条件(1)和条件(2)单独都不充分，但条件(1)和条件(2)联合起来充分.

(D)条件(1)充分，条件(2)也充分.

(E)条件(1)和条件(2)单独都不充分，条件(1)和条件(2)联合起来也不充分.

16. $N=24$.

(1)四封不同的信件投入三个不同的信箱，每个信箱至少一封信件，共有 N 种投递方案.

(2)三封不同的信件投入四个不同的信箱，每个信箱至多一封信件，共有 N 种投递方案.

17. 任取一个正整数，其平方数的末尾数字是 k 的概率为$\frac{1}{5}$.

(1) $k=6$.　　(2) $k=9$.

18. 已知一串钥匙串中共有 10 把钥匙，能打开保险箱的只有 n 把，在不知道哪把正确的前提下，进行不放回尝试．则恰好第三次才能打开的概率为$\frac{7}{45}$.

(1) $n=2$.　　(2) $n=3$.

19. 某辆客车途径 X 个车站，任何两个车站间都有往返车票出售．则这班车共有 56 种车票可以出售．

(1) $X=8$.　　(2) $X=9$.

20. 某人连续射击三次，至少一次命中红心的概率为 0.488.

(1)射击一次，命中红心的概率为 0.3.

(2)射击一次，命中红心的概率为 0.2.

21. 袋中装有大小相同的白球、黑球、黄球共 12 个．则能够确定有多少个黄球．

(1)摸球一次摸到白球的概率为$\frac{1}{4}$.

(2)一次摸出两个球，有黑球的概率为$\frac{5}{11}$.

22. 将 5 份不同的礼物分给 4 个人，每人至少 1 份．则共有 90 种分配方法．

(1)已知甲分到 1 份礼物．

(2)已知甲分到 2 份礼物．

23. 某人投篮的命中率为 P．则他投篮 4 次至少命中 1 次的概率为$\frac{65}{81}$.

(1)他投篮 4 次恰好命中 2 次的概率为$\frac{8}{27}$.

(2)他投篮 4 次恰好命中 3 次的概率为$\frac{8}{81}$.

24. 小王把 K 个相同的球放入甲、乙、丙三个盒子中，要求甲盒子可以为空，乙盒子至少放入 1 个球，丙盒子至少放入 2 个球．则不同的放法共有 36 种．

(1) $K=9$.　　(2) $K=10$.

25. 5 名同学报名参加竞赛，有数学、英语、语文三个科目可以报考．则不同的报考方案共有 243 种．

(1)每名同学都报了数学，且没有人三个科目全报．

(2)每名同学只报名一个科目．

母题模考 7 ▸ 应用题

（共 25 题，每题 3 分，限时 60 分钟）　　你的得分是______

一、问题求解：第 1～15 小题，每小题 3 分，共 45 分．下列每题给出的(A)、(B)、(C)、(D)、(E)五个选项中，只有一项是符合试题要求的．

1. 某商场有种洗衣机若以定价的 7.5 折出售，每台会亏损 175 元，若每台以 9.5 折出售则会获利 525 元，则每台洗衣机的进价为(　　)元．

(A)1 500　　(B)2 200　　(C)2 500　　(D)2 800　　(E)3 500

2. 有 3 千克浓度为 70%和 2 千克浓度为 55%的酒精溶液，现从两个容器中分别取出等量的酒精溶液，倒入对方容器中，混合后两个容器中的酒精溶液浓度相等，则从每个容器中取出的溶液质量为(　　)千克．

(A)1　　(B)1.2　　(C)1.5　　(D)1.6　　(E)1.75

3. 王先生租某超市中的一个摊位，租金采用阶梯法计算，详细计算方法见表 1，已知王先生本月需要上交 870 元的租金，则王先生本月的销售额为(　　)元．

表 1

月营业额不超过 5 000 元的部分	不缴纳租金
月营业额大于 5 000 不超过 8 000 的部分	按 5%缴纳
月营业额大于 8 000 不超过 10 000 的部分	按 10%缴纳
月营业额大于 10 000 的部分	按 13%缴纳

(A)14 000　　(B)15 000　　(C)16 500　　(D)17 600　　(E)18 000

4. 一次考试共有 5 道试题，做对第 1、2、3、4、5 题的人分别占参加考试人数的 81%、91%、85%、79%、74%，如果做对三道或三道题以上为合格，则这场考试的合格率至少为(　　)．

(A)70%　　(B)71%　　(C)72%　　(D)73%　　(E)74%

5. 一个四边形的广场，边长分别为 60、72、96、84，现要在四角和四边植树，若四边上每两棵树间距相等，至少要植(　　)棵树．

(A)24　　(B)26　　(C)28　　(D)30　　(E)32

6. 某人参加 6 次测试．第 3、4 次的平均分比前两次的平均分多 2 分，比后两次的平均分少 2 分．如果后三次平均分比前三次平均分多 3 分，那么第 4 次比第 3 次多得(　　)分．

(A)1　　(B)2　　(C)3　　(D)4　　(E)5

7. 某商场以 3 000 元的价格出售甲、乙两种液晶电视各一台，已知甲液晶电视盈利 20%，乙液晶电视亏损 20%，则售出这两台液晶电视，该商场共(　　)．

(A)盈利 150 元　　(B)盈利 250 元　　(C)亏损 150 元　　(D)亏损 200 元　　(E)亏损 250 元

8. 一艘船从甲港口到乙港口顺水，需要 3 小时到达，返回时逆水，需要 5 小时返回甲港口．已知顺水时的速度为 30 千米/小时，则水流的速度为(　　)千米/小时．

(A)6　　(B)8　　(C)12　　(D)16　　(E)24

9. 滴滴打船公司拥有船只 100 辆．若每艘船每月租金为 30 000 元，可全部租出．月租金每增加 500 元，则会少租出一艘船．租出的船每艘每月需要 1 500 元维护费，未租出的船每艘每月需要500元维护费，则该公司每艘船每月租金定价为(　　)元可使月收入最高．

(A)30 500　(B)31 000　(C)40 500　(D)41 000　(E)41 500

10. 甲队单独修建一个车间需要30天，乙队单独修建同样的一个车间需要20天，丙队单独修建同样的一个车间需要24天．现有2个车间交给甲、乙、丙三队共同完成，乙、丙两队分别单独负责一个车间，甲队先帮乙队修建，再帮丙队修建，最后两个车间同时完工，则甲队帮乙队修建(　　)天．

(A)4　(B)5　(C)6　(D)7　(E)8

11. 烧杯中有1升纯酒精，倒出一定量的酒精后，再倒入水补充至原体积，然后再倒出和第一次一样多的酒精溶液，再倒入水补充至原体积，此时烧杯中酒精溶液的浓度变为64%，则两次共倒入水的体积为(　　)升．

(A)0.15　(B)0.25　(C)0.3　(D)0.35　(E)0.4

12. 某学校包括小学和初中两个分部，新学年学校因为资金紧张要削减开支，若小学分部开支降低18%，初中分部开支降低12%，则学校总开支会减少15万元；若小学分部开支降低14%，初中分部开支降低8%，则学校总开支会降低11%．学校原先每年的总开支为(　　)万元．

(A)50　(B)75　(C)100　(D)105　(E)125

13. 若甲、乙两台不同的设备共同加工一批零件，则需要9小时能够完成；若先让甲设备加工10小时后，乙设备才开始加工，则还需要3小时才能完成．已知甲设备每小时比乙设备多加工540个零件，则这批零件共有(　　)个．

(A)20 000　(B)24 300　(C)25 200　(D)26 400　(E)27 200

14. 有一圆形跑道，甲从A点、乙从B点同时出发相向而行，8分钟后两人相遇，再过6分钟甲到达B点，又过去14分钟两人再次相遇，则甲绕跑道跑一周需要(　　)分钟．

(A)20　(B)24　(C)28　(D)32　(E)35

15. 某企业生产甲、乙两种产品，已知生产每吨甲产品要用A原料3吨、B原料2吨；生产每吨乙产品要用A原料1吨、B原料3吨．销售每吨甲产品可获得利润5万元，销售每吨乙产品可获得利润3万元．若该企业在一个生产周期内消耗的A原料不超过13吨、B原料不超过18吨，则该企业可获得的最大利润为(　　)万元．

(A)25　(B)27　(C)29　(D)30　(E)31

二、条件充分性判断：第16～25小题，每小题3分，共30分．要求判断每题给出的条件(1)和(2)能否充分支持题干所陈述的结论．(A)、(B)、(C)、(D)、(E)五个选项为判断结果，请选择一项符合试题要求的判断．

(A)条件(1)充分，但条件(2)不充分．

(B)条件(2)充分，但条件(1)不充分．

(C)条件(1)和条件(2)单独都不充分，但条件(1)和条件(2)联合起来充分．

(D)条件(1)充分，条件(2)也充分．

(E)条件(1)和条件(2)单独都不充分，条件(1)和条件(2)联合起来也不充分．

16. 甲、乙、丙三个学校．则甲、丙两个学校人数之和与乙学校人数之比为22∶9.

(1)甲、乙两个学校人数之和与丙学校人数之比为16∶15.

(2)乙、丙两个学校人数之和与甲学校人数之比为24∶7.

17. 有一圆形跑道，甲、乙两人同时同地同向出发，若甲比乙快．则可以确定甲、乙的速度比为3∶2.

(1)当甲第一次从背后追上乙的时候，甲已经跑了3圈．

(2)当甲第一次从背后追上乙的时候，甲立即掉头朝反方向跑去，当两人再次相遇时，甲又跑了0.6圈．

18. 某学校原规定综合成绩处于班级前$\frac{1}{3}$的同学可以得到奖状，其余同学无法得到奖状．今年实行新规定，综合成绩处于班级前$\frac{1}{5}$的同学才能得到奖状．则按照原规定得到奖状的同学平均分比未得奖状的同学平均分高 9 分．

(1)实施新规定与原规定相比，得奖状同学的平均分提高 2 分，未得奖状同学的平均分提高 1 分．

(2)实施新规定与原规定相比，得奖状同学的平均分提高 3 分，未得奖状同学的平均分提高 1 分．

19. 今年父亲年龄与儿子年龄之和为 52 岁．则能确定 3 年后父亲年龄是儿子年龄的 3 倍．

(1)7 年后父亲年龄是儿子年龄的 2 倍．

(2)5 年前儿子年龄是父亲年龄的$\frac{1}{5}$.

20. 现有若干甲、乙两种不同浓度的盐水．则乙盐水的浓度为 6%.

(1)取甲盐水 300g 和乙盐水 100g 混合得到的盐水浓度为 3%.

(2)取甲盐水 100g 和乙盐水 300g 混合得到的盐水浓度为 5%.

21. 甲、乙两队共同修建一座桥需要 20 天可以完成．则由乙队单独完成需要 60 天．

(1)甲队单独修建这座桥需要 30 天完成．

(2)乙队单独修建 15 天后，甲队加入，两队共同修建 15 天才完成．

22. 过去五年，某市粮食总产量增长 20%. 则人均粮食产量减少 20%.

(1)过去五年该市人口增长 40%.

(2)过去五年该市人口增长 50%.

23. 已知 A、B 两地相距 560 千米，甲、乙两车分别从 A、B 两地同时出发，相向而行，甲车的速度为 30 千米/小时，乙车的速度为 50 千米/小时．则经过 T 小时两车相距 40 千米．

(1)$T=6.5$.　　(2)$T=7.5$.

24. 甲、乙两台机器共同生产这批产品需要 24 个小时．

(1)甲机器生产 5 小时，乙机器生产 10 小时，可完成总工作量的$\frac{7}{24}$.

(2)甲机器生产 10 小时，乙机器生产 15 小时，可完成总工作量的一半．

25. 甲、乙两辆货车分别从 A、B 两地同时出发前往对方城市，到达目的地后各自回返．则 A、B 两地相距 96 千米．

(1)第一次相遇点距离 A 地 45 千米．

(2)第二次相遇点距离 A 地 57 千米．

本书答案速查

第 1 章	题型 1	(D)(C)(C)(C)
	题型 2	(B)(D)(C)(E)(D)　　(B)
	题型 3	(E)(A)(A)(D)(B)
	题型 4	(E)(B)(E)(C)(E)　　(E)(C)(D)(E)(A)
	题型 5	(A)(C)(B)(C)(B)
	题型 6	(B)(A)(D)(A)(A)　　(E)(D)(C)
	题型 7	(E)(B)(E)(A)(B)　　(D)
	题型 8	(C)(D)(D)(C)(A)　　(A)(C)(B)
	题型 9	(D)(E)(B)(B)(E)　　(A)(E)(C)(A)(A)　　(C)(A)
	题型 10	(A)(B)(B)
	题型 11	(A)(E)(D)(C)
	题型 12	(A)(A)(B)(B)(B)
	题型 13	(D)(A)(B)(B)
	题型 14	(D)(D)(D)(B)(D)　　(B)(E)(A)
	题型 15	(E)(C)(C)(B)(C)　　(E)(C)(A)(B)
	题型 16	(A)(B)(A)(A)(A)　　(D)
	题型 17	(A)(A)(B)(A)(E)　　(B)(C)(A)
	题型 18	(A)(A)(E)
	题型 19	(C)(E)(D)(A)(D)
	题型 20	(E)(B)(D)(A)(C)　　(A)(C)
	题型 21	(E)(B)(B)(D)(A)
	本章奥数及高考改编题	(A)(D)(C)(A)(E)　　(A)(C)(D)(B)(B)　　(A)(A)(B)(B)(D) (E)(E)(D)(C)(E)

第 2 章	题型 22	(C)(C)(C)(E)		
	题型 23	(E)(B)(E)		
	题型 24	(A)(D)(C)(A)(C)	(D)(B)	
	题型 25	(C)(B)(A)(C)(E)		
	题型 26	(B)(A)(C)(C)		
	题型 27	(A)(C)(A)(E)(C)	(E)(B)(B)(C)(B)	(C)(D)
	题型 28	(C)(A)(D)(C)		
	题型 29	(D)(D)(B)(A)(A)	(A)(A)(C)(A)	
	题型 30	(D)(D)		
	题型 31	(D)(B)(C)(A)(B)	(D)(B)(D)(C)(D)	(B)(B)(C)(D)
	本章奥数及高考改编题	(B)(D)(E)(C)(C) (E)(A)(D)(B)(D)	(B)(D)(E)(C)(A)	

第 3 章	题型 32	(B)(D)(D)(C)(B)	(D)(B)	
	题型 33	(B)(D)(A)(C)(C)		
	题型 34	(A)(D)(D)(B)(C)	(D)(A)(B)	
	题型 35	(E)(B)(D)(A)(C)	(D)(A)(B)(C)	
	题型 36	(B)(A)(C)(B)		
	题型 37	(C)(A)(A)(B)(D)	(A)(A)	
	题型 38	(E)(A)(A)(A)(C)	(A)(A)(D)(A)(A)	(A)(A)(A)(E)
	题型 39	(C)(C)(C)(E)(C)	(D)(A)(A)(E)(B)	
	题型 40	(E)(B)(D)(B)(A)	(C)(E)	
	题型 41	(A)(B)(C)(D)(A)		
	题型 42	(C)(C)(D)(B)(A)	(C)	
	题型 43	(B)(B)(E)(A)		
	题型 44	(A)(D)(A)(A)(D)	(A)(D)(C)	
	题型 45	(E)(C)(A)(D)(A)	(C)(E)(B)(A)(D)	(A)
	本章奥数及高考改编题	(A)(B)(A)(C)(E) (D)(C)(E)(C)(A)	(E)(B)(B)(B)(A)	(E)(B)(A)(C)(B)

第 4 章	题型 46	(D)(C)(A)(B)(C)	(C)(B)(A)(B)(C)	
	题型 47	(A)(C)		
	题型 48	(D)(D)(C)(B)(C)	(B)	
	题型 49	(B)(C)(D)(A)(D)	(B)	
	题型 50	(B)(E)(B)		
	题型 51	(A)(A)(D)(C)(B)	(C)	
	题型 52	(B)(B)(C)(C)(C)	(C)(E)(A)	
	题型 53	(B)(A)(B)(B)(D)	(C)(D)(A)(B)(B)	(B)
	题型 54	(D)(B)(B)(B)(B)	(A)(B)(E)(E)(B)	(C)(D)(A)(B)(B)
	题型 55	(D)(E)(B)(B)(B)	(E)(C)(C)(C)(C)	
	题型 56	(B)(C)(D)(C)(B)	(D)(D)(B)(D)(D)	
	题型 57	(A)(D)(B)(B)(A)	(C)	
	本章奥数及高考改编题	(C)(C)(A)(B)(D) (B)(D)(D)(D)(C)	(B)(C)(E)(B)(E) (B)	(C)(C)(E)(B)(D)

第 5 章	题型 58	(B)(A)(C)(C)(D)	(B)(E)(A)(A)(D)	
	题型 59	(D)(E)(B)(B)(A)	(D)(A)(B)(C)(E)	(C)(A)(D)
	题型 60	(E)(B)(A)(E)(C)	(C)(E)(C)(B)(A)	(B)(E)(C)(C)(D)
	题型 61	(D)(C)(B)(D)(A)	(A)(A)(D)(A)(D)	(D)
	题型 62	(E)(D)(C)		
	题型 63	(D)(D)(D)(D)(B)		
	题型 64	(C)(C)(D)(C)		
	题型 65	(D)(D)(C)(D)		
	题型 66	(D)(B)(C)(A)(D)	(D)(B)	
	题型 67	(C)(D)(D)		
	题型 68	(C)(A)(D)(C)(A)	(B)(C)(D)(B)(C)	(D)(D)(E)(E)

续表

章	题型	答案		
第 5 章	题型 69	(A)(A)(D)(A)		
	题型 70	(C)(B)(D)(A)(B)	(A)	
	题型 71	(B)(D)(E)		
	题型 72	(D)(B)(C)(C)(D)	(A)	
	题型 73	(D)(C)(D)(D)(B)	(B)	
	题型 74	(B)(D)(A)(C)(B)	(A)(A)(A)(D)(A)	
	本章奥数及高考改编题	(D)(D)(D)(A)(B) (E)(D)(A)(C)(E)	(D)(D)(B)(A)(D)	(C)(D)(A)(D)(D)
第 6 章	题型 75	(C)(B)(D)		
	题型 76	(D)(D)(B)(B)(B) (C)(B)	(C)(B)(A)(C)(C)	(A)(E)(B)(D)(D)
	题型 77	(A)(B)(B)(B)(C) (D)(A)	(C)(A)(B)(A)(C)	(B)(E)(D)(B)(D)
	题型 78	(D)(C)(D)(C)(C)	(C)(D)(B)(D)(E)	(E)(B)
	题型 79	(D)(D)(D)(C)(D)	(D)	
	题型 80	(D)(B)(C)(B)		
	题型 81	(D)(A)(D)(C)		
	题型 82	(E)(B)(C)(C)(D)	(A)(D)(B)(B)	
	题型 83	(B)(D)(A)		
	题型 84	(C)(D)(C)(D)(D)	(D)(B)(B)(C)	
	题型 85	(B)(D)(C)(A)		
	题型 86	(A)(A)(B)(A)(E)	(D)	
	题型 87	(A)(B)(D)(E)(B)	(E)(D)	
	本章奥数及高考改编题	(C)(C)(C)(D)(A) (D)(D)(C)(D)(C)	(D)(B)(A)(B)(E) (C)	(C)(B)(B)(B)(E)

第7章	题型88	(C)(C)(B)(C)(B) (D)
	题型89	(D)(B)(B)(B)
	题型90	(D)(C)(D)(B)(D) (A)
	题型91	(E)(E)(C)(A)(C) (B)(C)(C)(D)(E) (D)
	题型92	(B)(C)(C)(C)(A) (B)(A)(C)(A)
	题型93	(E)(D)(D)(D)(A) (B)(E)(D)(D)
	题型94	(A)(C)(B)(A)(C)
	题型95	(D)(A)(B)(D)
	题型96	(A)(A)(C)(E)(C) (A)
	题型97	(A)(C)(C)(C)(C) (C)(D)(C)(B)(A)
	题型98	(B)(C)(C)(D)(E) (A)(D)(B)(A)(C) (D)(A)(E)(C)(C) (C)(C)(A)
	题型99	(D)(B)(D)(C)(C)
	题型100	(E)(C)(C)(D)(D) (D)(A)(B)
	题型101	(B)(D)(A)(D)
	本章奥数及高考改编题	(B)(B)(A)(B)(B) (A)(D)(E)(D)(B) (C)(D)(B)(C)(E) (C)(D)(C)(C)(D)

模考 1	1～5	(C)(D)(D)(B)(A)	6～10	(A)(C)(B)(D)(A)
	11～15	(C)(E)(D)(B)(C)	16～20	(D)(C)(E)(C)(D)
	21～25	(D)(B)(E)(C)(C)		

模考 2	1～5	(B)(C)(D)(B)(A)	6～10	(A)(B)(C)(A)(D)
	11～15	(A)(E)(B)(A)(A)	16～20	(A)(A)(B)(B)(D)
	21～25	(A)(B)(C)(D)(C)		

模考 3	1～5	(E)(C)(D)(E)(A)	6～10	(B)(D)(B)(C)(E)
	11～15	(A)(B)(C)(E)(C)	16～20	(D)(E)(A)(A)(D)
	21～25	(D)(A)(C)(D)(B)		

模考 4	1～5	(D)(B)(C)(C)(B)	6～10	(E)(D)(E)(A)(C)
	11～15	(A)(B)(E)(D)(D)	16～20	(D)(E)(B)(C)(A)
	21～25	(D)(D)(A)(B)(D)		

模考 5	1～5	(C)(C)(E)(E)(A)	6～10	(C)(E)(B)(C)(D)
	11～15	(E)(B)(A)(C)(E)	16～20	(D)(D)(D)(A)(B)
	21～25	(A)(A)(D)(A)(B)		

模考 6	1～5	(B)(D)(B)(B)(E)	6～10	(A)(C)(B)(B)(C)
	11～15	(E)(A)(C)(D)(B)	16～20	(B)(D)(A)(A)(B)
	21～25	(C)(E)(B)(B)(D)		

模考 7	1～5	(D)(B)(A)(A)(B)	6～10	(A)(E)(A)(C)(C)
	11～15	(E)(C)(B)(E)(B)	16～20	(C)(D)(A)(E)(C)
	21～25	(D)(B)(D)(C)(C)		

管理类联考

老吕数学

母题800练

主编◎吕建刚　　副主编◎罗瑞

编委：刘晓宇　王镱潼

逐题详解册

北京理工大学出版社
BEIJING INSTITUTE OF TECHNOLOGY PRESS

图书在版编目（CIP）数据

管理类联考·老吕数学母题800练/吕建刚主编.--8版.--北京：北京理工大学出版社，2022.4

ISBN 978-7-5763-1236-2

Ⅰ.①管…　Ⅱ.①吕…　Ⅲ.①高等数学-研究生-入学考试-习题集　Ⅳ.①O13-44

中国版本图书馆CIP数据核字（2022）第058664号

出版发行 / 北京理工大学出版社有限责任公司
社　　址 / 北京市海淀区中关村南大街5号
邮　　编 / 100081
电　　话 / （010）68914775（总编室）
（010）82562903（教材售后服务热线）
（010）68944723（其他图书服务热线）
网　　址 / http：//www.bitpress.com.cn
经　　销 / 全国各地新华书店
印　　刷 / 保定市中画美凯印刷有限公司
开　　本 / 787毫米×1092毫米　1/16
印　　张 / 32
字　　数 / 751千字
版　　次 / 2022年4月第8版　2022年4月第1次印刷
定　　价 / 89.80元（全两册）

责任编辑 / 多海鹏
文案编辑 / 多海鹏
责任校对 / 周瑞红
责任印制 / 李志强

图书出现印装质量问题，请拨打售后服务热线，本社负责调换

目录

逐题详解册

第一部分

母题技巧
奥数题进阶

第1章 算术

第1节 实数

题型1 整除问题

1.(D)

解　析	本题参照【模型 1. 数的整除】[1][2]

设商为 k，则这三个数为 $6k$，$7k$，$8k$，由三个数的和为 252，可得

$$6k+7k+8k=252,$$

解得 $k=12$，故 $8k-6k=2k=24$.

2.(C)

解　析	本题参照【模型 2. 公倍数型】

条件(1)：特殊值法，$\frac{6a}{8}=\frac{3a}{4}$为整数，且 3 和 4 互质，则 a 能被 4 整除．令 $a=4$，$\frac{3a}{26}=\frac{6}{13}$，条件(1)显然不充分．

条件(2)：同理，令 $a=13$，显然不充分．

联立两个条件：由条件(1)得$\frac{6a}{8}=\frac{3a}{4}$，可知 a 能被 4 整除．由条件(2)，可知 a 能被 13 整除．

故 a 可被 4 和 13 的最小公倍数，即 52 整除，则$\frac{3a}{26}$一定是整数，两个条件联立起来充分．

3.(C)

解　析	本题参照【模型 2. 公倍数型】【模型 3. 拆项型】

条件(1)：特殊值法．已知 $n+2$ 是 3 的倍数，则 n 可以为 1，4，7，…，显然当 $n=4$ 时，结论不成立，条件(1)不充分．

条件(2)：同理，令 $n=6$，显然不充分．

联立两个条件，拆项得公共部分：

$\frac{n+2}{3}=\frac{n-1+3}{3}=\frac{n-1}{3}+1$，因为$\frac{n+2}{3}$为整数，故 $n-1$ 必能被 3 整除；

---

① 解析中的"本题模型"，具体内容详见"技巧刷题册"对应题型的命题模型．

② 当某个题型的命题模型为 2 个及以上时，该题型下的每道题都会写明它具体考查的模型是什么，方便考生逐一对照；当命题模型仅为 1 个时，则不再区分说明．

$\frac{n+4}{5}=\frac{n-1+5}{5}=\frac{n-1}{5}+1$，因为$\frac{n+4}{5}$为整数，故$n-1$必能被5整除．

又因为3与5互质，故$n-1$能被15整除．$\frac{n+14}{15}=\frac{n-1+15}{15}=\frac{n-1}{15}+1$必为整数．

故联立两个条件充分．

4.(C)

解　析	本题参照【模型4. 因式分解型】

观察可知，条件中已知$3a+b$和$2a-3b+1$，因为已知条件往往是待求式子的因式，故需要将结论中的式子展开后围绕已知因式进行因式分解，可得

$$3a(2a+1)+b(1-7a-3b)=3a+b+6a^2-7ab-3b^2$$
$$=3a+b+(3a+b)(2a-3b)=(3a+b)(2a-3b+1),$$

显然条件(1)和条件(2)单独都不充分．

联立两个条件，因为$3a+b$是5的倍数，$2a-3b+1$为偶数，即是2的倍数，故$(3a+b)(2a-3b+1)$是10的倍数，联立起来充分．

题型2　带余除法问题

1.(B)

解　析	本题参照【模型1. 一般型】

$8n+5n=13n$，$13n$除以10的余数为9，故可设$13n=10k+9(k\in\mathbf{Z}^+)$.

$10k$的个位数字为0，所以$10k+9$的个位数字为9，即$13n$的个位数字为9，故n的个位数字为3.

2.(D)

解　析	本题参照【模型2. 同余问题】

加上3后被3除余1，其实就相当于n除以3余1，同理n除以4、5都余1，3、4、5的最小公倍数为60，故可设$n=60k+1(k\in\mathbf{Z}^+)$.

因为$100<n<800$，即$100<60k+1<800$，解得$k=2,3,\cdots,13$，共12种结果，故这样的数共有12个．

3.(C)

解　析	本题参照【模型3. 不同余问题】

由题干可知，5、6、7的最小公倍数为210，除数和余数之差均为3，故设$n=210k-3(k\in\mathbf{Z}^+)$.

$100<n<800$，即$100<210k-3<800$，解得$k=1,2,3$，可得$n=207$或$n=417$或$n=627$.

故这样的数共有3个．

4. (E)

解　析	本题参照【模型 3. 不同余问题】

设所求的四位数为 x，则有

$$x=121k_1+2=122k_2+109(k_1, k_2\in\mathbf{Z}^+),$$
$$121(k_1-k_2)=k_2+107.$$

①令 $k_1-k_2=0$，则 $k_2=-107$，求得的 x 值不符合题意；

②令 $k_1-k_2=1$，则 $k_2=14$，$k_1=15$，$x=121\times15+2=1817$，求得的 x 值符合题意；

③当 $k_1-k_2>1$ 时，验证可知所求得的解均不符合题意．

故各位数字之和为 $1+8+1+7=17$.

【注意】本题为选择题且选项中只有 1 个解，故②求出后不需再继续讨论，但如果碰到多解的选项或条件充分性判断时需讨论所有的情况．

5. (D)

解　析	本题参照【模型 1. 一般型】【模型 3. 不同余问题】

条件(1)：设 $n=5k_1+3$，$n=7k_2+2(k_1, k_2\in\mathbf{Z}^+)$，则有

$$5k_1+3=7k_2+2\Rightarrow k_2=\frac{5k_1+1}{7}.$$

穷举可知，当 $k_1=4$，$k_2=3$ 时，$n_{\min}=23$，故 n 的各位数字之积为 $2\times3=6$，条件(1)充分．

条件(2)：$n_{\min}=2^4=16$，故 n 的各位数字之积为 $1\times6=6$，条件(2)充分．

6. (B)

解　析	本题参照【模型 2. 同余问题】【模型 3. 不同余问题】

设篮子里一共有 m 个苹果．由前 5 种取法知 $m-1$ 能被 2、3、4、5、6 的最小公倍数 60 整除，则设 $m=60k_1+1(k_1\in\mathbf{Z}^+)$.

又由“每次 7 个地取出，那么没有苹果剩余”，可设 $m=7k_2(k_2\in\mathbf{Z}^+)$，故有

$$m=60k_1+1=7k_2\Rightarrow k_2=\frac{60k_1+1}{7}.$$

穷举可知，当 $k_1=5$，$k_2=43$ 时，$m=301$. 故选(B).

题型 3　奇数与偶数问题

1. (E)

解　析	本题参照【模型 1. $A+B=C$ 型】

条件(1)：举反例，令 a，b，c 分别取 6，8，10，可得条件(1)不充分．

条件(2)：举反例，令 a，b，c 分别取 2，5，7，可得条件(2)也不充分．

两个条件无法联立．

2.(A)

解　析	本题参照【模型1. $A+B=C$ 型】【模型2. $A\cdot B=C$ 型】

条件(1)：$m=n^2+n=n(n+1)$，相邻两个数必为一奇一偶，一奇一偶相乘必为偶数，充分.

条件(2)：由奇数和偶数的四则运算规律可知，因为1，2，3，4，…，90中有45个奇数，相加减后必为奇数，条件(2)不充分.

3.(A)

解　析	本题参照【模型1. $A+B=C$ 型】【模型2. $A\cdot B=C$ 型】

条件(1)：$m=3a(2b+c)+a(2-8b-c)=6ab+3ac+2a-8ab-ac=2ac-2ab+2a$.

当a，b，c都是整数时，上式显然能被2整除，m是偶数，条件(1)充分.

条件(2)：连续的三个自然数，有可能是2奇1偶或者2偶1奇. 若是2偶1奇，则m为奇数，故条件(2)不充分.

4.(D)

解　析	本题参照【模型1. $A+B=C$ 型】【模型2. $A\cdot B=C$ 型】

$$x^2-y^2-z^2-2yz=x^2-(y+z)^2=(x+y+z)(x-y-z).$$

条件(1)：xyz是奇数，可知x，y，z都是奇数. 故$x+y+z$是奇数，$x-y-z$也是奇数，所以两者乘积也是奇数，故条件(1)充分.

条件(2)：$x+y+z$是奇数，由正负号不改变奇偶性，可知$x-y-z$也是奇数，所以，两者乘积也是奇数，故条件(2)也充分.

5.(B)

解　析	本题参照【模型2. $A\cdot B=C$ 型】

$n^3-n=(n-1)n(n+1)$，此式代表3个连续的自然数相乘. 因为3个连续的自然数，一定有一个是偶数，能被2整除；也一定有一个是3的倍数，能被3整除. 故3个连续的自然数相乘，一定可以被6整除.

题型4　质数与合数问题

1.(E)

解　析	本题参照【模型1. $A+B=C$ 型】

等式右边41为奇数，那么等式左边必然一奇一偶，而p，q的系数都是奇数，所以p，q中必然有一个偶数，又因为p，q为质数，所以必有一个数为2.

当$p=2$时，$q=5$，满足题意；当$q=2$时，$q=9$为合数，不满足题意.

那么$p+1$，$q-1$，$pq+1$分别为3，4，11，算术平均值为6.

2. (B)

解　析	本题参照【模型 1. $A+B=C$ 型】

条件(1)：由奇偶性可得 $5m$，$7n$ 必为一奇一偶．

①若 m 为偶数，则 $m=2$，$n=17$，可推出题干；

②若 n 为偶数，则 $m=23$，$n=2$，无法推出题干．

故条件(1)不充分．

条件(2)：由条件可设 $m=15k$，$n=15t$(k，t 互质)，代入 $3m+2n=180$ 中得 $3k+2t=12$，显然 k 为偶数，故仅有一组整数解 $k=2$，$t=3$.

故 $|m-n|=|30-45|=15$，条件(2)充分．

3. (E)

解　析	本题参照【模型 2. $A\cdot B=C$(质数)型】

代数式可化为

$$N=a^4+6a^2+9-9a^2=(a^2+3)^2-(3a)^2$$
$$=(a^2+3a+3)(a^2-3a+3).$$

因为 N 是质数，根据质数的性质，质数等于 1 和本身的乘积，且当 a 为正偶数时，$a^2-3a+3<a^2+3a+3$，故 $a^2-3a+3=1$，解得 $a=1$ 或 2. 又由 a 是正偶数，所以 $a=2$，代入 N 的表达式可得 $N=13$.

【快速得分法】看到 a 是不大于 10 的正偶数，最小的正偶数是 2，不妨代入一下，验证是否符合题意．

4. (C)

解　析	本题参照【模型 3. $A\cdot B=C$(合数)型或 $C=A\cdot B\cdots$型】

分解质因数法．设这三个数分别为 a，b，c，则有

$$\frac{1}{a}+\frac{1}{b}+\frac{1}{c}=\frac{bc+ac+ab}{abc}=\frac{161}{186}.$$

将 186 分解质因数，可知 $186=2\times3\times31$，故这三个数为 2，3，31，代入上式验证成立，故有 $a+b+c=36$.

5. (E)

解　析	本题参照【模型 3. $A\cdot B=C$(合数)型或 $C=A\cdot B\cdots$型】

由题干，得 $abc=5(a+b+c)$. 由于 a，b，c 都是质数，所以 a，b，c 中一定有一个数为 5.

假设 $a=5$，则有 $5bc=5(5+b+c)$，化简得 $(b-1)(c-1)=6$. 因此 $b-1$ 和 $c-1$ 的值为 2，3 或者 1，6.

若 $b-1=2$，$c-1=3$，解得 $b=3$，$c=4$，不符合题意；

若 $b-1=1$，$c-1=6$，解得 $b=2$，$c=7$，符合题意．

因此三个质数的值为 2，5，7. 所以 $\frac{a+b+c}{3}=\frac{2+5+7}{3}=\frac{14}{3}$.

6. (E)

解　析	本题参照【模型 4. 质数个数问题】

在不大于 20 的正整数中，既是奇数又是合数的只有 9 和 15，所以算术平均值为$\frac{9+15}{2}=12$.

7. (C)

解　析	本题参照【模型 4. 质数个数问题】

穷举法．设三个小孩的年龄分别为 a，b，c，则

若 $a=2$，则 $b=8$，$c=14$，不符合题意；

若 $a=3$，则 $b=9$，$c=15$，不符合题意；

若 $a=5$，则 $b=11$，$c=17$，符合题意．

故三人的年龄之和为 $a+b+c=5+11+17=33$.

8. (D)

解　析	本题参照【模型 4. 质数个数问题】

穷举法．不妨设 $a>b>c$，则 $|a-b|+|b-c|+|c-a|=a-b+b-c+a-c=2a-2c=8$，即 $a-c=4$. 因为 a，b，c 是小于 12 的质数，故 $a=7$，$b=5$，$c=3$. 所以 $a+b+c=15$.

9. (E)

解　析	本题参照【模型 4. 质数个数问题】

大于 2 的质数一定为奇数，故两个质数的差还是质数的前提是作差的式子中必存在 1 个偶质数，即 2，情况可分为两种：

(1)两个奇质数的差为 2：(19，17)，(13，11)，(7，5)，(5，3)；

(2)一个奇质数减去 2，差为另外一个奇质数：(19，2)，(13，2)，(7，2)，(5，2).

故共有 8 组．

10. (A)

解　析	本题参照【模型 1. $A+B=C$ 型】【模型 4. 质数个数问题】

若质数 a，b，c 均为奇数，则 $ab+ac+bc+abc$ 为偶数，与题干矛盾，故三个质数中必有偶质数 2，可假设 $a=2$，则有 $2b+2c+3bc=127$.

然后穷举，不难得出另外两个质数为 3 和 11，因此$(a+b)(a+c)(b+c)=5\times13\times14=910$.

题型 5　约数与倍数问题

1. (A)

解　析	本题参照【模型 1. 公约数公倍数模型】

设 $x=ak$，$y=bk$(令 $a<b$，k 为最大公约数，且 $k\neq0$)，故最小公倍数为 abk，由题意得

$$\begin{cases}ak+bk=40,\\k+abk=56\end{cases}\Rightarrow\begin{cases}k(a+b)=40,\\k(1+ab)=56.\end{cases}$$

所以，k 为 40 和 56 的公约数，$k=1$，2，4，8. 验证可得 $k=8$ 时符合题意，则有

$$\begin{cases}a+b=5,\\1+ab=7\end{cases}\Rightarrow\begin{cases}a=2,\\b=3.\end{cases}$$

故 $x=16$，$y=24$. 所以 $\sqrt{xy}=\sqrt{16\times24}=8\sqrt{6}$.

2. (C)

解　析	本题参照【模型 2. 求最大公约数和最小公倍数】

因为 $1-\frac{1}{3}-\frac{1}{7}-\frac{1}{9}=\frac{26}{63}$，所以其余两个分数之和为$\frac{26}{63}$.

由于这两个最简分数的分母都是两位数，最大公约数是 21，故分母只可能是 21 和 63.

设这两个分数为$\frac{m}{21}$和$\frac{n}{63}$(m，n 是正整数)，则$\frac{m}{21}+\frac{n}{63}=\frac{26}{63}$，可得 $3m+n=26$.

由于 $1\leqslant3m\leqslant25$，所以 $1\leqslant m\leqslant8$ 且 m 不能是 3 或 7 的倍数，故 m 只能是 1，2，4，5，8.
因为 n 不能是 3，7 或 9 的倍数，故只有 $m=1$，$n=23$；$m=2$，$n=20$；$m=5$，$n=11$；$m=8$，$n=2$ 四组解．这四组解中，m，n 的乘积都不相同，故这两个分数之积的不同值有 4 个．

3. (B)

解　析	本题参照【模型 2. 求最大公约数和最小公倍数】

由题意可知，$a+b=31$，$n(a\times b)=750$(n 为正整数).
将 750 分解质因数可得 $750=2\times3\times5\times5\times5$.
由 $a+b=31$，可得 $750=2\times3\times5\times5\times5=5\times(25\times6)$. 所以 $|a-b|=19$.

4. (C)

解　析	本题参照【模型 3. 应用题】

三匹马各跑一圈的时间分别是 20 秒、15 秒、10 秒，最小公倍数是 60，所以经过 60 秒后三匹马第一次在起点相遇，即 1 分钟．

5. (B)

解　析	本题参照【模型 4. 组合最值问题】

条件(1)：$2\ 700=2\times2\times3\times3\times3\times5\times5$. 欲使 $a+b+c+d+e$ 的值最大，则应尽可能让其中一个数极大，其他数极小，故 $a\cdot b\cdot c\cdot d\cdot e=2\times2\times3\times3\times75=2\ 700$，$a+b+c+d+e=85$，故条件(1)不充分．
条件(2)：$2\ 000=2\times2\times2\times2\times5\times5\times5$. 同理，欲使 $a+b+c+d+e$ 的值最大，则应尽可能让其中一个数极大，其他数极小，故 $a\cdot b\cdot c\cdot d\cdot e=2\times2\times2\times2\times125=2\ 000$，$a+b+c+d+e=133$，故条件(2)充分．

题型6 整数不定方程问题

1. (B)

解　析	本题参照【模型1. 加法模型】

设苹果买了 x 千克，橘子买了 y 千克，则梨买了 $30-x-y$ 千克．根据题意得

$$4x+3y+2(30-x-y)=80,$$

整理得 $y=20-2x=2(10-x)$，故橘子的重量 y 为偶数．

2. (A)

解　析	本题参照【模型1. 加法模型】

设一等奖有 x 人，二等奖有 y 人，三等奖有 z 人，则

$$\begin{cases}6x+3y+2z=22,\\9x+4y+z=22\end{cases}\Rightarrow 12x+5y=22\Rightarrow y=\frac{22-12x}{5}.$$

由穷举法，得 $x=1$，$y=2$，$z=5$．所以，得一等奖的学生有1人．

3. (D)

解　析	本题参照【模型1. 加法模型】

条件(1)：提前5天完成，则一共工作了25天，由题意知

$$44+(25-8)x\geqslant 165,$$

解得 $x\geqslant\frac{121}{17}\approx 7.1$，因为 x 只能取整数，故 $x=8$，条件(1)充分．

条件(2)：设小王的年龄为 a，他弟弟的年龄为 b，根据题意知

$$2a+5b=97\Rightarrow a=\frac{97-5b}{2}\leqslant 20.$$

穷举可知，$a=16$，$b=13$，故 $x=16-13=3$，条件(2)充分．

4. (A)

解　析	本题参照【模型1. 加法模型】

设《老吕逻辑》单价为 x 元，《老吕数学》单价为 y 元，《老吕写作》单价为 z 元，根据题意得

$$3x+5y+9z=29,$$

分析可知 z 只可能为1，2，3，否则 $9z>29$，不符合题意．

令 $z=1$，则 $3x+5y+9\times1=29$，$3x+5y=20$，$x=\frac{20-5y}{3}$，穷举可知 $x=5$，$y=1$；

令 $z=2$，则 $3x+5y+9\times2=29$，$3x+5y=11$，$x=\frac{11-5y}{3}$，穷举可知 $x=2$，$y=1$；

令 $z=3$，则 $3x+5y+9\times3=29$，$3x+5y=2$，易知无正整数解．

故三种书的单价之和为 $x+y+z=5+1+1=7$ 或 $x+y+z=2+1+2=5$.

5. (A)

解　析	本题参照【模型2. 乘法模型】

分解因数法．由题意知

$$\begin{cases}x+6=m^2(m\in\mathbf{N}),\\x-5=n^2(n\in\mathbf{N}),\end{cases}$$

两式相减，得 $11=m^2-n^2=(m+n)(m-n)=11\times1$．故有

$$\begin{cases}m+n=11,\\m-n=1,\end{cases}\text{解得}\begin{cases}m=6,\\n=5.\end{cases}$$

所以 $x=m^2-6=30$，各数位上的数字之和为3．

【快速得分法】穷举法．由题干知两个完全平方数的差为11，从最小的完全平方数开始穷举，易知这两个完全平方数为25，36，可知 $x=30$．

6. (E)

解　析	本题参照【模型2. 乘法模型】

分解因数法．

$$(x-a_1)(x-a_2)(x-a_3)(x-a_4)(x-a_5)=1\,773=1\times(-1)\times3\times(-3)\times197.$$

得 $x-a_1=1$，$x-a_2=-1$，$x-a_3=3$，$x-a_4=-3$，$x-a_5=197$．

故 $(x-a_1)+(x-a_2)+(x-a_3)+(x-a_4)+(x-a_5)=1-1+3-3+197=197$．

又因为

$$\begin{aligned}&(x-a_1)+(x-a_2)+(x-a_3)+(x-a_4)+(x-a_5)\\=&5x-(a_1+a_2+a_3+a_4+a_5)\\=&5x+7,\end{aligned}$$

得 $5x+7=197$，$x=38$，故 b 的值为38．

7. (D)

解　析	本题参照【模型2. 乘法模型】

两次提公因式，可得

$$2(x+y)=xy+7,$$
$$xy-2x-2y+7=0,$$
$$x(y-2)-2(y-2)-4+7=0,$$
$$(x-2)\cdot(y-2)=-3=(-1)\times3=1\times(-3)=(-3)\times1=3\times(-1),$$

由此可得，方程的解为(1，5)，(3，−1)，(−1，3)，(5，1)，共有4组．

8. (C)

解　析	本题参照【模型3. 盈不足模型】

显然条件(1)和条件(2)单独都不充分，考虑联立．

方法一：设有 x 名小朋友，y 支铅笔，条件(2)中不够分的那个人分得 t 支．根据题意，得

$$\begin{cases} y=3x+30, \\ y=10x-(10-t)(0\leqslant t<10), \end{cases}$$

整理得 $x=\frac{40-t}{7}(0\leqslant t<10)$，又 x，y，t 均为整数，故当 $t=5$ 时满足题干，此时 $x=5$.

所以，铅笔的数量 $y=3\times5+30=45$，两个条件联立充分.

方法二：设有 x 名小朋友，y 支铅笔，根据题意，可得

$$\begin{cases} y=3x+30, \\ 10(x-1)\leqslant y<10x, \end{cases}$$

整理得 $10x-10\leqslant 3x+30<10x$，解不等式，得 $\frac{30}{7}<x\leqslant\frac{40}{7}$，因为 x 为整数，故 x 只能取 5.

所以，铅笔的数量 $y=3\times5+30=45$，两个条件联立充分.

题型 7 无理数的整数和小数部分

1. (E)

解　析	本题参照【模型 1. $\sqrt{a+b\sqrt{c}}$ 型】

由题干，得 $a=\sqrt{6+4\sqrt{2}}=\sqrt{(2+\sqrt{2})^2}=2+\sqrt{2}\approx3.41$，则 $b=a-3=\sqrt{2}-1$.

故 $\frac{a}{b}=\frac{2+\sqrt{2}}{\sqrt{2}-1}=4+3\sqrt{2}$.

2. (B)

解　析	本题参照【模型 2. 分母有理化】

因为 $x=\frac{1}{\sqrt{5}-2}=\sqrt{5}+2\approx2.236+2=4.236$，故 x 的小数部分为 $a=x-4=\sqrt{5}+2-4=\sqrt{5}-2$.

$-x=-(\sqrt{5}+2)\approx-4.236$，整数部分为 -5，故 $-x$ 的小数部分为 $b=-(\sqrt{5}+2)-(-5)=3-\sqrt{5}$.

所以 $a+b=(\sqrt{5}-2)+(3-\sqrt{5})=1$. 则

$$a^3+b^3+3ab=(a+b)(a^2-ab+b^2)+3ab=a^2+2ab+b^2=(a+b)^2=1.$$

3. (E)

解　析	本题参照【模型 2. 分母有理化】

分母有理化，即 $\frac{\sqrt{5}+1}{\sqrt{5}-1}=\frac{3+\sqrt{5}}{2}\approx2.618$，故 $a=2$，$b=\frac{\sqrt{5}+3}{2}-2=\frac{\sqrt{5}-1}{2}$.

所以 $a^2+\frac{1}{2}ab+b^2=2^2+\frac{1}{2}\times2\times\frac{\sqrt{5}-1}{2}+\left(\frac{\sqrt{5}-1}{2}\right)^2=5$.

4. (A)

解　析	本题参照【模型 2. 分母有理化】

条件(1)：$m+\frac{1}{m}=\sqrt{5}-2+\frac{1}{(\sqrt{5}-2)}=\sqrt{5}-2+\frac{\sqrt{5}+2}{(\sqrt{5}-2)(\sqrt{5}+2)}=2\sqrt{5}$.

又因为 $4=\sqrt{16}<2\sqrt{5}<\sqrt{25}=5$，故 $m+\frac{1}{m}$的整数部分为 4，即 $n=4$，$\frac{n}{4}$是整数，所以条件(1)充分．

条件(2)：$12m$ 一定是偶数，由奇偶性可知，若 $n+12m$ 是偶数，则 n 为偶数，又因为 n 为质数，所以 $n=2$，$\frac{n}{4}=\frac{1}{2}$不是整数，所以条件(2)不充分．

5. (B)

解　析	本题参照【模型 3. 取整函数】

可分别求得$\left[\frac{\sqrt{5}+1}{2}\right]=1$，$\left\{\frac{\sqrt{5}+1}{2}\right\}=\frac{\sqrt{5}-1}{2}$. 因为$\frac{\sqrt{5}+1}{2}\times\frac{\sqrt{5}-1}{2}=1$，由等比数列的性质易得三者构成等比数列．因为$\frac{\sqrt{5}+1}{2}+\frac{\sqrt{5}-1}{2}=\sqrt{5}\neq 2$，由等差数列的性质得三者不能构成等差数列．

6. (D)

解　析	本题参照【模型 4. 倍数问题】

根据母题技巧可知，能被 2 整除的数有$\left[\frac{100}{2}\right]=50$(个)；能被 5 整除的数有$\left[\frac{100}{5}\right]=20$(个)；2 和5 的最小公倍数是 10，能被 10 整除的数有$\left[\frac{100}{10}\right]=10$(个). 故能被 2 或 5 整除的数有

$$50+20-10=60(\text{个}).$$

题型 8　有理数与无理数的运算

1. (C)

解　析	本题参照【模型 1. 判断有理数和无理数】

$$ab+a-b=1\Rightarrow a(b+1)-(b+1)=0\Rightarrow(a-1)(b+1)=0.$$

因为 a 是一个无理数，则 $a-1$ 也是无理数，故 $b+1=0$，$b=-1$.

2. (D)

解　析	本题参照【模型 2. 无理数的化简求值】

方法一：因为$(x-\sqrt{2}y)^2=x^2+2y^2-2\sqrt{2}xy=6-4\sqrt{2}$，所以$\begin{cases}x^2+2y^2=6,\\2xy=4,\end{cases}$解得$\begin{cases}x^2=4,\\y^2=1\end{cases}$或

$\begin{cases}x^2=2,\\ y^2=2\end{cases}$（舍掉），故 $x^2+y^2=5$.

方法二：已知 $(x-\sqrt{2}y)^2=6-4\sqrt{2}=(2-\sqrt{2})^2$，则有 $|x-\sqrt{2}y|=|2-\sqrt{2}|$. 因为 x，y 是有理数，可得 $x-\sqrt{2}y=2-\sqrt{2}\Rightarrow\begin{cases}x=2,\\ y=1,\end{cases}$ 或者 $x-\sqrt{2}y=\sqrt{2}-2\Rightarrow\begin{cases}x=-2,\\ y=-1.\end{cases}$ 故 $x^2+y^2=5$.

3. (D)

解　析	本题参照【模型 2. 无理数的化简求值】

$$\sqrt{7-4\sqrt{3}}=\sqrt{4-2\times2\times\sqrt{3}+3}=\sqrt{(2-\sqrt{3})^2}=2-\sqrt{3}=a\sqrt{3}+b.$$

故 $a=-1$，$b=2$，$a+b=1$.

4. (C)

解　析	本题参照【模型 2. 无理数的化简求值】

根据原方程左边为非负数，可知 $m\geqslant n$. 两边平方，得 $a^2-4\sqrt{2}=m+n-2\sqrt{mn}$，且 a，m，n 均为整数，故有

$$\begin{cases}mn=8,\\ m+n=a^2,\end{cases}\text{解得}\begin{cases}m=8,\\ n=1,\\ a=\pm3.\end{cases}$$

故 $a+m+n$ 的取值有 2 种 .

5. (A)

解　析	本题参照【模型 2. 无理数的化简求值】

利用公式 $(\sqrt{n+1}+\sqrt{n})(\sqrt{n+1}-\sqrt{n})=1$ 求解，可得

$$\begin{aligned}\text{原式}&=(\sqrt{3}+\sqrt{2})^{2\,021}\times(\sqrt{3}-\sqrt{2})^{2\,021}\times(\sqrt{3}-\sqrt{2})^2\\&=[(\sqrt{3}+\sqrt{2})\times(\sqrt{3}-\sqrt{2})]^{2\,021}\times(\sqrt{3}-\sqrt{2})^2\\&=(\sqrt{3}-\sqrt{2})^2=5-2\sqrt{6}.\end{aligned}$$

6. (A)

解　析	本题参照【模型 3. 形如 $a+b\lambda=0$ 的参数求解】

条件 (1)：$a+b\sqrt[3]{2}+c\sqrt[3]{4}=0$ 中 $\sqrt[3]{2}$，$\sqrt[3]{4}$ 是无理数，所以只能 $a=b=c=0$，条件(1)充分 .

条件 (2)：$a+b\sqrt[3]{8}+c\sqrt[3]{16}=a+2b+2\sqrt[3]{2}c=0$，得 $a+2b=0$，$c=0$，不能得 $a=b=c=0$，条件(2)不充分 .

7. (C)

解　析	本题参照【模型 3. 形如 $a+b\lambda=0$ 的参数求解】

因为 $-\sqrt{3}$ 是方程的根，故代入方程，可得 $-3\sqrt{3}+3a+\sqrt{3}a+b=0$.

合并同类项，得$(a-3)\sqrt{3}+(3a+b)=0$，解得$\begin{cases}a=3,\\b=-9.\end{cases}$

则 $x^3+3x^2-3x-9=0\Rightarrow(x^2-3)(x+3)=0$，故方程的唯一有理根为$-3$.

8. (B)

解　析	本题参照【模型 3. 形如 $a+b\lambda=0$ 的参数求解】

整理方程可得$(\sqrt{5}+2)m+(3-2\sqrt{5})n+7=(m-2n)\sqrt{5}+2m+3n+7=0$，则

$$\begin{cases}m-2n=0,\\2m+3n+7=0,\end{cases}$$

解得 $m=-2$，$n=-1$，故 $m+n=-3$.

题型 9　实数的运算技巧

1. (D)

解　析	本题参照【模型 1. 多个分式求和】

$$\begin{aligned}原式&=1+\frac{2}{1\times4}+1+\frac{2}{4\times7}+1+\frac{2}{7\times10}+1+\frac{2}{10\times13}\\&=4+2\times\left(\frac{1}{1\times4}+\frac{1}{4\times7}+\frac{1}{7\times10}+\frac{1}{10\times13}\right)\\&=4+\frac{2}{3}\times\left(1-\frac{1}{4}+\frac{1}{4}-\frac{1}{7}+\frac{1}{7}-\frac{1}{10}+\frac{1}{10}-\frac{1}{13}\right)\\&=4+\frac{2}{3}\times\frac{12}{13}\\&=\frac{60}{13}.\end{aligned}$$

2. (E)

解　析	本题参照【模型 1. 多个分式求和】

韦达定理＋裂项相消法．由韦达定理，知 $a_n+b_n=n+2$，$a_nb_n=-2n^2$. 故

$$\frac{1}{(a_n-2)(b_n-2)}=\frac{1}{a_nb_n-2(a_n+b_n)+4}=\frac{1}{-2n^2-2n}=-\frac{1}{2}\cdot\frac{1}{n(n+1)}.$$

则

$$\begin{aligned}&\frac{1}{(a_2-2)(b_2-2)}+\frac{1}{(a_3-2)(b_3-2)}+\cdots+\frac{1}{(a_{2\,023}-2)(b_{2\,023}-2)}\\&=-\frac{1}{2}\times\left(\frac{1}{2\times3}+\frac{1}{3\times4}+\cdots+\frac{1}{2\,023\times2\,024}\right)\\&=-\frac{1}{2}\times\left(\frac{1}{2}-\frac{1}{2\,024}\right)=-\frac{1}{2}\times\frac{2\,022}{2\times2\,024}=-\frac{1}{2}\times\frac{1\,011}{2\,024}.\end{aligned}$$

3. (B)

解　析	本题参照【模型 1. 多个分式求和】

观察每个分式的分母，可知乘号前后的差值恰好为分子，由$\frac{k}{n(n+k)}=\frac{1}{n}-\frac{1}{n+k}$，可得

$$\begin{aligned}&1-\frac{2}{1\times(1+2)}-\frac{3}{(1+2)\times(1+2+3)}-\cdots-\frac{10}{(1+2+\cdots+9)\times(1+2+\cdots+10)}\\&=1-\left(\frac{1}{1}-\frac{1}{1+2}\right)-\left(\frac{1}{1+2}-\frac{1}{1+2+3}\right)-\cdots-\left(\frac{1}{1+2+\cdots+9}-\frac{1}{1+2+\cdots+10}\right)\\&=1-\left(1-\frac{1}{1+2+\cdots+10}\right)\\&=\frac{1}{1+2+\cdots+10}=\frac{1}{55}.\end{aligned}$$

4. (B)

解　析	本题参照【模型 1. 多个分式求和】

因为$\frac{n-1}{n!}=\frac{1}{(n-1)!}-\frac{1}{n!}$，故

$$原式=1-\frac{1}{1\times2}+\frac{1}{1\times2}-\frac{1}{1\times2\times3}+\cdots+\frac{1}{(n-1)!}-\frac{1}{n!}=1-\frac{1}{n!}.$$

5. (E)

解　析	本题参照【模型 2. 多个括号乘积】

因为 $1-\frac{1}{n^2}=\frac{n-1}{n}\cdot\frac{n+1}{n}$，故原式$=\frac{1}{2}\times\frac{3}{2}\times\frac{2}{3}\times\frac{4}{3}\times\frac{3}{4}\times\frac{5}{4}\times\cdots\times\frac{98}{99}\times\frac{100}{99}=\frac{1}{2}\times\frac{100}{99}=\frac{50}{99}$.

6. (A)

解　析	本题参照【模型 2. 多个括号乘积】

$$原式=\frac{(1-2)\times(1+2)\times(1+2^2)\times(1+2^4)\times(1+2^8)\times\cdots\times(1+2^{32})}{1-2}=\frac{1-2^{64}}{1-2}=2^{64}-1.$$

7. (E)

解　析	本题参照【模型 3. 无理分数相加】

$$\begin{aligned}&\left(\frac{1}{1+\sqrt{2}}+\frac{1}{\sqrt{2}+\sqrt{3}}+\cdots+\frac{1}{\sqrt{2\,022}+\sqrt{2\,023}}\right)\times(1+\sqrt{2\,023})\\&=(\sqrt{2}-1+\sqrt{3}-\sqrt{2}+\cdots+\sqrt{2\,023}-\sqrt{2\,022})\times(\sqrt{2\,023}+1)\\&=(\sqrt{2\,023}-1)(\sqrt{2\,023}+1)\\&=2\,023-1=2\,022.\end{aligned}$$

8. (C)

解　析	本题参照【模型 3. 无理分数相加】

因为$\frac{1}{\sqrt{n}+\sqrt{n+2}}=\frac{1}{2}(\sqrt{n+2}-\sqrt{n})$，故

$$\begin{aligned}&\frac{1}{\sqrt{1}+\sqrt{3}}+\frac{1}{\sqrt{3}+\sqrt{5}}+\frac{1}{\sqrt{5}+\sqrt{7}}+\cdots+\frac{1}{\sqrt{623}+\sqrt{625}}\\&=\frac{1}{2}\times(\sqrt{3}-1+\sqrt{5}-\sqrt{3}+\cdots+\sqrt{625}-\sqrt{623})\\&=\frac{1}{2}\times(\sqrt{625}-1)=12.\end{aligned}$$

9. (A)

解　析	本题参照【模型 4. 多个相同数字相加】

原式可化为

$$\begin{aligned}&\frac{8}{9}\times(9+99+999+\cdots+999\ 999\ 999)\\&=\frac{8}{9}\times(10-1+10^2-1+10^3-1+\cdots+10^9-1)\\&=\frac{8}{9}\times(10+10^2+10^3+\cdots+10^9-9)\\&=\frac{8}{9}\times\frac{10(1-10^9)}{1-10}-8\\&=\frac{8}{9}\times\frac{10(10^9-1)}{9}-8.\end{aligned}$$

10. (A)

解　析	本题参照【模型 5. 公共部分问题】

换元法．设公共部分为$t=\frac{1}{2}+\frac{1}{3}+\cdots+\frac{1}{199}$，则

$$\begin{aligned}\text{原式}&=(1+t)\left(t+\frac{1}{200}\right)-\left(1+t+\frac{1}{200}\right)t\\&=t+\frac{1}{200}+t^2+\frac{t}{200}-t-t^2-\frac{t}{200}\\&=\frac{1}{200}.\end{aligned}$$

11. (C)

解　析	本题参照【模型 5. 公共部分问题】

令$a_2+a_3+\cdots+a_{2\,022}=t$，则

$$M-N=(a_1+t)(t+a_{2\,023})-(a_1+t+a_{2\,023})t=a_1a_{2\,023}>0.$$

故$M>N$.

12. (A)

解　析	本题参照【模型 6. 数列问题】

原式可改写为 $1\times\left(\frac{1}{2}\right)^0+3\times\left(\frac{1}{2}\right)^1+5\times\left(\frac{1}{2}\right)^2+\cdots+17\times\left(\frac{1}{2}\right)^8$. 形如等差数列中的项乘等比数列中的项，用错位相减法.

令 $S=1+\frac{3}{2}+\frac{5}{2^2}+\cdots+\frac{17}{2^8}$，则 $\frac{1}{2}S=\frac{1}{2}+\frac{3}{2^2}+\frac{5}{2^3}+\cdots+\frac{17}{2^9}$. 两式相减，可得

$$\frac{1}{2}S=1+1+\frac{1}{2}+\frac{1}{2^2}+\frac{1}{2^3}+\cdots+\frac{1}{2^7}-\frac{17}{2^9}=1+\frac{1\times\left(1-\frac{1}{2^8}\right)}{1-\frac{1}{2}}-\frac{17}{2^9}=3-\frac{21}{2^9}.$$

故 $S=6-\frac{21}{2^8}$.

题型 10　其他实数问题

1. (A)

解　析	本题参照【模型 1. 无限循环小数化分数】

设这个纯循环小数为 $0.\dot{a}\dot{b}$，化成分数为 $0.\dot{a}\dot{b}=\frac{10a+b}{99}=\frac{10a+b}{3\times3\times11}$. 因此，分母的两位数质数肯定是 11，又因为此分数为最简真分数，故必大于 0 小于 1，所以此分数可能为 $\frac{1}{11}$，$\frac{2}{11}$，$\frac{3}{11}$，$\frac{4}{11}$，…，$\frac{10}{11}$，共 10 个.

2. (B)

解　析	本题参照【模型 2. 实数的大小比较】

方法一：分子有理化.

$$a=\sqrt{2}-1=\frac{1}{\sqrt{2}+1}=\frac{2}{\sqrt{8}+\sqrt{4}},\ b=2\sqrt{2}-\sqrt{6}=\frac{2}{\sqrt{8}+\sqrt{6}},\ c=\sqrt{6}-2=\frac{2}{\sqrt{6}+\sqrt{4}}.$$

所以 $b<a<c$.

方法二：估算法.

根据无理数的估算数值，可得

$$a=\sqrt{2}-1\approx0.414,\ b=2\sqrt{2}-\sqrt{6}\approx0.379,\ c=\sqrt{6}-2\approx0.449.$$

所以 $b<a<c$.

3. (B)

解　析	本题参照【模型 2. 实数的大小比较】

特殊值法. 令 $x=\frac{1}{2}$，可知最大的数为 $\frac{1}{x}$.

第 2 节 比和比例

题型 11 等比定理与合比定理

1.(A)

解　析	本题参照【模型 1. 等式问题】

方法一：设 k 法.

由 $\frac{a+b-c}{c}=k$，得 $a+b-c=ck$. 以此类推 $a-b+c=bk$，$-a+b+c=ak$.

三个等式相加，得 $(a+b+c)=k(a+b+c)$，故有 $k=1$ 或者 $a+b+c=0$，将 $a+b=-c$ 代入原式，可知 $k=-2$.

方法二：等比定理法.

欲使用等比定理，先判断分母之和是否为 0，故分两类讨论：

(1)当 $a+b+c=0$ 时，$a+b=-c$，代入原式，可知 $k=-2$；

(2)当 $a+b+c\neq0$ 时，由等比定理，可知

$$\frac{a+b-c}{c}=\frac{a-b+c}{b}=\frac{-a+b+c}{a}=\frac{(a+b-c)+(a-b+c)+(-a+b+c)}{a+b+c}=k,$$

整理得 $k=1$.

方法三：合比定理法.

在等式的各个位置均$+2$，得

$$\frac{a+b-c}{c}+2=\frac{a-b+c}{b}+2=\frac{-a+b+c}{a}+2=k+2$$

$$\frac{a+b-c+2c}{c}=\frac{a-b+c+2b}{b}=\frac{-a+b+c+2a}{a}=k+2$$

$$\frac{a+b+c}{c}=\frac{a+b+c}{b}=\frac{a+b+c}{a}=k+2.$$

故有 $a=b=c\Rightarrow3=k+2$，即 $k=1$；或者 $a+b+c=0\Rightarrow k+2=0$，即 $k=-2$.

综上所述，当 $k=1$ 时，直线 $y=kx+k^2=x+1$，过第一、二、三象限；

当 $k=-2$ 时，直线 $y=kx+k^2=-2x+4$，过第一、二、四象限.

故直线必过一、二象限.

2.(E)

解　析	本题参照【模型 1. 等式问题】

等比定理法.

当 $a+b+c+d\neq0$ 时，由等比定理得 $n=\frac{a+b+c+d}{3(a+b+c+d)}=\frac{1}{3}$；

当 $a+b+c+d=0$ 时，$b+c+d=-a$，代入得 $n=\frac{a}{b+c+d}=\frac{a}{-a}=-1$.

3.(D)

解　析	本题参照【模型 1. 等式问题】

先对所求式子进行整理，得 $2a+4b-c-2d+5e+10f=(2a-c+5e)+2(2b-d+5f)$.

根据等比定理，有 $\frac{a}{b}=\frac{c}{d}=\frac{e}{f}=\frac{2a}{2b}=\frac{-c}{-d}=\frac{5e}{5f}=\frac{2a-c+5e}{2b-d+5f}=\frac{2}{3}$.

由 $2b-d+5f=18$，得 $2a-c+5e=12$，故

$$2a+4b-c-2d+5e+10f=(2a-c+5e)+2(2b-d+5f)=12+2\times18=48.$$

4.(C)

解　析	本题参照【模型 2. 不等式问题】

因为 a，b，x，y 都是正数，所以 $\frac{x}{x+a}>\frac{y}{y+b}>0$，对 $\frac{x}{x+a}>\frac{y}{y+b}$ 两边同时取倒数，得

$$\frac{x+a}{x}<\frac{y+b}{y}\Rightarrow1+\frac{a}{x}<1+\frac{b}{y}\Rightarrow\frac{a}{x}<\frac{b}{y},$$

此题等价于证明 $\frac{a}{x}<\frac{b}{y}$.

条件(1)和条件(2)单独皆不充分，考虑联立.

因为 a，b，x，$y\in\mathbf{R}^{+}$，由 $\frac{1}{a}>\frac{1}{b}$，得 $a<b$. 又因为 $x>y$，即 $\frac{a}{x}$ 的分子更小、分母更大，故 $\frac{a}{x}<\frac{b}{y}$.

因此两个条件联立充分.

题型 12　比例的计算

1.(A)

解　析	本题参照【模型 1. 连比问题】

由已知可得 $\frac{x+y}{2}=\frac{y+m}{3}=m$，故有 $\begin{cases}x+y=2m,\\y+m=3m,\end{cases}$ 解得 $\begin{cases}x=0,\\y=2m.\end{cases}$

所以 $\frac{2m+x}{y}=\frac{2m+0}{2m}=1$.

2.(A)

解　析	本题参照【模型 1. 连比问题】

甲：乙：丙 $=\frac{1}{2}:\frac{1}{3}:\frac{2}{5}=\frac{15}{30}:\frac{10}{30}:\frac{12}{30}=15:10:12$，故乙应得奖金为

$$3\ 700\times\frac{10}{15+10+12}=1\ 000(\text{元}).$$

3. (B)

解析	本题参照【模型 2. 两两之比问题】

一级品：二级品：次品=25：10：2，故次品率$=\frac{2}{25+10+2}\approx 5.4\%$.

4. (B)

解析	本题参照【模型 3. 正比例与反比例】

设$y_1=\frac{k_1}{\frac{1}{2x^2}}=2k_1x^2$，$y_2=\frac{3k_2}{x+2}$，得$y=2k_1x^2-\frac{3k_2}{x+2}$. 又因为$(x,y)$过$(0,-3)$、$(1,1)$点，得

$$\begin{cases}-3=-\frac{3}{2}k_2,\\1=2k_1-\frac{3k_2}{3}=2k_1-k_2,\end{cases}$$

解出$k_1=\frac{3}{2}$，$k_2=2$，故$y=3x^2-\frac{6}{x+2}$.

5. (B)

解析	本题参照【模型 4. 总量不变问题】

上学期通过考试的人数：未通过考试的人数=2：7，总人数为9份；
本学期通过考试的人数：未通过考试的人数=3：5，总人数为8份.
由于总人数不变，则比例的总份数可以转化为相同的份数，故将比例之和放大到8和9的最小公倍数72，即
上学期通过考试的人数：未通过考试的人数=2：7=16：56，总人数为72份；
本学期通过考试的人数：未通过考试的人数=3：5=27：45，总人数为72份；
因为该班总人数小于100人，故该班共72人，上学期通过考试的人数为16人，本学期通过考试的人数为27人，本学期新增27−16=11(人)通过四级考试.

第3节 绝对值

题型13 绝对值方程、不等式

1. (D)

解析	本题参照【模型 1. 含绝对值的方程求解】

条件(1)：$x\in(-2,0)$，$|x-1|+|x+2|-|x-3|=1-x+x+2-3+x=x=4$，不满足定

义域，故 $x\in(-2,0)$时，原方程无解，条件(1)充分．

条件(2)：$x\in(3,+\infty)$，$|x-1|+|x+2|-|x-3|=x-1+x+2+3-x=x+4=4$，解得 $x=0$，不满足定义域，故 $x\in(3,+\infty)$时，原方程无解，条件(2)充分．

2. (A)

解　析	本题参照【模型1. 含绝对值的方程求解】

方法一：设 x_0 为此方程的正根，则

$$|x_0|=ax_0-1$$
$$x_0=ax_0-1$$
$$ax_0-x_0=1$$
$$x_0=\frac{1}{a-1}>0.$$

解得 $a>1$.

方法二：图像法．

原题等价于函数 $y=|x|$ 与函数 $y=ax-1$ 的图像在第一象限有交点，如图1-1所示．

易知，当 $a=1$ 时，直线 $y=ax-1$ 与 $y=|x|(x>0)$ 平行，两个函数的图像在第一象限无交点；

当 $a>1$ 时，直线 $y=ax-1$ 与 $y=|x|$ 在第一象限有交点．

当 $a<1$ 时，直线 $y=ax-1$ 与 $y=|x|$ 在第一象限无交点．

综上所述，$a>1$.

故条件(1)充分，条件(2)不充分．

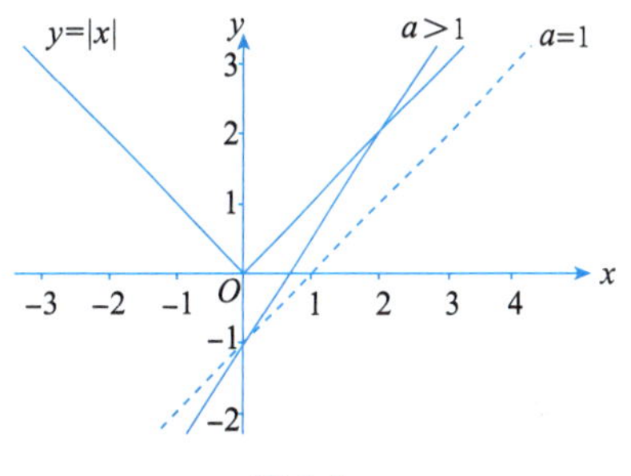

图1-1

3. (B)

解　析	本题参照【模型1. 含绝对值的方程求解】

原式整理为

$$x^2+2x+1-5|x+1|-6=0$$
$$|x+1|^2-5|x+1|-6=0.$$

换元法，令 $|x+1|=t>0$，得 $t^2-5t-6=0$，$t=-1$(舍)或6.

故 $|x+1|=6$，$x=-7$ 或5，因此 x 所有取值的和为 -2.

4. (B)

解　析	本题参照【模型2. 含绝对值的不等式求解】

分类讨论法．可以分以下几种情况讨论．

①当 $x<-\frac{1}{2}$时，$-2x-1+2-x>4$，解得 $x<-1$；

②当 $-\frac{1}{2}\leqslant x\leqslant 2$ 时，$2x+1+2-x>4$，解得 $x>1$，所以 $1<x\leqslant 2$；

③当$x>2$时，$2x+1+x-2>4$，解得$x>\frac{5}{3}$，所以$x>2$.

综上，$x<-1$或$x>1$.

题型14 绝对值的化简求值与证明

1. (D)

解　析	本题参照【模型1. 一般型】

$|x|<|x^3|$，得$1<|x^2|$，等价于$1<x^2$，得$x<-1$或$x>1$.

条件(1)：显然充分.

条件(2)：$|x^2|<|x^4|$，两边同时除以x^2，得$1<|x^2|$，同理也充分.

2. (D)

解　析	本题参照【模型1. 一般型】

去绝对值符号. 由于$x<-2$，则$|1-|1+x||=|2+x|=-2-x$.

3. (D)

解　析	本题参照【模型1. 一般型】

若$a<0$，则$\frac{1}{a}-|a|<0$，与题意不符；

若$a>0$，则$\frac{1}{a}-|a|=\frac{1}{a}-a=1$，解得$a=\frac{-1+\sqrt{5}}{2}$或$\frac{-1-\sqrt{5}}{2}$(舍掉).

故$\frac{1}{a}+|a|=\frac{2}{\sqrt{5}-1}+\frac{\sqrt{5}-1}{2}=\sqrt{5}$.

4. (B)

解　析	本题参照【模型1. 一般型】【模型2. 三角不等式】

条件(1)：特殊值法，特殊值常取-1，0，1. 令$a=1$，$b=1$，则$\frac{|a-b|}{|a|+|b|}=0$，条件(1)不充分.

条件(2)：三角不等式$|a-b|\leqslant|a|+|b|$，在$ab\leqslant0$时，等号成立. 所以，当$ab<0$时，$|a-b|=|a|+|b|$，故$\frac{|a-b|}{|a|+|b|}=1\geqslant1$，条件(2)充分.

5. (D)

解　析	本题参照【模型1. 一般型】【模型2. 三角不等式】

方法一：原等式两边平方，得$1-2t+t^2=1+2|t|+t^2$，所以$|t|=-t$，即$t\leqslant0$. 故

$$|t-2\ 023|-|1-t|=-(t-2\ 023)-(1-t)=2\ 022.$$

方法二：根据$|a-b|\leqslant|a|+|b|$等号成立的条件，可知$1\cdot t\leqslant 0$，即$t\leqslant 0$. 故

$$|t-2\ 023|-|1-t|=-(t-2\ 023)-(1-t)=2\ 022.$$

6. (B)

解　析	本题参照【模型2. 三角不等式】

由三角不等式，可得$|y-a|=|(2x-a)-(2x-y)|\leqslant|2x-a|+|2x-y|\leqslant 1+1=2$.

7. (E)

解　析	本题参照【模型2. 三角不等式】

条件(1)和条件(2)单独显然不充分，联立之.

条件(1)和条件(2)中的两式相加，得$|a|+|b|=5-x+x-2=3$.

由三角不等式得$|a-b|\leqslant|a|+|b|=3$，即$|a-b|$的最大值为3，不可能取到6.

故两个条件联立也不充分.

【易错点】很多学生会误选为(C)，认为$0\leqslant|a-b|\leqslant 3$在$[0,6]$的范围内. 但题干的表述"取值范围为……"是一个精确的概念，求出的范围必须与其完全一致，才充分.

8. (A)

解　析	本题参照【模型3. 定整问题】

条件(1)：a，b，c为整数，则$|a-b|$，$|c-a|$也一定为整数. 由$|a-b|^{20}+|c-a|^{41}=1$可知，对应值一共有两种情况：

①$|a-b|=0$，$|c-a|=1$，此时$a=b\Rightarrow|c-b|=1$，故$|a-b|+|a-c|+|b-c|=2$.

②$|a-b|=1$，$|c-a|=0$，此时$a=c\Rightarrow|c-b|=1$，故$|a-b|+|a-c|+|b-c|=2$.

综上所述，$|a-b|+|a-c|+|b-c|\leqslant 2$成立，故条件(1)充分.

条件(2)：由$|a-b|^{20}+|c-a|^{41}=2$，可知$|a-b|=1$，$|c-a|=1$. 故有

$$a-b=\pm 1,\ c-a=\pm 1,$$

两式相加，可得$b-c=\pm 2$或0. 故$|a-b|+|a-c|+|b-c|=2$或4，故条件(2)不充分.

题型15　非负性问题

1. (E)

解　析	本题参照【模型1. 标准型】

由非负性，可知$x-y=0$，$xy=1$，故$\frac{y}{x}-\frac{x}{y}=\frac{y^2-x^2}{xy}=\frac{(y-x)(y+x)}{xy}=0$.

2. (C)

解　析	本题参照【模型2. 方程组型】

将题干中的两个式子相加，得

$$y+\left|\sqrt{x}-\sqrt{2}\right|+|x-2|=1-a^2-b^2+y-2+2a$$
$$\Rightarrow\left|\sqrt{x}-\sqrt{2}\right|+|x-2|=-(a-1)^2-b^2$$
$$\Rightarrow\left|\sqrt{x}-\sqrt{2}\right|+|x-2|+(a-1)^2+b^2=0.$$

由非负性得，$x=2$，$a=1$，$b=0$，代入条件可得 $y=0$. 故 $\log_{x+y}(a+b)=\log_2 1=0$.

3. (C)

解　析	本题参照【模型 2. 方程组型】

条件(1)和条件(2)单独显然不成立，故联立两个条件.

由条件(1)：$y+\left|\sqrt{x}-\sqrt{3}\right|=1-a^2+\sqrt{3}b$，整理得

$$\left|\sqrt{x}-\sqrt{3}\right|+a^2=-y+1+\sqrt{3}b\ ,\qquad ①$$

由条件(2)：$|x-3|+\sqrt{3}b=y-1-b^2$，整理得

$$|x-3|+b^2=y-1-\sqrt{3}b\ ,\qquad ②$$

式①+式②，得 $\left|\sqrt{x}-\sqrt{3}\right|+a^2+|x-3|+b^2=0$.

根据非负性，可知 $x=3$，$a=b=0$，代入式①可得，$y=1$. 所以 $2^{x+y}+2^{a+b}=2^4+2^0=17$.

故条件(1)和条件(2)联立起来充分.

4. (B)

解　析	本题参照【模型 3. 配方型】

$a^2+b^2-6a-8b+9+16=0\Rightarrow(a-3)^2+(b-4)^2=0$，故 $a=3$，$b=4$.

由于三角形两边之和大于第三边，$a+b>c$，所以 $c<7$，故另外一条边 c 的最大值为 6.

5. (C)

解　析	本题参照【模型 3. 配方型】

$$\begin{aligned}3(a^2+b^2+c^2)=(a+b+c)^2&\Rightarrow3(a^2+b^2+c^2)=a^2+b^2+c^2+2ab+2ac+2bc\\&\Rightarrow a^2+b^2+c^2-ab-ac-bc=0\\&\Rightarrow\frac{1}{2}[(a-c)^2+(b-c)^2+(a-b)^2]=0.\end{aligned}$$

故有 $a=b=c$.

6. (E)

解　析	本题参照【模型 3. 配方型】

题干可做如下化简

$$\begin{aligned}a^2+b^2+c^2+43\leqslant ab+9b+8c&\Rightarrow a^2-ab+\frac{b^2}{4}+\frac{3b^2}{4}-9b+27+c^2-8c+16\leqslant0\\&\Rightarrow\left(a-\frac{b}{2}\right)^2+3\left(\frac{b}{2}-3\right)^2+(c-4)^2\leqslant0.\end{aligned}$$

故有 $a-\frac{b}{2}=\frac{b}{2}-3=c-4=0$，解得 $a=3$.

7. (C)

解　析	本题参照【模型 3. 配方型】

题干可做如下化简

$$m^2+n^2+mn+m-n+1=0\Rightarrow 2m^2+2n^2+2mn+2m-2n+2=0$$
$$\Rightarrow m^2+2mn+n^2+m^2+2m+1+n^2-2n+1=0$$
$$\Rightarrow (m+n)^2+(m+1)^2+(n-1)^2=0.$$

故 $m=-1$，$n=1$，则$\frac{1}{m}+\frac{1}{n}=0$.

8. (A)

解　析	本题参照【模型 3. 配方型】

$$M=2x^2-8xy+8y^2+x^2-4x+4+y^2+6y+9$$
$$=2(x-2y)^2+(x-2)^2+(y+3)^2\geqslant 0.$$

当且仅当$\begin{cases}x-2y=0,\\x=2,\\y=-3\end{cases}$时，$M=0$，而当$\begin{cases}x=2,\\y=-3\end{cases}$时，$x-2y\neq 0$，故 M 取不到 0.

综上，M 一定是正数.

9. (B)

解　析	本题参照【模型 4. 定义域型】

等式左边恒大于等于 0，则等式右边也应该大于等于 0，即

$$(x+1)(x+2)(x+3)(x+4)-24\geqslant 0\Rightarrow (x+1)(x+4)(x+2)(x+3)-24\geqslant 0$$
$$\Rightarrow [(x^2+5x)+4][(x^2+5x)+6]-24\geqslant 0\Rightarrow (x^2+5x)^2+10(x^2+5x)\geqslant 0$$
$$\Rightarrow (x^2+5x)(x^2+5x+10)\geqslant 0\Rightarrow x(x+5)(x^2+5x+10)\geqslant 0.$$

由于 $x^2+5x+10>0$，故有 $x(x+5)\geqslant 0$，得 $x\leqslant -5$ 或 $x\geqslant 0$.

又由 $\sqrt{-x}\cdot|y-2\ 022|+(x+5)^{\frac{5}{2}}$ 的定义域知，$\begin{cases}-x\geqslant 0,\\x+5\geqslant 0,\end{cases}$ 得 $-5\leqslant x\leqslant 0$.

联立可得 $x=-5$ 或 $x=0$.

代入原式，可知当 $x=-5$ 时，$y=2\ 022$；当 $x=0$ 时，不成立，舍去.

故 $(y-2\ 023)^x=(2\ 022-2\ 023)^{-5}=-1$.

【快速得分法】根据题干的形式可知此题考非负性，绝对值内的数和根号下的数必为 0，故有 $y=2\ 022$，$x=-5$ 或 $x=0$，代入原式验证可知 $x=-5$，$y=2\ 022$.

题型 16　自比性问题

1. (A)

解　析	本题参照【模型 1. 自比性问题】

由题可知，$a-1<0$，$b+2>0$，$a+b<0$，故

$$\frac{|a-1|}{a-1}-\frac{|b+2|}{b+2}+\frac{|a+b|}{a+b}=-1-1-1=-3.$$

2. (B)

解　析	本题参照【模型 1. 自比性问题】

a，b，c 两正一负，$\frac{|a|}{a}+\frac{|b|}{b}+\frac{|c|}{c}+\frac{|abc|}{abc}=0$；

a，b，c 两负一正，$\frac{|a|}{a}+\frac{|b|}{b}+\frac{|c|}{c}+\frac{|abc|}{abc}=0$；

a，b，c 为三负时，$\frac{|a|}{a}+\frac{|b|}{b}+\frac{|c|}{c}+\frac{|abc|}{abc}=-4$；

a，b，c 为三正时，$\frac{|a|}{a}+\frac{|b|}{b}+\frac{|c|}{c}+\frac{|abc|}{abc}=4$.

故所有可能情况有 3 种.

3. (A)

解　析	本题参照【模型 1. 自比性问题】

由根号下面的数大于等于 0，分母不等于 0，可知 $x>1$.

条件(1)：$m=\frac{|x-1|}{x-1}+\frac{|1-x|}{1-x}+\frac{\sqrt{x-1}}{\sqrt{|x-1|}}=1-1+1=1$，充分.

条件(2)：$m=\frac{|x-1|}{x-1}-\frac{|1-x|}{1-x}+\frac{\sqrt{x-1}}{\sqrt{|x-1|}}=1-(-1)+1=3$，不充分.

4. (A)

解　析	本题参照【模型 1. 自比性问题】【模型 2. 符号判断问题】

因为 $abc<0$，且 $a+b+c=0$，故 a，b，c 为 1 负 2 正.

令 $a<0$，$b>0$，$c>0$，则

$$\frac{|a|}{a}+\frac{b}{|b|}+\frac{|c|}{c}+\frac{|ab|}{ab}+\frac{bc}{|bc|}+\frac{|ac|}{ac}=-1+1+1-1+1-1=0.$$

【快速得分法】特殊值法，令 $a=-2$，$b=1$，$c=1$，代入可得原式为 0.

5. (A)

解　析	本题参照【模型 1. 自比性问题】【模型 2. 符号判断问题】

由 $a+b+c=0$ 可知 a，b，c 至少有 1 负 1 正或均为 0；由 $abc>0$ 可知，a，b，c 为 3 正或 1 正 2 负. 联立二者可知 a，b，c 为 1 正 2 负. 故

$$x=\frac{a}{|a|}+\frac{b}{|b|}+\frac{c}{|c|}=-1.$$

$$y=a\left(\frac{1}{b}+\frac{1}{c}\right)+b\left(\frac{1}{a}+\frac{1}{c}\right)+c\left(\frac{1}{a}+\frac{1}{b}\right)=\frac{b+c}{a}+\frac{a+c}{b}+\frac{a+b}{c}=\frac{-a}{a}+\frac{-b}{b}+\frac{-c}{c}=-3.$$

故 $x^y=-1$.

【快速得分法】取特殊值 $a=2$，$b=c=-1$，知 $x=-1$，$y=-3$，可得 $x^y=-1$.

6. (D)

解　析	本题参照【模型 2. 符号判断问题】

条件(1)：$A+B+C=(x-1)^2+(y-1)^2+(z-1)^2+(\pi-3)>0$，所以 A，B，C 中至少有一个大于零，条件(1)充分.

条件(2)：$ABC=(x-1)(x+1)(x^2-1)=(x^2-1)^2$，又因为 $|x|\neq1$，所以 $ABC>0$，A，B，C 的符号为 1 正 2 负或者 3 正，条件(2)充分.

题型 17　绝对值的最值问题

1. (A)

解　析	本题参照【模型 1. 两个线性和问题】

$|1-x|+|x+1|\geqslant|1-x+x+1|=2$，故当 $a<2$ 时，$|1-x|+|x+1|>2$ 恒成立.

故条件(1)充分，条件(2)不充分.

2. (A)

解　析	本题参照【模型 1. 两个线性和问题】

由三角不等式得 $f(x)=|2x+1|+|2x-3|\geqslant|(2x+1)-(2x-3)|=4$.

$f(x)>a$ 恒成立，故 $a<4$.

3. (B)

解　析	本题参照【模型 1. 两个线性和问题】

根据三角不等式可知

$$|2x+1|+|2x-3|\geqslant|2x+1-(2x-3)|=4. \quad ①$$

$$|3y-2|+|3y+1|\geqslant|3y-2-(3y+1)|=3. \quad ②$$

$$|z-3|+|z+1|\geqslant|z-3-(z+1)|=4. \quad ③$$

因为 $4\times3\times4=48$，故式①、式②、式③恰好分别取其最小值 4，3，4.

由三角不等式 $|a-b|\leqslant|a|+|b|$ 可知，当 $ab\leqslant0$ 时，等号成立，再结合式①、式②、式③，知当 $\frac{-1}{2}\leqslant x\leqslant\frac{3}{2}$ 时，①取最小值；当 $\frac{-1}{3}\leqslant y\leqslant\frac{2}{3}$ 时，②取最小值；当 $-1\leqslant z\leqslant3$ 时，③取最小值.

故 $2x+3y+z$ 的最大值为 $2\times\frac{3}{2}+3\times\frac{2}{3}+3=8$.

4. (A)

解　析	本题参照【模型 1. 两个线性和问题】【模型 3. 线性差问题】

条件(1)：由模型 1 的结论可知，当 $-1\leqslant x\leqslant5$ 时，$|x+1|+|x-5|=6$，所以整数解为 -1，

0，1，2，3，4，5 共 7 个，条件(1)充分.

条件(2)：由模型 3 的结论可知，当 $x\geqslant 5$ 时，$|x+1|-|x-5|=6$，整数解有无数个，条件(2)不充分.

5. (E)

解　析	本题参照【模型 2. 三个线性和问题(奇数个线性和)】

$y=|x-a|+|x-b|+|x-c|+\cdots$(共奇数个)，当 x 取到中间值时，y 的值最小，故当 $x=-1$ 时，y 取得最小值为 6.

6. (B)

解　析	本题参照【模型 2. 三个线性和问题】

$y=2|x-a|+|x-2|=|x-a|+|x-a|+|x-2|$，当 $x=a$ 时，y 取到最小值，代入得 $y_{\min}=2|a-a|+|a-2|=1$. 得 $|a-2|=1$，$a-2=\pm 1$，$a=3$ 或 1.

【注意】若使用直接取拐点法解题，可能会误选(D)，但当 $a=\frac{3}{2}$ 或 $\frac{5}{2}$ 时，原式的最小值不为 1. 因为最值虽然在拐点处取得，但无法确定是哪个拐点，故使用此方法时需要代入验证.

7. (C)

解　析	本题参照【模型 2. 三个线性和问题】【模型 4. 复杂线性和问题】

方法一：由 $|x|\leqslant 4$ 可知 $-4\leqslant x\leqslant 4$，所以

$$y=\begin{cases}6-3x, & -4\leqslant x<1,\\ 4-x, & 1\leqslant x<2,\\ x, & 2\leqslant x<3,\\ 3x-6, & 3\leqslant x<4,\end{cases}$$

当 $x=-4$ 时，y 取最大值 18；当 $x=2$ 时，y 取最小值 2.

方法二：由模型 2 的结论，迅速得当 $x=2$ 时，y 取最小值 2. 直接取拐点法易知当 $x=-4$ 时，y 取最大值 18.

故函数 $y=|x-1|+|x-2|+|x-3|$ 的最大值与最小值之差是 $18-2=16$.

【注意】两种方法对比可知，运用方法二更为简便，建议此类问题都用方法二.

8. (A)

解　析	本题参照【模型 4. 复杂线性和问题】

设停靠点的位置应在距离 A 区 x 米处，则路程总和为

$$y=30x+15\times|x-100|+10\times(200+100-x)=30|x|+15|x-100|+10|x-300|,$$

根据直接取拐点法可知，最值只能取在 $x=0$，100，300 处，即 A、B、C 区.

若停靠点的位置在 A 区，则路程总和为 $30\times 0+15\times 100+10\times 300=4\,500$(米)；

若停靠点的位置在 B 区，则路程总和为 $30\times 100+15\times 0+10\times 200=5\,000$(米)；

若停靠点的位置在 C 区，则路程总和为 $30\times 300+15\times 200+10\times 0=12\,000$(米)；

综上所述，停靠点的位置应该在 A 区.

题型 18 绝对值函数

1. (A)

解　析	本题参照【模型 1. 形如 $y=\|f(x)\|$ 的图像】【模型 2. 形如 $y=f(\|x\|)$ 的图像】

条件(1)：方程 $2|x|+1=a$ 的解的个数，即函数 $y=2|x|+1$ 与直线 $y=a$ 交点的个数．画出 $y=2|x|+1$ 的图像，如图 1-2 所示，由图像可得，当 $a=1$ 时，方程 $2|x|+1=a$ 有且仅有 1 个实数根，故条件(1)充分．

条件(2)：方程 $|2x^2-1|=a$ 的解的个数，即函数 $y=|2x^2-1|$ 与直线 $y=a$ 交点的个数．画出 $y=|2x^2-1|$ 的图像，如图 1-3 所示，由图像可得，当 $a=0$ 或 $a>1$ 时，方程有 2 个实数根；当 $0<a<1$ 时，方程有 4 个实数根；当 $a=1$ 时，方程有 3 个实数根，不存在只有 1 个根的情况，故条件(2)不充分．

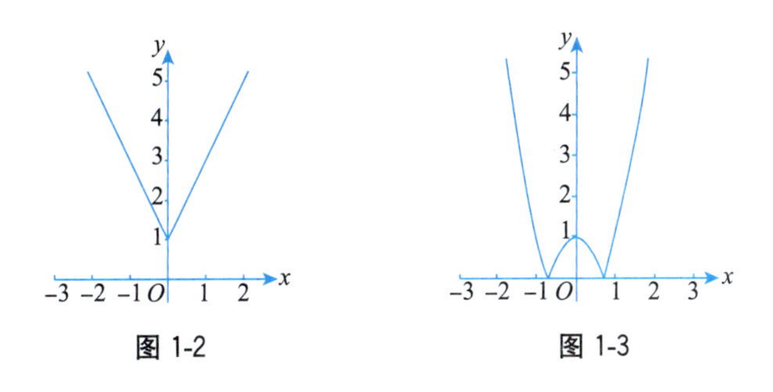

图 1-2　　　　图 1-3

2. (A)

解　析	本题参照【模型 3. 形如 $\|ax+by\|=c$ 的图像】

$|2x+3y|=6\Rightarrow 2x+3y=\pm 6$，图像是两条关于原点对称的平行直线，即 $2x+3y=6$ 和 $2x+3y=-6$. 如图 1-4 所示，其与 x 轴正半轴、y 轴正半轴的截距为 3 和 2，故图像在第一象限与坐标轴所围图形的面积为 $\frac{1}{2}\times 3\times 2=3$，在第三象限所围图形的面积与第一象限相等，故总面积为 6.

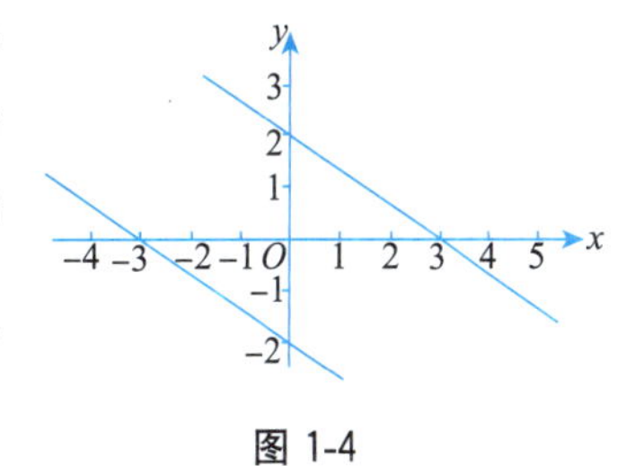

图 1-4

3. (E)

解　析	本题参照【模型 4. 形如 $\|Ax-a\|+\|By-b\|=C$ 的图像】【模型 5. 形如 $\|xy\|+ab=a\|x\|+b\|y\|$ 的图像】

条件(1)：形如 $|xy|+ab=a|x|+b|y|$ 的方程，当 $a=b$ 时，图像是正方形；当 $a\neq b$ 时，图像是长方形．故 $|xy|+2=|x|+2|y|$ 的图像是长方形，条件(1)不充分．

条件(2)：形如 $|Ax-a|+|By-b|=C$ 的方程，当 $A=B$ 时，直线所围成的图形是正方形；当 $A\neq B$ 时，直线所围成的图形是菱形．所以 $|x-2|+|2y-1|=4$ 围成的图形是菱形，故条件(2)不充分．

条件(1)、(2)无法联立．

第 4 节 平均值和方差

题型 19 平均值和方差

1. (C)

解　析	本题参照【模型 1. 算术平均值】

根据题意，得$\frac{a+b+c}{3}=13$，故 $a+b+c=39$.

又因为 $a:b:c=\frac{1}{2}:\frac{1}{3}:\frac{1}{4}=\frac{6}{12}:\frac{4}{12}:\frac{3}{12}=6:4:3$，故 $c=39\times\frac{3}{6+3+4}=9$.

2. (E)

解　析	本题参照【模型 1. 算术平均值】

$\frac{1}{a}$与$\frac{1}{b}$的算术平均值为$\frac{1}{3}$，显然可以令 $a=3$，$b=3$，乘积为 9.

如果还有另外一组解，则 a，b 必有一个大于 3，另一个小于 3. 令 $a=1$，自然数 b 不成立；令 $a=2$，由$\frac{1}{a}+\frac{1}{b}=\frac{2}{3}$，得 $b=6$，$ab=12$.

综上，a 与 b 的乘积为 9 或 12.

3. (D)

解　析	本题参照【模型 1. 算术平均值】【模型 2. 方差】

条件(1)：$\frac{1+2+3+4+x}{5}=2$，解得 $x=0$，故两个条件等价.

$S^2=\frac{1}{5}[(0-2)^2+(1-2)^2+(2-2)^2+(3-2)^2+(4-2)^2]=2$，故两个条件都充分.

4. (A)

解　析	本题参照【模型 2. 方差】

条件(1)：$a^2+b^2+c^2+d^2=ab+bc+cd+da$，等式两边同时乘以 2，得

$$\begin{aligned}&2a^2+2b^2+2c^2+2d^2=2ab+2bc+2cd+2da\\ \Rightarrow&2a^2+2b^2+2c^2+2d^2-2ab-2bc-2cd-2da=0\\ \Rightarrow&(a-b)^2+(b-c)^2+(c-d)^2+(d-a)^2=0\\ \Rightarrow&a=b=c=d.\end{aligned}$$

a，b，c，d 四个数相等，故方差为 0，条件(1)充分.

条件(2)：举反例，令 $a=1$，$b=1$，$c=-1$，$d=-1$，方差不为 0，条件(2)不充分.

5. (D)

解　析	本题参照【模型 3. 方差的性质】

条件(1)：B 组数据相当于在 A 组每个数据上加 35，由方差的性质 $D(ax+b)=a^2D(x)$ $(a\neq0,\ b\neq0)$ 可知，A，B 两组数据的方差相等，即 $S_1^2=S_2^2$.

条件(2)：B 组数据相当于在 A 组每个数据上加 50，同理，$S_1^2=S_2^2$.

题型 20　均值不等式

1. (E)

解　析	本题参照【模型 1. 求最值】

由 $x+y=4$，得 $y=4-x$，则 $3^x+3^{4-x}=3^x+\frac{3^4}{3^x}\geqslant2\sqrt{3^x\cdot\frac{3^4}{3^x}}=18$.

2. (B)

解　析	本题参照【模型 1. 求最值】

根据均值不等式，可得 $\frac{1}{x}+\frac{1}{y}=\frac{x+y}{xy}=\frac{x+y}{2}\geqslant\sqrt{xy}=\sqrt{2}$.

3. (D)

解　析	本题参照【模型 1. 求最值】

根据均值不等式，拆项可得

$$y=2x+2x+\frac{9}{x^2}\geqslant3\sqrt[3]{2x\cdot2x\cdot\frac{9}{x^2}}=3\sqrt[3]{36}.$$

4. (A)

解　析	本题参照【模型 1. 求最值】

$$y=\frac{4}{x}+2x^2=\frac{2}{x}+\frac{2}{x}+2x^2\geqslant3\cdot\sqrt[3]{\frac{2}{x}\cdot\frac{2}{x}\cdot2x^2}=6.$$

5. (C)

解　析	本题参照【模型 1. 求最值】

$$\frac{2}{a}+\frac{1}{b}=\left(\frac{2}{a}+\frac{1}{b}\right)\cdot1=\left(\frac{2}{a}+\frac{1}{b}\right)\cdot\frac{(a+2b)}{3}$$

$$=\left(2+\frac{4b}{a}+\frac{a}{b}+2\right)\cdot\frac{1}{3}\geqslant\frac{1}{3}\left(4+2\sqrt{\frac{4b}{a}\cdot\frac{a}{b}}\right)=\frac{8}{3},$$

故最小值是 $\frac{8}{3}$.

6. (A)

解　析	本题参照【模型 2. 证明不等式】

$\left(\frac{1}{a}-1\right)\left(\frac{1}{b}-1\right)\left(\frac{1}{c}-1\right)\geqslant 8$，不等式两边同时乘 abc，得 $(1-a)(1-b)(1-c)\geqslant 8abc$，此题等价于证明 $(1-a)(1-b)(1-c)\geqslant 8abc$.

条件(1)：$(1-a)(1-b)(1-c)=(b+c)(a+c)(a+b)\geqslant 2\sqrt{bc}\cdot 2\sqrt{ac}\cdot 2\sqrt{ab}=8\sqrt{a^2b^2c^2}=8abc$，故条件(1)充分.

条件(2)：举反例，$a=1.8$，$b=0.1$，$c=0.1$，此时 $(1-a)<0$，$(1-b)>0$，$(1-c)>0$，故 $(1-a)(1-b)(1-c)<0$，而 $8abc>0$，故 $(1-a)(1-b)(1-c)<8abc$，条件(2)不充分.

7. (C)

解　析	本题参照【模型 2. 证明不等式】

①$x>0$，$x^2+\frac{2}{x}=x^2+\frac{1}{x}+\frac{1}{x}\geqslant 3\sqrt[3]{x^2\cdot\frac{1}{x}\cdot\frac{1}{x}}=3$，故①正确.

②因为 $0<x<1$，可知 $1-x>0$，$x^2(1-x)=\frac{1}{2}\cdot x\cdot x\cdot(2-2x)\leqslant\frac{1}{2}\left(\frac{x+x+2-2x}{3}\right)^3=\frac{4}{27}$，故②错误.

③$x>0$，$2x+\frac{1}{x^2}=x+x+\frac{1}{x^2}\geqslant 3\sqrt[3]{x\cdot x\cdot\frac{1}{x^2}}=3$，故③正确.

④因为 $0<x<1$，可知 $1-x>0$，则

$$x(1-x)^2=\frac{1}{2}\cdot 2x(1-x)(1-x)\leqslant\frac{1}{2}\left(\frac{2x+1-x+1-x}{3}\right)^3=\frac{4}{27},$$

故④错误.

综上所述，成立的结论有 2 个.

题型 21　柯西不等式

1. (E)

解　析	本题参照【模型 1. 一般型】

由柯西不等式，可知 $(a^2+b^2)(m^2+n^2)\geqslant(am+bn)^2$.

又因为 $a^2+b^2=5$，$ma+nb=5$，可得

$$5(m^2+n^2)\geqslant 25\Rightarrow m^2+n^2\geqslant 5\Rightarrow\sqrt{m^2+n^2}\geqslant\sqrt{5}.$$

故 $\sqrt{m^2+n^2}$ 的最小值为 $\sqrt{5}$.

2. (B)

解　析	本题参照【模型 2. 变形式】

条件(1)：利用柯西不等式，有 $2(x^2+y^2)\geqslant(x+y)^2$，而 $x^2+y^2\geqslant8\Rightarrow2(x^2+y^2)\geqslant16$，两个不等式的不等号方向相同，无法判断 $(x+y)^2$ 和 16 的大小关系，因此推不出 $x+y\geqslant4$，条件(1)不充分.

条件(2)：利用均值不等式，有 $x+y\geqslant2\sqrt{xy}\geqslant2\sqrt{4}=4$，故条件(2)充分.

3. (B)

解　析	本题参照【模型 2. 变形式】

条件(1)：由均值不等式，有 $a+b\geqslant2\sqrt{ab}\leqslant2\sqrt{\frac{1}{2}}$，不等号无法传递，因此推不出 $a+b\leqslant\sqrt{7+4\sqrt{3}}$，条件(1)不充分.

条件(2)：$a^2+b^2\leqslant4\Rightarrow2(a^2+b^2)\leqslant8$，由柯西不等式的变形，得

$$(a+b)^2\leqslant2(a^2+b^2)\leqslant8\Rightarrow(a+b)^2\leqslant8\Rightarrow a+b\leqslant2\sqrt{2}<\sqrt{7+4\sqrt{3}},$$

故 $a+b\leqslant\sqrt{7+4\sqrt{3}}$，条件(2)充分.

4. (D)

解　析	本题参照【模型 3. 求最大值】

$$f(x)=\sqrt{x-1}+\sqrt{12-x}=1\times\sqrt{x-1}+1\times\sqrt{12-x}.$$

换元，令 $a=1$，$c=\sqrt{x-1}$，$b=1$，$d=\sqrt{12-x}$，根据柯西不等式的变形公式 $ac+bd\leqslant\sqrt{(a^2+b^2)(c^2+d^2)}$，可得

$$1\times\sqrt{x-1}+1\times\sqrt{12-x}\leqslant\sqrt{(1+1)(x-1+12-x)}=\sqrt{2\times11}=\sqrt{22}.$$

所以 $f(x)$ 的最大值是 $\sqrt{22}$.

5. (A)

解　析	本题参照【模型 3. 求最大值】

$f(x)=\sqrt{2x-2}+\sqrt{6-3x}\geqslant k$ 有解，即 $k\leqslant\sqrt{2x-2}+\sqrt{6-3x}$ 的最大值，本题转化为求 $f(x)=\sqrt{2x-2}+\sqrt{6-3x}$ 的最大值.

$$f(x)=\sqrt{2}\times\sqrt{x-1}+\sqrt{3}\times\sqrt{2-x}\leqslant\sqrt{(2+3)(x-1+2-x)}=\sqrt{5}.$$

所以 $f(x)$ 的最大值是 $\sqrt{5}$. 故 $k\leqslant\sqrt{5}$，k 的最大值是 $\sqrt{5}$.

本章奥数及高考改编题

1.(A)

解　析	【整除问题】

设甲派出所共受理案件 x 起($x\in\mathbf{Z}$)，则甲派出所受理的刑事案件共 $17\%x$ 起，案件数一定是整数，即有$\frac{17}{100}x\in\mathbf{Z}$. 因为 17 与 100 互质，且 $0<x<160$，故只有当 $x=100$ 时才能满足$\frac{17}{100}x\in\mathbf{Z}$.
因此，甲派出所共受理案件 100 起，乙派出所共受理案件 60 起，则乙派出所受理的非刑事案件共 $60\times(1-20\%)=48$(起).

2.(D)

解　析	【整除问题】

因为这 45 名工人的工资都是一样的，并且都是整数，说明总工资能被 45 整除 . $45=5\times9$，说明总工资能被 5 和 9 整除，故其个位数字应该是 0 或 5.
设其百位数字为 $a(0\leqslant a\leqslant9)$，则有
①若个位数字是 0，总工资能被 9 整除$\Rightarrow6+7+a+8+0=21+a$ 能被 9 整除$\Rightarrow a=6$;
②若个位数字是 5，总工资能被 9 整除$\Rightarrow6+7+a+8+5=26+a$ 能被 9 整除$\Rightarrow a=1$.
故总工资有可能是 67 680 或 67 185.

3.(C)

解　析	【带余除法问题(同余问题)】
知识补充	求一个数 M 的约数个数的公式： 若将一个数 M 分解质因数得 $M=p_1^{a}\times p_2^{b}\times p_3^{c}\times\cdots(p_1, p_2, p_3$ 是质数)，则数 M 的约数个数为$(a+1)\times(b+1)\times(c+1)\times\cdots$.

用 2 023 除以这些自然数，所得到的余数都是 7，说明 2 023 减去 7，即 2 016 能被这些自然数整除；又因为除数大于余数，所以这些自然数均大于 7.
2 016 分解质因数为 $2\ 016=2^5\times3^2\times7$，约数个数为$(5+1)\times(2+1)\times(1+1)=36$(个). 其中，1，2，3，4，6，7 这 6 个约数不满足大于 7 的条件，因此，最多写了 30 个不同的自然数 .

4.(A)

解　析	【奇数偶数问题】

甲组都是奇数，乙组都是偶数，一个奇数和一个偶数相加，和一定是奇数 .
最小的和为 $1+2=3$，最大的和为 $23+24=47$，故所有和的情况应该是从 3 到 47 的所有奇数，共有 23 个 . 故有 23 个不同的和 .

5. (E)

解　析	【奇数偶数问题】

设这个五位数是$\overline{abcde}$(表示 a，b，c，d，e 按照数位排列，即 a 在万位，e 在个位)，随机调换顺序，假设结果是$\overline{debca}$，每对数位的数字相加之和都是 9(两个一位数相加最大为 18，不可能出现相加为 19 的情况)，即有$\begin{cases}a+d=9,\\b+e=9,\\c+b=9,\\d+c=9,\\e+a=9,\end{cases}$所有式子相加，可得 $2(a+b+c+d+e)=45$. 无论 a，b，c，d，e 这五个数字是否相等，$2(a+b+c+d+e)$一定是偶数，而 45 是奇数，因此两个条件单独皆不充分，联立也不充分．

6. (A)

解　析	【奇数偶数问题】

设经过 n 轮后，能将灯全部灭掉．由于每轮拨动 3 个开关，故 n 轮一共拨了 $3n$ 次开关．

一盏灯从亮到灭，需要拨动奇数次开关(1 次、3 次、5 次……)，那么 5 盏灯从亮到灭，所需拨动的总次数就是个奇数(5 个奇数之和)，拨动的总次数为 $3n$，故有

$$\begin{cases}3n\text{ 是个奇数},\\3n\geqslant 5\end{cases}\Rightarrow n\text{ 最小为 }3.$$

7. (C)

解　析	【约数与倍数问题】

快钟要再次显示标准时间，需要比标准时间快 12 小时(钟表为 12 小时计时)，因为其每天快 15 分钟，则经过 $12\times60\div15=48$(天)后，显示标准时间．

慢钟要再次显示标准时间，需要比标准时间慢 12 小时，因为其每天慢 24 分钟，则经过 $12\times60\div24=30$(天)后，显示标准时间．

48 和 30 的最小公倍数是 240，因此，至少经过 240 天才能同时显现出标准时间．

8. (D)

解　析	【整数不定方程】【极端假设法】

若所有同学皆每人有 28 个苹果，则一共有 $365\div28\approx13.04$(人)；

若所有同学皆每人有 31 个苹果，则一共有 $365\div31\approx11.8$(人).

故总人数应满足：$11.8<$总人数<13.04，观察选项可知，选(D).

9. (B)

解　析	【整数不定方程】

根据题意可设用 a 只兔子换鸡，b 只兔子换鸭，c 只兔子换鹅，因此可得

$$\begin{cases}a+b+c=20①,\\2a+\frac{3b}{2}+\frac{7c}{5}=30②,\\\frac{3b}{2}\geqslant 8,\ \frac{7c}{5}\geqslant 8③,\end{cases}$$

由于式②中每项都应为整数，所以 c 为 5 的倍数.

当 $c=10$ 时，解得 $b=8$，$a=2$；

当 $c=15$ 时，解得 $b=2$，$a=3$，不满足$\frac{3b}{2}\geqslant 8$，故舍去.

因此鸡、鸭总和与鹅的数量之差为$\left(2a+\frac{3b}{2}\right)-\frac{7c}{5}=\left(2\times 2+\frac{3\times 8}{2}\right)-\frac{7\times 10}{5}=2$.

10.(B)

解　析	【连比问题(赋值法)】

根据题意，可设鸡、鸭、鹅的数量分别为 8 只、7 只、5 只，设公鹅、母鹅的数量分别为 x 只和 y 只，则可得出下表所示关系：

家禽	鸡 8 只	鸭 7 只	鹅 5 只
公禽	2 只	3 只	x 只
母禽	6 只	4 只	y 只

因为公禽与母禽的数量比是 2∶3，故有

$$\begin{cases}\frac{2+3+x}{6+4+y}=\frac{2}{3},\\x+y=5\end{cases}\Rightarrow\begin{cases}x=3,\\y=2.\end{cases}$$

故公鹅、母鹅的数量之比是 3∶2.

11.(A)

解　析	【分类讨论法去绝对值符号】【解方程组】

①若 $x\geqslant 0$，$y\geqslant 0$，则方程组化为$\begin{cases}x+y=12,\\x+y=6,\end{cases}$此方程组无解；

②若 $x\geqslant 0$，$y<0$，则方程组化为$\begin{cases}x+y=12,\\x-y=6\end{cases}\Rightarrow\begin{cases}x=9,\\y=3,\end{cases}$不满足前提条件，舍去；

③若 $x<0$，$y\geqslant 0$，则方程组化为$\begin{cases}-x+y=12,\\x+y=6\end{cases}\Rightarrow\begin{cases}x=-3,\\y=9,\end{cases}$符合前提条件；

④若 $x<0$，$y<0$，则方程组化为$\begin{cases}-x+y=12,\\x-y=6,\end{cases}$此方程组无解；

综上所述，只有一组解$\begin{cases}x=-3,\\y=9.\end{cases}$

12. (A)

解　析	【三角不等式(构造法)】

根据已知条件，无法直接使用三角不等式求出 A 的范围．可以根据所给两个绝对值不等式的系数，凑出 A 的系数．

设 $x+5y=a(x+y)+b(x-y)$，根据对应项系数相等，可得$\begin{cases}a+b=1,\\a-b=5\end{cases}\Rightarrow\begin{cases}a=3,\\b=-2,\end{cases}$故

$$x+5y=3(x+y)-2(x-y).$$

根据三角不等式，有

$$|x+5y|=|3(x+y)-2(x-y)|\leqslant 3|x+y|+2|x-y|\leqslant 3\times\frac{1}{6}+2\times\frac{1}{4}=1;$$

$$|x+5y|=|3(x+y)-2(x-y)|\geqslant|3|x+y|-2|x-y||\geqslant\left|3\times\frac{1}{6}-2\times\frac{1}{4}\right|=0.$$

故 $0\leqslant|x+5y|\leqslant 1$.

13. (B)

解　析	【绝对值的化简求值】

因为 $a<1$，$\left|\dfrac{a-b}{a+b}\right|=a$，故 $\left|\dfrac{a-b}{a+b}\right|<1$，即 $|a-b|<|a+b|$．

两边平方，得 $a^2-2ab+b^2<a^2+2ab+b^2\Rightarrow -2ab<2ab\Rightarrow ab>0$.

14. (B)

解　析	【绝对值的最值问题】【恒成立问题】.

由 $|x+1|+\sqrt{x-2}\geqslant m-|x-2|$ 恒成立，得

$$m\leqslant|x+1|+|x-2|+\sqrt{x-2}\text{恒成立}\Rightarrow m\leqslant\left(|x+1|+|x-2|+\sqrt{x-2}\right)_{\min}.$$

根据两个线性和的结论可知，当 $-1\leqslant x\leqslant 2$ 时，$|x+1|+|x-2|$ 的最小值为 3；而当 $x=2$ 时，$\sqrt{x-2}$ 取到最小值 0，故当 $x=2$ 时，$|x+1|+|x-2|+\sqrt{x-2}$ 的最小值为 3，则 $m\leqslant 3$，故 m 的最大值为 3.

15. (D)

解　析	【绝对值方程】【绝对值的化简求值】【根的判别式】

条件(1)：由已知得 $\dfrac{1}{a}=|a|+1$，因为 $|a|+1>0$，则 $\dfrac{1}{a}>0\Rightarrow a>0$. 故 $\dfrac{1}{a}-a=1$，可得

$$\frac{1}{a}+|a|=\frac{1}{a}+a=\sqrt{\left(\frac{1}{a}+a\right)^2}=\sqrt{\left(\frac{1}{a}-a\right)^2+4}=\sqrt{5}.$$

条件(1)充分．

条件(2)：当 $a>0$ 时，原式可化为$\frac{1}{a}-a=1$，此时与条件(1)等价，故充分；

当 $a<0$ 时，条件(2)可化为$-\frac{1}{a}-a=1$，等式两边同时乘 a，整理得 $a^2+a+1=0$，此式 $\Delta<0$，不存在 a，故 $a<0$ 需舍去．因此，条件(2)也充分．

16.(E)

解　析	【平均值和方差】

举反例．连续 7 天每天新增感染人数为 6，3，3，3，3，3，0，则平均数$\bar{x}=3$，标准差

$$S=\sqrt{\frac{1}{7}\times[(6-3)^2+(0-3)^2]}=\sqrt{\frac{18}{7}}<2,$$

符合条件(1)和(2)，但得不出结论，因此两个条件单独皆不充分，联立也不充分．

17.(E)

解　析	【方差的计算】【一元二次函数】

根据方差公式，可得

$$\begin{aligned}S^2&=\frac{1}{3}\left[1+a^2+9-3\times\left(\frac{1+a+3}{3}\right)^2\right]=\frac{1}{3}\left[10+a^2-\frac{(a+4)^2}{3}\right]\\&=\frac{1}{9}[30+3a^2-(4+a)^2]=\frac{1}{9}(2a^2-8a+14)\\&=\frac{2}{9}[(a-2)^2+3].\end{aligned}$$

故 S^2 是一个开口向上、对称轴为 2 的二次函数，当 a 在(1，3)增大时，S^2 先减小、再增大．

18.(D)

解　析	【均值不等式】【最值问题】

设剪去的小正方形的边长为 x，则其容积为 $V=x(a-2x)^2$，$0<x<\frac{a}{2}$．

根据均值不等式，有 $V=\frac{1}{4}\cdot 4x\cdot(a-2x)\cdot(a-2x)\leqslant\frac{1}{4}\left[\frac{4x+(a-2x)+(a-2x)}{3}\right]^3=\frac{2a^3}{27}$，

当且仅当 $4x=a-2x$，即 $x=\frac{a}{6}$时等号成立．

故当剪去的小正方形的边长为$\frac{a}{6}$时，铁盒的容积最大为$\frac{2a^3}{27}$．

19.(C)

解　析	【均值不等式】【最值问题】

由题意可得，$\pi r^2h=16\pi\Rightarrow h=\frac{16}{r^2}$．

圆柱容器用料，即圆柱表面积为

$$S=2\pi r^2+2\pi rh=2\pi r^2+2\pi r\cdot\frac{16}{r^2}=2\pi\left(r^2+\frac{16}{r}\right)$$

$$=2\pi\left(r^2+\frac{8}{r}+\frac{8}{r}\right)\geqslant 2\pi\times 3\sqrt[3]{r^2\cdot\frac{8}{r}\cdot\frac{8}{r}}=24\pi,$$

当且仅当 $r^2=\frac{8}{r}$，即 $r=2$ 时，等号成立．此时 $h=\frac{16}{r^2}=4$.

故圆柱底半径 r 和高 h 分别为 2，4 时，用料最省．

20. (E)

解　析	【正比例与反比例】【均值不等式】

因为 y_1 与 $x-2$ 成正比例关系，y_2 与 $x+2$ 成反比例关系，可设 $y_1=k_1(x-2)$，$y_2=\frac{k_2}{x+2}$，因此 $y=y_1+y_2=k_1(x-2)+\frac{k_2}{x+2}$. 又因为当 $x=6$ 时，$y=9$；当 $x=-1$ 时，$y=2$，故有

$$\begin{cases}k_1(6-2)+\frac{k_2}{6+2}=9,\\ k_1(-1-2)+\frac{k_2}{-1+2}=2\end{cases}\Rightarrow\begin{cases}k_1=2,\\ k_2=8,\end{cases}$$

代入 y 中，得 $y=2(x-2)+\frac{8}{x+2}=2(x+2)+\frac{8}{x+2}-8$.

因为 $x>-2$，所以 $x+2>0$，故有 $y=2(x+2)+\frac{8}{x+2}-8\geqslant 2\sqrt{2(x+2)\cdot\frac{8}{x+2}}-8=0$，当且仅当 $2(x+2)=\frac{8}{x+2}$，即 $x=0$ 时等号成立，$x=-4$ 舍去，此时 y 的最小值为 0.

第2章 整式与分式

第1节 整式

题型22 因式分解

1.(C)

解　析	本题参照【模型1. 基本因式分解问题】

$x^3-2x^2y-xy^2+2y^3=x^2(x-2y)-y^2(x-2y)=(x-2y)(x^2-y^2)=0$.

故 $x-2y=0$ 或 $x^2-y^2=0$(舍)，则 $xz-2yz+1=z(x-2y)+1=0+1=1$.

2.(C)

解　析	本题参照【模型1. 基本因式分解问题】

$$\begin{aligned}x^4+y^4+x^3y+xy^3&=x^4+x^3y+y^4+xy^3=x^3(x+y)+y^3(x+y)\\&=(x+y)(x^3+y^3)=(x+y)(x+y)(x^2-xy+y^2)\\&=3\times3\times4=36.\end{aligned}$$

3.(C)

解　析	本题参照【模型2. $abab$ 型与 abc 型】

原式可化为

$$\begin{aligned}&a+b+c+ab+bc+ac+abc=a+ab+c+bc+ac+abc+b\\&=a(b+1)+c(b+1)+ac(b+1)+b+1-1=(b+1)(a+1)+(b+1)(c+ac)-1\\&=(b+1)(a+1)+c(b+1)(a+1)-1=(b+1)(a+1)(c+1)-1=2\,006.\end{aligned}$$

故 $(b+1)(a+1)(c+1)=2\,007=3\times3\times223$，解得 $a=2$，$b=2$，$c=222$.

所以，长方体的体积为 $V=abc=2\times2\times222=888$.

【快速得分法】利用母题技巧中的公式，可以直接得出结论：

$$a+b+c+ab+bc+ac+abc=(b+1)(a+1)(c+1)-1=2\,006.$$

4.(E)

解　析	本题参照【模型1. 基本因式分解问题】【模型3. 换元型】

令 $a-b=x$，$a-c=y$，则 $c-b=x-y$，故有

$$原式=(x-y)[x^2+xy+y^2]=x^3-y^3=27-26=1.$$

题型23 双十字相乘法

1.(E)

解　析	本题参照【模型1. 求系数问题】

已知方程为二次方程，而直线的解析式为一次函数，故方程左式一定可以分解为两个一次因式的乘积.
应用双十字相乘法，根据已知的 y^2-2y-3 确定右边的小十字，再根据 $x^2-3=0$ 确定大十字，即可得出两种结果.

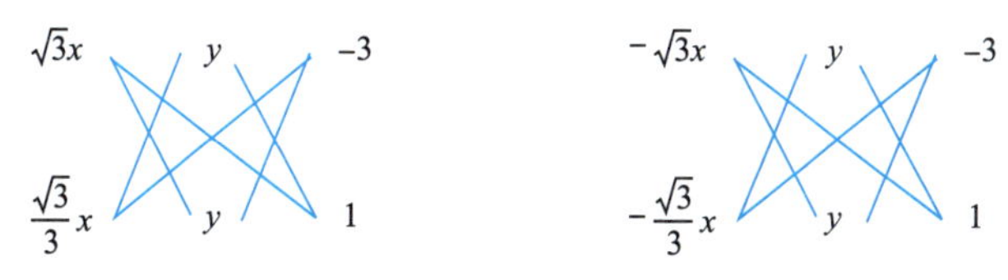

故有 $k=\sqrt{3}\times1+\frac{\sqrt{3}}{3}\times1=\frac{4\sqrt{3}}{3}$ 或 $k=-\sqrt{3}\times1+\frac{-\sqrt{3}}{3}\times1=-\frac{4\sqrt{3}}{3}$.

2.(B)

解　析	本题参照【模型1. 求系数问题】

条件(1)：将 $m=-1$，$n=2$ 代入，得 $(2x+y-1)(x+2y+2)=2x^2+5xy+2y^2+3x-2$，故条件(1)不充分.
条件(2)：将 $m=1$，$n=-2$ 代入，得 $(2x+y+1)(x+2y-2)=2x^2+5xy+2y^2-3x-2$，故条件(2)充分.
【快速得分法】双十字相乘法，易知 $2x^2+5xy+2y^2-3x-2=(2x+y+1)(x+2y-2)$.

3.(E)

解　析	本题参照【模型2. 展开式问题】

将两个因式写成双十字形式.

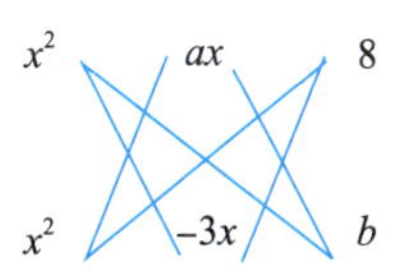

x^2 项的系数为 $8+b-3a=0$；x^3 项的系数为 $-3+a=0$.
联立两个等式，解得 $a=3$，$b=1$.

题型24 待定系数法与多项式的系数

1.(A)

解　析	本题参照【模型1. 一般型】

设 $4x^4-ax^3+bx^2-40x+16=(2x^2+mx+4)^2$，由对应项系数相等，得

$$\begin{cases}-a=4m,\\ b=16+m^2,\\ -40=8m\end{cases}\Rightarrow\begin{cases}a=20,\\ b=41\end{cases}（舍去）;$$

或 $4x^4-ax^3+bx^2-40x+16=(2x^2+mx-4)^2$，由对应项系数相等，得

$$\begin{cases}-a=4m,\\ b=-16+m^2,\\ -40=-8m\end{cases}\Rightarrow\begin{cases}a=-20,\\ b=9.\end{cases}$$

2. (D)

解　析	本题参照【模型 2. 求展开式的系数和】

$f(1)=a_7+a_6+\cdots+a_1+a_0=(1-2)^7=-1.$

$f(-1)=-a_7+a_6-\cdots-a_1+a_0=(1+2)^7=2\ 187.$

所以 $a_1+a_3+a_5+a_7=\dfrac{f(1)-f(-1)}{2}=-1\ 094.$

3. (C)

解　析	本题参照【模型 2. 求展开式的系数和】

令 $x=\dfrac{1}{2}$，原式可化为 $\left(1-2\times\dfrac{1}{2}\right)^{2\ 023}=a_0+\dfrac{a_1}{2}+\dfrac{a_2}{2^2}+\cdots+\dfrac{a_{2\ 023}}{2^{2\ 023}}=0$. 故

$$\frac{a_1}{2}+\frac{a_2}{2^2}+\cdots+\frac{a_{2\ 023}}{2^{2\ 023}}=-a_0.$$

令 $x=0$，得 $a_0=1$，故 $\dfrac{a_1}{2}+\dfrac{a_2}{2^2}+\cdots+\dfrac{a_{2\ 023}}{2^{2\ 023}}=-1.$

4. (A)

解　析	本题参照【模型 3. 求展开式的系数】

在通项公式 $T_{r+1}=C_{10}^{r}x^{10-r}(-\sqrt{2}y)^r$ 中，令 $r=4$，即 $(x-\sqrt{2}y)^{10}$ 的展开式中 x^6y^4 项的系数为 $C_{10}^{4}\times(-\sqrt{2})^4=840.$

5. (C)

解　析	本题参照【模型 3. 求展开式的系数】

通项公式 $T_{r+1}=C_8^r x^{8-r}\left(-\dfrac{1}{\sqrt{x}}\right)^r=(-1)^r C_8^r x^{8-\frac{3}{2}r}$，由题意得 $8-\dfrac{3}{2}r=5$，则 $r=2$，故所求 x^5 的系数为 $(-1)^2\times C_8^2=28.$

6. (D)

解　析	本题参照【模型 3. 求展开式的系数】

$(1-x)^5$ 中 x^3 的系数 $C_5^3\times(-1)^3=-10$，$-(1-x)^6$ 中 x^3 的系数为 $-C_6^3\times(-1)^3=20$，故 $(1-x)^5-(1-x)^6$ 的展开式中 x^3 的系数为 10.

7. (B)

解　析	本题参照【模型 3. 求展开式的系数】

$$(x-1)(x+1)^8=\underbrace{x(x+1)^8}_{①}-\underbrace{(x+1)^8}_{②},$$

式①中 x^5 的系数为$(x+1)^8$ 的 8 个式子中的 4 个取 x 项，求出的 x^4 项再与前面的 x 项相乘，即 C_8^4；

式②中 x^5 的系数为$(x+1)^8$ 的 8 个式子中的 5 个取 x 项，即 C_8^5；

故展开式中 x^5 的系数为 $C_8^4-C_8^5=14$.

题型 25 代数式的最值问题

1. (C)

解　析	本题参照【模型 1. 配方型】

原式含有平方项，故考虑配方，可化为

$$x^2-2xy+y^2+\sqrt{2}x+\sqrt{2}y=4\Rightarrow\sqrt{2}(x+y)=4-(x-y)^2\leqslant4.$$

故$(x+y)\leqslant\frac{4}{\sqrt{2}}=2\sqrt{2}$.

2. (B)

解　析	本题参照【模型 1. 配方型】

$$\begin{aligned}(a-b)^2+(b-c)^2+(c-a)^2&=2(a^2+b^2+c^2)-2(ab+bc+ac)\\&=3(a^2+b^2+c^2)-(a+b+c)^2.\end{aligned}$$

条件(1)：原式$=27-(a+b+c)^2\leqslant27$，不充分.

条件(2)：原式$=9-(a+b+c)^2\leqslant9$，充分.

3. (A)

解　析	本题参照【模型 2. 一元二次函数型】

条件(1)：由题干 $x+2y=3$，整理得 $x=3-2y$. 代入 x^2+y^2+2y，得

$$(3-2y)^2+y^2+2y=5y^2-10y+9.$$

根据一元二次函数的顶点坐标公式，最小值为$\frac{4ac-b^2}{4a}=\frac{4\times5\times9-100}{4\times5}=4$，条件(1)充分.

条件(2)：令 $x=\frac{1}{2}$，$y=\frac{1}{2}$，显然不充分.

4. (C)

解　析	本题参照【模型 2. 一元二次函数型】

设 $x-1=\frac{y+1}{2}=\frac{z-2}{3}=k$，则 $x=k+1$，$y=2k-1$，$z=3k+2$. 则

$$x^2+y^2+z^2=(k+1)^2+(2k-1)^2+(3k+2)^2=14k^2+10k+6.$$

由二次函数最值公式可知，$x^2+y^2+z^2$ 的最小值为 $\frac{4\times14\times6-10^2}{4\times14}=\frac{59}{14}$.

5. (E)

解　析	本题参照【模型 3. 均值不等式型】

因为 a，$b\in\mathbf{R}^+$，$a+b=1$，故 $ab\leqslant\left(\frac{a+b}{2}\right)^2=\frac{1}{4}$，即 $0<ab\leqslant\frac{1}{4}$.

根据对勾函数的性质，$ab+\frac{1}{ab}$ 在 $(0,1)$ 内单调递减．故当 $ab=\frac{1}{4}$ 时，$ab+\frac{1}{ab}$ 取到最小值，最小值为 $\frac{1}{4}+4=\frac{17}{4}$.

【易错点】若直接用均值不等式对所求代数式求最值，则可得 $ab+\frac{1}{ab}\geqslant2\sqrt{ab\cdot\frac{1}{ab}}=2$，误选 (A)．但取到最值 2 需要满足的条件是 $ab=\frac{1}{ab}$，即 $ab=1$．而题干要求 $0<ab\leqslant\frac{1}{4}$，ab 取不到 1，所以使用均值不等式时要注意变量的取值范围．

题型 26　三角形的形状判断问题

1. (B)

【解析】条件(1)：配方法．等式两边同时乘 2，得

$$2(a^4+b^4+c^4-a^2b^2-b^2c^2-a^2c^2)=(a^2-b^2)^2+(a^2-c^2)^2+(b^2-c^2)^2=0.$$

则有 $a^2=b^2=c^2$，又因为 a、b、c 是 $\triangle ABC$ 的三边，所以 $a>0$，$b>0$，$c>0$.

故 $a=b=c$，$\triangle ABC$ 是等边三角形，条件(1)不充分．

条件(2)：$a^2+b^2=9^2+12^2=15^2=c^2$，所以 $\triangle ABC$ 是直角三角形，条件(2)充分．

2. (A)

【解析】条件(1)：$a^2+b^2+c^2-ab-bc-ac=0$ 整理得 $\frac{1}{2}[(a-b)^2+(b-c)^2+(a-c)^2]=0$.

故 $a=b=c$，条件(1)充分．

条件(2)：

$$\begin{aligned}&a^3-a^2b+ab^2+ac^2-b^3-bc^2\\=&a^3-b^3-(a^2b-ab^2)+ac^2-bc^2\\=&(a-b)(a^2+ab+b^2)-ab(a-b)+c^2(a-b)\\=&(a-b)(a^2+b^2+c^2)\\=&0,\end{aligned}$$

得 $a=b$，是等腰三角形，且无法确定 c 与 a，b 的关系．所以，条件(2)不充分．

3. (C)

【解析】由已知条件，可得

$$
\begin{aligned}
a^3+b^3+c^3-3abc &= (a+b+c)(a^2+b^2+c^2-ab-bc-ac) \\
&= \frac{1}{2}(a+b+c)\left[(a-b)^2+(b-c)^2+(a-c)^2\right]=0,
\end{aligned}
$$

即 $a=b=c$，故 $\triangle ABC$ 是等边三角形.

4. (C)

【解析】条件(1)：由 $(a-b)(c^2-a^2-b^2)=0$ 可得 $a=b$ 或 $c^2=a^2+b^2$，$\triangle ABC$ 为等腰三角形或直角三角形，不充分.

条件(2)：显然不充分.

联立条件(1)和条件(2)，则有如下两种情况：

①$a=b$，$c=\sqrt{2}b$，得 $c^2=a^2+b^2$，则 $\triangle ABC$ 是等腰直角三角形；

②$c^2=a^2+b^2$，$c=\sqrt{2}b$，可得 $a=b$，则 $\triangle ABC$ 是等腰直角三角形.

所以条件(1)和条件(2)联立起来充分.

题型 27 整式的除法与余式定理

1. (A)

解　析	本题参照【模型 1. 一般整式除法】

$$
\begin{array}{r|l}
 & 2x^2+x-2 \\
x^2+x+1 & 2x^4+3x^3+x^2+2x-1 \\
 & 2x^4+2x^3+2x^2 \\ \hline
 & x^3-x^2+2x-1 \\
 & x^3+x^2+x \\ \hline
 & -2x^2+x-1 \\
 & -2x^2-2x-2 \\ \hline
 & 3x+1
\end{array}
$$

2. (C)

解　析	本题参照【模型 1. 一般整式除法】

方法一：整式的除法.

$$
\begin{array}{r|l}
 & ax+b \\
x^2+h^2 & ax^3+bx^2+cx \qquad +d \\
 & ax^3 \qquad +ah^2x \\ \hline
 & bx^2+(c-ah^2)x \qquad +d \\
 & bx^2 \qquad\qquad +bh^2 \\ \hline
 & (c-ah^2)x+(d-bh^2)
\end{array}
$$

因为 ax^3+bx^2+cx+d 能被 $x^2+h^2(h\neq0)$ 整除，故 $(c-ah^2)x+(d-bh^2)=0$，必有

$$\begin{cases}c-ah^2=0,\\ d-bh^2=0\end{cases}\Rightarrow\frac{c}{a}=\frac{d}{b}\Rightarrow ad=bc.$$

方法二：待定系数法．

因为多项式 ax^3+bx^2+cx+d 能被 $x^2+h^2(h\neq0)$ 整除，被除式 ax^3+bx^2+cx+d 是三次的，除式 x^2+h^2 是二次的，故商式是一次的，且一次项系数是 a．设商式为 $ax+m$，则有

$$ax^3+bx^2+cx+d=(x^2+h^2)(ax+m)=ax^3+mx^2+ah^2x+h^2m,$$

由对应项相等，可得

$$\begin{cases}b=m,\\ ah^2=c,\\ h^2m=d\end{cases}\Rightarrow\begin{cases}ah^2=c,\\ h^2b=d\end{cases}\Rightarrow h^2=\frac{c}{a}=\frac{d}{b}\Rightarrow ad=bc.$$

3. (A)

解　析	本题参照【模型 1. 一般整式除法】

由多项式 $f(x)=ax^3+a^2x^2+x+1-4a$ 能被 $x-1$ 整除，可知当 $x=1$ 时，$f(x)=0$.

将 $x=1$ 带入上式，得 $a+a^2+1+1-4a=0$，即 $a^2-3a+2=0$，解得 $a=1$ 或 $a=2$.

4. (E)

解　析	本题参照【模型 1. 一般整式除法】

根据因式定理，可知 $x+1$，$x-1$，$x-2$ 均为 $f(x)$ 的因式．

故可设 $f(x)=a(x-1)(x+1)(x-2)$，则有 $f(0)=2a=4$，解得 $a=2$.

因此，$f(x)=2(x-1)(x+1)(x-2)$，$f(-2)=-24$.

5. (C)

解　析	本题参照【模型 1. 一般整式除法】

令 $F(x)=3g(x)-4f(x)$，$F(x)$ 除以 $x-1$ 的余式 $r(x)$ 一定是一个数，结合余式定理，一定有 $r(x)=r(1)=F(1)$，则所求的余式为 $F(1)=3g(1)-4f(1)=8$.

6. (E)

解　析	本题参照【模型 2. 二次除式问题】

条件(1)和条件(2)单独显然不充分，假设联立两个条件可以充分，另一个因式为 $g(x)$，则

$$\begin{aligned}f(x)&=2x^4+x^3-ax^2+bx+a+b-1\\&=2x^4+x^3-16x^2+2x+17\\&=(x^2+x-6)g(x).\end{aligned}$$

令 $x^2+x-6=0$，得 $x=2$ 或 -3，由余式定理，得 $\begin{cases}f(2)=0,\\ f(-3)=0.\end{cases}$

但是，经计算可知 $f(2)=2\times2^4+2^3-16\times2^2+2\times2+17$，显然是奇数，不可能为 0.

故两个条件联立起来也不充分．

7. (B)

解　析	本题参照【模型2. 二次除式问题】

令$(x-2)(x-3)=0$，得$x=2$或$x=3$，由余式定理，得

$$\begin{cases}f(2)=8a-4b+40=0,\\ f(3)=27a-9b+63=0\end{cases}\Rightarrow\begin{cases}a=3,\\ b=16.\end{cases}$$

所以条件(1)不充分，条件(2)充分.

8. (B)

解　析	本题参照【模型2. 二次除式问题】

设$f(x)=a(x-198)(x-199)+b(x-198)+c$，由余式定理得

$$\begin{cases}f(198)=c=3,\\ f(199)=b+c=5,\\ f(200)=2a+2b+c=9,\end{cases}$$

解得$a=1$，$b=2$，$c=3$.

故$f(x)=(x-198)(x-199)+2(x-198)+3$，代入可得$f(201)=15$.

【注意】在使用待定系数法时，所设的$f(x)$只要方便易用即可，设法并不是唯一的，比如此题中，把$f(x)$设为$f(x)=a(x-200)(x-199)+b(x-200)+c$也可以解题.

9. (C)

解　析	本题参照【模型2. 二次除式问题】

条件(1)和条件(2)单独显然不充分，联立之.

设$f(x)=(x-1)(x-2)g(x)+ax+b$，由余式定理得

$$\begin{cases}f(1)=a+b=5,\\ f(2)=2a+b=7,\end{cases}$$

解得$a=2$，$b=3$，故余式为$2x+3$，两个条件联立充分.

10. (B)

解　析	本题参照【模型3. 三次除式问题】

因为二次除式为完全平方式，即$(x-2)^2=0$有两个相同的根，故设

$$f(x)=(x-1)(x-2)^2g(x)+k(x-2)^2+3x+4.$$

因为$f(x)$除以$x-1$所得余数为3，由余式定理，得

$$f(1)=k(1-2)^2+3+4=3,$$

解得$k=-4$. 故所求余式为$-4(x-2)^2+3x+4=-4x^2+19x-12$.

11. (C)

解　析	本题参照【模型3. 三次除式问题】

因为$x^2+x+1=0$无解，故可设$f(x)=(x^2+x+1)(x-1)g(x)+k(x^2+x+1)+x+2$.

因为 $f(x)$ 除以 $x-1$ 所得余数为 6，由余式定理，得

$$f(1)=k(1^2+1+1)+1+2=6,$$

解得 $k=1$. 故余式为 $(x^2+x+1)+x+2=x^2+2x+3$.

12. (D)

解　析	多项式整除的性质

多项式整除的定义：若多项式 $f(x)=g(x)\cdot h(x)$，则称 $f(x)$ 被 $g(x)$ 整除，或 $g(x)$ 整除 $f(x)$，可记为 $g(x)\mid f(x)$.

性质(1)：若 $h(x)\mid g(x)$，$g(x)\mid f(x)$，则 $h(x)\mid f(x)$.

性质(2)：若 $h(x)\mid f(x)$，$h(x)\mid g(x)$，则 $h(x)\mid[u(x)\cdot f(x)+v(x)g(x)]$，其中 $u(x)$，$v(x)$ 为任意多项式.

根据性质(2)，可知 $3(x^n-x^3+2x^2+x+1)-(3x^n-3x^3+5x^2+6x+2)$ 可以被 x^2+ax+b 整除，则有 $3(x^n-x^3+2x^2+x+1)-(3x^n-3x^3+5x^2+6x+2)=x^2-3x+1$ 可以被 x^2+ax+b 整除，故 $a=-3$，$b=1$，$a+b=-2$.

第 2 节 分式

题型 28 齐次分式求值

1. (C)

【解析】[①]赋值法.

设 $a=\frac{1}{3}$，$b=\frac{1}{4}$，代入可得 $\frac{12a+16b}{12a-8b}=4$.

2. (A)

【解析】赋值法.

条件(1)：令 $x=2$，$y=3$，$z=4$. 代入左式，得

$$\frac{x^2-2xz+2y^2}{3x^2+xy-z^2}=\frac{2^2-2\times2\times4+2\times3^2}{3\times2^2+2\times3-4^2}=3,$$

故条件(1)充分.

条件(2)：令 $x=3$，$y=4$，$z=5$. 代入左式，得

$$\frac{x^2-2xz+2y^2}{3x^2+xy-z^2}=\frac{3^2-2\times3\times5+2\times4^2}{3\times3^2+3\times4-5^2}=\frac{11}{14},$$

故条件(2)不充分.

① 对于题型下面仅有 1 个命题模型的，则该题型下的解析不再写明模型．全书依此类推．

3. (D)

【解析】条件(1)：由 $|b^2-4|+(a^2-b^2-4)^2=0$，可得

$$\begin{cases}b^2-4=0,\\a^2-b^2-4=0,\end{cases}\text{解得}\begin{cases}b^2=4,\\a^2=8.\end{cases}$$

代入题干，得$\frac{a^2+5b^2}{8a^2-2b^2}=\frac{8+20}{64-8}=\frac{28}{56}=\frac{1}{2}$. 故条件(1)充分.

条件(2)：$\frac{a^2b^2}{a^4-2b^4}=1$，即 $a^2b^2=a^4-2b^4$，化简得$(a^2+b^2)(a^2-2b^2)=0$. 所以，$a^2=2b^2$ 或 $a^2=b^2=0$(舍去). 代入题干，得$\frac{a^2+5b^2}{8a^2-2b^2}=\frac{2b^2+5b^2}{16b^2-2b^2}=\frac{1}{2}$，故条件(2)充分.

4. (C)

【解析】$3x-4\sqrt{xy}-4y=0\Rightarrow(3\sqrt{x}+2\sqrt{y})(\sqrt{x}-2\sqrt{y})=0$.

因为 $x>0$，$y>0$，故$\sqrt{x}-2\sqrt{y}=0\Rightarrow\sqrt{x}=2\sqrt{y}\Rightarrow x=4y$.

令 $x=4$，$y=1$，代入所求分式，可得$\frac{x^2+2xy-12y^2}{2x^2+xy-9y^2}=\frac{16+8-12}{32+4-9}=\frac{12}{27}=\frac{4}{9}$.

题型 29 已知 $x+\frac{1}{x}=a$ 或者 $x^2+ax+1=0$，求代数式的值

1. (D)

解　析	本题参照【模型 1. 求整式的值】

$a^2+a-1=0$，即 $a^2+a=1$. 代入所求式子降幂，得

$$a^3+2a^2+2\ 023=a(a^2+a)+a^2+2\ 023=a+a^2+2\ 023=1+2\ 023=2\ 024.$$

2. (D)

解　析	本题参照【模型 1. 求整式的值】

由已知得 $x^2=2x+1$，迭代降幂如下：

$$\begin{aligned}&2\ 023x^3-6\ 069x^2+2\ 023x-7=2\ 023x(x^2-3x+1)-7\\=&2\ 023x(x^2-2x-1-x+2)-7=2\ 023x(-x+2)-7\\=&-2\ 023(x^2-2x-1+1)-7=-2\ 023-7=-2\ 030.\end{aligned}$$

3. (B)

解　析	本题参照【模型 1. 求整式的值】

a 是方程 $x^2-3x+1=0$ 的根，代入可得 $a^2-3a+1=0$，则有

$$a^2+1=3a,\ a^2=3a-1,\ a+\frac{1}{a}=3.$$

所以 $2a^2-5a+\frac{3}{a^2+1}=6a-2-5a+\frac{3}{3a}=a-2+\frac{1}{a}=1$.

4.（A）

解　析	本题参照【模型 1. 求整式的值】

方法一：降幂.

条件(1)：由 $x+\frac{1}{x}=3$，得 $x^2+1=3x$，$x^2-3x=-1$，$x^2-3x+1=0$，则有

$$\begin{aligned}&x^5-3x^4+2x^3-3x^2+x+2\\=&x^3(x^2-3x)+2x^3-3x^2+x+2\\=&x^3\cdot(-1)+2x^3-3x^2+x+2\\=&x^3-3x^2+x+2\\=&x(x^2-3x+1)+2=2.\end{aligned}$$

故条件(1)充分.

条件(2)：由 $x-\frac{1}{x}=3$，得 $x^2-1=3x$，$x^2-3x=1$，$x^2=3x+1$，则有

$$\begin{aligned}&x^5-3x^4+2x^3-3x^2+x+2\\=&x^3(x^2-3x)+2x^3-3x^2+x+2\\=&3x^3-3x^2+x+2\\=&3x(3x+1)-3x^2+x+2\\=&9x^2+3x-3x^2+x+2=6x^2+4x+2\\=&6(3x+1)+4x+2=22x+8.\end{aligned}$$

故条件(2)不充分.

方法二：整式的除法.

条件(1)：$x+\frac{1}{x}=3$，则 $x^2-3x+1=0$，故有

$$\begin{array}{r|l}
 & x^3 \qquad\qquad +x \\ \hline
x^2-3x+1 & x^5-3x^4+2x^3-3x^2+x+2 \\
 & x^5-3x^4+x^3 \\ \hline
 & \qquad\qquad x^3-3x^2+x+2 \\
 & \qquad\qquad x^3-3x^2+x \\ \hline
 & \qquad\qquad\qquad\qquad 2
\end{array}$$

余数为 2，即为原代数式的值，故条件(1)充分.

条件(2)：$x-\frac{1}{x}=3$，则 $x^2-3x-1=0$，同理可得余式为 $22x+8\neq 2$，不充分.

5.（A）

解　析	本题参照【模型 1. 求整式的值】

条件(1)：由 $a^2+4a+1=0$ 得 $a+\frac{1}{a}=-4$，则 $a^2+\frac{1}{a^2}=14$.

原式分子分母同除以 a^2，则 $\frac{a^4+ma^2+1}{3a^3+ma^2+3a}=\frac{a^2+m+\frac{1}{a^2}}{3a+m+\frac{3}{a}}=\frac{14+m}{-12+m}=5$，解得 $m=\frac{37}{2}$，条件(1)充分.

条件(2)：将 $a=1$ 代入得 $\frac{1+m+1}{3+m+3}=\frac{m+2}{m+6}=5$，解得 $m=-7$，故条件(2)不充分.

6.(A)

解　析	本题参照【模型 2. 含 a 的代数式化简求值】

方法一：因为 $x=\frac{\sqrt{5}-3}{2}$，故 $2x=\sqrt{5}-3$，$2x+3=\sqrt{5}$，两边平方，得 $(2x+3)^2=5$，整理得 $x^2+3x+1=0$，即 $x^2+3x=-1$，代入得

$$\begin{aligned}&x(x+1)(x+2)(x+3)=x(x+3)(x+1)(x+2)\\&=(x^2+3x)(x^2+3x+2)=(-1)\times(-1+2)=-1.\end{aligned}$$

方法二：直接代入法.

$x=\frac{\sqrt{5}-3}{2}$，则 $x+1=\frac{\sqrt{5}-1}{2}$，$x+2=\frac{\sqrt{5}+1}{2}$，$x+3=\frac{\sqrt{5}+3}{2}$，故

$$\begin{aligned}&x(x+1)(x+2)(x+3)=x(x+3)(x+1)(x+2)\\&=\left(\frac{\sqrt{5}-3}{2}\times\frac{\sqrt{5}+3}{2}\right)\times\left(\frac{\sqrt{5}-1}{2}\times\frac{\sqrt{5}+1}{2}\right)=-1.\end{aligned}$$

7.(A)

解　析	本题参照【模型 2. 含 a 的代数式化简求值】

$a=\frac{\sqrt{5}-1}{2}$，则 $a+1=\frac{\sqrt{5}+1}{2}$，$a(a+1)=1$，可得 $a^2+a=1$，$a^2-1=-a$，$a^2=1-a$.

$$\begin{aligned}b&=\frac{a^5+a^4-2a^3-a^2-a+2}{a^3-a}=\frac{a^3(a^2+a)-2a^3-a^2-a+2}{a(a^2-1)}\\&=\frac{-a(a^2+a)-a+2}{-a^2}=\frac{-a-a+2}{a-1}=\frac{-2a+2}{a-1}=-2.\end{aligned}$$

因此 $a^b=\left(\frac{\sqrt{5}-1}{2}\right)^{-2}=\left(\frac{\sqrt{5}+1}{2}\right)^2=\frac{3+\sqrt{5}}{2}$.

8.(C)

解　析	本题参照【模型 3. 求分式的值】

$\frac{1}{x^2}+x^2=\left(\frac{1}{x}+x\right)^2-2=7$. 所以 $x+\frac{1}{x}=\pm3$. 故

$$\frac{1}{x^3}+x^3=\left(\frac{1}{x}+x\right)\left(\frac{1}{x^2}+x^2-1\right)=\pm3\times6=\pm18.$$

9.(A)

解　析	本题参照【模型 3. 求分式的值】

条件(1)：$x^3+\frac{1}{x^3}=\left(x+\frac{1}{x}\right)\left(x^2+\frac{1}{x^2}-1\right)=\left(x+\frac{1}{x}\right)\left[\left(x+\frac{1}{x}\right)^2-3\right]=18$，换元，令 $x+\frac{1}{x}=t$，

原式可化为 $t^3-3t-18=0$，利用添项拆项法，可得

$$t^3-3t^2+3t^2-3t-18=0\Rightarrow t^2(t-3)+3(t+2)(t-3)=0\Rightarrow(t^2+3t+6)(t-3)=0,$$

显然，$t^2+3t+6\neq0$，只能是 $t-3=0$，$t=3$，条件(1)充分．

条件(2)：两边平方，可得 $x^2+\frac{1}{x^2}-2=5\Rightarrow x^2+\frac{1}{x^2}+2=9$，则有 $\left(x+\frac{1}{x}\right)^2=9$，解得 $x+\frac{1}{x}=\pm3$，条件(2)不充分．

题型 30　关于 $\frac{1}{a}+\frac{1}{b}+\frac{1}{c}=0$ 的问题

1. (D)

【解析】根据定理：若 $\frac{1}{a}+\frac{1}{b}+\frac{1}{c}=0$，则 $(a+b+c)^2=a^2+b^2+c^2$．而 $\frac{a}{x}+\frac{b}{y}+\frac{c}{z}=0$，则

$$\frac{x^2}{a^2}+\frac{y^2}{b^2}+\frac{z^2}{c^2}=\left(\frac{x}{a}+\frac{y}{b}+\frac{z}{c}\right)^2=9.$$

2. (D)

【解析】$m+n+p=-3\Rightarrow(m+1)+(n+1)+(p+1)=0$.

令 $m+1=x$，$n+1=y$，$p+1=z$，则有 $x+y+z=0$，故

$$(x+y+z)^2=0\Rightarrow x^2+y^2+z^2+2xy+2xz+2yz=0\Rightarrow x^2+y^2+z^2=-2(xy+xz+yz),$$

则原式 $=\frac{xy+xz+yz}{x^2+y^2+z^2}=\frac{xy+xz+yz}{-2(xy+xz+yz)}=-\frac{1}{2}$.

题型 31　其他整式、分式的化简求值

1. (D)

【解析】条件(1)：当 $x=y$，代入原式，得 $f(x,\ y)=x^2-x^2-x+x+1=1$，故条件(1)充分．

条件(2)：当 $x+y=1$，则 $f(x,\ y)=x^2-y^2-x+y+1=(x+y)(x-y)-(x-y)+1=1$，故条件(2)充分．

2. (B)

【解析】条件(1)：令 $a=11$，$b=7$，则 $\frac{ax+7}{bx+11}=\frac{11x+7}{7x+11}$，和 x 的取值有关，不是定值，因此条件(1)不充分．

条件(2)：$11a-7b=0$，得 $a=\frac{7b}{11}$，代入题干可得

$$\frac{ax+7}{bx+11}=\frac{\frac{7b}{11}x+7}{bx+11}=\frac{7bx+77}{11bx+121}=\frac{7}{11}.$$

所以，条件(2)充分．

3. (C)

【解析】由题意，可得

$$\frac{x+y}{x^3+y^3+x+y}=\frac{x+y}{(x+y)(x^2+y^2-xy)+(x+y)}=\frac{1}{x^2+y^2-xy+1}=\frac{1}{6}.$$

4. (A)

【解析】有 $f\left(\frac{1}{x}\right)=\frac{\left(\frac{1}{x}\right)^2}{1+\left(\frac{1}{x}\right)^2}=\frac{1}{1+x^2}$，所以 $f\left(\frac{1}{x}\right)+f(x)=1\Rightarrow 2f(1)=1$，即 $f(1)=\frac{1}{2}$.

故原式 $=f(1)+1+1+1=\frac{7}{2}$.

5. (B)

【解析】当 $x=1$ 时，$ax^2+bx+1=a+b+1=3\Rightarrow a+b=2$.

故 $(a+b-1)(1-a-b)=(2-1)\times(1-2)=-1$.

6. (D)

【解析】$x+\frac{1}{y}=y+\frac{1}{z}\Rightarrow x-y=\frac{1}{z}-\frac{1}{y}=\frac{y-z}{yz}\Rightarrow yz=\frac{y-z}{x-y}$.

同理得 $xz=\frac{x-z}{z-y}$，$xy=\frac{x-y}{z-x}$. 故

$$x^2y^2z^2=\frac{y-z}{x-y}\cdot\frac{x-z}{z-y}\cdot\frac{x-y}{z-x}=1.$$

7. (B)

【解析】方法一：在 $1+x+x^2+\cdots+x^{2\,021}+x^{2\,022}=0$ 左右两边各加 $x^{2\,023}$，得

$$1+x+x^2+\cdots+x^{2\,021}+x^{2\,022}+x^{2\,023}=x^{2\,023}$$

$$1+x(1+x+x^2+\cdots+x^{2\,021}+x^{2\,022})=x^{2\,023}$$

$$1+0=x^{2\,023},$$

故 $x^{2\,023}=1$.

方法二：等比数列法 .

$1+x+x^2+\cdots+x^{2\,021}+x^{2\,022}$ 相当于首项是 1，公比是 $x(x\neq 0)$ 的等比数列的前 2 023 项之和，

根据等比数列求和公式，有 $S_{2\,023}=\frac{1\cdot(1-x^{2\,023})}{1-x}=0$，解得 $x^{2\,023}=1$.

8. (D)

【解析】令 $1+a=m$，$1+b=n$，则 $\frac{1}{1+a}-\frac{1}{1+b}=\frac{1}{b-a}$ 可化为 $\frac{1}{m}-\frac{1}{n}=\frac{1}{n-m}$，可得

$$\frac{n-m}{mn}=\frac{1}{n-m}\Rightarrow m^2-3mn+n^2=0\Rightarrow 1-3\cdot\frac{n}{m}+\left(\frac{n}{m}\right)^2=0,$$

解得 $\frac{1+b}{1+a}=\frac{n}{m}=\frac{3\pm\sqrt{5}}{2}$.

9. (C)

【解析】将已知条件取倒数，则有

$$\frac{a+b}{ab}=\frac{1}{a}+\frac{1}{b}=3，\frac{b+c}{bc}=\frac{1}{b}+\frac{1}{c}=4，\frac{a+c}{ac}=\frac{1}{a}+\frac{1}{c}=5.$$

故$\frac{ab+ac+bc}{abc}=\frac{1}{a}+\frac{1}{b}+\frac{1}{c}=\frac{1}{2}\times(3+4+5)=6$，即$\frac{abc}{ab+ac+bc}=\frac{1}{6}$.

10. (D)

【解析】由$m^2+n^2=6mn$可得$(m+n)^2=8mn$，$(m-n)^2=4mn$，可知$mn\geqslant 0$.

条件(1)：$m<n<0$，则$m+n<0$，$m-n<0$，所以$\frac{m+n}{m-n}=\frac{-\sqrt{8mn}}{-\sqrt{4mn}}=\sqrt{2}$，充分.

条件(2)：$m>n>0$，则$m+n>0$，$m-n>0$，所以$\frac{m+n}{m-n}=\frac{\sqrt{8mn}}{\sqrt{4mn}}=\sqrt{2}$，充分.

11. (B)

【解析】由$abc\neq 0$，$a+b+c=0$，可得

$$\begin{aligned}&\frac{1}{a^2+b^2-c^2}+\frac{1}{a^2+c^2-b^2}+\frac{1}{c^2+b^2-a^2}\\&=\frac{1}{a^2+b^2-(-a-b)^2}+\frac{1}{a^2+c^2-(-a-c)^2}+\frac{1}{c^2+b^2-(-b-c)^2}\\&=-\frac{1}{2ab}-\frac{1}{2ac}-\frac{1}{2bc}\\&=-\frac{1}{2}\left(\frac{a+b+c}{abc}\right)=0.\end{aligned}$$

【快速得分法】令$a=1$，$b=1$，$c=-2$，代入可迅速求解.

12. (B)

【解析】$b=\frac{1}{ac}$，代入原式，可得

$$\begin{aligned}&\frac{x}{1+a+ab}+\frac{x}{1+b+bc}+\frac{x}{1+c+ac}\\&=\frac{x}{1+a+\frac{1}{c}}+\frac{x}{1+\frac{1}{ac}+\frac{1}{a}}+\frac{x}{1+c+ac}\\&=x\cdot\frac{1+c+ac}{1+c+ac}=x.\end{aligned}$$

所以$x=2\ 023$.

【快速得分法】令$a=b=c=1$，可快速得解.

13. (C)

【解析】两个条件单独显然不充分，故考虑联立.

由条件(1)可得，$b=1-\frac{1}{c}=\frac{c-1}{c}$；

由条件(2)可得，$\frac{1}{a}=1-c$，$a=\frac{1}{1-c}$.

故$\frac{ab+1}{b}=a+\frac{1}{b}=\frac{1}{1-c}+\frac{1}{\frac{c-1}{c}}=\frac{1}{1-c}+\frac{c}{c-1}=1$.

故两个条件联立起来充分.

14. (D)

【解析】条件(1)：$x^3+y^3+3xy=(x+y)(x^2-xy+y^2)+3xy$，将 $x+y=1$ 代入，原式$=x^2-xy+y^2+3xy=x^2+2xy+y^2=(x+y)^2=1$，条件(1)充分.

条件(2)：$x+y=x^2+y^2+\frac{1}{2}$，移项得 $x^2-x+y^2-y+\frac{1}{2}=0$，配方得$\left(x-\frac{1}{2}\right)^2+\left(y-\frac{1}{2}\right)^2=0$，解得 $x=\frac{1}{2}$，$y=\frac{1}{2}$，故 $x^3+y^3+3xy=1$，条件(2)充分.

本章奥数及高考改编题

1.(B)

解　析	【代数式的化简求值】【因式分解】【换元法】

令 $x-1=u$，$y-1=v$，则 $x+y=u+v+2$.

将两式相加，得 $u^3+v^3+2\,004(u+v+2)=4\,008\Rightarrow u^3+v^3+2\,004(u+v)=0$. 因式分解，得

$$(u+v)(u^2-uv+v^2)+2\,004(u+v)=0\Rightarrow(u+v)(u^2-uv+v^2+2\,004)=0.$$

因为 $u^2-uv+v^2+2\,004=\left(u-\frac{1}{2}v\right)^2+\frac{3}{4}v^2+2\,004>0$，故有 $u+v=0$，则

$$x+y=u+v+2=2.$$

2.(D)

解　析	【绝对值代数式的化简求值】【因式分解】

已知 $x^3+y^3+z^3=3xyz$，即

$$x^3+y^3+z^3-3xyz=0\Rightarrow(x+y+z)(x^2+y^2+z^2-xy-yz-xz)=0.$$

因为 x，y，z 互不相等，则

$$x^2+y^2+z^2-xy-yz-xz=\frac{1}{2}[(x-y)^2+(y-z)^2+(x-z)^2]>0,$$

因此有 $x+y+z=0$，$z=-x-y$，故

$$|2x+z|+|2y+z|=|2x-x-y|+|2y-x-y|=|x-y|+|y-x|=2\times3=6.$$

3.(E)

解　析	【待定系数法】【余式定理】

根据题意，$f(x)$有系数为整数的一次因式，故由首尾项检验法可知，$f(x)$可以因式分解为形如 $f(x)=(x+a)(x^3+\cdots+b)$的形式，a，$b\in\mathbf{Z}$ 且 $ab=-3$，故 a 可能的取值有四种，分别为 1，3，-1，-3.

若 $a=1$，则 $f(x)$的系数为整数的一次因式为 $x+1$，根据余式定理，有 $f(-1)=1-k=0\Rightarrow k=1$，不是负整数，故舍去；

同理，若 $a=3$，有 $f(-3)=141-3k=0\Rightarrow k=47$，舍去；

若 $a=-1$，有 $f(1)=k-3=0\Rightarrow k=3$，舍去；

若 $a=-3$，有 $f(3)=33+3k=0\Rightarrow k=-11$，符合题意.

故 $k=-11$.

4.(C)

解　析	【代数式的最值问题】【一元二次方程根的判别式】【韦达定理】

由 $a+b+c=5$ 得 $a+b=5-c$，结合 $ab+bc+ac=3$，可得

$$ab+c(a+b)=3\Rightarrow ab=3-c(a+b)=3-c(5-c)=c^2-5c+3.$$

此时已知 $a+b=5-c$，$ab=c^2-5c+3$，设 a，b 为某一元二次方程的两根，结合韦达定理，该方程应为 $x^2-(5-c)x+c^2-5c+3=0$，且 $\Delta=(5-c)^2-4(c^2-5c+3)\geqslant 0$，即 $3c^2-10c-13\leqslant 0$，解得 $-1\leqslant c\leqslant\frac{13}{3}$. 故 c 的最大值是 $\frac{13}{3}$.

5. (C)

解　析	【代数式的最值问题】【整数不定方程问题】

条件(1)：$a+b=2\ 006$，但是不知道 c 与 a，b 的代数关系，不能确定 $a+b+c$ 的最大值，不充分.

条件(2)：$c-a=2\ 005$，但是不知道 b 与 a，c 的代数关系，不能确定 $a+b+c$ 的最大值，不充分.

联立：将两个条件的等式相加，得 $b+c=4\ 011$，则 $a+b+c=a+4\ 011$.

因为 $a+b=2\ 006$，$a<b$，所以 $a<1\ 003$，又因为 a，b 都是整数，故 a 的最大值为 1 002.

因此 $a+b+c$ 的最大值为 $1\ 002+4\ 011=5\ 013$. 故两个条件联立充分.

6. (B)

解　析	【展开式的系数(二项式定理)(赋值法)】【整除问题】

条件(1)：由平方差公式，可得

$$(a_0+a_2+\cdots+a_8)^2-(a_1+a_3+\cdots+a_9)^2=(a_0+a_1+\cdots+a_8+a_9)\cdot(a_0-a_1+\cdots+a_8-a_9)=3^9.$$

令 $x=2$，可得 $a_0+a_1+\cdots+a_8+a_9=m^9$；

令 $x=0$，可得 $a_0-a_1+\cdots+a_8-a_9=(m-2)^9$.

故 $(m-2)^9\cdot m^9=3^9\Rightarrow(m-2)m=3\Rightarrow m^2-2m-3=0$，解得 $m=-1$ 或 3. 条件(1)不充分.

条件(2)：由二项式定理，可知 $\left(\sqrt{x}-\frac{1}{2\sqrt[4]{x}}\right)^8$ 展开式的通项(第 $k+1$ 项)为

$$T_{k+1}=C_8^k(\sqrt{x})^{8-k}\left(-\frac{1}{2\sqrt[4]{x}}\right)^k=C_8^k(\sqrt{x})^{8-k}\left(-\frac{1}{2}\right)^k\left(\frac{1}{\sqrt[4]{x}}\right)^k=\left(-\frac{1}{2}\right)^k C_8^k x^{4-\frac{3k}{4}},$$

其中，$k\in\mathbf{N}$，$0\leqslant k\leqslant 8$.

若展开式为有理项，则 $4-\frac{3k}{4}$ 为整数，即 k 能被 4 整除，$k=0$ 或 4 或 8，故共有 3 个有理项，即 $m=3$，条件(2)充分.

7. (D)

解　析	【分式化简求值】【解不等式组】【非负性问题】

$$\left(1-\frac{1}{a}\right)\div\frac{a^2-1}{a^2+2a+1}=\frac{a-1}{a}\div\frac{(a+1)(a-1)}{(a+1)^2}=\frac{a-1}{a}\div\frac{a-1}{a+1}$$

$$=\frac{a-1}{a}\cdot\frac{a+1}{a-1}=\frac{a+1}{a}.$$

条件(1)：解不等式组$\begin{cases}a-2\geqslant 2-a,\\ 2a-1<a+3\end{cases}\Rightarrow 2\leqslant a<4$，因为 a 是最小整数解，故 $a=2$.

原式$=\dfrac{2+1}{2}=\dfrac{3}{2}$，条件(1)充分.

条件(2)：$y^4+2x^4+1=4x^2y\Rightarrow y^4+2x^4+1-4x^2y=0$，配方，得 $2(x^2-y)^2+(y^2-1)^2=0$，

所以$\begin{cases}y^2=1,\\ y=x^2,\end{cases}$解得$(x,\ y)=(1,\ 1)$或$(-1,\ 1)$，故 $a=2$，原式$=\dfrac{3}{2}$，条件(2)充分.

8. (E)

解　析	【分式方程】【代数式化简求值】

$$a\left(\frac{1}{b}+\frac{1}{c}\right)+b\left(\frac{1}{a}+\frac{1}{c}\right)+c\left(\frac{1}{a}+\frac{1}{b}\right)=-3$$

$$a\left(\frac{1}{b}+\frac{1}{c}\right)+1+b\left(\frac{1}{a}+\frac{1}{c}\right)+1+c\left(\frac{1}{a}+\frac{1}{b}\right)+1=0$$

$$a\left(\frac{1}{b}+\frac{1}{c}+\frac{1}{a}\right)+b\left(\frac{1}{a}+\frac{1}{c}+\frac{1}{b}\right)+c\left(\frac{1}{a}+\frac{1}{b}+\frac{1}{c}\right)=0$$

$$(a+b+c)\left(\frac{1}{a}+\frac{1}{b}+\frac{1}{c}\right)=0$$

$$(a+b+c)\left(\frac{bc+ac+ab}{abc}\right)=0,$$

故有 $a+b+c=0$ 或 $bc+ac+ab=0$.

当 $a^2+b^2+c^2=1$ 且 $bc+ac+ab=0$ 时，$(a+b+c)^2=a^2+b^2+c^2=1\Rightarrow a+b+c=\pm 1$.

综上所述，$a+b+c=0$ 或± 1.

9. (C)

解　析	【分式化简求值】【解不等式】【实数运算技巧(裂项)】

$$M=\frac{a-2}{1+2a+a^2}\div\left(a-\frac{3a}{a+1}\right)=\frac{a-2}{(a+1)^2}\div\frac{a(a+1)-3a}{a+1}=\frac{a-2}{(a+1)^2}\cdot\frac{a+1}{a(a-2)}=\frac{1}{a(a+1)}.$$

则有 $f(3)=\dfrac{1}{3\times 4}=\dfrac{1}{3}-\dfrac{1}{4}$，$f(4)=\dfrac{1}{4\times 5}=\dfrac{1}{4}-\dfrac{1}{5}$，…，$f(11)=\dfrac{1}{11\times 12}=\dfrac{1}{11}-\dfrac{1}{12}$.

故 $f(3)+f(4)+\cdots+f(11)=\dfrac{1}{3}-\dfrac{1}{4}+\dfrac{1}{4}-\dfrac{1}{5}+\cdots+\dfrac{1}{11}-\dfrac{1}{12}=\dfrac{1}{3}-\dfrac{1}{12}=\dfrac{1}{4}$.

根据题意，可知$\dfrac{x-2}{2}-\dfrac{7-x}{4}\leqslant\dfrac{1}{4}$，解得 $x\leqslant 4$.

10. (A)

解　析	【首尾项检验法】

因为二次项的系数是 3，则只能有 3 个乘式相加，故 $n=4$.

$$\sum_{k=2}^{n}[(x+k)(x-k+1)]=(x+2)(x-1)+(x+3)(x-2)+(x+4)(x-3)=3x^2+3x-m,$$

则$-m=2\times(-1)+3\times(-2)+4\times(-3)=-20\Rightarrow m=20$.

11. (E)

解　析	【降幂】【分式方程】

因为 $a^2-a-1=0$，故 $a^2=a+1$，则

$$\begin{aligned}\frac{2a^4-3xa^2+2}{a^3+2xa^2-a}&=\frac{2(a+1)^2-3x(a+1)+2}{a(a+1)+2x(a+1)-a}=\frac{2a^2+4a+4-3xa-3x}{a^2+2xa+2x}\\&=\frac{2(a+1)+4a+4-3xa-3x}{(a+1)+2xa+2x}=\frac{(a+1)(6-3x)}{(a+1)(2x+1)}\\&=\frac{6-3x}{2x+1}=-\frac{3}{10},\end{aligned}$$

解得 $x=\frac{21}{8}$.

12. (A)

解　析	【余式定理】

因为 $f(x)$除以 $2(x+1)$余式是 3，故可设 $f(x)=2(x+1)g(x)+3$，于是 $f(-1)=3$；

因为 $2f(x)$除以 $3(x-2)$余式是-4，故可设 $2f(x)=3(x-2)h(x)-4$，于是 $2f(2)=-4\Rightarrow f(2)=-2$；

设 $3f(x)$除以 $4(x^2-x-2)$余式是 $ax+b$，故可设

$$3f(x)=4(x^2-x-2)p(x)+ax+b=4(x+1)(x-2)p(x)+ax+b.$$

分别令 $x=-1$ 和 2，得 $\begin{cases}3f(-1)=-a+b,\\3f(2)=2a+b\end{cases}\Rightarrow\begin{cases}3\times3=-a+b,\\3\times(-2)=2a+b\end{cases}\Rightarrow\begin{cases}a=-5,\\b=4.\end{cases}$

故所求余式为$-5x+4$.

13. (D)

解　析	【代数式的最值问题】【非负性问题】

条件(1)：由非负性可知，$(a-b)^2+(b-c)^2+(c-a)^2\geqslant0$，则有 $a^2+b^2+c^2\geqslant ab+bc+ac$，不等式左右两端同时加 $2ab+2bc+2ac$，得

$$a^2+b^2+c^2+2ab+2bc+2ac\geqslant3(ab+bc+ac)$$

$$\Rightarrow(a+b+c)^2\geqslant3(ab+bc+ac)\Rightarrow1\geqslant3(ab+bc+ac)\Rightarrow ab+bc+ac\leqslant\frac{1}{3}.$$

故 $ab+bc+ac$ 的最大值为$\frac{1}{3}$，条件(1)充分.

条件(2)：$a^2+b^2+c^2=1\geqslant ab+bc+ac\Rightarrow ab+bc+ac\leqslant1$，故 $ab+bc+ac$ 的最大值为 1，条件(2)充分.

14. (B)

解　析	【整式的除法】【因式分解】

由题干可知 $f(x)=g(x)h(x)+h(x)=[g(x)+1]h(x)$，故对 $f(x)=x^3+2x^2+3x+2$ 进行

因式分解，可得

$$f(x)=x^3+2x^2+3x+2=(x+1)(x^2+x+2),$$

因为除式比余式更高次，故 $h(x)=x+1$，$g(x)=x^2+x+1$.

【快速得分法】观察选项，若商式和余式为二次多项式，则除式次数最小是三次，此时 $f(x)$ 不可能为三次多项式，与题干矛盾，故排除(A)、(C)、(D)、(E).

15. (D)

解　析	【代数式最值问题】【柯西不等式】

条件(1)：$a^3+b^3=(a+b)(a^2-ab+b^2)=(a+b)[(a+b)^2-3ab]=(a+b)^3-3ab(a+b)$.

因为 $(a+b)^2\geqslant 4ab$，a，b 为正实数，则有

$$-\frac{3}{4}(a+b)^2\leqslant -3ab\Rightarrow -\frac{3}{4}(a+b)^3\leqslant -3ab(a+b)$$

$$\Rightarrow (a+b)^3-\frac{3}{4}(a+b)^3\leqslant (a+b)^3-3ab(a+b),$$

即 $\frac{1}{4}(a+b)^3\leqslant a^3+b^3$，$a+b\leqslant\sqrt[3]{4(a^3+b^3)}$，故条件(1)充分.

条件(2)：利用柯西不等式 $2(a^2+b^2)\geqslant(a+b)^2$，可得 $a+b\leqslant\sqrt{2(a^2+b^2)}$，条件(2)充分.

第3章 函数、方程和不等式

第1节 集合与函数

题型32 集合的运算

1. (B)

解　析	本题参照【模型1. 集合的性质与关系】

①若 $a^2-a+1=3$，即 $a^2-a-2=0$，则 $a=-1$ 或 $a=2$，此时 $A=\{1, 3, -1\}$ 或 $A=\{1, 3, 2\}$，$B=\{1, 3\}$，满足条件 $B\subseteq A$.

②若 $a^2-a+1=a$，即 $a^2-2a+1=0$，则 $a=1$. 但是，当 $a=1$ 时，A 中有两个相同的元素 1，与集合元素的互异性矛盾，因此，$a=1$ 应舍去.

综上所述，满足题意的 a 的值为 -1，2.

【快速得分法】根据集合的互异性可知，$a\neq 1$，3，故排除(A)、(C)、(D)、(E)，只能选(B).

2. (D)

解　析	本题参照【模型1. 集合的性质与关系】

由题意可得，$A=\{1, 2\}$，$B=\{1, 2, 3, 4\}$.

又因为 $A\subseteq C\subseteq B$，故 $C=\{1, 2\}$ 或 $\{1, 2, 3\}$ 或 $\{1, 2, 4\}$ 或 $\{1, 2, 3, 4\}$，因此，满足题意的集合 C 的个数为 4.

3. (D)

解　析	本题参照【模型1. 集合的性质与关系】

因为 B 为非空集合，故集合 B 需满足 $2m-1\leqslant m+1\Rightarrow m\leqslant 2$①.

因为 $B\subseteq A$，故有 $\begin{cases}-3\leqslant 2m-1,\\ m+1\leqslant 4\end{cases}\Rightarrow -1\leqslant m\leqslant 3$②.

综上，①②取交集，得 $-1\leqslant m\leqslant 2$.

4. (C)

解　析	本题参照【模型2. 两饼图问题】

条件(1)：不知是否有人均未答对，故无法推出结论，不充分.

条件(2)：显然不充分.

考虑联立，可假设共有 100 名学生. 由条件(2)可知，共有 80 名学生至少答对一题.

由容斥原理可得，这 80 人中两题均答对的学生有 $75+65-80=60$(名)，占比 60%.
故联立充分.

5. (B)

解　析	本题参照【模型 3. 三饼图问题】

由公式 $A\cup B\cup C=A+B+C-$只满足两个条件的$-2\times$满足三个条件的，可得

$$参加竞赛的总人数=24+28+19-5-3-4-2\times7=45(名),$$

故没有参加竞赛的人数=班级总人数−参加竞赛的总人数$=48-45=3$(名).

6. (D)

解　析	本题参照【模型 3. 三饼图问题】

设总共有 100 人，则至少考取两个证的学生有 59 名，拥有三个证的学生有 23 名，故恰好拥有两个证的学生有 $59-23=36$(名).
考取计算机证的有 50 人，考取驾驶证的有 40 人，考取会计从业资格证的有 83 人，故由三集合非标准形公式可得，有证的学生为 $50+40+83-36-2\times23=91$(名).
所以，三种证都没拿到的学生有 $100-91=9$(名)，占比为 9%.

7. (B)

解　析	本题参照【模型 3. 三饼图问题】

由题意可以把证件分为三类：单证、双证、三证.
设有双证的人数为 x，由于证书的总量不变，则有

$$140+2x+30\times3=130+110+90,$$

解得 $x=50$.

第 2 节 简单方程（组）与不等式（组）

题型 33 不等式的性质

1. (B)

解　析	本题参照【模型 1. 不等式的基本性质】

条件(1)：$b<0$，$\sqrt{a^2b}$ 无意义，显然不充分.

条件(2)：$a<0$，$b>0$，$\sqrt{a^2b}=|a|\sqrt{b}=-a\sqrt{b}$，等式成立，条件(2)充分.

2.(D)

解 析	本题参照【模型 1. 不等式的基本性质】

若①、②为条件，则在式②左右同除以 ab，得$\frac{bc}{ab}>\frac{ad}{ab}$，即$\frac{c}{a}>\frac{d}{b}$，式③成立．

若①、③为条件，则在式③左右同乘 ab，得$\frac{c}{a}\cdot ab>\frac{d}{b}\cdot ab$，即 $bc>ad$，式②成立．

若②、③为条件，则由式③得$\frac{c}{a}-\frac{d}{b}>0$，即$\frac{bc-ad}{ab}>0$，再由式②得 $bc-ad>0$，故 $ab>0$，式①成立．

故正确命题的个数是 3 个．

3.(A)

解 析	本题参照【模型 1. 不等式的基本性质】

若 a，b 均为正，则由 $0<ab<1$，得 $a<\frac{1}{b}$成立；若 a，b 均为负，则由 $0<ab<1$，又可得 $b>\frac{1}{a}$成立．故“$0<ab<1$”是“$a<\frac{1}{b}$或$b>\frac{1}{a}$”的充分条件．

若 $a<\frac{1}{b}$或$b>\frac{1}{a}$，举反例，令 $a=-\frac{1}{2}$，$b=-3$，满足 $a<\frac{1}{b}$，但是 $ab>1$，即 $0<ab<1$ 不成立，故“$a<\frac{1}{b}$或$b>\frac{1}{a}$”不是“$0<ab<1$”的充分条件，即“$0<ab<1$”不是“$a<\frac{1}{b}$或$b>\frac{1}{a}$”的必要条件．

综上所述，选(A).

4.(C)

解 析	本题参照【模型 1. 不等式的基本性质】

条件(1)：令 $a=0.2$，$b=0.4$，$0.2>0.4^2$，但是 $0.2<0.4$，条件(1)不充分．

条件(2)：令 $a=-2$，$b=1$，$(-2)^2>1$，但是$-2<1$，条件(2)不充分．

联立：因为 $a>b^2$，故 a 一定是正的．

当 $0<a<1$ 时，$a>a^2$．又因为 $a^2>b$，故 $a>a^2>b\Rightarrow a>b$，成立．

当 $a>1$ 时，$a^2>a$．又因为 $a>b^2$，故 $a^2>a>b^2\Rightarrow a^2>b^2$，若 $b\geqslant 0$，则两边同时开方，有 $a>b$．若 $b<0$，则 $a>b$ 自然成立．

综上，两个条件联立充分．

5.(C)

解 析	本题参照【模型 1. 基本性质】【模型 2. 倒数性质】【模型 3. 糖水不等式】

(A)项：根据模型 3 可知，满足糖水不等式的性质，(A)项正确．

(B)项：因为 c 位于分母，所以 $c\neq 0\Rightarrow c^2>0$，由不等式两边同时乘 c^2，不等式不变号，可得

$a>b$，故(B)项正确．

(C)项：举反例，当 $a=-2$，$b=-1$ 时，满足 $a^2>b^2$，$ab>0$，但 $\frac{1}{a}=-\frac{1}{2}$，$\frac{1}{b}=-1$，$\frac{1}{a}>\frac{1}{b}$，故(C)项错误．

(D)项：$a^2+b^2-2a-2b+2=a^2-2a+1+b^2-2b+1=(a-1)^2+(b-1)^2\geqslant 0$，故 $a^2+b^2\geqslant 2(a+b-1)$，故(D)项正确．

(E)项：$\lg\frac{a+b}{2}-\frac{1}{2}\lg ab=\lg\frac{a+b}{2}-\lg\sqrt{ab}$，因为当 $a>b>0$ 时，$\frac{a+b}{2}>\sqrt{ab}$，所以 $\lg\frac{a+b}{2}-\lg\sqrt{ab}>0$，即 $\lg\frac{a+b}{2}>\frac{\lg a+\lg b}{2}$，故(E)项正确．

题型 34　简单方程（组）和不等式（组）

1. (A)

解　析	本题参照【模型 1. 解一元一次方程】

由于 $x=3$ 是方程的根，故把 $x=3$ 代入方程，得 $3-9m+6m=0$，故 $m=1$.

2. (D)

解　析	本题参照【模型 1. 解一元一次方程】

解方程 $\frac{2x-1}{3}=5$，得 $x=8$. 由于 $\frac{2x-1}{3}=5$ 与 $kx-1=15$ 有相同的解，故把 $x=8$ 代入方程 $kx-1=15$ 中，得 $8k=16$，解得 $k=2$.

3. (D)

解　析	本题参照【模型 1. 解一元一次方程】

设中间的数为 x，则另外两个数分别为 $x-1$，$x+1$. 故三个数之和为 $(x-1)+x+(x+1)=3x$.
由选项可知，$3x=2\,013$，$3x=2\,016$，$3x=2\,019$，$3x=2\,022$，$3x=2\,023$，解得 $x=671$，$x=672$，$x=673$，$x=674$，$x=674\frac{1}{3}$(不合题意，排除(E)).

因为 $671=83\times 8+7$，即中间的数在第 84 排第 7 个的位置，符合平移规律，故 2 013 符合题意；
因为 $672=84\times 8$，即中间的数在第 84 排最后 1 个的位置，不符合平移规律，故 2 016 不合题意，排除(A)、(B)；
因为 $673=84\times 8+1$，即中间的数在第 85 排第 1 个的位置，不符合平移规律，故 2 019 不合题意，排除(C)；
因为 $674=84\times 8+2$，即中间的数在第 85 排第 2 个的位置，符合平移规律，故 2 022 符合题意，选(D).

4. (B)

解　析	本题参照【模型 1. 解一元一次方程】

$ax+b-2x+3=(a-2)x+b+3=0$，因为方程有无数个解，故

$$\begin{cases} a-2=0, \\ b+3=0 \end{cases} \Rightarrow \begin{cases} a=2, \\ b=-3. \end{cases}$$

5. (C)

解　析	本题参照【模型 2. 解方程组】

解方程组 $\begin{cases} x+y=a, \\ x-y=4a, \end{cases}$ 得 $\begin{cases} x=\frac{5}{2}a, \\ y=-\frac{3}{2}a, \end{cases}$ 将其代入方程 $3x-5y-90=0$，得

$$\frac{15}{2}a+\frac{15}{2}a-90=0 \Rightarrow a=6.$$

6. (D)

解　析	本题参照【模型 4. 解不等式组】

因为 $m+2>m-1$，根据不等式组“同大取大”确定 x 的取值范围是 $x>m+2$，又因为解集是 $x>-1$，所以 $m+2=-1$，解得 $m=-3$.

7. (A)

解　析	本题参照【模型 4. 解不等式组】

解 $\frac{x}{2}+a \geqslant 2$，得 $x \geqslant 4-2a$；解 $2x-b<3$，得 $x<\frac{3+b}{2}$. 由于该不等式组有解，故解集为

$$4-2a \leqslant x<\frac{3+b}{2}.$$

又由不等式组的解集是 $0 \leqslant x<1$，可得

$$\begin{cases} 4-2a=0, \\ \frac{3+b}{2}=1, \end{cases}$$

解得 $a=2$，$b=-1$，故 $a+b=1$.

8. (B)

解　析	本题参照【模型 4. 解不等式组】

将点 $A(2, 1)$，$B(-1, -2)$ 代入直线方程，可得 $k=1$，$b=-1$.

故不等式 $\frac{1}{2}x>kx+b>-2$ 即为 $\frac{1}{2}x>x-1>-2$，解得 $-1<x<2$.

第 3 节 一元二次函数、方程与不等式

题型 35 一元二次函数的基础题

1. (E)

解　析	本题参照【模型 1. 解方程】

当 $m=0$ 时，方程可化为 $-4x+1=0$，解得 $x=\frac{1}{4}$.

当 $m\neq0$ 时，若 $\Delta=16-4m\geqslant0$，即 $m\leqslant4$ 时，由求根公式，得 $x=\frac{2\pm\sqrt{4-m}}{m}$.

若 $\Delta=16-4m<0$，即 $m>4$，则方程无解.

综上所述，方程解的情况与 m 的值有关，故选(E).

2. (B)

解　析	本题参照【模型 2. 一元二次函数的图像】

由顶点坐标公式可知，顶点纵坐标为 $\frac{4a-4}{4}<0$，解得 $a<1$.

3. (D)

解　析	本题参照【模型 2. 一元二次函数的图像】

由顶点坐标公式可知，横坐标为 $-\frac{b}{2}>0$，纵坐标为 $\frac{4\times(-1)-b^2}{4}<0$.

故顶点在第四象限.

4. (A)

解　析	本题参照【模型 2. 一元二次函数的图像】

将点(2，0)代入方程，可得 $a\cdot2^2-6\times2=0$，解得 $a=3$.

故抛物线方程为 $y=3x^2-6x$，顶点为(1，−3).

所以抛物线顶点到原点的距离为 $d=\sqrt{(1-0)^2+(-3-0)^2}=\sqrt{10}$.

5. (C)

解　析	本题参照【模型 2. 一元二次函数的图像】

设 $f(x)=a(x-m)(x-n)$，其中 $a\neq0$，则方程的两个根为 m，n，可令 $m\leqslant n$.

由 $f(x+3)=f(1-x)$ 可知对称轴为 $x=\frac{x+3+1-x}{2}=2=\frac{m+n}{2}$，即 $m+n=4$.

又由两实根平方和为 10，可得 $m^2+n^2=10$. 联立上式，得 $mn=\frac{(m+n)^2-(m^2+n^2)}{2}=3$，

$m-n=-\sqrt{(m+n)^2-4mn}=-2$，由此解得 $m=1$，$n=3$.

结合图像过点(0，3)，可得 $3=a(0-m)(0-n)=amn$，解得 $a=1$.

故 $f(x)$的解析式为 $f(x)=(x-1)(x-3)=x^2-4x+3$.

【注意】本题也可用韦达定理求解.

设 $f(x)=a(x^2+bx+c)$，其中 $a\neq 0$.

由于 $a(x^2+bx+c)=0$ 与 $x^2+bx+c=0$ 的根相等，故可对 $x^2+bx+c=0$ 使用韦达定理，得 $x_1+x_2=-b=4$，又由 ${x_1}^2+{x_2}^2=(x_1+x_2)^2-2x_1x_2=10$，可解得 $x_1x_2=c=3$.

则 $f(x)=a(x^2-4x+3)$，由图像过点(0，3)，可得 $a=1$，故 $f(x)=x^2-4x+3$.

6.(D)

解　析	本题参照【模型3. 二次函数与一次函数的关系】

联立 $\begin{cases}y=x^2,\\y=ax+b+1\end{cases}\Rightarrow x^2-ax-b-1=0$，因为直线与抛物线有交点，且直线斜率一定存在，故 $\Delta=a^2+4(b+1)\geqslant 0$.

条件(1)：$a+b=0\Rightarrow a=-b$，则 $\Delta=a^2+4(b+1)=b^2+4b+4=(b+2)^2\geqslant 0$，条件(1)充分.

条件(2)：$a-b=0\Rightarrow a=b$，则 $\Delta=a^2+4(b+1)=b^2+4b+4=(b+2)^2\geqslant 0$，条件(2)充分.

7.(A)

解　析	本题参照【模型3. 二次函数与一次函数的关系】

条件(1)：$y=x+b$ 与 $y=x^2+a$ 有且仅有一个交点，画图像如图3-1所示，其中直线和抛物线可上下移动. 由图可知若只有一个交点，则该直线是抛物线的切线.

所以条件(1)充分.

条件(2)：$x^2-x\geqslant b-a(x\in\mathbf{R})\Rightarrow x^2+a\geqslant x+b$，则抛物线可能位于直线上方，直线不一定是抛物线的切线，条件(2)不充分.

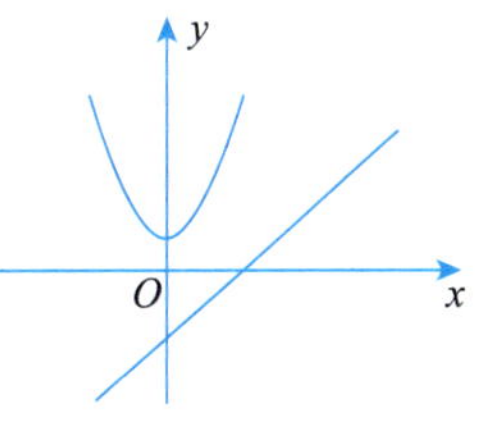

图3-1

8.(B)

解　析	本题参照【模型4. 平移问题】

根据口诀“上加下减，左加右减”得

$$y=-\frac{3}{2}(x+3)^2-4=-\frac{3}{2}x^2-9x-\frac{35}{2}.$$

9.(C)

解　析	本题参照【模型4. 平移问题】

本题等价于将 $y=x^2-2x-3$ 的图像向左平移2个单位，向上平移3个单位，可得抛物线 $y=ax^2+bx+c$. 根据口诀“上加下减，左加右减”，得

$$y=(x+2)^2-2(x+2)-3+3=x^2+2x.$$

故 $a=1$，$b=2$，$c=0$.

题型 36 一元二次函数的最值

1. (B)

解 析	本题参照【模型 2. 对称轴不在定义域内】

由题意得

$$x+(2x^2-2)+(3x-6)=2(x^2+2x-4)=3m,$$

令 $y=2(x^2+2x-4)$，则一元二次函数的对称轴为 $x=-1$，又因为抛物线开口向上且 $2\leqslant x\leqslant 10$，故在离对称轴最近处取得最小值，即当 $x=2$ 时，y 最小，即三个数之和取得最小值，为 8. 所以 m 的最小值为$\frac{8}{3}$.

2. (A)

解 析	本题参照【模型 2. 对称轴不在定义域内】

由方程有实根，可得 $\Delta=(-4m)^2-4\times4(m+2)\geqslant0$，解得 $m\leqslant-1$ 或 $m\geqslant2$.

由韦达定理，得 $\alpha+\beta=m$，$\alpha\beta=\frac{m+2}{4}$，则

$$\alpha^2+\beta^2=(\alpha+\beta)^2-2\alpha\beta=m^2-\frac{m+2}{2}=\left(m-\frac{1}{4}\right)^2-\frac{17}{16}.$$

结合 m 的定义域可知，当 $m=-1$ 时，离对称轴最近，此时 $\alpha^2+\beta^2$ 有最小值，最小值为$\frac{1}{2}$.

3. (C)

解 析	本题参照【模型 2. 对称轴不在定义域内】

已知 $x>0$，$y>0$，$x+4y=1$，由均值不等式得

$$\frac{x+4y}{2}\geqslant\sqrt{x\cdot4y}\Rightarrow\sqrt{xy}\leqslant\frac{1}{4}.$$

$K=2\sqrt{xy}-x^2-16y^2=2\sqrt{xy}-(x+4y)^2+8xy=2\sqrt{xy}+8xy-1$，令 $t=\sqrt{xy}$，可得 $K=8t^2+2t-1$，图像开口向上，对称轴为 $t=-\frac{1}{8}$，又因为 $0<t\leqslant\frac{1}{4}$，K 在定义域内离对称轴最远处取得最大值，即 $t=\frac{1}{4}$时取得最大值，为 0.

4. (B)

解 析	本题参照【模型 2. 对称轴不在定义域内】

条件(1)：由 $x^2-y^2-8x+10=0$ 得 $y^2=x^2-8x+10$，同时应满足 $y^2=x^2-8x+10\geqslant0$，则

$$x^2+y^2=x^2+x^2-8x+10=2x^2-8x+10=2(x-2)^2+2.$$

故当 $x=2$ 时，x^2+y^2 有最小值，为 2.

但是当 $x=2$ 时，$x^2-8x+10=-2<0$，不符合 $y^2\geqslant 0$，条件(1)不充分.

条件(2)：$t^2-2at+a+2=0$ 有两个实根，则满足 $\Delta=(-2a)^2-4(a+2)\geqslant 0$，解得 $a\leqslant -1$ 或 $a\geqslant 2$.

由韦达定理得，$x+y=2a$，$xy=a+2$.

故 $x^2+y^2=(x+y)^2-2xy=(2a)^2-2(a+2)=4a^2-2a-4$，其对称轴为 $\frac{1}{4}$，不在定义域 $a\leqslant -1$ 或 $a\geqslant 2$ 内.

因为该一元二次函数图像开口向上，所以最小值取在离对称轴更近的定义域的端点处，即当 $a=-1$ 时，$4a^2-2a-4$ 取得最小值，最小值为 $4+2-4=2$. 条件(2)充分.

题型 37　根的判别式问题

1. (C)

解　析	本题参照【模型 1. 完全平方式】

由于 $(a+c)x^2+bx+\frac{a-c}{4}$ 可化为一个完全平方式，则一元二次方程 $(a+c)x^2+bx+\frac{a-c}{4}=0$ 有

$$\Delta=b^2-4(a+c)\cdot\frac{a-c}{4}=b^2-(a^2-c^2)=0\Rightarrow b^2+c^2=a^2.$$

所以此三角形是直角三角形.

2. (A)

解　析	本题参照【模型 2. 判断方程根的情况】

$x^2-2x-m=0$ 没有实数根，则 $\Delta_1=(-2)^2-4\cdot(-m)=4+4m<0$，即 $m<-1$.

对于方程 $x^2+2mx+m(m+1)=0$，$\Delta_2=(2m)^2-4m(m+1)=-4m>4$，故方程 $x^2+2mx+m(m+1)=0$ 有两个不相等的实数根.

3. (A)

解　析	本题参照【模型 2. 判断方程根的情况】

$\Delta=1-4\left(\left|a-\frac{1}{4}\right|+|a|\right)\geqslant 0$，化简得 $\left|a-\frac{1}{4}\right|+|a|\leqslant\frac{1}{4}$，该不等式的几何意义为在数轴上点 a 到 $\frac{1}{4}$ 和 0 的距离之和小于等于 $\frac{1}{4}$，画图易知，点 a 只能在 0 和 $\frac{1}{4}$ 之间，即 $0\leqslant a\leqslant\frac{1}{4}$.

4. (B)

解　析	本题参照【模型 2. 判断方程根的情况】

第一个方程若有实根，则 $\Delta=(2m+3)^2-4m^2=12m+9\geqslant 0$，得 $m\geqslant -\frac{3}{4}$.

对于第二个方程，当 $m=2$ 时，方程显然有实根；

当 $m\neq 2$ 时，$\Delta=4m^2-4(m-2)(m+1)\geqslant 0$，得 $m\geqslant -2$.

若两个方程中至少有一个方程有实根，则对他们的解集取并集，故 m 的取值范围为 $[-2,+\infty)$.

5. (D)

解　析	本题参照【模型 2. 判断方程根的情况】

方程 $mx^2+nx+c^2=0$ 没有实根，则 $\Delta=n^2-4mc^2<0$.

条件(1)：根据三角形的两边之和大于第三边，三角形的两边之差小于第三边，可知

$$\begin{aligned}\Delta&=n^2-4mc^2\\&=(b^2+c^2-a^2)^2-4b^2c^2\\&=(b^2+c^2-a^2+2bc)(b^2+c^2-a^2-2bc)\\&=[(b+c)^2-a^2]\cdot[(b-c)^2-a^2]\\&=(b+c+a)(b+c-a)(b-c+a)(b-c-a)<0.\end{aligned}$$

故条件(1)充分.

条件(2)：同理可得

$$\Delta=n^2-4mc^2=(a+c+b)(a+c-b)(a-c+b)(a-c-b)<0.$$

故条件(2)也充分.

6. (A)

解　析	本题参照【模型 2. 判断方程根的情况】

方程有两个相等的实根，等价于

$$\Delta=[2b-4(a+c)]^2-4\times 3\times(4ac-b^2)=8[(a-b)^2+(b-c)^2+(a-c)^2]=0.$$

条件(1)：$a=b=c$，$\Delta=0$，充分.

条件(2)：令 $a=c=2$，$b=3$，代入可得 $\Delta=8[(2-3)^2+(3-2)^2+(2-2)^2]=16\neq 0$，不充分.

7. (A)

解　析	本题参照【模型 3. 判断绝对值方程根的个数】

原方程可化为 $|x+2|^2+2a|x+2|+2-a=0$. 设 $t=|x+2|$，则原方程等价为

$$t^2+2at+2-a=0.$$

原方程有两个不等的实根，则关于 t 的方程有两个相同正根或有一正、一负两实根.

①关于 t 的方程有两个相同的正根，即当 $\Delta=4a^2-4(2-a)=0$ 时，$a=1$ 或 -2. 若 $a=1$，则原式化为 $t^2+2t+1=0$，$t=-1$，x 无实根.

若 $a=-2$，则原式化为 $t^2-4t+4=0$，$t=2$，x 有两个不等实根.

②关于 t 的方程有一负根、一正根，根据韦达定理，仅需满足两根之积 $2-a<0$，解得 $a>2$.

综上所述，a 的取值范围为 $a=-2$ 或 $a>2$.

题型38 韦达定理问题

1.(E)

解 析	本题参照【模型1. 常规韦达定理问题】

由题意可知 a，b 为方程 $x^2-3x+1=0$ 的两根，故 $ab=1$，$a+b=3$，则

$$\frac{1}{a^2}+\frac{1}{b^2}=\frac{(a+b)^2-2ab}{(ab)^2}=9-2=7.$$

2.(A)

解 析	本题参照【模型1. 常规韦达定理问题】

由题意可得 x_1，$x_2(x_1<x_2)$是方程 $x^2-2ax-8a^2=0$ 的两个实根.

由韦达定理，得 $x_1+x_2=2a$，$x_1\cdot x_2=-8a^2$，又因为 $x_2-x_1=15$，则

$$(x_1-x_2)^2=(x_1+x_2)^2-4x_1x_2=36a^2=15^2,$$

解得 $a=\pm\frac{5}{2}$，又因为 $a>0$，所以 $a=\frac{5}{2}$.

3.(A)

解 析	本题参照【模型1. 常规韦达定理问题】

$x_1-y_1+x_2-y_2=(x_1+x_2)-(y_1+y_2)=4$.

根据韦达定理，可知 $x_1+x_2=-m^2$，$y_1+y_2=-5m$，代入上式得

$$-m^2+5m-4=0,$$

解得 $m=1$ 或 4.

当 $m=1$ 时，$y^2+5my+7=0$ 的判别式小于 0，舍去，故 $m=4$.

由 $x_1-y_1=2$，$x_2-y_2=2$ 以及韦达定理，可得

$$n=x_1x_2=(y_1+2)(y_2+2)=y_1y_2+2(y_1+y_2)+4=7-40+4=-29,$$

故 $m=4$，$n=-29$.

4.(A)

解 析	本题参照【模型1. 常规韦达定理问题】

由 $x^2-ax+b<0$ 的解集是 $x\in(-1,2)$可知，$x_1=-1$，$x_2=2$ 为方程 $x^2-ax+b=0$ 的两个根，由韦达定理知 $x_1+x_2=-1+2=a$，$x_1x_2=-1\times2=b$，得 $a=1$，$b=-2$，故

$$x^2+bx+a=x^2-2x+1=(x-1)^2>0\Rightarrow x\neq1.$$

5.(C)

解 析	本题参照【模型1. 常规韦达定理问题】

方程有实根，可得 $\Delta=m^2-4\times(2m-1)=m^2-8m+4\geqslant0$.

由韦达定理知 $x_1+x_2=m$，$x_1x_2=2m-1$，可得

$$x_1^2+x_2^2=(x_1+x_2)^2-2x_1x_2=m^2-2(2m-1)=m^2-4m+2=7,$$

解得 $m_1=5(\Delta<0$，舍去)，$m_2=-1$. 故

$$(x_1-x_2)^2=(x_1+x_2)^2-4x_1x_2=1+12=13.$$

6.(A)

解　析	本题参照【模型 2. 公共根问题】

将 $x=2$ 分别代入两个方程，得

$$\begin{cases}4a+2b+21=0,\\4a-2b+3=0\end{cases}\Rightarrow\begin{cases}a=-3,\\b=-\dfrac{9}{2}.\end{cases}$$

7.(A)

解　析	本题参照【模型 2. 公共根问题】

条件(1)：将 $a=3$ 代入两个方程，得 $x^2+3x+2=0$，解得 $x=-2$ 或 $x=-1$；

$x^2-2x-3=0$，解得 $x=3$ 或 $x=-1$.

可见，两个方程有一个公共实数解，故条件(1)充分.

条件(2)：将 $a=-2$ 代入两个方程，均得 $x^2-2x+2=0$，$\Delta=4-8=-4<0$，无实根.

两个方程没有公共实数解，故条件(2)不充分.

8.(D)

解　析	本题参照【模型 2. 公共根问题】

设三个方程的公共实数根为 t，代入方程可得

$$at^2+bt+c=0,\ bt^2+ct+a=0,\ ct^2+at+b=0,$$

三式相加，得

$$(a+b+c)t^2+(a+b+c)t+(a+b+c)=0\Rightarrow(a+b+c)(t^2+t+1)=0.$$

又由 $t^2+t+1=\left(t+\dfrac{1}{2}\right)^2+\dfrac{3}{4}>0$，故 $a+b+c=0$.

可令 $a=1$，$b=2$，$c=-3$，代入可得 $\dfrac{a^2}{bc}+\dfrac{b^2}{ca}+\dfrac{c^2}{ab}=3$.

9.(A)

解　析	本题参照【模型 3. 倒数根问题】

条件(1)：由模型 3 的相关结论可知，方程 $ax^2+3x-2b=0$ 两根的倒数相当于方程 $-2bx^2+3x+a=0$ 的两根，故 $-2bx^2+3x+a=k(3x^2-ax+2b)=0$，即

$$\begin{cases}-2b=3k,\\3=-ka,\\a=2kb\end{cases}\Rightarrow\begin{cases}k=1,\\a=2b.\end{cases}$$

故条件(1)充分.

条件(2)：方程有两个相等的实根，故 $\Delta=a^2-4b^2=0$，解得 $a=\pm 2b$，条件(2)不充分.

10.(A)

解　析	本题参照【模型3. 倒数根问题】

方程 $ax^2+bx+c=0$ 与方程 $cx^2+bx+a=0(ac\neq 0)$ 的根互为倒数，故设 $2m^2+1\ 999m+5=0$ 的两个根为 m_1，m_2，必有 $5n^2+1\ 999n+2=0$ 的两个根为$\frac{1}{m_1}$，$\frac{1}{m_2}$.

又 m，n 分别是两个方程的根，且 $mn\neq 1$，则不妨设 $m=m_1$，则必有 $n=\frac{1}{m_2}$，故

$$\frac{mn+1}{m}=\frac{m_1\cdot\frac{1}{m_2}+1}{m_1}=\frac{m_1+m_2}{m_1m_2}=\frac{-\frac{1\ 999}{2}}{\frac{5}{2}}=-\frac{1\ 999}{5}.$$

11.(A)

解　析	本题参照【模型4. 一元三次方程】

方法一：左式$=(x^3+1)-2(x^2+x)=(1+x)(1-x+x^2)-2x(1+x)=(x+1)(x^2-3x+1)$.

因为 $x_1=-1$，故 x_2，x_3 是 $x^2-3x+1=0$ 的根，可得

$$|x_2-x_3|=\sqrt{(x_2-x_3)^2}=\frac{\sqrt{b^2-4ac}}{|a|}=\sqrt{5}.$$

方法二：根据三次方程的韦达定理公式，可得

$$\begin{cases}-1+x_2+x_3=2,\\(-1)\cdot x_2\cdot x_3=-1\end{cases}\Rightarrow\begin{cases}x_2+x_3=3,\\x_2\cdot x_3=1,\end{cases}$$

故 $|x_2-x_3|=\sqrt{(x_2-x_3)^2}=\sqrt{(x_2+x_3)^2-4x_2x_3}=\sqrt{3^2-4}=\sqrt{5}$.

12.(A)

解　析	本题参照【模型5. 根的高次幂问题】

$\Delta=k^2+16>0$，无论 k 取何值，方程均有实根.

条件(1)：x_1 为方程 $x^2+2x-4=0$ 的根，则 $x_1^2+2x_1-4=0$，故 $x_1^2=4-2x_1$.

由韦达定理，得 $x_1+x_2=-2$. $x_1^2-2x_2=4-2x_1-2x_2=4-2(x_1+x_2)=8$，条件(1)充分.

条件(2)：解方程 $x^2-3x-4=0$，得 $x_1=-1$，$x_2=4$ 或 $x_1=4$，$x_2=-1$，代入，得 $x_1^2-2x_2\neq 8$，故条件(2)不充分.

13.(A)

解　析	本题参照【模型5. 根的高次幂问题】

α，β 是方程 $x^2-3x+1=0$ 的两根，则$\begin{cases}\alpha^2-3\alpha+1=0,\\\beta^2-3\beta+1=0\end{cases}\Rightarrow\begin{cases}\alpha^2=3\alpha-1,\\\beta^2=3\beta-1.\end{cases}$

故 $8\alpha^4+21\beta^3=8(3\alpha-1)^2+21\beta(3\beta-1)=168(\alpha+\beta)-127=377$.

14. (E)

解　析	本题参照【模型 5. 根的高次幂问题】

将 m，n 代入方程可得 $m^2-3m+1=0\Rightarrow m^2=3m-1$，$n^2-3n+1=0\Rightarrow n^2=3n-1$. 故

$$\begin{aligned}&2m^2+4n^2-6n-1\\=&2(3m-1)+4(3n-1)-6n-1\\=&6m+6n-2-4-1\\=&6(m+n)-7.\end{aligned}$$

由韦达定理，可得 $m+n=3$，故原式$=6\times3-7=11$.

题型 39　根的分布问题

1. (C)

解　析	本题参照【模型 1. 正负根问题】

二次项系数 k^2+1 不可能等于 0，方程有两个不等的正根，故有

$$\begin{cases}\Delta=(3k+1)^2-8(k^2+1)>0,\\x_1+x_2=\dfrac{3k+1}{k^2+1}>0,\\x_1x_2=\dfrac{2}{k^2+1}>0,\end{cases}$$

解得 $k>1$.

2. (C)

解　析	本题参照【模型 1. 正负根问题】

$x_1x_2=\dfrac{c}{a}<0\Rightarrow ac<0$.

条件(1)：令 $a=-1$，$b=1$，$c=0$，则 $ac=0$，条件(1)不充分.

条件(2)：令 $a=1$，$b=-1$，$c=0$，则 $ac=0$，条件(2)不充分.

联立两个条件：有 $a+b+c=0$，即 a，b，c 中至少有一正一负. 又由 $a<b<c$，可得 $a<0$，$c>0$，故 $ac<0$，两个条件联立起来充分.

3. (C)

解　析	本题参照【模型 1. 正负根问题】

条件(1)：$ac<0$，方程有一正根一负根，但无法确定哪个根的绝对值大，故条件(1)不充分.

条件(2)：显然不充分.

联立两个条件，得 $x_1+x_2=-\dfrac{b}{a}>0$，故正根的绝对值大，联立两个条件充分.

4. (E)

解　析	本题参照【模型 1. 正负根问题】

两边平方，得 $x-p=x^2\Rightarrow x^2-x+p=0$，有两个不相等的正根，即 $\begin{cases}\Delta=1-4p>0\\x_1x_2=p>0\end{cases}$，得 $0<p<\frac{1}{4}$，故条件(1)和条件(2)单独均不充分，联立也不充分.

【快速得分法】令 $p=0$，则方程化为 $\sqrt{x}=x$，明显有根 $x=0$，不充分，条件(1)和条件(2)单独或联立均不能排除 $p=0$，故应选(E).

5. (C)

解　析	本题参照【模型 2. 区间根问题】

$x^2-6x+8=0$ 两根为 2 和 4，选项的二次项系数均为正数，即抛物线的开口均向上，要满足只有一根在 2 和 4 之间，必须满足 $f(4)f(2)<0$，代入可知只有(C)项符合.

6. (D)

解　析	本题参照【模型 2. 区间根问题】

二次项系数 $a\neq0$，且正负号不确定，故考虑 $af(x)$. 根据题意，有

$$af(1)<0\Rightarrow a(a+a+2+9a)<0\Rightarrow a(11a+2)<0,$$

解得 $-\frac{2}{11}<a<0$.

7. (A)

解　析	本题参照【模型 2. 区间根问题】

设 $f(x)=x^2+(m-2)x+m$，且二次项系数为正. 根据题干，易知

$$\begin{cases}\Delta=(m-2)^2-4m\geqslant0,\\f(-1)=1-m+2+m>0,\\f(1)=1+m-2+m>0,\\-1<-\frac{m-2}{2\times1}<1,\end{cases}$$

解得 $\frac{1}{2}<m\leqslant4-2\sqrt{3}$.

8. (A)

解　析	本题参照【模型 2. 区间根问题】

设 $f(x)=mx^2+(2m-1)x-m+2=0$，根据题意，可得

$$\begin{cases}\Delta=(2m-1)^2+4m(m-2)\geqslant0,\\-\frac{2m-1}{2m}<1,\\mf(1)=m(m+2m-1-m+2)>0,\end{cases}$$

解得 m 的取值范围是$\left(-\infty,\ -\frac{1}{2}\right)\cup\left[\frac{3+\sqrt{7}}{4},\ +\infty\right)$.

9. (E)

解　析	本题参照【模型 3. 有理根问题】

①当 $k=0$ 时，$x=-1$，方程有有理根.

②当 $k\neq0$ 且 k 是整数时，$\Delta=(k-1)^2-4k=k^2-6k+1$ 也为整数，又因为方程有有理根，则该整数必为完全平方数，即存在非负整数 m，使 $k^2-6k+1=m^2$，整理得

$$(k-3)^2-m^2=(k-3+m)(k-3-m)=8.$$

因为 $k-3+m$ 与 $k-3-m$ 是奇偶性相同的整数，其积为 8，所以它们均为偶数.

又因为 $k-3+m>k-3-m$，从而有

$$\begin{cases}k-3+m=4,\\k-3-m=2\end{cases}\text{或}\begin{cases}k-3+m=-2,\\k-3-m=-4,\end{cases}$$

解得 $k=6$ 或 0(舍去).

综上所述，整数 k 的值为 6 或 0.

【快速得分法】求得 $k=0$ 时，符合题意，可排除(B)、(D)；由于 $\Delta\geqslant0$，代入选项数值，可排除(A)、(C)，故选(E).

10. (B)

解　析	本题参照【模型 4. 整数根问题】

设两根为 x_1，x_2，若两根都是整数，则须满足

$$\begin{cases}\Delta=(a-6)^2-4a\geqslant0，\text{且为完全平方数},\\x_1+x_2=6-a\ \text{为整数},\\x_1x_2=a\ \text{为整数},\end{cases}$$

其中，当 $a\in\mathbf{Z}$ 时，后两个条件显然满足，只需再满足第一个条件即可.

设 $\Delta=(a-6)^2-4a=m^2(m\in\mathbf{N}^+)$，则 $(a-8)^2=m^2+28\Rightarrow(a-8)^2-m^2=28$，则有

$$(a-8+m)(a-8-m)=28=28\times1=14\times2=7\times4.$$

因为 $a-8+m$ 和 $a-8-m$ 都是整数，$a-8+m>a-8-m$ 且奇偶性相同，故有

$$\begin{cases}a-8+m=14,\\a-8-m=2\end{cases}\text{或}\begin{cases}a-8+m=-2,\\a-8-m=-14,\end{cases}$$

解得 $\begin{cases}a=16,\\m=6\end{cases}$ 或 $\begin{cases}a=0,\\m=6.\end{cases}$

【快速得分法】令 $a=0$，方程为 $x^2-6x=0$，两根为 0，6，均为整数，符合题意，故答案在(B)、(D)之间；令 $a=16$，方程为 $x^2+10x+16=0$，两根为 -2，-8，均为整数，符合题意，故选(B).

题型40 一元二次不等式的恒成立问题

1. (E)

解析	本题参照【模型1. 不等式在全体实数内恒成立】

首先判断二次项系数是否为0.

①当$a^2-3a+2=0$时，得$a=1$或2. 当$a=1$时，不等式为$2>0$，恒成立，故解集为一切实数；当$a=2$时，$x+2>0$，显然不满足解集为全体实数.

②当$a^2-3a+2\neq0$时，若使一元二次不等式的解集为全体实数，需满足

$$\begin{cases}a^2-3a+2>0,\\ \Delta=(a-1)^2-8(a^2-3a+2)<0\end{cases}\Rightarrow a<1\text{ 或 }a>\frac{15}{7}.$$

综上，两种情况取并集，得$a\leqslant1$或$a>\frac{15}{7}$.

2. (B)

解析	本题参照【模型1. 不等式在全体实数内无解】

$|x^2+2x+a|\leqslant1$的解集为空集，等价于$|x^2+2x+a|>1$恒成立，即$x^2+2x+a>1$或$x^2+2x+a<-1$恒成立.

$y=x^2+2x+a$的图像开口向上，不可能恒小于-1，所以，只能恒大于1.

方法一：$y=x^2+2x+a$恒大于1，即$x^2+2x+a-1>0$恒成立，所以$\Delta=2^2-4(a-1)<0$，解得$a>2$.

方法二：$x^2+2x+a>1\Rightarrow x^2+2x+1+a>2\Rightarrow a>2-(x+1)^2\Rightarrow a>2$.

3. (D)

解析	本题参照【模型1. 不等式在全体实数内恒成立】

题干等价于$kx^2-(k-8)x+1>0$恒成立，需要满足

$$\begin{cases}k>0,\\ \Delta=(k-8)^2-4k<0\end{cases}\Rightarrow 4<k<16.$$

故条件(1)充分，条件(2)也充分.

4. (B)

解析	本题参照【模型1. 不等式在全体实数内恒成立】

当$m=0$时，$f(x)=\sqrt{1}=1$，定义域为$\mathbf{R}$，符合题意.

当$m\neq0$时，$f(x)=\sqrt{mx^2+mx+1}$的定义域为$\mathbf{R}$，则$mx^2+mx+1\geqslant0$恒成立.

故$\begin{cases}m>0,\\ \Delta=m^2-4m\leqslant0,\end{cases}$解得$0<m\leqslant4$.

综上所述，m的取值范围为$[0,4]$.

5. (A)

解　析	本题参照【模型 2. 不等式在某区间内恒成立】

方法一：分类讨论法．

函数 $y=x^2+ax+2$ 的图像的对称轴为 $x=-\frac{a}{2}$.

当 $x\in(0,1)$时，$x^2+ax+2>0$ 成立，画图像如图 3-2 所示，可知有以下三种情况：

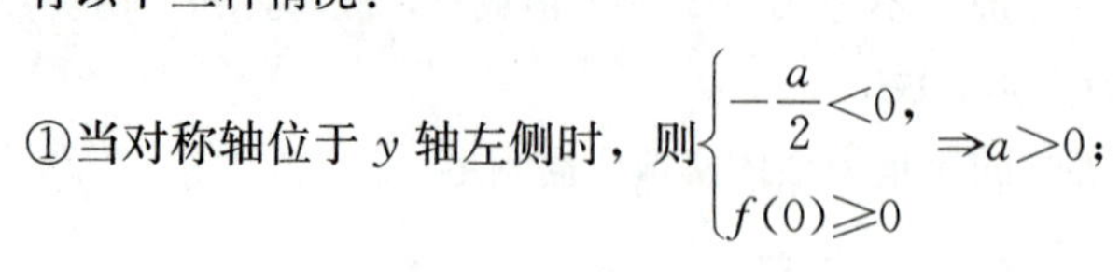

①当对称轴位于 y 轴左侧时，则$\begin{cases}-\frac{a}{2}<0,\\ f(0)\geqslant 0\end{cases}\Rightarrow a>0$；

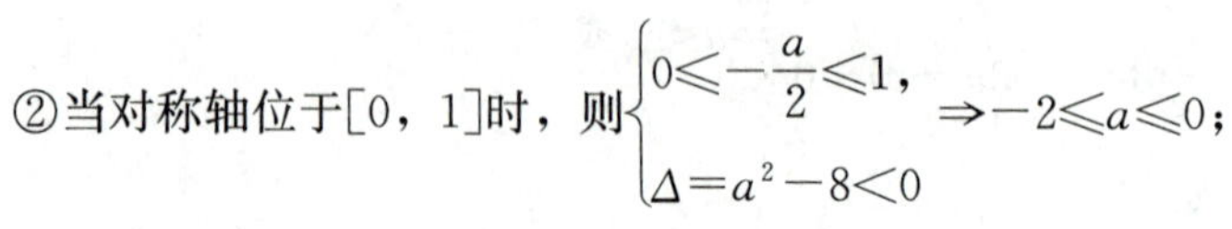

②当对称轴位于$[0,1]$时，则$\begin{cases}0\leqslant -\frac{a}{2}\leqslant 1,\\ \Delta=a^2-8<0\end{cases}\Rightarrow -2\leqslant a\leqslant 0$；

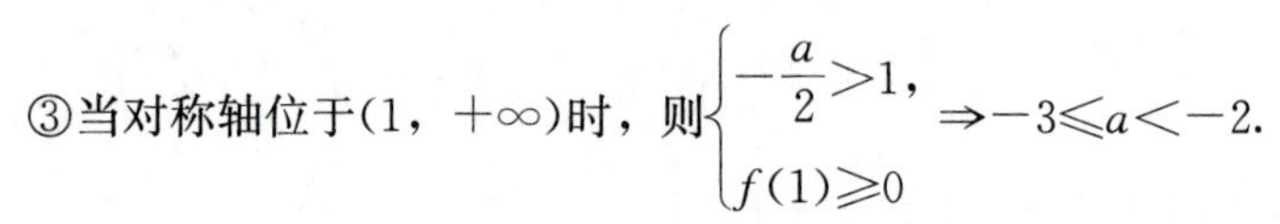

③当对称轴位于$(1,+\infty)$时，则$\begin{cases}-\frac{a}{2}>1,\\ f(1)\geqslant 0\end{cases}\Rightarrow -3\leqslant a<-2$.

图 3-2

三种情况取并集，故 a 的取值范围为$[-3,+\infty)$.

方法二：分离参数法．

$x^2+ax+2>0$，因为 $x\in(0,1)$，不等式两边同时除以 x，不等式不变号，有$-a<x+\frac{2}{x}$.

当 $x=1$ 时，$x+\frac{2}{x}$的最小值为 3(该最值取不到)，故有$-a\leqslant 3$，$a\geqslant -3$.

6. (C)

解　析	本题参照【模型 2. 不等式在某区间内恒成立】

令 $t=\sqrt{x}+\frac{1}{\sqrt{x}}$，由均值不等式，可知 $t\geqslant 2$.

原式可化为 $y^2-2ty+3<0\Rightarrow y^2+3<2ty$①.

因为 $y^2+3>0$，所以 $2ty>y^2+3>0$. 又因为 $t>0$，故 $y>0$.

因此，式①左右两端同时除以 $2y$，不等式不需要变号，有$\frac{y^2+3}{2y}<t$.

又因为 $t\geqslant 2$，故左式只需要小于 t 的最小值即可，即$\frac{y^2+3}{2y}<2$，解得 $1<y<3$.

7. (E)

解　析	本题参照【模型 2. 不等式在某区间内恒成立】

原不等式可化为

$$2(x^2+1)-a\sqrt{x^2+1}+1>0,$$

换元法，令 $y=\sqrt{x^2+1}\geqslant 1$，则原不等式可化为 $2y^2-ay+1>0$.

原不等式对任何实数 x 成立，即 $2y^2-ay+1>0$ 对任意 $y\geqslant 1$ 成立，不等式左右同时除以 y，得

$$a<2y+\frac{1}{y}.$$

由对勾函数可知，当 $y\geqslant 1$ 时，$2y+\frac{1}{y}$ 单调递增，故最小值为 3(该最小值可取到)，即 $a<3$.

第 4 节 特殊的函数、方程与不等式

题型 41 指数与对数

1. (A)

解　析	本题参照【模型 1. 对数函数的运算】

由题意可知 $\begin{cases}\log_a(b-1)=0,\\ \log_a b=1,\end{cases}$ 解得 $a=b=2$.

2. (B)

解　析	本题参照【模型 1. 对数函数的运算】

由对数公式可知，$\lg\left(\frac{m+n}{2}\right)=\lg m+\lg n=\lg mn$，故 $\frac{m+n}{2}=mn$，所以

$$\lg(2m-1)+\lg(2n-1)=\lg(2m-1)(2n-1)=\lg(4mn-2m-2n+1)=\lg 1=0.$$

3. (C)

解　析	本题参照【模型 2. 指数方程】

原方程等价于 $3^{2x}-4\times 3^x+3=0$.

令 $3^x=t$，原方程可化为 $t^2-4t+3=0$，即 $(t-1)(t-3)=0$，解得 $t=1$ 或 3.

故 $3^x=1$ 或 3，解得 $x=0$ 或 1.

4. (D)

解　析	本题参照【模型 2. 指数不等式】

先将指数函数化为同底：$2^{x^2-2x-3}>2^{-3(x-1)}\Rightarrow 2^{x^2-2x-3}>2^{-3x+3}$.

因为 $y=2^x$ 是增函数，故有 $x^2-2x-3>-3x+3$，解得 $x<-3$ 或 $x>2$.

条件(1)和条件(2)单独都充分．

5. (A)

解　析	本题参照【模型 3. 对数方程】

化简原方程，可得

$$\log_4 x^2=\log_2(x+4)-a$$
$$a=\log_2(x+4)-\log_{2^2}|x|^2$$
$$a=\log_2(x+4)-\log_2|x|$$
$$a=\log_2\frac{x+4}{|x|}.$$

因为 $x\in(-2,-1)$，故有 $a=\log_2\frac{x+4}{-x}$. 又由 $-2<x<-1$，得 $1<\frac{x+4}{-x}<3$.

故 $\log_2 1<a<\log_2 3$，$0<a<\log_2 3$.

题型 42　分式方程及其增根问题

1. (C)

解　析	本题参照【模型 2. 判断分式方程的根】

原方程可变形为 $(x-2)^2-a(x-2)^2=b$①.

因为 $\frac{2}{|x-2|-1}$ 不存在，则 $|x-2|-1=0$，即 $|x-2|=1$. 代入式①，可得

$$1-a=b,$$

故 $a+b=1$.

2. (C)

解　析	本题参照【模型 1. 解分式方程】【模型 2. 判断分式方程的根】

原方程通分得 $\frac{a+2x}{x^2-1}=0$，解得 $\begin{cases}x=-\frac{a}{2},\\ x\neq\pm1,\end{cases}$ 所以 $a\neq\pm2$.

故条件(1)和条件(2)联立起来充分.

3. (D)

解　析	本题参照【模型 1. 解分式方程】【模型 2. 判断分式方程的根】

方程两边同乘以 $x(x+1)(x-1)$，得

$$(x+1)+(k-5)(x-1)=x(k-1),$$

解得 $x=\frac{6-k}{3}$. 原方程的增根可能是 0，1，-1，故有

当 $x=0$ 时，$\frac{6-k}{3}=0$，则 $k=6$；

当 $x=1$ 时，$\frac{6-k}{3}=1$，则 $k=3$；

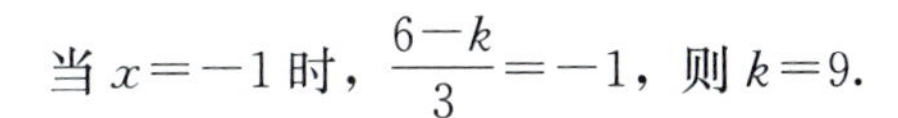

当 $x=-1$ 时，$\frac{6-k}{3}=-1$，则 $k=9$.

所以当 $k=3$，6，9 时方程无解，两个条件单独都充分.

【快速得分法】直接将 $k=3$，$k=6$ 分别代入方程求解即可.

4.(B)

解　析	本题参照【模型 1. 解分式方程】【模型 2. 判断分式方程的根】

将原分式方程通分可得

$$\frac{3-2x}{x-3}-\frac{mx+2}{x-3}=-\frac{x-3}{x-3}\Rightarrow 3-2x-mx-2+x-3=0\Rightarrow(m+1)x=-2①.$$

若 $m+1=0$，则式①无解，即 $m=-1$；

若 $m+1\neq0$，则式①可化为 $x=\frac{-2}{m+1}$，分式方程无解，则 $x=\frac{-2}{m+1}$ 为增根，即 $x=\frac{-2}{m+1}=3$，

解得 $m=-\frac{5}{3}$.

故所有满足条件的实数 m 之和为 $-1+\left(-\frac{5}{3}\right)=-\frac{8}{3}$.

5.(A)

解　析	本题参照【模型 1. 解分式方程】【模型 2. 判断分式方程的根】

由两个分式方程有相同的增根，可知 $n=\pm2$，分式的增根为 2.

将 $\frac{x^2-9x+m}{x-2}+3=\frac{1-x}{2-x}$ 通分，可得

$$\frac{x^2-9x+m+3x-6}{x-2}=\frac{x-1}{x-2}\Rightarrow x^2-9x+m+3x-6=x-1,$$

即 $x^2-7x+m-5=0$.

将 $x=2$ 代入，可得 $4-7\times2+m-5=0$，$m=15$. 故

$$y=|x-m|+|x-n|+|x+n|=|x-15|+|x-2|+|x+2|.$$

根据线性和结论可知，当 $x=2$ 时，取得最小值为 $y_{\min}=|2-15|+|2-2|+|2+2|=17$.

6.(C)

解　析	本题参照【模型 1. 解分式方程】【模型 2. 判断分式方程的根】

将原方程通分，得

$$\frac{2kx}{x(x-1)}-\frac{x}{x(x-1)}=\frac{(kx+1)(x-1)}{x(x-1)}\Rightarrow\frac{2kx-x}{x(x-1)}=\frac{kx^2-kx+x-1}{x(x-1)},$$

去分母，得

$$kx^2-(3k-2)x-1=0①,$$

当 $k=0$ 时，式①可化为 $2x-1=0$，得 $x=\frac{1}{2}$，不是增根，分式方程有 1 个实根，成立；

当 $k\neq0$ 时，式①为一元二次方程，$\Delta=(3k-2)^2+4k=9k^2-8k+4=\left(3k-\frac{4}{3}\right)^2+\frac{20}{9}$ 恒大于 0，故式①有两个不等的实根，又由分式只有一个实根，可知式①的两个实根中，有一个是分式的增根 0 或 1，即

令 $x=0$，式①可化为 $-1=0$，不成立，故增根必为 1；

令 $x=1$，式①可化为 $k-(3k-2)-1=0$，得 $k=\frac{1}{2}$.

综上所述，$k=0$ 或 $\frac{1}{2}$.

题型 43 穿线法解不等式

1. (B)

解　析	本题参照【模型 1. 解高次不等式】

$$(x+1)(x+2)(x+3)(x+4)-120>0$$
$$(x^2+5x+6)(x^2+5x+4)-120>0$$
$$(x^2+5x)^2+10(x^2+5x)-96>0$$
$$(x^2+5x+16)(x^2+5x-6)>0$$
$$(x^2+5x+16)(x+6)(x-1)>0.$$

由于 $x^2+5x+16$ 恒大于 0，无须考虑，则 $(x+6)(x-1)>0$ 即可，解得 $x<-6$ 或 $x>1$.

2. (B)

解　析	本题参照【模型 1. 解高次不等式】

使用穿线法，奇穿偶不穿，如图 3-3 所示 .

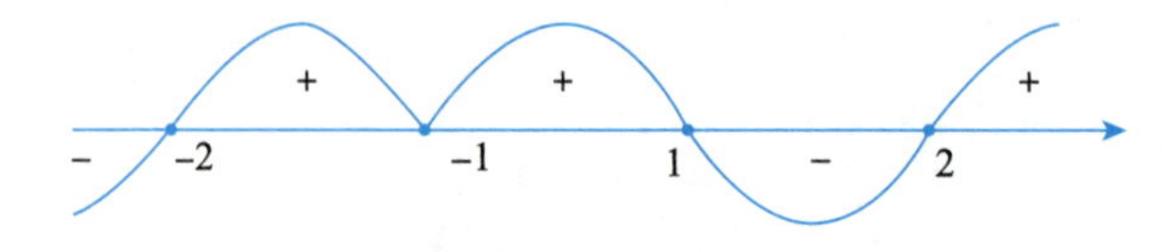

图 3-3

故原不等式解集为 $(-\infty,-2]\cup\{-1\}\cup[1,2]$.

3. (E)

解　析	本题参照【模型 2. 解分式不等式】

根据题意，可知 -1 和 $-\frac{1}{2}$ 是方程 $(ax-1)(x+1)=0$ 的两根，显然可得

$$ax-1=0\Rightarrow x=\frac{1}{a}=-\frac{1}{2}\Rightarrow a=-2.$$

4.(A)

解　析	本题参照【模型 2. 解分式不等式】

将原不等式化简，得

$$\frac{3x-5}{x^2+2x-3}-2\leqslant 0$$

$$\frac{3x-5-2x^2-4x+6}{x^2+2x-3}\leqslant 0$$

$$\frac{2x^2+x-1}{x^2+2x-3}\geqslant 0$$

$$\frac{(x+1)(2x-1)}{(x+3)(x-1)}\geqslant 0,$$

等价于$(x+1)(2x-1)(x+3)(x-1)\geqslant 0$，且 $x\neq -3$，$x\neq 1$，使用穿线法，如图 3-4 所示．

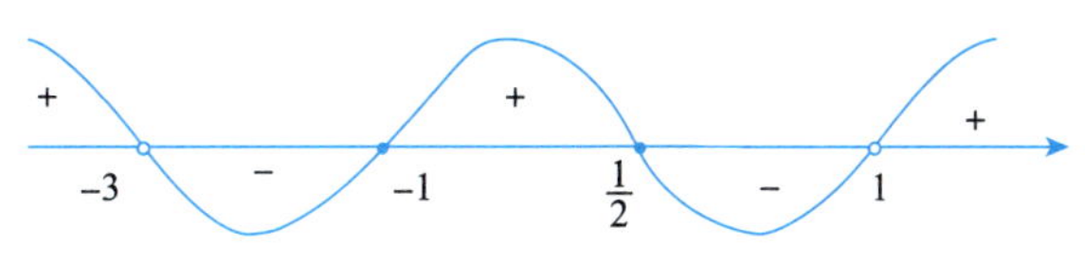

图 3-4

故解集为$(-\infty,\ -3)\cup\left[-1,\ \frac{1}{2}\right]\cup(1,\ +\infty)$.

题型 44 根式方程和根式不等式

1.(A)

解　析	本题参照【模型 1. 根式方程】

移项，得 $\sqrt{3x-3}-\sqrt{2x+8}=-\sqrt{5x-19}$.

两边平方后，整理得 $\sqrt{(3x-3)(2x+8)}=12$.

再两边平方后，整理得 $x^2+3x-28=0$，解得 $x_1=4$，$x_2=-7$.

经检验，知 $x_2=-7$ 时，根号下为负值，不成立，所以原方程的根为 $x=4$.

2.(D)

解　析	本题参照【模型 2. 根式不等式】

移项，可得 $\sqrt{1-x}\leqslant\sqrt{3x-2}$，故有$\begin{cases}1-x\geqslant 0,\\3x-2\geqslant 0,\\3x-2\geqslant 1-x\end{cases}\Rightarrow\begin{cases}x\leqslant 1,\\x\geqslant\frac{2}{3},\\x\geqslant\frac{3}{4}.\end{cases}$

故原不等式的解集为$\frac{3}{4}\leqslant x\leqslant 1$，条件(1)和条件(2)单独均充分．

3.（A）

解　析	本题参照【模型 2. 根式不等式】

原不等式的解集等价于下面两个不等式组解集的并集，则有

$$\text{Ⅰ}:\begin{cases}2x-1<0,\\4-3x\geqslant 0\end{cases}\text{或Ⅱ}:\begin{cases}2x-1\geqslant 0,\\4-3x\geqslant 0,\\(2x-1)^2<4-3x.\end{cases}$$

解Ⅰ，可得$\begin{cases}x<\frac{1}{2},\\x\leqslant\frac{4}{3},\end{cases}$即 $x<\frac{1}{2}$；解Ⅱ，可得$\begin{cases}x\geqslant\frac{1}{2},\\x\leqslant\frac{4}{3},\\-\frac{3}{4}<x<1,\end{cases}$即$\frac{1}{2}\leqslant x<1$.

综上可知，不等式的解集为$(-\infty,1)$.

4.（A）

解　析	本题参照【模型 2. 根式不等式】

原不等式的解集等价于下面两个不等式组解集的并集，则有

$$\text{Ⅰ}:\begin{cases}5-2x\geqslant 0,\\x-1\geqslant 0,\\5-2x>(x-1)^2\end{cases}\text{或Ⅱ}:\begin{cases}5-2x\geqslant 0,\\x-1<0.\end{cases}$$

解Ⅰ，可得$\begin{cases}x\leqslant\frac{5}{2},\\x\geqslant 1,\\-2<x<2,\end{cases}$即 $1\leqslant x<2$；解Ⅱ，可得$\begin{cases}x\leqslant\frac{5}{2},\\x<1,\end{cases}$即 $x<1$.

综上，不等式的解集为 $x<2$.

故条件(1)充分，条件(2)不充分.

5.（D）

解　析	本题参照【模型 2. 根式不等式】

原不等式等价于下列不等式组，即

$$\begin{cases}2x^2-3x+1\geqslant 0,\\1+2x>0,\\2x^2-3x+1<(1+2x)^2\end{cases}\Rightarrow\begin{cases}x\geqslant 1\text{ 或 }x\leqslant\frac{1}{2},\\x>-\frac{1}{2},\\x<-\frac{7}{2}\text{ 或 }x>0,\end{cases}$$

解得 $0<x\leqslant\frac{1}{2}$或 $x\geqslant 1$. 故条件(1)和条件(2)单独均充分.

6. (A)

解　析	本题参照【模型 2. 根式不等式】

要使不等式有意义必须满足

$$\begin{cases}2x+1\geqslant 0,\\ x+1\geqslant 0\end{cases}\Rightarrow\begin{cases}x\geqslant -\dfrac{1}{2},\\ x\geqslant -1\end{cases}\Rightarrow x\geqslant -\frac{1}{2}.$$

原不等式变形为 $\sqrt{2x+1}+1>\sqrt{x+1}$，因为两边均非负，故

$$(\sqrt{2x+1}+1)^2>(\sqrt{x+1})^2\Rightarrow 2\sqrt{2x+1}>-(x+1),$$

由于 $x\geqslant -\frac{1}{2}$，故 $-(x+1)\leqslant -\frac{1}{2}<0$，所以 $2\sqrt{2x+1}>-(x+1)$ 在定义域内恒成立，因此最终解得 $x\geqslant -\frac{1}{2}$.

故条件(1)充分，条件(2)不充分.

7. (D)

解　析	本题参照【模型 2. 根式不等式】

要使不等式有意义，必须满足

$$\begin{cases}9-x^2\geqslant 0,\\ 6x-x^2\geqslant 0\end{cases}\Rightarrow\begin{cases}-3\leqslant x\leqslant 3,\\ 0\leqslant x\leqslant 6\end{cases}\Rightarrow 0\leqslant x\leqslant 3.$$

移项，得 $\sqrt{9-x^2}>3-\sqrt{6x-x^2}$. 因为 $\sqrt{6x-x^2}\leqslant 3$，故不等式两边均为非负，两边平方，得

$$9-x^2>9+6x-x^2-6\sqrt{6x-x^2}\Rightarrow\sqrt{6x-x^2}>x.$$

因为两边仍为非负，再次平方，即 $6x-x^2>x^2$，解得 $0<x<3$.

故不等式的解集为 $0<x<3$.

条件(1)和条件(2)单独均充分.

8. (C)

解　析	本题参照【模型 2. 根式不等式】

原不等式的解集等价于下面两个不等式组解集的并集，则有

$$\text{Ⅰ}:\begin{cases}1+\log_a x\geqslant 0,\\ 5-\log_a x\geqslant 0,\\ 5-\log_a x>(1+\log_a x)^2\end{cases}\quad\text{或Ⅱ}:\begin{cases}5-\log_a x\geqslant 0,\\ \log_a x+1<0,\end{cases}$$

式Ⅰ解得 $-1\leqslant\log_a x<1$；式Ⅱ解得 $\log_a x<-1$. 故有 $\log_a x<1=\log_a a$.

当 $0<a<1$ 时，$y=\log_a x$ 为减函数，故 $x>a$.

验证知 $x>a$ 满足对数函数 $\log_a x$ 的定义域.

题型 45 其他特殊函数

1.(E)

解 析	本题参照【模型 1. 最值函数】

画图像如图 3-5 所示，实线部分为函数 $f(x)$ 的图像.

由图像可知 $f(x)=\begin{cases}x+2, & x<4,\\ 10-x, & x\geqslant 4.\end{cases}$

故 $f(x)$ 的最大值为 $f(4)=6$.

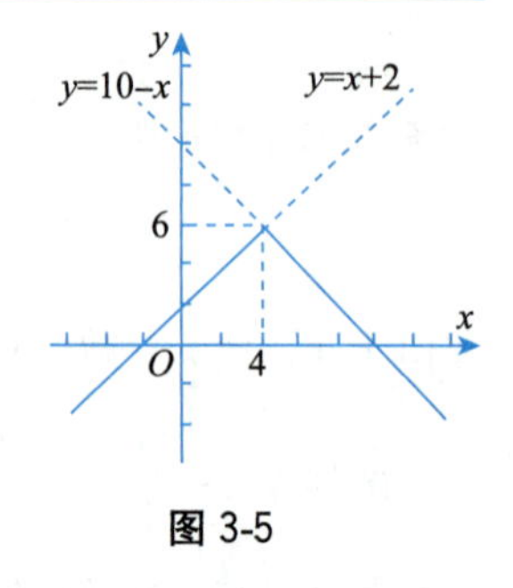

图 3-5

2.(C)

解 析	本题参照【模型 1. 最值函数】

画图像如图 3-6 所示，实线部分为函数 $f(x)$ 的图像.

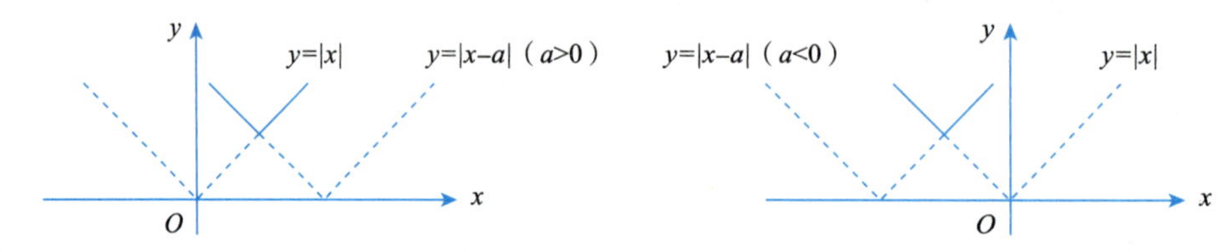

图 3-6

故 $f(x)$ 的最小值为 $f(x)=|x|$ 和 $f(x)=|x-a|$ 的交点纵坐标.

联立两个方程，得 $|x|=|x-a|$，即 $x-a=\pm x$，解得 $a=0$(不满足题意，舍去)或 $x=\frac{a}{2}$.

故有 $f\left(\frac{a}{2}\right)=\left|\frac{a}{2}\right|=2$，故 $a=\pm 4$.

3.(A)

解 析	本题参照【模型 2. 分段函数】

方法一：当 $x\in[-2,0]$ 时，$y=\frac{1}{2}x+1$，将其图像沿 x 轴向右平移 2 个单位，再沿 y 轴向下平移 1 个单位，得 $g(x)$ 在区间 $[0,2]$ 的图像，即 $y=\frac{1}{2}(x-2)+1-1=\frac{1}{2}x-1$. $f(x)$ 和 $g(x)$ 关于 $y=x$ 对称，即互为反函数，所以 $f(x)=2x+2$，$x\in[-1,0]$（$f(x)$ 的定义域为 $g(x)$ 的值域）.

当 $x\in(0,1]$ 时，$y=2x+1$，将其图像沿 x 轴向右平移 2 个单位，再沿 y 轴向下平移 1 个单位，得 $g(x)$ 在区间 $(2,3]$ 的图像，即 $y=2(x-2)+1-1=2x-4$，同理，此时 $f(x)=\frac{1}{2}x+2$，$x\in(0,2]$.

综上可得，$f(x)=\begin{cases}2x+2, & -1\leqslant x\leqslant 0,\\ \dfrac{x}{2}+2, & 0<x\leqslant 2.\end{cases}$

方法二：图像法.

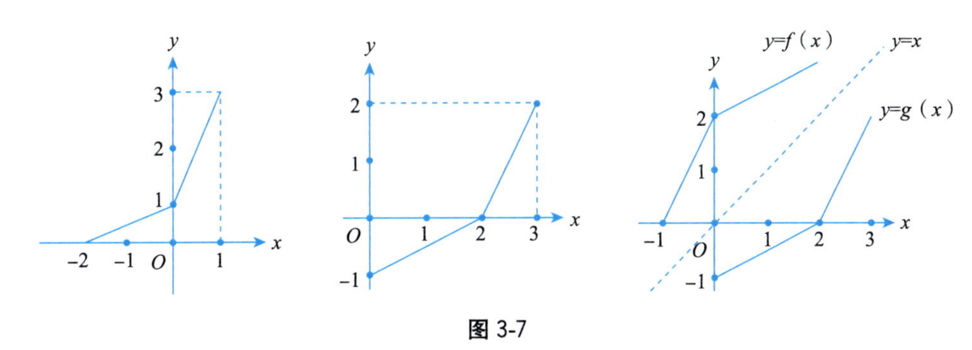

图 3-7

如图 3-7 所示，已知的函数图像向右平移 2 个单位，向下平移 1 个单位，得到 $g(x)$的图像；$g(x)$的图像关于直线 $y=x$ 对称得到 $f(x)$的图像，由图像可得

$$f(x)=\begin{cases}2x+2, & -1\leqslant x\leqslant 0,\\ \dfrac{x}{2}+2, & 0<x\leqslant 2.\end{cases}$$

4. (D)

解　析	本题参照【模型 2. 分段函数】

若 $2^{-x}=\dfrac{1}{4}$，则 $2^{-x}=2^{-2}$，得 $x=2\notin(-\infty, 1]$，所以 $x=2$(舍去).

若 $\log_{81}x=\dfrac{1}{4}$，则 $x=81^{\frac{1}{4}}$，解得 $x=3\in(1, +\infty)$，满足题意，故 $x=3$.

5. (A)

解　析	本题参照【模型 2. 分段函数】

当 $x\in\left[-\dfrac{3}{2}, 0\right)$时，$-x\in\left(0, \dfrac{3}{2}\right]$，代入 $f(x)=-x^2-x+5$，得

$$f(-x)=-(-x)^2-(-x)+5=-x^2+x+5.$$

由于 $y=f(x)$是区间$\left[-\dfrac{3}{2}, \dfrac{3}{2}\right]$上的偶函数，故当 $x\in\left[-\dfrac{3}{2}, 0\right)$时，有

$$f(x)=f(-x)=-x^2+x+5.$$

6. (C)

解　析	本题参照【模型 2. 分段函数】

当 $x\in[-2, 0)$时，$x+2\in[0, 2)$，代入 $f(x)=2x-x^2$，得

$$f(x+2)=2(x+2)-(x+2)^2=-x^2-2x.$$

因为 $f(x+2)=-f(x)$，故当 $x\in[-2,0)$时，$f(x)=-f(x+2)=x^2+2x$.

7.(E)

解　析	本题参照【复合函数】

$f(x)=(x+1)^2+2$，$f[g(x)]=f(x-1)=(x-1+1)^2+2=x^2+2\geqslant 2$.

故 $f[g(x)]$的最小值为 2.

8.(B)

解　析	本题参照【复合函数】

由于 $f(x)$是一次函数，不妨设 $f(x)=ax+b$，则

$$3f(x+1)-2f(x-1)=3[a(x+1)+b]-2[a(x-1)+b]=ax+5a+b=2x+6.$$

故有$\begin{cases}a=2,\\5a+b=6,\end{cases}$解得$\begin{cases}a=2,\\b=-4,\end{cases}$故 $f(x)=2x-4$，$f(1)=-2$.

9.(A)

解　析	本题参照【模型 3. 复合函数的定义域问题】

由$-x^2+2x+3\geqslant 0$，解得$-1\leqslant x\leqslant 3$，即函数 $f(x)$的定义域为$[-1,3]$.

故$-1\leqslant 3x-2\leqslant 3$，解得$\frac{1}{3}\leqslant x\leqslant\frac{5}{3}$，故函数 $f(3x-2)$的定义域为$\left[\frac{1}{3},\frac{5}{3}\right]$.

10.(D)

解　析	本题参照【模型 3. 复合函数的定义域问题】

由题意知$-\frac{1}{2}\leqslant x\leqslant 2$，则$\frac{1}{2}\leqslant x+1\leqslant 3$，即函数 $f(u)$的定义域为$\left[\frac{1}{2},3\right]$.

故$\frac{1}{2}\leqslant u=x-1\leqslant 3$，解得$\frac{3}{2}\leqslant x\leqslant 4$. 故函数 $f(x-1)$的定义域为$\left[\frac{3}{2},4\right]$.

11.(A)

解　析	本题参照【模型 4. 复合函数的单调性】

令 $u=-ax+6$，则 $f(x)=\log_a(-ax+6)$由内函数 $u=-ax+6$ 和外函数 $y=\log_a u$ 复合而成.

由于 a 为底数，故 $a>0$，因此内函数 $u=-ax+6$ 为减函数，又由 $f(x)=\log_a(-ax+6)$为减函数，故外函数 $y=\log_a u$ 为增函数，所以 $a>1$；

又因为$-ax+6$ 为 $f(x)=\log_a(-ax+6)$的真数，故$-ax+6>0$ 在区间$[0,2]$上恒成立，即$-ax+6$ 在区间$[0,2]$上的最小值大于 0，根据 $u=-ax+6$ 是减函数，可知只要$-a\times 2+6>0$ 即可，解得 $a<3$.

综上，a 的取值范围为$(1,3)$.

本章奥数及高考改编题

1. (A)

解　析	【集合的运算】【至多至少问题】

设参加数学、英语、语文竞赛的人数分别为 A、B、C，则该班人数为

$$\begin{aligned}A\cup B\cup C&=A+B+C-A\cap B-A\cap C-B\cap C+A\cap B\cap C\\&=32+27+22-12-14-10+A\cap B\cap C\\&=45+A\cap B\cap C,\end{aligned}$$

因为三科都参加的人数($A\cap B\cap C$)最少为 0 人，最多为 10 人，故该班人数至少有 $45+0=45$(人)，至多有 $45+10=55$(人).

2. (B)

解　析	【集合的运算】【至多至少问题】

由题意可知，不会游泳的有 $60-42=18$(人)；不会骑车的有 $60-46=14$(人)；不会溜冰的有 $60-50=10$(人)；不会打乒乓球的有 $60-55=5$(人).

要想四项都会的人最少，就要至少有一项不会的人最多，即各项不会的人没有重叠．故至少有 $60-18-14-10-5=13$(人)四项都会．

3. (A)

解　析	【一元二次不等式】【不等式的性质】

$(ax-1)^2<x^2$ 恰有两个整数解，即

$$(ax-1)^2-x^2<0\Rightarrow[(ax-1)+x][(ax-1)-x]<0\Rightarrow[(a+1)x-1][(a-1)x-1]<0$$

恰有两个整数解．根据二次函数的图像，可知只有当图像开口向上时，小于零的整数解才能是有限个，故二次项系数应为正，即$(a+1)(a-1)>0\Rightarrow a>1$ 或 $a<-1$，不等式的解集为

$$\frac{1}{a+1}<x<\frac{1}{a-1}.$$

①当 $a>1$ 时，$0<\frac{1}{a+1}<\frac{1}{2}$，$\frac{1}{a-1}>0$，若不等式恰有两个整数解，则这两个整数解是 1 和 2，故

$$2<\frac{1}{a-1}\leqslant 3\Rightarrow\frac{4}{3}\leqslant a<\frac{3}{2};$$

②当 $a<-1$ 时，$\frac{1}{a+1}<0$，$-\frac{1}{2}<\frac{1}{a-1}<0$，若不等式恰有两个整数解，则这两个整数解是 -1和-2，故

$$-3\leqslant\frac{1}{a+1}<-2\Rightarrow-\frac{3}{2}<a\leqslant-\frac{4}{3}.$$

综上所述，$\frac{4}{3}\leqslant a<\frac{3}{2}$或$-\frac{3}{2}<a\leqslant -\frac{4}{3}$. 观察选项，可知(A)项正确.

4. (C)

解 析	【解一元二次不等式】【取整函数】

令$[x]=t$，则 $4t^2-36t+45<0$，解得 $1.5<t<7.5$，即 $1.5<[x]<7.5$，故$[x]\in\{2,3,4,5,6,7\}$. 又因为$[x]$表示不大于 x 的最大整数，故 $2\leqslant x<8$，条件(1)与条件(2)单独皆不充分，联立充分.

5. (E)

解 析	【一元二次函数的图像】【根的分布问题(正负根)】

由题意可知，$a\geqslant 0$，$b>0$.

显然函数 $f(x)=x^2+m$ 在$[0,+\infty)$是单调递增函数，其在$[\sqrt{a},\sqrt{b}]$上的值域为$[\sqrt{a},\sqrt{b}]$，则有

$$\begin{cases}f(\sqrt{a})=\sqrt{a},\\ f(\sqrt{b})=\sqrt{b}\end{cases}\Rightarrow\begin{cases}(\sqrt{a})^2+m=\sqrt{a},\\ (\sqrt{b})^2+m=\sqrt{b}\end{cases}\Rightarrow\begin{cases}(\sqrt{a})^2-\sqrt{a}+m=0,\\ (\sqrt{b})^2-\sqrt{b}+m=0,\end{cases}$$

可看作方程 $x^2-x+m=0$ 有两个不等的非负根，故$\begin{cases}\Delta=1-4m>0,\\ x_1x_2=m\geqslant 0,\\ x_1+x_2=1>0,\end{cases}$解得 $0\leqslant m<\frac{1}{4}$.

6. (E)

解 析	【一元二次函数的图像】【均值不等式】

由题意得 $Q\left(\sqrt{\frac{a}{3}},a\right)$，$P\left(a,\frac{1}{\sqrt{a}}\right)$，则

$$AQ+CP=\sqrt{\frac{a}{3}}+\frac{1}{\sqrt{a}}=\frac{\sqrt{a}}{\sqrt{3}}+\frac{1}{\sqrt{a}}\geqslant 2\sqrt{\frac{\sqrt{a}}{\sqrt{3}}\cdot\frac{1}{\sqrt{a}}}=2\sqrt{\frac{1}{\sqrt{3}}},$$

当且仅当$\frac{\sqrt{a}}{\sqrt{3}}=\frac{1}{\sqrt{a}}$，即 $a=\sqrt{3}$时，等号成立，故 $a=\sqrt{3}$.

7. (B)

解 析	【分段函数】

由图像可知，当 $t=\frac{1}{2}$时，$y=1$，代入第二段函数表达式中，得$\frac{2}{k}=1\Rightarrow k=2$，故此函数关系为$y=\begin{cases}2t, & 0<t<\frac{1}{2},\\ \frac{1}{2t}, & t\geqslant\frac{1}{2}.\end{cases}$当 $0<t<\frac{1}{2}$时，函数为增函数，即药物释放量 y 不断增加，故所求不在此范围内. 当 $t\geqslant\frac{1}{2}$时，$y=\frac{1}{2t}$，令 $y<0.75$，则$\frac{1}{2t}<0.75\Rightarrow t>\frac{2}{3}$.

故在消毒后至少经过$\frac{2}{3}$小时，人方可进入房间．

8.(B)

解　析	【复合函数】【一元二次方程根的情况】

令 $t=f(x)$(t 是内层函数)，若函数 $f[f(x)]$有四个零点，需满足：

①外层函数 $f(t)$有两个零点，即 $f(t)=0$ 有两个根，可令 $f(t)=(t+6)^2-a=0\Rightarrow(t+6)^2=a$.

若想此方程有两个根，需满足 $a>0$. 故两个根为 $t_1=\sqrt{a}-6$，$t_2=-\sqrt{a}-6$.

②内层函数 $f(x)=t_1$，t_2 各有两个根，则

$$f(x)=(x+6)^2-a=\pm\sqrt{a}-6\Rightarrow(x+6)^2=a\pm\sqrt{a}-6.$$

若想这两个方程各有两个根，需满足 $a\pm\sqrt{a}-6>0$，由于 $a+\sqrt{a}>a-\sqrt{a}$，故只需 $a-\sqrt{a}-6>0$ 即可．解此不等式，可得$(\sqrt{a}-3)(\sqrt{a}+2)>0\Rightarrow\sqrt{a}>3$ 或$\sqrt{a}<-2$(舍去).

故$\sqrt{a}>3$，$a>9$. 条件(1)不充分，条件(2)充分．

9.(B)

解　析	【根的判别式】【分式方程】

因为 $ax\cdot f(x)=2bx+f(x)$，故 $f(x)=\frac{2bx}{ax-1}$. 由 $f(1)=1$ 得$\frac{2b}{a-1}=1\Rightarrow a=2b+1$.

$f(x)=2x$ 仅有一个实根，即$\frac{2bx}{ax-1}=2x\Rightarrow 2ax^2-2(b+1)x=0(a\neq0)$只有一个根，所以 $\Delta=4(b+1)^2=0$，解得 $b=-1$，代入 $a=2b+1$ 中，得 $a=-1$.

故 $f(x)=\frac{2x}{x+1}$，$f(2\ 023)=\frac{2\times2\ 023}{2\ 024}=\frac{2\ 023}{1\ 012}$.

10.(A)

解　析	【一元二次方程根的情况】【奇数偶数问题】

条件(1)：假设 $ax^2+bx+c=0$ 有整数解 m，则有 $am^2+bm+c=0$，分为以下两种情况讨论：

①若 m 为奇数，则 am^2，bm，c 都为奇数，此时 am^2+bm+c 为奇数，不满足 $am^2+bm+c=0$；

②若 m 为偶数，则 am^2，bm 为偶数，c 为奇数，此时 am^2+bm+c 为奇数，不满足 $am^2+bm+c=0$.

所以假设不成立，即 $ax^2+bx+c=0$ 没有整数解，条件(1)充分．

条件(2)：令 $a=2$，$b=4$，$c=2$，显然有整数解，条件(2)不充分．

11.(E)

解　析	【一元二次函数的图像】【韦达定理问题】【等面积模型】

因为 $x_1^2+x_2^2=13\Rightarrow(x_1+x_2)^2-2x_1x_2=13$，由韦达定理得$\left(-\frac{b}{a}\right)^2-2\cdot\frac{c}{a}=13$.

又因为图像过点 $A(2,\ 4)$，其顶点的横坐标为$\frac{1}{2}$，联立得

$$\begin{cases}4a+2b+c=4,\\-\dfrac{b}{2a}=\dfrac{1}{2},\\\left(-\dfrac{b}{a}\right)^2-2\cdot\dfrac{c}{a}=13\end{cases}\Rightarrow\begin{cases}a=-1,\\b=1,\\c=6,\end{cases}$$

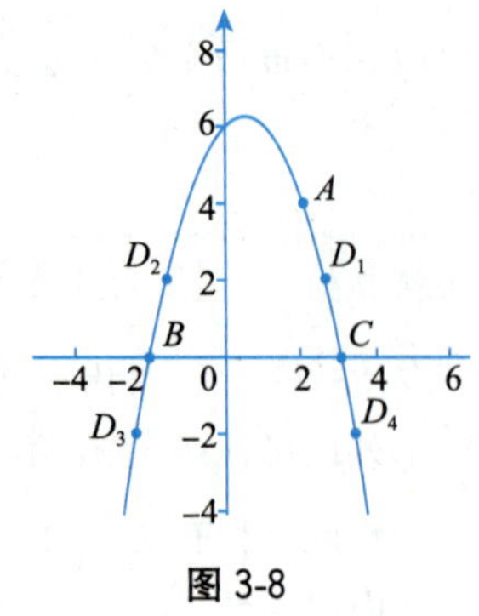

图 3-8

所以二次函数解析式为 $y=-x^2+x+6=-(x-3)(x+2)$，故 $B(-2, 0)$，$C(3, 0)$.

$\triangle ABC$ 与 $\triangle BDC$ 有同底 BC，$\triangle ABC$ 的高是 4，故当 $S_{\triangle ABC}=2S_{\triangle BDC}$ 时，$\triangle BDC$ 的高是 2，即点 D 的纵坐标为 2 或 -2，如图 3-8 所示，满足条件的点 D 有 4 个.

12. (B)

解　析	【一元二次函数图像】

设矩形长为 a，宽为 b，对角线为 x，面积为 y. 根据题意，得 $a+b=10$，$a^2+b^2=x^2$.

$x<a+b=10$，$x^2=a^2+b^2\geqslant 2ab$，当 $a=b$ 时取等号，此时 $x^2\geqslant 2\times5\times5\Rightarrow x\geqslant 5\sqrt{2}$，故 $5\sqrt{2}\leqslant x<10$.

由 $(a+b)^2=a^2+2ab+b^2$，得 $10^2=x^2+2ab$，故 $y=ab=\dfrac{10^2-x^2}{2}=-\dfrac{1}{2}x^2+50$.

由 $5\sqrt{2}\leqslant x<10$，可知 $0<y\leqslant 25$，且 $x=5\sqrt{2}$ 时，$y=25$，图像为开口向下的二次函数的一部分.

13. (A)

解　析	【二次函数与一次函数的关系】【中心对称】

C_1：$y=\dfrac{1}{3}x^2-2x+1=\dfrac{1}{3}(x-3)^2-2$，其顶点为 $(3, -2)$，将抛物线 C_1 绕着点 $(0, m)$ 旋转 180°得到抛物线 C_2，由于 C_2 的顶点和 C_1 的顶点 $(3, -2)$ 关于 $(0, m)$ 中心对称，可知 C_2 的顶点为 $(-3, 2m+2)$，如图 3-9 所示.

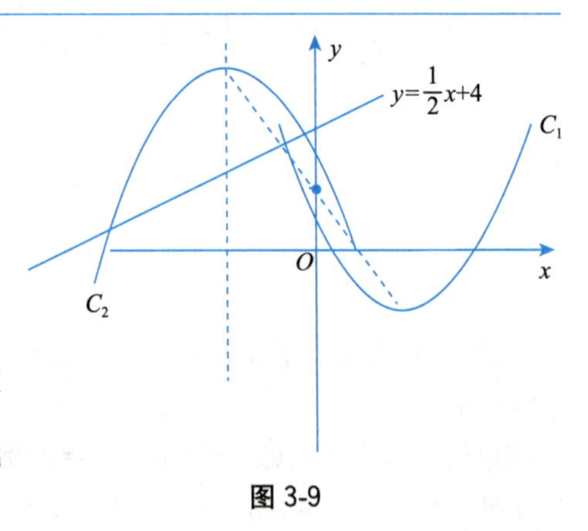

图 3-9

因为抛物线 C_2 与直线 $y=\dfrac{1}{2}x+4$ 有两个交点且交点在其对称轴的两侧，故当 $x=-3$ 时，C_2 的顶点应在直线的上方，即 $2m+2>\dfrac{1}{2}\times(-3)+4$，解得 $m>\dfrac{1}{4}$.

14. (C)

解　析	【对数函数】【绝对值函数】

因为 $f(x)=|\log_3 x|$，$0<m<n$，且 $f(m)=f(n)$，则 $m<1$，$n>1$，故

$$-\log_3 m=\log_3 n\Rightarrow\log_3 m+\log_3 n=0\Rightarrow\log_3 mn=0\Rightarrow mn=1.$$

因为函数 $f(x)$ 在 $[m^2, 1)$ 上是减函数，在 $(1, n]$ 上是增函数，故 $f(m^2)$ 或 $f(n)$ 为最大值.

若 $f(m^2)$ 为最大值，则 $-\log_3 m^2=2$，解得 $m=\frac{1}{3}$，则 $n=3$，此时 $\log_3 n=1<2$，满足题意.

若 $f(n)$ 为最大值，则 $\log_3 n=2$，解得 $n=9$，则 $m=\frac{1}{9}$，此时 $-\log_3 m^2=4>2$，不合题意.

综上所述，$m=\frac{1}{3}$，$n=3$，$\frac{n}{m}=9$.

15. (B)

解　析	【指数函数】【分段函数】

当 $x>0$ 时，$f(x)$ 单调递减，此时值域为 $(-\infty, 3a)$，因为分段函数的值域为 $\mathbf{R}$，故当 $x\leqslant 0$ 时，$f(x)$ 的值域要包含 $[3a, +\infty)$.

又因为当 $x\leqslant 0$ 时，$f(x)=a^x$，为指数函数，结合其图像性质，则有 $0<a<1$.

如图 3-10 所示，当 $x=0$ 时，$a^0\leqslant 3a-0$，解得 $a\geqslant\frac{1}{3}$.

故 $\frac{1}{3}\leqslant a<1$.

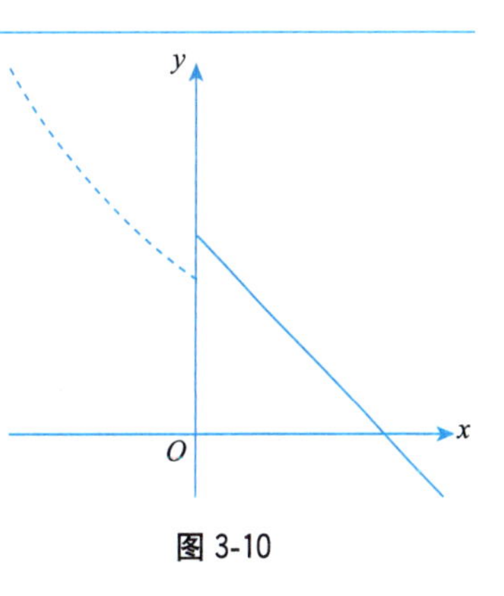

图 3-10

16. (D)

解　析	【解方程组】【整数解问题】【质数问题】

条件(1)：利用加减消元法解 $\begin{cases}2x+3y=a-7,\\10x-12y=217-22a,\end{cases}$ 得 $\begin{cases}x=-a+\frac{189}{18},\\y=a-\frac{252}{27},\end{cases}$ x，y 都是正数，因此

$\begin{cases}x=-a+\frac{189}{18}>0,\\y=a-\frac{252}{27}>0,\end{cases}$ 解得 $\frac{252}{27}<a<\frac{189}{18}$，这个范围内只有 1 个整数，为 10，故条件(1)充分.

条件(2)：一元二次方程两根均为整数，则原方程可变形为 $(x-m)(x-n)=0(m, n\in\mathbf{Z})$，且有 $mn=-14a$，$m+n=a$.

因为 $14a=2\times 7\times a=1\times 14\times a$，不妨设 $n=ka$，穷举可知，m，n 可能的取值分别为 $(7, -2a)$，$(-7, 2a)$，$(2, -7a)$，$(-2, 7a)$，$(14, -a)$，$(-14, a)$，$(1, -14a)$，$(-1, 14a)$.

又因为 a 为质数，将 m，n 可能的取值代入 $m+n=a$ 中验证，可得当 $\begin{cases}m=14,\\n=-a\end{cases}$ 或 $\begin{cases}m=-7,\\n=2a\end{cases}$ 时，条件才成立，此时 $14-a=a$ 或 $-7+2a=a$，解得 $a=7$，故条件(2)充分.

17. (C)

解　析	【解不等式组】【整数解问题】【乘法原理】

解不等式组，得 $\frac{b}{8}\leqslant x<\frac{a}{9}$，在这个范围内有 1，2，3 三个整数解，则有 $\begin{cases}0<\frac{b}{8}\leqslant 1,\\3<\frac{a}{9}\leqslant 4,\end{cases}$ 解得 $\begin{cases}0<b\leqslant 8,\\27<a\leqslant 36,\end{cases}$ 因此 b 可取 1～8，共 8 个整数，a 可取 28～36，共 9 个整数，根据乘法原理，有序数对 (a, b) 一共有 72 个.

18. (E)

解　析	【不等式】【等差数列求和公式】

整个数列求和为 $S_n=\frac{n(n+1)}{2}$，擦掉一个数之后，剩下数的和为 $S=13(n-1)$，因为擦掉的不是第一个或者最后一个，故应该满足不等式

$$\frac{n(n+1)}{2}-1>13(n-1)>\frac{n(n+1)}{2}-n,$$

解得 $24<n<26$，因此 $n=25$.

19. (C)

解　析	【一元二次函数有解问题】

二次函数对称轴为 $x=-\frac{2a}{2a}=-1$，$f(x)<-2a$ 有解，即 $-2a$ 大于 $f(x)$ 的最小值.

①当 $a>0$，最小值就是 $f(-1)$，$a-2a+1<-2a$，解得 $a<-1$，显然不成立.

②当 $a<0$，最小值取在定义域内距离对称轴远的一端，即最小值为 $f(2)$，$4a+4a+1<-2a$，解得 $a<-\frac{1}{10}$，成立.

20. (A)

解　析	【不等式恒成立问题】

分类讨论：

①当 n 为奇数时，不等式可化为 $-a<2+\frac{1}{n}$，若不等式恒成立，则 $-a$ 要小于右边的最小值，因为 $\frac{1}{n}>0$，所以不等式右边的最小值恒大于 2，因此 $-a\leqslant 2$，整理为 $a\geqslant -2$.

②当 n 为偶数时，不等式可化为 $a<2-\frac{1}{n}$，若不等式恒成立，则 a 要小于右边的最小值，当 $\frac{1}{n}$ 最大时，右边取最小值，故不等式右边最小值为 $2-\frac{1}{2}=\frac{3}{2}$，因此 $a<\frac{3}{2}$.

综上所述，a 的取值范围是 $-2\leqslant a<\frac{3}{2}$.

第 4 章 数列

第 1 节 等差数列

题型 46 等差数列基本问题

1. (D)

【解析】$a_1+a_2+a_3+a_4=12$，即 $a_1+a_4=6$，所以 $2a_1+3d=6$.

条件(1)：$d=-2$，代入 $2a_1+3d=6$，得 $a_1=6$，故 $a_4=a_1+3d=6-6=0$，条件(1)充分.

条件(2)：$a_2+a_4=4$，$a_1+a_4=6$，得 $a_2-a_1=-2=d$，和条件(1)等价，条件(2)也充分.

2. (C)

【解析】由技巧中的求和公式可知，$S_9=9a_5<0$，$S_{10}=5(a_5+a_6)>0$.

故 S_1，S_2，…，S_9 均小于 0，而 S_{10}，S_{11}，…均大于 0.

3. (A)

【解析】条件(1)：

$$\frac{a_1+a_2+a_3+\cdots+a_k}{a_{k+1}+a_{k+2}+a_{k+3}+\cdots+a_{2k}}=\frac{\frac{k}{2}[1+(2k-1)]}{\frac{k}{2}[(2k+1)+(4k-1)]}=\frac{2k}{6k}=\frac{1}{3},$$

可知所求比值与 k 无关，条件(1)充分.

条件(2)：

$$\frac{a_1+a_2+a_3+\cdots+a_k}{a_{k+1}+a_{k+2}+a_{k+3}+\cdots+a_{2k}}=\frac{\frac{k}{2}(2+2k)}{\frac{k}{2}[(2k+2)+4k]}=\frac{2+2k}{2+6k}=\frac{1+k}{1+3k},$$

可知所求比值与 k 有关，条件(2)不充分.

4. (B)

【解析】万能方法. 将已知条件化为 a_1 和 d 的形式，得

$$\begin{cases}2a_1+d=4,\\2a_1+13d=28\end{cases}\Rightarrow\begin{cases}a_1=1,\\d=2\end{cases}\Rightarrow S_{10}=10\times1+\frac{10\times9}{2}\times2=100.$$

5. (C)

【解析】平均分为$\frac{S_n}{40}=\frac{\frac{(a_1+a_{40})\times40}{2}}{40}=90$，得 $a_1+a_{40}=180$. 故

$$a_1+a_8+a_{33}+a_{40}=2(a_1+a_{40})=360.$$

6.（C）

【解析】特殊值法.

令 $m=1$，则题干等价于已知 $a_1+a_{11}=2$，$a_{11}+a_{21}=12$，求 $a_{21}+a_{31}$ 的值.

观察下标可知，a_1+a_{11}，$a_{11}+a_{21}$，$a_{21}+a_{31}$ 成等差数列，可用中项公式，故

$$(a_1+a_{11})+(a_{21}+a_{31})=2(a_{11}+a_{21})\Rightarrow a_{21}+a_{31}=12\times2-2=22.$$

7.（B）

【解析】根据中项公式，有

$$\begin{cases}a+b=2m,\\2b=m+2m,\end{cases}\text{解得}\begin{cases}a=\dfrac{m}{2},\\b=\dfrac{3m}{2}.\end{cases}$$

故 $a:b=1:3$.

8.（A）

【解析】根据下标和定理，可得 $a_7+a_9=a_4+a_{12}=16$，又 $a_4=1$，则 $a_{12}=16-1=15$.

9.（B）

【解析】方法一：$S_{90}-S_{10}=a_{11}+a_{12}+a_{13}+\cdots+a_{90}=40(a_{11}+a_{90})=-80$.

故 $a_{11}+a_{90}=-2$，$S_{100}=\dfrac{100(a_1+a_{100})}{2}=\dfrac{100(a_{11}+a_{90})}{2}=-100$.

方法二：由轮换对称性可知，在等差数列中，若 $S_m=n$，$S_n=m$，则 $S_{m+n}=-(m+n)$. 故

$$S_{100}=-(S_{10}+S_{90})=-100.$$

10.（C）

【解析】方法一：由 $S_{13}=S_8$，可得 $a_9+a_{10}+\cdots+a_{13}=5a_{11}=0$，即 $a_{11}=0$.

由下标和定理，可知 $a_3+a_{19}=2a_{11}=0$，那么 $k=19$.

方法二：由轮换对称性可知，若 $S_{13}=S_8$，则 $S_{13+8}=S_{21}=0$. 结合前 n 项和公式，可知 $a_1+a_{21}=a_3+a_{19}=0$，即 $k=19$.

题型 47 两等差数列相同的奇数项和之比

1.（A）

【解析】设 S_n，T_n 分别表示等差数列 $\{a_n\}$ 和 $\{b_n\}$ 前 n 项的和，则 $\dfrac{a_{11}}{b_{11}}=\dfrac{S_{21}}{T_{21}}$.

条件(1)：$\dfrac{a_{11}}{b_{11}}=\dfrac{S_{21}}{T_{21}}=\dfrac{7\times21+1}{4\times21+27}=\dfrac{148}{111}=\dfrac{4}{3}$，充分.

条件(2)：$\dfrac{a_{11}}{b_{11}}=\dfrac{S_{21}}{T_{21}}=\dfrac{5}{3}$，不充分.

2. (C)

【解析】$\frac{a_n}{b_n}=\frac{A_{2n-1}}{B_{2n-1}}=\frac{7(2n-1)+45}{2n-1+3}=\frac{7n+19}{n+1}=7+\frac{12}{n+1}$.

正整数 $n\leqslant 10$，故当 $n=1$，2，3，5 时，12 能被 $n+1$ 整除，此时$\frac{a_n}{b_n}$是正整数，符合题意的 n 有 4 个，概率 $P=\frac{4}{10}=0.4$.

题型 48　等差数列 S_n 的最值问题

1. (D)

解　析	本题参照【模型 2. 求等差数列 S_n 的最值】

方法一：一元二次函数法.

$$S_n=\frac{d}{2}n^2+\left(a_1-\frac{d}{2}\right)n=-\frac{3}{2}n^2+\left(21+\frac{3}{2}\right)n.$$

对称轴：$n=\frac{1}{2}-\frac{a_1}{d}=7.5$，离对称轴最近的整数有 7 和 8，所以 S_n 取最大值时，$n=7$ 或 8.

方法二：$a_n=0$ 法.

令 $a_n=0$，即 $a_n=a_1+(n-1)d=-3n+24=0$，解得 $n=8$，故 $S_7=S_8$ 均为 S_n 的最大值.

2. (D)

解　析	本题参照【模型 2. 求等差数列 S_n 的最值】

$a_1=-1+12+13>0$，令 $a_n=-n^2+12n+13=0$，解得 $n=13$ 或 -1(舍去)，故 $a_{13}=0$，即 a_n 的前 12 项均大于 0，第 13 项等于 0，第 14 项以后均小于 0. 由 $a_n=0$ 法，可知 $S_{12}=S_{13}$ 为 S_n 的最大值.

3. (C)

解　析	本题参照【模型 2. 求等差数列 S_n 的最值】

公差 $d=\frac{a_{15}-a_2}{15-2}=\frac{5+8}{15-2}=1$，故 $a_n=a_2+(n-2)d=n-10$.

显然 $a_{10}=0$，故 $S_9=S_{10}$.

4. (B)

解　析	本题参照【模型 2. 求等差数列 S_n 的最值】

$(a_2+a_4+a_6)-(a_1+a_3+a_5)=3d=99-105=-6$，故 $d=-2$.

$a_1+a_3+a_5=3a_1+6d=105$，得 $a_1=39$. 令 $a_n=a_1+(n-1)d=41-2n=0$，得 $n=20.5$，n 取其整数部分，故当 $n=20$ 时，S_n 最大.

5. (C)

解　析	本题参照【模型2. 求等差数列 S_n 的最值】

$3a_5=7a_{10}\Rightarrow 3(a_1+4d)=7(a_1+9d)$，可得$\frac{a_1}{d}=-\frac{51}{4}$，则对称轴为

$$n=\frac{1}{2}-\frac{a_1}{d}=\frac{1}{2}+\frac{51}{4}=\frac{53}{4}=13.25.$$

最值取在最靠近对称轴的整数处，故 S_n 的最小值为 S_{13}.

6. (B)

解　析	本题参照【模型1. 等差数列 S_n 有最值的条件】【模型2. 求等差数列 S_n 的最值】

等差数列 S_n 有最大值，则 $a_1>0$，$d<0$. 若 $n=21$ 时，取到最大值，则 $a_{21}\geqslant 0$，$a_{22}\leqslant 0$.

条件(1)：$a_1>0$，$a_4=\frac{3}{5}a_9$，在 a_4，a_9 为正数时，$a_4<a_9$，$d>0$，条件(1)不充分.

条件(2)：$3a_4=5a_{11}$，即 $3(a_1+3d)=5(a_1+10d)$，整理得 $2a_1+41d=0$.

故 $a_1+20d+a_1+21d=a_{21}+a_{22}=0$，所以 $a_{21}>0$，$a_{22}<0$，S_{21}最大，条件(2)充分.

第2节 等比数列

题型49 等比数列基本问题

1. (B)

【解析】条件(1)：由条件得

$$\begin{cases}2a_ma_n=18,\\a_m^2+a_n^2=18,\end{cases}\text{解得}\begin{cases}a_m=3,\\a_n=3\end{cases}\text{或}\begin{cases}a_m=-3,\\a_n=-3.\end{cases}$$

故 S_{100}有两组解，不能唯一确定，条件(1)不充分.

条件(2)：由条件得

$$\begin{cases}a_5+a_6=a_1(q^4+q^5)=48,\\a_7-a_5=a_1(q^6-q^4)=48,\end{cases}\text{解得}\begin{cases}a_1=1,\\q=2.\end{cases}$$

故 S_{100}有唯一解，条件(2)充分.

2. (C)

【解析】条件(1)：$3(a_1+a_1q+a_1q^2)=a_1q^3-2$，显然求不出 q 的值，条件(1)不充分.

条件(2)：$3(a_1+a_1q)=a_1q^2-2$，显然也不充分.

联立两个条件，两式相减，可得 $q=4$，故联立两个条件充分.

3. (D)

【解析】等比数列$\{a_n\}$中$8a_2+a_5=0\Rightarrow a_5=-8a_2$，可得$q=-2$，那么$\frac{a_5}{a_3}=4$，$\frac{a_{n+1}}{a_n}=q=-2$，

$\frac{S_5}{S_3}=\frac{\frac{a_1[1-(-2)^5]}{1+2}}{\frac{a_1[1-(-2)^3]}{1+2}}=\frac{11}{3}$，$\frac{S_{n+1}}{S_n}=\frac{[1-(-2)^{(n+1)}]}{[1-(-2)^n]}$不能确定．

4. (A)

【解析】由中项公式，得$(2^x-1)^2=2(2^x+3)$，令$t=2^x>0$，得$2(t+3)=(t-1)^2$，解得$t=5$，故$x=\log_2 5$.

5. (D)

【解析】由中项公式得$a_1a_3=a_2^2=36$，因为该等比数列各项均为正，故$a_2=6$. 因为$a_2+a_4=60$，故$a_4=54$.

$\frac{a_4}{a_2}=\frac{54}{6}=q^2=9$，解得$q=3$，故$a_1=\frac{a_2}{q}=2$，$S_n=\frac{2\times(1-3^n)}{1-3}>400$，可得$3^n>401$.

因为$3^5=243$，$3^6=729$，故n的最小值是6.

6. (B)

【解析】由下标和定理可知，$a_1a_{11}+2a_6a_8+a_3a_{13}=a_6^2+2a_6a_8+a_8^2=(a_6+a_8)^2=25$，又因为该等比数列各项均为正，故$a_6+a_8=5$.

$a_1a_{13}=a_6a_8\leqslant\left(\frac{a_6+a_8}{2}\right)^2=\frac{25}{4}$，当且仅当$a_6=a_8=\frac{5}{2}$时取到最大值，最大值为$\frac{25}{4}$.

题型50 无穷等比数列

1. (B)

【解析】由题意知，$S=\frac{a_1}{1-q}=2$，故$a_1=2(1-q)$.

因为$q\neq0$，所以$a_1\neq2$；因为$-1<q<1$，故$0<a_1=2-2q<4$.

综上所述，$a_1\in(0,2)\cup(2,4)$.

2. (E)

【解析】由题意，知$S=\frac{a_1}{1-q}=\frac{1}{a_1}$，解得$a_1^2=1-q$. 因为$q\neq0$，所以$a_1^2\neq1$，$a_1\neq\pm1$；

因为$-1<q<1$，故$0<a_1^2=1-q<2$，故$-\sqrt{2}<a_1<0$或$0<a_1<\sqrt{2}$且$a_1\neq\pm1$.

综上所述，a_1的范围为$(-\sqrt{2},-1)\cup(-1,0)\cup(0,1)\cup(1,\sqrt{2})$.

3. (B)

【解析】作辅助线，如图4-1所示．

$3x+4y-4=0$过点$A(0,1)$，点$B\left(\frac{4}{3},0\right)$，故$OA=1$，$OB=\frac{4}{3}$.

由勾股定理，知 $AB=\sqrt{OA^2+OB^2}=\frac{5}{3}$.

由$\triangle OAB$与$\triangle A_1O_1B$相似，可知$\frac{OA}{A_1O_1}=\frac{AB}{O_1B}$，

即$\frac{1}{r_1}=\frac{\frac{5}{3}}{\frac{4}{3}-r_1}$，解得$r_1=\frac{1}{2}$.

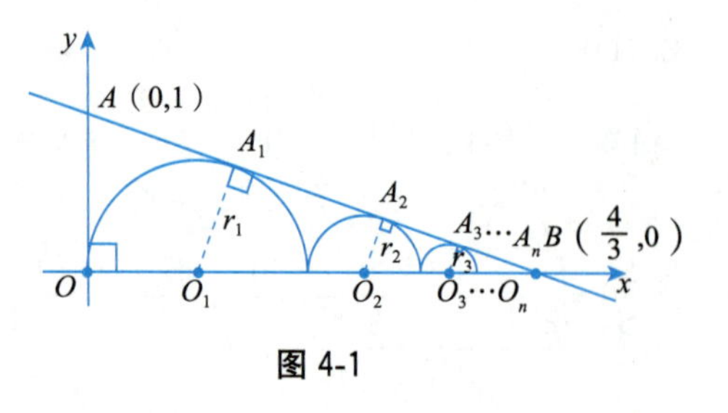

图 4-1

同理可得$r_2=\frac{1}{8}$，$r_3=\frac{1}{32}$，…，故所有半圆半径为$a_1=\frac{1}{2}$，$q=\frac{1}{4}$的无穷递缩等比数列，则弧长的总和L为

$$\pi r_1+\pi r_2+\pi r_3+\cdots=\pi(r_1+r_2+r_3+\cdots)=\pi\left(\frac{1}{2}+\frac{1}{8}+\frac{1}{32}+\cdots\right)=\pi\times\frac{\frac{1}{2}}{1-\frac{1}{4}}=\frac{2}{3}\pi.$$

【快速得分法】由图可知，无穷多个半圆的直径之和等于OB的长度，故有

$$\pi r_1+\pi r_2+\pi r_3+\cdots=\pi(r_1+r_2+r_3+\cdots)=\pi\times\frac{1}{2}OB=\pi\times\frac{1}{2}\times\frac{4}{3}=\frac{2}{3}\pi.$$

第3节 数列综合题

题型51 连续等长片段和

1. (A)

解　析	本题参照【模型1. 等差数列的连续等长片段和】

由连续等长片段和定理，可知S_{100}，$S_{200}-S_{100}$，$S_{300}-S_{200}$是等差数列，公差$d=20-10=10$.
所以，继续紧接在后面的100项和为$S_{300}-S_{200}=(S_{200}-S_{100})+d=20+10=30$.

2. (A)

解　析	本题参照【模型1. 等差数列的连续等长片段和】

方法一：万能方法.

由$\frac{S_3}{S_6}=\frac{3a_1+3d}{6a_1+15d}=\frac{1}{3}$，可得$a_1=2d$且$d\neq0$. 故$\frac{S_6}{S_{12}}=\frac{6a_1+15d}{12a_1+66d}=\frac{27d}{90d}=\frac{3}{10}$.

方法二：S_3，S_6-S_3，S_9-S_6，$S_{12}-S_9$是等差数列，令$S_3=1$，$S_6=3$，则$S_6-S_3=2$，即新等差数列的公差为1. 故S_3，S_6-S_3，S_9-S_6，$S_{12}-S_9$分别为1，2，3，4. 所以$S_{12}=10$，$\frac{S_6}{S_{12}}=\frac{3}{10}$.

3. (D)

解　析	本题参照【模型1. 等差数列的连续等长片段和】

S_5，$S_{10}-S_5$，$S_{15}-S_{10}$是等差数列，由中项公式，得 $2(S_{10}-15)=15+120-S_{10}$. 故 $S_{10}=55$.

4. (C)

解　析	本题参照【模型2. 等比数列的连续等长片段和】

等比数列的等长片段和仍成等比数列，故 S_n，$S_{2n}-S_n$，$S_{3n}-S_{2n}$为等比数列，又由中项公式可知$(S_{3n}-S_{2n})S_n=(S_{2n}-S_n)^2$，即$(26-S_{2n})\times 2=(S_{2n}-2)^2$，解得 $S_{2n}=-6$ 或 8.

5. (B)

解　析	本题参照【模型2. 等比数列的连续等长片段和】

S_n，$S_{2n}-S_n$，$S_{3n}-S_{2n}$，$S_{4n}-S_{3n}$，$S_{5n}-S_{4n}$，$S_{6n}-S_{5n}$是等比数列，$S_{2n}-S_n=30-10=20$，则 $q=\dfrac{S_{2n}-S_n}{S_n}=2$，故

$$S_{6n}-S_{5n}=S_n\cdot q^5=10\times 2^5=320.$$

6. (C)

解　析	本题参照【模型2. 等比数列的连续等长片段和】

条件(1)和条件(2)单独都不充分，联立条件(1)和条件(2).
根据 S_n，$S_{2n}-S_n$，$S_{3n}-S_{2n}$，$S_{4n}-S_{3n}$成等比数列，可得$(S_{2n}-S_n)^2=S_n(S_{3n}-S_{2n})$，即$(S_{2n}-2)^2=2(14-S_{2n})$，且 $S_{2n}>0$，解得 $S_{2n}=6$. 故

$$S_n=2，S_{2n}-S_n=4，S_{3n}-S_{2n}=8，S_{4n}-S_{3n}=16.$$

所以 $S_{4n}=16+14=30$，两个条件联立起来充分.
【快速得分法】此题令 $n=1$ 可简化运算.

题型52　奇数项和与偶数项和

1. (B)

解　析	本题参照【模型1. 等差数列奇数项和与偶数项和】

等差数列共有 $2n=100$ 项，故 $S_{偶}-S_{奇}=nd=50d=50$.
则 $S_{偶}=S_{奇}+50=120+50=170$，故 $a_1+a_2+a_3+\cdots+a_{100}=S_{奇}+S_{偶}=120+170=290$.

2. (B)

解　析	本题参照【模型1. 等差数列奇数项和与偶数项和】

方法一：$a_1+a_3+\cdots+a_{101}=51a_{51}=510$，解得 $a_{51}=10$.
等差数列共有奇数项，$S_{奇}-S_{偶}=a_{中间项}=a_{51}=10$，故 $a_2+a_4+\cdots+a_{100}=S_{偶}=S_{奇}-10=500$.

方法二：等差数列共有 $2n-1=101$ 项，故$\frac{S_{奇}}{S_{偶}}=\frac{n}{n-1}$.

$\frac{510}{S_{偶}}=\frac{51}{50}$，解得 $S_{偶}=500$，即 $a_2+a_4+\cdots+a_{100}=500$.

3. (C)

解　析	本题参照【模型 1. 等差数列奇数项和与偶数项和】

根据题意，有

$$\begin{cases} S_{奇}+S_{偶}=354, \\ \frac{S_{偶}}{S_{奇}}=\frac{32}{27} \end{cases} \Rightarrow \begin{cases} S_{奇}=162, \\ S_{偶}=192. \end{cases}$$

等差数列共有偶数 $2n=12$ 项，故 $S_{偶}-S_{奇}=6d=192-162=30$，解得 $d=5$.

4. (C)

解　析	本题参照【模型 1. 等差数列奇数项和与偶数项和】

由题意可设等差数列共有 $2n-1$ 项，故有

$$\frac{S_{奇}}{S_{偶}}=\frac{n}{n-1}=\frac{99}{88}=\frac{9}{8},$$

解得 $n=9$. 故总项数为 $2n-1=17$.

5. (C)

解　析	本题参照【模型 1. 等差数列奇数项和与偶数项和】

两个条件单独显然不充分，联立之.

方法一：$S_{奇}=\frac{a_1+a_n}{2}\cdot\frac{n+1}{2}$，$S_{偶}=\frac{a_2+a_{n-1}}{2}\cdot\frac{n-1}{2}$，又因为 $a_1+a_n=a_2+a_{n-1}$，故

$$\frac{S_{奇}}{S_{偶}}=\frac{n+1}{n-1}.$$

方法二：设 $n=2m-1(m\in\mathbf{Z}^+)$，所以 $m=\frac{n+1}{2}$. 由母题技巧 1－(2)可知

$$\frac{S_{奇}}{S_{偶}}=\frac{m}{m-1}=\frac{\frac{n+1}{2}}{\frac{n+1}{2}-1}=\frac{n+1}{n-1}.$$

故两个条件联立充分.

6. (C)

解　析	本题参照【模型 1. 等差数列奇数项和与偶数项和】

条件(1)：由 $a_2+a_4+a_6=a_1+a_3+a_5+3d=3(a_1+a_3+a_5)$，整理可得 $d=2a_3$，a_3 的值未知，条件(1)不充分.

条件(2)：$a_3+a_4=2a_3+d=4$，条件(2)不充分.

联立条件(1)和条件(2)，得

$$\begin{cases}d=2a_3,\\2a_3+d=4\end{cases}\Rightarrow\begin{cases}a_3=1,\\d=2.\end{cases}$$

故 $S_{偶}-S_{奇}=3d=6$，$S_{奇}-S_{偶}=-6$，所以条件(1)和条件(2)联立起来充分.

7. (E)

解　析	本题参照【模型2. 等比数列奇数项和与偶数项和】

无穷等比数列的奇数项、偶数项依然是无穷等比数列，且公比为 q^2.

故 $S_{奇}=\dfrac{a_1}{1-q^2}=15$，$S_{偶}=\dfrac{a_1q}{1-q^2}=-3$，$q=\dfrac{S_{偶}}{S_{奇}}=\dfrac{-3}{15}=-\dfrac{1}{5}$.

8. (A)

解　析	本题参照【模型2. 等比数列奇数项和与偶数项和】

等比数列一共有偶数项，则 $q=\dfrac{S_{偶}}{S_{奇}}=2$，$a_n=2^n$. 设共有 $2t$ 项，则中间两项分别为 a_t，a_{t+1}，$a_t+a_{t+1}=2^t+2^{t+1}=24$，解得 $t=3$，中间两项为 a_3，a_4，故等比数列的总项数为6.

题型53　数列的判定

1. (B)

解　析	本题参照【等差数列的判定】

方法一：若 x，y，z 成等差数列，则

$$(y+z)-(x+z)=y-x=2=d,\ (x+z)-(x+y)=z-y=2-a=d,$$

故 $a=0$，条件(1)不充分，条件(2)充分.

方法二：将 $a=1$ 和 $a=0$ 分别代入方程组，求解方程组. 当 $a=1$ 时，可解得 $x=-\dfrac{1}{2}$，$y=\dfrac{3}{2}$，$z=\dfrac{5}{2}$，不成等差数列；当 $a=0$ 时，可解得 $x=-1$，$y=1$，$z=3$，成等差数列. 故条件(1)不充分，条件(2)充分.

2. (A)

解　析	本题参照【等差数列的判定】

由 $S_n=n^2-2n$ 可知 $\{a_n\}$ 为等差数列，$a_1=S_1=-1$，$d=2$，故 $a_2=1$，新数列 $\{c_n\}$ 的公差 $d'=4$，首项为 $a_2=1$，通项公式为 $c_n=1+(n-1)\times4=4n-3$.

3. (B)

解　析	本题参照【等差数列的判定】

由等差数列的前 n 项和的公式，可得

$$S_3=\frac{3(a_1+a_3)}{2}=\frac{3(a_1+11)}{2}=27,$$

解得 $a_1=7$，$d=\frac{a_3-a_1}{2}=2$. 故 $S_n=na_1+\frac{n(n-1)}{2}d=n^2+6n$.

$\sqrt{S_n+c}=\sqrt{n^2+6n+c}$ 若为等差数列，则 n^2+6n+c 应为完全平方式，故 c 只能为 9.

此时，$\sqrt{S_n+c}=\sqrt{n^2+6n+9}=n+3$，是等差数列.

4. (B)

解　析	本题参照【等差数列的判定】

因为 S_n 为 n 的二次函数，由 a_1，a_2，a_3 是公差为 4 的等差数列，可确定此二次函数的表达式无常数项，满足等差数列的特点，故 a_n 为等差数列，则 $a_{100}=a_1+99d=-2+4\times99=394$.

5. (D)

解　析	本题参照【等差数列的判定】

条件(1)：$b_n-b_{n-1}=a_n+a_{n+1}-a_{n-1}-a_n=2d$，由定义法判断，可知$\{b_n\}$是等差数列，充分.

条件(2)：$b_n-b_{n-1}=n+a_n-[(n-1)+a_{n-1}]=1+(a_n-a_{n-1})=1+d$，同理，可判定是等差数列，充分.

【快速得分法】两个一次函数相加还是一次函数，故条件(1)和条件(2)仍为等差数列.

6. (C)

解　析	本题参照【等差数列的判定】

条件(1)：设数列$\{\sqrt{S_n}\}$的通项公式为 $\sqrt{S_n}=An+B$，得 $S_n=(An+B)^2=A^2n^2+2ABn+B^2$.

若 $B\neq0$，则 S_n 含有常数项，此时数列$\{a_n\}$不是等差数列，故条件(1)不充分.

条件(2)：举反例，假设数列$\{a_n\}$为 1，3，9，27，…，则数列$\{a_n\}$为等比数列而非等差数列，故条件(2)不充分.

将两条件联立，假设等差数列$\{\sqrt{S_n}\}$的公差为 d，根据题意，有

$$\sqrt{S_1}=\sqrt{a_1},\ \sqrt{S_2}=\sqrt{a_1+a_2}=\sqrt{a_1+3a_1}=2\sqrt{a_1},$$

则公差 $d=\sqrt{S_2}-\sqrt{S_1}=\sqrt{a_1}$，因此$\{\sqrt{S_n}\}$的通项公式为 $\sqrt{S_n}=\sqrt{a_1}+(n-1)\sqrt{a_1}=n\sqrt{a_1}$，则 $S_n=n^2a_1$.

由于等差数列的前 n 项和是形如一个没有常数项的一元二次函数，故根据 $S_n=n^2a_1$ 即可判断出数列$\{a_n\}$为等差数列. 故联立充分.

7. (D)

解　析	本题参照【等比数列的判定】

条件(1)：$S_n=\frac{1}{8}(9^n-1)$，满足等比数列前 n 项和的特点，所以条件(1)充分.

条件(2)：$S_n=\left(\frac{3}{2}\right)^n-1$，满足等比数列前 n 项和的特点，所以条件(2)充分．

8. (A)

解　析	本题参照【等差数列的判定】【等比数列的判定】

条件(1)：

$$a=\log_3 4=\log_3 2^2=2\log_3 2，b=\log_3 8=\log_3 2^3=3\log_3 2，c=\log_3 16=\log_3 2^4=4\log_3 2，$$

故 a，b，c 是等差数列不是等比数列，条件(1)充分．

条件(2)：若 $a=b=c\neq0$，则既是等差又是等比数列；若 $a=b=c=0$，则是等差数列不是等比数列，故条件(2)不充分．

9. (B)

解　析	本题参照【等差数列的判定】【等比数列的判定】

方法一：特征判断法．

条件(1)：该数列的通项公式形如一元一次函数，故为等差数列，不充分．

条件(2)：该数列的通项公式形如指数函数，故为等比数列，充分．

方法二：定义法．

条件(1)：$a_{n+1}-a_n=3(n+1)+4-(3n+4)=3$，为等差数列，不充分．

条件(2)：$\frac{a_{n+1}}{a_n}=\frac{2^{n+1}}{2^n}=2$，为等比数列，充分．

10. (B)

解　析	本题参照【等差数列的判定】【等比数列的判定】

特征判断法．

条件(1)：数列为等差数列，$a_1=70$，$a_6=220$，$S_6>126$，条件(1)显然不充分．

条件(2)：数列为等比数列，$a_1=2$，$q=2$，$S_6=\frac{2(1-2^6)}{1-2}=126$，条件(2)充分．

11. (B)

解　析	本题参照【等比数列的判定】

条件(1)：$a_n=2^n$，$a_n^2=4^n$，故数列 $\{a_n^2\}$ 是首项为4、公比为4的等比数列．

$a_1^2+a_2^2+\cdots+a_n^2=S_n=\frac{4(1-4^n)}{1-4}=\frac{4}{3}(4^n-1)\neq\frac{1}{3}(4^n-1)$，条件(1)不充分．

条件(2)：由该条件得 $a_1=2-1=1$．

$$a_1+a_2+\cdots+a_n=2^n-1, \quad ①$$

$$a_1+a_2+\cdots+a_{n-1}=2^{n-1}-1, \quad ②$$

式①－式②，可得 $a_n=(2^n-1)-(2^{n-1}-1)=2^n-2^{n-1}=2^{n-1}(n\geqslant2)$．

当 $n=1$ 时，$a_1=2^{1-1}=1$，也符合上式，故数列 $\{a_n\}$ 的通项公式为 $a_n=2^{n-1}$．

故 $a_n^2=4^{n-1}$，可知数列$\{a_n^2\}$是首项为 1、公比为 4 的等比数列．

所以 $a_1^2+a_2^2+\cdots+a_n^2=S_n=\frac{1\cdot(1-4^n)}{1-4}=\frac{1}{3}(4^n-1)$，故条件(2)充分．

【快速得分法】条件(2)可用等比数列 S_n 的特征判断法($S_n=kq^n-k$)快速判断出$\{a_n\}$为等比数列，且公比为 2.

题型 54　等差数列和等比数列综合题

1. (D)

【解析】①当 $d=0$ 时，$S_8=8a_1=32$，则 $a_1=4$，故 $S_{10}=10a_1=40$.

②当 $d\neq0$ 时，由 a_4 是 a_3 与 a_7 的等比中项，可知

$$a_4^2=a_3\cdot a_7\Rightarrow(a_1+3d)^2=(a_1+2d)(a_1+6d),$$

解得 $a_1=-\frac{3}{2}d$，则

$$S_8=8a_1+\frac{8\times(8-1)}{2}d=8\times\left(-\frac{3}{2}d\right)+28d=16d=32,$$

解得 $d=2$，$a_1=-3$. 故 $S_{10}=10a_1+\frac{10(10-1)}{2}d=60$.

2. (B)

【解析】$\{a_n\}$显然不是常数列，否则无法满足 S_1，$2S_2$，$3S_3$ 成等差数列．

方法一：将 $S_2=(1+q)S_1$，$S_3=(1+q+q^2)S_1$ 代入 $4S_2=S_1+3S_3$，得 $3q^2-q=0$.

注意 $q\neq0$，故公比 $q=\frac{1}{3}$.

方法二：由题意，知 $4S_2=S_1+3S_3$，即 $4(a_1+a_2)=a_1+3(a_1+a_2+a_3)$.

化简得 $a_2=3a_3$，故公比 $q=\frac{a_3}{a_2}=\frac{1}{3}$.

方法三：由 $4S_2=S_1+3S_3$，移项得 $S_2-S_1=3(S_3-S_2)$，即 $a_2=3a_3$，故公比 $q=\frac{a_3}{a_2}=\frac{1}{3}$.

3. (B)

【解析】条件(1)：当$\{a_n\}$是公差为 2 的等差数列时，$\frac{a_1+a_3+a_9}{a_2+a_4+a_{10}}=\frac{3a_1+10d}{3a_1+13d}=\frac{3a_1+20}{3a_1+26}$，$a_1$ 未知，故值不确定，条件(1)不充分．

条件(2)：当$\{a_n\}$是公比为 2 的等比数列时，$\frac{a_1+a_3+a_9}{a_2+a_4+a_{10}}=\frac{a_1+a_3+a_9}{a_1q+a_3q+a_9q}=\frac{1}{q}=\frac{1}{2}$，充分．

4. (B)

【解析】条件(1)：

方法一：$(a_4+a_6)-(a_1+a_3)=6d=2-10=-8$，故 $d=-\frac{4}{3}$.

代入 $a_1+a_3=10$ 可知 $a_1=\frac{19}{3}$. 故 $a_4=\frac{19}{3}+3\times\left(-\frac{4}{3}\right)=\frac{7}{3}\neq 1$，条件(1)不充分．

方法二：由 $a_4+a_6=2a_5=2\Rightarrow a_5=1$；$a_1+a_3=2a_2=10\Rightarrow a_2=5$，可得$\{a_n\}$不是常数列．

故当 $a_5=1$ 时，a_4 的值一定不是1，条件(1)不充分．

条件(2)：$\frac{a_4+a_6}{a_1+a_3}=\frac{(a_1+a_3)q^3}{a_1+a_3}=q^3=\frac{1}{8}$，得 $q=\frac{1}{2}$.

代入 $a_1+a_3=10$ 可知 $a_1=8$. 故 $a_4=8\times\left(\frac{1}{2}\right)^3=1$，条件(2)充分．

5. (B)

【解析】a_2 为 a_1 和 a_5 的等比中项，则 $a_2^2=a_1a_5$，因为 $a_1=1$，所以 $a_2^2=a_5$，即

$$(a_1+d)^2=a_1+4d\Rightarrow a_1^2+2a_1d+d^2=a_1+4d\Rightarrow d^2-2d=0\Rightarrow d=2 \text{ 或 } d=0(\text{舍}).$$

故 $S_{10}=10a_1+\frac{10(10-1)d}{2}=100$.

6. (A)

【解析】a_1，a_3，a_6 成等比数列，故 $a_3^2=a_1a_6$，即$(a_1+2d)^2=a_1(a_1+5d)$，将 $a_1=2$ 代入此方程，可得 $4d^2-2d=0\Rightarrow d=\frac{1}{2}$或 $d=0$(舍).

故 $S_n=\frac{n(n-1)}{4}+2n=\frac{n^2}{4}+\frac{7n}{4}$.

7. (B)

【解析】由 α^2，1，β^2 成等比数列，得 $\alpha^2\beta^2=1$，$\alpha\beta=\pm 1$；

由$\frac{1}{\alpha}$，1，$\frac{1}{\beta}$成等差数列，得$\frac{1}{\alpha}+\frac{1}{\beta}=2\Rightarrow\frac{\alpha+\beta}{\alpha\beta}=2$，得 $\alpha+\beta=2\alpha\beta=\pm 2$.

代入可得$\frac{\alpha+\beta}{\alpha^2+\beta^2}=\frac{\alpha+\beta}{(\alpha+\beta)^2-2\alpha\beta}=1$ 或$-\frac{1}{3}$.

8. (E)

【解析】条件(1)：令 $a=1$，$b=10$，$c=100$，$d=6$，显然满足条件(1)但不满足结论，不充分．

条件(2)：令 $a=1$，$b=-10$，$c=100$，$d=6$，显然满足条件(2)但不满足结论，不充分.

两个条件无法联立．

9. (E)

【解析】条件(1)：根据条件可列方程组

$$\begin{cases}b^2=ac,\\ a+c=2(b+4)\end{cases}\Rightarrow\begin{cases}b^2=ac,\\ a+b+c=3b+8,\end{cases}$$

$a+b+c$ 无法求出定值，所以条件(1)不充分．

条件(2)：根据条件可列方程组

$$\begin{cases}b^2=ac,\\ b^2=a(c+32)\end{cases}\Rightarrow ac=a(c+32),$$

存在两种情况：①$a=0$，上述式子成立，但是在等比数列中任意一项都不能为0，不成立；②$a\neq0$，此时式子变为$c=c+32$，仍不成立．

所以条件(2)本身就不成立，也无法联立．

10. (B)

【解析】特殊值法．

令$d=1$，则$a_1=9$，$a_k=k+8$，$a_{2k}=2k+8$.

a_k是a_1与a_{2k}的等比中项，则$a_k^2=(k+8)^2=9(2k+8)$，解得$k=4$，$k=-2$(舍去).

11. (C)

【解析】条件(1)：既成等差又成等比的数列是常数列，但并不知道这个常数列是多少，故条件(1)不充分．

条件(2)：因式分解可知，$x^2-(n+1)x+n=(x-1)(x-n)=0$.

故方程的两个根为$x_1=1$，$x_2=n$，数列$a_n=1$或$a_n=n$，条件(2)不充分．

联立两个条件，可知数列$\{a_n\}$是常数列，且$a_n=1$，故$a_{100}=1$，两个条件联立充分．

12. (D)

【解析】条件(1)：原式两边同时乘2，得$(x-y)^2+(x-z)^2+(y-z)^2=0$，故$x=y=z$，条件(1)充分．

条件(2)：既是等差数列，又是等比数列的数列为非零的常数列，故$x=y=z$，条件(2)充分．

13. (A)

【解析】条件(1)：由中项公式得$x^2=ab$，$b^2=2x^2$，得$x^2=ab=\frac{b^2}{2}$.

因为等比数列中各项不为0，故$b\neq0$，$a:b=1:2$，条件(1)充分．

条件(2)：由中项公式得$2x=a+b$，$2b=3x$，得$x=\frac{a+b}{2}=\frac{2b}{3}\Rightarrow a:b=1:3$，条件(2)不充分．

14. (B)

【解析】条件(1)：设这4个数为a，b，c，d，则前3个数之和$a+b+c=3b=12\Rightarrow b=4$；

后3个数成等比，则$c^2=bd\Rightarrow d=\frac{c^2}{4}$，$b+c+d=4+c+\frac{c^2}{4}=19\Rightarrow c=6$或$-10$.

当$c=6$时，$a=2$，$d=9$，有$a+b+c+d=2+4+6+9=21$；

当$c=-10$时，$a=18$，$d=25$，有$a+b+c+d=18+4-10+25=37$. 故条件(1)不充分．

条件(2)：由于第一个数与第四个数之和是16，第二个数和第三个数之和是12，所以这四个数的和等于$16+12=28$. 故条件(2)充分．

15. (B)

【解析】由a_1+3，$3a_2$，a_3+4成等差数列，得$2\times3a_2=(a_1+3)+(a_3+4)$；

左右两边加a_2，得$7a_2=a_1+a_2+a_3+7=S_3+7=14$，故$a_2=2$.

$$a_1+a_3=7-a_2=5，a_1a_3=a_2^2=4，q>1，$$

解得$a_1=1$，$a_3=4$，故$q=2$，$a_n=1\times2^{n-1}=2^{n-1}$.

【快速得分法】选项代入法．

(A)项：$a_1=2$，$a_2=4$，$a_3=8$，故 $S_3\neq 7$，显然不成立．(C)、(D)、(E)项同理也不成立．

(B)项：$a_1=1$，$a_2=2$，$a_3=4$，故 $S_3=7$，$a_1+3=4$，$3a_2=6$，$a_3+4=8$，成等差数列，成立．

题型55 数列与函数、方程的综合题

1.(D)

解　析	本题参照【模型1. 二次函数与数列综合题】

条件(1)：由韦达定理，得 $\alpha+\beta=\frac{a_{n-1}}{a_n}$，$\alpha\beta=\frac{1}{a_n}$.

代入 $6\alpha-2\alpha\beta+6\beta=3$，整理得 $a_n-\frac{2}{3}=2\left(a_{n-1}-\frac{2}{3}\right)$.

①当 $\{a_n\}$ 是常数列，即 $a_n=a_{n-1}=\frac{2}{3}$ 时，原方程为 $\frac{2}{3}x^2-\frac{2}{3}x+1=0$，$\Delta<0$，不合题意，故排除；

②当 $a_n\neq\frac{2}{3}$ 时，由定义法可知，$\left\{a_n-\frac{2}{3}\right\}$ 是等比数列，条件(1)充分．

条件(2)：$\{b_n\}$ 是等比数列，则

$$a_n=S_n=\frac{1-\left(-\frac{1}{2}\right)^n}{1+\frac{1}{2}}=\frac{2}{3}-\frac{2}{3}\times\left(-\frac{1}{2}\right)^n,$$

故 $a_n-\frac{2}{3}=-\frac{2}{3}\times\left(-\frac{1}{2}\right)^n$，$\left\{a_n-\frac{2}{3}\right\}$ 是等比数列，条件(2)也充分．

【快速得分法】对于条件(2)可以使用特殊值法，求出 a_1，a_2，a_3 验证．

2.(E)

解　析	本题参照【模型1. 二次函数与数列综合题】

条件(1)：$\Delta=(2b)^2-4ac\geqslant 0$，$b^2\geqslant ac$，不符合中项公式，故条件(1)不充分．

条件(2)：当 $b\geqslant 0$ 时，$b^2\leqslant ac$，不符合中项公式，故条件(2)不充分．

联立两个条件，举反例．令 $a=c=1$，$b=-2$，满足两个条件，但 a，b，c 不成等比数列，联立也不充分．

【快速得分法】条件(1)和条件(2)的 a、b、c 均有可能为0，而等比数列各项均不得为0，故条件(1)和条件(2)均不充分．

3.(B)

解　析	本题参照【模型1. 二次函数与数列综合题】

条件(1)：抛物线 $y=x^2-2x+3$ 的顶点为(1，2)，则 $b=1$，$c=2$，因为 a，b，c，d 成等比数列，所以有 $ad=bc=2$. 故条件(1)不充分．

条件(2)：抛物线 $y=x^2+2x+3$ 的顶点为$(-1,2)$，则 $b=-1$，$c=2$，因为 a，b，c，d 成等比数列，所以有 $ad=bc=-2$. 故条件(2)充分.

4. (B)

解　析	本题参照【模型 1. 二次函数与数列综合题】

因为不等式 $x^2+24x+12<0$ 的解集为 $\{x \mid a_3<x<a_9\}$，故 a_3，a_9 是方程 $x^2+24x+12=0$ 的两个根，由韦达定理可得 $a_3+a_9=-24$，则 $\{a_n\}$ 的前 11 项和为

$$S_{11}=\frac{11(a_1+a_{11})}{2}=\frac{11(a_3+a_9)}{2}=\frac{11}{2}\times(-24)=-132.$$

5. (B)

解　析	本题参照【模型 1. 二次函数与数列综合题】

$$\Delta=4(a+b)^2-4(3a^2+2b^2)=4(-2a^2+2ab-b^2)=-4[(a-b)^2+a^2].$$

条件(1)：举反例，令 $a=b=c=0$，此时 $\Delta=0$，方程有两个相等的实根，条件(1)不充分.

条件(2)：a，b，c 成等比数列，则 $a\neq0$，$\Delta=-4[(a-b)^2+a^2]<0$ 恒成立，故方程无实根，条件(2)充分.

6. (E)

解　析	本题参照【模型 2. 指数、对数与数列综合题】

条件(1)与条件(2)都无法保证 $a_n>0$，均不满足 $\lg a_n$ 的定义域，故两个条件都不充分，联立起来也不充分.

7. (C)

解　析	本题参照【模型 2. 指数、对数与数列综合题】

方法一：设数列 $\{a_n\}$ 的首项为 a_1、公比为 q.

根据题干有 $\begin{cases} a_1q^3=2, \\ a_1q^4=5, \end{cases}$ 解得 $\begin{cases} a_1=\dfrac{16}{125}, \\ q=\dfrac{5}{2}, \end{cases}$ 故 $a_n=\dfrac{16}{125}\times\left(\dfrac{5}{2}\right)^{n-1}=2\times\left(\dfrac{5}{2}\right)^{n-4}$.

因此，$\lg a_n=\lg2+(n-4)\lg\dfrac{5}{2}$，所以，数列 $\{\lg a_n\}$ 的前 8 项和为

$$8\lg2+(-3-2-1+0+1+2+3+4)\lg\frac{5}{2}=8\lg2+4\lg\frac{5}{2}=4\lg\left(4\times\frac{5}{2}\right)=4.$$

方法二：$\lg a_1+\lg a_2+\cdots+\lg a_8=\lg a_1a_2\cdots a_8=\lg(a_1a_8)(a_2a_7)(a_3a_6)(a_4a_5)=\lg10^4=4$.

8. (C)

解　析	本题参照【模型 3. 其他函数、方程、几何与数列综合题】

由题意可得 $a_{m-1}+a_{m+1}-a_m^2=2a_m-a_m^2=0\Rightarrow a_m=2$ 或 0，则有

$$S_{2m-1}=\frac{a_1+a_{2m-1}}{2}\times(2m-1)=a_m(2m-1)=38.$$

当 $a_m=0$ 时，上式显然不成立，故排除；

当 $a_m=2$ 时，解得 $m=10$.

9.(C)

解　析	本题参照【模型4. 其他函数、方程、几何与数列的综合题】

条件(1)：举反例，$a=4$，$b=2$，$c=1$，此时 $b+c<a$，即两边之和小于第三边，不满足三角形三边关系，故无法构成三角形，条件(1)不充分.

条件(2)：举反例，$a=1$，$b=2$，$c=4$，同理，也无法构成三角形，条件(2)不充分.

考虑联立两个条件.

当 $q>1$ 时，有 $a<b<c$，故 $c+a>b$，$b+c>a$. 又因为 $a+b>c$，满足两边之和大于第三边，可以构成三角形.

当 $q<1$ 时，有 $a>b>c$，故 $a+c>b$，$a+b>c$. 又因为 $a-b<c$，即 $b+c>a$，满足两边之和大于第三边，可以构成三角形.

当 $q=1$ 时，$a=b=c$，显然能构成三角形，且为等边三角形.

故两个条件联立起来充分.

10.(C)

解　析	本题参照【模型4. 其他函数、方程、几何与数列的综合题】

由 a_1，a_7，a_{19}成等比数列，可得

$$a_1\cdot a_{19}=a_7^2\Rightarrow a_1(a_1+18d)=(a_1+6d)^2\Rightarrow a_1d=6d^2.$$

①当 $d=0$ 时，$a_1=a_7=a_{19}=6$，三角形为等边三角形，面积 $S=\frac{\sqrt{3}}{4}\times6^2=9\sqrt{3}$.

②当 $d\neq0$ 时，$a_1=6d\Rightarrow d=1$，三角形三边分别为 $a_1=6$，$a_7=12$，$a_{19}=24$，显然不满足三角形三边关系，因此不成立.

故该三角形只能为等边三角形，面积为 $9\sqrt{3}$.

题型56　已知递推公式求 a_n 问题

1.(B)

解　析	本题参照【模型1. 类等差】

叠加法.

$$\sqrt{a_2}-\sqrt{a_1}=1$$

$$\sqrt{a_3}-\sqrt{a_2}=1$$

$$\vdots$$

$$\sqrt{a_n}-\sqrt{a_{n-1}}=1.$$

叠加可得 $\sqrt{a_n}-\sqrt{a_1}=n-1$，故 $\sqrt{a_n}=\sqrt{a_1}+n-1=n$，$a_n=n^2$.
由 $\{a_n\}$ 的通项公式，易得使 $a_n<32$ 成立的 n 的最大值为 5.

2. (C)

解　析	本题参照【模型 1. 类等差】

条件(1)：叠加法.

$$a_2=a_1+1$$
$$a_3=a_2+2$$
$$\vdots$$
$$a_n=a_{n-1}+n-1.$$

左、右两边分别相加，简单运算可得

$$a_n=a_1+1+2+3+\cdots+n-1=a_1+\frac{n(n-1)}{2}.$$

由条件(1)无法确定 a_1，故条件(1)不充分.
条件(2)：显然不充分.
联立两个条件，由条件(2)得 $a_3=a_1+1+2=4$，故 $a_1=1$.
所以 $a_n=1+\frac{n(n-1)}{2}$，可以确定 $\{a_n\}$ 的通项公式，两个条件联立起来充分.

3. (D)

解　析	本题参照【模型 1. 类等差】

要想被分出的部分越多，就要求其中任何两条直线不平行，且任何三条直线不共点(即不相交于一点).
用数学归纳法，如图 4-2 所示，从 1 条开始找规律.
1 条时：可以分为 2 个部分；
2 条时：可以分为 2+2=4(个)部分；
3 条时：可以分为 4+3=7(个)部分；
4 条时：可以分为 7+4=11(个)部分.

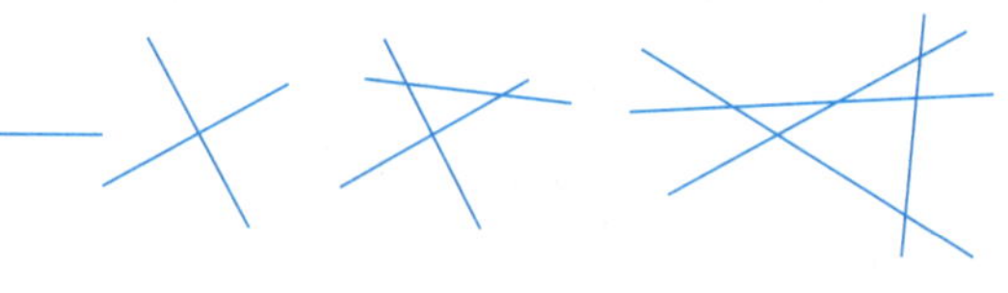

图 4-2

规律：现有 n 条线时，每增加 1 条线，那么划分的区域就增加 $n+1$ 个.
方法一：1 至 10 条线划分的部分各为 2、4、7、11、16、22、29、37、46、56.
故 10 条直线将平面分成了 56 个部分.
方法二：设直线的条数为 n，将平面分为 a_n 个部分，由以上分析可得

$$a_1=2$$
$$a_2-a_1=2$$
$$a_3-a_2=3$$
$$a_4-a_3=4$$
$$\vdots$$
$$a_n-a_{n-1}=n.$$

叠加，得 $a_n=2+2+3+4+5+\cdots+n=1+\frac{n(1+n)}{2}$. 故 $a_{10}=1+\frac{10\times(1+10)}{2}=56$.

4. (C)

解　析	本题参照【模型 2. 类等比】

根据题意，有$\frac{a_n}{a_{n-1}}=\frac{n}{n+1}$，$\frac{a_{n-1}}{a_{n-2}}=\frac{n-1}{n}$，…，$\frac{a_2}{a_1}=\frac{2}{3}$，叠乘得

$$\frac{a_n}{a_{n-1}}\times\frac{a_{n-1}}{a_{n-2}}\times\cdots\times\frac{a_2}{a_1}=\frac{n}{n+1}\times\frac{n-1}{n}\times\cdots\times\frac{2}{3}.$$

故$\frac{a_n}{a_1}=\frac{2}{n+1}$，即$\frac{a_{2\,023}}{2\,023}=\frac{2}{2\,024}$，$a_{2\,023}=\frac{2\,023}{1\,012}$.

5. (B)

解　析	本题参照【模型 3. 类一次函数】

条件(1)：令 $n=1$，则 $x_2=\frac{1}{2}(1-x_1)=\frac{1}{4}$.

将 $n=2$ 代入 $x_n=1-\frac{1}{2^n}$，可得 $x_2=1-\frac{1}{2^2}=\frac{3}{4}\neq\frac{1}{4}$. 所以条件(1)不充分.

条件(2)：$x_{n+1}=\frac{1}{2}(1+x_n)$，即 $2x_{n+1}=x_n+1$.

左、右两边减 2，得 $2(x_{n+1}-1)=x_n-1$，故

$$\frac{x_{n+1}-1}{x_n-1}=\frac{1}{2}.$$

所以$\{x_n-1\}$为首项为$-\frac{1}{2}$、公比为$\frac{1}{2}$的等比数列.

通项公式为 $x_n-1=-\frac{1}{2^n}$，即 $x_n=1-\frac{1}{2^n}(n=1,2,3,\cdots)$，条件(2)充分.

【快速得分法】特殊值法，令 $n=1$，2，3，验证即可.

6. (D)

解　析	本题参照【模型 4. S_n 与 a_n 的关系】

当 $n=1$ 时，$a_1=S_1=\frac{3}{2}a_1-3$，所以 $a_1=6$.

当 $n\geqslant2$ 时，$a_n=S_n-S_{n-1}=\frac{3}{2}a_n-3-\frac{3}{2}a_{n-1}+3$，整理得$\frac{a_n}{a_{n-1}}=3$.

所以数列$\{a_n\}$是首项为 6、公比为 3 的等比数列，通项公式为 $a_n=6\times3^{n-1}=2\times3^n$.

【快速得分法】特殊值法. 令 $n=1$，得 $a_1=6$；令 $n=2$，得 $a_2=18$，代入选项验证即可.

7. (D)

解　析	【周期数列】

因为对任意的$n\in\mathbf{N}^+$，均有$a_n+a_{n+1}+a_{n+2}$为定值，则

$$a_n+a_{n+1}+a_{n+2}=a_{n+1}+a_{n+2}+a_{n+3}\Rightarrow a_n=a_{n+3},$$

故数列$\{a_n\}$是以3为周期的数列．于是有

$$a_7=a_{7-3\times2}=a_1=2，a_{98}=a_{98-3\times32}=a_2=4，a_9=a_{9-3\times2}=a_3=3，a_{100}=a_{100-3\times33}=a_1=2,$$

$$S_{100}=33(a_1+a_2+a_3)+a_{100}=33\times(2+4+3)+2=299.$$

8. (B)

解　析	本题参照【模型5. 周期数列】

由$a_1=0$，$a_{n+1}=\dfrac{a_n-\sqrt{3}}{\sqrt{3}a_n+1}(n\in\mathbf{N}^+)$，得$a_2=-\sqrt{3}$，$a_3=\sqrt{3}$，$a_4=0$，…，由此可知，数列$\{a_n\}$是从$a_1$开始，每3项为一循环的周期数列，故$a_{20}=a_2=-\sqrt{3}$.

9. (D)

解　析	本题参照【模型6. 直接计算型】

$S_1+S_2=3a_2=a_1+a_1+a_2\Rightarrow a_2=a_1=3$. $S_2+S_3=3a_3=a_1+a_2+a_1+a_2+a_3$，$a_3=a_1+a_2=6$. $S_1=a_1=3$，$S_2=a_1+a_2=6$，$S_3=a_1+a_2+a_3=12$，代入5个选项，只有(D)项符合．

10. (D)

解　析	本题参照【模型6. 直接计算型】

条件(1)：由题意得$a_2=\dfrac{a_1+2}{a_1+1}=\sqrt{2}$，同理可知$a_2=a_3=a_4=\sqrt{2}$，故条件(1)充分．

条件(2)：由题意得$a_2=\dfrac{a_1+2}{a_1+1}=-\sqrt{2}$，同理可知$a_2=a_3=a_4=-\sqrt{2}$，条件(2)也充分．

题型57　数列应用题

1. (A)

解　析	本题参照【模型1. 等差数列应用题】

从冬至起，日影长(单位：尺)依次记为a_1，a_2，a_3，…，a_{12}，根据题意得

$$a_1+a_4+a_7=3a_4=37.5\Rightarrow a_4=12.5.$$

由$a_{12}=4.5$，知公差$d=\dfrac{a_{12}-a_4}{12-4}=\dfrac{4.5-12.5}{8}=-1$，$a_1=a_4-3d=12.5-3\times(-1)=15.5$.

所以冬至的日影长为15.5尺．

【快速得分法】求得$a_4=12.5$之后，结合$a_{12}=4.5$可知，该数列为递减数列，故$a_1>a_4$，观察选项，只能选(A)项．

2. (D)

解　析	本题参照【模型 1. 等差数列应用题】

购买时付 150 元，余欠款 1 000 元，按题意应分 20 次付清．

每次所付欠款(单位：元)顺次构成数列$\{a_n\}$，则

$$a_1=50+1\ 000\times 0.01=60$$

$$a_2=50+(1\ 000-50)\times 0.01=59.5$$

$$a_3=50+(1\ 000-50\times 2)\times 0.01=59$$

$$\vdots$$

$$a_n=60-(n-1)\times 0.5.$$

所以$\{a_n\}$是以 60 为首项、-0.5 为公差的等差数列．故 $a_{20}=60-0.5\times(20-1)=50.5$.

20 次分期付款总和 $S_{20}=\dfrac{60+50.5}{2}\times 20=1\ 105$.

因此，实际总付款额为 1 105+150=1 255(元).

3. (B)

解　析	本题参照【模型 1. 等差数列应用题】【模型 2. 等比数列应用题】

1991 年、1992 年、……、2000 年住房面积总数(单位：万平方米)成等差数列，则有

$$a_1=6\times 500=3\ 000,\ d=30,\ a_{10}=3\ 000+9\times 30=3\ 270.$$

1991 年、1992 年、……、2000 年人口数(单位：万人)成等比数列，则有

$$b_1=500\ ,\ q=1\%\ ,\ b_{10}=500\times 1.01^9\approx 550.$$

故 2000 年年底该城市人均住房面积为$\dfrac{3\ 270}{550}\approx 5.95$(平方米).

4. (B)

解　析	本题参照【模型 2. 等比数列应用题】

依题意，有

$$1+2+2^2+2^3+\cdots+2^{n-1}\geqslant 100,$$

整理得$\dfrac{1-2^n}{1-2}\geqslant 100$，$2^n\geqslant 101$，解得 $n\geqslant 7$.

5. (A)

解　析	本题参照【模型 2. 等比数列应用题】

由题意可知：

第一天取出$\dfrac{2}{3}M$；

第二天取出$\dfrac{2}{3}M\cdot\dfrac{1}{3}=\dfrac{2}{9}M=2\times\left(\dfrac{1}{3}\right)^2M$；

第三天取出 $2\left(\frac{1}{3}\right)^2M\cdot\frac{1}{3}=2\times\left(\frac{1}{3}\right)^3M$；

⋮

可以看出每天取出的量是以 $\frac{2}{3}M$ 为首项、$\frac{1}{3}$ 为公比的等比数列．

七天取出的量为该数列的前七项之和，即 $S_7=\frac{\frac{2}{3}M\left[1-\left(\frac{1}{3}\right)^7\right]}{1-\frac{1}{3}}=M\left[1-\left(\frac{1}{3}\right)^7\right]$．

保险柜中所剩的现金为 $1-S_7=\frac{M}{3^7}$ 元．

6.（C）

解　析	本题参照【模型 2. 等比数列应用题】

每次倒出的盐均为上一次的一半，故可设每次倒出的盐的质量（单位：千克）所成的数列为 $\{a_n\}$，且

$$a_1=0.2,\ a_2=\frac{1}{2}\times0.2,\ a_3=\left(\frac{1}{2}\right)^2\times0.2\Rightarrow a_n=\left(\frac{1}{2}\right)^{n-1}\times0.2,$$

因此

$$S_6=\frac{a_1(1-q^6)}{1-q}=\frac{0.2\left(1-\frac{1}{2^6}\right)}{1-\frac{1}{2}}=0.393\ 75.$$

经 6 次倒出加水后，盐水浓度为 $\frac{0.4-0.393\ 75}{2}\times100\%=0.312\ 5\%$．

本章奥数及高考改编题

1.(C)

解　析	【等比数列的应用】

根据题意可知，此人每天行走的路程成等比数列．

设此人第 n 天走 a_n 里路，则 $\{a_n\}$ 是首项为 a_1、公比为 $\frac{1}{2}$ 的等比数列．故

$$S_6=\frac{a_1\left[1-\left(\frac{1}{2}\right)^6\right]}{1-\frac{1}{2}}=378\Rightarrow a_1=192.$$

①$a_3=a_1\cdot q^2=192\times\left(\frac{1}{2}\right)^2=48$，故①错误．

②后五天走的路程为 $S_6-a_1=378-192=186$(里)，第一天走的路程比后五天走的路程多 $192-186=6$(里)，故②正确．

③$a_2=a_1\cdot q=192\times\frac{1}{2}=96$，而$\frac{1}{4}S_6=94.5\neq96$，故③错误．

④前三天走的路程之和为 $a_1+a_2+a_3=192+96+48=336$(里)，后三天走的路程之和为 $378-336=42$(里)，又因为 $336\div42=8$，故④正确．

综上所述，正确的个数有2个．

2.(C)

解　析	【等比数列的应用】

由题意可知，$RO=1+40\%\times5=3$，五轮传播后由甲引起的得病的总人数为

$$3+3^2+3^3+3^4+3^5=\frac{3\times(1-3^5)}{1-3}=363.$$

3.(A)

解　析	【约数与倍数】【周期数列】

根据 $7^0=1$，$7^1=7$，$7^2=49$，$7^3=343$，$7^4=2\,401$，$7^5=16\,807$，$7^6=117\,649$，$7^7=823\,543$，可知个位数字依次是1，7，9，3，1，7，9，3，…，为4个一循环的周期数列，且每个周期和为10，即连续的四个数相加，个位数是0.

$7^0+7^1+\cdots+7^{2023}$一共是2 024个数相加，是4的倍数，故个位数字为0.

4.(B)

解　析	【周期数列】【奇偶分析】

因为 a_1 为奇数，故 $a_2=3a_1+1$，由奇偶分析可知，a_2 是偶数，那么 $a_3=\frac{a_2}{2}=\frac{1}{2}(3a_1+1)$，故

$S_3=a_1+a_2+a_3=a_1+3a_1+1+\frac{1}{2}(3a_1+1)=29\Rightarrow a_1=5$.

于是 $a_2=16$，$a_3=8$，$a_4=4$，$a_5=2$，$a_6=1$，$a_7=4$，$a_8=2$，$a_9=1$，…

所以从第 4 项起，数列 $\{a_n\}$ 是 3 个一循环的周期数列．而 2 023－3＝2 020＝673×3＋1，故

$$S_{2\,023}=5+16+8+(4+2+1)\times 673+4=4\ 744.$$

5. (D)

解　析	【递推公式】【周期数列】【奇偶分析】

已知 $a_1=a_2=1$ 为奇数，将 $n=1$ 带入 $a_{n+2}=a_n+a_{n+1}$，得 $a_3=2$ 为偶数，同理可得 $a_4=3$，$a_5=5$ 为奇数，$a_6=8$ 为偶数，因此观察可得，该数列每项的奇偶性规律为：奇，奇，偶，奇，奇，偶，……，每三项循环一次，其中有两项的值为奇数．

1 000÷3＝333…1，由此可得，前 1 000 项中共有 333 个循环和一个奇数，因此数列值为奇数的项共有 333×2＋1＝667(项).

6. (B)

解　析	【递推公式(累加法)】

根据题意可知，数列 $\{a_n\}$ 为 1，3，6，10，…，观察可得 $a_1=1$，$a_2-a_1=2$，$a_3-a_2=3$，$a_4-a_3=4$，…，$a_n-a_{n-1}=n$，累加可得

$$a_1+(a_2-a_1)+(a_3-a_2)+(a_4-a_3)+\cdots+(a_n-a_{n-1})=1+2+3+4+\cdots+n$$

$$(a_1+a_2+a_3+a_4+\cdots+a_n)+(-a_1-a_2-a_3-\cdots-a_{n-1})=1+2+3+4+\cdots+n,$$

即 $a_n=\frac{n(n+1)}{2}$. 故 $a_{100}=\frac{100\times(100+1)}{2}=5\ 050$.

7. (C)

解　析	【递推公式(S_n 与 a_n 的关系)】【等差数列】【等比数列】

因为数列 $\{a_n\}$ 的前 n 项和 $S_n=n^2$，当 $n\geqslant 2$ 时，$a_n=S_n-S_{n-1}=n^2-(n-1)^2=2n-1$，当 $n=1$ 时，$a_1=1$，满足 $a_n=2n-1$，故数列 $\{a_n\}$ 的通项公式为 $a_n=2n-1$，$(n\in\mathbf{N}^+)$.

令 $2n-1=2\ 023$，解得 $n=1\ 012$，故 2 023 为数列 $\{a_n\}$ 的第 1 012 项．

将数列 $\{a_n\}$ 依原顺序按照第 m 组有 2^m 项的要求分组，则前 m 组共有

$$2^1+2^2+\cdots+2^m=\frac{2(1-2^m)}{1-2}=2^{m+1}-2(\text{个})\text{数}.$$

当 $m=8$ 时，前 8 组有 $2^9-2=510$(个)数；当 $m=9$ 时，前 9 组有 $2^{10}-2=1\ 022$(个)数．

因此第 1 012 项在第 9 组，即 2 023 在第 9 组．

8. (E)

解　析	【数列求和(裂项相消)】

将数列①的各项乘 $\frac{n}{2}$，得到一个新数列 $\frac{n}{2}$，$\frac{n}{2\times 2}$，$\frac{n}{2\times 3}$，…，$\frac{n}{2n}$，故

$$
\begin{aligned}
&a_1a_2+a_2a_3+a_3a_4+\cdots+a_{n-1}a_n\\
&=\frac{n}{2}\cdot\frac{n}{2\times2}+\frac{n}{2\times2}\cdot\frac{n}{2\times3}+\frac{n}{2\times3}\cdot\frac{n}{2\times4}+\cdots+\frac{n}{2(n-1)}\cdot\frac{n}{2n}\\
&=\frac{n^2}{4}\left[\frac{1}{1\times2}+\frac{1}{2\times3}+\frac{1}{3\times4}+\cdots+\frac{1}{(n-1)\times n}\right]\\
&=\frac{n^2}{4}\left(1-\frac{1}{2}+\frac{1}{2}-\frac{1}{3}+\frac{1}{3}-\frac{1}{4}+\cdots+\frac{1}{n-1}-\frac{1}{n}\right)\\
&=\frac{n^2}{4}\left(1-\frac{1}{n}\right)\\
&=\frac{n(n-1)}{4}.
\end{aligned}
$$

9. (B)

解　析	【递推公式】【等比数列】

由题可知$\begin{cases}a_n\cdot a_{n+1}=2^n①,\\ a_{n+1}\cdot a_{n+2}=2^{n+1}②,\end{cases}$式②除以式①得$\frac{a_{n+2}}{a_n}=2$，说明数列$\{a_n\}$的奇数项和偶数项分别是公比为2的等比数列，则数列$\{a_n\}$为

$$a_1,\quad \frac{2}{a_1},\quad 2a_1,\quad \frac{4}{a_1},\quad 4a_1,\quad \frac{8}{a_1},\quad 8a_1,\quad \frac{16}{a_1},\quad \cdots.$$

观察可知，要使$\{a_n\}$为单调递增数列，仅需保证$a_1<\frac{2}{a_1}<2a_1$，解得$1<a_1<\sqrt{2}$.

10. (E)

解　析	【数列与函数(一次函数、指数函数)】

根据题意，当$n\leqslant7$时，$a_n=(3-a)n-3$，形如一次函数，要使$\{a_n\}$是递增数列，则一次项系数$3-a>0$；

当$n>7$时，$a_n=a^{n-6}$，形如指数函数，要使$\{a_n\}$是递增数列，则底数$a>1$；

其次还需满足$a_7<a_8$，即$(3-a)\times7-3<a^{8-6}$. 联立3个不等式，可得

$$\begin{cases}3-a>0,\\ a>1,\\ (3-a)\times7-3<a^{8-6}\end{cases}\Rightarrow\begin{cases}a<3,\\ a>1,\\ a>2\text{ 或 }a<-9\end{cases}\Rightarrow2<a<3.$$

11. (C)

解　析	【递推公式(累加法)】【均值不等式】

根据题意可知，$a_1=35$，$a_n-a_{n-1}=f(n)=2n-1$，因此使用累加法：

$a_1+(a_2-a_1)+(a_3-a_2)+(a_4-a_3)+\cdots+(a_n-a_{n-1})=35+3+5+7+\cdots+2n-1$

$(a_1+a_2+a_3+a_4+\cdots+a_n)+(-a_1-a_2-a_3-\cdots-a_{n-1})=34+(1+3+5+\cdots+2n-1)$，

可得$a_n=34+n^2$.

因此可得$\frac{a_n}{n}=\frac{34}{n}+n(n\in\mathbf{N}^+)$，使用均值不等式可得$\frac{a_n}{n}\geqslant2\sqrt{\frac{34}{n}\times n}=2\sqrt{34}$，当且仅当$n=\sqrt{34}$时等号成立，此时$5<n<6$. 由于$n\in\mathbf{N}^+$，故$n$取接近$\sqrt{34}$的整数时$\frac{a_n}{n}$有最小值．当$n=5$时，

$\frac{a_5}{5}=\frac{34}{5}+5=\frac{59}{5}$；当 $n=6$ 时，$\frac{a_6}{6}=\frac{34}{6}+6=\frac{35}{3}$，因此$\frac{a_n}{n}$的最小值为$\frac{35}{3}$.

12.(C)

解　析	【递推公式】【对数运算】

根据题意 $a_n=n^2\Rightarrow a_{b_n}=(b_n)^2$，$b_{a_n}=b_{n^2}$，由 $a_{b_n}=b_{a_n}$ 可得 $b_{n^2}=(b_n)^2$，则 $b_{1^2}=(b_1)^2$，$b_{2^2}=(b_2)^2$，…，所以

$$b_1b_4b_9\cdots b_{n^2}=(b_1)^2(b_2)^2(b_3)^2\cdots(b_n)^2=(b_1b_2b_3\cdots b_n)^2.$$

故$\frac{\lg(b_1b_4b_9\cdots b_{n^2})}{\lg(b_1b_2b_3\cdots b_n)}=\frac{\lg(b_1b_2b_3\cdots b_n)^2}{\lg(b_1b_2b_3\cdots b_n)}=\frac{2\lg(b_1b_2b_3\cdots b_n)}{\lg(b_1b_2b_3\cdots b_n)}=2.$

13.(E)

解　析	【等差数列求和】【数列判定(等差)】

根据题意可知，当 n 为奇数时，$(-1)^{n+1}=1$，$a_{n+2}-a_n=1+1=2$，已知 $a_1=1$，所以奇数项为首项为1、公差为2的等差数列；

当 n 为偶数时，$(-1)^{n+1}=-1$，$a_{n+2}-a_n=1-1=0$，已知 $a_2=2$，所以偶数项为首项为2、公差为0的等差数列，即常数列．因此

$$S_{100}=(a_1+a_3+\cdots+a_{99})+(a_2+a_4+\cdots+a_{100})=\frac{(1+99)\times 50}{2}+50\times 2=2\ 600.$$

14.(B)

解　析	【递推公式】【数列判定(等比)】【对数运算】

已知 $\lg a_{n+1}=1+\lg a_n\Rightarrow\lg a_{n+1}=\lg 10+\lg a_n=\lg 10a_n$，可得 $a_{n+1}=10a_n\Rightarrow\frac{a_{n+1}}{a_n}=10$，说明数列 $\{a_n\}$是以10为公比的等比数列，则 $a_{n+100}=a_n\cdot 10^{100}$，故有

$$\begin{aligned}原式&=\lg(a_1\cdot 10^{100}+a_2\cdot 10^{100}+\cdots+a_{100}\cdot 10^{100})\\&=\lg[10^{100}\times(a_1+a_2+\cdots+a_{100})]\\&=\lg 10^{100}=100.\end{aligned}$$

15.(D)

解　析	【过圆内一点最短和最长的弦】【弦长公式】【等差数列】
知识补充	过圆内一定点，最长的弦为过该定点的直径；最短的弦为垂直于该直径的弦

根据题意可知，弦 $l_{2\,023}$ 与 OP 在同一条直线上，说明 $l_{2\,023}$ 为过点 P 的最长弦，则 $l_{2\,023}=2r$. 弦 $l_1\perp OP$，即垂直于直径，则 l_1 为过点 P 的最短弦，且 $\left(\frac{l_1}{2}\right)^2+OP^2=r^2$，化简可得 $l_1=2\sqrt{r^2-OP^2}$. 故等差数列 l_1，l_2，l_3，…，$l_{2\,023}$ 的公差为 $d=\frac{l_{2\,023}-l_1}{2\,023-1}$.

条件(1)：已知 $r=5$，$|OP|=3$，代入可得 $l_1=2\sqrt{r^2-OP^2}=2\sqrt{5^2-3^2}=8$，$l_{2\,023}=2r=10$，公差 $d=\frac{l_{2\,023}-l_1}{2\,023-1}=\frac{10-8}{2\,022}=\frac{1}{1\,011}$，故条件(1)充分；

条件(2)：已知 $r=13$，$|OP|=5$，代入可得 $l_1=2\sqrt{r^2-OP^2}=2\sqrt{13^2-5^2}=24$，$l_{2\,023}=2r=26$，公差 $d=\frac{l_{2\,023}-l_1}{2\,023-1}=\frac{26-24}{2\,022}=\frac{1}{1\,011}$，故条件(2)充分．

16.(B)

解　析	【等差数列】【正负判断】

已知数列 $\{a_n\}$ 为等差数列，$a_1=-9$，$a_5=-1$，则公差 $d=\frac{a_5-a_1}{5-1}=\frac{(-1)-(-9)}{4}=2$，所以 $a_n=a_1+(n-1)d=2n-11$. 数列 $\{a_n\}$ 为 $a_1=-9$，$a_2=-7$，$a_3=-5$，$a_4=-3$，$a_5=-1$，$a_6=1$，…，当 $n\geqslant6$ 时，$a_n>0$ 恒成立．

因为 $T_n=a_1a_2\cdots a_n(n=1, 2, \cdots)$，所以可得

$$T_1=-9,\ T_2=63,\ T_3=-315,\ T_4=945,\ T_5=-945.$$

当 $n\geqslant6$ 时，$T_n=a_1a_2a_3\cdots a_n$ 中共有5个负因数，此时 $T_n<0$ 恒成立，且 n 越大，T_n 的绝对值越大，T_n 越小．因此数列 $\{T_n\}$ 有最大项 $T_4=945$，没有最小项．

17.(D)

解　析	【等差数列 S_n 的最值】

已知等差数列 $\{a_n\}$ 前 n 项和 S_n 有最小值，说明 $a_1<0$，$d>0$，则 $a_8=a_7+d>a_7$.

条件(1)：因为 $a_8>a_7$，由 $|a_7|=|a_8|$，可得 $a_7=-a_8$，$a_7<0$，$a_8>0$，$a_7+a_8=0$.

$S_{13}=13a_7<0$，$S_{14}=7(a_7+a_8)=0$，所以当 $S_n<0$ 时，n 最大值为13，条件(1)充分．

条件(2)：因为 $a_8>a_7$，由 $\frac{a_8}{a_7}<-1$ 可得 $a_7<0$，$a_8>0$，且 $a_8>-a_7$，则 $a_7+a_8>0$.

$S_{13}=13a_7<0$，$S_{14}=7(a_7+a_8)>0$，所以当 $S_n<0$ 时，n 最大值为13，条件(2)充分．

18.(D)

解　析	【等比数列】【数列求和(裂项相消)】

条件(1)：已知数列 $\{a_n\}$ 为等比数列，首项 $a_1=1$，公比 $q=\frac{1}{2}$，因此

$$S_n=\frac{a_1(1-q^n)}{1-q}=2\times\left[1-\left(\frac{1}{2}\right)^n\right]=2-\left(\frac{1}{2}\right)^{n-1}.$$

因为 $n\geqslant1$，所以 $0<\left(\frac{1}{2}\right)^{n-1}\leqslant1$，可得 $1\leqslant2-\left(\frac{1}{2}\right)^{n-1}<2$，即 $1\leqslant S_n<2$. 所得范围在 $\left(\frac{1}{3}, 2\right)$ 内，所以条件(1)充分．

条件(2)：因为 $n\geqslant1$，所以 $a_n=\frac{2}{(n+1)^2}<\frac{2}{n(n+1)}=2\left(\frac{1}{n}-\frac{1}{n+1}\right)$，因此

$$S_n=a_1+a_2+a_3+\cdots+a_n<2\left[\left(1-\frac{1}{2}\right)+\left(\frac{1}{2}-\frac{1}{3}\right)+\left(\frac{1}{3}-\frac{1}{4}\right)+\cdots+\left(\frac{1}{n}-\frac{1}{n+1}\right)\right]$$
$$=2\left(1-\frac{1}{2}+\frac{1}{2}-\frac{1}{3}+\frac{1}{3}-\frac{1}{4}+\cdots+\frac{1}{n}-\frac{1}{n+1}\right)=2-\frac{2}{n+1}.$$

因为 $n\geqslant 1$，所以 $2-\frac{2}{n+1}<2$，因此 $S_n<2$.

又 $a_n=\frac{2}{(n+1)^2}>\frac{2}{(n+1)(n+2)}=2\left(\frac{1}{n+1}-\frac{1}{n+2}\right)$，因此

$$S_n=a_1+a_2+a_3+\cdots+a_n>2\left[\left(\frac{1}{2}-\frac{1}{3}\right)+\left(\frac{1}{3}-\frac{1}{4}\right)+\cdots+\left(\frac{1}{n+1}-\frac{1}{n+2}\right)\right]=1-\frac{2}{n+2}.$$

因为 $n\geqslant 1$，所以 $1-\frac{2}{n+2}\geqslant\frac{1}{3}$，因此 $S_n>\frac{1}{3}$.

综上所述，$\frac{1}{3}<S_n<2$，所以条件(2)充分．

19. (D)

解　析	【递推公式】【整除问题】【整数不定方程】

由题意可知，将每位同学所报的数排列起来，即为“斐波那契数列”，具体为

$$1,\ 1,\ 2,\ 3,\ 5,\ 8,\ 13,\ 21,\ 34,\ 55,\ 89,\ 144,\ \cdots.$$

该数列中是 3 的倍数的分别为第 4，8，12，…，$4n(n\in\mathbf{N}^+)$项，甲同学报数的项数分别为第 1，6，11，…，$5m-4(m\in\mathbf{N}^+)$项．

方法一：若甲同学拍手，则有 $4n=5m-4\Rightarrow m=\frac{4n+4}{5}$.

因为 $m\in\mathbf{N}^+$，所以$\frac{4n+4}{5}\in\mathbf{N}^+\Rightarrow 4n+4$ 的尾数必须为 5 或 0：

①当 $4n+4$ 尾数为 5 时，$4n$ 尾数为 1，不存在，应舍去；

②当 $4n+4$ 尾数为 0 时，$4n$ 尾数为 6，因此 n 可以为 4，9，14，19，….

当报数为 100 个数时，还需满足 $1\leqslant 4n\leqslant 100\Rightarrow 1\leqslant n\leqslant 25$，因此满足条件的 n 为 4，9，14，19，24 共 5 个，即甲同学拍手的总次数为 5.

方法二：若甲同学拍手，则 $4n=5m-4$，即 $5m-4$ 是 4 的倍数，根据整除的特征，可知只需 m 是 4 的倍数即可．又因为 $1\leqslant 5m-4\leqslant 100$，且 $m\in\mathbf{N}^+$，因此满足条件的 m 为 4，8，12，16，20，即甲同学拍手的总次数为 5 次．

20. (C)

解　析	【递推公式(累加法)】

因为 $a_{n+2}=a_n+a_{n+1}$，等式两边同乘 a_{n+1}，可得 $a_{n+1}a_{n+2}=a_na_{n+1}+a_{n+1}^2$，则

$$a_{n+1}^2=a_{n+1}a_{n+2}-a_na_{n+1}\Rightarrow a_n^2=a_na_{n+1}-a_{n-1}a_n,$$

所以 $a_2^2=a_2a_3-a_1a_2$，$a_3^2=a_3a_4-a_2a_3$，…，$a_{n-1}^2=a_{n-1}a_n-a_{n-2}a_{n-1}$.

将上式累加，可得

$$\begin{aligned}&a_2^2+a_3^2+\cdots+a_n^2\\=&(a_2a_3-a_1a_2)+(a_3a_4-a_2a_3)+\cdots+(a_{n-1}a_n-a_{n-2}a_{n-1})+(a_na_{n+1}-a_{n-1}a_n)\\=&a_2a_3-a_1a_2+a_3a_4-a_2a_3+\cdots+a_{n-1}a_n-a_{n-2}a_{n-1}+a_na_{n+1}-a_{n-1}a_n\\=&a_na_{n+1}-a_1a_2.\end{aligned}$$

因为 $a_1=a_2$，所以 $a_2^2+a_3^2+\cdots+a_n^2=a_na_{n+1}-a_1^2\Rightarrow a_1^2+a_2^2+a_3^2+\cdots+a_n^2=a_na_{n+1}$. 当 $n=2\,022$ 时，$a_1^2+a_2^2+\cdots+a_{2\,022}^2=a_{2\,022}a_{2\,023}=2\,023$.

21. (B)

解 析	【等比数列】【均值不等式】

因为等比数列 $\{a_n\}$ 的公比为 2，所以 $a_m=a_2\times 2^{m-2}$，$a_n=a_2\times 2^{n-2}$.

又因为 $a_ma_n=4a_2^2$，可得

$$(a_2\times 2^{m-2})\times(a_2\times 2^{n-2})=4a_2^2\Rightarrow a_2^2\times 2^{m+n-4}=4a_2^2,$$

则 $2^{m+n-4}=4$，得 $m+n=6$，其中 m，$n\in\mathbf{N}^+$，所以

$$\begin{aligned}\frac{2}{m}+\frac{1}{2n}&=\left(\frac{2}{m}+\frac{1}{2n}\right)\times 1=\frac{1}{6}\times(m+n)\times\left(\frac{2}{m}+\frac{1}{2n}\right)\\&=\frac{1}{6}\left(\frac{5}{2}+\frac{2n}{m}+\frac{m}{2n}\right)\geqslant\frac{1}{6}\left(\frac{5}{2}+2\sqrt{\frac{2n}{m}\times\frac{m}{2n}}\right)=\frac{3}{4}.\end{aligned}$$

当且仅当 $\frac{2n}{m}=\frac{m}{2n}$，即 $m=2n$ 时取得最小值，此时 $m=4$，$n=2$，符合题意，因此 $\frac{2}{m}+\frac{1}{2n}$ 的最小值为 $\frac{3}{4}$.

【快速得分法】求得 $m+n=6$ 后可用穷举法求解 $\frac{2}{m}+\frac{1}{2n}$ 的最小值.

第5章 几何

第1节 平面图形

题型58 三角形的心及其他基本问题

1. (B)

解析	本题参照【模型1. 内心】

连接 OD、OE、OF，易知$\triangle AOD\cong\triangle AOF$，$\triangle BOD\cong\triangle BOE$，$\triangle COE\cong\triangle COF$. 故

$$AD=AF=5\text{ 厘米}，CE=CF=3\text{ 厘米}，BE=BD.$$

故 $BE=\frac{1}{2}\times$周长$-AF-CF=10-5-3=2$(厘米).

2. (A)

解析	本题参照【模型1. 内心】

如图 5-1 所示，设内切圆的半径为 r，且与 BC、AC 的切点分别为 E、F，连接 OE、OF.

由 $OE/\!/AC$，$OF/\!/CD$，可得$\triangle AOF$与$\triangle ADC$相似，且 $FC=OE=r$，故

$$\frac{OF}{DC}=\frac{AF}{AC}\Rightarrow\frac{r}{1}=\frac{4-r}{4},$$

解得 $r=\frac{4}{5}$.

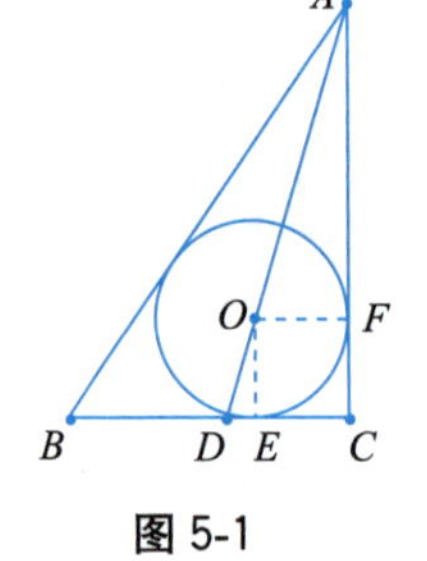

图 5-1

3. (C)

解析	本题参照【模型2. 外心】

直角三角形的外心 O 即为斜边上的中点，且到三个顶点的距离相等．故外接圆的半径为

$$OC=OA=OB=R=\frac{1}{2}AB=\frac{1}{2}\times\sqrt{3^2+4^2}=\frac{5}{2}.$$

则 $\mathrm{Rt}\triangle ABC$ 外接圆的面积为 $S=\pi R^2=\frac{25}{4}\pi$.

4. (C)

解析	本题参照【模型2. 外心】【模型4. 重心】

如图 5-2 所示．由勾股定理，得 $BC=\sqrt{6^2+8^2}=10$.

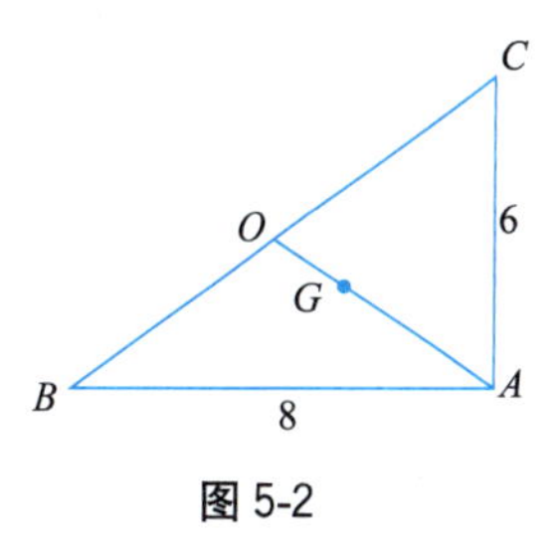

图 5-2

直角三角形的外心是斜边上的中点，故外接圆的半径

$$R=OA=OC=5.$$

由于重心是中线的交点，则重心 G 在直线 OA 上；重心分中线的比例为 2∶1，故 $OG=\frac{1}{3}OA=\frac{5}{3}$.

5. (D)

解　析	本题参照【模型 3. 垂心】【模型 4. 重心】

条件(1)：点 G 为 $\triangle ABC$ 的重心，则 $\frac{DG}{AG}=\frac{EG}{BG}=\frac{FG}{CG}=\frac{1}{2}$，因此有 $\frac{DG}{DA}=\frac{EG}{EB}=\frac{FG}{FC}=\frac{1}{3}$，则 $\frac{DG}{DA}+\frac{EG}{EB}+\frac{FG}{FC}=1$，条件(1)充分.

条件(2)：点 G 为 $\triangle ABC$ 的垂心，因此有 $\frac{S_{\triangle BCG}}{S_{\triangle ABC}}=\frac{\frac{1}{2}BC\cdot DG}{\frac{1}{2}BC\cdot DA}=\frac{DG}{DA}$，同理 $\frac{S_{\triangle ACG}}{S_{\triangle ABC}}=\frac{EG}{EB}$，$\frac{S_{\triangle ABG}}{S_{\triangle ABC}}=\frac{FG}{FC}$，故 $\frac{DG}{DA}+\frac{EG}{EB}+\frac{FG}{FC}=\frac{S_{\triangle BCG}+S_{\triangle ACG}+S_{\triangle ABG}}{S_{\triangle ABC}}=1$，条件(2)也充分.

6. (B)

解　析	本题参照【模型 4. 重心】

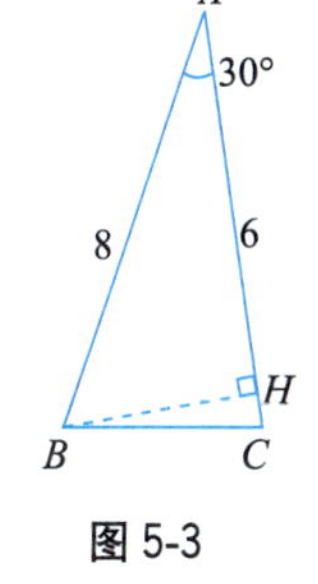

图 5-3

方法一：如图 5-3 所示，由 B 点向 AC 作高 BH，$\angle A=30°$，故

$$BH=\frac{1}{2}AB=\frac{1}{2}\times 8=4.$$

所以 $\triangle ABC$ 的面积 $=\frac{1}{2}\times BH\times AC=\frac{1}{2}\times 6\times 4=12$.

由题意知 O 为重心，已知重心将三角形分成面积相等的三个三角形，故

$$\text{阴影部分面积}=\frac{1}{3}\triangle ABC\text{ 的面积}=\frac{1}{3}\times 12=4.$$

方法二：$\triangle ABC$ 的面积 $=\frac{1}{2}\times AB\times AC\times \sin\angle ABC=\frac{1}{2}\times 8\times 6\times \frac{1}{2}=12$.

同理，阴影部分面积 $=\frac{1}{3}\triangle ABC$ 的面积 $=\frac{1}{3}\times 12=4$.

7. (E)

解　析	本题参照【模型 4. 重心】

由题易知 $\triangle CGD\cong\triangle BG'D$，故 $BG'=CG=6$，$GG'=8$. 已知 $BG=10$，所以 $\triangle BGG'$ 为直角三角形，故 $S_{\triangle BGG'}=\frac{1}{2}\times 6\times 8=24$，则 $S_{\triangle BCG}=24$. 由于 G 为重心，将 $\triangle ABC$ 分成三个面积相等的三角形，故 $S_{\triangle ABC}=3S_{\triangle BCG}=72$.

8. (A)

解　析	本题参照【模型 4. 重心】

连接 AE，由于 F 是 AC 的中点，D 是 CE 的中点，因此 O 是$\triangle ACE$ 的重心，故 $OF:OE=1:2$.

9. (A)

解　析	本题参照【模型 5. 等边三角形的中心】

如图 5-4 所示.

设三角形的内切圆半径 $r=OF=1$.

因为点 O 也为重心，则

$$外接圆半径 R=AO=2OF=2，高 h=AF=3OF=3.$$

故 $r:R:h=1:2:3$.

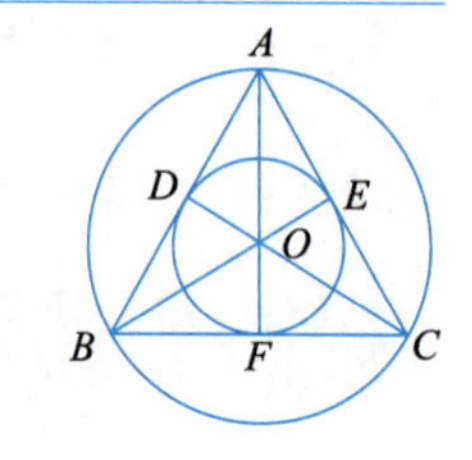

图 5-4

10. (D)

解　析	本题参照【模型 6. 三角形的面积公式】

$\triangle ABC$ 是等腰直角三角形，设 $AB=AC=x$，则 $BC=\sqrt{2}x$. 故周长为 $x+x+\sqrt{2}x=2\sqrt{2}+4$，解得 $x=2$，则斜边 $BC=2\sqrt{2}$.

故等边三角形 BDC 的面积为 $S=\frac{\sqrt{3}}{4}BC^2=2\sqrt{3}$.

题型 59　平面几何五大模型

1. (D)

解　析	本题参照【模型 1. 等面积模型】

已知 D 是 BC 的中点，则 $S_{\triangle BDA}=\frac{1}{2}S_{\triangle ABC}$. 因为 $AE=3ED$，那么 $AE=\frac{3}{4}AD$，$S_{\triangle BEA}=\frac{3}{4}S_{\triangle BDA}$，而$\triangle ABC$ 的面积为 96，可得阴影部分 $S_{\triangle BEA}=\frac{3}{4}S_{\triangle BDA}=\frac{3}{8}S_{\triangle ABC}=36$.

2. (E)

解　析	本题参照【模型 1. 等面积模型】

方法一：由题意，知 $EF=\frac{1}{2}BC$，且 $EF/\!/BC$，点 B 到 EF 的距离 $h=\frac{1}{2}AD=4$，所以

$$S_{\triangle EBF}=\frac{1}{2}\cdot EF\cdot h=\frac{1}{2}\times5\times4=10.$$

方法二：由题意知，AD 为$\triangle ABC$ 在 BC 边上的高，因此 $S_{\triangle ABC}=\frac{1}{2}BC\cdot AD=\frac{1}{2}\times10\times8=40$.

因为 F 为 AC 的中点，所以 $S_{\triangle ABF}=\frac{1}{2}S_{\triangle ABC}=\frac{1}{2}\times 40=20$；

又因为 E 为 AB 的中点，所以 $S_{\triangle EBF}=\frac{1}{2}S_{\triangle ABF}=\frac{1}{2}\times 20=10$.

3. (B)

解　析	本题参照【模型 2. 共角模型】

根据共角模型，有 $\frac{S_{\triangle ADE}}{S_{\triangle ABC}}=\frac{AD\cdot AE}{AB\cdot AC}=\frac{2}{3}\times\frac{1}{2}=\frac{1}{3}$，故 $S_{\triangle ABC}=3$.

4. (B)

解　析	本题参照【模型 3. 相似模型】

条件(1)：由 $AG=2GD$，可得 $AG:AD=2:3$.
$\triangle AEF$ 与 $\triangle ABC$ 相似，由相似三角形面积比等于相似比的平方，可得

$$\frac{S_{\triangle AEF}}{S_{\triangle ABC}}=\left(\frac{AG}{AD}\right)^2=\left(\frac{2}{3}\right)^2=\frac{4}{9}.$$

故 $\frac{S_{\triangle AEF}}{S_{\text{梯形}EBCF}}=\frac{S_{\triangle AEF}}{S_{\triangle ABC}-S_{\triangle AEF}}=\frac{4}{9-4}=\frac{4}{5}$.
所以 $\triangle AEF$ 与梯形 $EBCF$ 面积不相等，故条件(1)不充分 .
条件(2)：同理，可得

$$\frac{S_{\triangle AEF}}{S_{\triangle ABC}}=\left(\frac{EF}{BC}\right)^2=\left(\frac{1}{\sqrt{2}}\right)^2=\frac{1}{2}.$$

故 $\frac{S_{\triangle AEF}}{S_{\text{梯形}EBCF}}=\frac{S_{\triangle AEF}}{S_{\triangle ABC}-S_{\triangle AEF}}=\frac{1}{2-1}=1$.
所以 $\triangle AEF$ 与梯形 $EBCF$ 面积相等，故条件(2)充分 .

5. (A)

解　析	本题参照【模型 3. 相似模型】

设 $MN=x$，由题意，可知 $\triangle BMN\backsim\triangle BAC$，故有 $\frac{MN}{AC}=\frac{BN}{BC}$，即 $\frac{x}{2}=\frac{BN}{BC}$ ①；

$\triangle CMN\backsim\triangle CDB$，故有 $\frac{MN}{DB}=\frac{CN}{BC}$，即 $\frac{x}{3}=\frac{CN}{BC}$ ②.

式①+式②得 $\frac{x}{2}+\frac{x}{3}=\frac{BN}{BC}+\frac{CN}{BC}=\frac{BC}{BC}=1$，即 $\frac{5x}{6}=1$，解得 $x=\frac{6}{5}$. 故 $MN=\frac{6}{5}$.

6. (D)

解　析	本题参照【模型 3. 相似模型】

方法一：射影定理 .

如图 5-5 所示，在 $\text{Rt}\triangle ABC$ 中，$CD\perp AB$，由射影定理可知，$AC^2=AD\cdot AB$，$BC^2=BD\cdot AB$.

又因为 $AD=3$，$BD=2$，所以 $AB=5$. $AC^2=3\times5=15$，$BC^2=2\times5=10$，

故$\frac{AC}{BC}=\frac{\sqrt{15}}{\sqrt{10}}=\frac{\sqrt{3}}{\sqrt{2}}$.

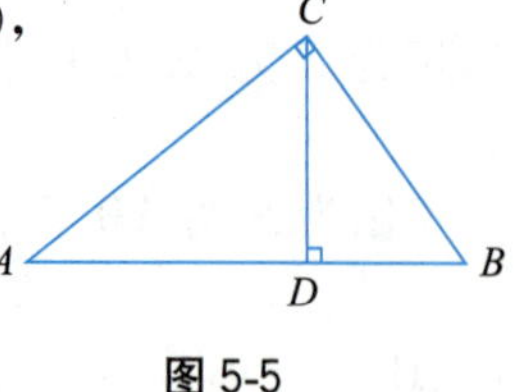

图 5-5

方法二：如图 5-5 所示，易知$\triangle ADC\backsim\triangle CDB$，故有$\frac{AC}{BC}=\frac{CD}{BD}=\frac{AD}{CD}=\frac{CD}{2}=\frac{3}{CD}$，解得 $CD=\sqrt{6}$，故有 $AC:BC=CD:BD=\sqrt{6}:2=\sqrt{3}:\sqrt{2}$.

7. (A)

解　析	本题参照【模型 3. 相似模型】

连接 CD，由直径所对的圆周角为 $90°$，可知 $CD\perp AB$. 由 $AC=3$，$BC=4$，可得 $AB=5$.

由射影定理可得 $BC^2=BD\cdot BA$，即 $16=5BD$，故 $BD=\frac{16}{5}$.

【注意】本题也可直接由切割线定理得 $BC^2=BD\cdot BA$.

8. (B)

解　析	本题参照【模型 3. 相似模型】

延长 PO 交圆于点 B. 由切割线定理可知，$PT^2=PA\cdot PB=PA\cdot(PA+2OA)$，即

$$6^2=4\times(4+2OA)\Rightarrow OA=\frac{5}{2}.$$

故圆 O 的面积 $S=\pi\cdot OA^2=\frac{25}{4}\pi$.

9. (C)

解　析	本题参照【模型 3. 相似模型】

因为 $GF\perp AC$，$\angle GFP=45°$，故$\angle PFC=45°$，$\triangle PFC$ 是等腰直角三角形 .

设 $PC=x$，则 $FC=x$，$PF=\sqrt{2}x$，$GF=2x$，$AF=3-x$.

因为 $GF /\!/ BC$，所以$\triangle AFG\backsim\triangle ACB$，所以$\frac{AF}{AC}=\frac{GF}{BC}\Rightarrow\frac{3-x}{3}=\frac{2x}{5}$，解得 $x=\frac{15}{11}$.

10. (E)

解　析	本题参照【模型 1. 等面积模型】【模型 4. 燕尾模型】

连接 BG.

因为 $S_{\triangle ADG}=1$，$\frac{AD}{BD}=\frac{1}{2}$，由等面积模型，可得$\frac{S_{\triangle ADG}}{S_{\triangle BDG}}=\frac{AD}{BD}=\frac{1}{2}\Rightarrow S_{\triangle BDG}=2$；故 $S_{\triangle ABG}=3$.

再由燕尾模型，可得$\frac{S_{\triangle ABG}}{S_{\triangle ACG}}=\frac{BE}{EC}=\frac{1}{2}\Rightarrow S_{\triangle ACG}=6$，故 $S_{\triangle ADC}=7$.

再由等面积模型，可得$\frac{S_{\triangle ADC}}{S_{\triangle BDC}}=\frac{AD}{BD}=\frac{1}{2}\Rightarrow S_{\triangle BDC}=14$，故 $S_{\triangle ABC}=7+14=21$.

11. (C)

解　析	本题参照【模型 5. 风筝与蝴蝶模型】

由风筝模型，可知$\frac{S_{\triangle ABD}}{S_{\triangle CBD}}=\frac{AO}{OC}=\frac{1}{3}$，又 $AO=2$，可得 $OC=2\times3=6$，而 $DO=3$，故 CO 的长度是 DO 长度的 2 倍．

12. (A)

解　析	本题参照【模型 5. 风筝与蝴蝶模型】

由风筝模型，可知

$\frac{S_{丙}}{S_{甲}}=\frac{CE}{EA}=2$，故 $S_{丙}=2S_{甲}$；

$\frac{S_{丙}}{S_{乙}}=\frac{BE}{ED}=2$，故 $S_{丙}=2S_{乙}$，则 $S_{乙}=S_{甲}$；

$\frac{S_{丁}}{S_{甲}}=\frac{DE}{BE}=\frac{1}{2}$，故 $S_{丁}=\frac{1}{2}S_{甲}$．

则 $S_{丙}+S_{丁}=2S_{甲}+\frac{1}{2}S_{甲}=\frac{5}{2}S_{甲}=\frac{5}{4}(S_{甲}+S_{乙})$．

13. (D)

解　析	本题参照【模型 5. 风筝与蝴蝶模型】

方法一：由梯形蝴蝶模型，可知 $S_{\triangle AOD}=S_{\triangle BOC}=35$ 平方厘米．

由 $S_{\triangle AOB}\times S_{\triangle COD}=S_{\triangle AOD}\times S_{\triangle BOC}$ 得 $25\times S_{\triangle COD}=35\times35$，$S_{\triangle COD}=49$ 平方厘米．

所以，梯形面积为 $25+35+35+49=144$(平方厘米)．

方法二：由梯形蝴蝶模型，可知 $S_{\triangle AOB}:S_{\triangle BOC}=a:b=25:35=5:7$，其中$\triangle AOB$ 所占份数为 $a^2=25$ 份，则 1 份为 1 平方厘米，故梯形总面积为$(a+b)^2\times1=144$ 平方厘米．

梯形蝴蝶模型的结论在任意梯形中均成立，故条件(1)、(2)单独都充分．

题型 60　求面积问题

1. (E)

解　析	本题参照【模型 1. 割补法】

由题可知，BF 平分$\triangle ABC$. 故

$$S_{阴影}=\frac{1}{2}S_{\triangle ABC}-S_{\triangle GDC}=\frac{1}{2}\times\frac{1}{2}\times10^2-\frac{1}{2}\times4^2=17.$$

2. (B)

解　析	本题参照【模型 1. 割补法】

一半阴影部分的面积＝扇形 BAD 的面积－三角形 ABD 的面积．

故阴影部分的面积为 $S=2\times\left(\frac{\pi\times4^2}{4}-\frac{1}{2}\times4^2\right)=8\pi-16$.

3.（A）

解　析	本题参照【模型 1. 割补法】

圆的周长为 $2\pi r=12\pi\Rightarrow r=6\Rightarrow S_{阴}=S_{长方形}-\frac{1}{4}S_{圆}=\frac{3}{4}S_{圆}=\frac{3}{4}\times\pi\times6^2=27\pi$.

4.（E）

解　析	本题参照【模型 1. 割补法】

已知 $\triangle AOB$ 的面积是 4，故正方形 $ABCD$ 面积为 $4S_{\triangle AOB}=16$，则边长 $BC=4$.

因为 $BE=2EC$，故 $BE=\frac{8}{3}$，$S_{\triangle BDE}=\frac{1}{2}\times\frac{8}{3}\times4=\frac{16}{3}$.

所以 $S_{阴影}=S_{\triangle AOB}+S_{\triangle BDE}=4+\frac{16}{3}=\frac{28}{3}$.

5.（C）

解　析	本题参照【模型 1. 割补法】

由题易知，$AC=10$，直角三角形内切圆半径为 $r=\frac{AB+BC-AC}{2}=2$.

故 $S_{阴影}=S_{\triangle ABC}-S_{圆}=\frac{6\times8}{2}-\pi\times2^2=24-4\pi$.

6.（C）

解　析	本题参照【模型 1. 割补法】

连 PD，PC 将阴影部分转换为两个三角形和两个弓形．

$$\begin{aligned}S_{阴影}&=S_{\triangle APD}+S_{\triangle QPC}+S_{弓形PD}+S_{弓形PC}\\&=\frac{1}{2}\times10\times5+\frac{1}{2}\times5\times5+(S_{半圆}-S_{\triangle CDP})\\&=25+\frac{25}{2}+\left(\frac{1}{2}\pi\times5^2-\frac{1}{2}\times10\times5\right)=\frac{25}{2}(1+\pi).\end{aligned}$$

7.（E）

解　析	本题参照【模型 1. 割补法】

由题可知 $S_{\triangle AGW}=S_{\triangle AGF}-S_{\triangle GWF}=\frac{1}{2}\times28\times(28+14)-\frac{1}{2}\times28\times28=196$.

8.（C）

解　析	本题参照【模型 2. 平移法】

将⊙P 平移，使⊙P 的圆心和⊙O 的圆心重合，过点 O 做弦 AB 的垂线，垂足为 C. 连接 OA，

如图 5-6 所示．

设$\odot P$，$\odot O$ 的半径分别为 r，R.

由垂径定理，可知 C 为 AB 中点，故 $AC=3$.

由勾股定理，可得 $r^2+3^2=R^2 \Rightarrow R^2-r^2=9$. 故

$$S_{阴}=S_{圆环}=\pi(R^2-r^2)=9\pi.$$

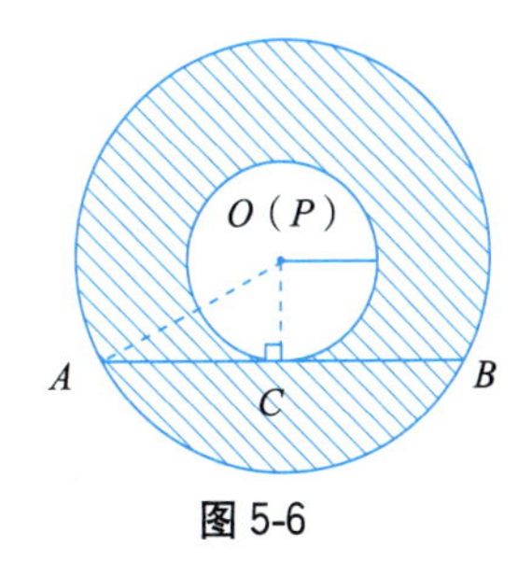

图 5-6

9.(B)

解　析	本题参照【模型 3. 对折法】

由 $AD \perp BC$，$BD=CD$ 可知，$\triangle ABC$ 是等腰三角形，所以三角形左边的阴影部分和右边的白色部分面积相等．故图中阴影部分的面积为

$$S_{阴}=S_{\triangle ADC}=\frac{1}{2}S_{\triangle ABC}=\frac{1}{2}\times\frac{1}{2}AD\cdot BC=\frac{1}{2}\times\frac{1}{2}\times 6\times 5=7.5.$$

10.(A)

解　析	本题参照【模型 4. 集合法】

根据两集合容斥原理，可得

$$\begin{aligned}S_{阴影}&=S_{以AB为直径的半圆}+S_{以AC为直径的半圆}-S_{\triangle ABC}\\&=\frac{1}{2}\pi\times\left(\frac{5}{2}\right)^2+\frac{1}{2}\pi\times\left(\frac{5}{2}\right)^2-\frac{1}{2}\times 8\times\sqrt{5^2-4^2}\\&=\frac{25\pi}{4}-12.\end{aligned}$$

11.(B)

解　析	本题参照【模型 4. 集合法】

图中的空白部分由两个三角形叠放而成，故用集合的两饼图公式可知

$$\begin{aligned}S_{空白}&=S_{\triangle DBF}+S_{\triangle AFC}-S_{四边形OEFG}\\&=\frac{1}{2}\times BF\times AB+\frac{1}{2}\times CF\times AB-4\\&=\frac{1}{2}\times BC\times AB-4\\&=20\ 平方米.\end{aligned}$$

故 $S_{阴影}=S_{矩形ABCD}-S_{空白}=48-20=28$(平方米).

12.(E)

解　析	本题参照【模型 1. 割补法】【模型 4. 集合法】

方法一：连接 OA、OB 可得一个三角形，可知半圆面积减去三角形面积等于一片叶子的面积，即

$$\frac{1}{2}\pi r^2-\frac{1}{2}\times 1\times\frac{1}{2}=\frac{1}{8}\pi-\frac{1}{4}.$$

阴影部分面积等于正方形的面积减去 4 片叶子的面积，所以

$$S_{阴影部分}=1-4\times\left(\frac{1}{8}\pi-\frac{1}{4}\right)=2-\frac{\pi}{2}.$$

方法二：根据容斥原理，4个半圆的面积－正方形面积＝4片叶子的面积，故

$$4片叶子的面积=4\times\frac{1}{2}\pi r^2-1=\frac{1}{2}\pi-1,$$

所以 $S_{阴影部分}=1-\left(\frac{1}{2}\pi-1\right)=2-\frac{\pi}{2}$.

13. (C)

解　析	本题参照【模型5. 其他问题】

条件(1)：已知 $AC=BC$，则 $\angle A=\frac{\pi}{4}$，$S_{扇形ADF}=\frac{1}{8}\times\pi\times AF^2$. 得不到 AC 与 AF 的关系，故不充分.

条件(2)：已知阴影部分的面积相等，可设其中一个的面积为 $S_{阴影}$，则有

$$S_{扇形ADF}-S_{阴影}=S_{空白}=S_{\triangle ABC}-S_{阴影}，即 S_{扇形ADF}=S_{\triangle ABC}.$$

因为扇形角的弧度数未知，则面积未知，推不出 AC 与 AF 的关系，故不充分.

两个条件联立，可得

$$S_{扇形ADF}=\frac{1}{8}\times\pi\times AF^2=\frac{1}{2}AC^2\Rightarrow AC:AF=\sqrt{\pi}:2.$$

故联立充分.

14. (C)

解　析	本题参照【模型5. 其他问题】

在 $\triangle ABD$ 中，由射影定理，可得 $AO^2=BO\cdot OD$.

由于 $\frac{1}{2}\cdot AO\cdot BO=54$，则 $BO=\frac{108}{AO}$. 又因为 $OD=16$，所以 $AO^2=BO\cdot OD=\frac{108}{AO}\cdot 16$，解得 $AO=12$，$BO=9$. 所以 $S_{长方形ABCD}=2\times\frac{1}{2}AO\cdot BD=12\times(9+16)=300$.

15. (D)

解　析	本题参照【模型5. 其他问题】

设 $AB=x$，$BC=y$.

由 $S_{\triangle ABE}=2$，可知 $\frac{1}{2}\cdot AB\cdot BE=2$，$BE=\frac{4}{x}$；

由 $S_{\triangle ADF}=4$，可知 $\frac{1}{2}\cdot AD\cdot DF=4$，$DF=\frac{8}{y}$.

故 $CE=y-\frac{4}{x}$，$CF=x-\frac{8}{y}$. 又由 $S_{\triangle CEF}=3$，得

$$\frac{1}{2}\cdot CE\cdot CF=\frac{1}{2}\left(y-\frac{4}{x}\right)\left(x-\frac{8}{y}\right)=3,$$

解得 $xy=2$(矩形 $ABCD$ 的面积一定大于 2，舍去)或 $xy=16$，即矩形面积为 16，故

$$S_{\triangle AEF}=16-2-3-4=7.$$

第2节 空间几何体

题型61 空间几何体的基本问题

1. (D)

解　析	本题参照【模型 1. 正方体】

如图 5-7 所示，挖去小正方体后的表面积，与原来的表面积相比，表面积不变．

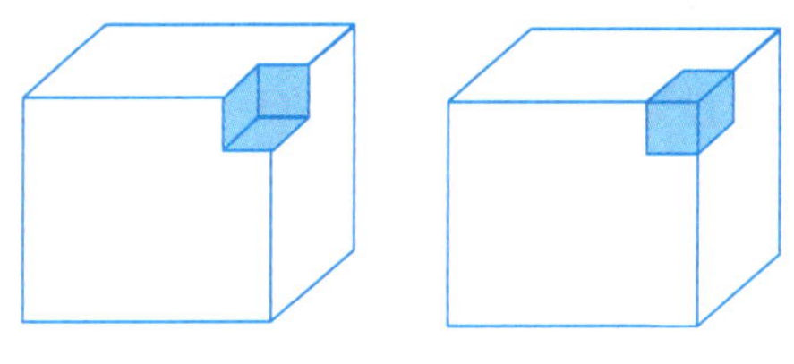

图 5-7

2. (C)

解　析	本题参照【模型 2. 圆柱体】

由题干可知 $R_{甲}=2R_{乙}$，$H_{甲}=\frac{1}{2}H_{乙}$．所以

$$\frac{V_{甲}}{V_{乙}}=\frac{\pi R_{甲}^2\cdot H_{甲}}{\pi R_{乙}^2\cdot H_{乙}}=2.$$

3. (B)

解　析	本题参照【模型 3. 球体】

由题干可知，$\frac{V_{大}}{V_{小}}=\frac{1}{\frac{2}{5}}=\frac{5}{2}=\frac{\frac{4}{3}\pi r_{大}^3}{\frac{4}{3}\pi r_{小}^3}$，则 $\left(\frac{r_{大}}{r_{小}}\right)^3=\frac{5}{2}$. 所以，$\frac{r_{大}}{r_{小}}=\sqrt[3]{\frac{5}{2}}=\frac{\sqrt[3]{5}}{\sqrt[3]{2}}$.

4. (D)

解　析	本题参照【模型 2. 圆柱体】【模型 3. 球体】

赋值法．设圆柱的底面半径 $r=1$，则高 $h=2r=2$，故圆柱的表面积 $S_{圆柱}=2\pi r^2+2\pi rh=6\pi$；

球体半径 $R=\frac{1}{2}h=1$，故球的表面积 $S_{球}=4\pi R^2=4\pi$.

所以，圆柱的表面积与球的表面积之比为 $\frac{S_{圆柱}}{S_{球}}=\frac{6\pi}{4\pi}=\frac{3}{2}$.

5.（A）

解　析	本题参照【模型 1. 正方体】【模型 2. 圆柱体】【模型 3. 球体】

不妨设体积均为 1，正方体边长为 a，圆柱底面半径为 r，球的半径为 R.

故对于正方体有 $a^3=1$，即 $a=1$，则 $S_1=6a^2=6$.

对于圆柱体有 $2r\cdot\pi r^2=1$，即 $r=\sqrt[3]{\frac{1}{2\pi}}$，则 $S_2=2\pi r^2+2\pi r\cdot 2r=\sqrt[3]{54\pi}$.

对于球体有 $\frac{4}{3}\pi R^3=1$，即 $R=\sqrt[3]{\frac{3}{4\pi}}$，则 $S_3=4\pi R^2=\sqrt[3]{36\pi}$.

所以，$S_1>S_2>S_3$.

6.（A）

解　析	本题参照【模型 3. 球体】【模型 4. 截面问题】

如图 5-8 所示.

设截面圆心为 O'，连接 $O'A$，设球半径为 R，则 $O'O=\frac{R}{2}$.

在等边△ABC 中，O'为△ABC 的中心，则 $O'A=\frac{2}{3}\times\sqrt{3}=\frac{2\sqrt{3}}{3}$；又因为在 Rt△$O'OA$ 中，$OA^2=O'A^2+O'O^2$，所以 $R^2=\left(\frac{2\sqrt{3}}{3}\right)^2+\left(\frac{1}{2}R\right)^2\Rightarrow R^2=\frac{16}{9}$.

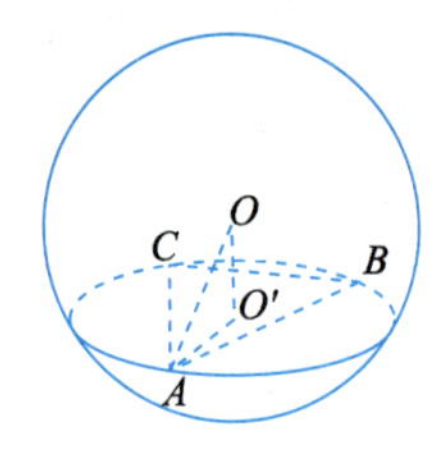

图 5-8

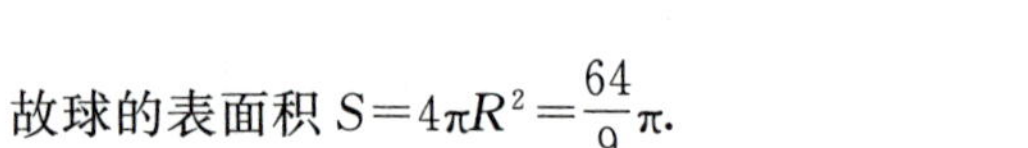

故球的表面积 $S=4\pi R^2=\frac{64}{9}\pi$.

7.（A）

解　析	本题参照【模型 4. 截面面积问题】

设正方体削掉的顶点为 D，剩余几何体的表面积为 $S_{剩}$，原来正方体的表面积为 $S_{正}$，则

$$S_{正}-S_{剩}=S_{\triangle ABD}+S_{\triangle ACD}+S_{\triangle BCD}-S_{\triangle ABC}.$$

因为 A、B、C 是所在棱的中点，则 $AB=AC=BC=\sqrt{\left(\frac{a}{2}\right)^2+\left(\frac{a}{2}\right)^2}=\frac{\sqrt{2}}{2}a$，故△$ABC$ 是边长为$\frac{\sqrt{2}}{2}a$ 的等边三角形，面积为$\frac{\sqrt{3}}{4}\times\left(\frac{\sqrt{2}}{2}a\right)^2=\frac{\sqrt{3}}{8}a^2$.

而△ABD、△ACD、△BCD 是三个全等的等腰直角三角形，$S_{\triangle ABD}=S_{\triangle ACD}=S_{\triangle BCD}=\frac{1}{2}\times\frac{a}{2}\times\frac{a}{2}=\frac{a^2}{8}$. 故

$$S_{正}-S_{剩}=3\times\frac{a^2}{8}-\frac{\sqrt{3}}{8}a^2=\frac{3-\sqrt{3}}{8}a^2,$$

即剩余的几何体的表面积和原来正方体的表面积相比，少了$\frac{3-\sqrt{3}}{8}a^2$.

8. (D)

解　析	本题参照【模型 2. 圆柱体】【模型 4. 与水有关】

瓶子的容积＝水的体积＋无水部分体积＝$\pi\times4^2\times7+\pi\times4^2\times18=400\pi$(立方厘米).

9. (A)

解　析	本题参照【模型 1. 正方体】【模型 3. 球体】【模型 4. 与水有关】

图 5-9 为该容器的剖面图.

设球的半径为 r 厘米，则

$$OA=OC=r\text{ 厘米}，AB=4\text{ 厘米}，BC=2\Rightarrow OB=r-2\text{ 厘米}.$$

在 Rt$\triangle OAB$ 中，$(r-2)^2+4^2=r^2\Rightarrow r=5$，故球的体积为

$$V=\frac{4}{3}\pi\times5^3=\frac{500\pi}{3}(\text{立方厘米}).$$

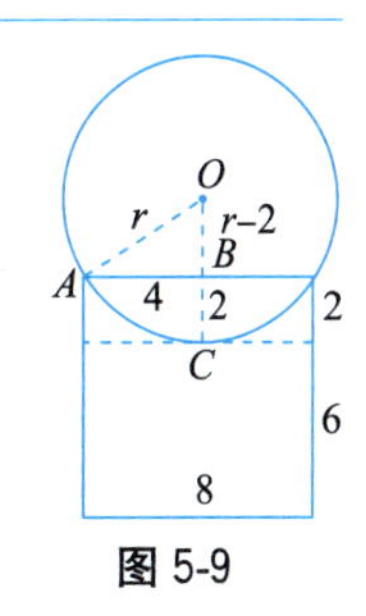

图 5-9

10. (D)

解　析	本题参照【模型 2. 圆柱体】【模型 3. 球体】【模型 4. 与水有关】

若使水不溢出，则小球的体积不应超过容器中剩余部分体积，即$\frac{4}{3}\pi r^3\leqslant\pi\times6^2\times1$，解得 $r\leqslant3$，故小球半径最大为 3 厘米.

11. (D)

解　析	本题参照【模型 2. 圆柱体】【模型 3. 球体】【模型 4. 与水有关】

由图可知，圆柱容器的底面半径和球的半径相等，设为 r 厘米.

因为原来容器内水的体积＝放入球之后水的体积，则 $\pi r^2\times6=\pi r^2\times6r-3\times\frac{4}{3}\pi r^3$，解得 $r=3$.

题型 62　几何体表面染色问题

1. (E)

【解析】三面有红漆的小正方体位于大正方体的顶点上，有 8 个；

任取 3 个至少 1 个三面是红漆的反面是任取 3 个没有 1 个三面是红漆，故所求概率为

$$P=1-\frac{C_{56}^3}{C_{64}^3}=1-\frac{165}{248}\approx0.335.$$

2. (D)

【解析】大正方体可切成 $n^3=6^3$ 个小正方体，其中三面红色的小正方体有 8 个；

两面红色的小正方体有 $12(n-2)=12\times(6-2)=48$(个)；

一面红色的小正方体有 $6(n-2)^2=6\times(6-2)^2=96$(个)；

没有红色的小正方体有$(n-2)^3=(6-2)^3=64$(个). 故最大公约数为 8.

3. (C)

【解析】没有红色的小正方体位于原来长方体的内部，这 4 个小正方体可能排成一字形或田字形.

若为一字形：棱长分别为 1，1，4，故原长方体的长宽高为 3，3，6，体积为 $3\times3\times6=54$；

若为田字形：棱长分别为 2，2，1，故原长方体的长宽高为 4，4，3，体积为 $4\times4\times3=48$.

题型 63　空间几何体的切与接

1. (D)

解　析	本题参照【模型 1. 正方体的切与接】

内切球直径为正方体边长 a，外接球直径为正方体的体对角线$\sqrt{3}a$，故 $r_{内}=\frac{a}{2}$，$r_{外}=\frac{\sqrt{3}}{2}a$.

球体表面积之比等于半径之比的平方，即$\frac{S_{外}}{S_{内}}=\left(\frac{r_{外}}{r_{内}}\right)^2=\frac{3}{1}$，故不论正方体棱长为多少，其外接球与内切球表面积之比均为 3 : 1，因此两个条件单独都充分 .

2. (D)

解　析	本题参照【模型 1. 正方体的切与接】

如图 5-10 所示 . 正方体外接半球的半径为

$$R=\sqrt{a^2+r^2}=\sqrt{a^2+\left(\frac{\sqrt{2}}{2}a\right)^2}=\frac{\sqrt{6}}{2}a=\frac{\sqrt{6}}{2}.$$

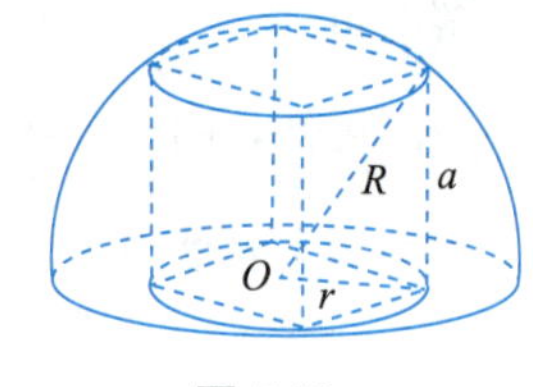

图 5-10

3. (D)

解　析	本题参照【模型 1. 正方体的切与接】

由题意知，球 O 为正方体的外接球 . 平面 AA_1D_1D 所截得的截面是圆，其直径为正方形 AA_1D_1D 的对角线，即$\sqrt{2}$. 由 E、F 是 AA_1、D_1D 中点，可知直线 EF 通过截面的圆心，故直线 EF 被球 O 截得的线段就是平面 AA_1D_1D 所截得的圆面的直径，为$\sqrt{2}$.

4. (D)

解　析	本题参照【模型 2. 长方体的切与接】

由题意知，该球体为长方体的外接球，长方体外接球直径等于长方体体对角线，即

$$2R=\sqrt{1^2+2^2+3^2}=\sqrt{14}.$$

故球的表面积为 $S=4\pi R^2=14\pi$.

5. (B)

解　析	本题参照【模型 3. 圆柱体的切与接】

设球的半径为 r，由题干可得，圆柱底面半径为 r，高为 $2r$.

故球的表面积为 $S_{球}=4\pi r^2$；圆柱的表面积为 $S_{柱}=2\pi r^2+2\pi r\cdot 2r=6\pi r^2$.

条件(1)：由上述结论可知，球的表面积是 $4\pi r^2$，圆柱的表面积是 $6\pi r^2$，因此球的表面积是圆柱表面积的$\frac{2}{3}$，此结论自然成立，无须条件(1)的补充，而且也无法确定圆柱的体积，条件(1)不充分.

条件(2)：圆柱的表面积是 6π，故有 $6\pi r^2=6\pi\Rightarrow r=1$.

故圆柱的体积为 $V=\pi r^2\cdot 2r=2\pi$，因此条件(2)充分.

题型 64　最短爬行距离问题

1. (C)

解　析	本题参照【模型 1. 在长方体表面爬行】

根据母题技巧的定理可知，最短路线长为 $\sqrt{5^2+(3+4)^2}=\sqrt{74}$.

2. (C)

解　析	本题参照【模型 1. 在长方体表面爬行】

先考虑一条最短路径，将正方体展开成平面图形，如图 5-11 所示．蚂蚁经过的面为“前面→右面”，最短距离为 $\sqrt{1^2+(1+1)^2}=\sqrt{5}$.

换个视角进行观测，同样的路径还有“前面→上面”“左面→上面”“左面→后面”，共有 4 条．

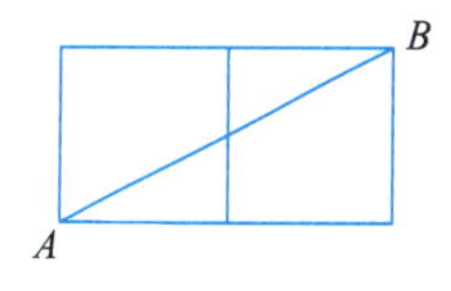

图 5-11

3. (D)

解　析	本题参照【模型 2. 在圆柱体表面爬行】

首先考虑蚂蚁从 A 点沿着高线爬行到上底面，再由上底面沿直径爬到 B 点，则此时蚂蚁的爬行路程为 $h+2r=18$ 厘米；

再考虑蚂蚁直接沿侧面爬行的路程，将圆柱的侧面展开，连接 AB，如图 5-12 所示．由题意，可知 AC 为圆柱的高，CD 长为底面周长，B 为 CD 的中点，则 AB 的路径为

$$AB=\sqrt{AC^2+CB^2}=\sqrt{h^2+(\pi r)^2}\approx\sqrt{12^2+9^2}=15(\text{厘米}).$$

显然，蚂蚁沿侧面爬行路程更短，故最短路程为 15 厘米．

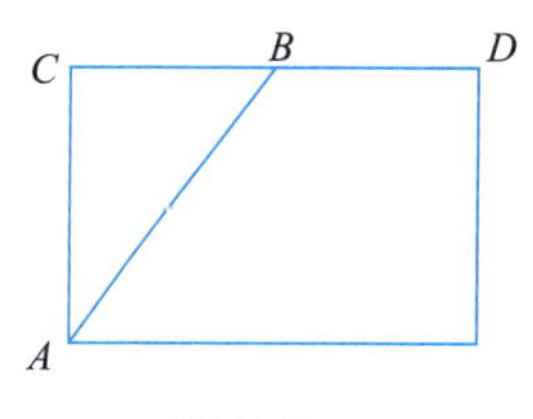

图 5-12

4.(C)

解　析	本题参照【模型 2. 在圆柱体表面爬行】

同上题，可知当蚂蚁沿侧面爬行到 B 点时的距离为

$$\sqrt{AC^2+CB^2}=\sqrt{h^2+(\pi r)^2}\approx 3\sqrt{10}.$$

当蚂蚁沿高线爬行到上底面，再沿上底面直径爬到 B 点，爬行路程为

$$h+2r=3+6=9<3\sqrt{10}.$$

故最短路程是经高线爬行到上底面，再沿直径爬行至 B 点，路程为 9.

第3节 解析几何

题型65 点与点、点与直线的位置关系

1.(D)

解　析	本题参照【模型 1. 直线的方程】

若直线在两坐标轴上的截距为 0，即直线过原点和点(1，2)，此时直线的方程为 $y=2x$.

若直线在两坐标轴上的截距不为 0，则直线不过原点，可设直线的方程为$\frac{x}{a}+\frac{y}{b}=1$.

因为直线在两坐标轴上的截距的绝对值相等，故 $|a|=|b|\Rightarrow b=a$ 或 $b=-a$.

①若 $b=a$，则直线方程为$\frac{x}{a}+\frac{y}{a}=1$，代入点(1，2)，有$\frac{1}{a}+\frac{2}{a}=1\Rightarrow a=3$，即直线为$\frac{x}{3}+\frac{y}{3}=1$.

②若 $b=-a$，则直线方程为$\frac{x}{a}-\frac{y}{a}=1$，代入点(1，2)，有$\frac{1}{a}-\frac{2}{a}=1\Rightarrow a=-1$，即直线为$\frac{x}{-1}+\frac{y}{1}=1$.

综上所述，一共有 3 条直线．

【快速得分法】画出坐标系和直线，可观察到，一共有 3 条直线，如图 5-13 所示．

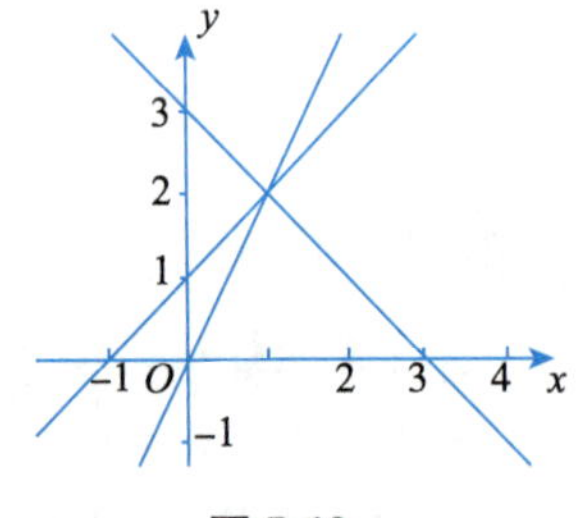

图 5-13

2.(D)

解　析	本题参照【模型 2. 点与点的位置关系】

三个点无法构成三角形，即这三个点在同一条直线上．由题可知

$$k_{AB}=\frac{2-1}{a-5},\ k_{BC}=\frac{2a-1}{-4-5}.$$

若 A，B，C 三点共线，则 $k_{AB}=k_{BC}$，即 $\frac{2-1}{a-5}=\frac{2a-1}{-4-5}$，解得 $a_1=2$，$a_2=\frac{7}{2}$.

故条件(1)和条件(2)单独都充分.

3. (C)

解　析	本题参照【模型2. 点与点的位置关系】

线段 AB 的中点 $\left(\frac{1+m}{2}, 0\right)$ 在垂直平分线 $x+2y-2=0$ 上，代入可得

$$\frac{1+m}{2}-2=0,$$

解得 $m=3$.

4. (D)

解　析	本题参照【模型3. 点与直线的位置关系】

点 $A(3, 4)$ 到直线 $y=kx$ 即 $kx-y=0$ 的距离为 $d_A=\frac{|3k-4|}{\sqrt{k^2+1}}$；点 $B(2, -1)$ 到直线 $kx-y=0$ 的距离为 $d_B=\frac{|2k+1|}{\sqrt{k^2+1}}$. 故距离之比为 $d_A:d_B=|3k-4|:|2k+1|$.

条件(1)：当 $k=\frac{9}{4}$ 时，$d_A:d_B=|3k-4|:|2k+1|=\frac{11}{4}:\frac{11}{2}=1:2$，条件(1)充分.

条件(2)：当 $k=\frac{7}{8}$ 时，$d_A:d_B=|3k-4|:|2k+1|=\frac{11}{8}:\frac{11}{4}=1:2$，条件(2)也充分.

题型66　直线与直线的位置关系

1. (D)

解　析	本题参照【平行关系】

先将两个方程中 x 和 y 的系数化为一致，即 $3x-2y-1=0 \Rightarrow 6x-4y-2=0$，因此有 $a=-4$. 两条直线的距离为 $\frac{|c+2|}{\sqrt{6^2+(-4)^2}}=\frac{2\sqrt{13}}{13} \Rightarrow |c+2|=4 \Rightarrow c+2=\pm 4$.

故 $\frac{c+2}{a}=\frac{\pm 4}{-4}=\pm 1$.

2. (B)

解　析	本题参照【平行关系】

设与 $x+y-1=0$ 相对的边方程为 $x+y+c=0$，由平行四边形的中心到对边的距离相等，可得

$$\frac{|3+3-1|}{\sqrt{1+1}}=\frac{|3+3+c|}{\sqrt{1+1}},$$

解得 $|6+c|=5$，可得 $c=-1$(舍去)或 -11. 所以，此边的方程为 $x+y-11=0$.

同样方法可以求出另外一边的方程为 $3x-y-16=0$.

3. (C)

解　析	本题参照【相交关系】

显然条件(1)和条件(2)单独均不充分，故联立两个条件.

设(x, y)为角平分线上的点，则点(x, y)到两直线距离相等，有

$$\frac{|4x-3y+1|}{\sqrt{4^2+3^2}}=\frac{|12x+5y+13|}{\sqrt{12^2+5^2}},$$

即 $13(4x-3y+1)=\pm 5(12x+5y+13)$，化简，可得 $2x+16y+13=0$ 或 $56x-7y+39=0$，故联立两个条件充分.

4. (A)

解　析	本题参照【相交关系】

设 l 和 $x-3y+10=0$ 的交点为 $P(a, b)$，A 为 P，Q 的中点，则 l 和 $2x+y-8=0$ 的交点为 $Q(-a, 2-b)$. 根据题意，有

$$\begin{cases} a-3b+10=0, \\ 2\times(-a)+(2-b)-8=0, \end{cases} \text{解得} \begin{cases} a=-4, \\ b=2. \end{cases}$$

所求直线即 AP 的方程为$\dfrac{y-1}{2-1}=\dfrac{x-0}{-4-0}$，整理得 $x+4y-4=0$.

5. (D)

解　析	本题参照【垂直关系】

若两条直线垂直，则$(m+2)(m-2)+3m(m+2)=0$，整理得$(m+2)(m-2+3m)=0$，解得 $m=\dfrac{1}{2}$或-2，故两个条件单独都充分.

6. (D)

解　析	本题参照【垂直关系】

条件(1)：由题意知，AB 的中点在直线 $4x+3y-11=0$ 上，直线 AB 与 $4x+3y-11=0$ 垂直，

$$\text{故有}\begin{cases} 4\times\dfrac{a+2+b-4}{2}+3\times\dfrac{b+2+a-6}{2}-11=0, \\ \dfrac{a-6-(b+2)}{b-4-(a+2)}\times\left(-\dfrac{4}{3}\right)=-1, \end{cases}$$

解得 $a=4$，$b=2$，条件(1)充分.

条件(2)：斜率乘积为-1，得 $a=4$；在 x 轴上的截距为$-\dfrac{1}{2}$，故其应过点$\left(-\dfrac{1}{2}, 0\right)$，则 $b=2$，条件(2)也充分.

7. (B)

解　析	本题参照【垂直关系】

条件(1)：由直线互相垂直，得 $3m+n=0$，无法同时确定 m，n 的值，条件(1)不充分.

条件(2)：对原方程进行整理，得 $(x+y-2)a-x+2y+5=0$，故有

$$\begin{cases}x+y-2=0,\\-x+2y+5=0,\end{cases}$$

解得 $x=3$，$y=-1$，则直线恒过(3，−1)点，故有 $m=3$，$n=-1$，则 $mn^4=3$，条件(2)充分.

题型 67　点与圆的位置关系

1. (C)

【解析】由题意知，圆的方程为 $x^2+y^2=9$，将点 P 坐标代入圆的方程可得 $1^2+3^2=10>9$，故点 P 在⊙O 外.

2. (D)

【解析】将圆整理成标准方程：$(x+1)^2+(y-2)^2=5$，圆心 C 为(−1，2)，半径为$\sqrt{5}$.

记点(−2，3)为点 M，代入圆的方程可得 $(-2+1)^2+(3-2)^2<5$，说明点 M 在圆内.

连接 MC，当弦 AB 垂直于 MC 时取得最小值，此时 $k_{AB}\cdot k_{MC}=-1$，$k_{MC}=\dfrac{3-2}{-2-(-1)}=-1$.

解得 $k_{AB}=1$. 由点斜式方程得 $y=1\times(x+2)+3$，整理得 $x-y+5=0$.

3. (D)

【解析】方法一：已知圆的圆心为$(a，a)$，半径为 2.

当圆心到原点的距离为 3 时，圆上恰有 1 个点到原点的距离为 1，如图 5-14 所示；

当圆心到原点的距离为 1 时，圆上恰有 1 个点到原点的距离为 1，如图 5-15 所示；

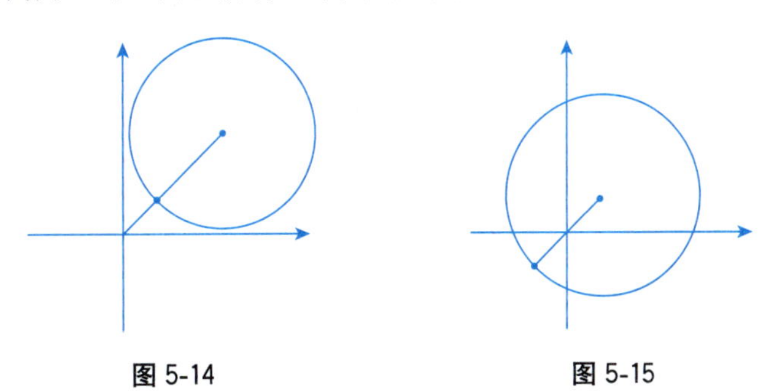

图 5-14　　　图 5-15

当圆心到原点的距离大于 1 小于 3 时，圆上有 2 个点到原点的距离为 1，即

$$1<\sqrt{(a-0)^2+(a-0)^2}<3\Rightarrow a\in\left(-\frac{3\sqrt{2}}{2},\ -\frac{\sqrt{2}}{2}\right)\cup\left(\frac{\sqrt{2}}{2},\ \frac{3\sqrt{2}}{2}\right).$$

方法二：设圆 $(x-a)^2+(y-a)^2=4$ 为 C_1，圆心为$(a，a)$，半径 $r_1=2$.

寻找到原点距离为1的点，即可以作圆 C_2：$x^2+y^2=1$.

易知，只有当圆 C_1 与圆 C_2 相交时有两个交点．这两点即为圆 C_1 上到原点距离为1的两点．由两圆相交，可知

$$|r_1-r_2|<\sqrt{a^2+a^2}<|r_1+r_2|\Rightarrow a\in\left(-\frac{3\sqrt{2}}{2},\ -\frac{\sqrt{2}}{2}\right)\cup\left(\frac{\sqrt{2}}{2},\ \frac{3\sqrt{2}}{2}\right).$$

题型68　直线与圆的位置关系

1. (C)

解　析	本题参照【相切关系】

两条平行切线的距离即为圆的直径，$d=\frac{\left|4-\left(-\frac{1}{2}\right)\right|}{\sqrt{3^2+(-1)^2}}=\frac{9\sqrt{10}}{20}$. 所以圆的面积为

$$S=\pi\left(\frac{d}{2}\right)^2=\left(\frac{9\sqrt{10}}{40}\right)^2\pi=\frac{81}{160}\pi.$$

2. (A)

解　析	本题参照【相切关系】

因为点(3，1)在圆外，故根据公式 $(x-a)(x_0-a)+(y-b)(y_0-b)=r^2$ 可得，所求直线 AB 的方程为 $(3-1)(x-1)+1\cdot y=1$，整理得 $2x+y-3=0$.

3. (D)

解　析	本题参照【相离关系】

易知 A 在圆外，设圆心为 O，切点为 P，则 $AO=\sqrt{(1+1)^2+(2-0)^2}=2\sqrt{2}$，$PO=r=1$.

$\triangle AOP$ 为直角三角形，故切线段 $AP=\sqrt{AO^2-PO^2}=\sqrt{8-1}=\sqrt{7}$.

4. (C)

解　析	本题参照【相离关系】

圆心(3，0)到直线的距离为 $d=\frac{|3-0+1|}{\sqrt{2}}=2\sqrt{2}$，圆的半径为1，故直线与圆相离．

切线长的最小值在直线上的点 P 与圆心 O 距离最小时取得，即 $OP=d$ 时，切线长最小，最小值为 $\sqrt{d^2-r^2}=\sqrt{8-1}=\sqrt{7}$.

5. (A)

解　析	本题参照【相交关系】

$x^2+y^2+2x-4y=0\Rightarrow(x+1)^2+(y-2)^2=5$，由圆的标准方程可知，圆心坐标为(−1，2).

直线平分圆，说明直线过圆的圆心．将圆心坐标代入直线方程，得$-3+2+a=0$，解得 $a=1$. 故条件(1)充分，条件(2)不充分．

6. (B)

解　析　本题参照【相交关系】

直线方程可以整理为$\sqrt{3}x+y-2\sqrt{3}=0$.

圆心到直线的距离为

$$d=\frac{|0\times\sqrt{3}+0\times1-2\sqrt{3}|}{\sqrt{3+1}}=\sqrt{3}.$$

故直线被圆所截得的弦长为 $l=2\sqrt{r^2-d^2}=2\sqrt{2^2-(\sqrt{3})^2}=2$.

7. (C)

解　析　本题参照【相交关系】

由题意可得图 5-16.

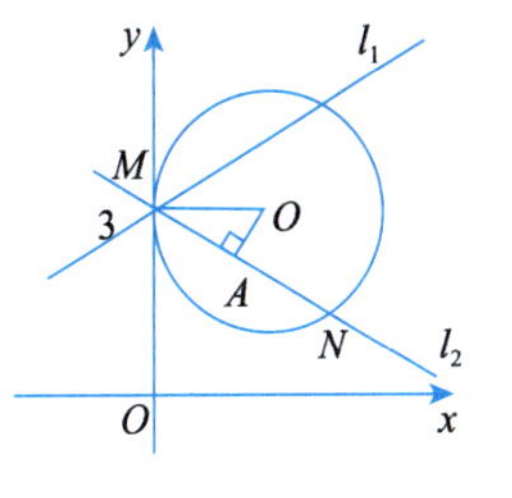

图 5-16

图中 l_1，l_2 为直线 $y=kx+3$ 与圆相交的弦长恰为 $2\sqrt{3}$ 的两种临界情况，显然若使直线 $y=kx+3$ 与圆 O 相交的弦长 $MN\geqslant2\sqrt{3}$，故直线的旋转空间为 l_1 到 l_2 之间．在 Rt$\triangle OAM$ 中，$OM=r=2$，$AM=\sqrt{3}$，利用勾股定理可得 $OA=1$，即圆心 O 到直线 $y=kx+3$ 的距离

$$d=\frac{|2k+3-3|}{\sqrt{k^2+1}}\leqslant1,$$

解得 $k\in\left[-\frac{\sqrt{3}}{3},\ \frac{\sqrt{3}}{3}\right]$.

8. (D)

解　析　本题参照【相交关系】

根据切割线定理，可得 $OP\cdot OQ$ 等于过原点的切线段长的平方．

切线段长为 $\sqrt{[3^2+(-4)^2]-4}=\sqrt{21}$，所以 $OP\cdot OQ$ 的值为 21.

9. (B)

解　析　本题参照【圆上的点与已知直线的距离】

圆心到直线的距离 $d=\frac{|1+1-2|}{\sqrt{1+1}}=0$，所以直线过圆心，圆的半径 $r=2$，故圆上到直线距离等于 2 的点有 2 个．

10. (C)

解　析　本题参照【圆上的点与已知直线的距离】

圆心到直线距离

$$d=\frac{|4\times 3-3\times(-5)-2|}{\sqrt{4^2+3^2}}=5.$$

若圆的半径为 4，直线与圆相离，圆上有 1 个点到直线的距离为 1(即图 5-17 中点 A)；

若圆的半径为 6，直线与圆相交，圆上有 3 个点到直线的距离为 1(即图 5-18 中直线 l_1，l_2 与圆的交点 B，C，D).

故半径 $r\in(4, 6)$时，圆上有且只有 2 个点到直线的距离等于 1.

【快速得分法】由图 5-17 可知，$r\neq 4$，观察选项，只能选(C).

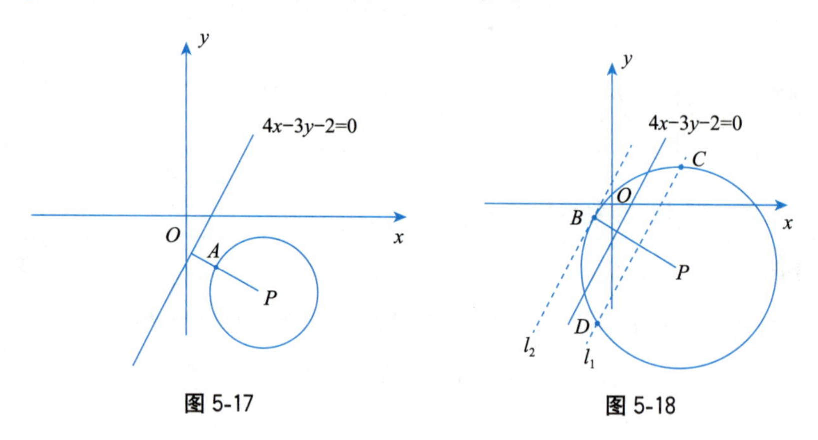

图 5-17　　图 5-18

11. (D)

解　析	本题参照【圆上的点与已知直线的距离】

如图 5-19 所示.

欲使得圆 $x^2+y^2=4$ 上有且只有四个点到直线 $12x-5y+c=0$ 的距离为 1，需 $BC>1$，即圆心到直线的距离 $d=AB=r-BC<1$，由点到直线的距离公式可得

$$d=\frac{|c|}{13}<1\Rightarrow c\in(-13, 13).$$

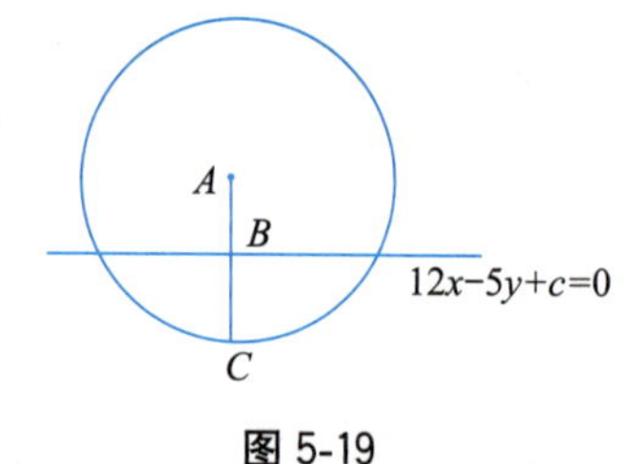

图 5-19

故条件(1)和条件(2)单独均充分.

12. (D)

解　析	本题参照【圆与坐标轴的位置关系】

由垂径定理可得，圆心的纵坐标与 A，B 两点中点的纵坐标相等，故 $m=\frac{-4-12}{2}=-8$，因此，点 P 的坐标为(6，-8)，其到原点的距离是 $\sqrt{6^2+(-8)^2}=10$.

13. (E)

解　析	本题参照【圆与坐标轴的位置关系】

圆与 x 轴相切，说明圆心纵坐标的绝对值为 r，即 $\left|-\frac{b}{2}\right|=\sqrt{\frac{a^2+b^2-4c}{4}}$，平方得

$$\frac{b^2}{4}=\frac{a^2+b^2-4c}{4}\Rightarrow b^2=a^2+b^2-4c\Rightarrow a^2=4c\Rightarrow a=\pm 2\sqrt{c}.$$

故已知 b 和 c 的值，也无法确定 a 的值，条件(1)和条件(2)都不充分，联立也不充分．

14.(E)

解　析	本题参照【圆与坐标轴的位置关系】

圆与坐标轴无交点，说明圆心横、纵坐标的绝对值大于 r，即

$$\begin{cases}\left|-\frac{b}{2}\right|>\sqrt{\frac{a^2+b^2-4c}{4}},\\ \left|-\frac{a}{2}\right|>\sqrt{\frac{a^2+b^2-4c}{4}}\end{cases}\Rightarrow\begin{cases}a^2-4c<0,\\ b^2-4c<0.\end{cases}$$

条件(1)和条件(2)显然单独皆不充分，联立之，有 $\begin{cases}\Delta_1=a^2-4c>0,\\ \Delta_2=b^2-4c>0,\end{cases}$ 故两个条件联立也不充分．

题型69　圆与圆的位置关系

1.(A)

【解析】由题可知，线段 AB 的垂直平分线即为两圆圆点所在的直线．

圆 C_1 的圆心为(1，0)，圆 C_2 的圆心为(−1，2)，由直线的两点式方程可得

$$\frac{y-0}{2-0}=\frac{x-1}{-1-1},$$

整理，得 $x+y-1=0$.

2.(A)

【解析】条件(1)：解方程 $2x^2-17x+35=0$，得 $x_1=r_1=\frac{7}{2}$，$x_2=r_2=5$，两圆的圆心距大于半径之和$\left(\text{也可根据韦达定理，直接得 } r_1+r_2=\frac{17}{2}<9\right)$，故两圆外离，有4条公切线，即 $a=4$，条件(1)充分．

条件(2)：设点 P 到圆心的距离为 d，则 P 到圆上一点的最大距离为 $d+r=5$，最小距离为 $d-r=1$，联立两个方程，解得半径 $r=a=2$，条件(2)不充分．

3.(D)

【解析】圆 $x^2+y^2+2x-4y+4=0$ 化为 $(x+1)^2+(y-2)^2=1$，圆心为(−1，2)，半径为1；圆 $x^2+y^2=r^2$ 的圆心为(0，0)，半径为 r. 两圆的圆心距为 $\sqrt{(-1-0)^2+(2-0)^2}=\sqrt{5}$.

两圆有两条外公切线，说明两个圆的位置关系为相交、外切或相离，则圆心距大于半径之差，即$|r-1|<\sqrt{5}$，解得$-\sqrt{5}+1<r<\sqrt{5}+1$，又因为半径不能为负，所以$0<r<\sqrt{5}+1$.

两个条件的取值范围均在$(0,\sqrt{5}+1)$内，故两个条件单独都充分.

4. (A)

【解析】条件(1)：曲线C：$y=\sqrt{4-x^2}$，即$x^2+y^2=4(y\geqslant 0)$. 所以曲线C是以原点为圆心，以 2 为半径的圆位于x轴上方的半圆. m是直线l：$y=x+m$的纵截距. 如图 5-20 所示：

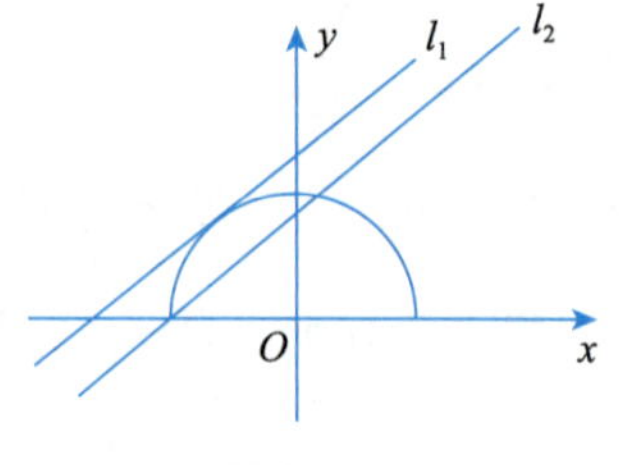

图 5-20

直线l_1与半圆相切，易知直线l_1为$y=x+2\sqrt{2}$，此时直线与圆有一个交点；

直线l_2过半圆的左端点，易知直线l_2为$y=x+2$，此时直线与圆有两个交点.

观察图像可知，当直线l：$y=x+m$介于l_1和l_2之间，即当$2\leqslant m<2\sqrt{2}$时，与半圆有两个交点，所以条件(1)充分.

条件(2)：两圆相交，可得$r_2-r_1<|C_1C_2|<r_2+r_1$，即$1<\sqrt{m^2+m^2}<3$，解得$-\frac{3\sqrt{2}}{2}<m<-\frac{\sqrt{2}}{2}$或$\frac{\sqrt{2}}{2}<m<\frac{3\sqrt{2}}{2}$，所以条件(2)不充分.

题型 70 图像的判断

1. (C)

解　析	本题参照【模型 1. 直线过象限问题】

条件(1)和条件(2)单独显然不充分，联立之.

由$a<0$知斜率为负，直线必过二、四象限；由$b>0$知纵截距大于 0，必过第一象限. 所以两个条件联立起来充分.

2. (B)

解　析	本题参照【模型 1. 直线过象限问题】

$\frac{a+b}{c}=\frac{a+c}{b}=\frac{c+b}{a}=k$，在等式的每一部分都加 1，得

$$\frac{a+b+c}{c}=\frac{a+b+c}{b}=\frac{a+b+c}{a}=k+1,$$

当$a+b+c=0$时，$k=-1$；当$a+b+c\neq 0$时，$a=b=c$，$k+1=3$，$k=2$.

又由$\sqrt{m-2}+n^2+9=6n$，得$\sqrt{m-2}+(n-3)^2=0$，故$m=2$，$n=3$.

则$y=kx+(m+n)$可化为$y=-x+5$或$y=2x+5$，画图像易知，直线$y=kx+(m+n)$必过第一、二象限.

3. (D)

解　析	本题参照【模型 3. 圆的判断】

方程 $x^2+y^2+4mx-2y+5m=0$ 所表示的曲线是圆，则有 $(4m)^2+(-2)^2-4\cdot 5m>0$，解得 $m<\frac{1}{4}$ 或 $m>1$. 条件(1)和条件(2)的取值范围均在 $\left(-\infty, \frac{1}{4}\right)\cup(1, +\infty)$ 内，故单独皆充分.

4. (A)

解　析	本题参照【模型 4. 半圆的判断】

$x=\sqrt{1-y^2}$ 为圆 $x^2+y^2=1$ 的右半圆，如图 5-21 所示.
b 为直线的截距.
由图可知，当 $-1<b\leqslant 1$ 时，直线与半圆有 1 个交点；
当 $b=-\sqrt{2}$ 时，直线与半圆相切，也只有一个交点.
故有 $-1<b\leqslant 1$ 或 $b=-\sqrt{2}$.

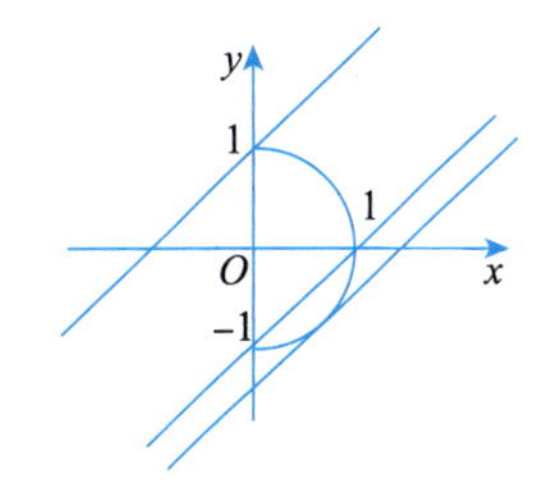

图 5-21

5. (B)

解　析	本题参照【模型 4. 半圆的判断】

当 $x\geqslant 1$ 时，方程为 $(x-1)^2+(y-1)^2=1$，是一个半圆；
当 $x\leqslant -1$ 时，方程为 $(x+1)^2+(y-1)^2=1$，也是一个半圆.
故原方程表示的曲线为两个半圆.

6. (A)

解　析	本题参照【模型 3. 圆的判断】【模型 5. 正方形的判断】

条件(1)：根据母题技巧，$|Ax-a|+|By-b|=C$，当 $A=B$ 时，方程表示的四条直线所围成的图形是正方形，面积为 $S=\frac{2C^2}{AB}$.
在 $|x|+|y|=1$ 中，$A=B=C=1$，故面积为 $S=2$，条件(1)充分.
条件(2)：原方程可以化为 $(x-1)^2+(y-1)^2=2$，故方程的图像所围成图形是一个圆，总面积 $S=\pi r^2=2\pi$，显然条件(2)不充分.

题型 71　过定点与曲线系

1. (B)

解　析	本题参照【模型 1. 直线过定点问题】

方法一：将原方程整理为 $(2x-y-1)\lambda-(x-2y+4)=0$，故有

$$\begin{cases}2x-y-1=0,\\ x-2y+4=0,\end{cases} 解得 \begin{cases}x=2,\\ y=3.\end{cases}$$

方法二：特殊值法．

令 $\lambda=\frac{1}{2}$，得 $y=3$；令 $\lambda=2$，得 $x=2$.

故直线恒过定点(2，3).

2. (D)

解　析	本题参照【模型 1. 直线过定点问题】

直线方程可化为 $(3x-6)m-(y+3)=0$，故直线恒过点(2，−3)，将该点代入圆的方程可得

$$(2-3)^2+(-3+6)^2=10<25.$$

故点(2，−3)在圆内．所以无论 m 取何值，直线始终与圆相交，故两个条件单独都充分．

3. (E)

解　析	本题参照【模型 2. 两圆公共弦】

$(x-1)^2+y^2=10$ 可化为 $x^2-2x+1+y^2=10$；

$(x-2)^2+(y-4)^2=25$ 可化为 $x^2-4x+4+y^2-8y+16=25$.

令两圆方程相减，整理后可得 $x+4y=2$.

将各选项代入，可知只有点(−2，1)在直线 AB 上．

题型 72　面积问题

1. (D)

【解析】矩形是中心对称图形，所以直线只需要经过矩形的中心即可．中心坐标为(3，2)，代入条件(1)和条件(2)的方程验证，知两条直线都经过矩形的中心，所以单独均充分．

2. (B)

【解析】条件(1)：方程 $x=\sqrt{1-y^2}\geqslant 0$，表示圆心为原点、半径为 1 的半圆，但是不封闭，如图 5-22 所示，没有围成的面积，故不充分．

条件(2)：如图 5-23 所示，其方程围成的图形是一个对角线长为 4 的正方形，面积为 8，或者根据公式 $S=\frac{2C^2}{AB}=\frac{2\times 2^2}{1\times 1}=8$，故条件(2)充分．

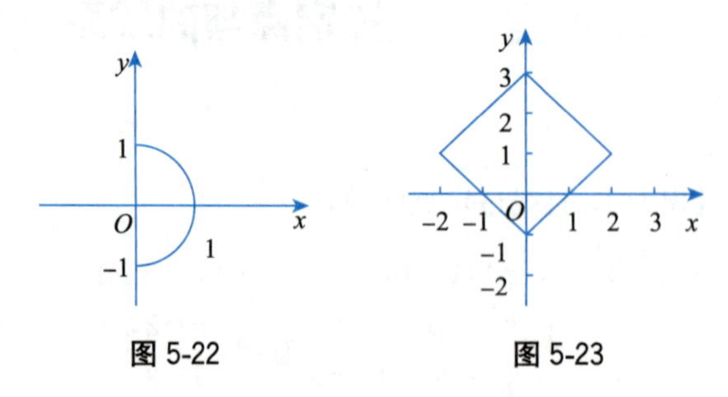

图 5-22　　图 5-23

3. (C)

【解析】直线的横截距为$\frac{1}{n}$，纵截距为$\frac{1}{n+1}$，且 n 为正整数，故所围成的三角形的面积为

$$S_n=\frac{1}{2n(n+1)}=\frac{1}{2}\left(\frac{1}{n}-\frac{1}{n+1}\right).$$

故

$$\begin{aligned}&S_1+S_2+\cdots+S_{2\,023}\\=&\frac{1}{2}\times\left(1-\frac{1}{2}+\frac{1}{2}-\frac{1}{3}+\cdots+\frac{1}{2\,023}-\frac{1}{2\,024}\right)\\=&\frac{1}{2}\times\left(1-\frac{1}{2\,024}\right)=\frac{1}{2}\times\frac{2\,023}{2\,024}.\end{aligned}$$

4. (C)

【解析】如图 5-24 所示，要使不等式组所表示的区域是一个三角形，需满足 $5\leqslant a<7$.

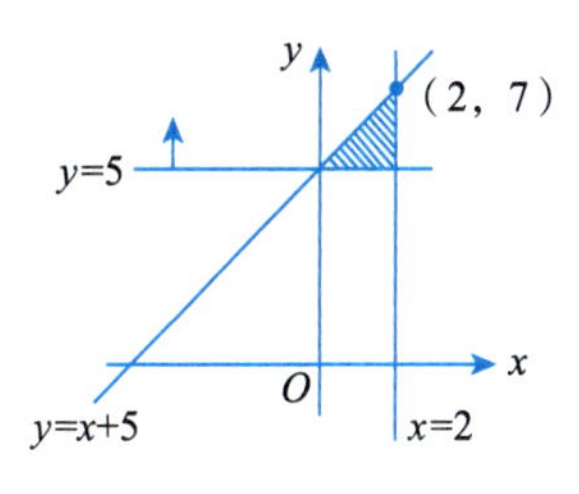

图 5-24

5. (D)

【解析】条件(1)：直线分别为 $y=x$，$y=-x+2$ 与 $x=0$，围成的图形如图 5-25 所示.

所以，围成的三角形面积 $S=\frac{1}{2}\times2\times1=1$，条件(1)充分.

同理可知，条件(2)也充分.

【快速得分法】画图像可知条件(1)和条件(2)所形成的图形关于原点对称，故条件(1)和条件(2)是等价的，当求得条件(1)充分时，条件(2)也充分.

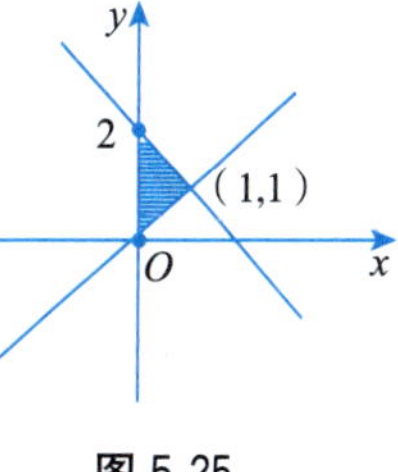

图 5-25

6. (A)

【解析】条件(1)：令 $y=0$，得 $x=\frac{1}{\sqrt{2}}$. 所以 A 点的坐标为$\left(\frac{1}{\sqrt{2}}, 0\right)$，$AO=\frac{1}{\sqrt{2}}$，由于 $ABCD$ 为正方形，易知 $AD=1$，所以正方形 $ABCD$ 的面积为 1.

故条件(1)充分.

条件(2)：令 $y=0$，得 $x=1$. 所以 A 点的坐标为(1, 0)，$AO=1$，易知 $AD=\sqrt{2}$，正方形 $ABCD$ 的面积为 2.

故条件(2)不充分.

题型73 对称问题

1.(D)

解 析	本题参照【模型1. 点关于直线对称】

如图5-26所示．根据光的反射原理，$P'Q$ 所在的直线方程就是反射光线所在的方程．

故要先找点 P 关于直线 $x+y+1=0$ 的对称点 P'，根据母题技巧4，易得 $P'(-4,-3)$．

由两点式方程可得 $\frac{x+4}{3+4}=\frac{y+3}{-2+3}$，整理得 $x-7y-17=0$．

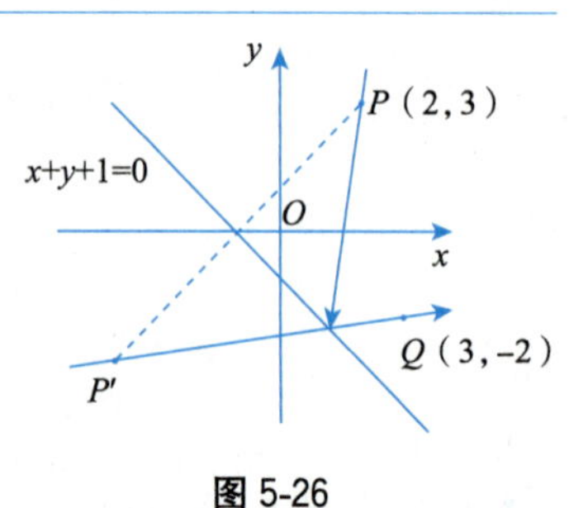

图5-26

2.(C)

解 析	本题参照【模型1. 点关于直线对称】

由题意，知圆心应在 $y=x$ 上，可知 $k=-1$，联立直线和圆的方程可得

$$\begin{cases} y=-x+1, \\ x^2+y^2-x-y-4=0, \end{cases}$$

解得 $\begin{cases} x_1=2, \\ y_1=-1 \end{cases}$ 或 $\begin{cases} x_2=-1, \\ y_2=2. \end{cases}$ 故两个交点的坐标为 $(2,-1)$ 和 $(-1,2)$．

3.(D)

解 析	本题参照【模型2. 直线关于直线对称】

方法一：平行直线的对称．

因为两条直线平行，所以所求对称直线也与它们是平行的．

化简 l_2，得 $2x-y+2.5=0$，故所求 l_3 的方程为 $2x-y+C_2=0$．

根据对称轴到两直线的距离相等，可得 $2C=C_1+C_2$，即 $2\times2.5=-3+C_2$，解得 $C_2=8$，故 l_3 的方程为 $2x-y+8=0$．

方法二：万能公式．

已知对称轴 l_2：$4x-2y+5=0$，已知直线 l_1：$2x-y-3=0$，则对称直线 l_3 为

$$\frac{2x-y-3}{4x-2y+5}=\frac{2\times2\times4+2\times(-1)\times(-2)}{4^2+(-2)^2},$$

整理得 $2x-y+8=0$．

4.(D)

解 析	本题参照【模型3. 圆关于直线对称】

两圆关于直线 l 对称，则直线 l 为两圆圆心连线的垂直平分线．

两圆的圆心分别为 $O(0,0)$，$P(3,-3)$，故线段 OP 的中点为 $Q\left(\frac{3}{2},-\frac{3}{2}\right)$．

OP 的斜率 $k_{OP}=\frac{-3-0}{3-0}=-1$，则直线 l 的斜率为 $k=1$.

故直线 l 的方程为 $y=1\cdot\left(x-\frac{3}{2}\right)-\frac{3}{2}$，整理得 $x-y-3=0$.

5. (B)

解　析	本题参照【模型 3. 圆关于直线对称】【模型 4. 关于特殊直线的对称】

曲线 $f(x, y)=0$ 关于直线 $y=x$ 的对称曲线为 $f(y, x)=0$，将圆 C_2 方程中的 x，y 互换即为圆 C_1 的方程 $x^2+y^2+2y-6x-14=0$，所以条件(1)不充分，条件(2)充分.

6. (B)

解　析	本题参照【模型 4. 关于特殊直线的对称】

根据母题技巧：曲线 $f(x, y)=0$ 关于直线 $x=a$ 对称的曲线方程为 $f(2a-x, y)=0$. 故本题中，$x-3y+1=0$ 关于直线 $x=2$ 对称的直线方程是 $4-x-3y+1=0$，即 $x+3y-5=0$.

题型 74　最值问题

1. (B)

解　析	本题参照【模型 1. 求 $\frac{y-b}{x-a}$ 的最值】

圆心坐标为$(3, \sqrt{3})$，半径为$\sqrt{3}$.

令 $k=\frac{y}{x}=\frac{y-0}{x-0}$，可知 $\frac{y}{x}$ 为原点和圆上一点连线的斜率. 如图 5-27 所示，当直线与圆相切时取到最值.

BC 与 OB 垂直，故 $\tan\angle BOC=\frac{BC}{OB}=\frac{\sqrt{3}}{3}$.

所以$\angle BOC=\frac{\pi}{6}$，$\angle AOB=\frac{\pi}{3}$.

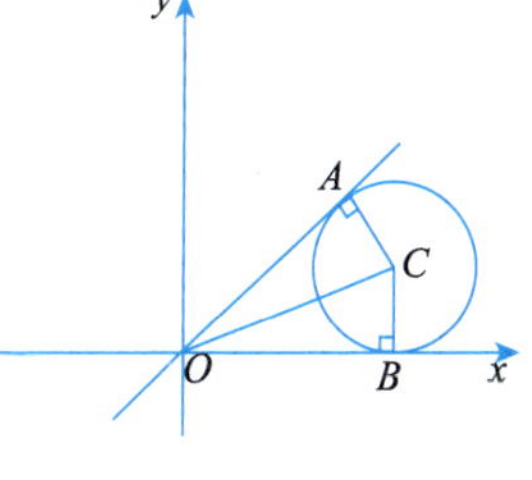

图 5-27

2. (D)

解　析	本题参照【模型 2. 求 $ax+by$ 的最值】

条件(1)：令 $x-2y=k$，即 $y=\frac{x}{2}-\frac{k}{2}$，故欲让 k 的取值最大，直线的纵截距必须最小.

又因为(x, y)既是直线上的点，又是圆上的点，如图 5-28 所示，当直线与圆相切时，直线的纵截距最小，此时，圆心$(1, -2)$到直线的距离等于半径，即

$$d=\frac{|1+2\times2-k|}{\sqrt{1+2^2}}=r=\sqrt{5},$$

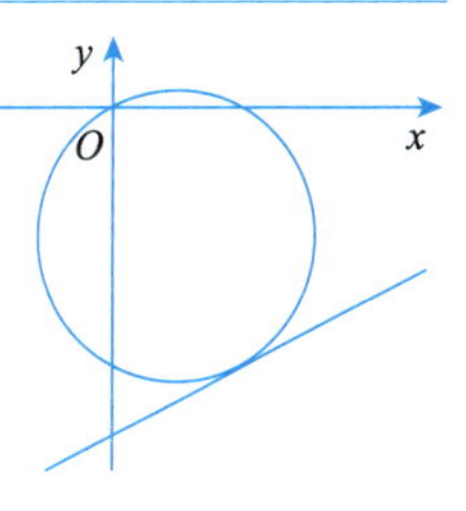

图 5-28

解得 $k=10$ 或 $k=0$，所以，$x-2y$ 的最大值为 10，条件(1)充分．

条件(2)：根据绝对值的性质可知 $x-2y\leqslant|x-2y|\leqslant 10$，条件(2)也充分．

3.(A)

解　析	本题参照【模型 2. 求 $ax+by$ 的最值】

令 $x+y=k$，则 $x+y$ 的最大值即为直线 $y=-x+k$ 的截距的最大值．

画图易知，直线 $y=-x+k$ 与圆相切时截距有最值，即圆心到直线的距离 $d=\frac{|1+1-k|}{\sqrt{2}}=r=1$，解得 $k=2+\sqrt{2}$ 或 $k=2-\sqrt{2}$．所以 $x+y$ 的最大值为 $2+\sqrt{2}$．

4.(C)

解　析	本题参照【模型 3. 求 $(x-a)^2+(y-b)^2$ 的最值】

令 $x^2+y^2=(x-0)^2+(y-0)^2=d^2$，故 x^2+y^2 可以看到从原点(0，0)到点(x,y)的距离的平方．

因为点(x,y)满足$(x-2)^2+(y-2)^2\leqslant 1$，即$(x,y)$是圆心为(2，2)、半径 $r=1$ 的圆上或圆内的点．已知圆心到原点的距离 $d'=\sqrt{(2-0)^2+(2-0)^2}=2\sqrt{2}$，故原点(0，0)到点$(x,y)$距离的最大值 $d_{\max}=d'+r=2\sqrt{2}+1$，即

$$(x^2+y^2)_{\max}=d_{\max}^2=(2\sqrt{2}+1)^2=9+4\sqrt{2}.$$

5.(B)

解　析	本题参照【模型 4. 利用对称求最值】

点 $A(-3,8)$ 和点 $B(2,2)$ 在 x 轴的同侧，欲使 $AM+BM$ 最短，即要作点 $A(-3,8)$ 关于 x 轴的对称点 $A'(-3,-8)$，直线 $A'B$ 与 x 轴的交点即为所求点 M. 设该点坐标为$(a,0)$，由三点共线可得 $\frac{2+8}{2+3}=\frac{2-0}{2-a}\Rightarrow a=1$，故点 M 坐标为(1，0).

6.(A)

解　析	本题参照【模型 4. 利用对称求最值】

如图 5-29 所示，作圆 C_1 关于 x 轴对称的圆 C_1'：$(x-2)^2+(y+3)^2=1$，连接 $C_1'C_2$ 交 x 轴于点 P，交圆 C_2 于点 N，交圆 C_1' 于点 M'，连接 C_1P 交圆 C_1 于点 M.

此时 $PM+PN$ 有最小值，且

$$PM+PN=PM'+PN=M'N.$$

其值为

$$C_1'C_2-(r_1'+r_2)=\sqrt{[4-(-3)]^2+(3-2)^2}-4=5\sqrt{2}-4.$$

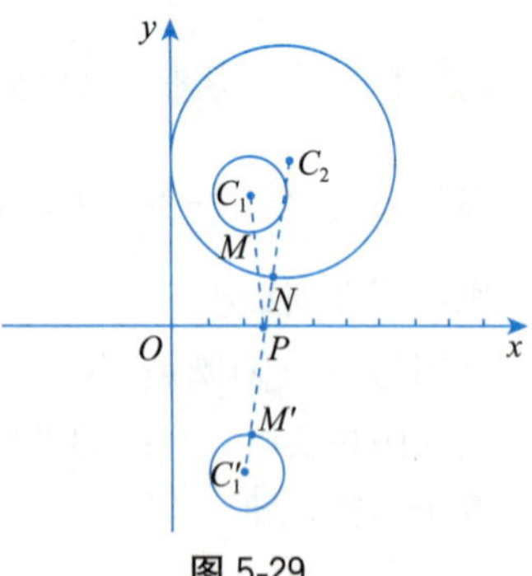

图 5-29

7. (A)

解　析	本题参照【模型5. 利用圆心求最值】

圆的方程可化为$(x-2)^2+(y+2)^2=2$，故圆心为$(2,-2)$、半径为$r=\sqrt{2}$. 直线AB的方程为

$$\frac{y-0}{x-(-2)}=\frac{2-0}{0-(-2)},$$

整理，得$x-y+2=0$.

故圆心到直线AB的距离为$d=\frac{|2-(-2)+2|}{\sqrt{1+1}}=3\sqrt{2}>r$，即直线$AB$和圆相离.

圆上一点C到直线AB距离的最小值为$3\sqrt{2}-r=3\sqrt{2}-\sqrt{2}=2\sqrt{2}$.

8. (A)

解　析	本题参照【模型5. 利用圆心求最值】

设所求点为$A(x_0, y_0)$，圆心为O. 点A在圆上且OA垂直于直线$4x+3y-12=0$，故

$$\begin{cases}x_0^2+y_0^2=4,\\ \frac{y_0-0}{x_0-0}=\frac{3}{4},\end{cases}\text{解得}\begin{cases}x_0=\frac{8}{5},\\ y_0=\frac{6}{5}\end{cases}\text{或}\begin{cases}x_0=-\frac{8}{5},\\ y_0=-\frac{6}{5}.\end{cases}$$

画图易知，圆上与直线距离最小的点的坐标为$\left(\frac{8}{5}, \frac{6}{5}\right)$，距离最大的点的坐标为$\left(-\frac{8}{5}, -\frac{6}{5}\right)$.

9. (D)

解　析	本题参照【模型6. 其他求最值模型】

根据圆的一般方程，可知圆心坐标为$(-2, 1)$，代入直线方程，可得$-2a-b+3=0$，即$b=3-2a$，则

$$ab=a(3-2a)=-2a^2+3a.$$

$a=\frac{3}{4}$时，二次函数取到最大值，此时$b=\frac{3}{2}>0$，符合定义域. 故ab的最大值为$\frac{9}{8}$.

10. (A)

解　析	本题参照【模型6. 其他求最值模型】

由$2x-y-1=0$得$y=2x-1$，故P点的坐标可以写为$(x, 2x-1)$. 由两点间的距离公式可得

$$PA^2+PB^2=(x+2)^2+(2x-1-2)^2+(x+3)^2+(2x-1+1)^2=10x^2-2x+22.$$

故当$x=-\frac{b}{2a}=-\frac{-2}{20}=\frac{1}{10}$时，$PA^2+PB^2$取最小值，此时点$P$的坐标为$\left(\frac{1}{10}, -\frac{4}{5}\right)$.

本章奥数及高考改编题

1.(D)

解　析	【求面积问题】

如图 5-30 所示，以点 C 为圆心、以 8 米的绳长为半径画弧，分别交 CA 延长线、CB 延长线于点 D，E，则 $CD=CE=8$，因为 $CA=CB=6$，故 $AD=BE=2$.

再分别以点 A，B 为圆心、以 2 米长为半径画弧，交 AB 于点 F，G，则羊能吃到草的最大面积为阴影部分，即

$$S=\frac{5\pi}{6}\times 8^2+2\times\frac{\pi}{3}\times 2^2=56\pi(\text{平方米}).$$

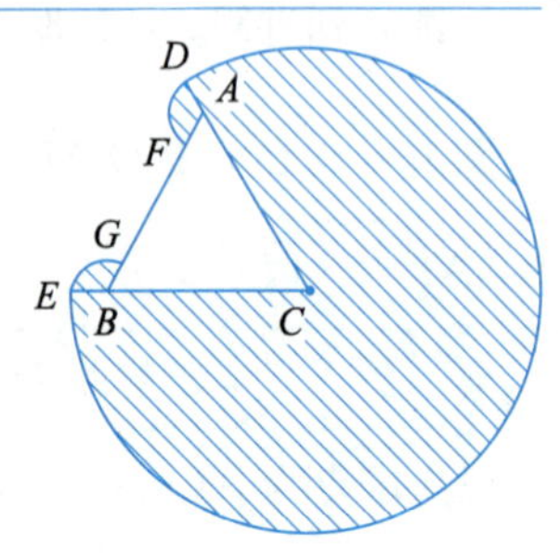

图 5-30

2.(D)

解　析	【求面积问题】【解方程组】

设小长方形的长为 x、宽为 y. 分析可得，空白部分为两个边长为 y 的正方形.

条件(1)：已知 x，由图可知，$x=4y$，故 $y=\frac{x}{4}$，空白部分的面积为 $2y^2=2\left(\frac{x}{4}\right)^2=\frac{x^2}{8}$，条件(1)充分.

条件(2)：已知 AB，可设 $AB=a$，则有 $\begin{cases}x+2y=a,\\ x=4y\end{cases}\Rightarrow y=\frac{a}{6}$，空白部分的面积为 $2y^2=2\left(\frac{a}{6}\right)^2=\frac{a^2}{18}$，条件(2)充分.

3.(D)

解　析	【求面积问题】

条件(1)：设最小的正方形边长为 a，第二小的正方形边长为 x，则可求出各段线段的长度，如图 5-31 所示，有 $AB=5a+2x$，$CD=a+3x$，$AD=3a+2x$.

因为 $AB=CD$，可得 $5a+2x=a+3x\Rightarrow x=4a$.

故 $AB=13a$，$AD=11a$，矩形 $ABCD$ 的面积为

$$AB\cdot AD=13a\cdot 11a=143a^2,$$

条件(1)充分.

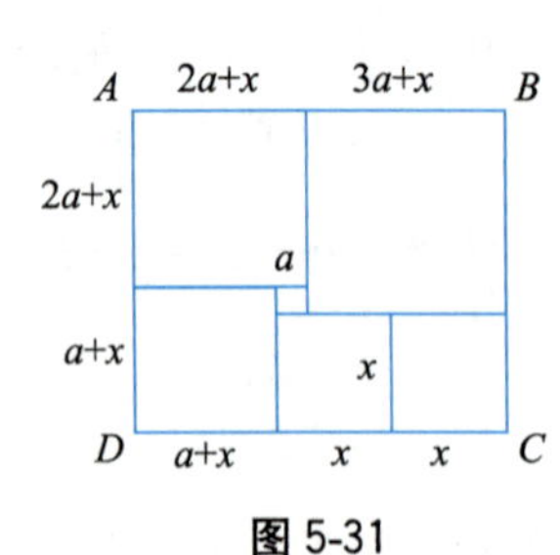

图 5-31

条件(2)：已知 AD，设 $BC=AD=b$，第二小的正方形边长为 x.

如图 5-32 所示，最小的正方形边长为 $2x-(b-x)=3x-b$，$AB=3b-5x$，$CD=6x-b$.

故 $3b-5x=6x-b\Rightarrow x=\frac{4b}{11}$，$AB=\frac{13b}{11}$，矩形 $ABCD$ 的面积为 $AB\cdot BC=\frac{13b}{11}\cdot b=\frac{13}{11}b^2$，条件(2)充分.

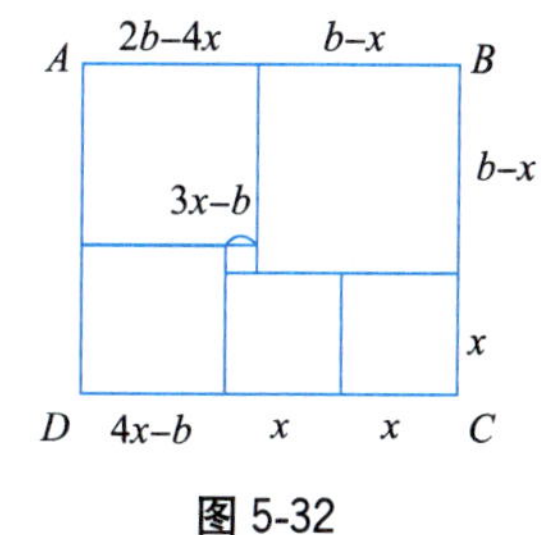

图 5-32

4. (A)

解　析	【平面几何五大模型(相似)】

条件(1)：已知 AB，不妨设 $AB=a$，则 $AD=AB=a$.

设长方形的长 $AE=x$，宽 $AF=y$. 因为 $\angle BAE+\angle EAD=90^\circ$，$\angle FAD+\angle EAD=90^\circ$，故 $\angle BAE=\angle FAD$. 又因为 $\angle B=\angle F=90^\circ$，故 $\triangle BAE\backsim\triangle FAD\Rightarrow\frac{AB}{AF}=\frac{AE}{AD}\Rightarrow\frac{a}{y}=\frac{x}{a}\Rightarrow xy=a^2$，

即长方形的面积为 a^2，与正方形面积相等，条件(1)充分.

条件(2)：已知 AE，只知长方形的长，不知宽是多少，故无法确定.

5. (B)

解　析	【三角形的面积】【勾股定理】【排列组合】

围成的直角三角形的三边长就是正方形纸片的边长，根据勾股定理可知，选取的三块纸片的面积的关系为：两个面积较小的正方形纸片的面积之和等于最大的正方形纸片的面积，故(C)项不符合题意.

(A)项：直角三角形的面积为 $S=\frac{1}{2}\times1\times2=1$；

(B)项：直角三角形的面积为 $S=\frac{1}{2}\times\sqrt{2}\times\sqrt{3}=\frac{\sqrt{6}}{2}$；

(D)项：直角三角形的面积为 $S=\frac{1}{2}\times\sqrt{2}\times\sqrt{2}=1$；

(E)项：直角三角形的面积为 $S=\frac{1}{2}\times1\times\sqrt{3}=\frac{\sqrt{3}}{2}$.

所以，选取的纸片面积分别是 2，3，5 时，所围成的三角形面积最大.

6. (D)

解　析	【求面积问题】【射影定理】【垂径定理】

设圆 O 的半径为 R，圆 O_1 的半径为 r_1，圆 O_2 的半径为 r_2，则有

$$2r_1+2r_2=2R\Rightarrow r_1+r_2=R.$$

因为 $AB\perp CD$，$AB=20$，由垂径定理得，$AM=\frac{1}{2}AB=10$.

连接 AD，AC，根据圆周角的性质可知，$AD\perp AC$.

在 Rt$\triangle DAC$ 中，由射影定理，可得 $AM^2=DM\cdot CM\Rightarrow 2r_1\cdot 2r_2=100\Rightarrow r_1\cdot r_2=25$. 故

$$S_{阴}=\pi(R^2-r_1^2-r_2^2)=\pi[(r_1+r_2)^2-r_1^2-r_2^2]$$
$$=\pi\cdot 2r_1r_2=\pi\times 2\times 25=50\pi.$$

7. (D)

解 析	【最值问题】【圆的性质(圆周角和圆心角)】【等腰直角三角形】

如图 5-33 所示，作点 B 关于 MN 的对称点 B'，连接 AB'，与 MN 交于点 P，此时 $PA+PB$ 的最小值为 AB'.

连接 OA、OB、OB'，因为圆周角 $\angle AMN=30°$，故圆心角 $\angle AON=60°$. 因为 B 是弧 AN 的中点，而 B' 和 B 关于 MN 对称，故 $\angle BON=\angle B'ON=30°$，于是 $\angle AOB'=60°+30°=90°$. 又因为 $OA=OB'=1$，故 $\triangle AOB'$ 是一个等腰直角三角形，$AB'=\sqrt{2}AO=\sqrt{2}$.

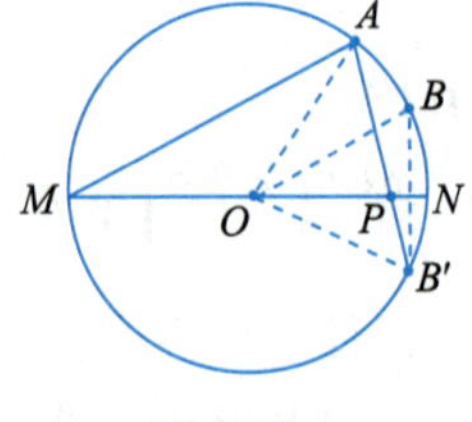

图 5-33

8. (B)

解 析	【圆的性质(圆周角)】【全等三角形】【等边三角形】

如图 5-34 所示，在 AP 上找一点 D，使得 $AD=BP$，连接 CD.

因为圆上同一段弧所对应的圆周角都相等，因而有

$$\begin{cases}BP=AD,\\ \angle PBC=\angle PAC,\\ BC=AC\end{cases}\Rightarrow\triangle ADC\cong\triangle BPC\Rightarrow\begin{cases}CP=CD,\\ \angle ACD=\angle PCB.\end{cases}$$

则 $\angle DCP=\angle PCB+\angle DCB=\angle ACD+\angle DCB=60°$，于是 $\triangle DCP$ 是等边三角形，故 $DP=PC$. 因此 $AP=AD+DP=BP+CP=7$.

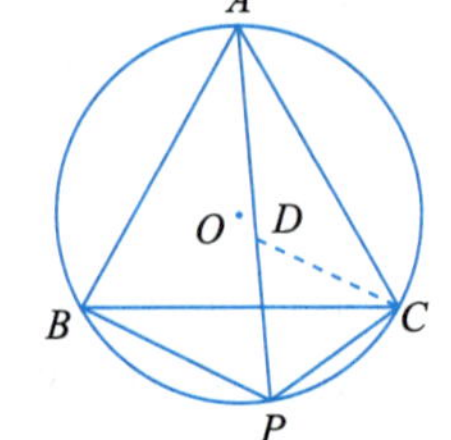

图 5-34

9. (A)

解 析	【直线与圆的位置关系】【解直角三角形】【找规律】

如图 5-35 所示，因为 $\frac{r_1}{OO_1}=\frac{r_2}{OO_2}=\cdots=\frac{r_n}{OO_n}=\sin 30°=\frac{1}{2}$，故 $OO_1=2r_1$，$OO_2=2r_2$，…，$OO_n=2r_n$.

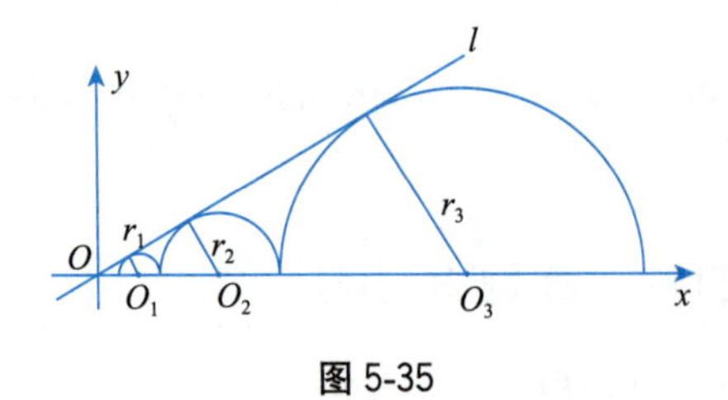

图 5-35

$\frac{r_1}{OO_1}=\frac{1}{OO_1}=\frac{1}{2}\Rightarrow OO_1=2$；

$\frac{r_2}{OO_2}=\frac{r_2}{OO_1+r_1+r_2}=\frac{r_2}{2r_1+r_1+r_2}=\frac{r_2}{3r_1+r_2}=\frac{r_2}{3+r_2}=\frac{1}{2}\Rightarrow r_2=3$；

$$\frac{r_3}{OO_3}=\frac{r_3}{OO_2+r_2+r_3}=\frac{r_3}{2r_2+r_2+r_3}=\frac{r_3}{3r_2+r_3}=\frac{r_3}{3^2+r_3}=\frac{1}{2}\Rightarrow r_3=9=3^2;$$

$$\frac{r_4}{OO_4}=\frac{r_4}{OO_3+r_3+r_4}=\frac{r_4}{2r_3+r_3+r_4}=\frac{r_4}{3r_3+r_4}=\frac{r_4}{3^3+r_4}=\frac{1}{2}\Rightarrow r_4=27=3^3;$$

$\vdots$

$$\frac{r_n}{OO_n}=\frac{r_n}{3^{n-1}+r_n}=\frac{1}{2}\Rightarrow r_n=3^{n-1}.$$

故 $r_{2\,023}=3^{2\,022}$.

10. (D)

解　析	【几何体的基本问题(圆柱体、球体)】

该容器的容积为 $V_1=\pi\times1^2\times10=10\pi$. 小球的行动轨迹如图 5-36 所示，小球能触碰到的空间为底面半径为 1、高为 8 的圆柱和两个半径为 1 的半球，其体积为

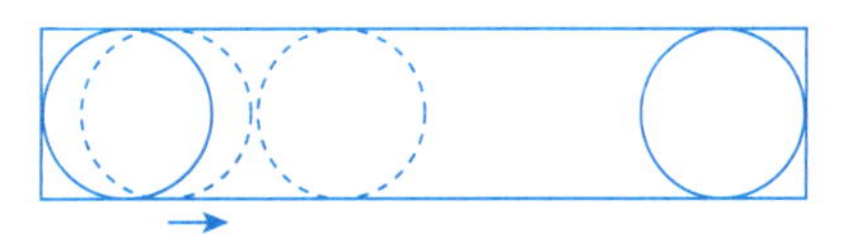

图 5-36

$$V_2=\pi\times1^2\times8+\frac{4}{3}\pi\times1^3=\frac{28}{3}\pi.$$

故小球无法触碰到的空间部分的体积为 $V_1-V_2=10\pi-\frac{28}{3}\pi=\frac{2}{3}\pi$.

11. (C)

解　析	【几何体的基本问题(与水有关的问题)】

设小、中、大三个铁球的体积为 a，b，c.

则第一次溢出的水量为 a，第二次溢出的水量为 $b-a$，第三次溢出的水量为 $c-b$.

根据题意，有 $\begin{cases}a=3(b-a),\\c-b=2a\end{cases}\Rightarrow 2c=5b\Rightarrow\frac{c}{b}=2.5$.

12. (D)

解　析	【几何体的基本问题(长方体)】【组合最值问题】

设该长方体一个顶点处的三条棱长度分别为 a，a，b，则表面积为 $2a^2+2ab+2ab=266$①.

方法一：根据组合最值的结论可知，当和为定值时，各项越接近，积越大，故当 $a=b$ 时，$2a^2\cdot2ab\cdot2ab=8a^4b^2$ 最大，即长方体的体积 a^2b 最大.

令 $a=b$，则 $2a^2+4a^2=266\Rightarrow a^2\approx44.3$，因为 a 是整数，故 $a=6$ 或 7；

若 $a=6$，代入式①中，解得 $b\approx8.08$，不是整数解，故舍去.

若 $a=7$，代入式①中，解得 $b=6$，符合题意，故纸箱的最大容积为 $7\times7\times6=294$(立方分米).

方法二：由式①可得 $a(a+2b)=133=7\times19=1\times133$，验证可知，当 $a=7$，$a+2b=19$，即 $b=6$ 时体积最大，纸箱的最大容积为 $7\times7\times6=294$(立方分米).

13. (A)

解　析	【直线与直线的位置关系】【图像的判断】【临界点问题】

当直线 $mx-y-1=0$ 与另外两条直线其中一条平行，或者过这两条直线的交点时，三条直线不能构成三角形．

①当直线 $mx-y-1=0$ 与 $2x-3y+1=0$ 平行时，$m=\frac{2}{3}$；

②当直线 $mx-y-1=0$ 与 $4x+3y+5=0$ 平行时，$m=-\frac{4}{3}$；

③当直线过 $2x-3y+1=0$ 与 $4x+3y+5=0$ 的交点 $\left(-1,\ -\frac{1}{3}\right)$ 时，$m=-\frac{2}{3}$.

故三条直线能构成三角形时，m 的取值范围为 $m\neq\frac{2}{3}$，$m\neq-\frac{4}{3}$ 且 $m\neq-\frac{2}{3}$.

故条件(1)充分，条件(2)不充分．

14. (D)

解　析	【解析几何的最值问题】【定点与动点问题】

由题意可知，DB 是正方形 $ABCD$ 的对角线，正方形对角线越长，其面积越大．当点 D 运动到 $(-1,\ 0)$ 时，DB 最长，为 $1+5=6$，此时，正方形 $ABCD$ 的面积 S 最大．

此时边长为 $\frac{6}{\sqrt{2}}=3\sqrt{2}$，正方形 $ABCD$ 的面积 $S=(3\sqrt{2})^2=18$.

15. (D)

解　析	【点与圆的位置关系】【过圆内一点最短和最长的弦】

将圆的方程整理成标准式，得 $(x+1)^2+(y-2)^2=13^2$．将点 A 代入圆的方程中，因为 $(11+1)^2+(2-2)^2<13^2$，故点 A 在圆内．
过点 A 最长的弦为过点 A 的直径 l_1；过点 A 的最短的弦为垂直于直径 l_1 的弦 l_2，如图 5-37 所示．

l_1 的长为 $2r=26$，l_2 的长为 $2\sqrt{r^2-CA^2}=2\sqrt{13^2-12^2}=10$.
过点 A 的最长弦和最短弦各有 1 条，其余长度为整数(11，12，13，…，25)的弦各有 2 条(关于过点 A 的直径所在直线对称)，故长度为整数的弦有 $(25-11+1)\times2+2=32$(条).

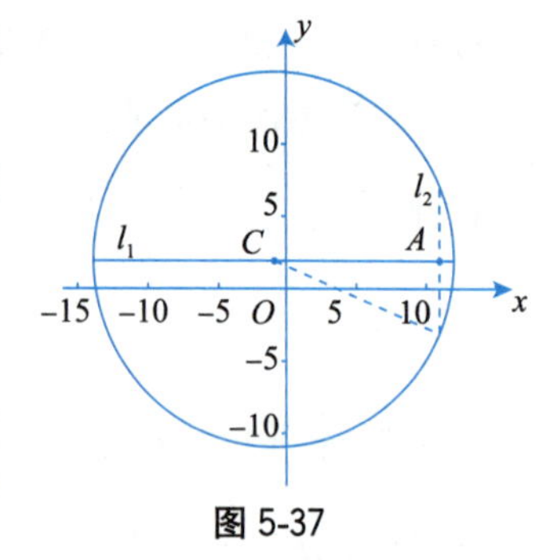

图 5-37

16. (E)

解　析	【对称问题(特殊直线)】

如图 5-38 所示，作点 P 关于直线 AB 的对称点 P_1，作点 P 关于直线 OB 的对称点 P_2，连接 P_1P_2，交直线 AB 于点 D，交直线 OB 于点 E，则光行走的路线为：$PD\to DE\to EP$.
易知直线 AB 的方程为 $x+y-4=0$，则点 $P(2,\ 0)$ 关于直线 AB 的对称点为 $P_1(4,\ 2)$，关于直线 OB 的对称点为 $P_2(-2,\ 0)$，于是 $PD=P_1D$，$EP=EP_2$，光行走的路径长为

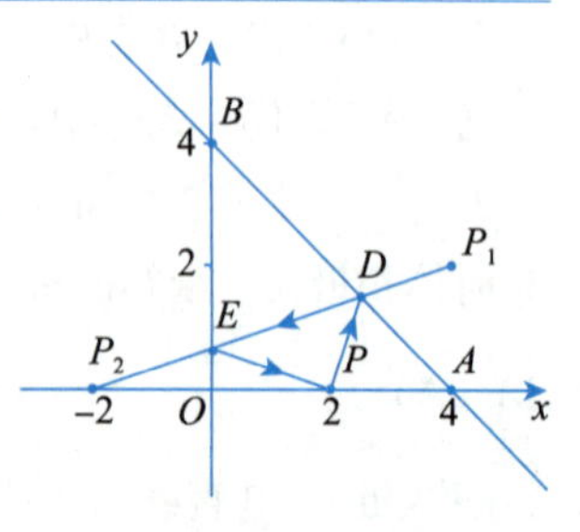

图 5-38

$$PD+DE+EP=P_1D+DE+EP_2=P_1P_2=\sqrt{(4+2)^2+(2-0)^2}=2\sqrt{10}.$$

17.（D）

解　析	【对称问题(特殊直线)】【最值问题(利用圆心求最值)】

圆 C：$(x+2)^2+(y-\sqrt{5})^2=1$，圆心为$(-2,\sqrt{5})$，半径 $r=1$.

设 $P(x,y)$，则 $M(-x,y)$，$N(y,x)$，故

$$MN=\sqrt{(x+y)^2+(x-y)^2}=\sqrt{2}\cdot\sqrt{x^2+y^2}=\sqrt{2}OP,$$

而 $OC-r\leqslant OP\leqslant OC+r$，$OC=\sqrt{(-2)^2+(\sqrt{5})^2}=3$，故 $2\leqslant OP\leqslant 4$，$2\sqrt{2}\leqslant MN\leqslant 4\sqrt{2}$.

18.（A）

解　析	【最值问题(斜率型)】【恒成立问题】【一元二次函数的最值】

由题意知，不等式 $xy\leqslant ax^2+2y^2$，即 $a\geqslant\frac{y}{x}-2\left(\frac{y}{x}\right)^2$，对任意 $x\in[1,2]$且 $y\in[2,3]$恒成立．令 $t=\frac{y}{x}$，其可视为在 $x\in[1,2]$且 $y\in[2,3]$区域内的点(x,y)到原点连线的斜率．

如图 5-39 所示，$1\leqslant t\leqslant 3$，则有 $a\geqslant t-2t^2$ 在 $t\in[1,3]$恒成立．

令 $f(t)=-2t^2+t=-2\left(t-\frac{1}{4}\right)^2+\frac{1}{8}$，其对称轴为 $t=\frac{1}{4}$，不在定义域内．结合一元二次函数图像性质，可知当 $t=1$ 时，$f(t)_{\max}=-1$，故 $a\geqslant-1$.

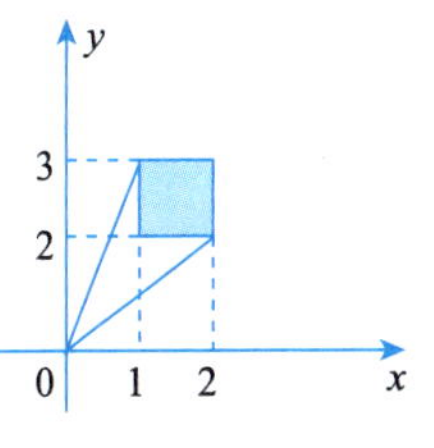

图 5-39

19.（C）

解　析	【三角形】【对勾函数】

条件(1)：举反例，当 b 无穷大，c 无穷小时，无法取到最大值，故不充分．

条件(2)：举反例，当 D，B 重合时，b 可以无穷大，无法取到最大值，故不充分．

因此联立两个条件．

令$\frac{b}{c}=t$，则$\frac{b}{c}+\frac{c}{b}=t+\frac{1}{t}$. 因为 $AD\perp BC$，且 $AD=BC=a$，D 是线段 BC 上任意一点，所以当点 D 与点 B 重合时，c 最小，b 最大，此时 $c=a$，$b=\sqrt{2}a$，t 的最大值为$\sqrt{2}$；当点 D 与点 C 重合时，c 最大，b 最小，此时 $b=a$，$c=\sqrt{2}a$，t 的最小值为$\frac{\sqrt{2}}{2}$.

故 $f(t)=t+\frac{1}{t}$，$t\in\left[\frac{\sqrt{2}}{2},\sqrt{2}\right]$，根据对勾函数的性质可知，当 $t=1$ 时，$f(t)_{\min}-2$；

当 $t=\frac{\sqrt{2}}{2}$或$\sqrt{2}$时，$f(t)_{\max}=\frac{3\sqrt{2}}{2}$. 故$\frac{b}{c}+\frac{c}{b}$的取值范围为$\left[2,\frac{3\sqrt{2}}{2}\right]$，联立充分．

20.（E）

解　析	【空间几何体问题】【估算法】

因为锡膜的厚度很小，可以忽略掉因为锡膜而产生的圆柱侧面积差，可以用圆柱的侧面积近似替代锡膜的表面积，那么体积等于表面积乘厚度即可．

1 个锡膜体积为 $V=2\pi\times10\times25\times0.02=10\pi$(立方厘米)；

6 000 个锡膜总体积为 $V_{总}=60\ 000\pi$ 立方厘米；

根据等量关系 $60\ 000\pi=20\times30\times40n$，解得 $n\approx7.85$，因此最少需要 8 个．

第6章 数据分析

第1节 图表分析

题型75 数据的图表分析

1. (C)

解　析	本题参照【模型1. 频率分布直方图】

频率=(0.02+0.04)×10=0.6，故汽车数为0.6×100=60(辆).

2. (B)

解　析	本题参照【模型1. 频率分布直方图】

不合格的只有产品数量在[45，55)的人，其频率为0.02×10=0.2，则人数为20×0.2=4. 故20名工人中合格的人数是20-4=16.

3. (D)

解　析	本题参照【模型2. 饼状图】【模型3. 数表】

由饼状图可知，选择篮球的人数占总人数的1-12%-8%-20%=60%.

由数表可知，选择篮球的有2+3+6+7+7+5=30(人)，故全班总人数为$\frac{30}{60\%}$=50(人).

第二次篮球定点投篮合格的人数为6+7+7+5=25(人).

故第一次篮球定点投篮合格的人数为$\frac{25}{1+25\%}$=20(人)，占全班总人数的$\frac{20}{50}=\frac{2}{5}$.

第2节 排列组合

题型76 排列组合的基本问题

1. (D)

解　析	本题参照【模型2. 基本组合问题】

分别从两组平行线中各取两条平行线，一定能构成平行四边形，故有$C_4^2\times C_5^2$=60(个).

2.(D)

解　析	本题参照【模型 2. 基本组合问题】

两个人都被邀请，则从另外 8 个人中选 2 个，即 C_8^2；
两个人都未被邀请，则从另外 8 个人中选 4 个，即 C_8^4.
故共有 $C_8^2+C_8^4=98$(种).

3.(B)

解　析	本题参照【模型 1. 基本排列问题】【模型 2. 基本组合问题】

前 3 次测试产品为 1 只次品和 2 只正品，且这 3 个产品测试顺序可任意排列，即 $C_2^1\times C_3^2\times A_3^3$；第 4 次为次品，即 C_1^1. 故有 $C_2^1\times C_3^2\times A_3^3\times C_1^1=36$(种)不同情况.

4.(B)

解　析	本题参照【模型 1. 基本排列问题】【模型 2. 基本组合问题】

分三步：先从 20 名男生中选出 3 人；再从 10 名女生中选出 2 人；最后 5 人进行分工(排列).
故有 $C_{20}^3\times C_{10}^2\times A_5^5$ 种组织方案.

5.(B)

解　析	本题参照【模型 3. 循环赛问题】

第一阶段：48 名选手平均分为 8 个小组，每组 6 人，分别进行单循环赛，则一共进行

$$C_6^2\times 8=120(\text{场})；$$

第二阶段：16 人再平均分为 4 个小组，每组 4 人，分别进行单循环赛，则一共进行

$$C_4^2\times 4=24(\text{场})；$$

第三阶段：2 场半决赛和 2 场决赛，共 4 场.
故一共进行 $120+24+4=148$(场)比赛.

6.(C)

解　析	本题参照【模型 3. 循环赛问题】

一共有 12 支足球队进行单循环赛，则该队一共赛了 11 场.
设该队负 x 场，则平 $2x$ 场，胜 $11-3x$ 场. 根据题意，有

$$3(11-3x)+2x=19\Rightarrow x=2.$$

故该队胜 $11-3\times 2=5$(场).

7.(B)

解　析	本题参照【模型 3. 循环赛问题】

一共有 10 支队伍进行单循环赛，则甲队一共赛了 9 场.
设甲队胜 x 场、平 y 场、负 z 场，则有

$$\begin{cases}x+y+z=9,\\3\cdot x+1\cdot y+0\cdot z=18,\end{cases}$$

穷举可得

$$\begin{cases}x=6,\\y=0,\\z=3\end{cases}\text{或}\begin{cases}x=5,\\y=3,\\z=1,\end{cases}$$

故可能的情况有两种：①甲队胜6场、负3场；②甲队胜5场、平3场、负1场.

8. (A)

解　析	本题参照【模型4. 分房问题】

每个人都有3种选择，所以不同的下车方式有 $3^5=243$(种).

9. (C)

解　析	本题参照【模型4. 分房问题】

第1个人有8种入住方法，第2个人有8种入住方法，……，故总的入住方法有 8^{10} 种.

10. (C)

解　析	本题参照【模型4. 分房问题】

四项比赛的冠军均在甲、乙、丙3人中选取，每项冠军都有3种选法，由乘法原理可知，共有

$$3\times3\times3\times3=3^4(\text{种}).$$

【易错点】如果人去选冠军，可能会有两个人都想当某个项目的冠军，与题干没有并列冠军相矛盾，故必须是冠军去选人.

11. (A)

解　析	本题参照【模型5. 涂色问题】

方法一：分类讨论.

第一类：A、D 种相同的花，即 C_5^1；C 不能和 A、D 相同，故有4种选择；B 不能和 A、D 相同，故有4种选择. 根据乘法原理，有 $C_5^1\times4\times4=80$(种)；

第二类：A、D 种不同的花，即 A_5^2；C 不能和 A、D 相同，故有3种选择；B 不能和 A、D 相同，故有3种选择. 根据乘法原理，有 $A_5^2\times3\times3=180$(种).

由分类加法原理，得 $80+180=260$(种).

方法二：公式法.

$$N=(s-1)^k+(s-1)(-1)^k=(5-1)^4+(5-1)\times(-1)^4=260(\text{种}).$$

12. (E)

解　析	本题参照【模型5. 涂色问题】

$$N=(s-1)^k+(s-1)(-1)^k=(4-1)^6+(4-1)\times(-1)^6=732(\text{种}).$$

13. (B)

解　析	本题参照【模型5. 涂色问题】

第一部分和其余部分均相连，需要单独一种颜色，有 C_4^1 种栽种方法；其余部分转化为用余下3

种颜色的花，去栽种周围的5个部分，相邻部分不能同色，用环形涂色公式，即

$$N=(s-1)^k+(s-1)(-1)^k=(3-1)^5+(3-1)\times(-1)^5=30(\text{种}).$$

根据乘法原理，不同的栽种方法有 $4\times30=120$(种).

14. (D)

解　析	本题参照【模型5. 涂色问题】

转化为环形涂色问题，如图6-1所示．区域1，2，3，4相当于四个侧面，区域5相当于底面．

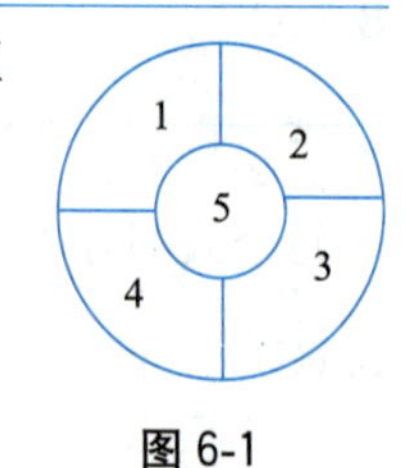

图 6-1

先涂区域5，即 C_4^1；其余3种颜色涂周围4个区域，用环形涂色公式，即

$$N=(s-1)^k+(s-1)(-1)^k=(3-1)^4+(3-1)\times(-1)^4=18(\text{种}).$$

根据乘法原理有 $C_4^1\times18=72$(种).

15. (D)

解　析	本题参照【模型6. 成双成对问题】

从10双鞋子中选取4双，有 C_{10}^4 种取法，每双鞋中各取一只，分别有2种取法，所以共有

$$C_{10}^4\times2^4=3\ 360(\text{种}).$$

16. (C)

解　析	本题参照【模型6. 成双成对问题】

第一步，从6对夫妻中选出1对，即 C_6^1；

第二步，从余下5对夫妻中选出两对，再分别从两对中各选1人，即 $C_5^2C_2^1C_2^1$.

故不同的取法有 $C_6^1C_5^2C_2^1C_2^1=240$(种).

17. (B)

解　析	本题参照【模型6. 成双成对问题】

第一步，从12对家长中选出1对，即 C_{12}^1；

第二步，从余下11对家长中选出两对，即 C_{11}^2；但再从这两对家长中选，只能选其中1个小朋友的爸爸和另一个小朋友的妈妈，故只有2种选法．

故不同的取法有 $C_{12}^1\times C_{11}^2\times2=1\ 320$(种).

题型77　排队问题

1. (A)

解　析	本题参照【模型1. 特殊元素问题】

第一步：最后一个位置从9个节目中选一个，即 C_9^1；

第二步：从余下的9个节目中选3个排到前3个位置，即 A_9^3.

故不同的排法有 $C_9^1A_9^3=4\ 536$(种).

2. (B)

解　析	本题参照【模型 1. 特殊元素问题】

剔除法．不同的排法有

总数－甲在 A 码头－乙在 B 码头＋甲在 A 码头且乙在 B 码头＝$A_5^5-A_4^4-A_4^4+A_3^3=78$(种).

3. (B)

解　析	本题参照【模型 2. 相邻问题】

把数学书和语文书看作整体，与 3 本美术书排列，即 A_5^5；

数学书内部全排列，即 A_2^2；语文书内部全排列，即 A_2^2.

根据乘法原理，有 $A_5^5A_2^2A_2^2=480$(种)排法．

4. (B)

解　析	本题参照【模型 4. 相邻＋不相邻问题】

鹃鹃、梦瑶捆绑作为 1 个元素，即 A_2^2；

捆绑元素与除穗穗、雯雯外的元素排列，即 A_2^2；

形成 3 个空，将穗穗、雯雯随机插入其中的两个空，即 A_3^2.

根据乘法原理，有 $A_2^2A_2^2A_3^2=2\times2\times6=24$(种)不同的排法．

5. (C)

解　析	本题参照【模型 4. 相邻＋不相邻问题】

从其他 3 位成年人中选取 1 人和母亲排在女儿的两边(成、女、母)，即 $C_3^1A_2^2$；

把“成、母、女”看作 1 个元素，与其他 2 个成年人排列，即 A_3^3；

把另外一个小孩插入中间的 2 个空中，即 C_2^1.

根据乘法原理，得 $C_3^1A_2^2A_3^3C_2^1=3\times2\times6\times2=72$(种)不同的排法．

6. (C)

解　析	本题参照【模型 1. 特殊元素问题】【模型 4. 相邻＋不相邻问题】

第一步：从 3 名女生中任选 2 名捆绑记为元素 A，两人可以交换位置，故有 $C_3^2A_2^2=6$(种)；

将单独的女生记为 B，男生分别记为甲、乙．

方法一：分类加法原理．

第一类：A、B 在两端，男生甲、乙在中间，有 $6A_2^2A_2^2=24$(种).

第二类：A 和男生乙在两端，则女生 B 和男生甲只有一种排法，故有 $6A_2^2=12$(种).

第三类：B 和男生乙在两端，则 A 和男生甲也只有一种排法，故有 $6A_2^2=12$(种).

故不同的排法种数为 $24+12+12=48$(种).

方法二：分步乘法原理．

第二步：A、B 和甲只能排成“A 甲 B”或“B 甲 A”，即 $C_2^1=2$(种)；

第三步：将男生乙插空，即 $C_4^1=4$(种).

故不同的排法种数为 $6\times2\times4=48$(种).

7. (A)

解　析	本题参照【模型 1. 特殊元素问题】【模型 4. 相邻+不相邻问题】

条件(1)可分两步，即

第一步：甲从 6 个位置选 1 个，有 C_6^1 种选法，则乙只能从另一排的 3 个位置选 1 个，有 C_3^1 种选法；

第二步：剩余 4 人全排列，有 A_4^4 种排法．

故不同的排法有 $C_6^1\times C_3^1\times A_4^4=432$(种)，所以条件(1)充分．

条件(2)可分两步，即

第一步：除甲、乙以外的 4 个人排队，有 A_4^4 种排法；

第二步：甲、乙相邻，故捆绑，为 A_2^2；再插入排好的队中(头、尾除外)，为 C_3^1.

由乘法原理，不同的排法共有 $A_4^4A_2^2C_3^1=144$(种)，所以条件(2)不充分．

8. (B)

解　析	本题参照【模型 5. 定序问题】

5 个元素任意排列，共 A_5^5 种排法．

由于字母 A、B、C 的顺序是固定的，只有两种，故先消序：$\frac{A_5^5}{A_3^3}$，再乘这两种顺序，即共有 $\frac{A_5^5}{A_3^3}\times 2=40$(种)排列方法．

9. (A)

解　析	本题参照【模型 6. 相同元素的排列问题】

先看作不同的元素排列，再相同元素消序，不同的信号有$\frac{A_5^5}{A_3^3A_2^2}=10$(种).

10. (C)

解　析	本题参照【模型 3. 不相邻问题】【模型 6. 相同元素的排列问题】

先把黑球排成一行，再将红球插空．

黑球完全相同，排成一行只有 1 种排法，红球共有 8 个空可以插，共有 C_8^4 种排法．

所以共有 $1\times C_8^4=70$(种)排法．

11. (B)

解　析	本题参照【模型 7. 排座位问题】

方法一：带椅捆绑法．

第一步：3 个人相邻，将 3 个带着椅子的人捆绑，变成 1 个大元素．本来有 10 个椅子，还剩 7 把空椅子，7 把空椅子排成一排，形成 8 个空，从 8 个空里挑 1 个空，放这个大元素，即 C_8^1；

第二步：3 个人内部排序，即 A_3^3. 根据乘法原理，不同的坐法有 $C_8^1A_3^3=48$(种).

方法二：穷举法.

如图6-2所示.

1	2	3	4	5	6	7	8	9	10

图6-2

设这10把椅子的编号从左到右依次为1～10，则三个人相邻显然有以下组合：(1、2、3)，(2、3、4)，(3、4、5)，(4、5、6)，(5、6、7)，(6、7、8)，(7、8、9)，(8、9、10). 从这8种组合里面挑一种，即 C_8^1；3个人排序，即 A_3^3.

根据乘法原理，不同的坐法有 $C_8^1A_3^3=48$(种).

12. (E)

解　析	本题参照【模型7. 排座位问题】

带椅插空法.

第一步：3个人每人带一把椅子，还剩7把空椅子，形成8个空；

第二步：3个人插到8个空里，共有 A_8^3 种；

故共有 $A_8^3=336$(种)不同坐法.

13. (D)

解　析	本题参照【模型7. 排座位问题】

4个人任意排，即 A_4^4；

将相邻的2个空座捆绑(无须内部排序)，与另外1个空座一起插入4个人形成的5个空，即 A_5^2.

根据乘法原理，恰有两个空座位相邻的坐法有 $A_5^2A_4^4=480$(种).

14. (B)

解　析	本题参照【模型7. 排座位问题】

将题干中的位置画成如图6-3所示.

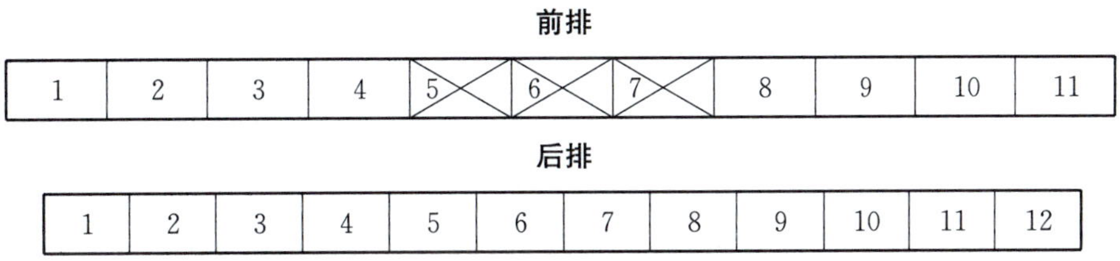

前排

1	2	3	4	5	6	7	8	9	10	11

后排

1	2	3	4	5	6	7	8	9	10	11	12

图6-3

方法一：分类讨论法.

第一类：2个人在一前一后，有 $C_8^1C_{12}^1A_2^2=192$(种)排法；

第二类：2个人都在后排，由带椅插空法得，有 $A_{11}^2=110$(种)排法；

第三类：2个人都在前排，且一左一右，有 $C_4^1C_4^1A_2^2=32$(种)排法；

第四类：2个人都在前排左边或右边，由带椅插空法得，有 $A_3^2\times2=12$(种)排法.

故两人不相邻的排法有 $192+110+32+12=346$(种).

方法二：正难则反.

使用剔除法，2个人在20个座位中任意坐，总的方法有 A_{20}^{2} 种；

两个人相邻的坐法有前排 $6A_{2}^{2}$ 种，后排 $11A_{2}^{2}$ 种.

故两人不相邻的排法有 $A_{20}^{2}-6A_{2}^{2}-11A_{2}^{2}=346$(种).

15. (D)

解　析	本题参照【模型7. 排座位问题】

假设编号为1，2，3，4，5，6，则奇数坐教师、偶数坐学生或者奇数坐学生、偶数坐教师，故结果为 $2A_{3}^{3}A_{3}^{3}$ 种.

【易错点】本题有学生可能会使用插空法误选(A)，但是插空法会出现类似于“生、师、师、生、师、生”的情况.

16. (D)

解　析	本题参照【模型8. 环排问题】

根据活动要求，可以分为两步：

第一步：先从7个人中选出1人，即 C_{7}^{1}.

第二步：将剩下的6个人进行环排，由环排问题的技巧可知，为 A_{5}^{5}.

由分步乘法原理可知，一共有 $C_{7}^{1}A_{5}^{5}=840$(种)不同的情况.

17. (A)

解　析	本题参照【模型8. 环排问题】

条件(1)：因为3个男生必须相邻，所以可分为两步进行.

第一步：先将三个男生捆绑在一起，为 A_{3}^{3}.

第二步：将三个男生看作一个元素，和其余6个女生环排，为 A_{6}^{6}.

由分步乘法原理可知，一共有 $A_{3}^{3}A_{6}^{6}=4\ 320$(种)不同的坐法. 故条件(1)充分.

条件(2)：3个男生均不相邻，可分为两步进行.

第一步：先将6个女生进行环排，为 A_{5}^{5}.

第二步：6个女生围成一圈，一共形成6个空，将3个男生分别插入这6个空中，为 A_{6}^{3}.

由分步乘法原理可知，一共有 $A_{5}^{5}A_{6}^{3}=14\ 400$(种)不同的坐法. 故条件(2)不充分.

题型78　数字问题

1. (D)

解　析	本题参照【模型1. 一般数字排列组合问题】

乘法具有交换律，所以和顺序无关，是组合问题.

第一类，不取0，即 C_6^2；

第二类，取0，只有一个积，为0.

故不同的积有 $C_6^2+1=16$(种).

2. (C)

解　析	本题参照【模型1. 一般数字排列组合问题】

若使五位数大于34 000，可分两类：

第一类，最高位为3，则次高位只能为4或者5，后3位全排列，故有 $C_2^1A_3^3$ 种；

第二类，最高位大于3，则后面4位可以任意选，即 $C_2^1A_4^4$.

故共有 $C_2^1A_3^3+C_2^1A_4^4=60$(个).

3. (D)

解　析	本题参照【模型1. 一般数字排列组合问题】

方法一：分类讨论法.

这个数可能为三位数、两位数或者一位数.

若为三位数，百位不能取0和2，十位和个位不能取2，故有 $C_8^1C_9^1C_9^1=648$(个)；

若为两位数，十位数不能取0和2，个位数不能取2，故有 $C_8^1C_9^1=72$(个)；

若为一位数，显然有8个.

故不含数字2的正整数的个数为 $648+72+8=728$(个).

方法二：小于1 000且不含数字2，则只有3个数位，且每个数位可以选除2以外的9个数字，即 $C_9^1C_9^1C_9^1$ 个，但当三个数位都选0时，不是正整数，故总共有 $C_9^1C_9^1C_9^1-1=728$(个).

4. (C)

解　析	本题参照【模型1. 一般数字排列组合问题】

分为两类：

第一类：千位为奇数，先从3个奇数中选1个，即 C_3^1；3个偶数排序，即 A_3^3. 故有 $C_3^1A_3^3=18$(个).

第二类：千位为偶数，千位从2和4中选1个，即 C_2^1；余下的2个偶数在百位和十位排列，即 A_2^2；3个奇数选1个放在个位，即 C_3^1. 故有 $C_2^1A_2^2C_3^1=12$(个).

故三个偶数连在一起的四位数有 $18+12=30$(个).

5. (C)

解　析	本题参照【模型1. 一般数字排列组合问题】

条件(1)：从2和4中选1个放在个位，即 C_2^1；1和3放在万位百位或者千位十位或者万位十位，即 C_3^1；1和3排列，即 A_2^2；余下的2个数字排入余下的2个位置，即 A_2^2.

故有 $C_2^1C_3^1A_2^2A_2^2=24$(个)，条件(1)不充分.

条件(2)：个位数从2和4中选1个，即 C_2^1；将3与5捆绑看作一个元素，即 A_2^2；捆绑元素和余下的2个数字排列，即A_3^3. 故有$C_2^1A_2^2A_3^3=24$(个)，条件(2)不充分.

联立两个条件：

第1步：将3与5捆绑看作一个元素A_2^2；

第2步：排2、4和捆绑元素，由于个位只能选偶数，故为$C_2^1A_2^2$；

第3步：3个元素一共有4个空，将1插空，1不能放在个位，不能放在与3相邻的空位，故只有2个空可以插，即C_2^1.

故由1，2，3，4，5组成无重复的五位偶数有$A_2^2C_2^1A_2^2C_2^1=16$(个). 两个条件联立充分.

6. (C)

解　析	本题参照【模型2. 数字定序问题】

总的六位数的个数为$C_5^1A_5^5$. 但题目要求个位数小于十位数，故需要用消序法消掉个位和十位的顺序，即A_2^2. 符合题意的六位数有$\frac{C_5^1A_5^5}{A_2^2}=300$(个).

7. (D)

解　析	本题参照【模型3. 数字分组问题】

将这6个数字按照除以3的余数分为三种情况：

①整除的：0，3；②余数为1的：1，4；③余数为2的：2，5.

从上面三组数中各取一个数，组成三位数，必然能被3整除.

则有$C_2^1C_2^1C_2^1A_3^3=48$(个)，但0放在首位的有$C_2^1C_2^1A_2^2=8$(个)，故满足题意的三位数有$48-8=40$(个).

8. (B)

解　析	本题参照【模型3. 数字分组问题】

将9个数分成两组：5个奇数(1、3、5、7、9)；4个偶数(2、4、6、8).

3个数的和为偶数，分以下两类：

第一类：2奇1偶，即$C_5^2C_4^1$；第二类：3个偶数，即C_4^3.

故总的取法有$C_5^2C_4^1+C_4^3=44$(种).

9. (D)

解　析	本题参照【模型3. 数字分组问题】

方法一：穷举法.

以1为公差的由小到大排列的等差数列有18个，

以2为公差的由小到大的等差数列有16个，

以3为公差的由小到大的等差数列有14个，

……

以9为公差的由小到大的等差数列有2个.

故递增数列有 $2+4+6+\cdots+18=90$(个)；

将每个数列倒序排列，则递减数列也有 90 个．所以，等差数列总数为 180 个．

方法二：设等差数列为 a_1，a_2，a_3．易知，若确定了 a_1，a_3，则 a_2 唯一确定且在(1，20)内．由中项公式得 $2a_2=a_1+a_3$，故 a_1+a_3 一定为偶数，所以二者同奇同偶．

将这 20 个数按照奇数和偶数分成两组，即

第 1 组 10 个奇数：1，3，5，7，9，11，13，15，17，19；

第 2 组 10 个偶数：2，4，6，8，10，12，14，16，18，20.

在第 1 组中，任选 2 个数作为 a_1，a_3，即 A_{10}^2；

在第 2 组中，任选 2 个数作为 a_1，a_3，即 A_{10}^2；

所以组成等差数列总数为 $A_{10}^2+A_{10}^2=180$(个).

10. (E)

解　析	本题参照【模型 4. 万能数字及万能元素问题】

分为两类：

第一类：无 6，则其余 5 个数选 4 个任意排，即 $A_5^4=120$；

第二类：有 6，则 1，2，3，4，5 中选 3 个，再与 6 一起任意排，且 6 可以有两种用法，即

$$C_5^3A_4^4\times 2=480.$$

故总个数为 $120+480=600$.

11. (E)

解　析	本题参照【模型 4. 万能数字及万能元素问题】

分为三类：

第一类：无 6 和 9，百位不能选 0，即 C_5^1；其余 2 位从余下的 5 个数中任选，即 $C_5^1A_5^2=100$(个)；

第二类：有 6，则从另外 6 个数选 2 个，再与 6 一起任意排，即 $C_6^2A_3^3=90$(个)，但 0 放在首位的有 $C_5^1A_2^2=10$(个)，需要去掉，且 6 可以有两种用法，即 $(90-10)\times 2=160$(个).

故不同的数字个数为 $100+160=260$(个).

12. (B)

解　析	本题参照【模型 4. 万能数字及万能元素问题】

按照万能元素去不去做英语翻译进行分类讨论：

①2 人都去做英语翻译，则只会英语的选 2 人，只会日语的选 4 人，即 $C_5^2C_4^4=10$；

②2 人中选 1 人去做英语翻译，则只会英语的选 3 人，此时会日语的有 5 人，从中选出 4 人，即 $C_2^1C_5^3C_5^4=100$；

③2 人都不去做英语翻译，则只会英语的选 4 人，此时会日语的有 6 人，从中选出 4 人，即 $C_5^4C_6^4=75$.

故不同的分配方案有 $10+100+75=185$(种).

题型 79 不同元素的分配问题

1. (D)

【解析】先分组，后两组平均分，需消序，即$\frac{C_8^4C_4^2C_2^2}{A_2^2}$；再分配，即 A_3^3. 故有

$$\frac{C_8^4C_4^2C_2^2}{A_2^2}\times A_3^3=1\ 260(种).$$

2. (D)

【解析】先分组，即$\frac{C_4^2C_2^1C_1^1}{A_2^2}$；再把 3 组球放入四个盒子的三个里，即 A_4^3. 所以不同的放法有

$$\frac{C_4^2C_2^1C_1^1}{A_2^2}\times A_4^3=144(种).$$

3. (D)

【解析】第一类：分成 3，1，1 三个小组，再分配，即$\frac{C_5^3C_2^1C_1^1}{A_2^2}\times A_3^3=60$；

第二类：分成 2，2，1 三个小组，再分配，即$\frac{C_5^2C_3^2C_1^1}{A_2^2}\times A_3^3=90$.

总计有 $60+90=150$(种).

4. (C)

【解析】分三步完成.

第一步：选人，分为两类.

2 男 2 女，即 $C_4^2\times C_3^2$；1 男 3 女，即 $C_4^1\times C_3^3$.

第二步：将 4 个人分为 2 人、1 人、1 人三组，即$\frac{C_4^2C_2^1C_1^1}{A_2^2}=C_4^2$.

第三步：分配工作，即 A_3^3.

根据乘法原理，不同的选派方法有$\left(C_4^2\times C_3^2+C_4^1\times C_3^3\right)\times C_4^2\times A_3^3=792$(种).

5. (D)

【解析】条件(1)：先选人，即 $C_5^2C_3^1$；再分配，即 A_3^3. 故有 $C_5^2C_3^1A_3^3=180$(种)，条件(1)充分.

条件(2)：先选人，即 $C_6^2C_2^1$；再分配，即 A_3^3. 故有 $C_6^2C_2^1A_3^3=180$(种)，条件(2)充分.

6. (D)

【解析】没有白球，即 $C_5^3A_3^3=60$(种)；只有一个白球，即 $C_5^2C_2^1A_3^3=120$(种).

故至多有一个白球的不同放法有 $60+120=180$(种).

题型80 相同元素的分配问题

1.(D)

解　析	本题参照【模型2."可以为空"型】

因为题干并未提及是否可以是空盒，故每个盒子至少分到0个球，采用增加元素法，增加3个元素，则题干等价于11个球放入3个盒子，且每个盒子均不可以为空．根据挡板法可知，共有$C_{10}^{2}=45$(种)不同的方法．

2.(B)

解　析	本题参照【模型2."可以为空"型】

此题可以认为将10个相同的1，分给x，y，z三个对象，每个对象至少分到0个1．增加3个元素后使用挡板法，故不同的解共有$C_{12}^{2}=\frac{12\times 11}{2\times 1}=66$(组)．

3.(C)

解　析	本题参照【模型3."可以为多"型】

先取2个小球，3号和4号盒子各放入一个小球，此时4个盒子均为至少1个小球，使用挡板法．余下8个小球排成一排，中间形成7个空，放入3个板子即可，故不同的放法有

$$C_{7}^{3}=\frac{7\times 6\times 5}{3\times 2\times 1}=35(种).$$

4.(B)

解　析	本题参照【模型2."可以为空"型】【模型3."可以为多"型】

使用挡板法的第三个条件，需要满足每个盒子至少放1球．
1号盒想要满足至少放1个小球，需要使用增加元素法，球的总数要增加1个；
2，3，4号盒想要满足至少放1个小球，需要使用减少元素法，先分别放入1，2，3个小球到盒子中，故球的总数要减少6个．$15+1-6=10$(个)，故此题相当于10个相同小球放入4个盒子，每个盒子至少放1个，故有$C_{9}^{3}=\frac{9\times 8\times 7}{3\times 2\times 1}=84$(种)．

题型81 不对号入座问题

1.(D)

【解析】设4位部门经理分别为1，2，3，4．
他们分别在一，二，三，四这4个部门中任职．
让经理1先选位置，可以在二、三、四中挑一个，即C_{3}^{1}；

假设他挑了部门二，则让经理 2 再选位置，他可以选择一、三或四，即 C_3^1；
无论经理 2 选了第几个部门，余下的 2 个人都只有 1 种选择．
故不同的方案有 $C_3^1\times C_3^1\times 1=9$(种)．
【快速得分法】此题为不对号入座问题，直接记忆母题技巧中的规律即可，4 个小球不对号入座，有 9 种方法．

2. (A)
【解析】在 6 位老师中选 2 位监考自己所在的班，即 C_6^2；
其余 4 人不对号入座，有 9 种．
根据乘法原理，有 $C_6^2\times 9=135$(种)不同的监考方法．

3. (D)
【解析】从 12 个同学中选 9 个位置不变，即 C_{12}^9；
3 个同学不对号入座，有 2 种方法．
根据乘法原理，有 $C_{12}^9\times 2=440$(种)不同的调换方法．

4. (C)
【解析】方法一：只有 2 个球对号入座，即 $C_5^2\times 2=20$；
只有 3 个球对号入座，即 $C_5^3\times 1=10$；
只有 4 个球对号入座不可能；
5 个球全部对号入座，即 1.
故有 $20+10+1=31$(种)不同方法．
综上所述，至少有 2 个小球和盒子编号相同的概率为 $\frac{20+10+1}{A_5^5}=\frac{31}{120}$.
方法二：正难则反．
若 5 个小球和盒子编号都不相同，则有 44 种方法．
若只有 1 个小球和盒子编号相同，即 4 个球不对号入座，则先选出这 4 个球，为 C_5^4；再将其不对号入座，有 9 种方法，总共有 $C_5^4\times 9=45$(种)方法．
故至少有 2 个小球和盒子编号相同的概率为 $1-\frac{44+45}{A_5^5}=\frac{31}{120}$.

第 3 节 概率

题型 82 常见古典概型问题

1. (E)
【解析】甲、乙两人去同一个城市，故捆绑为一组，与其余 3 人全排列，即 A_4^4；
总的基本事件个数为 $C_5^2A_4^4$.

故甲、乙不到同一个城市的概率为 $1-\dfrac{A_4^4}{C_5^2A_4^4}=1-\dfrac{1}{10}=\dfrac{9}{10}$.

2. (B)

【解析】穷举法.

方程有实根，则 $\Delta=4a^2-4b^2\geqslant 0$，即 $a^2-b^2\geqslant 0$.

故当 $a=0$ 时，$b=0$；

当 $a=1$ 时，$b=0$，1；

当 $a=2$ 时，$b=0$，1，2；

当 $a=3$ 时，$b=0$，1，2.

所有方程有实根的可能情况共有 9 种，所求概率为 $\dfrac{9}{C_4^1C_3^1}=\dfrac{3}{4}$.

3. (C)

【解析】选 1 名女生和 2 名男生在一组，其余 6 名女生分成 2 组，即 $\dfrac{C_7^1C_6^3C_3^3}{A_2^2}$；

9 人任意成 3 组，即 $\dfrac{C_9^3C_6^3C_3^3}{A_3^3}$. 故所求概率为 $\dfrac{\dfrac{C_7^1C_6^3C_3^3}{A_2^2}}{\dfrac{C_9^3C_6^3C_3^3}{A_3^3}}=\dfrac{1}{4}$.

4. (C)

【解析】所求事件的取法分为三类：

①芝麻馅汤圆、花生馅汤圆、豆沙馅汤圆取得的个数分别为 1，1，2，共有 $C_6^1C_5^1C_4^2$ 种可能性；

②芝麻馅汤圆、花生馅汤圆、豆沙馅汤圆取得的个数分别为 1，2，1，共有 $C_6^1C_5^2C_4^1$ 种可能性；

③芝麻馅汤圆、花生馅汤圆、豆沙馅汤圆取得的个数分别为 2，1，1，共有 $C_6^2C_5^1C_4^1$ 种可能性.

故所求概率 $P=\dfrac{C_6^1C_5^1C_4^2+C_6^1C_5^2C_4^1+C_6^2C_5^1C_4^1}{C_{15}^4}=\dfrac{48}{91}$.

5. (D)

【解析】从 5 个点中选取 2 个点，共有 C_5^2 种情况，两点间的距离不小于该正方形边长的情况为 2 点的连线是正方形的边长和对角线，即取正方形的顶点.

所以两点间的距离不小于该正方形边长的概率为 $P=\dfrac{C_4^2}{C_5^2}=\dfrac{3}{5}$.

6. (A)

【解析】此题的两个分组名字不同，为甲、乙两组，故不考虑消序，由题意可得，两个种子队在一起一共分为两种情况：

①两个种子队都在甲组：$C_6^2C_4^4=15$；

②两个种子队都在乙组：$C_6^2C_4^4=15$.

两个种子队被分在同一组一共有 $15+15=30$(种)情况.

总事件：所有球队任意分为甲、乙两组的情况 $C_8^4C_4^4=70$(种)情况.

故所求概率为$\frac{30}{70}=\frac{3}{7}$.

7. (D)

【解析】每组有一名女生的分法有 $C_{12}^{4}C_{3}^{1}\times C_{8}^{4}C_{2}^{1}$，总的分法有 $C_{15}^{5}C_{10}^{5}$，所求概率为

$$\frac{C_{12}^{4}C_{3}^{1}\times C_{8}^{4}C_{2}^{1}}{C_{15}^{5}C_{10}^{5}}=\frac{25}{91}\approx 0.275.$$

8. (B)

【解析】条件(1)：在后两只球挑 1 只为 C_{2}^{1}；落入前两只球所在的格子，概率为$\frac{1}{4}$；剩下一只球落入其他格子，概率为$\frac{3}{4}$，故所求概率为 $C_{2}^{1}\times\frac{1}{4}\times\frac{3}{4}=\frac{3}{8}$，条件(1)不充分．

条件(2)：第 3 只球落入前两只球所在格子，概率为$\frac{1}{2}$，为确保有 3 只球落入同一格子，第 4 只球应落入第三只球所在格子，概率为$\frac{1}{4}$，故所求概率为$\frac{1}{2}\times\frac{1}{4}=\frac{1}{8}$，条件(2)充分．

9. (B)

【解析】$ax+by=0$ 能表示一条直线，故 a、b 不同时为 0，总事件个数为 $5^2-1=24$(个).

$ax+by=0$ 的斜率 $k=-\frac{a}{b}=-1$，即 $a=b\neq 0$，只有 4 种情况．

故概率 $P=\frac{4}{24}=\frac{1}{6}$.

题型 83　数字之和问题

1. (B)

【解析】使用穷举法．能被 9 整除，即各位数字之和等于 9 的倍数．满足条件的组合有(1，2，6)，(1，3，5)，(2，3，4)共 3 组；再考虑顺序，则有 $3A_{3}^{3}=18$(种)．故概率为$\frac{18}{A_{6}^{3}}=\frac{3}{20}$.

2. (D)

【解析】总得分为 0 分的情况有 2 种：①3 球均为黄球，即 $2\times2\times2=8$(种)；

②一红一黄一绿球，即 $1\times2\times3\times A_{3}^{3}=36$(种).

故所求概率为 $P=\frac{8+36}{6\times6\times6}=\frac{11}{54}$.

3. (A)

【解析】得分不大于 6，分为三种情况：两红两黑；三黑一红；四黑．故得分不大于 6 的概率为

$$\frac{C_{6}^{2}C_{4}^{2}+C_{6}^{1}C_{4}^{3}+C_{6}^{0}C_{4}^{4}}{C_{10}^{4}}=\frac{23}{42}.$$

题型 84 袋中取球模型

1.(C)

解　析	本题参照【模型 1. 一般型】

两个条件单独显然不充分，联立两个条件.

条件(1)：摸到白球的概率为 $P=\frac{2}{n}=0.2$，得 $n=10$，可知一共有 10 个球.

条件(2)：$P=\frac{m}{10}=0.3$，得 $m=3$，可知黄球有 3 个.

故联立起来充分.

2.(D)

解　析	本题参照【模型 1. 一般型】

分两步：第一步从三个盒子中选一个盒子；第二步从选定的盒子中取出一只红球.

所以取到红球的概率为 $\frac{1}{3}\times\frac{4}{8}+\frac{1}{3}\times\frac{5}{8}+\frac{1}{3}\times\frac{0}{4}=0.375.$

3.(C)

解　析	本题参照【模型 1. 一般型】

分为两种情况：

①从甲、乙中取出的都是黑球的概率：$\frac{3}{5}\times\frac{2}{5}=\frac{6}{25}$；

②从甲、乙中取出的都是白球的概率：$\frac{2}{5}\times\frac{3}{5}=\frac{6}{25}$.

故两个袋中取出相同颜色的概率为 $\frac{6}{25}+\frac{6}{25}=\frac{12}{25}$.

4.(D)

解　析	本题参照【模型 2. 一次取球模型】

方法一：

恰好有 1 个红球的概率为 $\frac{C_7^1\times C_3^1}{C_{10}^2}=\frac{7}{15}$；

恰好有 2 个红球的概率为 $\frac{C_3^2}{C_{10}^2}=\frac{1}{15}$.

所以，至少有一个红球的概率为 $\frac{7}{15}+\frac{1}{15}=\frac{8}{15}$.

方法二：正难则反.

事件 A：从 10 个小球中任取 2 个，全为黑球．概率为 $P(A)=\frac{C_7^2}{C_{10}^2}=\frac{7}{15}$；

事件 A 是“从 10 个球中任取 2 球，至少一个是红球”的对立事件．

所以至少有一个是红球的概率为 $P=1-\frac{7}{15}=\frac{8}{15}$.

5.（D）

解　析	本题参照【模型 2．一次取球模型】

4 个球中有一个球是 6，再从 1，2，3，4，5 中取 3 个球，为 C_5^3；

总事件为从 10 个球中任取 4 个球，共有 C_{10}^4．故所求概率为 $P=\frac{C_5^3}{C_{10}^4}=\frac{1}{21}$.

6.（D）

解　析	本题参照【模型 2．一次取球模型】

从 6 个红球中任取 2 个，即 C_6^2；“这两个红球至少有 1 个号码为偶数”的反面为“全为奇数”，即从 3 个奇数红球中任取 2 个，为 C_3^2；
所以 6 个红球中任取 2 个，至少一个是偶数的取法为 $C_6^2-C_3^2=12$.
从 12 个球中任取 2 个，即 $C_{12}^2=66$.

故所求概率为 $\frac{12}{66}=\frac{2}{11}$.

7.（B）

解　析	本题参照【模型 2．一次取球模型】

“至少有一个红球”的反面即为“没有红球”.

条件(1)：$P=1-\frac{C_5^3}{C_{10}^3}=1-\frac{1}{12}=\frac{11}{12}$，不充分．

条件(2)：$P=1-\frac{C_6^3}{C_{10}^3}=1-\frac{1}{6}=\frac{5}{6}$，充分．

8.（B）

解　析	本题参照【模型 3．无放回取球模型】【模型 4．有放回取球模型】

条件(1)：有放回取球，两个小球都是红球的概率是 $P=\frac{2}{5}\times\frac{2}{5}=\frac{4}{25}$，不充分．

条件(2)：无放回取球，两个小球都是红球的概率是 $P=\frac{C_2^2}{C_5^2}=\frac{1}{10}$，充分．

9.（C）

解　析	本题参照【模型 4．有放回取球模型】

单独显然不充分，考虑联立．
条件(1)：取得的两个球颜色相同，有两种情况：两个球都是红球、两个球都是绿球，则

$$P_1=\frac{7}{10}\times\frac{7}{10}+\frac{3}{10}\times\frac{3}{10}=\frac{58}{100}.$$

条件(2)：“至少取得一个红球”的反面是“两个都是绿球”，故 $P_2=1-\frac{3}{10}\times\frac{3}{10}=\frac{91}{100}$.

因此，$P_1<P_2$，两个条件联立充分．

题型85 独立事件

1. (B)

【解析】正难则反．该单位获赔的概率=1−三辆车都不发生事故的概率．

条件(1)：$1-\frac{9}{10}\times\frac{10}{11}\times\frac{11}{12}=\frac{1}{4}$，不充分．

条件(2)：$1-\frac{8}{9}\times\frac{9}{10}\times\frac{10}{11}=\frac{3}{11}$，充分．

2. (D)

【解析】恰有一人命中的概率为 $P=\frac{1}{4}\times\frac{1}{2}\times\frac{2}{3}+\frac{3}{4}\times\frac{1}{2}\times\frac{2}{3}+\frac{3}{4}\times\frac{1}{2}\times\frac{1}{3}=\frac{11}{24}$.

3. (C)

【解析】两个条件单独显然不充分，考虑联立．

条件(1)：每颗色子出现1点或6点的概率为$\frac{2}{6}=\frac{1}{3}$，故三颗色子都没有出现1点或6点的概率为 $P_1=\left(1-\frac{1}{3}\right)^3=\frac{8}{27}$.

条件(2)：恰好有一颗色子出现1点或6点，则另外两颗色子不出现1点或6点，故此题为伯努利概型，$P_2=C_3^1\times\frac{1}{3}\times\left(1-\frac{1}{3}\right)^2=\frac{4}{9}$.

$P_1+P_2=\frac{8}{27}+\frac{4}{9}=\frac{20}{27}>\frac{1}{2}$，两个条件联立充分．

4. (A)

【解析】由于盒子中有0只、1只、2只、……、10只铜螺母的情况是等可能的，那么每种可能性为$\frac{1}{11}$.

若原先有0只铜螺母，则现在盒子中有11只螺母，其中有1只铜螺母，随机取出的是铜螺母的概率为$\frac{1}{11}$，其他10种情况以此类推．故概率为

$$P=\underbrace{\frac{1}{11}\times\frac{1}{11}}_{\text{原来0只}}+\underbrace{\frac{1}{11}\times\frac{2}{11}}_{\text{原来1只}}+\cdots+\underbrace{\frac{1}{11}\times\frac{11}{11}}_{\text{原来10只}}=\frac{1}{11}\times\left(\frac{1+2+\cdots+11}{11}\right)=\frac{6}{11}.$$

题型86 伯努利概型

1. (A)

【解析】条件(1)：根据伯努利概型，可知 $P=C_3^2\times\left(\frac{1}{2}\right)^2\times\left(\frac{1}{2}\right)=\frac{3}{8}$，故条件(1)充分.

条件(2)：甲、乙两人住同一旅馆的可能性有 3 种；甲任意选、乙任意选，可能性有 $3^2=9$(种).

故概率 $P=\frac{3}{9}=\frac{1}{3}$，条件(2)不充分.

2. (A)

【解析】至少投中三次，可分为两种情况：中 3 次或中 4 次，即 $P=C_4^3(1-P)^3P+(1-P)^4$.

条件(1)：$P=C_4^3\times0.8^3\times0.2+0.8^4=0.4096+0.4096>0.8$，充分.

条件(2)：$P=C_4^3\times0.7^3\times0.3+0.7^4=0.4116+0.2401<0.8$，不充分.

3. (B)

【解析】正难则反．至少有一个患此流感的概率$=1-$无人患此流感的概率.

条件(1)：至少有一人患此流感的概率为 $1-(1-0.3)^3=0.657$，条件(1)不充分.

条件(2)：至少有一人患此流感的概率为 $1-(1-0.1)^3=0.271$，条件(2)充分.

4. (A)

【解析】获得玩偶可分为两种情况：投进 3 个球或 4 个球.

又因为进球的概率为 0.95，故没进球的可能是 0.05.

所求概率为 $P=C_4^3\times(0.95)^3\times0.05+C_4^4\times(0.95)^4\times0.05^0\approx0.99$.

5. (E)

【解析】注意题干中的“大量”一词，这一词在数学中的意思是非常非常多，因此可以认为，取出个别球后，罐中的红黑球比例保持不变．故甲罐中取到红球的概率始终为$\frac{2}{3}$，取到黑球的概率始终为$\frac{1}{3}$；乙罐中取到红球的概率始终为$\frac{1}{3}$，取到黑球的概率始终为$\frac{2}{3}$.

故甲罐中取 30 个红球、20 个黑球的概率为 $P_1=C_{50}^{20}\times\left(\frac{2}{3}\right)^{30}\times\left(\frac{1}{3}\right)^{20}$.

乙罐中取 30 个红球、20 个黑球的概率为 $P_2=C_{50}^{20}\times\left(\frac{2}{3}\right)^{20}\times\left(\frac{1}{3}\right)^{30}$.

则两者概率之比为$\frac{P_1}{P_2}=2^{10}=1024$.

6. (D)

【解析】每个路口遇到红灯的概率是$\frac{1}{3}$，则每个路口没有遇到红灯的概率是$\frac{2}{3}$.

“停的总时间最多是4分钟”共分为3种情况：没有遇到红灯、遇到一次红灯、遇到两次红灯．

①没有遇到红灯：$P_0=\left(\frac{2}{3}\right)^4=\frac{16}{81}$；

②遇到一次红灯：$P_1=C_4^1\times\frac{1}{3}\times\left(\frac{2}{3}\right)^3=\frac{32}{81}$；

③遇到两次红灯：$P_2=C_4^2\times\left(\frac{1}{3}\right)^2\times\left(\frac{2}{3}\right)^2=\frac{24}{81}$；

故总概率为 $P=P_0+P_1+P_2=\frac{8}{9}$.

题型87 闯关与比赛问题

1. (A)

解　析	本题参照【模型1. 闯关问题】

分为以下四种情况：

方法一：第1个中，后4个未投：0.1；

第1个没中，第2个中，后3个未投：0.9×0.1；

第1、2个没中，第3个中，后2个未投：$0.9^2\times0.1$；

前3个没中，第4个中，最后1个未投：$0.9^3\times0.1$.

故至少剩下一个环未投的概率为

$$P=0.1+0.9\times0.1+0.9^2\times0.1+0.9^3\times0.1=\frac{0.1\times(1-0.9^4)}{1-0.9}=1-0.9^4.$$

方法二：正难则反．

“至少剩下一个环未投”的反面为“5个环都投出去”．分为以下两种情况：

第5个环才套中木桩，概率为 $P_1=0.9^4\times0.1$；

5个环都没有套中木桩，概率为 $P_2=0.9^5$.

故至少剩下一个环未投的概率为

$$P=1-P_1-P_2=1-0.9^4\times0.1-0.9^5=1-0.9^4.$$

2. (B)

解　析	本题参照【模型1. 闯关问题】

条件(1)：王先生取得大奖时，比赛的总场数可能是3场、4场、5场．

①总场数是3场时的概率为$\left(\frac{1}{2}\right)^3$；

②总场数是4场时，败了1场，最后一场必为胜，获胜概率为 $C_3^1\times\left(\frac{1}{2}\right)^4$；

③总场数 5 场时，败了 2 场，最后一场必为胜，获胜概率为 $C_4^2\times\left(\frac{1}{2}\right)^5$.

王先生取得大奖的概率为 $P=\left(\frac{1}{2}\right)^3+C_3^1\times\left(\frac{1}{2}\right)^4+C_4^2\times\left(\frac{1}{2}\right)^5=\frac{1}{2}$，条件(1)不充分.

条件(2)：共有四种情况，分别为

①前三场全胜，概率为 $\left(\frac{1}{2}\right)^3$；

②第一场输，第二、三、四场全胜，概率为 $\left(\frac{1}{2}\right)^4$；

③第一、二场输，第三、四、五场全胜，概率为 $\left(\frac{1}{2}\right)^5$；

④第一场赢，第二场输，第三、四、五场全胜，概率为 $\left(\frac{1}{2}\right)^5$.

王先生取得大奖的概率为 $P=\left(\frac{1}{2}\right)^3+\left(\frac{1}{2}\right)^4+2\times\left(\frac{1}{2}\right)^5=\frac{1}{4}$，条件(2)充分.

3.(D)

解　析	本题参照【模型 2. 比赛问题】

甲如果第 1 下就扔出正面，则后面就不用比了，以此类推．类似于闯关问题.

甲获胜：首次正面出现在第 1、4、7、…次，概率为

$$\frac{1}{2}+\left(\frac{1}{2}\right)^3\times\frac{1}{2}+\left(\frac{1}{2}\right)^6\times\frac{1}{2}+\cdots=\frac{1}{2}\times\left[1+\left(\frac{1}{2}\right)^3+\left(\frac{1}{2}\right)^6+\cdots\right]=\frac{1}{2}\times\frac{1}{1-\frac{1}{8}}=\frac{4}{7};$$

乙获胜：首次正面出现在第 2、5、8、…次，概率为

$$\frac{1}{2}\times\frac{1}{2}+\left(\frac{1}{2}\right)^4\times\frac{1}{2}+\left(\frac{1}{2}\right)^7\times\frac{1}{2}+\cdots=\frac{1}{2}\times\left[\frac{1}{2}+\left(\frac{1}{2}\right)^4+\left(\frac{1}{2}\right)^7+\cdots\right]=\frac{1}{2}\times\frac{\frac{1}{2}}{1-\frac{1}{8}}=\frac{2}{7};$$

丙获胜的概率为 $1-\frac{4}{7}-\frac{2}{7}=\frac{1}{7}$.

4.(E)

解　析	本题参照【模型 2. 比赛问题】

已知第四局结束比赛，分为两种情况：

若甲赢得比赛，则前三局甲两胜一负，第四局胜，概率为

$$P=C_3^2\times\left(\frac{1}{2}\right)^2\times\left(1-\frac{1}{2}\right)\times\frac{1}{2}=\frac{3}{16};$$

若乙赢得比赛，获胜的概率也为 $\frac{3}{16}$.

所以，恰好第四局结束比赛的概率为 $\frac{3}{8}$.

5. (B)

解 析	本题参照【模型 2. 比赛问题】

条件(1)：甲输 1 局，即总共打了 5 局，最后 1 局甲胜，前 4 局甲胜 3 局．

该情况的概率为 $P=C_4^3\times0.4^3\times0.6\times0.4=6\times0.4^5$，条件(1)不充分．

条件(2)：甲输 2 局，即总共打了 6 局，最后 1 局甲胜，前 5 局甲胜 3 局．

该情况的概率为 $P=C_5^3\times0.4^3\times0.6^2\times0.4=9\times0.4^5$，条件(2)充分．

6. (E)

解 析	本题参照【模型 2. 比赛问题】

任意分为 2 组，每组 2 队的分法为 $\frac{C_4^2C_2^2}{A_2^2}=3$(种)，甲、乙相遇可分为两类：

①甲、乙在同一组的概率为 $P_1=\frac{1}{\frac{C_4^2C_2^2}{A_2^2}}=\frac{1}{3}$；

②甲、乙不在同一组的概率为$\frac{2}{3}$，两队分别战胜各自对手的概率为$\frac{1}{2}\times\frac{1}{2}=\frac{1}{4}$，甲、乙不在同一组且相遇的概率为 $P_2=\frac{2}{3}\times\frac{1}{4}=\frac{1}{6}$.

故甲、乙相遇的概率为 $P=\frac{1}{3}+\frac{1}{6}=\frac{1}{2}$.

7. (D)

解 析	本题参照【模型 2. 比赛问题】

乙选手输掉 1 分的情况为：乙第一回合失误，或乙第二回合失误．故概率

$$P=0.3+0.7\times0.6\times0.5=0.51.$$

本章奥数及高考改编题

1. (C)

解 析	【排队问题(定序问题)】

由题意可得，这 5 个靶子中的“1 号、2 号、3 号”的先后顺序固定，即先打 3 号、再打 2 号，最后打 1 号；其余靶子没有先后限制．

5 个靶子任意排序：A_5^5；再消“1 号、2 号、3 号”顺序，故总的顺序有$\frac{A_5^5}{A_3^3}=20$(种)．

2. (C)

解 析	【基本组合问题】

要组成题干中的句子，每一种读法需 10 步完成(从上一个字到下一个字为一步)，其中 5 步向左下方读，5 步向右下方读，故共有 $C_{10}^5=252$(种)读法．

3. (C)

解 析	【基本组合问题】【标数法】

每个点都只能从它的左侧或下方到达，根据加法原理，从起点到任何一点的路线数都等于从起点到这一点左侧和下方的路线数之和．例如：从 A 点到 C 点的路线数=从 A 点到 C 点左侧和下方的路线数之和，即路线数为 $1+1=2$. 如图 6-4 所示，共有 25 种不同走法．

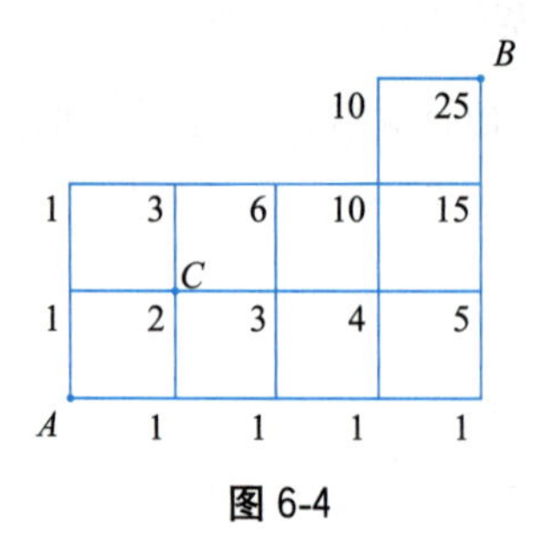

图 6-4

4. (D)

解 析	【基本组合问题】

第一类：从 OA 边上(不包括 O)任取一点，从 OB 边上(不包括 O)任取两点，有 $C_m^1C_n^2$ 个；

第二类：从 OA 边上(不包括 O)任取两点，从 OB 边上(不包括 O)任取一点，有 $C_m^2C_n^1$ 个；

第三类：从 OA 边上(不包括 O)任取一点，从 OB 边上(不包括 O)任取一点，与 O 点可构造一个三角形，有 $C_m^1C_n^1$ 个．

由加法原理可知，可作的三角形个数为 $C_m^1C_n^2+C_m^2C_n^1+C_m^1C_n^1$ 个．

5. (A)

解　析	【基本排列问题】【分解质因数】

原有 m 个车站，每两个车站之间皆有一种票，且往返票不同，故原来一共有 A_m^2 种车票；

现有 $m+n$ 个车站，故现在一共有 A_{m+n}^2 种车票；

于是有 $A_{m+n}^2-A_m^2=58$，即 $(m+n)(m+n-1)-m(m-1)=58$，化简得

$$m^2+2mn+n^2-m-n-m^2+m=n^2+2mn-n=n(n+2m-1)=58.$$

因为 $n>1$，$n<n+2m-1$，$58=2\times29$，故有 $\begin{cases}n=2,\\n+2m-1=29,\end{cases}$ 解得 $m=14$.

6. (D)

解　析	【基本排列问题】【排队问题(方阵)】

从 9 人中任选 3 人分别担任队长、副队长、纪律监督员，共有 $A_9^3=504$(种).

这 3 人位于不同行、不同列的种数为：

先从第一行任取一个位置，有 3 种；再从第二行任取一个位置，有 2 种；第三行只剩一个位置，故有 $3\times2\times1=6$(种)；再分配给队长、副队长、纪律监督员，则共有 $6\times A_3^3=36$(种).

故这 3 人至少有两人位于同行或同列的选取方法有 $504-36=468$(种).

7. (B)

解　析	【不同元素分配】

根据题意，“负重扛机”可由 1 名男记者或 2 名男记者参加.

①由 1 名男记者参加“负重扛机”，有 $C_3^1=3$(种)方法，剩余 2 男 2 女分成 3 组参加其余三项工作，有 $\dfrac{C_4^2C_2^1C_1^1}{A_2^2}\times A_3^3=36$(种)方法，故一共有 $3\times36=108$(种)；

②由 2 名男记者参加“负重扛机”，有 $C_3^2=3$(种)方法，剩余 1 男 2 女参加其余三项工作，有 $A_3^3=6$(种)方法，故一共有 $3\times6=18$(种).

综上所述，共有 $108+18=126$(种)方案.

8. (A)

解　析	【相同元素分配】

将 24 个志愿者名额看成是 24 个相同的小球，原题转化为“将 24 个相同的小球分成 3 组，每组至少有一个球，且每组数目各不相同”的问题.

由挡板法可知，将 24 个相同的小球分成 3 组，每组至少有一个球，共 $C_{23}^2=253$(种)方法.

又因为这 3 组中，至少有 2 组数目相同的分组方法有：(1，1，22)，(2，2，20)，(3，3，18)，(4，4，16)，(5，5，14)，(6，6，12)，(7，7，10)，(8，8，8)，(9，9，6)，(10，10，4)，(11，11，2)，再分配到 3 个场馆，共有 $10\times3+1=31$(种)方法.

故总的分配方法有 $253-31=222$(种).

9. (B)

解　析	【相同元素分配】【整数不定方程】

设三种材料为甲、乙、丙，每个工艺品需要 x 份甲、y 份乙、z 份丙(x，y，z 为大于等于 1 的正整数)，根据题意，有 $x+y+z=6$. 此题转化为，求方程 $x+y+z=6$ 有多少组正整数解．相当于将 6 个相同的小球分成 3 组，每组至少分一个小球，由挡板法可知，共有 $C_5^2=10$(种)，即方程 $x+y+z=6$ 有 10 组正整数解．故这三种材料可以制作出 10 种不同颜色的工艺品．

10. (E)

解　析	【数字问题】

第 1 步，$2=0+2$，$2=1+1$，$2=2+0$，共 3 种组合方式；
第 2 步，$4=0+4$，$4=1+3$，$4=2+2$，$4=3+1$，或 $4=4+0$，共 5 种组合方式；
第 3 步，$9=0+9$，$9=1+8$，$9=2+7$，$9=3+6$，…，$9=9+0$，共 10 种组合方式；
第 4 步，$1=1+0$，$1=0+1$，共 2 种组合方式．
根据分步乘法计数原理，值为 1 942 的"简单的"有序对有 $2\times10\times5\times3=300$(个).

11. (C)

解　析	【图表分析】【袋中取球模型】

根据图表可知，B 类学生共有 10 人，占总人数的 50%，故总人数为 $\frac{10}{50\%}=20$(人).

A 类学生共有 3 人，占总人数的 $\frac{3}{20}=15\%$，则 D 类学生占总人数的 $1-50\%-25\%-15\%=10\%$，

故 D 类学生共有 $20\times10\%=2$(人). 因为 D 类女同学有 1 人，故 D 类男同学有 1 人．
所以，从 A 类和 D 类学生中各随机选取一位同学，恰好是一位男同学和一位女同学的概率是

$$\frac{C_1^1C_1^1+C_2^1C_1^1}{C_3^1C_2^1}=\frac{1}{2}.$$

12. (B)

解　析	【取球模型】【正方形】

如图 6-5 所示，在正方形 $ABCD$ 中，O 为中心，所有的三角形分别为：

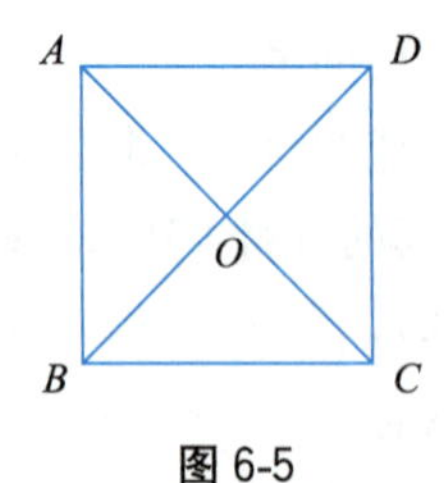

图 6-5

$\triangle AOB$，$\triangle AOD$，$\triangle BOC$，$\triangle COD$，$\triangle ABC$，$\triangle ACD$，$\triangle BCD$，$\triangle ABD$.

其中，$\triangle AOB$，$\triangle AOD$，$\triangle BOC$，$\triangle COD$ 面积相等，$\triangle ABC$，$\triangle ACD$，$\triangle BCD$，$\triangle ABD$ 面积相等．

所以任取两个三角形，其面积相等的概率为$\frac{C_4^2\times 2}{C_8^2}=\frac{3}{7}$．

13. (B)

解　析	【古典概型】

设另两条边分别为 x，y，不妨设 $x\leqslant y$，x，$y\in\mathbf{N}^+$，要构成三角形，需满足 $x+y>11$．
当 $y=11$ 时，x 可以为 1，2，3，4，…，11，共 11 个三角形；
当 $y=10$ 时，x 可以为 2，3，4，…，10，共 9 个三角形；
当 $y=9$ 时，x 可以为 3，4，…，9，共 7 个三角形；
当 $y=8$ 时，x 可以为 4，…，8，共 5 个三角形；
当 $y=7$ 时，x 可以为 5，6，7，共 3 个三角形；
当 $y=6$ 时，x 可以为 6，共 1 个三角形．
因此不同的三角形有 $1+3+5+7+9+11=36$(个)，其中等腰三角形有 $11+1+1+1+1+1=16$(个)，故是等腰三角形的概率是$\frac{16}{36}=\frac{4}{9}$．

14. (B)

解　析	【独立事件】

设 $A=\{$正面次数少于反面次数$\}$，$B=\{$正面次数等于反面次数$\}$，$C=\{$正面次数多于反面次数$\}$．显然有 $P(A)=P(C)$，且 $P(A)+P(B)+P(C)=1$，即 $P(A)=\frac{1}{2}(1-P(B))$．

当 n 为奇数时，$P(B)=0$，从而 $P(A)=\frac{1}{2}$；当 n 为偶数时，$P(B)>0$，从而 $P(A)<\frac{1}{2}$．

故条件(1)不充分，条件(2)充分．

15. (E)

解　析	【独立事件】【闯关比赛问题】

由“石头”胜“剪刀”、“剪刀”胜“布”、“布”胜“石头”可知，每局比赛中，小华胜、和局、小华输的概率都是$\frac{1}{3}$．小华获胜有三种情况：

①前两局小华连胜，概率为$\left(\frac{1}{3}\right)^2=\frac{1}{9}$；

②前两局中小华胜一局，第三局小华胜，概率为 $C_2^1\times\frac{1}{3}\times\frac{2}{3}\times\frac{1}{3}=\frac{4}{27}$；

③三局比赛中两局和局，一局小华胜，概率为 $C_3^1\times\frac{1}{3}\times\frac{1}{3}\times\frac{1}{3}=\frac{1}{9}$．

故小华获胜的概率为$\frac{1}{9}+\frac{4}{27}+\frac{1}{9}=\frac{10}{27}$．

16. (D)

解　析	【计数原理的应用】

当 $m=4$ 时，数列 $\{a_n\}$ 共有 8 项，其中 4 项为 0，4 项为 1. 要满足对任意 $k\leqslant 2m$，a_1，a_2，…，a_k 中 0 的个数不少于 1 的个数，则必有 $a_1=0$，$a_8=1$. 具体的排法可列表，如图 6-6所示.

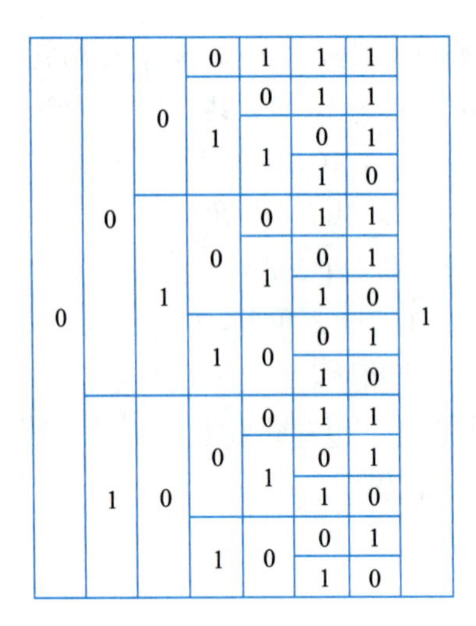
<table>
<tr><td rowspan="14">0</td><td rowspan="9">0</td><td rowspan="4">0</td><td>0</td><td>1</td><td>1</td><td>1</td><td rowspan="14">1</td></tr>
<tr><td rowspan="3">1</td><td>0</td><td>1</td><td>1</td></tr>
<tr><td rowspan="2">1</td><td>0</td><td>1</td></tr>
<tr><td>1</td><td>0</td></tr>
<tr><td rowspan="5">1</td><td rowspan="3">0</td><td>0</td><td>1</td><td>1</td></tr>
<tr><td rowspan="2">1</td><td>0</td><td>1</td></tr>
<tr><td>1</td><td>0</td></tr>
<tr><td rowspan="2">1</td><td rowspan="2">0</td><td>0</td><td>1</td></tr>
<tr><td>1</td><td>0</td></tr>
<tr><td rowspan="5">1</td><td rowspan="5">0</td><td rowspan="3">0</td><td>0</td><td>1</td><td>1</td></tr>
<tr><td rowspan="2">1</td><td>0</td><td>1</td></tr>
<tr><td>1</td><td>0</td></tr>
<tr><td rowspan="2">1</td><td rowspan="2">0</td><td>0</td><td>1</td></tr>
<tr><td>1</td><td>0</td></tr>
</table>

图 6-6

故共有 14 个.

17. (D)

解　析	【基本组合问题】

条件(1)：如图 6-7 所示，任一交点都是由 l_1 上的两个点和 l_2 上的两个点连接而成，要使交点最多，则在 l_1 上任取两个点，再在 l_2 上任取两个点，均可确定一个交点，故交点最多有 $C_4^2C_7^2=126$(个)，充分.

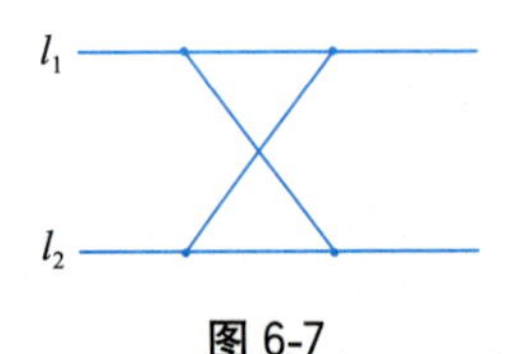

图 6-7

条件(2)：三个点只要不在一条直线即可构成一个三角形，因此在 l_1 上取 2 个点，l_2 上取 1 个点，或者在 l_1 上取 1 个点，l_2 上取 2 个点，$C_4^2C_7^1+C_4^1C_7^2=126$(个)，充分.

18. (C)

解　析	【排队问题】

条件(1)：3 次不合格，2 次连续，说明这 2 次和剩下 1 次不能相邻，将这 2 组不合格的情况往剩下 3 次合格的 4 个空中插空，$A_4^2=12$，不充分.

同理可得，条件(2)也不充分. 故考虑联立.

2次不合格连续，2次合格连续，将不合格往合格的3个空中插空，但是只能是要么前2个空，要么后2个空，$A_2^2A_2^2\times2=8$，联立充分．

19.（D）

解　析	【袋中取球模型】【基本不等式】

条件(1)：假设红球个数为n，有$\frac{C_3^1C_n^2}{C_{10}^3}>\frac{1}{4}$，解得$C_n^2>10$，$n>5$，每种球至少有一个，因此红球6个，白球3个，黑球1个，充分．

条件(2)：假设红球个数为n，有$\frac{C_4^1C_n^2}{C_{10}^3}>\frac{1}{5}$，解得$C_n^2>6$，$n>4$，每种球至少有一个，因此红球5个，白球1个，黑球4个，也充分．

20.（C）

解　析	【数字之和问题】【相同元素的分配问题】【古典概型】

“六合数”即将6个元素分为四份，设“六合数”为$\overline{abcd}$，则$a+b+c+d=6$，即为将6个相同的元素分为4份．其中a在首位，至少为1；b，c，d可以为0. 故需增加3个元素，再使用挡板法，由公式可得共有$C_{6+3-1}^{4-1}=56$(个).

首位为2的“六合数”为$\overline{2bcd}$，则$b+c+d=4$，b，c，d可以为0. 用挡板法，由公式可得共有

$$C_{4+3-1}^{3-1}=15(\text{个}).$$

则从“六合数”中随机抽取一个，首位为2的概率为$\frac{15}{56}$.

21.（C）

解　析	【涂色问题】

将该区域化为规则图形，如图6-8所示．

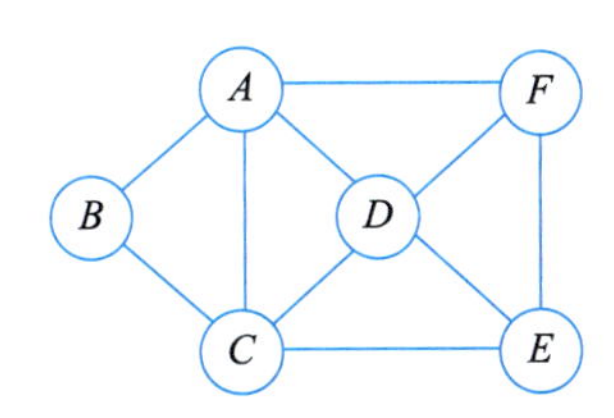

图6-8

第一步：因为D与周边接壤最多，所以先为D涂色，有5种涂法．

第二步：为A、C、E、F涂色，相当于用剩余4种颜色涂周围四个区域，用环形涂色公式，为

$$N=(s-1)^k+(s-1)(-1)^k=(4-1)^4+(4-1)(-1)^4=84(\text{种}).$$

第三步：为B涂色，B与A、C不同，故有3种涂法．

由乘法原理得，一共有$5\times84\times3=1\ 260$(种)涂法．

第7章 应用题

题型88 简单算术问题

1. (C)

解析	本题参考【模型1. 鸡兔同笼问题】

方法一：设1支圆珠笔x元，1本日记本y元，依题意可得$\begin{cases}2x+y=4,\\x+2y=5,\end{cases}$解得$\begin{cases}x=1,\\y=2.\end{cases}$

故买4支圆珠笔，4本日记本需要$4x+4y=4\times1+4\times2=12$(元).

方法二：由题可知，买3支圆珠笔和3本日记本共需9元，则1支圆珠笔和1本日记本需要3元，故4支圆珠笔和4本日记本需12元.

2. (C)

解析	本题参考【模型2. 年龄问题】

设姐姐现在的年龄为x，妹妹现在的年龄为y，$x>y$.

两个条件单独皆不充分，故考虑联立.

条件(1)：姐姐对妹妹说："我像你这么大的时候"，即姐姐的年龄减少$x-y$岁，故妹妹的年龄也应该减少$x-y$，即$y-(x-y)=2$.

条件(2)：妹妹对姐姐说："我像你这么大的时候"，即妹妹的年龄增加$x-y$岁，故姐姐的年龄也应该增加$x-y$，即$x+(x-y)=20$.

联立两个方程，可得$\begin{cases}y-(x-y)=2,\\x+(x-y)=20,\end{cases}$解得$\begin{cases}x=14,\\y=8,\end{cases}$故两个条件联立充分.

3. (B)

解析	本题参考【模型3. 其他算术问题】

设应运往乙仓的粮食为x吨，则运往甲仓的粮食为$80-x$吨，根据题意得

$$\frac{30+(80-x)}{40+x}=1.5,$$

解得$x=20$. 故应运往乙仓的粮食为20吨.

4. (C)

解析	本题参考【模型3. 其他算术问题】

总职工人数为$420\div\frac{4}{3}+420=735$(人). 设有工人$x$人，根据题意，可得

$$x+\left(1-\frac{1}{25}\right)x=735\times(1-20\%),$$

解得$x=300$. 故该工厂有300名工人.

5. (B)

解　析	本题参考【模型 3. 其他算术问题】

若参与打折：360×0.55=198(元)，220×0.55=121(元)，150×0.55=82.5(元)；
若参与让利活动：360−180=180(元)，220−100=120(元)；150−40=110(元).
所以360元与220元的商品选择让利活动，150元的选择打折，最少需要

$$180+120+82.5=382.5(\text{元}).$$

6. (D)

解　析	本题参考【模型 3. 其他算术问题】

设有 x 名男生通过，有 y 名女生通过，27名学生未通过，则有23名学生通过考试，即

$$x+y=23. \qquad ①$$

条件(1)：根据题意有

$$y-x=5. \qquad ②$$

联立式①，式②，解得 $x=9$，$y=14$，故条件(1)充分.
条件(2)：已知女生有26名，则男生有 $50-26=24$(名)，男生中未通过的有 $24-x$ 名，故有 $(24-x)-x=6$，解得 $x=9$，故条件(2)也充分.

题型89 资源耗存问题

1. (D)

解　析	本题参照【模型 1. 牛吃草问题】

设每头牛每天吃1个单位的草量，每天新长草量为 x 个单位，原有草量为 y 个单位，根据等量关系原有草量+新长草量=牛数×天数，可得

$$\begin{cases} y+24x=15\times24, \\ y+16x=20\times16 \end{cases} \Rightarrow \begin{cases} x=5, \\ y=240. \end{cases}$$

设25头牛可以吃 n 天，则有 $y+x\cdot n=25n$，解得 $n=12$.
故供给25头牛吃，可以吃12天.

2. (B)

解　析	本题参照【模型 2. 给水排水问题】

设甲、乙两个进水管每分钟分别进水 x 立方米、y 立方米，根据题意得

$$\begin{cases} 90(x+y)=160x, \\ 90(x-y)=180 \end{cases} \Rightarrow \begin{cases} x=9, \\ y=7. \end{cases}$$

所以乙管每分钟进水7立方米.

3. (B)

解　析	本题参照【模型 2. 给水排水问题】

设每个闸门每天放 1 个单位的水量，每天新流入水量为 x 个单位，原有水量为 y 个单位，根据等量关系原有水量＋进水量＝放水闸门数量×天数，可得

$$\begin{cases}y+20x=10\times20,\\y+10x=15\times10\end{cases}\Rightarrow\begin{cases}x=5,\\y=100.\end{cases}$$

设 25 个闸门可供水 n 天，则有 $y+x\cdot n=25n$，解得 $n=5$.

故 25 个闸门可供水 5 天.

4. (B)

解　析	本题参照【模型 2. 给水排水问题】

设开始抽水前已经涌出的水量为 a 立方米，每分钟涌出的水量为 b 立方米，每台抽水机每分钟可抽水 c 立方米($c\neq0$)，则有

$$\begin{cases}a+40b=2\times40c,\\a+16b=4\times16c\end{cases}\Rightarrow\begin{cases}a=\dfrac{160}{3}c,\\b=\dfrac{2}{3}c.\end{cases}$$

设需要 x 台抽水机能 10 分钟抽完，则 $a+10b=10c\cdot x$，解得 $x=6$.

故至少需要 6 台抽水机.

题型 90　植树问题

1. (D)

解　析	本题参照【模型 1. 线形植树】

正方形边长为 24 米，三边长为 72 米．每隔 3 米种一棵树且种满，一共种$\dfrac{72}{3}+1=25$(棵).

2. (C)

解　析	本题参照【模型 2. 环形植树】

设每条边上有 x 棵树.

根据题意，每条边(不包括顶点)上种 $x-2$ 棵，则六条边(不包括顶点)种 $6(x-2)$棵，再加上六个顶点的 6 棵树，一共有 $6(x-2)+6=48$(棵)树，解得 $x=9$，即每条边上有 9 棵树.

3. (D)

解　析	本题参照【模型 2. 环形植树】

环形植树时，树木的棵数与间距数相等，间距数为$\dfrac{60}{5}+\dfrac{72}{6}+\dfrac{84}{7}=12+12+12=36$，即种 36 棵树.

4. (B)

解　析	本题参照【模型 2. 环形植树】

设每条边上有黄旗 x 面，红旗 $x-5$ 面.

由此可得，每条边上的红旗和黄旗的总数是 $2x-5$ 面，则四条边一共有 $4(2x-5)-4=48$ 面旗，解得 $x=9$. 故每条边有黄旗 9 面，红旗 4 面.

每条边的 4 面红旗将每条边分成 3 个间隔，故每个间隔(每两面红旗之间)有 3 面黄旗.

5. (D)

解　析	本题参照【模型 3. 公共坑问题】

条件(1)：环形植树中，木桩数量$=\frac{\text{总长}}{\text{间距}}$，则原计划的木桩数量为$\frac{1\ 200}{10}=120$(个)，新方案的木桩数量为$\frac{1\ 200}{8}=150$(个)，故新方案要比原方案多打 $150-120=30$(个)木桩，条件(1)充分.

条件(2)：线形植树中，木桩数量$=\frac{\text{总长}}{\text{间距}}+1$，则原计划的木桩数量为$\frac{1\ 200}{10}+1=121$(个)；新方案的木桩数量为$\frac{1\ 200}{8}+1=151$(个)，故新方案比原方案要多打 $151-121=30$(个)木桩，条件(2)充分.

6. (A)

解　析	本题参照【模型 3. 公共坑问题】

条件(1)：环形植树中，木桩的数量=间隔的数量.

10 和 8 的最小公倍数为 40，即每隔 40 米，前后两次的木桩可以共用，不用拔.

故一共有 $1\ 200\div40=30$(个)木桩不用拔. 条件(1)充分.

条件(2)：线形植树中，两端都打桩，木桩的数量=间隔的数量+1.

同理，10 和 8 的最小公倍数为 40，即每隔 40 米，木桩不用拔.

故一共有 $1\ 200\div40+1=31$(个)木桩不用拔. 条件(2)不充分.

题型 91　平均值问题

1. (E)

解　析	本题参照【模型 1. 一般平均值问题】

两条件明显单独不充分，考虑联立. 根据题意得

$$3x+2y<5\cdot\frac{x+y}{2},$$

解得 $x<y$，两个条件联立仍不充分.

2. (E)

解　析	本题参照【模型 1. 一般平均值问题】

条件(1)：只有当男生和女生的人数相等，则全班的及格率才为 80%，但是不知道男女生人数，故不充分．

条件(2)：只知道平均分的情况，不知道及格率的相关信息，显然不充分．

联立两个条件，由于条件(2)推不出男生和女生的人数相等，故两个条件联立也不充分．

3. (C)

解　析	本题参照【模型 1. 一般平均值问题】

方法一：设该地区农村原始 GDP 为 x，城镇原始 GDP 为 y.

根据 GDP 增长量相同，可得 $0.12x=0.08y\Rightarrow x=\frac{2}{3}y$，则

$$去年总 GDP 的增长率=\frac{总 GDP 的增长量}{原始 GDP 总量}=\frac{0.12x+0.08y}{x+y}=\frac{0.16y}{\frac{5}{3}y}=0.096.$$

方法二：设农村与城镇的 GDP 增长量均为 x，则农村原始 GDP 为$\frac{x}{0.12}$，城镇原始 GDP 为$\frac{x}{0.08}$.

$$则去年总 GDP 的增长率=\frac{总 GDP 的增长量}{原始 GDP 总量}=\frac{2x}{\frac{x}{0.12}+\frac{x}{0.08}}=0.096.$$

4. (A)

解　析	本题参照【模型 2. 涉及两类对象的平均值问题】

方法一：设非优秀职工有 x 名，根据题意得

$$75x+(50-x)\cdot 90=81\times 50,$$

解得 $x=30$，即非优秀职工有 30 名．

方法二：十字交叉法．

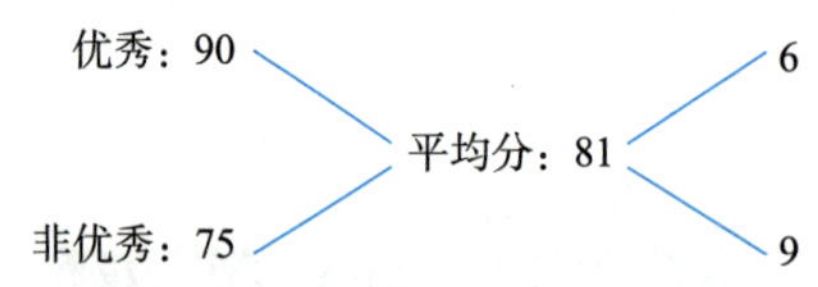

所以，$\frac{优秀}{非优秀}=\frac{6}{9}=\frac{2}{3}$，所以非优秀职工占总人数的$\frac{3}{5}$，为 30 人．

【注意】可以看出十字交叉法比普通方法更加快捷简单，因此涉及两个平均值混合求新平均值的问题均可使用十字交叉法快速得出答案．

5. (C)

解　析	本题参照【模型 2. 涉及两类对象的平均值问题】

两个条件显然单独不充分，考虑联立．

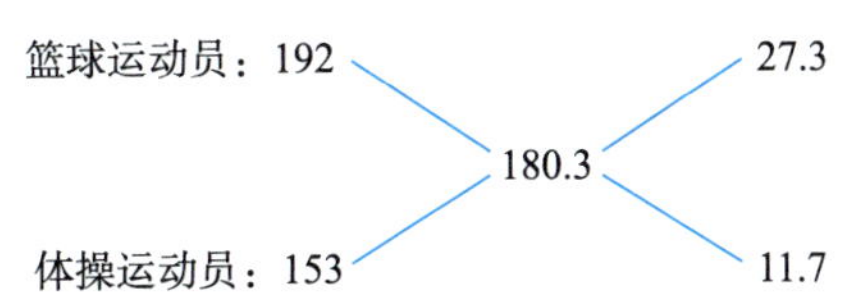

设篮球运动员人数为 x 人，体操运动员人数为 y 人．由十字交叉法，可得$\frac{x}{y}=\frac{27.3}{11.7}=\frac{7}{3}$．故两个条件联立充分．

6. (B)

解　析	本题参照【模型 2. 涉及两类对象的平均值问题】

设女同学平均成绩为 x 分，则男同学的平均成绩为$\frac{x}{1.2}$分，使用十字交叉法．

男：$\frac{x}{1.2}$　　　$x-75$　　1.8

75

女：x　　　$75-\frac{x}{1.2}$　　1

故有$\frac{x-75}{75-\frac{x}{1.2}}=\frac{1.8}{1}$，解得 $x=84$. 故女同学平均成绩为 84 分．

7. (C)

解　析	本题参照【模型 2. 涉及两类对象的平均值问题】

甲组平均成绩为$\frac{171.6}{1.3}=132$(环)，设总平均成绩为 y 环，使用十字交叉法．

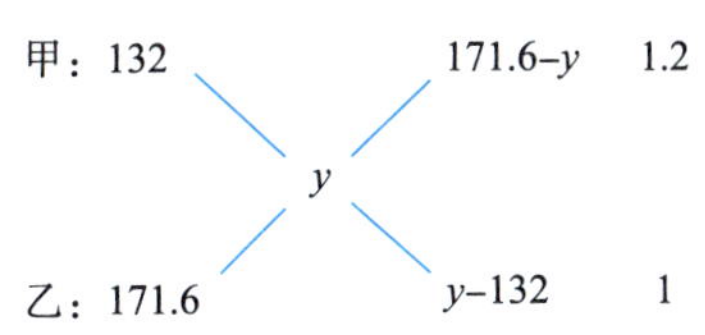

因为甲组人数比乙组人数多 20%，所以$\frac{171.6-y}{y-132}=\frac{1.2}{1}$，解得 $y=150$.

8. (C)

解　析	本题参照【模型 3. 至多至少问题】

其余的四个人的平均成绩为$\frac{412-90}{4}=80.5$(分)，每位选手的得分互不相等且为整数，为得到最高的最低分，四个选手的得分应尽量集中，可为 79，80，81，82.

故得分最少的选手至多得分为 79 分．

9. (D)

解　析	本题参照【模型 3. 至多至少问题】

设三种水果的价格分别为 x 元/千克、y 元/千克、z 元/千克，有 $x+y+z=30$.

条件(1)：设 $x=6$，则 $y+z=24$，显然 y，z 的价格均不超过 18 元/千克，否则与 $x=6$ 为最低价格相矛盾，条件(1)充分.

条件(2)：$x+y+2z=46$，联立 $x+y+z=30\Rightarrow z=16$，$x+y=14$.

所以每种水果的价格均未超过 18 元/千克，条件(2)充分.

10. (E)

解　析	本题参照【模型 3. 至多至少问题】

方法一：第 6 到 9 次射击的平均环数为 $\frac{9.0+8.4+8.1+9.3}{4}=8.7$(环).

因为，前 9 次射击的平均环数高于前 5 次的平均环数，说明前 9 次射击的平均环数低于第 6 到 9 次射击的平均环数，即前 9 次的总成绩要小于 $8.7\times9=78.3$(环)；

又因为报靶成绩精确到 0.1 环，故前 9 次的总成绩最大为 78.2 环；

10 次射击的平均环数超过 8.8 环，即 10 次的总成绩要大于 88 环.

故第 10 次的成绩要大于 $88-78.2=9.8$(环)，即最小为 9.9 环.

方法二：极值法.

假设前 9 次的平均成绩与后 4 次相等，则前 9 次总成绩为 78.3 环；

10 次射击的平均成绩为 8.8 环，则第 10 次命中 $88-78.3=9.7$(环).

但实际情况前 9 次的平均成绩比后 4 次差，故第 10 次射击的成绩一定比 9.7 环好，只有(E)项.

11. (D)

解　析	本题参照【模型 3. 至多至少问题】

极值法.

为了使排第 4 的学校人数尽量多，其余学校之和必须尽量少，因此排名第 5，6，7 的三所学校人数应为 3，2，1. 故前 4 名的人数之和为 $100-(1+2+3)=94$.

要想使第 4 名尽量多，则前 3 名应该尽量少，故前 4 名应该尽量接近，平均人数为 $94\div4=23.5$.

又由每所学校的人数互不相同，所以排名 1，2，3，4 的四所学校的人数应为 25，24，23，22.

故排第四的学校人数最多能有 22 人.

题型 92　比例问题

1. (B)

【解析】设原库存总量为 x 件，则原有甲产品 $0.45x$ 件，根据题意，得

$$(x+160)\times25\%=0.45x,$$

解得 $x=200$. 所以甲产品有 $0.45\times200=90$(件).

2. (C)

【解析】设这批图书共有 x 本，则 $0.55x-15=0.45x+15$，解得 $x=300$.

3. (C)

【解析】设第一季度乙公司的产值为 100，则第一季度甲公司的产值为 80.

第二季度甲公司的产值：$80\times120\%=96$；

第二季度乙公司的产值：$100\times110\%=110$.

故甲∶乙$=96:110=48:55$.

4. (C)

【解析】设原价为 1 元/件，销售 100 件，故原销售额为 100 元.

现打九折销售，为 0.9 元/件，销售量为 120 件，故销售额为 108 元.

销售额增加的百分比为$\frac{108-100}{100}\times100\%=8\%$.

5. (A)

【解析】设共有 100 个球，则黑球为 30 个，白球为 70 个.

白球中 40%是木质的，故木质白球为 $70\times40\%=28$(个)，占比为 28%.

6. (B)

【解析】设下午 3 点，参加健身男士为 300 人，女士为 400 人.

下午 5 点，男士人数：$300\times(1-25\%)=225$(人)；女士人数：$400\times(1-50\%)=200$(人).

故留在健身房内的男、女人数之比为$\frac{225}{200}=\frac{9}{8}$.

7. (A)

【解析】设现价为 100 元，则原来的价格分别为$\frac{100}{1+25\%}=80$(元)，$\frac{100}{1-20\%}=125$(元).

故收入比为$\frac{100+100}{125+80}=\frac{40}{41}$.

8. (C)

【解析】甲、乙、丙三组人数之比为 $10:8:7$，故可设总人数为 25，分别算出丙组男、女会员人数即可，人数比为$\left(25\times\frac{3}{5}-10\times\frac{3}{4}-8\times\frac{5}{8}\right):\left(25\times\frac{2}{5}-10\times\frac{1}{4}-8\times\frac{3}{8}\right)=5:9$.

9. (A)

【解析】条件(1)：大、小客车与小轿车之比为 $10:12:21$.

设三种车的数量分别为 $10x$，$12x$，$21x$，则收费为

$$10x\cdot10+12x\cdot6+21x\cdot3=235x=4\ 700,$$

解得 $x=20$. 故小轿车数量为 $21\times20=420$(辆)，条件(1)充分.

条件(2)：大、小客车与小轿车之比 $42:35:20$.

设三种车的数量分别为 $42x$，$35x$，$20x$，则收费为

$$42x \cdot 10+35x \cdot 6+20x \cdot 3=690x=4\ 700,$$

解得 $x=\frac{470}{69}$. 故小轿车数量为 $\frac{470}{69}\times 20\approx 136.2$(辆)，条件(2)不充分．

题型 93　增长率问题

1. (E)

解　析	本题参照【模型 1. 一次增长模型】

设二月份的比一月份的价格上涨 x，则由题干得 $(1+x)\times 80\%=94.4\%$，解得 $x=18\%$.

2. (D)

解　析	本题参照【模型 1. 一次增长模型】

赋值法．设甲企业去年的人数为 100 人，总成本为 100 元，则人均成本为 1 元．

条件(1)：今年总成本减少 25%，为 75 元，人数增加 25%，为 125 人，故人均成本为 $\frac{75}{125}=0.6$. 所以，今年人均成本是去年的 60%，条件(1)充分．

条件(2)：今年总成本减少 28%，为 72 元，人数增加 20%，为 120 人，故人均成本为 $\frac{72}{120}=0.6$. 所以，今年人均成本是去年的 60%，条件(2)充分．

3. (D)

解　析	本题参照【模型 1. 一次增长模型】

2022 年经费为 $\frac{300}{1+20\%}=250$(亿元)，2022 年 GDP 为 $\frac{10\ 000}{1+10\%}=\frac{100\ 000}{11}$(亿元). 所以，2022 年经费占 GDP 的比为 $\frac{250}{\frac{100\ 000}{11}}\times 100\%=2.75\%$.

4. (D)

解　析	本题参照【模型 2. 连续增长(复利)模型】

$10\ 000\times(1+10\%)^3=13\ 310$(元).

5. (A)

解　析	本题参照【模型 2. 连续增长(复利)模型】

由题干，得 $(1+x\%)^2-1=(2+x\%)x\%$.

6. (B)

解　析	本题参照【模型 2. 连续增长(复利)模型】

设原价为 x.

条件(1)：现价$=x(1-15\%)(1-20\%)=0.68x$，商品价格下降了 32%，条件(1)不充分.

条件(2)：现价$=x(1-25\%)(1-8\%)=0.69x$，商品价格下降了 31%，条件(2)充分.

7. (E)

解　析	本题参照【模型 2. 连续增长(复利)模型】

设每月的增长率为 x，一月份的产值为 1，则 6 月份的产值为 a，由题意可得方程$(1+x)^{6-1}=a$，解得 $x=\sqrt[5]{a}-1$. 可见，条件(1)和条件(2)均不成立，两个条件不能联立.

8. (D)

解　析	本题参照【模型 2. 连续增长(复利)模型】

设第一场观众为 x 人，根据题意得 $x\cdot(1-80\%)(1-50\%)=2\ 500$，解得 $x=25\ 000$.

9. (D)

解　析	本题参照【模型 2. 连续增长(复利)模型】

2018 年的 a 元到了 2 022 年本息和为 $a(1+q)^4$ 元；

2019 年的 a 元到了 2 022 年本息和为 $a(1+q)^3$ 元；

2020 年的 a 元到了 2 022 年本息和为 $a(1+q)^2$ 元；

2021 年的 a 元到了 2 022 年本息和为 $a(1+q)$元.

故所有金额为

$$a(1+q)+a(1+q)^2+a(1+q)^3+a(1+q)^4=\frac{a(1+q)[1-(1+q)^4]}{1-(1+q)}=\frac{a}{q}[(1+q)^5-(1+q)]\text{元}.$$

题型 94　利润问题

1. (A)

【解析】购买甲股票$\dfrac{20\ 000\times\frac{4}{5}}{8}=2\ 000$(股)；购买乙股票$\dfrac{20\ 000\times\frac{1}{5}}{4}=1\ 000$(股).

故获利总额为 $2\ 000\times(10-8)+1\ 000\times(3-4)=3\ 000$(元).

2. (C)

【解析】盈利的礼盒进价为$\dfrac{210}{1+25\%}=168$(元)；亏损的礼盒进价为$\dfrac{210}{1-25\%}=280$(元)；

则利润为 $210\times2-168-280=-28$(元). 所以亏损了 28 元.

3. (B)

【解析】赋值法.

设一月份出厂价为 100 元，则利润为每件 25 元，成本价为 75 元. 设一月份售出 10 件，则总利润为 250 元．
二月份出厂价为 $100\times(1-10\%)=90$(元)，利润为每件 $90-75=15$(元)，售出 18 件，总利润为 270 元．

故利润增长率为$\frac{270-250}{250}\times100\%=8\%$.

4.(A)

【解析】假设商品共有两件，每件成本 100 元，则定价为 150 元．设第二件商品打 x 折．

总利润为 $50+\left(150\times\frac{x}{10}-100\right)=15x-50$，总利润率为$\frac{15x-50}{200}=20\%$，解得 $x=6$，故剩余部分打 6 折．

5.(C)

【解析】设甲礼盒每盒成本为 x 元．甲礼盒每盒售价 48 元，利润率为 20%，则有$\frac{48-x}{x}=20\%$，解得 $x=40$，即 1 千克 A 糖果、1 千克 B 糖果的成本为 40 元．
根据题意，每个大礼包(包括赠送的一个乙礼盒)含 6 千克 A 糖果、6 千克 B 糖果，故每个大礼包的成本为 $6\times40=240$(元).
设每个大礼包的售价为 y 元．

每个大礼包的利润率为 30%，故有$\frac{y-240}{240}=30\%\Rightarrow y=312$，因此每个大礼包售价为 312 元．

题型 95　阶梯价格问题

1.(D)

【解析】设该客户购买的商品总价为 x 元，由题干得 $1.5\%\times10x=30$，解得 $x=200$.
故该客户购买的商品总价为 200 元．

2.(A)

【解析】超过 1 000 元不超过 3 000 元的部分需纳税 $2\ 000\times5\%=100$(元)；

说明超过 3 000 元的部分此人交了 350 元的税，故超出 3 000 元的部分部分为$\frac{350}{10\%}=3\ 500$(元).

所以此人的稿费为 $1\ 000+2\ 000+3\ 500=6\ 500$(元).

3.(B)

【解析】不超过 50 度的部分，电费为 $50\times0.5=25$(元)；
50 度以上到 80 度的部分，电费为 $30\times0.6=18$(元)；
故 80 度以上的部分，老王花费 $139-25-18=96$(元)；

则 80 度以上的部分，老王用电$\frac{96}{0.8}=120$(度)，一共用电 $50+30+120=200$(度).

4. (D)

【解析】方法一：设超过 100 分钟后 y 与 x 之间的函数关系式为 $y=kx+b$.

由图知 $x=100$ 时，$y=40$；$x=200$ 时，$y=60$. 则有

$$\begin{cases}40=100k+b,\\60=200k+b,\end{cases}\text{解得}\begin{cases}k=\dfrac{1}{5},\\b=20.\end{cases}$$

故所求函数关系式为 $y=\dfrac{1}{5}x+20$.

所以当 $x=280$ 时，$y=\dfrac{1}{5}\times 280+20=76$. 故应交话费 76 元.

方法二：由图可知，超过 100 分钟的部分，每分钟需交话费 $\dfrac{60-40}{200-100}=0.2$(元)，则 280 分钟应交话费 $40+180\times 0.2=76$(元).

题型 96 溶液问题

1. (A)

解　析	本题参照【模型 1. 稀释问题】

赋值法. 设浓度 3%的盐水共有 100 克，含盐 3 克，每次加水 x 克，则有

$$\frac{3}{100+x}=2\%\Rightarrow x=50.$$

故再次加水后的浓度为 $\dfrac{3}{100+50+50}=1.5\%$.

2. (A)

解　析	本题参照【模型 2. 蒸发问题】

方法一：设酒瓶的重量为 x，原来白酒的重量为 y，则有 $y=4x$.

喝掉一部分白酒后，剩余的白酒和原来白酒的重量之比为

$$\frac{60\%(x+y)-x}{y}=\frac{60\%(x+4x)-x}{4x}=\frac{1}{2}.$$

方法二：赋值法.

设酒瓶的重量为 1 斤，原来白酒的重量为 4 斤，喝掉一部分白酒后，剩下的总重量为 3 斤. 则喝掉 2 斤白酒余下 2 斤白酒，剩下白酒的重量和原来白酒的重量比为 $\dfrac{1}{2}$.

3. (C)

解　析	本题参照【模型 2. 蒸发问题】

将此水果看作溶液，其中果肉为溶质，水为溶剂.

根据题意，每 1 斤的含水量为 98%，则果肉质量为 $1\times(1-98\%)=0.02$(斤).

一天后每 1 斤水果的含水量为 97.5%，则果肉占 2.5%，总质量变为 $\frac{0.02}{2.5\%}=0.8$(斤).

故设每斤的平均售价为 x 元，要使利润维持在 20%，可列等式为

$$\frac{(1\,000\times60\%+1\,000\times40\%\times0.8)x-1\,000\times1}{1\,000\times1}\times100\%=20\%,$$

解得 $x\approx1.30$. 故每斤水果的平均售价应定为 1.30 元.

4. (E)

解　析	本题参照【模型 3. 溶液配比问题】

十字交叉法.

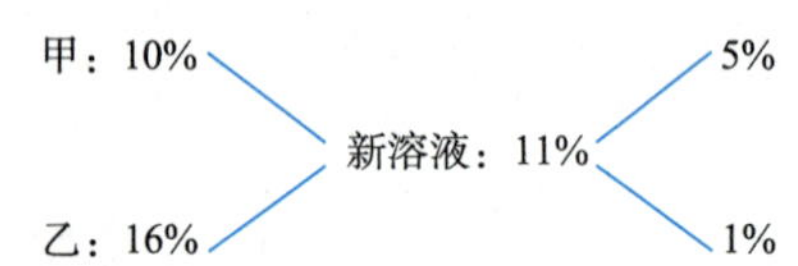

所以，$\frac{甲}{乙}=\frac{5\%}{1\%}=\frac{500}{100}$，故用甲盐水 500 克，乙盐水 100 克.

5. (C)

解　析	本题参照【模型 3. 溶液配比问题】

若该同学未取反，则两种酒精溶液的量为

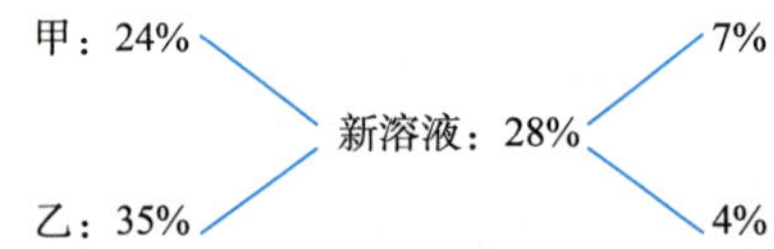

即甲溶液的量∶乙溶液的量=7∶4. 因此，该同学取反后，甲溶液的量∶乙溶液的量=4∶7.
设其所配酒精溶液浓度为 x，则有

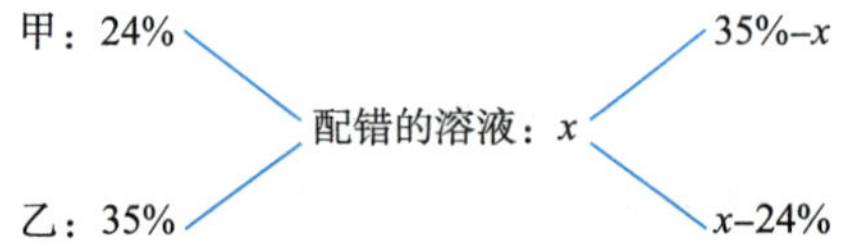

故 $\frac{35\%-x}{x-24\%}=\frac{4}{7}\Rightarrow x=31\%$，所配的酒精溶液浓度是 31%.

6. (A)

解　析	本题参照【模型 4. 倒出溶液再加水问题】

设烧杯开始装有的纯酒精体积为 V，根据题干，结合倒出溶液再装水的等量关系，有

$$100\%\times\frac{V-50}{V}\times\frac{V-30}{V}=75\%,$$

解得 $V=20$(舍)或 $V=300$. 所以烧杯开始装有的纯酒精有 300 毫升.

题型97 工程问题

1.(A)

解　析	本题参照【模型1. 总工作量不能看作1】

设共有货物 x 吨，乙队每小时可运 y 吨，则

$$\begin{cases}9(y+3)=\dfrac{1}{2}x,\\ x=30y\end{cases}\Rightarrow\begin{cases}x=135,\\ y=4.5.\end{cases}$$

故这批货物共有135吨.

2.(C)

解　析	本题参照【模型2. 总工作量能看作1】

令工程总量为1，设乙队做了 t 天，即甲、乙合作了 t 天，根据题意得

$$\left(\frac{1}{8}+\frac{1}{12}\right)t+\frac{1}{8}\times3=1,$$

解得 $t=3$. 故乙队挖了3天.

3.(C)

解　析	本题参照【模型2. 总工作量能看作1】

由题意知，甲做了11.5天，令工程总量为1，设乙休息了 x 天，则有

$$\frac{1}{20}\times11.5+\frac{1}{30}\times(14-x)=1,$$

解得 $x=\frac{5}{4}$. 故乙休息了$\frac{5}{4}$天.

4.(C)

解　析	本题参照【模型2. 总工作量能看作1】【模型3. 效率判断】

设单独灌满水池，甲需 x 小时、乙需 y 小时、丙需 z 小时. 根据题意，得

$$\begin{cases}5\left(\dfrac{1}{x}+\dfrac{1}{y}\right)=1,\\ 4\left(\dfrac{1}{y}+\dfrac{1}{z}\right)=1,\\ 6\cdot\dfrac{1}{y}+2\left(\dfrac{1}{x}+\dfrac{1}{z}\right)=1,\end{cases}$$

解得 $x=\frac{20}{3}$，$y=20$，$z=5$. 故乙单独开需要20小时可以灌满.

5.(C)

解　析	本题参照【模型3. 效率判断】

两个条件单独显然不充分，联立之.

设甲、乙、丙三台抽水机的抽水速度分别为 x 立方米/天、y 立方米/天、z 立方米/天.

由条件(1)知，$x+y=\frac{1}{8}$，得 $x=\frac{1}{8}-y$.

由条件(2)知，$y+z=\frac{1}{5}$，得 $z=\frac{1}{5}-y$.

显然 $z>x$，即丙比甲的抽水速度快. 联立两个条件充分.

【快速得分法】逻辑推理法.

联立两个条件可知，乙和甲一起抽水比乙和丙一起抽水要慢，可见甲比丙要慢.

6.(C)

解　析	本题参照【模型 2. 总工作量能看作 1】【模型 3. 效率判断】

方法一：设甲的工效为 x，则乙的工效为 $\frac{3}{2}x$，由题意得

$$2x+7\left(x+\frac{3}{2}x\right)=\frac{1}{2},$$

解得 $x=\frac{1}{39}$，故乙的工效为 $\frac{1}{26}$，乙单独做这项工程需要 26 天完成.

方法二：将工作量等比例代换. 由题意知，甲做了 9 天，乙做了 7 天，完成了工程的一半. 由甲、乙工效的比是 2∶3，可得同样的工作量，甲、乙所需的时间比是 3∶2，故甲 9 天的工作量，乙只需要 6 天就可以做完，故乙单独做一半的工程量需要 6+7=13(天)，全工作量需要 26 天.

7.(D)

解　析	本题参照【模型 2. 总工作量能看作 1】【模型 3. 效率判断】

方法一：设甲的工作效率为 x、乙的工作效率为 y、丙的工作效率为 z，根据题意得

$$\begin{cases}4y+6(x+z)+9x=1,\\4y=15x\cdot\frac{1}{3},\\6z=2\cdot 4y,\end{cases}$$

解得 $x=\frac{1}{30}$，$y=\frac{1}{24}$，$z=\frac{1}{18}$. 故甲单独做需要 30 天.

方法二：将工作量等比例代换. 由题意知，甲做了 15 天，乙做了 4 天，丙做了 6 天，正好完成了此项工程. 由乙队完成的是甲队的 $\frac{1}{3}$，可知乙队的工作量对甲队来说，只需 5 天完成，同理，丙队的工作量对甲队来说，只需 10 天完成，故甲队单独做需要 15+5+10=30(天).

8.(C)

解　析	本题参照【模型 2. 总工作量能看作 1】【模型 3. 效率判断】

设甲、乙、丙三人单独完成工作所需的时间分别为 x，y，z，根据题意，可得

$$\begin{cases}\dfrac{1}{x}=\dfrac{1}{5}\left(\dfrac{1}{y}+\dfrac{1}{z}\right),\\ \dfrac{1}{y}=\dfrac{1}{x}+\dfrac{1}{z}\end{cases}\Rightarrow\begin{cases}x=2z,\\ y=\dfrac{2}{3}z,\end{cases}$$

甲、乙合作所需时间为 $\dfrac{1}{\dfrac{1}{y}+\dfrac{1}{x}}=\dfrac{1}{2}z$，故丙单独做所用时间是甲、乙两人合作所需时间的2倍．

9.(B)

解　析	本题参照【模型2. 总工作量能看作1】【模型4. 工费问题】

设此项工程预期完工需要 x 天．根据题意，甲的工作效率为 $\dfrac{1}{x}$，乙的工作效率为 $\dfrac{1}{x+5}$.

方案(3)中，甲队工作4天、乙队工作 x 天正好如期完成工程，可得

$$4\cdot\frac{1}{x}+x\cdot\frac{1}{x+5}=1\Rightarrow x=20.$$

方案(1)：工程款为 $1.5\times20=30$(万元)；

方案(2)：工程款为 $1.1\times(20+5)=27.5$(万元)；

方案(3)：工程款为 $4\times1.5+20\times1.1=28$(万元).

所以方案(2)最节省工程款．

10.(A)

解　析	本题参照【模型2. 总工作量能看作1】【模型4. 工费问题】

设甲、乙、丙的工作效率分别为 x，y，z，则

$$\begin{cases}(x+y)\times6=1,\\ (y+z)\times10=1,\\ (x+z)\times7.5=1,\end{cases}$$

解得 $x=\dfrac{1}{10}$，$y=\dfrac{1}{15}$，$z=\dfrac{1}{30}$，即甲、乙、丙单独完成工作分别需要10天、15天、30天．要求15天内完成工作，所以只能由甲队或乙队工作．

设甲队每天酬金 m 元、乙队每天 n 元、丙每天 k 元，可得

$$\begin{cases}(m+n)\times6=8\ 700,\\ (k+n)\times10=9\ 500,\\ (m+k)\times7.5-8\ 250,\end{cases}$$

解得 $m=800$，$n=650$，$k=300$.

所以由甲队单独完成共需工程款 $800\times10=8\ 000$(元)；

由乙队单独完成共需工程款 $650\times15=9\ 750$(元)；

$8\ 000<9\ 750$，因此由甲队单独完成此项工程花钱最少．

题型98 行程问题

1.(B)

解 析	本题参照【模型1. 一般行程问题】

方法一：设乙到达终点时，丙距离终点还差 x 米，同一段时间内，速度之比等于路程之比，则有

$$\frac{乙速}{丙速}=\frac{100-10}{100-16}=\frac{100}{100-x},$$

解得 $x=\frac{20}{3}$. 故丙距离终点还差$\frac{20}{3}$米.

方法二：设甲速度为10米/秒，当甲到达终点时，用时 $t_1=\frac{s}{v_甲}=\frac{100}{10}=10$(秒)，此时：

乙跑了90米，则乙的速度为 $v_乙=\frac{s_乙}{t_1}=\frac{90}{10}=9$(米/秒)；

丙跑了84米，则丙的速度为 $v_丙=\frac{s_丙}{t_1}=\frac{84}{10}=8.4$(米/秒).

当乙到达终点时，又用时 $t_2=\frac{s_{乙剩余}}{v_乙}=\frac{10}{9}$(秒)，此时丙又跑了 $s'_丙=v_丙\cdot t_2=8.4\times\frac{10}{9}=\frac{28}{3}$(米).

故当乙到达终点时，丙距离终点还差 $100-84-\frac{28}{3}=\frac{20}{3}$(米).

2.(C)

解 析	本题参照【模型1. 一般行程问题】

轮船的速度为 $40\times\frac{3}{5}=24$(千米/小时)，设公路长为 x 千米，则水路长为 $x-40$ 千米，设轮船走了 t 小时，则车走了 $t-3$ 小时，根据题意，得

$$\begin{cases}24t=x-40,\\40(t-3)=x,\end{cases}$$

解得 $t=10$，$x=280$. 故甲、乙两地的公路长为280千米.

3.(C)

解 析	本题参照【模型1. 一般行程问题】

设甲的速度为 x 千米/小时，乙的速度为 $x+10$ 千米/小时，因为两人同时到达B地，故有

$$\frac{15}{x}=\frac{20+40}{60}+\frac{30}{x+10},$$

解得 $x=5$ 或 -30(负值舍去). 故甲用的时间是$\frac{15}{5}=3$(小时)，即下午3点到达.

4. (D)

解　析	本题参照【模型 1. 一般行程问题】

条件(1)：设一半的时间是 t 分钟，则 $80t+70t=6\ 000$，解得 $t=40$.

因为 $80\times40=3\ 200$(米)，大于一半路程 3 000 米，故前一半路程的速度都是 80 米/分钟，时间为$\frac{3\ 000}{80}=37.5$(分钟)；后一半路程时间是 $40\times2-37.5=42.5$(分钟)，条件(1)充分.

条件(2)：总时间 $t=\frac{6\ 000}{75}=80$(分钟)，前一半路程时间为 $t_{前}=\frac{3\ 000}{80}=37.5$(分钟)，故后一半路程时间为 $80-37.5=42.5$(分钟)，条件(2)充分.

5. (E)

解　析	本题参照【模型 2. 迟到早退问题】

条件(1)：原速度为 200 米/分钟，加速后为 250 米/分钟，但不知道一共骑行多长时间，故求不出家到学校的距离，条件(1)不充分.

条件(2)：不知道加速之后的速度，故求不出家到学校的距离，条件(2)不充分.

联立两个条件，已知加速后速度为 250 米/分钟，设加速之后行驶的路程为 s，这段路程，加速后比加速前少用了 5 分钟，则有

$$\frac{s}{200}-\frac{s}{250}=5\Rightarrow s=5\ 000,$$

则他家距离学校的路程一定大于 5 000 米，两个条件联立也不充分.

6. (A)

解　析	本题参照【模型 3. 平均速度问题】

方法一：设学校到集合地点的总路程为 s 千米. 平均速度$=\frac{总路程}{总时间}=\frac{2s}{\frac{s}{5}+\frac{s}{10}}=\frac{20}{3}$千米/小时.

方法二：等路程的平均速度 $v=\frac{2v_1v_2}{v_1+v_2}=\frac{2\times5\times10}{5+10}=\frac{100}{15}=\frac{20}{3}$(千米/小时).

7. (D)

解　析	本题参照【模型 3. 平均速度问题】

设三个路段路程均为 S，则平均速度为

$$\frac{3S}{\frac{S}{v_1}+\frac{S}{v_2}+\frac{S}{v_3}}=\frac{3S}{S\left(\frac{1}{v_1}+\frac{1}{v_2}+\frac{1}{v_3}\right)}=\frac{3}{\left(\frac{1}{v_1}+\frac{1}{v_2}+\frac{1}{v_3}\right)}.$$

8. (B)

解　析	本题参照【模型 4. 相遇追及问题】

方法一：设车速为 x，人速为 y. 两地的距离是 S.

显然当汽车接第二批客人时，汽车和第二批客人各自走了 8 分钟，且一共走了 2 个 S.

则有 $\begin{cases}(x+y)8=2S,\\3x+8y=S\end{cases}\Rightarrow x=4y$，故车速与步行速度之比为 $x:y=4:1$.

方法二：设第二批客人的上车点为 C 地，由题意知，汽车从 C 地到 B 地需 3 分钟，则在汽车行驶的 8 分钟里，有 6 分钟花在了 C 地到 B 地的往返中，故汽车从 A 地到 C 地只需要 2 分钟，而客人步行从 A 地到 C 地需 8 分钟，故车速与步行速度之比为 8∶2=4∶1.

9.(A)

解　析	本题参照【模型 4. 相遇追及问题】

设人速为 $v_{人}$，车速为 $v_{车}$，每隔 t 分钟开出一辆，则每两辆电车之间的距离 $v_{车}\cdot t$.

对于迎面来的电车，4 分钟内人与电车行驶的距离之和是两辆电车之间的距离，故有

$$4(v_{车}+v_{人})=v_{车}\cdot t.$$

对于后面追上的电车，12 分钟内人与电车行驶的距离之差是两辆电车之间的距离，故有

$$12(v_{车}-v_{人})=v_{车}\cdot t.$$

联立两个方程，得 $t=6$. 故电车每隔 6 分钟从起点站开出一辆.

10.(C)

解　析	本题参照【模型 4. 相遇追及问题】

根据题意画图，如图 7-1 所示.

方法一：设 A、B 两地距离为 S，则第一次相遇时，两车路程之和为 S，从第一次相遇到第二次相遇，两车路程之和为 $2S$.

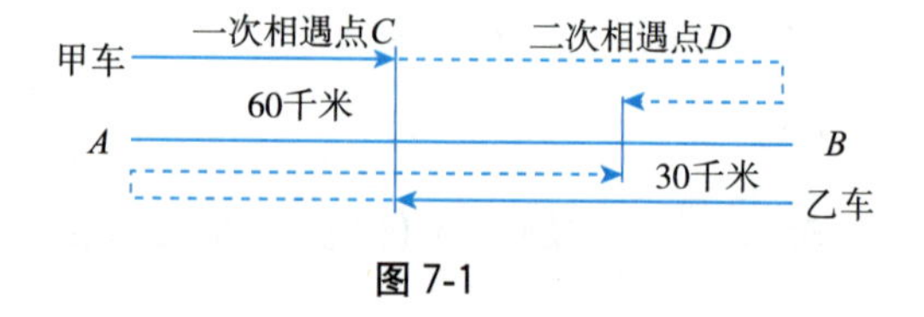

图 7-1

设第一次相遇时经过的时间为 t，因为两车速度始终不变，故从第一次相遇到第二次相遇的行驶时间为 $2t$.

故 $AC=v_{甲}\cdot t=60$ 千米，$BC+BD=v_{甲}\cdot 2t=120$ 千米，$BC=120-BD=120-30=90$(千米)；所以 $AB=AC+BC=60+90=150$(千米)，即两站相距 150 千米.

方法二：设 CD 的长度为 x 千米，两车的速度保持不变，故在相同时间内，有

$$\frac{v_{甲}}{v_{乙}}=\frac{S_{甲}}{S_{乙}}=\frac{60}{30+x}=\frac{2\times30+x}{60\times2+x},$$

解得 $x=60$，故两站相距 $60+60+30=150$(千米).

11.(D)

解　析	本题参照【模型 4. 相遇追及问题】

两人的相对速度为 $40+50=90$(米/分). 故 150 秒内两人一共游的路程为 $90\times\frac{150}{60}=225$(米).

第一次相遇：两人分别从泳池的两端到相遇，一共游了 30 米；

第二次相遇：两人从相遇点分开到泳池的两端，到再次相遇，一共游了 60 米；

同理，第3、4次相遇时又各游了60米．

30+60+60+60=210(米)，余下的15米不足以再次相遇．故一共相遇4次．

12.(A)

解　析	本题参照【模型4. 相遇追及问题】

由图7-2可知，从爸爸第一次追上小明，到爸爸第二次追上小明，小明一共走了4千米，爸爸一共走了12千米，故爸爸的速度是小明的3倍．

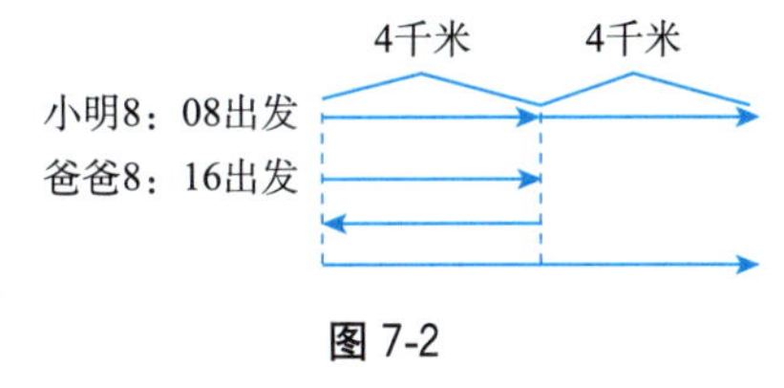

图7-2

设小明的速度为x千米/分钟，则爸爸的速度为$3x$千米/分钟，从小明出发到爸爸第一次追上小明的时间为t，则有

$$x\cdot t=3x\cdot(t-8),$$

解得$t=12$，即小明走4千米用的时间为12分钟．小明一共走了8千米，故总时间为24分钟，即所求时间为8：32.

13.(E)

解　析	本题参照【模型5. 环形跑道问题】

乙第二次追上甲时，乙比甲多跑了2圈，即多跑了800米．

同向而行，速度相减，故所用时间为$\frac{800}{2.4-0.8}=500$(秒).

14.(C)

解　析	本题参照【模型2. 迟到早退问题】【模型6. 航行问题】

设轮船发生故障前在静水中的速度为x千米/小时，根据题意可知，实际航行时间=计划时间+迟到时间，故有

$$1+\frac{1}{2}+\frac{36-(x-2)\times1+0.5\times2}{x-2-1}=\frac{36}{x-2}+\frac{54}{60},$$

化简得$x^2-5x-84=0$，解得$x=12$或$x=-7$(舍去). 故最初的静水速度为12千米/小时．

15.(C)

解　析	本题参照【模型6. 航行问题】

不论哪个方向行驶，总速度均为两船的速度和，因此相遇时间不变．

设乙船的速度为x千米/小时，相遇时间为t小时．

若甲船速度<乙船速度，则$\begin{cases}27t+xt=300,\\xt-27t=30,\end{cases}$解得$x=33$，$t=5$；

若甲船速度>乙船速度，则$\begin{cases}27t+xt=300,\\27t-xt=30,\end{cases}$解得$x=\frac{243}{11}$，$t=\frac{55}{9}$.

故乙船的速度为33千米/小时或$\frac{243}{11}$千米/小时．

16.(C)

解 析	本题参照【模型7. 与火车有关的问题】

设通过300米的隧道需要t秒，根据速度不变，得

$$\frac{75+525}{40}=\frac{75+300}{t},$$

解得$t=25$. 故穿过隧道需要25秒.

17.(C)

解 析	本题参照【模型7. 与火车有关的问题】

两个条件显然单独都不充分，联立之.

设车身长度为s米，速度为v米/秒，则由题干得

$$\begin{cases}140v=s+1\ 000,\\80v=s+400\end{cases}\Rightarrow\begin{cases}v=10,\\s=400,\end{cases}$$

所以联立两个条件充分.

18.(A)

解 析	本题参照【模型7. 与火车有关的问题】

设客车的速度为v米/秒，则货车的速度为$\frac{3}{5}v$米/秒. 路程为两车车长之和$250+350=600$(米).

故有$600=15\left(v+\frac{3}{5}v\right)$，解得$v=25$，所以$v-\frac{3}{5}v=10$米/秒，两车的速度相差10米/秒.

题型99 图像与图表问题

1.(D)

解 析	本题参照【模型1. 图像问题】

由图像可知，上坡时，小明6分钟走了1千米，速度为$v_{上坡}=\frac{1}{6}$(千米/分钟).

下坡时，小红4分钟走了2千米，速度为$v_{下坡}=\frac{2}{4}=\frac{1}{2}$(千米/分钟).

返程时，上坡路为2千米，下坡路为1千米，故返程时间为$t=\frac{2}{v_{上坡}}+\frac{1}{v_{下坡}}=14$分钟.

2.(B)

解 析	本题参照【模型1. 图像问题】

由图像可得，甲的速度$v_{甲}=\frac{40}{1}=40$(千米/小时)，乙的速度$v_{乙}=\frac{20}{2}=10$(千米/小时).

设甲出发 x 小时两人相遇，乙比甲早出发1小时，则乙出发 $x+1$ 小时，根据题意，得

$$v_{甲}\cdot x=v_{乙}\cdot(x+1)\Rightarrow 40x=10(x+1),$$

解得 $x=\frac{1}{3}$. 故在甲出发 $\frac{1}{3}$ 小时后，两人相遇.

3. (D)

解　析	本题参照【模型1. 图像问题】

由图像可知A、B两地相距360米，$v_{甲}=\frac{360}{18}=20$(千米/小时)，$v_{乙}=\frac{360}{9}=40$(千米/小时).

前9个小时，甲、乙两人相向而行，故相遇时间为 $t=\frac{360}{v_{甲}+v_{乙}}=\frac{360}{20+40}=6$(小时).

4. (C)

解　析	本题参照【模型1. 图像问题】

注水量=底面积×水深.

观察图像可知，随着水深的增加，注水量的增长越来越小，即底面积越来越小. 观察选项可知，(C)项符合.

5. (C)

解　析	本题参照【模型2. 图表问题】

设本次投球的参赛者人数为 x，本次投中球的总数为 y.

条件(1)：投中3个球或3个球以上的参赛者人数为 $x-9-5-7=x-21$，则本次投中球的总数为 $y=6(x-21)+2\times7+1\times5=6x-107$，不知道 x 的具体值，故无法求得 y，条件(1)不充分.

条件(2)：投中12个球或者12个球以下的参赛者人数为 $x-5-2-1=x-8$，则本次投中球的总数为 $y=5(x-8)+13\times5+14\times2+15\times1=5x+68$，同理，条件(2)不充分.

联立两个条件，可得 $6x-107=5x+68$，解得 $x=175$. 故本次投中球的总数为 $5x+68=943$(个). 两个条件联立充分.

题型100　最值问题

1. (E)

解　析	本题参照【模型1. 化为一元二次函数求最值】

总利润为 $y=500x-C=-\frac{1}{40}x^2+300x-25\ 000$，最大值取在顶点处，即当 $x=-\frac{b}{2a}=6\ 000$ 时，y 有最大值. 故使利润最大的产量为6 000件.

2. (C)

解　析	本题参照【模型1. 化为一元二次函数求最值】

设在 60 元的基础上涨价 x 元，利润为

$$y=(20+x)(300-10x)=-10x^2+100x+6\,000,$$

最大值取在顶点处，即当 $x=-\frac{b}{2a}=5$ 时，y 取得最大值，则标价为 65 元时，利润最大 .

3. (C)

解　析	本题参照【模型 1. 化为一元二次函数求最值】

由题意，得 $C(Q)=2\,000+10Q$，则利润为

$$L(Q)=K(Q)-C(Q)=40Q-Q^2-2\,000-10Q=-Q^2+30Q-2\,000,$$

最大值取在顶点处，即当 $x=-\frac{b}{2a}=15$，$L(Q)$取得最大值，故应该生产 15 件 .

4. (D)

解　析	本题参照【模型 1. 化为一元二次函数求最值】

设点 P，Q 移动了 t 秒，则 $S_{\triangle BPQ}=\frac{1}{2}\cdot BP\cdot BQ=\frac{1}{2}\cdot(6-t)\cdot 2t=-t^2+6t$；

$S_{五边形APQCD}=6\times 12-(-t^2+6t)=t^2-6t+72=(t-3)^2+63(0<t<6)$.

故当 $t=3$ 时，$S_{五边形APQCD}$的最小值为 63.

5. (D)

解　析	本题参照【模型 1. 化为一元二次函数求最值】

设 $AB=x$ 米，$AD=b$ 米，长方形的面积为 y 平方米 . 因为 $AD\parallel BC$，故$\triangle MAD\backsim\triangle MBN$，所以$\frac{AD}{BN}=\frac{MA}{MB}$，即$\frac{b}{12}=\frac{5-x}{5}$，$b=\frac{12}{5}(5-x)$，则

$$y=xb=x\cdot\frac{12}{5}(5-x)=-\frac{12}{5}x^2+12x,$$

当 $x=-\frac{b}{2a}=2.5$ 时，y 有最大值 . 故当 $AB=2.5$ 米时，长方形面积最大 .

6. (D)

解　析	本题参照【模型 2. 化为均值不等式求最值】

设楼房每平方米的平均综合费为 $f(x)$元，则

$$\begin{aligned}f(x)&=(560+48x)+\frac{2\,160\times 10\,000}{2\,000x}\\&=560+48x+\frac{10\,800}{x}\\&\geqslant 560+2\sqrt{48x\cdot\frac{10\,800}{x}}=2\,000,\end{aligned}$$

当 $48x=\frac{10\,800}{x}$，即 $x=15$ 时，$f(x)$最小 .

7. (A)

解　析	本题参照【模型 3. 转化为不等式求最值】

设最低售价为 x 万元，由题意知

$$\begin{cases}x\leqslant 20\times 120\%,\\(x-20)(300-10x)\geqslant 90\end{cases}\Rightarrow\begin{cases}x\leqslant 24,\\x^2-50x+609\leqslant 0\end{cases}\Rightarrow\begin{cases}x\leqslant 24,\\21\leqslant x\leqslant 29\end{cases}\Rightarrow 21\leqslant x\leqslant 24.$$

故最低售价应该为 21 万元．

8. (B)

解　析	本题参照【模型 3. 转化为不等式求最值】

设规定时间为 1 天，工程总量为 1，则甲、乙、丙种工人每人每天的效率分别为$\frac{1}{10}$，$\frac{1}{15}$，$\frac{1}{30}$.

设需要甲、乙、丙种工人的人数分别为 x，y，z，则有

$$\frac{1}{10}x+\frac{1}{15}y+\frac{1}{30}z=1, \quad ①$$

$$x+y+z\geqslant 12. \quad ②$$

将式①代入式②得

$$x+y+z\geqslant 12\left(\frac{1}{10}x+\frac{1}{15}y+\frac{1}{30}z\right),$$

整理得 $y+3z\geqslant x$.

条件(1)：甲种工人最多，即 x 最大，无法判断 $y+3z\geqslant x$ 是否成立，不充分．

条件(2)：丙种工人最多，即 $z\geqslant x$，则必有 $y+3z\geqslant x$，充分．

题型 101　线性规划问题

1. (B)

【解析】“先看边界后取整数”法．

设用 x 亩地种黄瓜，y 亩地种韭菜，利润为 z，则有

$$\begin{cases}1.2x+0.9y\leqslant 54,\\x+y\leqslant 50,\end{cases}$$

利润为 $z=0.55\times 4x+0.3\times 6y-(1.2x+0.9y)=x+0.9y$.

将不等式取等号，解得 $x=30$，$y=20$. 故黄瓜种植 30 亩，韭菜种植 20 亩．

2. (D)

【解析】“先看边界后取整数”法．

设用 A 型卡车 x 辆，B 型卡车 y 辆，根据题意，有

$$\begin{cases}x+y\leqslant 10,\\24x+30y\geqslant 270,\end{cases}\text{即}\begin{cases}x+y\leqslant 10,\\4x+5y\geqslant 45,\end{cases}$$

目标函数为 $z=300x+500y$.

将不等式取等号，解得 $x=5$，$y=5$. 故每天最少花费为 $z_{\min}=300\times5+500\times5=4\ 000$(元).

3. (A)

【解析】图像法.

设用 A 型卡车 x 辆，B 型卡车 y 辆，根据题意，有

$$\begin{cases}0\leqslant x\leqslant 8,\\0\leqslant y\leqslant 4,\\x+y\leqslant 10,\\24x+30y\geqslant 180,\end{cases}\text{即}\begin{cases}0\leqslant x\leqslant 8,\\0\leqslant y\leqslant 4,\\x+y\leqslant 10,\\4x+5y\geqslant 30,\end{cases}$$

目标函数为 $z=320x+504y$.

用先取边界后取整数法，将不等式取等号，解得 $x=20$，$y=-10$，y 的取值不能为负数，故此方法不可取.

由图像法可得，可行域为图 7-3 中阴影区域.

在可行域中找出(8，0)，(8，1)，(8，2)，(7，1)，(7，2)，(7，3)等整数点.

作动直线 l：$320x+504y=z$，使其从 $z=0$ 开始，向上平移，直至与可行域相交，相交的第一个整数点(8，0)即为最小值点，故

$$z_{\min}=8\times320=2\ 560(\text{元}).$$

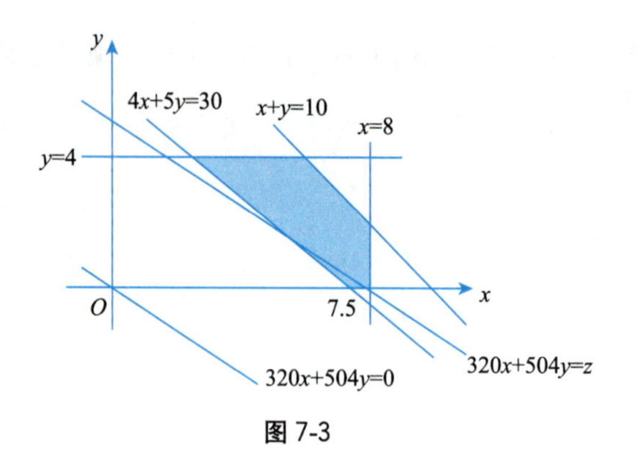

图 7-3

4. (D)

【解析】图像法.

设生产甲种糖果 x 箱，乙种糖果 y 箱，可获得利润 z 元，则约束条件为

$$\begin{cases}x+2y\leqslant 720,\\5x+4y\leqslant 1\ 800,\\3x+y\leqslant 900,\\x\geqslant 0,\\y\geqslant 0,\end{cases}$$

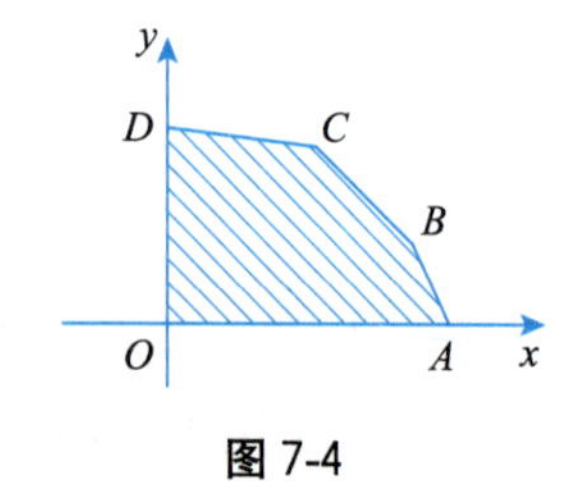

图 7-4

即在图 7-4 所示阴影部分内，求目标函数 $z=40x+50y$ 的最大值.

整理得 $y=-\frac{4}{5}x+\frac{z}{50}$，它表示斜率为 $-\frac{4}{5}$、纵截距为 $\frac{z}{50}$ 的平行直线系. 当此直线过 C 点时，纵截距最大，故此时 z 有最大值. 解方程组

$$\begin{cases}x+2y=720,\\5x+4y=1\ 800\end{cases}\Rightarrow C(120,\ 300).$$

故 $z_{\max}=40\times120+50\times300=19\ 800$，即生产甲种糖果 120 箱，生产乙种糖果 300 箱，可得最大利润 19 800 元.

【快速得分法】利用先取边界后取整数法，可直接将不等式取等号，联立两组方程，直接求 B 点，C 点的坐标，代入目标函数，哪个值更大，哪个点就是最优解.

本章奥数及高考改编题

1. (B)

解 析	【间隔与端点的关系】

绳子的二等分点、三等分点、四等分点、五等分点一共有 $1+2+3+4=10$(个)点，但二等分点和四等分点有一个是重复的(在绳子正中间)，所以实际上一共有 9 个点，根据间隔与端点的关系可知，剪开后一共有 10 段．

2. (B)

解 析	【方阵问题】

方法一：增加 27 人，就使原来的方阵增加一行和一列，则现在的方阵最外层每边有 $\frac{27+1}{2}=14$(人)，故现在一共有 $14\times14=196$(名)战士．

方法二：设原来的方阵有 k 行，则总人数为 k^2 人．加入 27 人后，方阵有 $k+1$ 行，总人数为 $(k+1)^2$ 人，则 $(k+1)^2-k^2=27$，解得 $k=13$．故现在一共有 $(13+1)^2=196$(名)战士．

3. (A)

解 析	【不等式】【逻辑推理】

条件(1)：若只游览甲、乙两个景点，有 18 人选择甲，选择乙的有 $27-18=9$(人)，则若在甲、乙、丙中只游览一个景点时，之前选择甲或乙的学生，有可能会选择丙，故选择乙的一定小于等于 9 人，条件(1)充分．

条件(2)：若只游览乙、丙两个景点，有 19 人选择乙，则若在甲、乙、丙中只游览一个景点时，之前选择乙或丙的学生，有可能会选择甲，故选择乙的一定小于等于 19 人，但是否小于等于 9 人，并不确定，条件(2)不充分．

4. (B)

解 析	【简单算术问题】【逻辑推理】

职工甲共乘地铁 16 次，共乘公交 $9+15=24$(次)，乘坐交通工具的总次数是 $16+24=40$(次)．因为他每天上班乘坐两次交通工具，故其一共出勤 $40\div2=20$(天)．

根据题意，职工甲一定不会全天都乘坐地铁，故乘坐地铁的天数有且仅有 16 天，剩余的 4 天未乘坐地铁．

5. (B)

解 析	【牛吃草问题】

一个窗口每小时检测人数大于排队人数，只有一个窗口时，检测开始 2.5 小时后才没有人排

队，说明开始检测之前有一部分人在排队，设其为 x 人.

①只开一个窗口时：检测前人数＋2.5 小时排队人数＝2.5 小时检测人数，即 $x+2.5\times60=2.5\times80$，解得 $x=50$.

②开两个窗口时：设 y 小时后就没有人排队了，则有

检测前人数＋y 小时排队人数＝两个窗口 y 小时检测人数，

即 $50+60y=80y\times2$，解得 $y=0.5$. 故检测开始 0.5 小时后就没人排队了.

6. (A)

解　析	【比例问题】

设竖式纸盒总数为 x，横式纸盒总数为 y，根据题意可知，正方形纸板数为 $x+2y$，长方形纸板数为 $4x+3y$.

条件(1)：$\frac{x+2y}{4x+3y}=\frac{1}{2}\Rightarrow4x+3y=2x+4y\Rightarrow2x=y\Rightarrow\frac{x}{y}=\frac{1}{2}$，可以确定，故充分.

条件(2)：$\frac{x+2y}{4x+3y}=\frac{2}{3}\Rightarrow8x+6y=3x+6y\Rightarrow8x=3x$，显然不充分.

7. (D)

解　析	【比例问题】【逆推法】
知识补充	有些题目如果按常规方法可能会陷入困境，可以换个角度，从结果倒推，这种逆向解题的方法叫逆推法.

从丙袋取出$\frac{1}{10}$的球放入甲袋，还剩 18 个球，则这 18 个球占丙袋之前(取球给甲之前)的$\frac{9}{10}$，故丙袋之前(取球给甲之前)有 $18\div\frac{9}{10}=20$(个)球，丙给甲 $20\times\frac{1}{10}=2$(个)球；

甲得到丙的 2 个球后，有 18 个球，则甲在得到丙的球之前，有 16 个球，此时甲已经取出$\frac{1}{3}$的球放入乙袋了，则这 16 个球占甲原来的$\frac{2}{3}$. 故甲袋原来有 $16\div\frac{2}{3}=24$(个)球.

8. (E)

解　析	【行程问题(追及问题)】【比例问题】

猎犬步长∶兔子步长＝9∶5；猎犬频率∶兔子频率＝2∶3，则猎犬速度∶兔子速度＝(9×2)∶(5×3)＝18∶15＝6∶5.

设猎犬至少要跑 x 米才能追上兔子. 追及的过程中，根据相同时间内，路程之比＝速度之比，可得

$$\frac{\text{猎犬路程}}{\text{兔子路程}}=\frac{\text{猎犬速度}}{\text{兔子速度}}\Rightarrow\frac{x}{x-10}=\frac{6}{5}\Rightarrow x=60.$$

故猎犬至少要跑 60 米才能追上兔子.

9. (D)

解　析	【溶液问题】【比例问题】

计算前五次互倒之后，甲、乙两杯的体积，可得表 7-1.

表 7-1

剩余	甲	乙
第一次	$\frac{1}{2}$	$\frac{1}{2}$
第二次	$\frac{2}{3}$	$\frac{1}{3}$
第三次	$\frac{1}{2}$	$\frac{1}{2}$
第四次	$\frac{3}{5}$	$\frac{2}{5}$
第五次	$\frac{1}{2}$	$\frac{1}{2}$
…	…	…

由表 7-1 容易发现，凡是奇数次，甲、乙两杯里面均是$\frac{1}{2}$千克．2 023 是奇数，故在倒了 2 023 次以后，甲杯里的水是$\frac{1}{2}$千克．

10. (B)

解　析	【工程问题】【奇偶分析】

由第二种方案比第一种方案多半天，可知第一种方案的总工期为奇数(若是偶数，则是完整的周期，两种方案的天数应该相等，不会有半天的差异)，不妨设方案一完工时间为 $2n+1$ 天，方案二完工时间为 $2n+2$ 天，工作情况如表 7-2 所示：

表 7-2

	第一天	第二天	第三天	……	第 $2n$ 天	第 $2n+1$ 天	第 $2n+2$ 天
方案一	甲	乙	甲	……	乙	甲(工程结束)	
方案二	乙	甲	乙	……	甲	乙	甲(做半天)

第一种方案：总工期为奇数，则最后一天一定是甲做；

第二种方案：最后一个完整的天是乙做，然后甲又做了半天．

两种方案中，前 $2n$ 天的工程总量相同，对于剩余的工程量，有

甲做一天的量＝乙做一天的量＋甲做半天的量⇒甲做半天的量＝乙做一天的量，

即甲的效率是乙的 2 倍．若乙单独做这项工程需 17 天完成，则甲单独做这项工程需 8.5 天完成．

11. (C)

解　析	【工程问题】

9 和 8 的最小公倍数是 72，所以我们可以假设这批零件一共 72 个，不换顺序 9 小时完成，那么

平均每小时所有人共做 8 个.

交换 A、B 两人：提前 1 小时完成，即 8 小时完成，那么平均每小时所有人共做 9 个，比之前每小时多做 1 个；

交换 C、D 两人：提前 1 小时完成，即 8 小时完成，那么平均每小时所有人共做 9 个，比之前每小时多做 1 个；

现在，A、B 交换，C、D 也交换，那么平均每小时所有人一共会多做 2 个，即现在每小时做 10 个，那么现在需要的时间为$\frac{72}{10}=7.2$(小时)，提前 $9-7.2=1.8$(小时).

12. (D)

解　析	【工程问题】【等差数列】

设水泵有 n 个，同时打开 24 小时抽完，那么一台水泵的效率为$\frac{1}{24n}$.

依次打开时，因为间隔时间相同，所以水泵工作时间是一个等差数列，令最后一台水泵工作时间为 t，第一台水泵工作时间为 $7t$.

每台水泵的效率都相同，总工作量就等于一台水泵的效率乘所有水泵的工作时间，即$\frac{1}{24n}\times\frac{(t+7t)n}{2}=1$，解得 $t=6$，所以第一台水泵的工作时间为 $7\times6=42$(小时).

13. (B)

解　析	【比例问题】

方法一：根据题意可知，5 条鱼 3 个人平分，因此每人吃掉$\frac{5}{3}$条鱼.

条件(1)：乙只钓了 1 条鱼，还不够自己吃掉的$\frac{5}{3}$条鱼，说明乙还吃了甲钓的鱼，所以乙不该分得钱，条件(1)不充分.

条件(2)：甲钓了 3 条鱼，自己吃了$\frac{5}{3}$条鱼，还剩 $3-\frac{5}{3}=\frac{4}{3}$(条)鱼分享给了路人，乙钓了 2 条鱼，自己吃了$\frac{5}{3}$条鱼后还剩 $2-\frac{5}{3}=\frac{1}{3}$(条)鱼分享给了路人，因此路人给的 15 元应该按照$\frac{4}{3}:\frac{1}{3}$的比例分配给甲和乙，因此甲可以分得 $15\times\frac{4}{4+1}=12$(元)，乙可以分得 $15\times\frac{1}{4+1}=3$(元)，条件(2)充分.

方法二：路人留下 15 元，所以一份鱼$\left(\frac{5}{3}\text{条鱼}\right)$的价值为 15 元，则若甲分得 12 元，乙分得 3 元，加上自己吃掉的鱼，甲总共获得 27 元，乙获得 18 元，比例为 3∶2，因为一共有 5 条鱼，所以甲钓了 3 条鱼，乙钓了 2 条鱼．故条件(1)不充分，条件(2)充分.

14. (C)

解　析	【溶液问题】

方法一：假设原来甲、乙两瓶的墨水体积为 a，吕酱油两次倒出的墨水体积为 b.

第一个过程：从甲瓶倒红墨水至乙瓶，此时乙瓶的红墨水浓度为$\frac{b}{a+b}$，蓝墨水浓度为$\frac{a}{a+b}$；

第二个过程：从乙瓶倒混合墨水至甲瓶，此时倒出的混合溶液中，蓝墨水的体积为$\frac{a}{a+b}\cdot b$，

倒入甲瓶之后，蓝墨水的浓度为$\frac{\frac{a}{a+b}\cdot b}{a}=\frac{b}{a+b}$.

这时我们发现，甲瓶中的蓝墨水和乙瓶中的红墨水浓度是相等的．

方法二：做极端假设，假设吕酱油首先将甲瓶全部倒进乙瓶，混合之后，此时红蓝墨水各自占比为 50%，再倒一半去甲瓶，那么倒回时浓度不会发生变化，因此甲瓶中蓝墨水和乙瓶中红墨水是相等的．

15. (E)

解　析	【行程问题(追及问题)】
知识补充	钟表问题可以看成是一个特殊圆形轨道上的 2 个人(分针和时针)相遇或追及问题，路程为表针所走圆心角的度数，分针的速度为$\frac{360\text{度}}{60\text{分钟}}=6$(度/分)，时针的速度为$\frac{360\text{度}}{12\text{时}\times 60\text{分钟}}=0.5$(度/分钟).

把此钟表问题类比成行程问题中的追及问题．开始时，时针和分针正好成一条直线，结束时重合，则路程差为 180 度．设追及时间为 t 分钟，则有$(6-0.5)t=180\Rightarrow t\approx 32.7$，故追及时间约为 32.7 分钟，即会议大约开了 33 分钟．

16. (C)

解　析	【行程问题(平均速度)】【平均值问题】

条件(1)与条件(2)单独显然不充分，故考虑联立．

设寝室到教室的距离为 $2s$，乙一共用时 $2t$，两人步行速度为 v_1，跑步速度为 v_2，$v_1<v_2$.

甲的平均速度为$\overline{v_{甲}}=\frac{2s}{\frac{s}{v_1}+\frac{s}{v_2}}=\frac{2}{\frac{1}{v_1}+\frac{1}{v_2}}$，乙的平均速度为$\overline{v_{乙}}=\frac{tv_1+tv_2}{2t}=\frac{v_1+v_2}{2}$.

因为调和平均值≤算术平均值，即$\overline{v_{甲}}\leqslant\overline{v_{乙}}$，当且仅当 $v_1=v_2$ 时等号成立．又因为 $v_1<v_2$，故$\overline{v_{甲}}<\overline{v_{乙}}$，乙的平均速度大，故乙用时更少，先到教室．两个条件联立充分．

17. (D)

解　析	【图像问题】【最值问题】

前 n 年的平均产量 $k=\frac{S_n}{n}$，可以表示为图中点(n, S_n)与原点所在直线的斜率，由此可知，斜率越大，前 n 年的平均产量越高．

由图像可知，点$(9, S_9)$与原点所在直线的斜率最大，故 $m=9$.

18. (C)

考　点	【图像图表问题(行程问题的图像)】

由 7～13 分钟的图像可知，特快车的速度为$\frac{18}{13-7}=3$(千米/分钟)，则特快车从 A 站出发到达 B 站所用时间为$\frac{42}{3}=14$(分钟)；

由 0～9 分钟的图像可知，普通车的速度为$\frac{18}{9}=2$(千米/分钟)，若中间不休息，普通车从 A 站出发到达 B 站所用时间为$\frac{42}{2}=21$(分钟)；

由于最终普通车到达 B 站的时间为 $7+14+5=26$(分钟)后，故其在中途停车 $26-21=5$(分钟).

19. (C)

解　析	【工程问题】

令工程总量为 1，设一、二、三、四这四个小队的工作时间分别为 a，b，c，d，可得

$$\begin{cases}\frac{1}{a}+\frac{1}{b}+\frac{1}{c}=\frac{1}{8},\\ \frac{1}{b}+\frac{1}{c}+\frac{1}{d}=\frac{1}{10},\\ \frac{1}{a}+\frac{1}{d}=\frac{1}{15},\end{cases}$$

三式相加可得$\frac{1}{a}+\frac{1}{b}+\frac{1}{c}+\frac{1}{d}=\frac{7}{48}$，当四个队工作 6 个循环之后，即完成了$\frac{42}{48}$，此时还剩下$\frac{6}{48}=\frac{1}{8}$的工作，而一、二、三小队工作三天刚好完成$\frac{1}{8}$，因此最后一天是三小队做完．

20. (D)

解　析	【行程问题】

甲、乙从 A 地出发、丙从 B 地出发，且乙的速度比甲的速度快，则第一次走到另外两人正中间的肯定是乙，如图 7-5 所示．

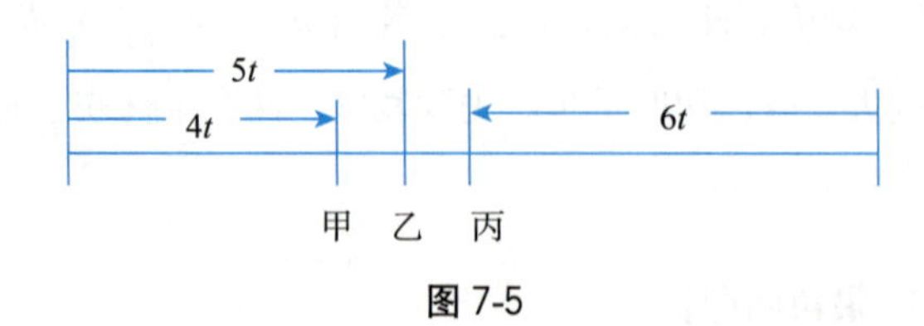

图 7-5

设走了 t 秒，此时甲、乙、丙三人各自走的路程是 $4t$ 米、$5t$ 米、$6t$ 米，甲与乙、乙与丙的距离都是 t 米，整个路程 $s=12t$ 米．
半分钟后，第二次走到另外两人正中间的肯定是丙，如图 7-6 所示，此时甲、乙、丙各自走的路程是 $4(t+30)$米、$5(t+30)$米、$6(t+30)$米．

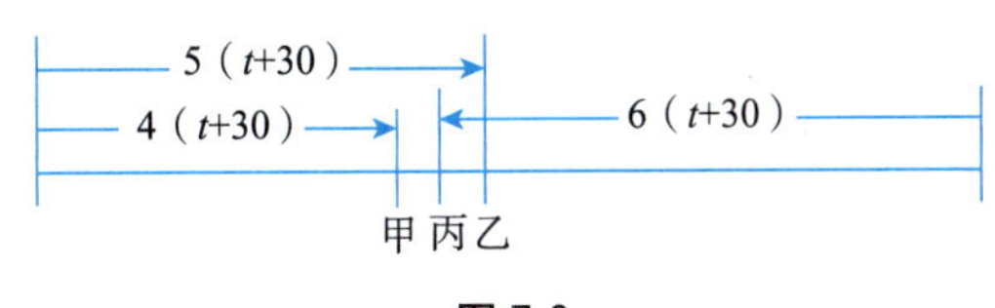

图 7-6

此时丙与甲的距离为 $s-s_{甲}-s_{丙}=12t-4(t+30)-6(t+30)=2t-300$ 米；
丙与乙的距离为 $s_{丙}+s_{乙}-s=6(t+30)+5(t+30)-12t=330-t$ 米；
两者相等，可得 $t=210$. 整个路程 $s=12t=12\times 210=2\ 520$ 米．

第二部分

专项模考

母题模考 1 ▶ 答案详解

一、问题求解

1. (C)

解　析	母题 15 · 非负性问题

由非负性得 $k-2\,023\geqslant 0$，即 $k\geqslant 2\,023$，则

$$|2\,022-k|+\sqrt{k-2\,023}=k\Rightarrow k-2\,022+\sqrt{k-2\,023}=k\Rightarrow \sqrt{k-2\,023}=2\,022,$$

两边平方，移项得 $k-2\,022^2=2\,023$.

2. (D)

解　析	母题 13 · 绝对值方程、不等式

$$|x-2|-|2x-1|<0\Rightarrow |x-2|<|2x-1|\Rightarrow (x-2)^2<(2x-1)^2\Rightarrow x^2>1,$$

解得 $x<-1$ 或 $x>1$.

3. (D)

解　析	母题 6 · 整数不定方程问题

设小礼盒有 x 个，大礼盒有 y 个，根据题意得

$$\begin{cases}10(x-1)+2=17(y-1)+6,\\17(y-1)+6<200,\end{cases}$$

即 $x=\dfrac{17y-3}{10}$，且 $y<13$.

穷举可得 $x=15$，$y=9$，故共有苹果 $10(x-1)+2=142$(个).

【快速得分法】小礼盒最后一盒只有 2 个，个位显然为 2，可直接选(D).

4. (B)

解　析	母题 13 · 绝对值方程、不等式

方法一：分类讨论法.

当 $x\geqslant 0$ 时，有 $x\geqslant ax\Rightarrow (1-a)x\geqslant 0\Rightarrow 1-a\geqslant 0$，解得 $a\leqslant 1$；

当 $x<0$ 时，有 $-x\geqslant ax\Rightarrow (1+a)x\leqslant 0\Rightarrow 1+a\geqslant 0$，解得 $a\geqslant -1$.

所以，实数 a 的取值范围为 $[-1,1]$.

方法二：此题可用图像法求解.

【快速得分法】特值代入排除各选项即可.

【注意】解绝对值不等式需要确定不等号两侧符号相同才可使用平方法，否则不能保证平方后不等号方向不改变.

5. (A)

解　析	母题 19 · 平均值和方差

因为原来 7 个数的平均数是 3，新增数据也是 3，对平均数无影响，故新的平均数 $\overline{x}$ 也是 3；

原来的方差为 $S_{原}^2=\frac{1}{7}(x_1^2+x_2^2+\cdots+x_7^2-7\times3^2)=3$，现在的方差为

$$\begin{aligned}S^2&=\frac{1}{8}(x_1^2+x_2^2+\cdots+x_7^2+3^2-8\times3^2)\\&=\frac{1}{8}(x_1^2+x_2^2+\cdots+x_7^2-7\times3^2).\end{aligned}$$

显然 $S^2<S_{原}^2=3$，即 $S<\sqrt{3}$.

【快速得分法】因为方差是反映一组数据在它平均数附近的波动情况，新增数据＝平均数，新增的数据在平均数附近波动情况为 0，故从整体上来看，整体的波动变小了，即方差变小了.

6. (A)

解　析	母题 8 · 有理数与无理数的运算

由 $(2-\sqrt{2})x+(1+2\sqrt{2})y-4-3\sqrt{2}=0$，化简得 $(2y-x-3)\sqrt{2}+(2x+y-4)=0$，则有

$$\begin{cases}2y-x-3=0,\\2x+y-4=0\end{cases}\Rightarrow\begin{cases}x=1,\\y=2.\end{cases}$$

7. (C)

解　析	母题 2 · 带余除法问题

7，8，9 的最小公倍数为 504，根据口诀“差同减差”，可设 $N=504k-2(k\in\mathbf{Z}^+)$.

由于 $100<N<2\,000$，当 $k=4$ 时，$N=2\,014$，所以 k 的取值为 1，2，3，即对应 N 的取值共有 3 个.

8. (B)

解　析	母题 9 · 实数的运算技巧

$$\begin{aligned}&\left(\frac{1}{1+\sqrt{2}}+\frac{1}{\sqrt{2}+\sqrt{3}}+\cdots+\frac{1}{\sqrt{2\,021}+\sqrt{2\,022}}+\frac{1}{\sqrt{2\,022}+\sqrt{2\,023}}\right)\times(1+\sqrt{2\,023})\\&=(\sqrt{2}-1+\sqrt{3}-\sqrt{2}+\cdots+\sqrt{2\,022}-\sqrt{2\,021}+\sqrt{2\,023}-\sqrt{2\,022})\times(1+\sqrt{2\,023})\\&=(\sqrt{2\,023}-1)\times(\sqrt{2\,023}+1)=2\,022.\end{aligned}$$

9. (D)

解　析	母题 4 · 质数与合数问题

$3a+7b=41$，由奇偶性可知 a，b 中必有一偶质数 2.

当 $a=2$ 时，得 $b=5$，满足题意；当 $b=2$ 时，得 $a=9$，不是质数，不满足题意.

所以 $a-b=-3$.

10.（A）

解　析	母题 16 · 自比性问题

由 $mnp>0$，$m+n+p=0$，可知 m，n，p 为两负一正，则 $x=-1$，且

$$y=m\left(\frac{1}{n}+\frac{1}{p}\right)+n\left(\frac{1}{m}+\frac{1}{p}\right)+p\left(\frac{1}{m}+\frac{1}{n}\right)=\frac{n+p}{m}+\frac{m+p}{n}+\frac{m+n}{p}=\frac{-m}{m}+\frac{-n}{n}+\frac{-p}{p}=-3.$$

故 $2x-y=-2-(-3)=1$.

11.（C）

解　析	母题 14 · 绝对值的化简求值与证明

根据三角不等式，可得 $|x-z|\geqslant|x|-|z|$，因为 $|y|>|x-z|$，故有 $|y|>|x|-|z|$，移项得 $|x|<|y|+|z|$.

12.（E）

解　析	母题 14 · 绝对值的化简求值与证明

原式可化为 $|a+6|+|2a-1|=|3a+5|$，由三角不等式，可知

$$|2a-1|+|a+6|\geqslant|(2a-1)+(a+6)|=|3a+5|,$$

当且仅当 $(2a-1)(a+6)\geqslant0$ 时，上式取等号，解得 $a\leqslant-6$ 或 $a\geqslant\frac{1}{2}$.

13.（D）

解　析	母题 12 · 比例的计算

$$\frac{1}{a}:\frac{1}{b}:\frac{1}{c}=2:3:4\Rightarrow a:b:c=\frac{1}{2}:\frac{1}{3}:\frac{1}{4}=6:4:3,$$

赋值法，令 $a=6$，$b=4$，$c=3$，故 $(a+b):(b+c):(a+c)=10:7:9$.

14.（B）

解　析	母题 8 · 有理数与无理数的运算

$$(1+\sqrt{3})^3=1^3+3\times1^2\times\sqrt{3}+3\times1\times(\sqrt{3})^2+(\sqrt{3})^3=10+6\sqrt{3}=m+n\sqrt{3},$$

故 $m=10$，$n=6$，$\frac{m}{n}=\frac{5}{3}$.

15.（C）

解　析	母题 20 · 均值不等式

根据均值不等式，可知 $6=3m+n\geqslant2\sqrt{3mn}$，解得 $mn\leqslant3$，故 $\lg m+\lg n=\lg mn\leqslant\lg 3$.

二、条件充分性判断

16.（D）

解　析	母题 14 · 绝对值的化简求值与证明

当 $x\geqslant 2$ 时，原不等式化为 $x^2+1>(x-2)+(x+1)$，解得 $x\in\mathbf{R}$，故 $x\geqslant 2$；

当 $-1<x<2$ 时，原不等式化为 $x^2+1>-(x-2)+(x+1)$，解得 $x<-\sqrt{2}$ 或 $x>\sqrt{2}$，故 $\sqrt{2}<x<2$；

当 $x\leqslant -1$ 时，原不等式化为 $x^2+1>-(x-2)-(x+1)$，解得 $x<-2$ 或 $x>0$，故 $x<-2$.

综上可知，不等式的解集为 $(-\infty,-2)\cup(\sqrt{2},+\infty)$，两个条件单独都充分．

17. (C)

解　析	母题 20 • 均值不等式

特殊值法．令 $x=y=z=1$，则 $\frac{1}{x^2}+\frac{1}{y^2}+\frac{1}{z^2}=x+y+z=3$，条件(1)不充分．

令 $x=y=1$，$z=2$，则 $\frac{1}{x^2}+\frac{1}{y^2}+\frac{1}{z^2}<x+y+z$，条件(2)不充分．故考虑联立．

$$2\left(\frac{1}{x^2}+\frac{1}{y^2}+\frac{1}{z^2}\right)=\left(\frac{1}{x^2}+\frac{1}{y^2}\right)+\left(\frac{1}{y^2}+\frac{1}{z^2}\right)+\left(\frac{1}{x^2}+\frac{1}{z^2}\right)\geqslant 2\left(\frac{1}{xy}+\frac{1}{yz}+\frac{1}{xz}\right)=\frac{2(x+y+z)}{xyz}.$$

由条件(1)，可得 $\frac{1}{x^2}+\frac{1}{y^2}+\frac{1}{z^2}\geqslant z+x+y$，联立条件(2)，$x=y=z$ 不成立，故等号无法取到，

则 $\frac{1}{x^2}+\frac{1}{y^2}+\frac{1}{z^2}>x+y+z$，两个条件联立充分．

18. (E)

解　析	母题 17 • 绝对值的最值问题

由两个线性和问题可知 $|x+3|+|x+2|\geqslant 1$，故只有当 $m>1$ 时，该不等式才有实数解．

所以两个条件都不充分，且无法联立．

19. (C)

解　析	母题 4 • 质数与合数问题

条件(1)：令 $a=3$，$a^2+1=10$，条件(1)不充分．

条件(2)：令 $a=0$，$a^3+3=3$，但 $a^2+1=1$，不是质数，条件(2)不充分．

两条件联立．已知 a，a^3+3 都是质数，若 a 为奇质数，则 a^3+3 一定为偶合数，不符合题意；若 a 为偶质数，即 2，则 $a^3+3=11$ 也为质数．此时 $a^2+1=5$ 也是质数，两个条件联立充分．

20. (D)

解　析	母题 19 • 平均值和方差

根据题意，由 $\sqrt{\sqrt{\sqrt{a}\cdot\sqrt{\sqrt{b}}}}=\sqrt{3}$ 化简，得

$$\left(a^{\frac{1}{4}}\cdot b^{\frac{1}{4}}\right)^{\frac{1}{2}}=3^{\frac{1}{2}}\Rightarrow(ab)^{\frac{1}{8}}=3^{\frac{1}{2}}\Rightarrow ab=\left(3^{\frac{1}{2}}\right)^{8}=3^4=81.$$

因此，两条件都充分．

21. (D)

解　析	母题 1 · 整除问题

因为$(m+1)^3-(m+1)(m^2-m+1)=3m(m+1)$，故当 m 为整数时，$m(m+1)$一定为偶数，则可以被 2 整除．又因为原式一定能被 3 整除，故原式能被 6 整除．

因此两个条件单独都充分．

22. (B)

解　析	母题 13 · 绝对值方程、不等式

由$||x+1|-1|=m$，可得$|x+1|=1\pm m$.

条件(1)：当$0<m<1$时，$1+m$ 和 $1-m$ 取不同值，x 一定有两个以上不同解，故条件(1)不充分．

条件(2)：当$m\geqslant 2$时，$1-m<0$不满足题干，则有$|x+1|=1+m$，方程有两个不同的解，故条件(2)充分．

23. (E)

解　析	母题 3 · 奇数与偶数问题

条件(1)：当 b 是奇数时，a，c 为偶数，则 $N=a+b+c$ 为奇数，条件(1)不充分．

条件(2)：$a+b$，$b+c$ 必为奇数，故 $N=(a+b)(b+c)$也为奇数，条件(2)不充分．

两个条件显然无法联立．

24. (C)

解　析	母题 19 · 平均值和方差

显然条件(1)和条件(2)单独都不充分，故考虑联立．

由条件(1)可得，$x_1+x_2+\cdots+x_n=na$；

由条件(2)可得，$b=\dfrac{x_1+x_2+\cdots+x_n+a}{n+1}=\dfrac{na+a}{n+1}=a$.

故联立充分．

25. (C)

解　析	母题 5 · 约数与倍数问题

条件(1)：设 m，n 的最大公约数为 k，则 $m=ak$，$n=bk$(a，b 互质)．$7k=abk$，且 $m<n$，故 $a=1$，$b=7$，$m=k$，$n=7k$. k 未知，故条件(1)不充分．

条件(2)显然不充分．故考虑联立．

由条件(2)，可知 $m+n=8k=168$，则 $k=21$，$m=21$，$n=147$，所以，$n-m=147-21=126$.

故两个条件联立充分．

母题模考 2 ▸ 答案详解

一、问题求解

1. (B)

解　析	母题 22 • 因式分解

设二次三项式为 x^2+ax+b，则

$$\begin{aligned}(x^2+ax+b)^2&=x^4+a^2x^2+b^2+2ax^3+2bx^2+2abx\\&=x^4-4x^3+6x^2+mx+n,\end{aligned}$$

则$\begin{cases}2a=-4,\\2b+a^2=6,\\m=2ab,\\n=b^2,\end{cases}$解得$\begin{cases}a=-2,\\b=1,\\m=-4,\\n=1.\end{cases}$所以，$mn=-4$.

2. (C)

解　析	母题 22 • 因式分解

因为 x^3 的系数为 1，常数项为 -12，由首尾项检验法，可快速确定另外一个一次因式为 $x-6$.

3. (D)

解　析	母题 29 • 已知 $x+\frac{1}{x}=a$ 或者 $x^2+ax+1=0$，求代数式的值

$p^2+\frac{1}{p^2}=\left(p+\frac{1}{p}\right)^2-2=14(p>0)$，则有 $p+\frac{1}{p}=4$.

$\frac{q^2}{q^4+q^2+1}=\frac{1}{8}\Rightarrow\frac{q^4+q^2+1}{q^2}=q^2+\frac{1}{q^2}+1=8(q>0)$，可得 $q+\frac{1}{q}=3$，则

$$\frac{(p^2+p+1)(q^2+q+1)}{pq}=\left(p+\frac{1}{p}+1\right)\left(q+\frac{1}{q}+1\right)=5\times4=20.$$

4. (B)

解　析	母题 31 • 其他整式、分式的化简求值

$x^2+y^2=4x-2y-5$，化简得 $(x-2)^2+(y+1)^2=0$，则 $x=2$，$y=-1$，故 $\frac{x+y}{x-y}=\frac{2-1}{2+1}=\frac{1}{3}$.

5. (A)

解　析	母题 27 • 整式的除法与余式定理

设 $f(x)=mx^3+nx^2+px+q=(x-1)(x-2)g(x)+ax+b$.

由已知可得$\begin{cases}f(1)=a+b=1,\\f(2)=2a+b=3,\end{cases}$解得$\begin{cases}a=2,\\b=-1.\end{cases}$

故 mx^3+nx^2+px+q 除以 $(x-1)(x-2)$ 的余式为 $2x-1$.

6. (A)

解　析	母题 28・齐次分式求值

由$\frac{xy}{x-y}=\frac{1}{3}$可得 $x-y=3xy$，故

$$\frac{2x+3xy-2y}{x-y-2xy}=\frac{2(x-y)+3xy}{(x-y)-2xy}=\frac{6xy+3xy}{3xy-2xy}=9.$$

7. (B)

解　析	母题 24・待定系数法与多项式的系数

$(1-x)^8$的展开式中 x^k 的系数为 $C_8^k(-1)^k$，则$(1+x)^2(1-x)^8$的展开式中 x^3 的系数为

$$-C_8^3+2C_8^2-C_8^1=-8.$$

8. (C)

解　析	母题 23・双十字相乘法

运用双十字相乘法，则有

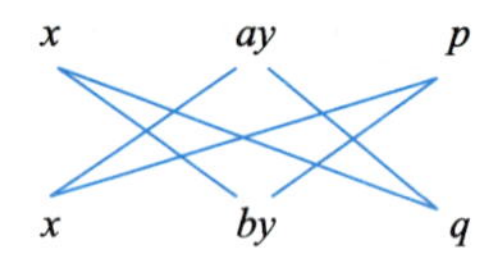

故 y^2 的系数为 $ab=-6$，x 的系数为 $p+q=-1$，所以$\frac{ab}{p+q}=\frac{-6}{-1}=6$.

9. (A)

解　析	母题 25・代数式的最值问题

$m+mn+2n\geqslant mn+2\sqrt{2}\sqrt{mn}$，则有

$$mn+2\sqrt{2}\sqrt{mn}\leqslant 30$$

$$(\sqrt{mn})^2+2\sqrt{2}\sqrt{mn}+2\leqslant 32$$

$$(\sqrt{mn}+\sqrt{2})^2\leqslant 32,$$

因为$\sqrt{mn}>0$，解得 $0<\sqrt{mn}\leqslant 3\sqrt{2}$，故$\frac{1}{mn}\geqslant\frac{1}{18}$.

10. (D)

解　析	母题 28・齐次分式求值

方法一：由$\frac{2}{a}=\frac{3}{b-c}=\frac{5}{a+c}$可得 $c=\frac{3}{2}a$，$b=3a$，则$\frac{a+2c}{3a+b}=\frac{a+3a}{3a+3a}=\frac{2}{3}$.

方法二：特殊值法.

令$\frac{2}{a}=\frac{3}{b-c}=\frac{5}{a+c}=1\Rightarrow a=2$，$c=3$，$b=6$，则$\frac{a+2c}{3a+b}=\frac{2+6}{6+6}=\frac{2}{3}$.

11. (A)

解　析	母题 27 · 整式的除法与余式定理

令 $f(x)=x^3+2x^2-x+a$，则由题干知 $f(-1)=0$，解得 $a=-2$.

12. (E)

解　析	母题 27 · 整式的除法与余式定理

由 $f(1)=f(-2)=f(3)=5$，可设 $f(x)=a(x-1)(x+2)(x-3)+5$，则 $f(2)=-4a+5=3$，解得 $a=\frac{1}{2}$，故 $f(x)=\frac{1}{2}(x-1)(x+2)(x-3)+5$.

所以 $f(0)=\frac{1}{2}\times(-1)\times2\times(-3)+5=8$.

13. (B)

解　析	母题 26 · 三角形的形状判断问题

由题干知 $a^2+2bc=b^2+2ac=c^2+2ab=27$，则 $a^2+b^2+c^2+2bc+2ac+2ab=81$，可得

$$(a+b+c)^2=81\Rightarrow a+b+c=9.$$

又 $a^2+2bc=b^2+2ac$，移项得 $(a-b)(a+b-2c)=0$.

若 $a-b=0$，则有 $a=b$，结合 $b^2+2ac=c^2+2ab$，可得 $a=b=c=3$.

若 $a+b-2c=0$，则有 $a+b=2c$，又 $a+b+c=9$，可得 $c=3$，结合 $c^2+2ab=27$，$a+b=2c=6$，可得 $a=b=3$.

综上可知，$\triangle ABC$ 为等边三角形.

14. (A)

解　析	母题 24 · 待定系数法与多项式的系数

由二项式定理的展开式通项(第 $k+1$ 项)$T_{k+1}=C_5^k(-x)^k=C_5^k(-1)^kx^k$，可知 a_0，a_2，a_4 都大于 0($k=0$，2，4 时的系数)，a_1，a_3，a_5 都小于 0($k=1$，3，5 时的系数).

则原式 $=a_0+a_1+a_2+a_3+a_4+a_5$. 令 $x=1$，可得 $a_0+a_1+a_2+a_3+a_4+a_5=0$.

15. (A)

解　析	母题 26 · 三角形的形状判断问题

由 $1+\frac{b}{c}=\frac{b+c}{b+c-a}$ 化简可得 $\frac{b+c}{c}=\frac{b+c}{b+c-a}$，则 $b-a=0$，即 $a=b$.

由已知无法再推出 c 与 a，b 的关系，故 $\triangle ABC$ 为等腰三角形.

【注意】在判断三角形的形状时，得出等腰三角形的结论后，须考虑是否为等边三角形.

二、条件充分性判断

16. (A)

解　析	母题 31 · 其他整式、分式的化简求值

根据题意可得

$$\frac{2x-1}{x^2-x-2}=\frac{m}{x+1}+\frac{n}{x-2}\Rightarrow\frac{2x-1}{x^2-x-2}=\frac{m(x-2)+n(x+1)}{x^2-x-2},$$

可得 $2x-1=(m+n)x+(n-2m)$，则有 $\begin{cases}m+n=2,\\n-2m=-1,\end{cases}$ 解得 $\begin{cases}m=1,\\n=1.\end{cases}$

所以当 $m=1$，$n=1$ 时等式成立，故条件(1)充分，条件(2)不充分．

17.(A)

解　析	母题 25・代数式的最值问题

条件(1)：$(a-b)^2+(b-c)^2+(c-a)^2=3(a^2+b^2+c^2)-(a+b+c)^2$.

当 $a+b+c=0$ 时，上式有最大值．因为 $a^2+b^2+c^2=6$，故最大值为 $3\times6=18$. 条件(1)充分．

条件(2)：$(a-b)^2+(b-c)^2+(c-a)^2=2(a^2+b^2+c^2)-2(ab+bc+ac)$.

因为 $ab+bc+ac=6$，故原式$=2(a^2+b^2+c^2)-12$，无法确定最大值．条件(2)不充分．

18.(B)

解　析	母题 23・双十字相乘法

由双十字相乘法，可知 x^2 的系数为 $b-a-2$，x^3 的系数为 $a-1$.

由 x^2，x^3 项的系数为零，可得 $\begin{cases}a-1=0,\\b-a-2=0,\end{cases}$ 解得 $\begin{cases}a=1,\\b=3.\end{cases}$

所以条件(1)不充分，条件(2)充分．

19.(B)

解　析	母题 27・整式的除法与余式定理

设 $f(x)=x^4+ax^2+bx+6$，$f(x)$能被 x^2-3x+2 整除，即可被 $x-2$，$x-1$ 整除，由此可得

$$\begin{cases}f(1)=0,\\f(2)=0\end{cases}\Rightarrow\begin{cases}a=-4,\\b=-3.\end{cases}$$

故条件(1)不充分，条件(2)充分．

20.(D)

解　析	母题 27・整式的除法与余式定理

设 $f(x)=g(x)h(x)+R(x)$，若 $x-3$ 是 $g(x)$或 $h(x)$的因式，那么 $f(x)$除以 $x-3$ 所得的余式相当于 $R(x)$除以 $x-3$ 所得的余式．

因为 $x-3$ 为 x^2-2x-3 和 x^3-3x^2-x+3 的因式，用 $2x-4$ 和 x^2-2x-1 分别除以 $x-3$，余式均为 2. 故两个条件均充分．

21.(A)

解　析	母题 31・其他整式、分式的化简求值

条件(1)：由$\frac{1}{m}+\frac{1}{n}=\frac{1}{m+n}$，可得$(m+n)\left(\frac{1}{m}+\frac{1}{n}\right)=1$，即$2+\frac{m}{n}+\frac{n}{m}=1$，故有$\frac{m}{n}+\frac{n}{m}=-1$，因此条件(1)充分．

条件(2)：由$3m^2+2mn-n^2=0$，可得$(3m-n)(m+n)=0$，解得$\frac{m}{n}=\frac{1}{3}$或$\frac{m}{n}=-1$，代入题干有$\frac{m}{n}+\frac{n}{m}\neq-1$，故条件(2)不充分．

22.(B)

解　析	母题 29 • 已知 $x+\frac{1}{x}=a$ 或者 $x^2+ax+1=0$，求代数式的值

$$x^2+9x+2-(2x-1)(2x+1)=x^2+9x+2-4x^2+1=-3(x^2-3x-1).$$

条件(1)：由 $x+\frac{1}{x}=3$，可得 $x^2-3x=-1$，代入上式，值为 6，条件(1)不充分．

条件(2)：由 $x-\frac{1}{x}=3$，可得 $x^2-3x=1$，代入上式，值为 0，条件(2)充分．

23.(C)

解　析	母题 26 • 三角形的形状判断问题

条件(1)：由$(a^2-b^2)(c^2-a^2-b^2)=0$，可得 $a=b$ 或$a^2+b^2=c^2$，条件(1)不充分．

条件(2)：显然单独也不充分．

联立两个条件，条件(2)中$(c+b)(c-b)>a^2\Rightarrow c^2>a^2+b^2$，与条件(1)联立可得 $a=b$，所以$\triangle ABC$ 为等腰三角形．故联立充分．

24.(D)

解　析	母题 25 • 代数式的最值问题

条件(1)：$x^2-2x+4=(x-1)^2+3\geqslant3$，所以 $f(x)$的最大值为$\frac{1}{3}$，条件(1)充分．

同理，条件(2)也充分．

25.(C)

解　析	母题 28 • 齐次分式求值

两个条件明显单独都不充分，故考虑联立．

联立得$\begin{cases}x+y-z=0,\\x-2y+z=0,\end{cases}$解得$\begin{cases}y=2x,\\z=3x.\end{cases}$

令 $x=1$，$y=2$，$z=3$，则$\frac{3x^2+yz-y^2}{x^2-2xy+2z^2}=\frac{3\times1^2+2\times3-2^2}{1-2\times1\times2+2\times3^2}=\frac{5}{15}=\frac{1}{3}$，两个条件联立充分．

母题模考 3 ▸ 答案详解

一、问题求解

1. (E)

解　析	母题 38 · 韦达定理问题

由韦达定理可得 $a+b=3$，$ab=-2$，将其中一根 b 代入方程可得 $b^2-3b=2$，则有

$$\begin{aligned}&a^2+3b^2-6b=a^2+b^2+2b^2-6b=a^2+b^2+2(b^2-3b)\\&=a^2+b^2+4=(a+b)^2-2ab+4\\&=9+4+4=17.\end{aligned}$$

2. (C)

解　析	母题 41 · 指数与对数＋母题 20 · 均值不等式

利用均值不等式，有

$$y=\frac{2}{x}+x^2=\frac{1}{x}+\frac{1}{x}+x^2\geqslant 3\sqrt[3]{\frac{1}{x}\cdot\frac{1}{x}\cdot x^2}=3,$$

当且仅当 $\frac{1}{x}=\frac{1}{x}=x^2$，即 $x=1$ 时，上式取得最小值，此时 $y=3$，代入所求式中，有

$$\sqrt{y^x+x^y}=\sqrt{3^1+1^3}=2.$$

3. (D)

解　析	母题 38 · 韦达定理问题

由题意知 $\frac{3}{2}$，2 为一元二次方程 $ax^2+bx+6=0$ 的解，由韦达定理，可得

$$-\frac{b}{a}=\frac{3}{2}+2=\frac{7}{2}\Rightarrow\frac{a}{b}=-\frac{2}{7}.$$

4. (E)

解　析	母题 38 · 韦达定理问题

由韦达定理可得 $m+n=k^2+2$，$mn=k(k>0)$，则 $\frac{1}{m}+\frac{1}{n}=\frac{m+n}{mn}=\frac{k^2+2}{k}=k+\frac{2}{k}\geqslant 2\sqrt{2}$，当且仅当 $k=\frac{2}{k}$，即 $k=\sqrt{2}$ 时取得等号.

又因为 $1\leqslant k\leqslant 3$，$k=\sqrt{2}$ 可取到，故 $\frac{1}{m}+\frac{1}{n}$ 的最小值为 $2\sqrt{2}$.

5. (A)

解　析	母题 40 · 一元二次不等式的恒成立问题

分两种情况讨论：

①当 $a=0$ 时，不等式变为 $1>0$，恒成立；

②当 $a\neq 0$ 时，由题意得$\begin{cases}a>0,\\ \Delta<0,\end{cases}$解得 $0<a<\frac{\sqrt{5}-1}{2}$.

综上可得，a 的取值范围为 $0\leqslant a<\frac{\sqrt{5}-1}{2}$.

6. (B)

解　析	母题 41・指数与对数

对 $f(x)$进行整理，有

$$f(x)=1-\log_x 7+\log_{x^2} 4+\log_{x^3} 27=1-\log_x 7+\log_x 2+\log_x 3=\log_x \frac{6x}{7}.$$

要使 $f(x)<0$，分两种情况讨论：

①当 $0<x<1$ 时，$\log_x \frac{6x}{7}<0=\log_x 1$，即$\frac{6x}{7}>1$，$x>\frac{7}{6}$，与 $0<x<1$ 矛盾，故无解；

②当 $x>1$ 时，$\log_x \frac{6x}{7}<0=\log_x 1$，即$\frac{6x}{7}<1$，解得 $1<x<\frac{7}{6}$.

综上可得，x 的取值范围为$\left(1,\ \frac{7}{6}\right)$.

7. (D)

解　析	母题 37・根的判别式问题＋母题 38・韦达定理问题

方程 $x^2-2ax+a+2=0$ 有实根，则 $\Delta=(-2a)^2-4(a+2)\geqslant 0$，解得 $a\leqslant -1$ 或 $a\geqslant 2$.

由韦达定理，可得 $m+n=2a$，$mn=a+2$，则有

$$m^2+n^2=(m+n)^2-2mn=(2a)^2-2(a+2)=4\left(a-\frac{1}{4}\right)^2-\frac{17}{4},$$

由于抛物线开口向上且 a 的定义域为 $a\leqslant -1$ 或 $a\geqslant 2$，所以在最靠近对称轴的点，即 $a=-1$ 处取到最小值，故当 $a=-1$ 时，m^2+n^2的最小值 2.

8. (B)

解　析	母题 40・一元二次不等式的恒成立问题

函数 $f(x)=\lg[x^2+(a+1)x+1]$的定义域为全体实数，即 $x^2+(a+1)x+1>0$ 恒成立，则有 $\Delta=(a+1)^2-4<0$，解得$-3<a<1$.

9. (C)

解　析	母题 35・一元二次函数的基础题＋母题 38・韦达定理问题

已知$\left|x^2+mx-\frac{3}{4}m^2\right|=m$，由非负性得 $m\geqslant 0$. 若 $m=0$，则 $|x^2|=0$，不合题意，故 $m>0$.

方法一：设 $g(x)=|f(x)|=\left|x^2+mx-\frac{3}{4}m^2\right|$，方程 $\left|x^2+mx-\frac{3}{4}m^2\right|=m$ 恰有3个不相等的实根等价于函数 $g(x)$ 的图像与直线 $y=m$ 有3个交点，如图1所示．此时必然有 $f(x)$ 与直线 $y=-m$ 有1个交点，$f(x)$ 与直线 $y=m$ 有2个交点．

①$f(x)=x^2+mx-\frac{3}{4}m^2=\left(x+\frac{m}{2}\right)^2-m^2$ 与直线 $y=-m$ 只有1个交点，则该交点一定是 $f(x)$ 的顶点 $\left(-\frac{m}{2},\ -m^2\right)$，即 $-m=-m^2$，解得 $m=1$ 或 0（舍去），顶点为 $\left(-\frac{1}{2},\ -1\right)$，可知 $x_1=-\frac{1}{2}$；

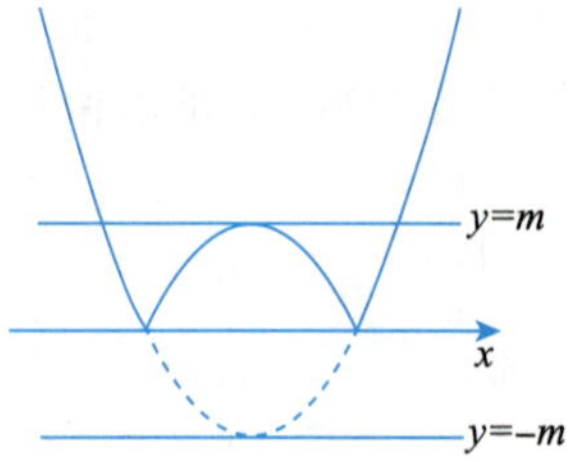

图1

②$f(x)$ 与直线 $y=m$ 有2个交点，则方程 $f(x)=m$ 有2个不同的根．令 $f(x)-m=x^2+mx-\frac{3}{4}m^2-m=0$，由于 $m>0$，必有 $\Delta>0$，此时 $f(x)-m=0$ 一定有2个不同的根 x_2，x_3，这两根为交点的横坐标，且

$$x_2\cdot x_3=-\frac{3}{4}m^2-m=-\frac{7}{4}.$$

则3个根之积为 $x_1x_2x_3=\left(-\frac{1}{2}\right)\times\left(-\frac{7}{4}\right)=\frac{7}{8}$.

方法二：易知 $x^2+mx-\frac{3}{4}m^2=\pm m$，配方可得 $\left(x+\frac{m}{2}\right)^2-m^2=\pm m$，即 $\left(x+\frac{m}{2}\right)^2=m^2\pm m$.

已知 $m>0$，则 $\left(x+\frac{m}{2}\right)^2=m^2+m$ 定能解出2个不同实根，因此 $\left(x+\frac{m}{2}\right)^2=m^2-m$ 只能有1个根，故 $m^2-m=0$，解得 $m=1$ 或 $m=0$（舍）.

将 $m=1$ 代入 $\left(x+\frac{m}{2}\right)^2=m^2-m$，解得 $x_1=-\frac{1}{2}$；将 $m=1$ 代入 $\left(x+\frac{m}{2}\right)^2=m^2+m$，解得 $x_2=-\frac{1}{2}-\sqrt{2}$，$x_3=-\frac{1}{2}+\sqrt{2}$，因此 $x_1x_2x_3=\left(-\frac{1}{2}\right)\times\left(-\frac{1}{2}-\sqrt{2}\right)\times\left(-\frac{1}{2}+\sqrt{2}\right)=\frac{7}{8}$.

10.（E）

解　析	母题34·简单方程(组)和不等式(组)

将解集所在区间的端点代入方程，可使方程两边相等，则

$$\begin{cases}\dfrac{\frac{1}{3}-a}{\frac{1}{9}+\frac{1}{3}+1}=\dfrac{\frac{1}{3}-b}{\frac{1}{9}-\frac{1}{3}+1},\\[2ex] \dfrac{1-a}{1+1+1}=\dfrac{1-b}{1-1+1}\end{cases}\Rightarrow\begin{cases}a=\frac{5}{2},\\[1ex] b=\frac{3}{2}\end{cases}\Rightarrow\frac{a+b}{a-b}=\frac{\frac{5}{2}+\frac{3}{2}}{\frac{5}{2}-\frac{3}{2}}=4.$$

11. (A)

解　析	母题 43 · 穿线法解不等式

原不等式可化简为

$$\frac{2x^2-3}{x^2-1}-1>0$$

$$\frac{x^2-2}{x^2-1}>0$$

$$(x^2-2)(x^2-1)>0$$

$$(x+\sqrt{2})(x-\sqrt{2})(x+1)(x-1)>0.$$

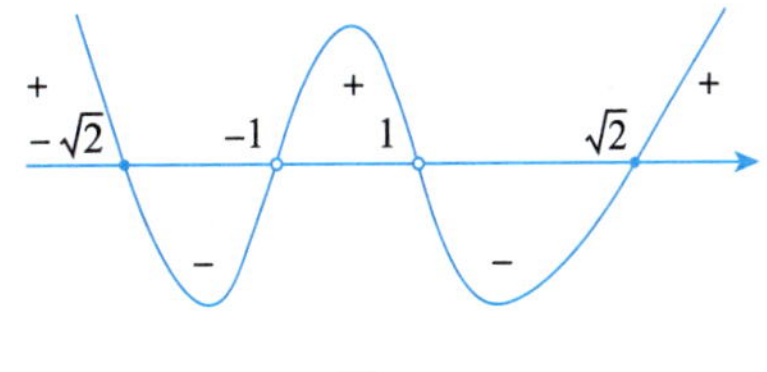

图 2

利用穿线法，如图 2 所示．所以原不等式的解集为$(-\infty,\ -\sqrt{2})\cup(-1,\ 1)\cup(\sqrt{2},\ +\infty)$.

12. (B)

解　析	母题 37 · 根的判别式问题＋母题 38 · 韦达定理问题

由题干可得

$$\begin{cases}\Delta=(2a+2)^2-4a^2\geqslant 0,\\ \dfrac{1}{m}+\dfrac{1}{n}=\dfrac{m+n}{mn}=\dfrac{2a+2}{a^2}=2,\end{cases}$$

解得 $a=\dfrac{1+\sqrt{5}}{2}$.

13. (C)

解　析	母题 32 · 集合的运算

三集合公式 $A\cup B\cup C=A+B+C-A\cap B-A\cap C-B\cap C+A\cap B\cap C$. 则至少选择两门为

$$\begin{aligned}A\cap B+A\cap C+B\cap C-2A\cap B\cap C&=A+B+C-A\cup B\cup C-A\cap B\cap C\\&=82+95+73-120-60=70.\end{aligned}$$

故至少选择两门的学生共 70 名．

14. (E)

解　析	母题 44 · 根式方程和根式不等式

首先应满足条件$\begin{cases}2x-3\geqslant 0,\\ x-2\geqslant 0,\end{cases}$解得 $x\geqslant 2$.

原不等式移项、平方，得 $2x-3>x-2$，解得 $x>1$.

综上可知，不等式的解集为 $x\geqslant 2$.

15. (C)

解　析	母题 36 · 一元二次函数的最值

函数 $f(x)=-x^2+4x+k$ 的对称轴为 $x=2$，显然不在定义域内．由于图像的开口向下，故在

定义域内，离对称轴近的端点处取得最大值，离对称轴远的端点处取得最小值，即 $f(x)$ 的最小值为 $f(0)=k=1$，则 $f(x)=-x^2+4x+1$，最大值为 $f\left(\frac{3}{2}\right)=-\left(\frac{3}{2}\right)^2+4\times\frac{3}{2}+1=\frac{19}{4}$.

二、条件充分性判断

16. (D)

解　析	母题 41 · 指数与对数

条件(1)：当 $a\in(1,2)$，$x\in(2,3)$时，$y=\log_a x$ 为单调递增函数，且 x 恒大于 a，所以 $\log_a x>\log_a a=1$，$|\log_a x|>1$ 成立，条件(1)充分．

条件(2)：当 $a\in\left(\frac{1}{2},1\right)$，$x\in(3,4)$时，$y=\log_a x$ 为单调递减函数，且 $\frac{1}{a}\in(1,2)$，x 恒大于 $\frac{1}{a}$，所以 $\log_a x<\log_a\frac{1}{a}=-1$，$|\log_a x|>1$ 成立，条件(2)充分．

17. (E)

解　析	题型 34 · 简单方程(组)和不等式(组)

方法一：原不等式等价于

$$\begin{cases}x^2-2x-15>0,\\x\geqslant 0\end{cases}\text{或}\begin{cases}x^2+2x-15>0,\\x<0,\end{cases}$$

解得 $x>5$ 或 $x<-5$.

故两个条件单独不充分，联立也不充分．

方法二：原不等式可表示为 $|x|^2-2|x|-15>0$，即 $(|x|-5)(|x|+3)>0$，由于 $|x|+3>0$ 恒成立，所以只要 $|x|-5>0\Rightarrow|x|>5$，即 $x>5$ 或 $x<-5$.

故两个条件单独不充分，联立也不充分．

18. (A)

解　析	母题 35 · 一元二次函数的基础题

条件(1)：$a=0$，则两个方程变为 $x^2+x-2=0$ 和 $x^2-1=0$，两个方程只有一个公共根，为 1，条件(1)充分．

条件(2)：$a=1$，则两个方程变为 $x^2+x-1=0$ 和 $x^2+x-1=0$，两个方程为同一个方程，且 $\Delta>0$，故有两个相同的公共根，条件(2)不充分．

19. (A)

解　析	母题 37 · 根的判别式问题

条件(1)：由 $a+c=0(a\neq 0)$，可得 $a=-c$，则 $\Delta=b^2-4ac=b^2+4a^2>0$，故方程有两个不同的实根，条件(1)充分．

条件(2)：$a+b=-c$，即 $b=-(a+c)$，则 $\Delta=b^2-4ac=(a+c)^2-4ac=(a-c)^2\geqslant 0$，无法排除 $\Delta=0$ 的情况，即方程也可能有两个相同的实根，故条件(2)不充分．

20. (D)

解　析	母题 39 · 根的分布问题

令 $f(x)=x^2-2x-m(m+1)$，函数图像开口向上，若方程两根满足 $x_1<2<x_2$，则

$$f(2)=4-4-m(m+1)<0 \Rightarrow m<-1 \text{ 或 } m>0.$$

显然条件(1)和条件(2)均在 $m<-1$ 或 $m>0$ 的范围内，所以两个条件单独都充分 .

21. (D)

解　析	母题 35 · 一元二次函数的基础题

条件(1)：解方程 $x^2-2x+1=0$，可得两根 $m=n=1$，代入可得$\sqrt{\frac{m}{n}}+\sqrt{\frac{n}{m}}=2$，条件(1)充分 .

条件(2)：解方程 $x^2+2\sqrt{2}x+2=0$，可得 $m=n=-\sqrt{2}$，代入可得$\sqrt{\frac{m}{n}}+\sqrt{\frac{n}{m}}=2$，条件(2)充分 .

22. (A)

解　析	母题 39 · 根的分布问题

方法一：以(0，0)，(1，1)为端点的线段所在直线为 $y=x$，将其与二次函数联立，得

$$x=2x^2-mx+m \Rightarrow 2x^2-(m+1)x+m=0①.$$

由题意可知，图像与线段有交点等价于方程①在区间(0，1)上有实根 .

令 $f(x)=2x^2-(m+1)x+m$，则对称轴为$\frac{m+1}{4}$，且 $f(x)$开口向上，因为 $f(0)=m$，$f(1)=1$，若想在(0，1)上有实根，画图易知，对称轴只能小于 1.

当对称轴小于等于 0 时，有$\begin{cases}\frac{m+1}{4}\leqslant 0,\\ f(0)\cdot f(1)<0\end{cases}\Rightarrow m\leqslant -1$；

当对称轴在区间(0，1)内时，有$\begin{cases}0<\frac{m+1}{4}<1,\\ \Delta=(m+1)^2-4\times 2m\geqslant 0\end{cases}\Rightarrow -1<m\leqslant 3-2\sqrt{2}$.

综上所述，$m\leqslant 3-2\sqrt{2}$. 故条件(1)充分，条件(2)不充分 .

方法二：分离参数法 .

联立函数与直线方程，得 $2x^2-mx+m=x$，整理可得

$$m=\frac{2x^2-x}{x-1}=\frac{2(x-1)^2+3(x-1)+1}{x-1}=2(x-1)+\frac{1}{x-1}+3.$$

因为 $x\in(0,1)$，所以 $x-1\in(-1,0)$. 由对勾函数图像可知，当 $2(x-1)=\frac{1}{x-1}$，即 $x-1=-\frac{\sqrt{2}}{2}$时，m 取得最大值，此时 $m_{max}=3-2\sqrt{2}$，因此 $m\leqslant 3-2\sqrt{2}$.

故条件(1)充分，条件(2)不充分 .

23. (C)

解　析	母题 37 · 根的判别式问题

条件(1)：明显不充分．

条件(2)：将 $x=1$ 代入方程可得 $a+b+c=0$，也无法推出方程有两个不同实根，不充分．

考虑联立，$a+b+c=0$ 且 $a>b>c$，则 $a>0$，$c<0$，故 $\Delta=b^2-4ac>0$，此时方程 $ax^2+bx+c=0$ 必有两个不同的实根，故联立两个条件充分．

24. (D)

解　析	母题 38 · 韦达定理问题

$$|x_1-x_2|=\sqrt{(x_1-x_2)^2}=\sqrt{(x_1+x_2)^2-4x_1x_2},$$

由韦达定理得 $x_1+x_2=\frac{a+1}{2}$，$x_1x_2=\frac{a+3}{2}$，故有

$$|x_1-x_2|=\sqrt{(x_1+x_2)^2-4x_1x_2}=\sqrt{\left(\frac{a+1}{2}\right)^2-4\left(\frac{a+3}{2}\right)},$$

将条件(1)和条件(2)中 a 的值分别代入上式，均可得 $|x_1-x_2|=1$．

所以两个条件单独都充分．

25. (B)

解　析	母题 37 · 根的判别式问题

条件(1)：$|x_1-x_2|=\sqrt{(2a+4)^2-4(a^2-10)}=\sqrt{16a+56}=2\sqrt{2}$，解得 $a=-3$，条件(1)不充分．

条件(2)：方程 $ax^2-6x+3=0$ 有两个相等的实根，即 $\Delta=(-6)^2-4\times a\times 3=0$，解得 $a=3$，条件(2)充分．

母题模考 4 ▸ 答案详解

一、问题求解

1. (D)

解　析	母题 46 · 等差数列基本问题

$$S_{50}=\frac{1}{4}\times(3+1+5-1+\cdots+101-1)=\frac{1}{4}\times(3+5+7+\cdots+99+101)=\frac{1}{4}\times\left[\frac{50\times(3+101)}{2}\right]=650.$$

2. (B)

解　析	母题 52 · 奇数项和与偶数项和

该等差数列中奇数项与偶数项都有 15 项，则有 $S_{偶}-S_{奇}=45-60=-15=15d$，解得 $d=-1$.

3. (C)

解　析	母题 48 · 等差数列 S_n 的最值问题

$(a_2+a_4+a_6)-(a_1+a_3+a_5)=3d=-6$，解得 $d=-2$.

因为 $a_1+a_3+a_5=3a_1+6d=51$，解得 $a_1=21$，S_n 的对称轴为 $\frac{1}{2}-\frac{a_1}{d}=\frac{1}{2}+\frac{21}{2}=11$，所以当 $n=11$ 时，S_n 取最大值.

4. (C)

解　析	母题 51 · 连续等长片段和

根据等比数列的性质，S_{30}，$S_{60}-S_{30}$，$S_{90}-S_{60}$ 也成等比数列，所以

$$S_{30}\times(S_{90}-S_{60})=(S_{60}-S_{30})^2\Rightarrow S_{90}=589.$$

5. (B)

解　析	母题 46 · 等差数列基本问题

等差数列前 n 项和为 $S_n=na_1+\frac{n(n-1)d}{2}$. 故 $\frac{S_n}{n}=a_1+\frac{(n-1)d}{2}$.

$a_1=\frac{S_{102}}{102}-\frac{S_{100}}{100}=a_1+\frac{101}{2}d-a_1-\frac{99}{2}d=d=2$，则 $S_n=na_1+\frac{n(n-1)d}{2}=n(n+1)$.

数列 $\left\{\frac{1}{S_n}\right\}$ 的通项公式为 $\frac{1}{S_n}=\frac{1}{n(n+1)}$，根据裂项相消法可知，数列 $\left\{\frac{1}{S_n}\right\}$ 的前 20 项和

$$\frac{1}{S_1}+\frac{1}{S_2}+\cdots+\frac{1}{S_{20}}=\frac{1}{1\times2}+\frac{1}{2\times3}+\cdots+\frac{1}{20\times21}$$

$$=1-\frac{1}{2}+\frac{1}{2}-\frac{1}{3}+\cdots+\frac{1}{20}-\frac{1}{21}=\frac{20}{21}.$$

6. (E)

解　析	母题 50 · 无穷等比数列

由题意知，$\{a_n\}$为无穷递减等比数列，则其所有项之和 $T=\frac{a_1}{1-q}$.

因为 $T=S_n+4a_n$，令 $n=1$，可得$\frac{a_1}{1-q}=a_1+4a_1$，解得 $q=\frac{4}{5}$.

7. (D)

解　析	母题 49 · 等比数列基本问题

设公比为 q，四个数分别表示为 a，aq，aq^2，aq^3，由题意，得

$$\begin{cases}a^3q^3=1,\\ a^3q^6=\frac{125}{27},\end{cases}\text{解得 } q=\frac{5}{3}.$$

8. (E)

解　析	母题 56 · 已知递推公式求 a_n 问题

由题干可得

$$\begin{gathered}a_2-a_1=2\times1+1=3\\ a_3-a_2=2\times2+1=5\\ a_4-a_3=2\times3+1=7\\ \vdots\\ a_n-a_{n-1}=2(n-1)+1=2n-1,\end{gathered}$$

故 $a_n=3+5+7+\cdots+2n-1+a_1=n^2-1$，则 $a_{12}=12^2-1=143$.

9. (A)

解　析	母题 54 · 等差数列和等比数列综合题

由 $a_1=b_1=1$，$a_3+b_3=9$，$a_5+b_5=25$，可得

$$\begin{cases}1+2d+q^2=9,\\ 1+4d+q^4=25,\end{cases}\text{解得}\begin{cases}q=2\text{ 或 }q=-2\text{(舍去)},\\ d=2.\end{cases}$$

故$\{a_n\}$的通项公式为 $a_n=2n-1$，$\{b_n\}$的通项公式为 $b_n=2^{n-1}$，所以$\frac{a_n}{b_n}=\frac{2n-1}{2^{n-1}}$.

10. (C)

解　析	母题 49 · 等比数列基本问题

由题干得

$$\begin{cases}a_3+a_8=62,\\ a_2a_9=a_3a_8=-128,\end{cases}\text{解得}\begin{cases}a_3=-2,\\ a_8=64\end{cases}\text{或}\begin{cases}a_3=64,\\ a_8=-2\end{cases}\text{(舍去)}.$$

故 $a_{13}=a_8q^5=a_8\times\left(\frac{a_8}{a_3}\right)=-2\ 048$.

11. (A)

解　析	母题 56 · 已知递推公式求 a_n 问题

当 $n=1$ 时，有 $a_1=\frac{2}{3}a_1+\frac{1}{3}$，解得 $a_1=1$；

当 $n\geqslant 2$ 时，有 $a_n=S_n-S_{n-1}=\frac{2}{3}a_n-\frac{2}{3}a_{n-1}$，解得 $a_n=-2a_{n-1}$，即公比 $q=-2$.

已知 $a_1=1$，故 $a_n=(-2)^{n-1}(n\geqslant 2)$. 令 $n=1$，有 $a_1=(-2)^{1-1}=1$，满足公式，所以，数列 $\{a_n\}$ 的通项公式为 $a_n=(-2)^{n-1}$.

12. (B)

解　析	母题 55 · 数列与函数、方程的综合题

由韦达定理可得 $a_2+a_7=-3$，则 $S_8=\frac{8(a_1+a_8)}{2}=\frac{8(a_2+a_7)}{2}=-12$.

13. (E)

解　析	母题 56 · 已知递推公式求 a_n 问题

由题干可知 $a_2+a_4+\cdots+a_{2n}=S_n$，$S_n=2\times(4^n-1)$，则有

$$a_{2n}=\begin{cases}S_1, & n=1,\\ S_n-S_{n-1}, & n\geqslant 2,\end{cases}\text{解得 } a_{2n}=3\times 2^{2n-1}.$$

所以，原数列的通项公式为 $a_n=3\times 2^{n-1}$.

14. (D)

解　析	母题 55 · 数列与函数、方程的综合题

由 k，3，b 三个数成等差数列，可得 $k+b=6$. 令 $x=1$，可得 $y=kx+b=k+b=6$.
所以，直线 $y=kx+b$ 恒过定点(1，6).

15. (D)

解　析	母题 57 · 数列应用题

由题意可得，将官、营长、阵长、先锋、旗头、队长、甲头、士兵中，后一项都是前一项的 8 倍，因此可将其人数看成首项为 8、公比也为 8，共 8 项的等比数列，因此题中所求的人数为该数列的第 1、4、5、6、7、8 项之和，列式计算，可得

$$8+8^4+8^5+8^6+8^7+8^8=8+\frac{8^4\times(1-8^5)}{1-8}=8+\frac{1}{7}\times(8^9-8^4).$$

二、条件充分性判断

16. (D)

解　析	母题 46 · 等差数列基本问题

条件(1)：由 $a_6-a_3=2$，可得 $d=\frac{2}{3}$，则 $a_{50}=a_1+49d=\frac{1}{3}+49\times\frac{2}{3}=33$，条件(1)充分.

条件(2)：由 $a_2+a_4=10$，可得 $d=\frac{7}{3}$，则 $a_{15}=a_1+14d=\frac{1}{3}+14\times\frac{7}{3}=33$，条件(2)充分．

17.(E)

解　析	母题 49・等比数列基本问题

条件(1)：由 $a_{66}=9a_{64}$，可得 $q^2=9$，$q=\pm3$，则$\{a_n\}$的公比不确定，不充分．
条件(2)：由数列$\{a_na_{n+1}\}$的公比为 9，可得 $q^2=9$，同条件(1)，不充分．
显然联立也不充分．

18.(B)

解　析	母题 55・数列与函数、方程的综合题

条件(1)：由题干得$\begin{cases}c+d=2a,\\ad=bc,\end{cases}$无法求解，条件(1)不充分．

条件(2)：由韦达定理，可得 $bc=2$，故 $ad=bc=2$，条件(2)充分．

19.(C)

解　析	母题 54・等差数列和等比数列综合题

条件(1)：有 $3a\cdot5c=(4b)^2$，可得 $15ac=16b^2$，条件(1)不充分．

条件(2)：有$\frac{1}{a}+\frac{1}{c}=\frac{a+c}{ac}=\frac{2}{b}$，条件(2)也不充分．

两条件联立，可得$\begin{cases}15ac=16b^2,\\\frac{a+c}{ac}=\frac{2}{b},\end{cases}$整理，得$\frac{a}{c}+\frac{c}{a}=\frac{(a+c)^2}{ac}-2=\frac{34}{15}$，故联立充分．

20.(A)

解　析	母题 55・数列与函数、方程的综合题

条件(1)：由 $a_2+a_4=\frac{28}{3}$，可得 $a_3=\frac{14}{3}$，则 $a_1+a_3+a_5=3a_3=\frac{14}{3}\times3=14$，条件(1)充分．

条件(2)：令 $x=1$，得 $a_0+a_1+a_2+a_3+a_4+a_5=1$；
令 $x=-1$，得$-a_0+a_1-a_2+a_3-a_4+a_5=-27$.
两式相加，可得 $a_1+a_3+a_5=-13$，条件(2)不充分．

21.(D)

解　析	母题 51・连续等长片段和

条件(1)：由题可得 $S_{20}=10(a_{10}+a_{11})=10(a_3+a_{18})=160$，条件(1)充分．
条件(2)：方法一：$\{a_n\}$是等差数列，则 S_4，S_8-S_4，$S_{12}-S_8$，$S_{16}-S_{12}$，$S_{20}-S_{16}$也成等差数列，得

$$S_{20}=S_4+(S_8-S_4)+(S_{12}-S_8)+(S_{16}-S_{12})+(S_{20}-S_{16})=5\times(S_{12}-S_8)=160.$$

故条件(2)也充分．

方法二：

$$S_{12}-S_8=a_9+a_{10}+a_{11}+a_{12}=2(a_{10}+a_{11})=47-15=32,$$
$$S_{20}=10(a_{10}+a_{11})=5\times 32=160.$$

故条件(2)也充分.

22. (D)

解　析	母题 53 · 数列的判定

条件(1)：通项公式为 $a_n=2^{n-1}$，根据等比数列 $a_n=Aq^n$ 的特征可知，数列$\{a_n\}$为首项 $a_1=1$、公比 $q=2$ 的等比数列，则数列$\{a_n\}$的前 n 项和为 $S_n=2^n-1$，条件(1)充分.

条件(2)：前 n 项和 $T_n=\frac{4^n-1}{3}$，根据等比数列 $S_n=\frac{a_1}{q-1}q^n-\frac{a_1}{q-1}=kq^n-k$ 的特征可知，数列$\{a_n^2\}$为等比数列，且$(a_1)^2=1$，$q=4$，故 $a_n^2=4^{n-1}$，则 $a_n=2^{n-1}$，条件(2)也充分.

23. (A)

解　析	母题 53 · 数列的判定

由题意可知 a，b，c，d 成等比数列，则 a，b，c，d 各项均不为 0.

条件(1)：由 $q=1$，可得 $a=b=c=d$，故 $a+b$，$b+c$，$c+d$ 各项均不为 0，也成等比数列，条件(1)充分.

条件(2)：由 $q=-1$，可得 $a+b=0$，等比数列各项均不能为 0，故条件(2)不充分.

24. (B)

解　析	母题 46 · 等差数列基本问题

$\{a_n\}$为等差数列，则由 $a_1a_6<a_3a_4$ 化简可得 $6d^2>0$，只要满足 $d\neq 0$，上述不等式即可成立，故条件(2)充分，条件(1)不充分.

25. (D)

解　析	母题 54 · 等差数列和等比数列综合题

条件(1)：

方法一：由$\{a_n\}$为等差数列，$S_3=S_7$，可得 $3a_1+3d=7a_1+21d$，解得 $a_1=-\frac{9}{2}d$. 因为 $a_1<0$，故 $d>0$，则 $a_6=a_1+5d=\frac{1}{2}d>0$，条件(1)充分.

方法二：根据母题技巧，若 $S_m=S_n$，则 $S_{m+n}=0$. 结合条件可得，$S_{10}=0\Rightarrow a_1+a_{10}=a_5+a_6=0$. 因为 $a_1<0$，可知 $a_5<0$，$a_6>0$. 条件(1)充分.

条件(2)：$\{a_n\}$为等比数列，$S_8=0$，可得$\frac{a_1(1-q^8)}{1-q}=0$，解得 $q=-1$，则 $a_6=a_1q^5=-a_1>0$，条件(2)充分.

母题模考5 ▶ 答案详解

一、问题求解

1.(C)

解 析	母题60 • 求面积问题

利用割补法，可知阴影部分的面积为扇形的面积减去$\triangle AOB$的面积，即

$$S=\frac{1}{4}\pi\times 2^2-\frac{1}{2}\times 2^2=\pi-2.$$

2.(C)

解 析	母题61 • 空间几何体的基本问题

由球的体积$V=\frac{4}{3}\pi R^3=\frac{\pi}{6}$，解得$R=\frac{1}{2}$.

设正方体的棱长为a，则体对角线为$\sqrt{3}a$. 由于该球为正方体的外接球，则球的直径为正方体的体对角线，故有$\sqrt{3}a=2R$，得$a=\frac{\sqrt{3}}{3}$.

正方体的表面积为$S=6a^2=2$.

3.(E)

解 析	母题66 • 直线与直线的位置关系

当PQ与两条平行直线垂直时，PQ为平行线之间距离的最大值，此时l_1，l_2之间的距离为P，Q两点之间的距离，即$\sqrt{(-1-2)^2+(2+3)^2}=\sqrt{34}$；

当两条平行直线重合时(即两条平行直线均过点P，Q)，此时l_1，l_2之间的距离最小，为0.

故取值范围为$(0, \sqrt{34}]$.

4.(E)

解 析	母题59 • 平面几何五大模型

由题干知$S_{\triangle ABE}=S_{\triangle EBD}=S_{\triangle EDC}=\frac{1}{3}a$.

由$S_{\triangle EBD}=S_{\triangle EDC}$，可知$BD=DC$. 故$S_{\triangle ABD}=S_{\triangle ADC}=\frac{1}{2}a$. 所以

$$S_{\triangle ADE}=S_{\triangle ACD}-S_{\triangle EDC}=\frac{1}{2}a-\frac{1}{3}a=\frac{1}{6}a.$$

5.(A)

解 析	母题73 • 对称问题

设所求直线上任意一点为(x, y)，则该点关于直线$y=1$的对称点为$(x, 2-y)$，即把原式中的y

替换成 $2-y$，则

$$x+2(2-y)-1=0 \Rightarrow x-2y+3=0.$$

6. (C)

解　析	母题 60 · 求面积问题

由△AOP 的面积为 6，△AOB 的面积为 9，可得 $OP:BO=2:3$.
△AOP 与△COB 相似，则面积比等于相似比的平方，即 $S_{\triangle AOP}:S_{\triangle COB}=(OP:BO)^2=4:9$，故 $S_{\triangle COB}=\frac{9}{4}S_{\triangle AOP}=\frac{27}{2}$.

所以阴影部分的面积为 $S_{四边形POCD}=S_{\triangle ABC}-S_{\triangle AOP}=9+\frac{27}{2}-6=\frac{33}{2}$.

7. (E)

解　析	母题 61 · 空间几何体的基本问题

设正方体的棱长为 a，圆柱体底面半径为 r，则正方体的体积 $V=a^3$，圆柱体的高为 a.

由题可知 $2\pi ra=4a^2$，得 $r=\frac{2a}{\pi}$.

所以圆柱体的体积为 $V_{柱}=\pi r^2a=\pi\left(\frac{2a}{\pi}\right)^2a=\frac{4}{\pi}a^3=\frac{4}{\pi}V$.

8. (B)

解　析	母题 66 · 直线与直线的位置关系

由两直线平行可得

$$\frac{m^2-2m}{m^2-3m+2}=\frac{-1}{m-1} \Rightarrow m(m-1)(m-2)=-(m-1)(m-2),$$

解得 $m_{1,2}=\pm1$，$m_3=2$.
将结果带入原直线方程进行验证发现：当 $m=1$ 时，直线 l_2 不存在；当 $m=2$ 时，直线 l_1 和 l_2 重合．所以 $m=-1$.

9. (C)

解　析	母题 68 · 直线与圆的位置关系

圆心为 $O(1,-2)$，半径 $r=\sqrt{5+k}$，圆心到直线的距离

$$d=\frac{|1-2-3|}{\sqrt{2}}=2\sqrt{2},$$

截得的弦长为

$$AB=2\sqrt{r^2-d^2}=2\sqrt{5+k-8},$$

又 AO 垂直于 BO，根据勾股定理有 $OA^2+OB^2=AB^2$，即

$$(\sqrt{5+k})^2+(\sqrt{5+k})^2=(2\sqrt{5+k-8})^2,$$

解得$k=11$.

10. (D)

解　析	母题 74 • 最值问题

由直线$\frac{x}{a}+\frac{y}{b}=1$过点(2，3)，可得$\frac{2}{a}+\frac{3}{b}=1$.

又 a，b 均大于零，由均值不等式得$\frac{2}{a}+\frac{3}{b}\geqslant 2\sqrt{\frac{6}{ab}}$，即 $1\geqslant 2\sqrt{\frac{6}{ab}}$，解得 $ab\geqslant 24$.

所以直线与坐标轴所围成的三角形的面积 $S=\frac{1}{2}ab\geqslant 12$，最小值为 12.

11. (E)

解　析	母题 63 • 空间几何体的切与接

设原来圆柱体的高为 h，底面半径为 r，外接球的半径为 R，则有

$$R=\frac{1}{2}\sqrt{h^2+(2r)^2},$$

变化后圆柱体的高变为 $3h$，底面半径变为 $3r$，则现在外接球的半径为

$$R'=\frac{1}{2}\sqrt{(3h)^2+(6r)^2}=3R,$$

球的体积之比等于半径的立方之比，故球的体积变为原来的 27 倍.

【快速得分法】特值法，令原来圆柱体的高为 1，底面半径为 1，可迅速求解.

12. (B)

解　析	母题 70 • 图像的判断

两直线方程化为斜截式，得

$$M：y=-\frac{1}{a}x-\frac{b}{a}，N：y=-\frac{1}{c}x-\frac{d}{c},$$

由图像可得

$$\begin{cases}-\frac{1}{a}>-\frac{1}{c}>0,\\ -\frac{b}{a}<0,\\ -\frac{d}{c}>0\end{cases}\Rightarrow\begin{cases}0>a>c,\\ b<0,\\ d>0.\end{cases}$$

所以选项(B)正确.

13. (A)

解　析	母题 71 • 过定点与曲线系

直线 M：$kx-y-2k=0$ 恒过定点(2，0)，点(2，0)关于点(1，3)的对称点为(0，6).

故直线 N 恒过定点(0，6).

14.(C)

解　析	母题 63 · 空间几何体的切与接

由内切球半径为 R 可知，三棱柱的高为 $2R$，底面边长为 $2\sqrt{3}R$.

所以正三棱柱的体积为 $V=\frac{\sqrt{3}}{4}\times(2\sqrt{3}R)^2\times 2R=6\sqrt{3}R^3$.

【注意】所有柱体的体积计算公式均为体积＝底面积×高.

15.(E)

解　析	母题 74 · 最值问题

$\frac{y}{x}$表示圆 O 上一动点 P 与原点所在直线的斜率，令 $k=\frac{y}{x}$，即 $y=kx$.

画图易知，当直线 $y=kx$ 与圆 O 相切时，斜率取得最值.

根据圆心(2，0)到直线的距离，有$\frac{|2k|}{\sqrt{k^2+1}}=1$，解得 $k=\pm\frac{\sqrt{3}}{3}$.

所以$\frac{y}{x}$的最大值为$\frac{\sqrt{3}}{3}$.

二、条件充分性判断

16.(D)

解　析	母题 67 · 点与圆的位置关系＋母题 68 · 直线与圆的位置关系

条件(1)：圆心(1，0)在直线 $2x+y-2=0$ 上，故线段 MN 为圆的直径．直径所对的圆周角为 $90°$，结合 $OM\perp ON$，可知原点 O 在圆上，代入圆的方程可得 $a=3$，条件(1)充分.

条件(2)：P，Q 两点间的距离为 $\sqrt{(3-1)^2+(1-2)^2}=\sqrt{5}$，恰好等于两点到直线 l 的距离之和，故本题相当于求分别以点 P、Q 为圆心，以$\sqrt{5}-\sqrt{2}$，$\sqrt{2}$为半径的两个外切圆的公切线，2 个外切圆共有 3 条公切线，所以 $a=3$，条件(2)充分.

17.(D)

解　析	母题 67 · 点与圆的位置关系

由题干知，圆 O 的圆心为$O(a，2)$，半径为 2，圆心到直线 l 的距离为

$$d=\frac{|a-2+3|}{\sqrt{1^2+(-1)^2}}=\frac{|a+1|}{\sqrt{2}},$$

若所截弦长为 $2\sqrt{3}$，则有

$$l=2\sqrt{r^2-d^2}=2\sqrt{2^2-\left(\frac{|a+1|}{\sqrt{2}}\right)^2}=2\sqrt{3},$$

解得 $a=\pm\sqrt{2}-1$，所以条件(1)和条件(2)单独都充分.

18. (D)

解　析	母题 72 • 面积问题

条件(1)：$|x|+|y|\leqslant 1$，其恰好围成一个面积为 2 的正方形，条件(1)充分.

条件(2)：两直线平行，且两直线间的距离为$\sqrt{2}$，所以正方形的边长为$\sqrt{2}$，故正方形的面积为 2，条件(2)充分.

19. (A)

解　析	母题 73 • 对称问题

圆 O 的圆心为$(-1，2)$，则其关于直线 $x-y+2=0$ 对称的圆的圆心为$(0，1)$.
条件(1)中圆的方程可化简为 $x^2+(y-1)^2=9$，圆心为$(0，1)$符合题意，半径与圆 O 相等，显然为圆 O 的对称圆，条件(1)充分.
圆关于某条直线对称的圆有且只有一个，故条件(1)充分时，条件(2)必不充分.

20. (B)

解　析	母题 69 • 圆与圆的位置关系

两圆的圆心距为 $d=\sqrt{(3-1)^2+(4-2)^2}=2\sqrt{2}$.
两圆相切需分情况讨论：
①当两圆外切时，两圆半径和为 $r+5=2\sqrt{2}$，因为 $r>0$，故不存在两圆外切的情况.
②当两圆内切时，有两圆半径和$|r-5|=2\sqrt{2}$，解得 $r=5\pm 2\sqrt{2}$.
所以条件(1)不充分，条件(2)充分.

21. (A)

解　析	母题 61 • 空间几何体的基本问题

条件(1)：两圆柱体的侧面积相等，底面半径之比为 $4:9$.

由 $2\pi r_1h_1=2\pi r_2h_2$，可得高之比为 $9:4$，故体积之比为$\frac{V_1}{V_2}=\frac{\pi {r_1}^2h_1}{\pi {r_2}^2h_2}=\frac{4}{9}$，条件(1)充分.

同理，计算可得条件(2)不充分.

22. (A)

解　析	母题 68 • 直线与圆的位置关系＋母题 67 • 点与圆的位置关系

条件(1)：易知点$\left(-\frac{1}{2}，\frac{\sqrt{3}}{2}\right)$在圆上，且过圆 $x^2+y^2=r^2$ 上一点$(x_0，y_0)$的切线方程为 $x_0x+y_0y=r^2$，故可求得切线为 l：$-\frac{1}{2}x+\frac{\sqrt{3}}{2}y=1$，化简得 $x-\sqrt{3}y+2=0$，条件(1)充分.

条件(2)：易知$(1，\sqrt{3})$为圆外的点，必可作两条圆的切线.故条件(2)不充分.

23. (D)

解　析	母题 68 · 直线与圆的位置关系

设直线方程为 $y-0=k(x+2)$，整理得 $kx-y+2k=0$. 圆的圆心为(1，0)，直线与圆有两个交点，则

$$d=\frac{|k-0+2k|}{\sqrt{k^2+1}}<1,$$

解得 $-\frac{\sqrt{2}}{4}<k<\frac{\sqrt{2}}{4}$，两条件均在所求范围内，所以两条件都充分.

24. (A)

解　析	母题 72 · 面积问题

方法一：分解因式.

条件(1)：$|xy|+4=|x|+4|y|$，因式分解得 $(|x|-4)(|y|-1)=0$，解得 $|x|=4$ 或 $|y|=1$，所围成图形为长为 8，宽为 2 的矩形，所以，面积为 16，条件(1)充分.

同理可得，$|xy|+3=|x|+3|y|$ 所围成的矩形面积为 12，条件(2)不充分.

方法二：应用母题技巧.

$|xy|+ab=a|x|+b|y|$ 表示 $x=\pm b$，$y=\pm a$ 四条直线所围成的矩形，面积为 $S=4|ab|$. 则 $|xy|+4=|x|+4|y|$ 所围图形的面积为 $4\times4=16$，$|xy|+3=|x|+3|y|$ 所围图形的面积为 $4\times3=12$. 故条件(1)充分，条件(2)不充分.

25. (B)

解　析	母题 61 · 空间几何体的基本问题

条件(1)：球为正方体的内切球，设正方体的棱长为 a，则球的半径 $r=\frac{1}{2}a$，得

$$\frac{S_{球}}{S_{正方体}}=\frac{4\pi\times\left(\frac{1}{2}a\right)^2}{6a^2}=\frac{\pi}{6}.$$

故条件(1)不充分.

条件(2)：球为正方体的外接球，设正方体的棱长为 a，则球的半径 $r=\frac{\sqrt{3}}{2}a$，得

$$\frac{S_{球}}{S_{正方体}}=\frac{4\pi\times\left(\frac{\sqrt{3}}{2}a\right)^2}{6a^2}=\frac{\pi}{2}.$$

故条件(2)充分.

母题模考 6 ▶ 答案详解

一、问题求解

1. (B)

解　析	母题 79・不同元素的分配问题

正难则反，选出的 4 人都为同性的只有一种可能，即 4 名女老师全部入选．

总事件为从 7 人中任选 4 人，有 C_7^4 种．

故题干所求的选法共有 $C_7^4-1=34$(种).

2. (D)

解　析	母题 78・数字问题

若能被 5 整除，则可分 2 种情况讨论：

①若末尾数字为 0，则在剩余 5 个数中选 4 个进行排列，共有 A_5^4种可能；

②若末尾数字为 5，则万位只能在除了 0 和 5 之外的 4 个数里选择，剩余 4 个数中再选 3 个进行排列，共有 $C_4^1A_4^3$种可能．

所以共有 $A_5^4+C_4^1A_4^3=216$(个).

3. (B)

解　析	母题 84・袋中取球模型

所需检测费为 3 000 元，即一共检测 3 台机器，就能区分出 2 台故障机器．

共有 3 种情况：

情况	第一台	第二台	第三台	概率
1	无故障	有故障	有故障	$P_1=\frac{3}{5}\times\frac{2}{4}\times\frac{1}{3}=\frac{1}{10}$
2	有故障	无故障	有故障	$P_2=\frac{2}{5}\times\frac{3}{4}\times\frac{1}{3}=\frac{1}{10}$
3	无故障	无故障	无故障	$P_3=\frac{3}{5}\times\frac{2}{4}\times\frac{1}{3}=\frac{1}{10}$(注意：前 3 台均无故障，则剩余两台一定是有故障的，就不用检测了)

$$P=P_1+P_2+P_3=\frac{3}{10}.$$

4. (B)

解　析	母题 84・袋中取球模型

设盒中有 x 个红球，则抽奖一次获得纪念品的概率为 $1-\frac{C_{15-x}^2}{C_{15}^2}=\frac{4}{7}$，解得 $x=5$.

5. (E)

解　析	母题 77 · 排队问题

将不显示灯光的 5 个小孔排成一排，排好后有 6 个空，插入 3 个显示的小孔，有 $C_6^3=20$(种)方法；每个小孔的显示情况有 2 种，则 3 个小孔共有 $2\times2\times2=8$(种)情况．

则共有 $20\times8=160$(种)不同的结果．

6. (A)

解　析	母题 80 · 相同元素的分配问题

先给每个小朋友分 2 个糖果，则剩 7 个糖果未分配，题干转化为每个人至少分得一个糖果的情况．利用挡板法，则共有 $C_6^2=15$(种)分法．

7. (C)

解　析	母题 81 · 不对号入座问题

五人随机换岗，共有 $A_5^5=120$(种)换法；有且只有一人与原来职位相同，则其余 4 人不对号入座，共有 $C_5^1\times9=45$(种)换法．

所以有且只有一人与原来职位一样的概率为$\frac{45}{120}=\frac{3}{8}$.

8. (B)

解　析	母题 76 · 排列组合的基本问题

“至多有两个对应位置上的数字相同”共有 3 种情况：

①有两个对应位置上的数字相同：4 个位置选 2 个位置，使数字相同，即 $C_4^2=6$(个)；

②有一个对应位置上的数字相同：4 个位置选 1 个位置，使数字相同，即 $C_4^1=4$(个)；

③四个位置均不同，只有 1 种情况，即这个信息为 1001.

故总的信息个数为 $6+4+1=11$(个).

9. (B)

解　析	母题 78 · 数字问题

根据题意，“小时”位上的数字只有一种可能，即 8.

为了解析方便，我们将后四位依次称为“千”“百”“十”“个”位，则时间为

8：千位 百位：十位 个位．

根据时间表示方式，千位和十位均有 0～5 这六种情况；百位和个位均有 0～9 这十种情况．又因为 5 个数字都不相同，且“小时”位只能为 8，故一共有 $\underset{千位}{6}\times\underset{十位}{5}\times\underset{百位}{7}\times\underset{个位}{6}=1\,260$(种)情况．

10. (C)

解　析	母题 77 · 排队问题

先捆绑再插空．5 次失败的投篮共形成 6 个空，将捆绑好的“4 次连续命中”和“单独的一次命中”任意放到 6 个空中，共有 $A_6^2=30$(种)可能．

11. (E)

解　析	母题 85・独立事件

三人射击相互独立，从反面求解，故 $P(A)=1-P(\overline{A})=1-\left(1-\frac{1}{4}\right)\times\left(1-\frac{1}{3}\right)\times\left(1-\frac{2}{3}\right)=\frac{5}{6}$.

12. (A)

解　析	母题 78・数字问题

分为两种情况讨论：

①选万能元素，共有 $C_3^1C_4^2C_1^1+C_3^2C_4^1C_1^1=30$(种)方案；

②不选万能元素，共有 $C_3^2C_4^2=18$(种)方案．

所以共有 48 种方案．

13. (C)

解　析	母题 83・数字之和问题

三张卡片数字之和小于 10 共有 7 种可能，分别为

(1，2，3)，(1，2，4)，(1，2，5)，(1，2，6)，(1，3，4)，(1，3，5)，(2，3，4).

所以，翻开的 3 张卡片的数字之和小于 10 的概率为$\frac{7}{C_8^3}=\frac{1}{8}$.

14. (D)

解　析	母题 79・不同元素的分配问题＋母题 82・常见古典概型问题

将 7 人分为 3－2－2 三组，所有的情况共有$\frac{C_7^3C_4^2C_2^2}{A_2^2}=105$(种).

甲、乙分到同一组分为两种情况：

①分到三人组，共有$\frac{C_5^1C_4^2C_2^2}{A_2^2}=15$(种)；②分到两人组，共有 $C_5^2C_3^3=10$(种).

所以甲、乙在同一组的概率为$\frac{25}{105}=\frac{5}{21}$.

15. (B)

解　析	母题 76・排列组合的基本问题

先从 8 双鞋子中选出一双，有 C_8^1 种选法；

从剩下的 7 双中选出 2 双，再从中各选 1 只，有 $C_7^2C_2^1C_2^1=84$(种)选法．

所以共有 $8\times84=672$(种)选法．

二、条件充分性判断

16. (B)

解　析	母题 79・不同元素的分配问题

条件(1)：先分组，一定会有两封信投入一个信箱中，为 C_4^2；再分配，将 3 组信全排列，为 A_3^3，故共有 $C_4^2A_3^3=36$(种)方案，不充分.

条件(2)：从 4 个信箱中选择 3 个，将三封信件有序地投入，共有 $A_4^3=24$(种)方案，充分.

17. (D)

解　析	母题 82 · 常见古典概型问题

正整数末尾数字有 0，1，2，…，9，共 10 种可能.

条件(1)：当正整数末尾数字为 4，6 时，其平方数的末尾数字 $k=6$，概率为$\frac{1}{5}$，充分.

条件(2)：当正整数末尾数字为 3，7 时，其平方数的末尾数字 $k=9$，概率为$\frac{1}{5}$，充分.

18. (A)

解　析	母题 82 · 常见古典概型问题

恰好第三次打开，即前两次都失败.

条件(1)：恰好第三次才能打开的概率为$\frac{C_8^1C_7^1C_2^1}{A_{10}^3}=\frac{7}{45}$，条件(1)充分.

条件(2)：恰好第三次才能打开的概率为$\frac{C_7^1C_6^1C_3^1}{A_{10}^3}=\frac{7}{40}$，条件(2)不充分.

19. (A)

解　析	母题 76 · 排列组合的基本问题

任何两个车站间都有两种车票，故共有 $2C_X^2$ 种车票. 通过计算可得，$2C_8^2=56$，$2C_9^2=72$. 所以条件(1)充分，条件(2)不充分.

20. (B)

解　析	母题 85 · 独立事件

条件(1)：概率为 $1-(1-0.3)^3=0.657$，条件不充分.

条件(2)：概率为 $1-(1-0.2)^3=0.488$，条件充分.

21. (C)

解　析	母题 84 · 袋中取球模型

条件(1)：由$\frac{1}{4}=\frac{3}{12}$可以得出，白球个数为 3，确定不了黄球个数，条件(1)单独不充分.

条件(2)：设黑球个数为 n，有 $1-\frac{C_{12-n}^2}{C_{12}^2}=\frac{5}{11}$，解得 $n=3$，条件(2)单独不充分.

联立可得，黄球共有 $12-3-3=6$(个)，两个条件联立充分.

22. (E)

解　析	母题 79 · 不同元素的分配问题

先分组再分配．

条件(1)：先选出 2 份礼物，再从除甲以外的人中选出 1 人接收这 2 份礼物，其他礼物给剩余人，共有 $C_5^2C_3^1A_3^3=180$(种)分配方法，条件(1)不充分．

条件(2)：先选出 2 份礼物给甲；然后其他的 3 份礼物给剩余人，共有 $C_5^2A_3^3=60$(种)分配方法，条件(2)不充分．

两个条件显然无法联立．

23. (B)

解　析	母题 86・伯努利概型

伯努利概型公式：$P_n(k)=C_n^kP^k(1-P)^{n-k}(k=1, 2, \cdots, n)$．

投篮 4 次至少命中 1 次的概率为 $1-(1-P)^4$．

条件(1)：投篮 4 次恰好命中 2 次的概率为 $C_4^2P^2(1-P)^{4-2}=\frac{8}{27}$，解得 $P=\frac{1}{3}$或 $P=\frac{2}{3}$. 投篮 4 次至少命中 1 次的概率为$\frac{65}{81}$或$\frac{80}{81}$，故条件(1)不充分．

条件(2)：投篮 4 次恰好命中 3 次的概率为 $C_4^3P^3(1-P)=\frac{8}{81}$，解得 $P=\frac{1}{3}$. 投篮 4 次至少命中 1 次的概率为$\frac{65}{81}$，故条件(2)充分．

24. (B)

解　析	母题 80・相同元素的分配问题

假设甲盒子从丙盒子借来一个小球，分完之后再还回去，则此时三个盒子均为至少有一个小球，满足挡板法的条件，即一共有 C_{K-1}^2种不同的放法．

条件(1)：$C_{K-1}^2=C_{9-1}^2=C_8^2=28$(种)，不充分．

条件(2)：$C_{K-1}^2=C_{10-1}^2=C_9^2=36$(种)，充分．

25. (D)

解　析	母题 76・排列组合的基本问题

条件(1)：每个人都报名了数学，且没有人三个科目全报，则每人有“只报语文”“只报英语”“英语、语文都不报”三种选择，所以不同的报考方案共有 $3^5=243$(种)，条件(1)充分.

条件(2)：每名同学只报名一个科目，则每人有三种选择，所以不同的报考方案共有 $3^5=243$(种)，条件(2)充分．

母题模考 7 ▸ 答案详解

一、问题求解

1. (D)

解　析	母题 94・利润问题

设进价为 x 元，定价为 y 元，由题意得

$$\begin{cases}x-175=0.75y,\\x+525=0.95y,\end{cases}\text{解得}\begin{cases}x=2\ 800,\\y=3\ 500.\end{cases}$$

故每台洗衣机的进价为 2 800 元．

2. (B)

解　析	母题 96・溶液问题

设从每个容器中取出的溶液质量为 x 千克，则有

$$\frac{3\times0.7-0.7x+0.55x}{3}=\frac{2\times0.55+0.7x-0.55x}{2},$$

解得 $x=1.2$. 故取出的溶液质量为 1.2 千克．

3. (A)

解　析	母题 95・阶梯价格问题

分段求解：

①月营业额大于 5 000 不超过 8 000 的部分，交租金 $3\ 000\times5\%=150$(元)；

②月营业额大于 8 000 不超过 10 000 的部分，交租金 $2\ 000\times10\%=200$(元)；

王先生交 870 元的租金，大于 $150+200=350$(元)，故本月营业额超过 10 000 元，则有

$$(870-350)\div13\%+10\ 000=14\ 000(\text{元}),$$

所以，王先生本月的销售额为 14 000 元．

4. (A)

解　析	母题 91・平均值问题

根据题意，设有 100 人参加考试，则做错 1、2、3、4、5 题共有 $19+9+15+21+26=90$(人). 要使合格率最小，则不合格的人数尽量要多，那么让不合格的人都仅错 3 道题，因此不合格的人数最多有 $90\div3=30$(人)，此时合格率为 $\frac{100-30}{100}\times100\%=70\%$.

5. (B)

解　析	母题 90・植树问题

根据题意可知，相邻两树的间距应为 60、72、96、84 的公约数，若想要植树的棵数尽可能的

少，则两树的间距应当尽可能的大，则间距应为 60、72、96、84 的最大公约数 12，根据环形封闭植树公式，可得植树数量$=\frac{总长}{间距}=\frac{60+72+96+84}{12}=26$(棵).

6. (A)

解　析	母题 91 · 平均值问题

令 3、4 次的平均分为 x，1、2 次的平均是 $x-2$，5、6 次的平均分是 $x+2$，显然$(a_5+a_6)-(a_1+a_2)=2(x+2)-2(x-2)=8$.

由后三次比前三次的平均分多 3 分，可知$(a_4+a_5+a_6)-(a_1+a_2+a_3)=9$，结合上式，可得 $a_4-a_3=1$.

7. (E)

解　析	母题 94 · 利润问题

售价＝成本×(1＋利润率)，则出售甲液晶电视产生的盈利为 $3\ 000-\frac{3\ 000}{(1+20\%)}=500$(元)；

出售乙液晶电视产生的亏损为$\frac{3\ 000}{(1-20\%)}-3\ 000=750$(元)；

所以售出这两台液晶电视，该商场共亏损 250 元.

8. (A)

解　析	母题 98 · 行程问题

由题干得

$$\begin{cases} v_{船}+v_{水}=30, \\ 5\times(v_{船}-v_{水})=3\times(v_{船}+v_{水}), \end{cases} 解得 \begin{cases} v_{船}=24, \\ v_{水}=6. \end{cases}$$

故水流速度为 6 千米/小时.

9. (C)

解　析	母题 100 · 最值问题

设每艘船每月租金涨价 x 个 500 元，则会减少 x 辆船出租，故月收入为

$$f(x)=(30\ 000+500x-1\ 500)(100-x)-500x,$$

化为一元二次函数的一般型，可得当 $x=-\frac{b}{2a}=21$ 时，$f(x)$最大.

故定价应该为 $30\ 000+500\times21=40\ 500$(元).

10. (C)

解　析	母题 97 · 工程问题

设修建一个车间的工程量为 1，题目可看作甲、乙、丙三队共同修建两个车间，共需要时间为

$$\frac{2}{\frac{1}{30}+\frac{1}{20}+\frac{1}{24}}=16(天),$$

乙队 16 天可完成 $16\times\frac{1}{20}=\frac{4}{5}$，甲队需帮乙队完成$\frac{1}{5}$，所以甲队帮乙队修建$\frac{1}{5}\div\frac{1}{30}=6$(天).

11. (E)

解　析	母题 96 · 溶液问题

方法一：设每次倒出的溶液体积为 a 升，根据倒出溶液再加水中存在的等量关系，有

$$1\times100\%\times\frac{1-a}{1}\times\frac{1-a}{1}=1\times64\%,$$

解得 $a=0.2$. 所以，两次共倒入水的体积为 0.4 升.

方法二：设每次倒出的体积占总体积的比为 x，根据题意知

$$1\times(1-x)^2=64\%,$$

解得 $x=0.2$，故倒出来的体积为 $1\times0.2=0.2$(升). 两次共倒入水的体积为 0.4 升.

12. (C)

解　析	母题 92 · 比例问题

设小学分部原先的开支为 x 万元，中学分部原先的开支为 y 万元. 则由题干得

$$\begin{cases}18\%x+12\%y=15,\\14\%x+8\%y=11\%\cdot(x+y),\end{cases}$$

解得 $x=y=50$. 所以学校原先每年的总开支为 100 万元.

13. (B)

解　析	母题 97 · 工程问题

方法一：设甲设备单独需要 x 小时，乙设备单独需要 y 小时能够加工完成这批零件. 由题干得

$$\begin{cases}\frac{1}{x}+\frac{1}{y}=\frac{1}{9},\\\frac{13}{x}+\frac{3}{y}=1,\end{cases}\text{解得}\begin{cases}x=15,\\y=22.5.\end{cases}$$

所以共有 $540\div\left(\frac{1}{15}-\frac{1}{22.5}\right)=24\ 300$(个)零件.

方法二：设甲设备每小时加工 x 个零件，乙设备每小时加工 y 个零件，则由题干得

$$\begin{cases}9(x+y)=13x+3y,\\x-y=540,\end{cases}\text{解得}\begin{cases}x=1\ 620,\\y=1\ 080,\end{cases}$$

所以，共有零件 $9(x+y)=9\times(1\ 620+1\ 080)=24\ 300$(个).

14. (E)

解　析	母题 98 · 行程问题

由题意得，乙用 8 分钟走完的路程甲只用了 6 分钟，则甲、乙的速度比为 4∶3.

设跑道一周路程为 s，从第一次相遇到第二次相遇共用 20 分钟，两人路程之和为 s，故甲、乙

速度之和为$\frac{s}{20}$，甲的速度为$\frac{s}{20}\times\frac{4}{7}=\frac{s}{35}$. 所以甲绕跑道跑一周需要 35 分钟 .

15. (B)

解　析	母题 101 • 线性规划问题

设该企业生产甲产品 x 吨、乙产品 y 吨，则该企业可获最大利润为 $z=5x+3y$. 由题意，可得 $\begin{cases}x\geqslant 0,\\ y\geqslant 0,\\ 3x+y\leqslant 13,\\ 2x+3y\leqslant 18,\end{cases}$ 后两个不等式取等号，可得 $\begin{cases}3x+y=13,\\ 2x+3y=18,\end{cases}$ 解得 $\begin{cases}x=3,\\ y=4.\end{cases}$

故最大利润为 $z=5\times 3+3\times 4=27$.

二、条件充分性判断

16. (C)

解　析	母题 92 • 比例问题

设甲、乙、丙三个学校的人数分别为 x，y，z.

条件(1)：已知$(x+y):z=16:15$，无法推出$(x+z):y$ 的值，故不充分 .

条件(2)：已知$(y+z):x=24:7$，也无法推出$(x+z):y$ 的值，故不充分 .

联立两个条件，即 $\begin{cases}\dfrac{x+y}{z}=\dfrac{16}{15},\\ \dfrac{y+z}{x}=\dfrac{24}{7},\end{cases}$ 解得 $\begin{cases}x=\dfrac{7}{15}z,\\ y=\dfrac{3}{5}z.\end{cases}$ 故$\frac{x+z}{y}=\frac{22}{9}$，两个条件联立充分 .

17. (D)

解　析	母题 98 • 行程问题

设圆形跑道周长为 s，甲、乙的速度分别为 $v_甲$，$v_乙$，第一次相遇经过的时间为 t.

条件(1)：甲每追上乙一次，就比乙多跑一圈，故甲第一次追上乙时，甲跑了 3 圈，乙跑了 2 圈，可得 $\begin{cases}3s=v_甲 t,\\ 2s=v_乙 t,\end{cases}$ 解得 $v_甲:v_乙=3:2$，条件(1)充分 .

条件(2)：甲掉头之后，两个人变成了从同一地点，同时向反方向前进 . 当两人再次相遇，两人共跑了 1 圈，其中甲跑了 0.6 圈，乙跑了 0.4 圈，故 $v_甲:v_乙=0.6$ 圈 : 0.4 圈 $=3:2$，条件(2)充分 .

18. (A)

解　析	母题 91 • 平均值问题

设该班共有 a 人，按原规定得奖状同学的平均分为 x，未得奖状同学的平均分为 y.

条件(1)：根据前后两次总分相同可得，$\frac{1}{3}ax+\frac{2}{3}ay=\frac{1}{5}a(x+2)+\frac{4}{5}a(y+1)$，解得 $x-y=9$，条件(1)充分 .

条件(2)：同理可得，不充分 .

19. (E)

解　析	母题 88 · 简单算术问题

条件(1)：7 年后，两人年龄和为 $52+14=66$(岁)，则父亲的年龄为 44 岁，儿子的年龄为 22 岁 . 3 年后父亲的年龄为 $44-4=40$(岁)，儿子的年龄为 $22-4=18$(岁)，条件(1)不充分.

条件(2)：5 年前，两人年龄之和为 $52-10=42$(岁)，则父亲的年龄为 35 岁，儿子的年龄为 7 岁 . 3 年后父亲的年龄为 $35+8=43$(岁)，儿子的年龄为 $7+8=15$(岁)，条件(2)不充分 .

两个条件所确定的父子年龄不一致，故显然无法联立 .

20. (C)

解　析	母题 96 · 溶液问题

设甲盐水的浓度为 x，乙盐水的浓度为 y.

条件(1)：由已知条件，可知 $300x+100y=3\%\times400$，显然解不出 x，y，故不充分 .

条件(2)：由已知条件，可知 $100x+300y=5\%\times400$，同理，也不充分 .

联立条件(1)和(2)的两个方程，解得 $x=2\%$，$y=6\%$，故两个条件联立充分 .

21. (D)

解　析	母题 97 · 工程问题

条件(1)：由题意得，乙队每天的修建速度为$\frac{1}{20}-\frac{1}{30}=\frac{1}{60}$，故乙单独修建需 60 天，条件(1)充分.

条件(2)：由题意得，乙队 15 天的工作量和甲、乙合作 5 天的工作量相同，则两人合作需要 $5\times4=20$(天)完成的工程，乙队单独修建需要 $15\times4=60$(天)才能完成，故条件(2)充分 .

22. (B)

解　析	母题 93 · 增长率问题

条件(1)：设五年前该市粮食总产量为 x，人口数为 y，则现在的人均粮食产量为

$$\frac{(1+20\%)x}{(1+40\%)y}\approx0.857\times\frac{x}{y},$$

故人均粮食产量减少约 14.3%，故条件(1)不充分 . 同理，可得条件(2)充分 .

23. (D)

解　析	母题 98 · 行程问题

条件(1)：6.5 小时后，两车共行驶 $(30+50)\times6.5=520$(千米)，此时两车相距 40 千米，条件(1)充分 .

条件(2)：7.5 小时后，两车共行驶 $(30+50)\times7.5=600$(千米)，此时两车相遇后又共同行驶 40 千米，条件(2)充分 .

24. (C)

解　析	母题 97・工程问题

设甲单独生产需要 x 小时能够完成，乙单独生产需要 y 小时能够完成．

条件(1)只能列出一个关于 x，y 的方程，显然无法求出两个未知量的值，故不充分，条件(2)同理，故考虑联立，可得

$$\begin{cases}\dfrac{5}{x}+\dfrac{10}{y}=\dfrac{7}{24},\\ \dfrac{10}{x}+\dfrac{15}{y}=\dfrac{1}{2},\end{cases}\text{解得}\begin{cases}x=40,\\ y=60.\end{cases}$$

所以甲、乙两台机器共同生产这批产品需要 $\dfrac{1}{\dfrac{1}{40}+\dfrac{1}{60}}=24$(小时)．

故联立充分．

25. (C)

解　析	母题 98・行程问题

条件(1)只能知道第一次相遇时，甲走了 45 千米，条件(2)无法得到有效信息，故单独都不充分．考虑联立．

由题意知，在第一次相遇时两人共行驶 s，甲一共行驶 45 千米；

从第一次相遇到第二次相遇时，两人共行驶 $2s$，乙一共行驶 $45+57=102$(千米)．

由于甲、乙速度不变，则在每一个 s 中，乙行驶 51 千米，甲行驶 45 千米，故

$$s=45+51=96(\text{千米}).$$

故联立充分．